冲压模具设计实例图解

金龙建　陈杰红　编著

机 械 工 业 出 版 社

本书作者长期从事模具设计工作，全书收集了由作者设计并在生产中得到成功应用的14幅典型冲压模具详细图例。图例按照制件的工艺分析、工序图或排样设计（部分章节有介绍）、模具总装图设计、模座设计、模板设计、模具零部件设计等顺序排列，可对冲压模具设计者在快速确定模具结构起到参考和借鉴的作用。

全书共五篇，分别介绍冲裁模、弯曲模、拉深模、成形模及多工位级进模。根据不同制件的特点，分析确定采用不同的模具结构，并将这些模具总装配结构实例，按件逐一分解画成工作图，读者可直观地了解到每个模具零件的形状尺寸、几何公差、表面结构等要素及有关技术要求等。本书所介绍的实例，角度不同，各有特点，都具有较高的借鉴和参考价值。

本书可供从事冲压模具设计及制造的工程技术人员使用，也可供大中专院校相关专业的师生学习参考。

图书在版编目（CIP）数据

冲压模具设计实例图解/金龙建，陈杰红编著. —3版. —北京：机械工业出版社，2017.10

ISBN 978-7-111-58677-7

Ⅰ.①冲… Ⅱ.①金… ②陈… Ⅲ.①冲模-设计-图解 Ⅳ.①TG385.2-64

中国版本图书馆CIP数据核字（2017）第302341号

机械工业出版社（北京市百万庄大街22号 邮政编码100037）
策划编辑：曲彩云 责任编辑：曲彩云 责任校对：肖 琳
封面设计：陈 沛 责任印制：张 博
三河市宏达印刷有限公司印刷
2018年2月第3版第1次印刷
184mm×260mm · 20.5印张 · 495千字
0001—3000册
标准书号：ISBN 978-7-111-58677-7
定价：69.00元

凡购本书，如有缺页、倒页、脱页，由本社发行部调换

电话服务
服务咨询热线：010-88361066
读者购书热线：010-68326294
010-88379203

网络服务
机 工 官 网：www.cmpbook.com
机 工 官 博：weibo.com/cmp1952
金 书 网：www.golden-book.com
教育服务网：www.cmpedu.com

封面无防伪标均为盗版

前　言

随着我国科学技术的飞速发展和产业结构的不断调整，模具已成为现代制造业中重要的工艺装备。而冲压模具又是各类模具中所占比例最高、应用最为广泛的一种。冲压是一种先进的少、无切屑加工方法，具有生产率高、加工成本低、材料利用率高、制件尺寸精度稳定等优点，易于达到产品结构轻量化、操作简单、容易实现机械化与自动化。

《多工位级进模实例图解》自 2014 年 1 月出版以来，受到了读者广泛的关注与好评，为满足广大读者的需要，作者精选了以往设计并在生产中得到成功应用的实例，编写了本书，以期为冲压模具设计者在快速确定模具结构时提供参考、借鉴和模仿的助推器。

本书共有 14 幅典型的冲压模具详细图例。所选的模具图例既注重典型模具结构，又反映富有创新意义的设计，内容选择从一般到特殊、从简单到复杂、从单工序到多工序，文字叙述通俗易懂。全书共 5 篇：第 1 篇，冲裁模（共 3 章）；第 2 篇，弯曲模（共 3 章）；第 3 篇，拉深模（共 2 章）；第 4 篇，成形模（共 4 章）；第 5 篇，多工位级进模（共 2 章）。

在各章节中，对于形状简单的单工序模具提供了制件图、模具总装图及全套详细的模具零件图；对于形状复杂的单工序模具提供了制件图、工序图、模具总装图及全套详细的模具零件图；对于多工位级进模提供了制件图、排样图、模具总装图及全套详细的模具零件图等。全书注重与生产实践相结合，并对每副模具给出了详细的解说，读者可直观地了解到每个模具零件的形状尺寸、几何公差、表面结构等要素及有关技术要求等，无论初学模具设计与制造者还是有一定基础的从事模具的技术人员都能快速读懂。

本书在图例中未表示清楚的做如下解释：

1）图例中异形孔尺寸标注在中心线上，标有“★”形的图标，其中心为穿线孔，部分中心线及尺寸省略。模具零件图中的型孔配合间隙直接放在加工图上，全部采用 CAD 的数据加工，对制造影响不大。现代化模具制造中，有很多企业逐步把尺寸标注也做了简化。例如，原先采用手工在模板上划线，再用冲头冲上一个小圆点，接着在小圆点上钻孔加工。在现代化科技不断发展的背景下，大部分企业采用 CAD 数据传输到 CNC 或数控铣床上直接编制程序点孔或加工型面（尺寸在零件图上不标注也可加工），其精度及公差主要是靠机床来保证的，当加工完毕时，再用受控的图样进行逐一核对，避免遗漏。线切割（快走丝、中走丝及慢走丝）加工的 CAD 数据传输方式与前述相同。

2）图例中部分型面较复杂的零件图，不能用平面图表示出来的，本书未做详细的剖视及相应尺寸的标注，如 13.6.4 节的成形凸模 1（件号 64），机械加工时以三维数据为准。

3）本书技术要求中的主要型孔是指定位销孔、导柱孔、导套孔、凸模固定孔、凸模过孔、与凸模配合孔、各镶件配合固定孔、刃口及冲切废料过孔等。如第 2 章中的 2.6.4 节卸料板 18 技术要求中的第 4 点。主要型孔采用慢走丝加工，垂直度 0.002mm。其主要型孔是指定位销孔、导套孔及凸模过孔。

本书图例中的零件加工方法有多种，在技术要求里说明了其中常用的一种，其余的不做详细的说明。

本书可供从事冲压模具设计及制造的工程技术人员使用，也可供大中专院校相关专业的师生学习参考。

本书由金龙建、陈杰红编著，在编写过程中得到了陈炎嗣高级工程师和上海交通大学洪慎章教授的热情帮助和指导，在此表示衷心的感谢！

由于作者水平有限，书中不妥之处在所难免，敬请广大专家和读者批评指正，联系方式jinlongjian2010@ 163.com。

金龙建

目　录

第3篇 拉深模

第 4 篇 成 形 模

第5篇　多工位级进模

第1篇　冲　裁　模

第1章　连接板冲孔、切角模

制件名称：连接板。

材料及板厚：H68黄铜（半硬），1.0 mm。

所用冲压设备：100kN开式压力机。

1.1　工艺分析

图1-1所示为连接板。制件形状简单，尺寸要求不高，周边无毛刺方向的要求，3个圆孔毛刺高度控制在0.02mm以内，制件最大外形尺寸，长为120mm、宽为50mm，从图中可以看出，制件的四角冲切有10mm×10mm的缺口，内孔由3个$\phi10^{+0.1}_{0}$mm的圆孔组成。

该制件外形未标注公差，因此尺寸要求并不高。为提高材料利用率，降低模具成本，该制件的外形四边不冲切。经分析，设计一副冲切4个缺口及3个$\phi10^{+0.1}_{0}$ mm圆孔的单工序模即可。

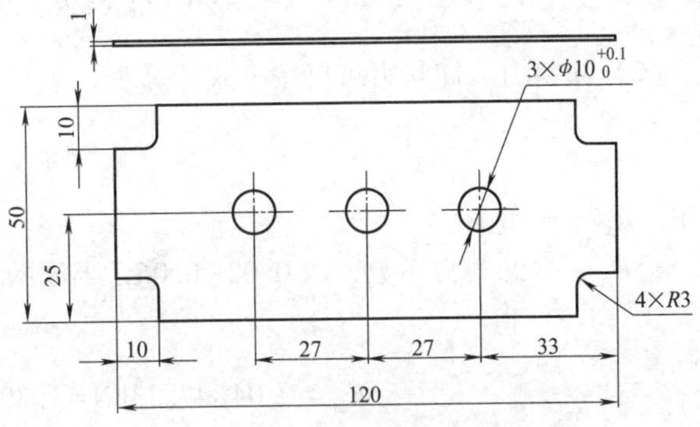

图1-1　连接板

1.2　冲压力的计算

（1）冲裁力　因该制件外形小，凸模采用平刃口冲裁，冲裁力可以按式（1-1）计算：

$$F=Lt\tau \tag{1-1}$$

式中　F——冲裁力（N）；

L——冲裁件周边长度（mm）；

t——材料厚度（mm）；

τ——材料抗剪强度（MPa），查表得H68黄铜（半硬）的抗剪强度为280MPa。

1）外形四角冲裁力计算。代入式（1-1）得

$$F_1=\left[7+7+\frac{3.14\times6}{4}\right]\times1\times280\text{N}$$
$$=5238.8\text{N}\approx5.24\text{kN}$$

因外形有 4 个角，得

$$5.24\text{kN}\times4=20.96\text{kN}$$

2）内形三个圆孔冲裁力计算。代入式（1-1）得

$$F_2=3.14\times10\times1\times280\text{N}$$
$$=879.2\text{N}\approx8.79\text{kN}$$

因内形有 3 个 ϕ10mm 的圆孔，得

$$8.79\text{kN}\times3=26.37\text{kN}$$

该制件总的冲裁力

$$F=F_1+F_2$$
$$=20.96\text{kN}+26.37\text{kN}=47.33\text{kN}$$

（2）卸料力　卸料力可以按下式计算：

$$F_{卸}=k_{卸}F \tag{1-2}$$

式中　$F_{卸}$——卸料力（N）；

$k_{卸}$——卸料力系数，取 0.02~0.06，半硬的黄铜可取 0.04。

代入式（1-2）得

$$F_{卸}=0.04\times47.33\text{kN}=1.8932\text{kN}\approx1.89\text{kN}$$

（3）推料力计算　计算公式为

$$F_{推}=nk_{推}F \tag{1-3}$$

式中　$F_{推}$——推料力（N）；

$k_{推}$——推料力系数，取 0.03~0.09，半硬的黄铜可取 0.06；

n——凹模孔内存件的个数，$n=h/t$（h 为凹模刃口直壁高度，t 为制件厚度）。

代入式（1-3）得

$$F_{推}=\frac{5}{1}\times0.06\times47.33\text{kN}=14.199\text{kN}\approx14.2\text{kN}$$

（4）冲压设备的选择　如冲压过程中同时存在卸料力和推料力时，总冲压 $F_{总}=F+F_{卸}+F_{推}$，这时所选压力机的吨位需大于 $F_{总}$ 30%左右。

因此　$F_{总}=(47.33+1.89+14.2)\text{kN}\times1.3=82.45\text{kN}$

根据所计算的总压力及装模空间，选用 100kN 开式压力机。

1.3　模具设计要注意的相关问题

1）冲裁时，通常落料以凹模为设计基准，间隙取在凸模上；冲孔以凸模为设计基准，间隙取在凹模上。

2）从图 1-1 中可以看出，制件的四角上冲切出 10mm×10mm 的缺口，那么靠近制件这一面凸模与凹模为冲裁间隙配合，而另外一面基本是过渡配合的。如该凸模采用无导向冲裁，当凸模进入凹模冲裁时造成一定的侧向力，力的方向全部集中在外侧的一面，而凸模在卸料板的间隙导向下向外侧的一面倾斜，导致凸模与凹模相碰撞（俗称“啃模”），影响模具的使用寿命。本模具中的凸模采用防倾侧结构，可以解决上述的问题，从而提高模具的使用寿命。当上模下行时，凸模 1 的导向部分 5 先导入凹模 4，然后冲切制件 3 即可，如图 1-2 所示。

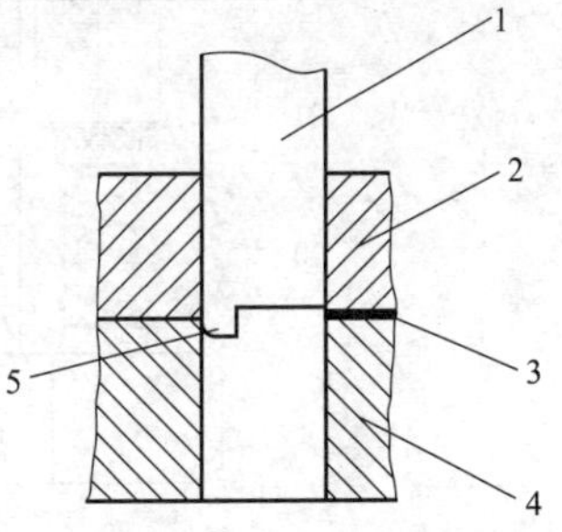

图 1-2　防倾侧结构

1—凸模　2—卸料板　3—制件

4—凹模　5—凸模导向部分

1.4　模具总装图设计

连接板冲孔、切角模如图 1-3 所示。它由上模和下模两部分组成，上模由上模座 1、凸模固定板垫板 2、凸模固定板 8、卸料板垫板 21、卸料板 20、冲孔凸模 5 和切角凸模 4 等组成；下模由凹模板 18、凹模垫板 16、下模座 14 和冲圆孔凹模 17 等组成。

1）因该制件的圆孔毛刺高度要求较高，为保证精度，该模具在模座上设计滚珠导柱、导套导向；同时，在模板上设计有滑动小导柱、小导套导向。

2）设计时，凸、凹模间隙对制件质量、冲裁压力及模具寿命都有直接的影响。因此一定要选择一个合理的间隙。因该制件材料为半硬的 H68 黄铜，查表得凸模与凹模间的单面间隙取 0.05mm。

3）以凸模为基准，凸模与凸模固定板间的单面间隙为 0.005mm；凸模与卸料板垫板间的单面间隙为 1.0mm；凸模与卸料板间的单面间隙为 0.01mm。

4）为防止上模与下模安装错位，在设计小导柱时，其中有一套小导柱位置设计为非对称。

技巧

● 该凸模比平刃凸模多出了导向部分的台阶，可以很好地克服冲裁时所产生的侧向力。

经验

● 当料厚为 3mm 以下时，凸模导向部分高度的接触一般不低于 $2t$，通常在设计时，导向部分高度的接触面一般取 t+5mm。

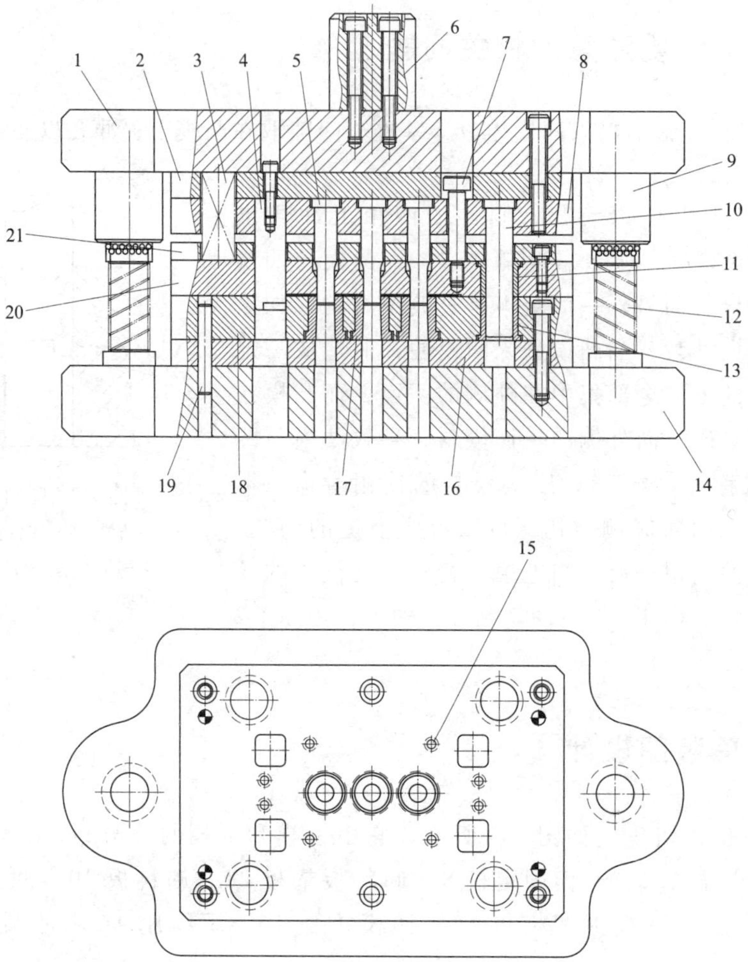

					11	小导套 1		4	标准件
21	卸料板垫板	45 钢	1		10	小导柱		4	标准件
20	卸料板	Cr12MoV	1		9	导套		2	标准件
19	圆柱销		8	标准件	8	凸模固定板	45 钢	1	
18	凹模板	Cr12MoV	1		7	卸料螺钉		4	标准件
17	冲孔凹模	SKD11	3		6	模柄	45 钢	1	
16	凹模垫板	45 钢	1		5	冲孔凸模	SKD11	3	
15	挡料销	CrWMn	8		4	切角凸模	SKD11（日本牌号）	4	
14	下模座	45 钢	1		3	弹簧		8	标准件
13	小导套 2		4	标准件	2	凸模固定板垫板	45 钢	1	
12	导柱		2	标准件	1	上模座	45 钢	1	
件号	名　称	材　料	数量	备　注	件号	名　称	材　料	数量	备　注

图 1-3　连接板冲孔、切角模

1.5　模座设计

1.5.1　上模座（见图 1-4）

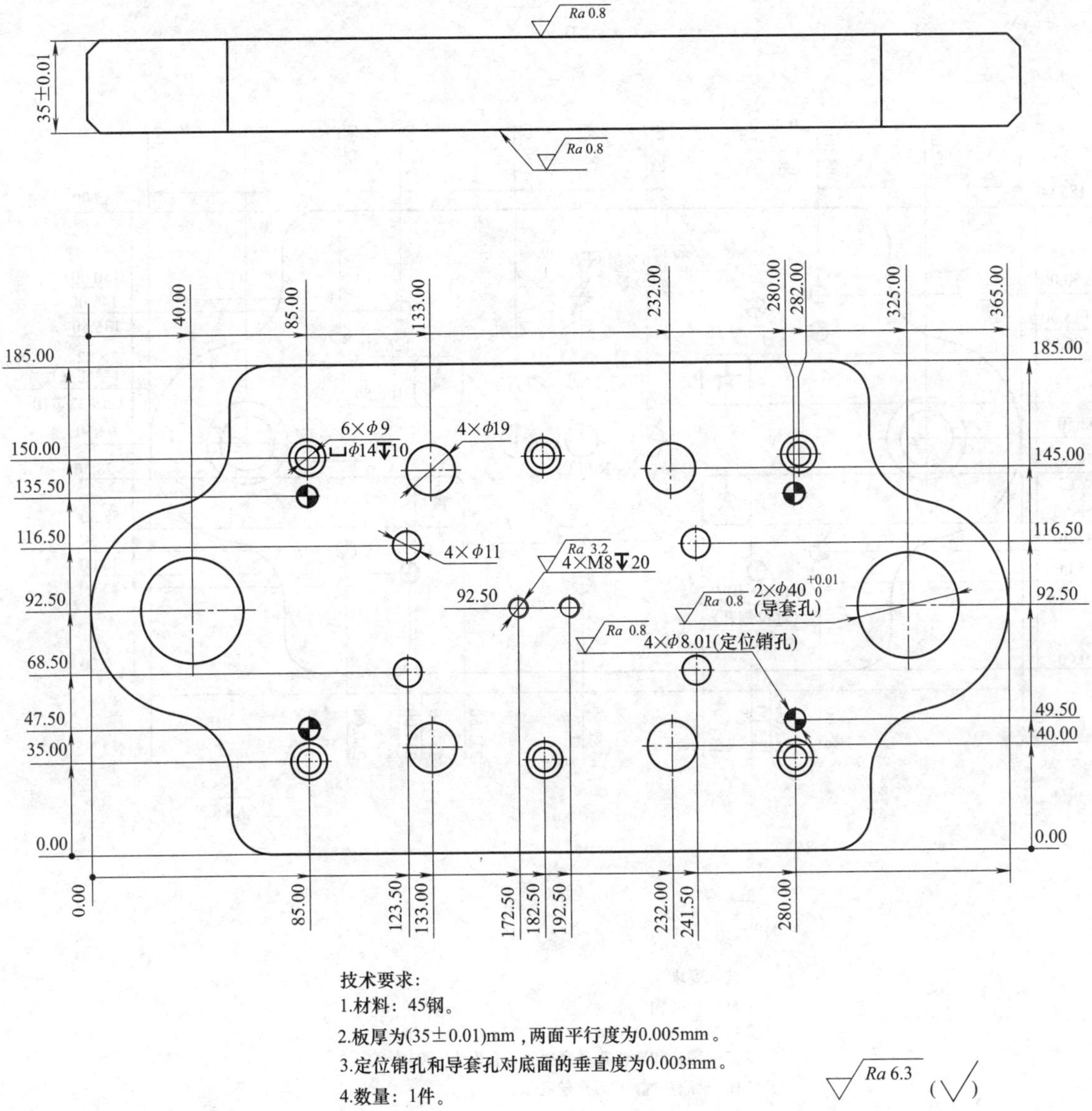

图 1-4　上模座（图 1-3 的件 1）

1.5.2　下模座（见图 1-5）

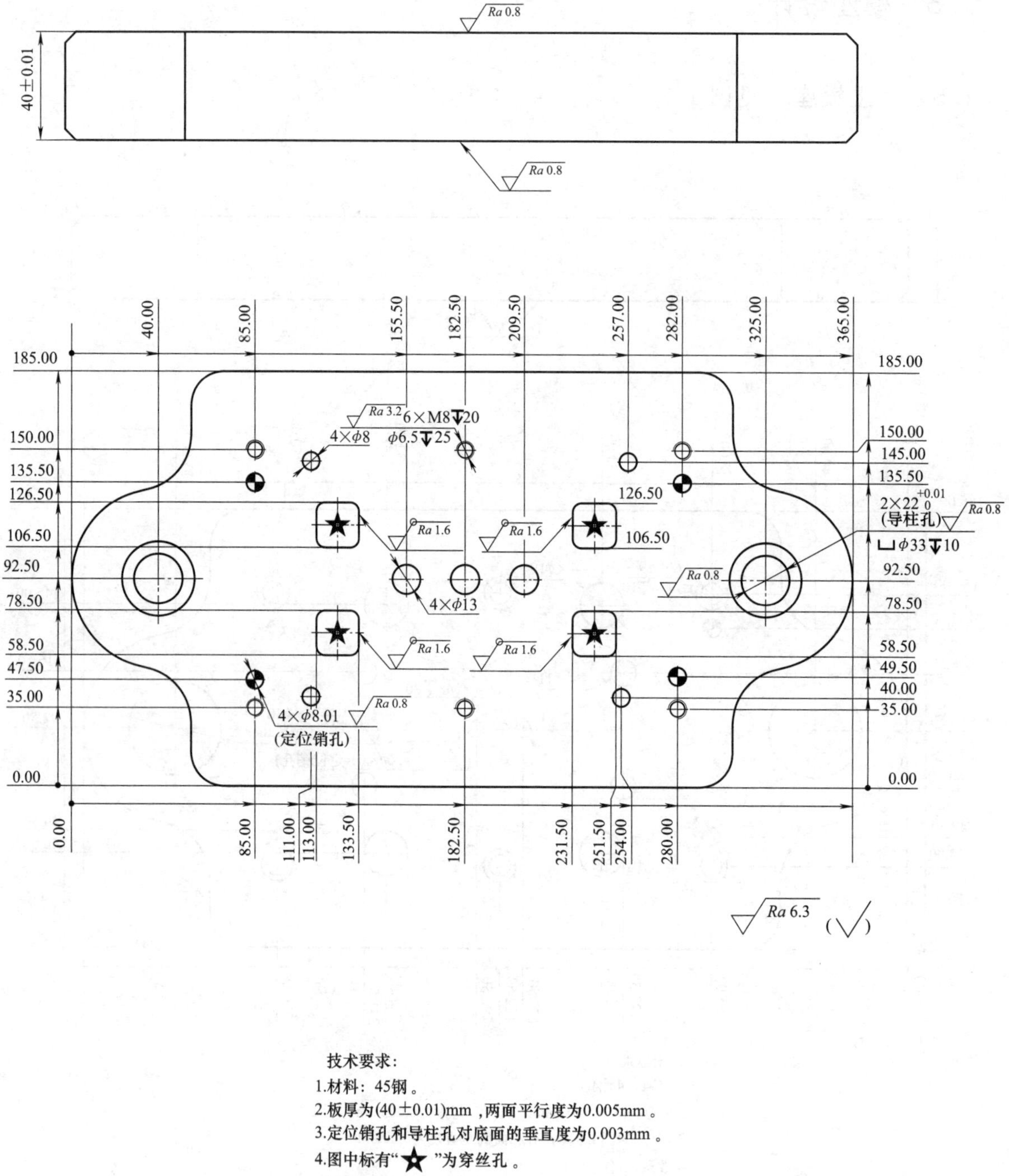

技术要求:

1.材料:45钢。

2.板厚为(40±0.01)mm,两面平行度为0.005mm。

3.定位销孔和导柱孔对底面的垂直度为0.003mm。

4.图中标有“★”为穿丝孔。

5.数量:1件。

图 1-5　下模座（图 1-3 的件 14）

1.6　模板设计

1.6.1　凸模固定板垫板（见图 1-6）

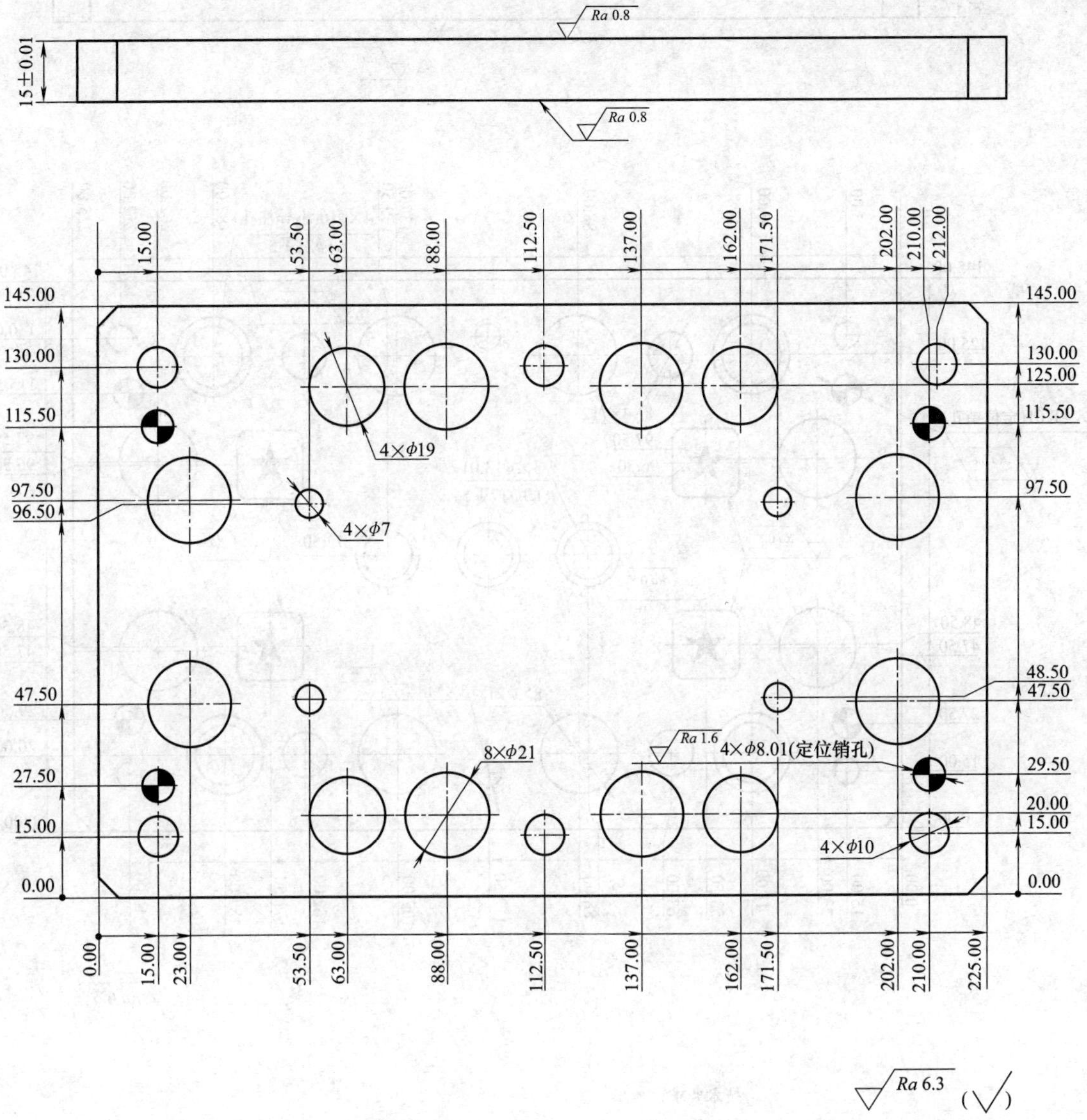

技术要求：

1.材料：45钢。

2.调质处理硬度为320～360HBW。

3.板厚为(15±0.01)mm，两面平行度为0.005mm。

4.主要型孔采用快走丝加工。

5.数量：1件。

图 1-6　凸模固定板垫板（图 1-3 的件 2）

1.6.2 凸模固定板（见图 1-7）

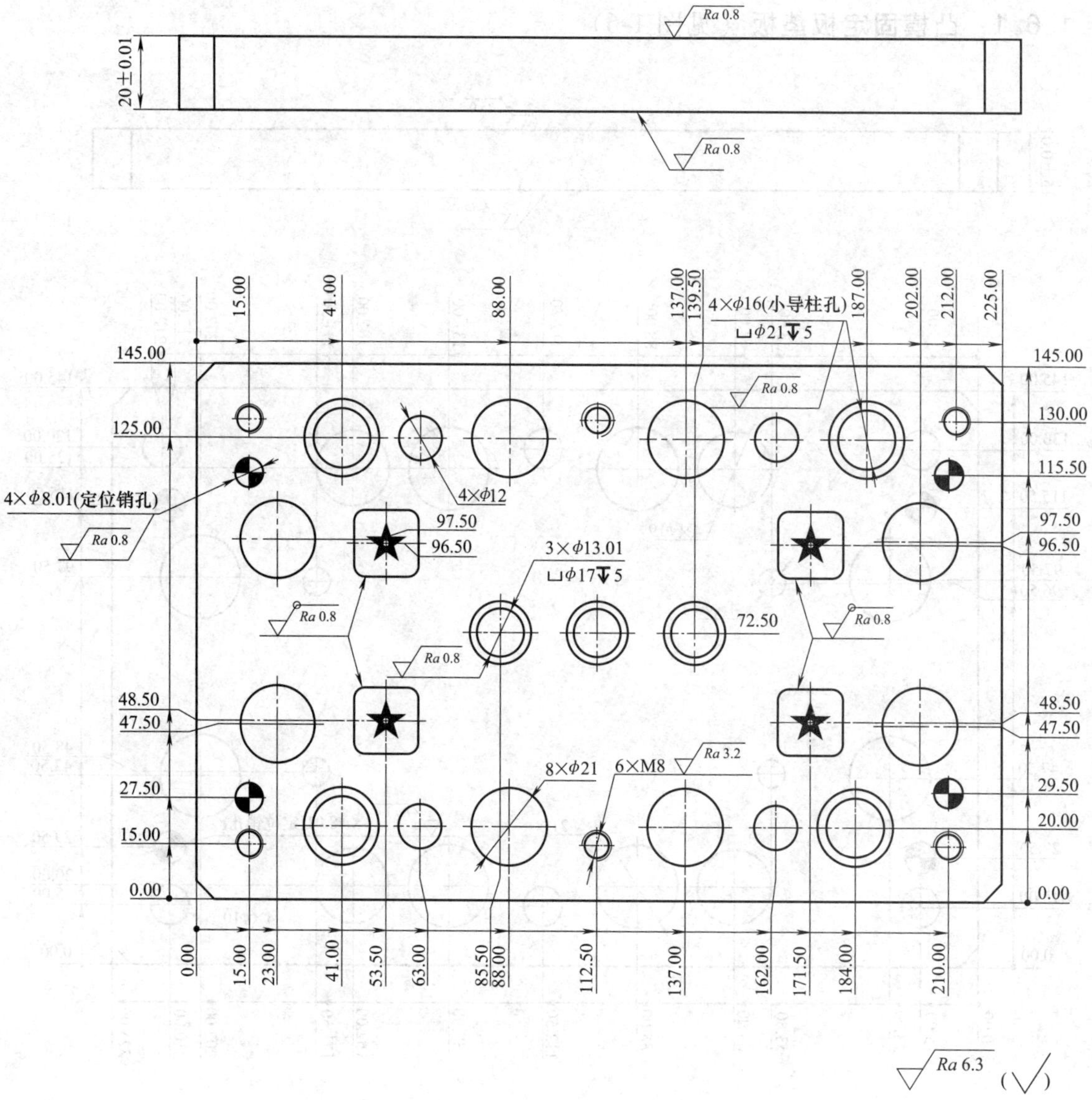

技术要求：

1.材料：45钢。

2.板厚为(20±0.01)mm，两面平行度为0.005mm。

3.主要型孔采用慢走丝加工，对底面的垂直度为0.002mm。

4.图中标有“★”为穿丝孔。

5.数量：1件。

图 1-7　凸模固定板（图 1-3 的件 8）

1.6.3　卸料板垫板（见图 1-8）

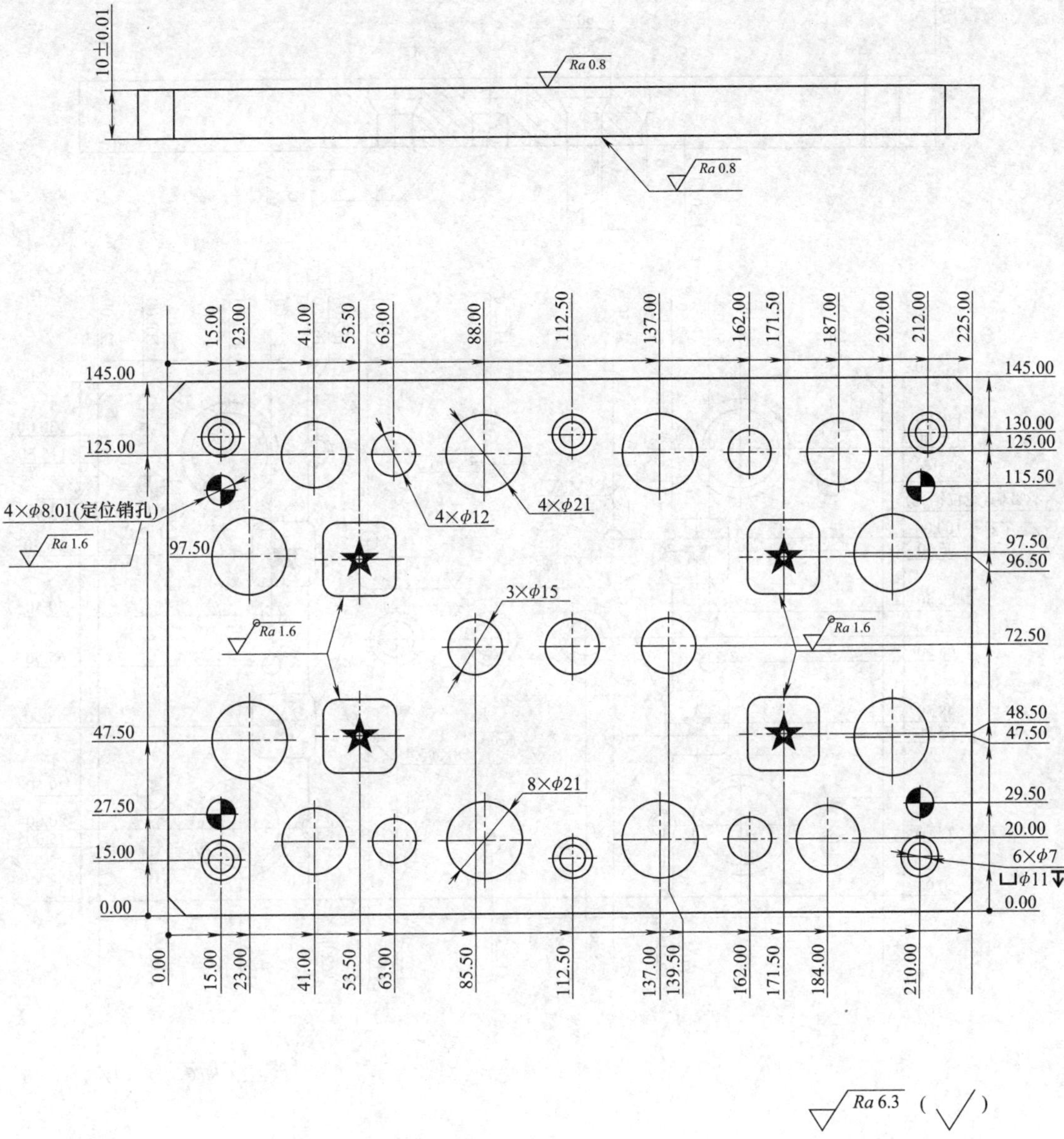

技术要求：

1.材料：45钢。

2.板厚为(10±0.01)mm，两面平行度为0.005mm。

3.主要型孔采用快走丝加工。

4.图中标有“★”为穿丝孔。

5.数量：1件。

图 1-8　卸料板垫板（图 1-3 的件 21）

1.6.4 卸料板（见图 1-9）

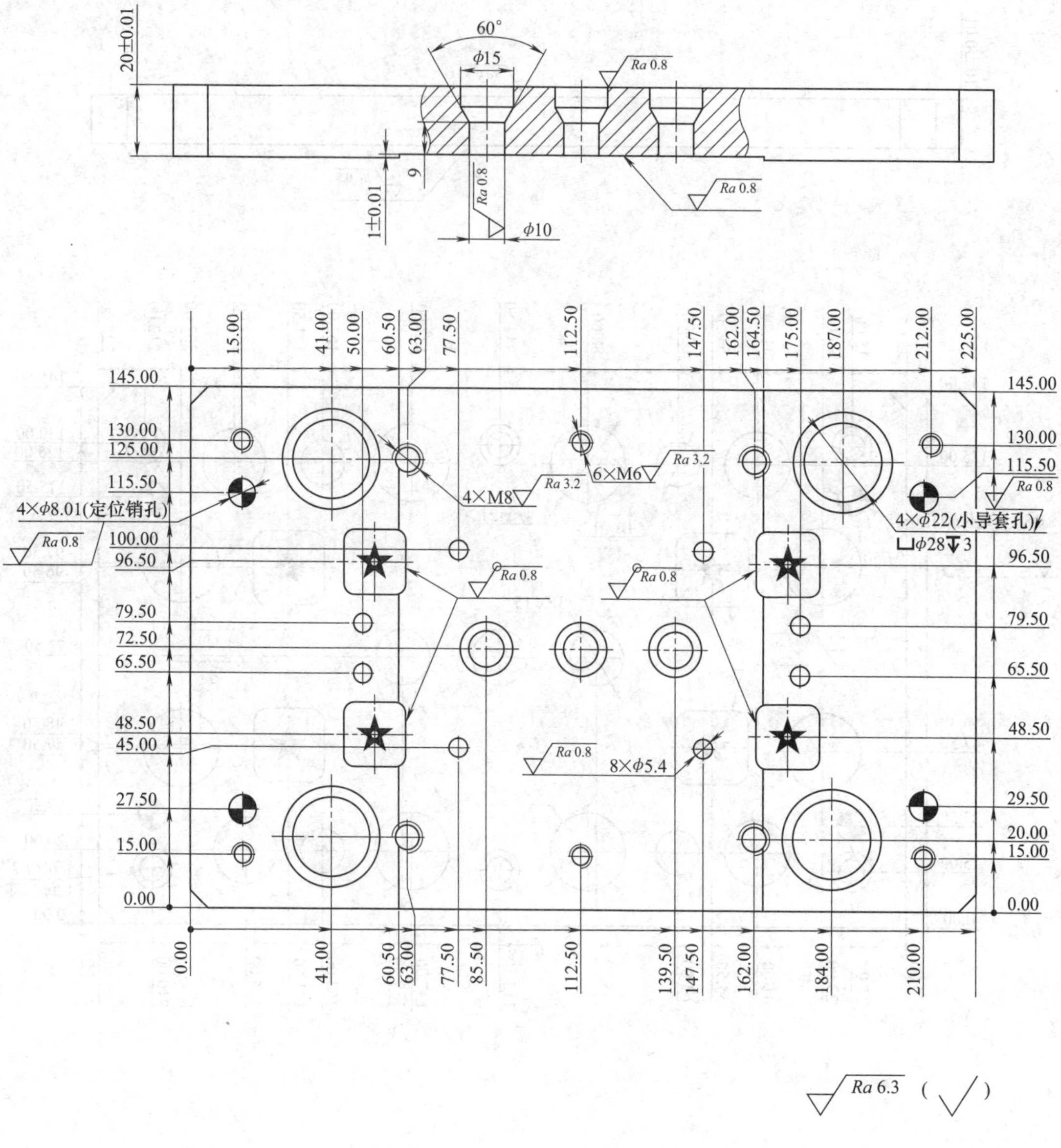

技术要求：

1.材料：Cr12MoV。

2.热处理硬度为50～55HRC。

3.板厚为(20±0.01)mm，两面平行度为0.005mm。

4.主要型孔采用慢走丝加工，对底面的垂直度为0.002mm。

5.图中标有"★"为穿丝孔。

6.数量：1件。

图 1-9　卸料板（图 1-3 的件 20）

1.6.5　凹模板（见图 1-10）

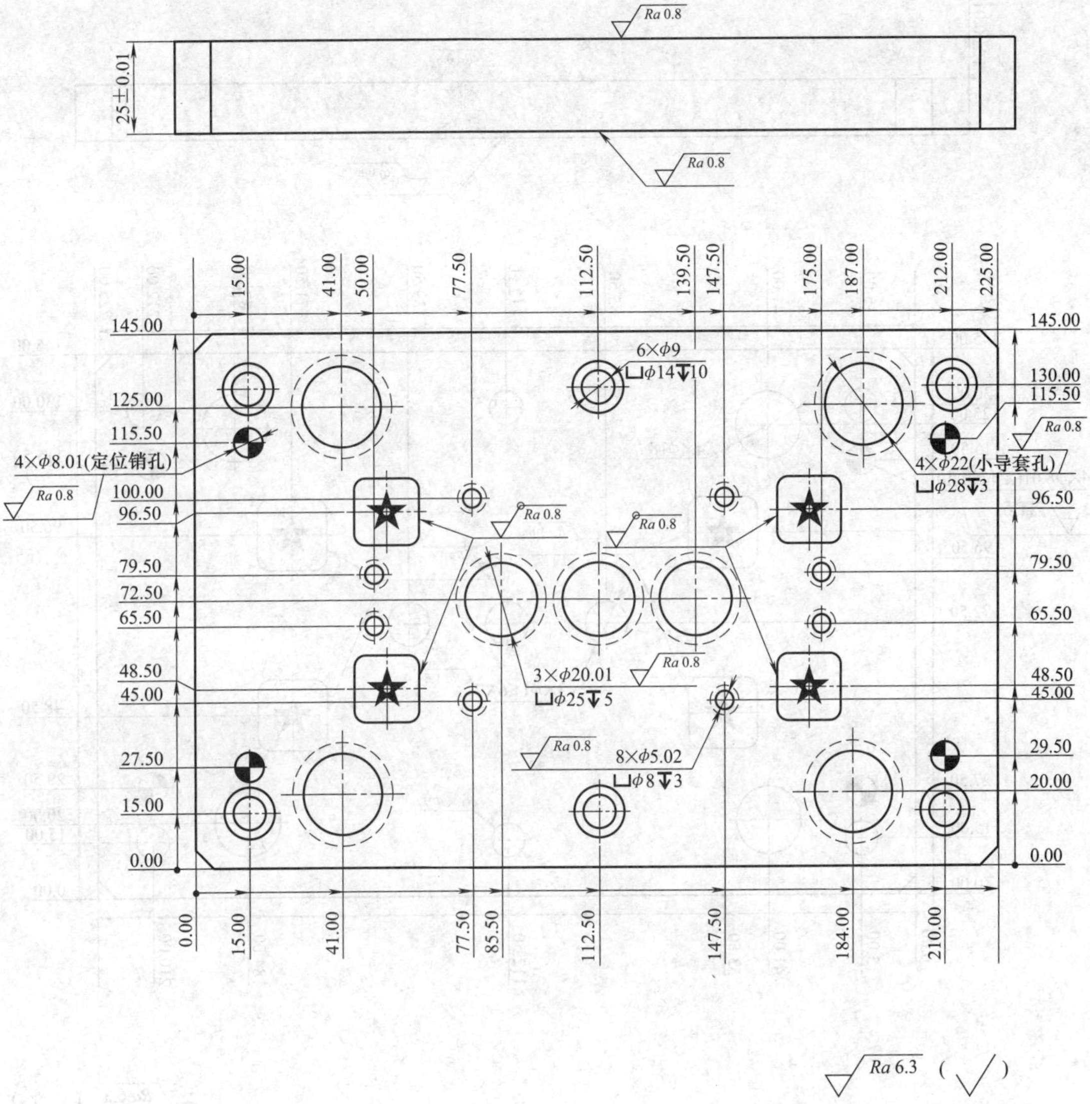

技术要求：

1.材料：Cr12MoV。

2.热处理硬度为60～62HRC。

3.板厚为(25±0.01)mm，两面平行度为0.005mm。

4.主要型孔采用慢走丝加工，对底面的垂直度为0.002mm。

5.图中标有“★”为穿丝孔。

6.数量：1件。

图 1-10　凹模板（图 1-3 的件 18）

1.6.6 凹模垫板（见图 1-11）

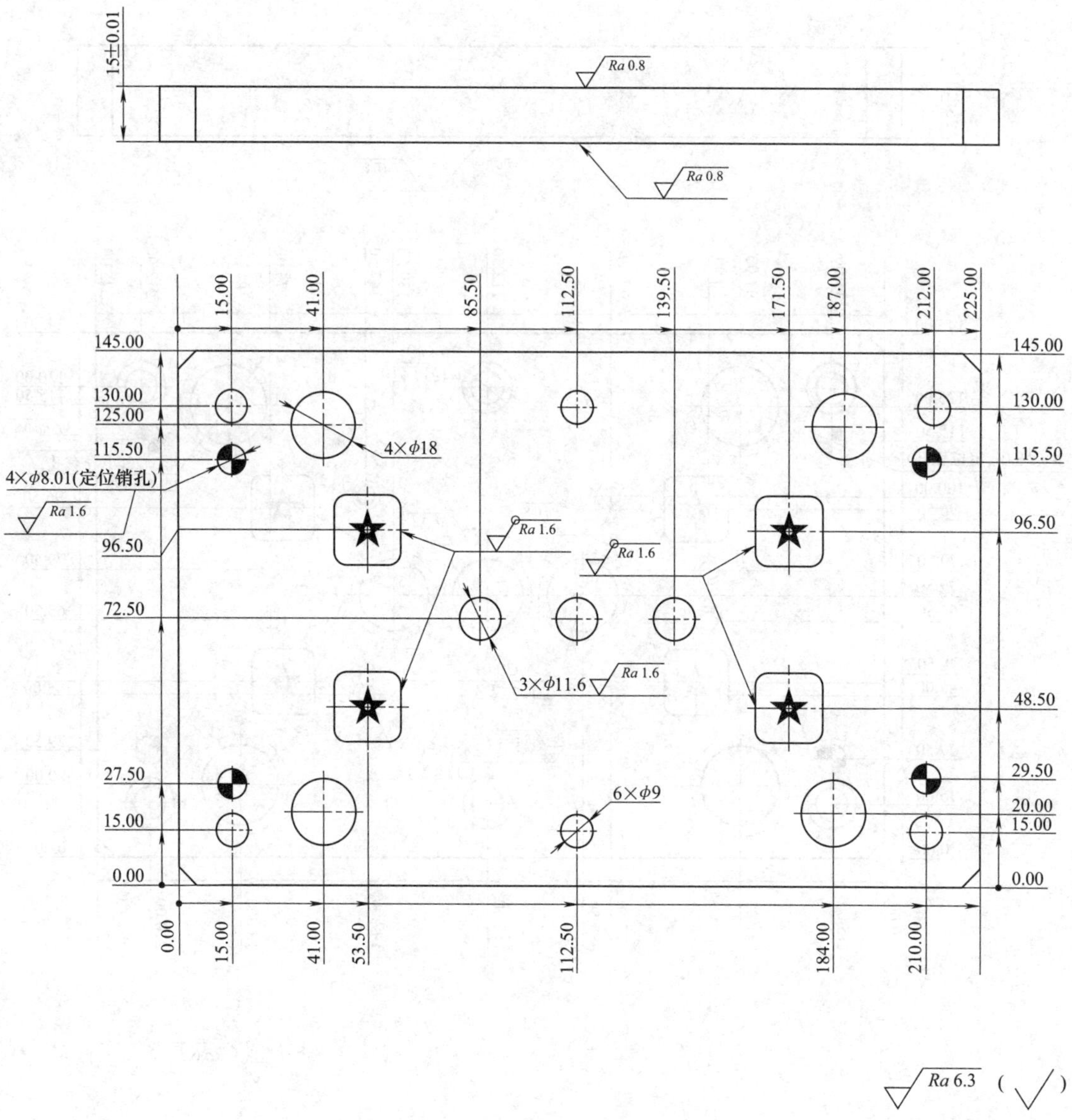

技术要求：

1.材料：45钢。

2.调质处理硬度为320～360HBW。

3.板厚为(15±0.01)mm，两面平行度为0.005mm。

4.主要型孔采用快走丝加工。

5.图中标有“★”为穿丝孔。

6.数量：1件。

图 1-11 凹模垫板（图 1-3 的件 16）

1.7　模具零部件设计

1.7.1　凸模

1. 切角凸模（见图 1-12）
2. 冲孔凸模（见图 1-13）

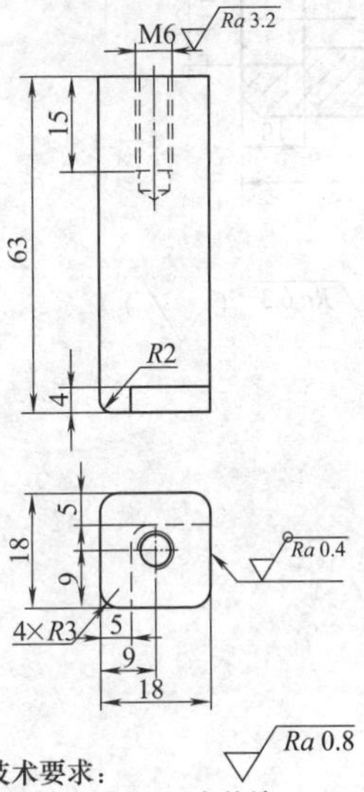

技术要求：
1.材料：SKD11(日本牌号)。
2.热处理硬度为60～62HRC。
3.外形采用慢走丝加工，对底面垂直度为0.003mm。
4.数量：4件。

图 1-12　切角凸模（图 1-3 的件 4）

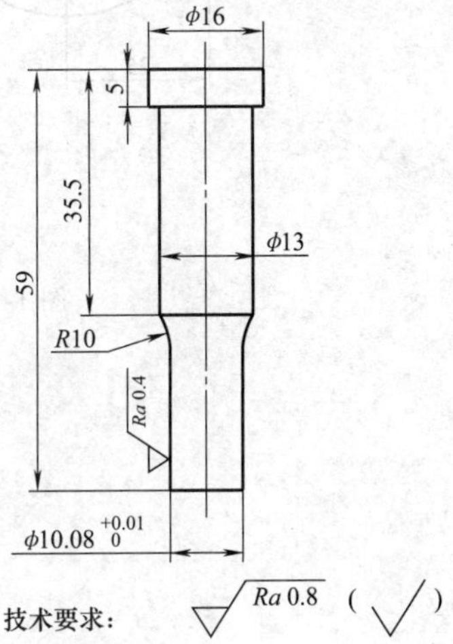

技术要求：
1.材料：SKD11。
2.热处理硬度为60～62HRC。
3.数量：3件。

图 1-13　冲孔凸模（图 1-3 的件 15）

1.7.2　凹模

1. 冲孔凹模（见图 1-14）
2. 挡料销（见图 1-15）

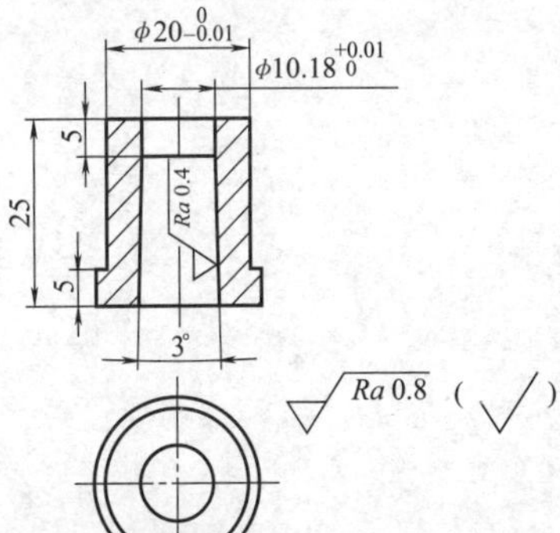

技术要求：
1.材料：SKD11。
2.热处理硬度为60～62HRC。
3.数量：3件。

图 1-14　冲孔凹模（图 1-3 的件 17）

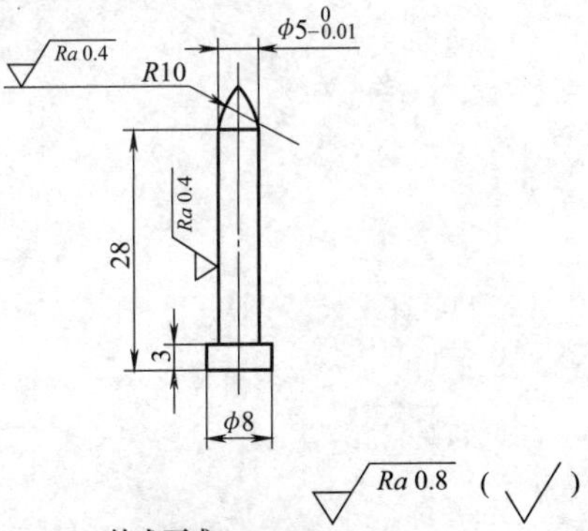

技术要求：
1.材料：CrWMn。
2.热处理硬度为55～58HRC。
3.数量：8件。

图 1-15　挡料销（图 1-3 的件 15）

1.7.3 模柄（见图 1-16）

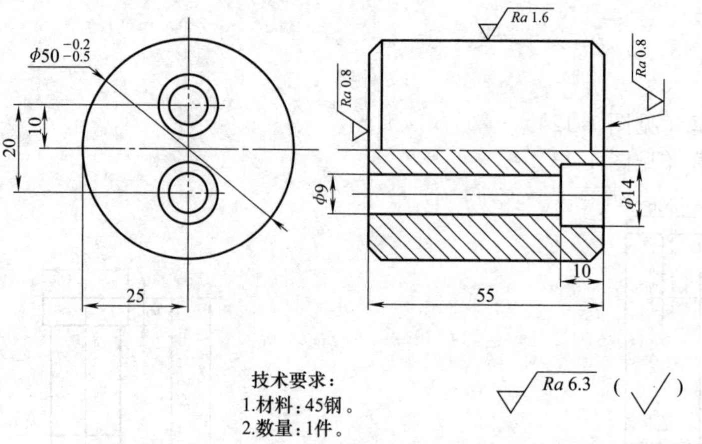

图 1-16 模柄（图 1-3 的件 6）

第 2 章　垫片落料模

制件名称： 垫片。

材料及板厚： 10 钢，0.8mm。

所用冲压设备： 160kN 开式压力机。

2.1　工艺分析

图 2-1 所示为家用电器的某零件垫片。该制件形状简单，尺寸要求不高，但对制件的毛刺高度有一定的要求（毛刺高度控制在 0.02mm 以内），制件最大外形尺寸为 75mm，外形由直线、12 个 $R7.5$mm 和 4 个 $R4.5$mm 的圆弧连接而成。从图 2-1 中的外形公差值可以看出，该制件外形只允许偏小，不允许偏大，经分析，设计一副单工序落料模冲压较为合理。

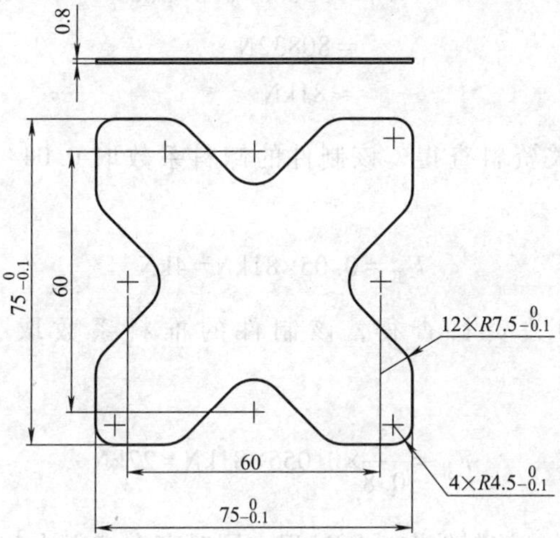

图 2-1　垫片

2.2　工序排样图设计

从资料查得，步距方向最小搭边值 a_1 取 1.8mm，料宽方向最小搭边值 a 取 2.0mm。该制件选用卷料来冲压，工序排样初步拟定如下两个方案。

方案 1：采用斜排单排排列方式，料宽为 98.5mm，步距为 72.8mm（见图 2-2），计算出材料利用率为 60.45%。

方案 2：采用直排单排排列方式，料宽为 79mm，步距为 76.8mm（见图 2-3），计算出材料利用率为 71.45%。

对以上两个方案进行分析，最终选择方案 2 的排列方式较为省料。

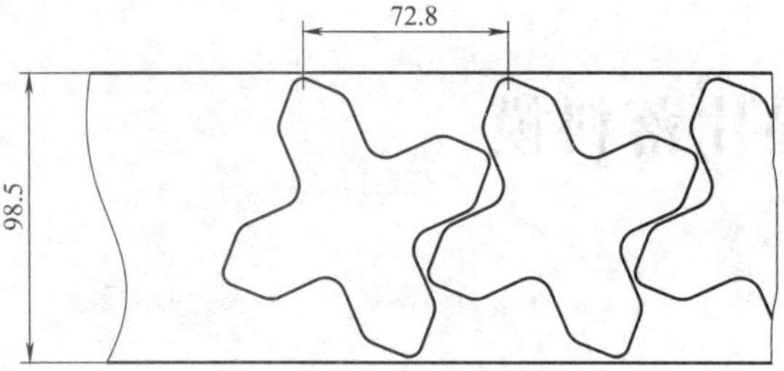

图 2-2　方案 1 排样图

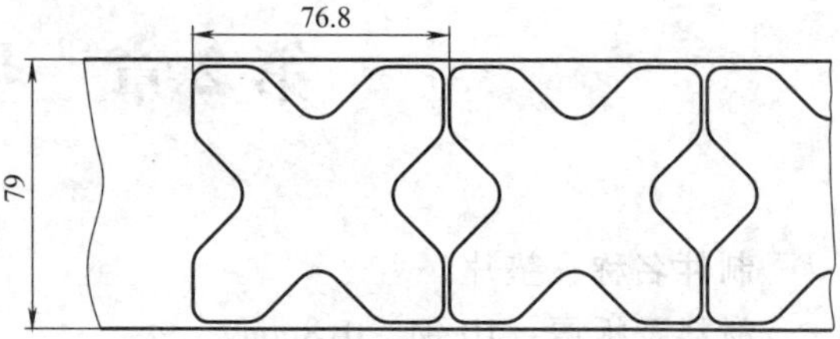

图 2-3　方案 2 排样图

2.3　冲压力的计算

（1）冲裁力　因冲压出的制件用于垫片，所以凸模采用平刃口冲裁，该制件的材料为 10 钢，抗剪强度取 $\tau = 260 \sim 340\text{MPa}$；计算出制件的周边长度 $L = 336.8\text{mm}$。

冲裁力可代入式（1-1）得

$$F_1 = 336.8 \times 0.8 \times 300\text{N} = 80832\text{N} \approx 81\text{kN}$$

（2）卸料力　从相关资料查得，该制件的卸料系数取 0.04～0.05。卸料力可代入式（1-2）得

$$F_{卸} = 0.05 \times 81\text{kN} = 4\text{kN}$$

（3）推料力　从相关资料查得，该制件的推料系数取 0.055。推料力代入式（1-3）得

$$F_{推} = \frac{5}{0.8} \times 0.055 \times 81\text{kN} = 27\text{kN}$$

（4）冲压设备的选择　该制件在冲压过程中同时存在卸料力和推料力时，总冲压 $F_{总} = F + F_{卸} + F_{推}$，这时所选压力机的吨位需大于 $F_{总}$ 30%左右。

则 $F_{总} = (81+4+27)\text{kN} \times 1.3 = 146\text{kN}$

根据所计算的总压力及装模空间，选用 160kN 开式压力机。

2.4　模具总装图设计

垫片落料模如图 2-4 所示。

1）为保证模具精度，该模具在模座上设计有 2 套滚珠导柱、导套导向；同时在模板上设计有 4 套滑动小导柱、小导套导向。

2）因该制件材料为 10 钢，查得凸模与凹模间的单面间隙取 0.045mm。

3）为增加模具闭合高度，该模具在凹模上增加一块凹模垫板，材料可选为 45 钢。

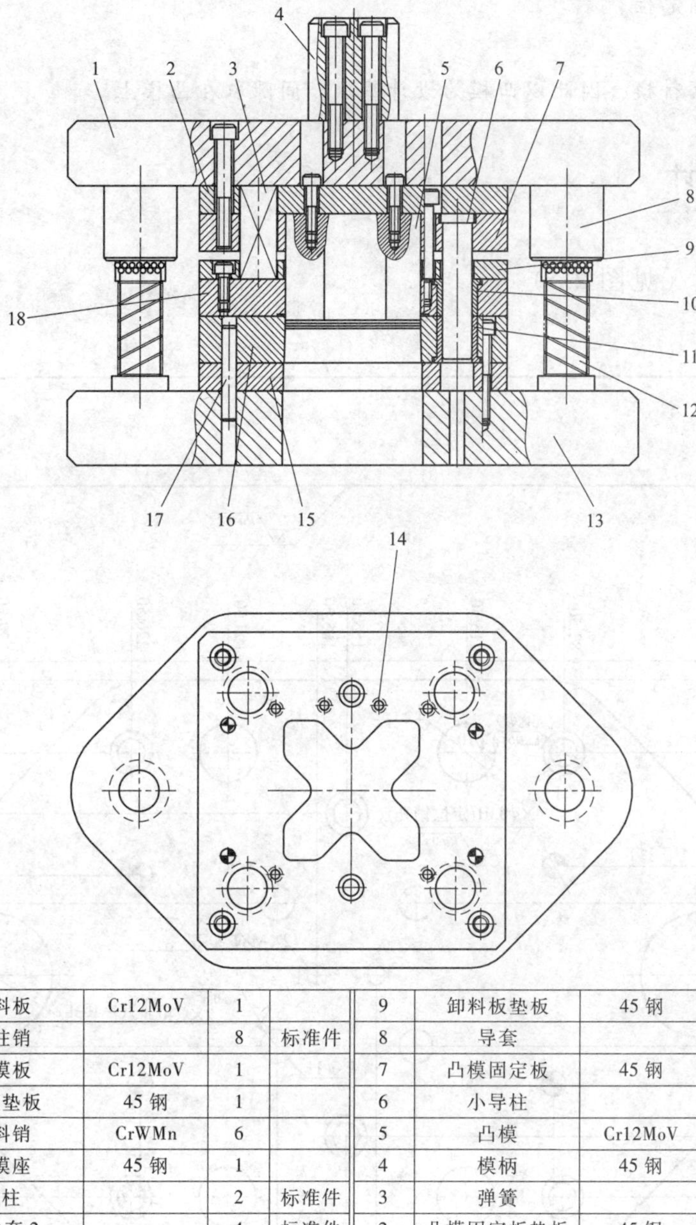

18	卸料板	Cr12MoV	1		9	卸料板垫板	45 钢	1	
17	圆柱销		8	标准件	8	导套		2	标准件
16	凹模板	Cr12MoV	1		7	凸模固定板	45 钢	1	
15	凹模垫板	45 钢	1		6	小导柱		4	标准件
14	挡料销	CrWMn	6		5	凸模	Cr12MoV	1	
13	下模座	45 钢	1		4	模柄	45 钢	1	
12	导柱		2	标准件	3	弹簧		8	标准件
11	小导套 2		4	标准件	2	凸模固定板垫板	45 钢	1	
10	小导套 1		4	标准件	1	上模座	45 钢	1	
件号	名　称	材　料	数量	备　注	件号	名　称	材　料	数量	备　注

图 2-4　垫片落料模

技巧

● 为方便凸模刃口的维修，该凸模采用螺钉固定，修模刃口时，无须拆卸凸模固定板及卸料板等。

● 本模具可采用条料及卷料来冲压，当产量小时，可选用条料来冲压。工作时，条料送入模内，用挡料销 14 进行挡料，上模下行，由弹性卸料板先对条料压紧后再进行冲压，冲下的制件往下模的漏料孔出件。若产量大时，则采用卷料来冲压，将挡料销 14 拆卸出，直接用送料装置精确定位。

经验

- 该模具为落料模，因此以凹模为设计基准，间隙取在凸模上。

2.5 模座设计

2.5.1 上模座（见图 2-5）

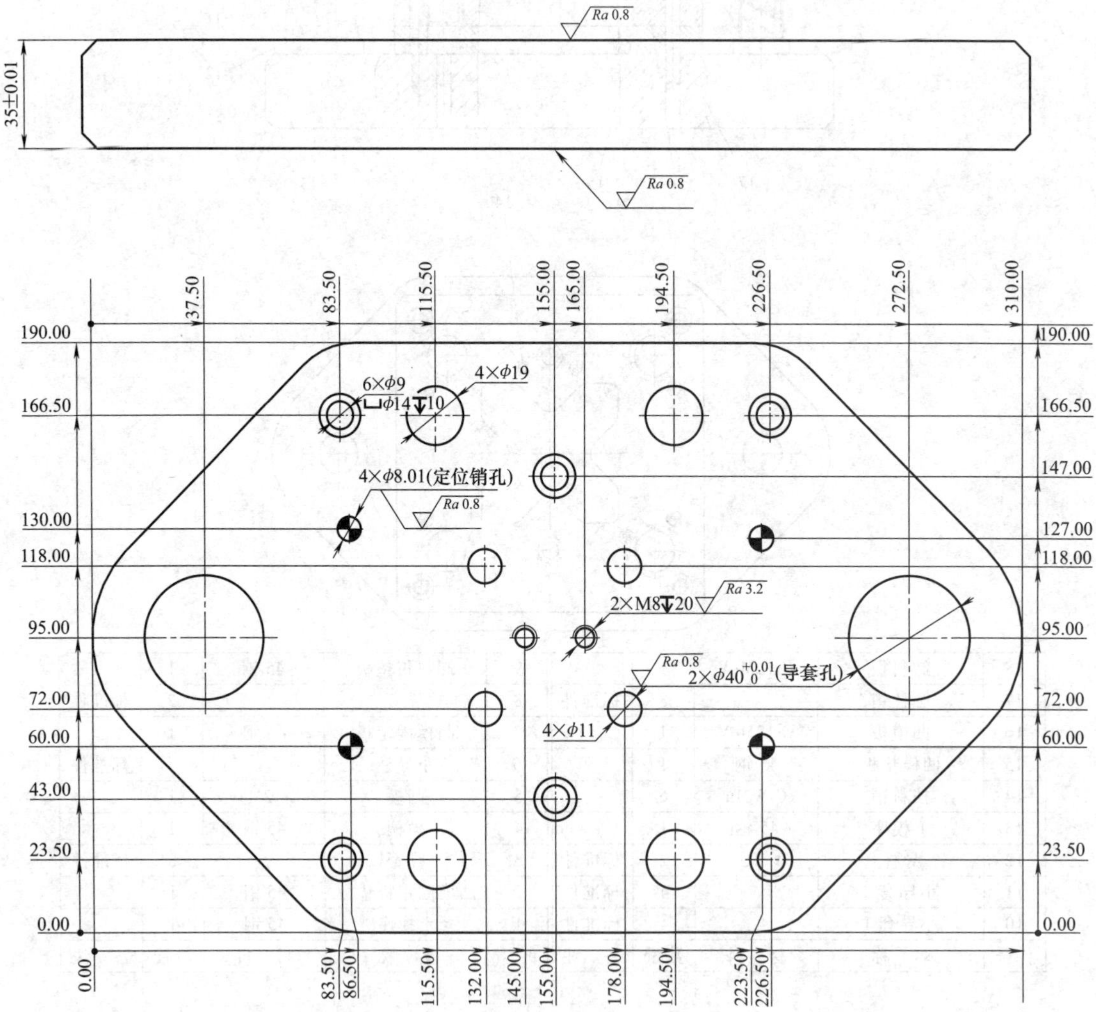

技术要求：

1.材料：45钢。

2.板厚为(35±0.01)mm，两面平行度为0.005mm。

3.定位销孔和导套孔对底面的垂直度为0.003mm。

4.数量：1件。

图 2-5 上模座（图 2-4 的件 1）

2.5.2　下模座（见图 2-6）

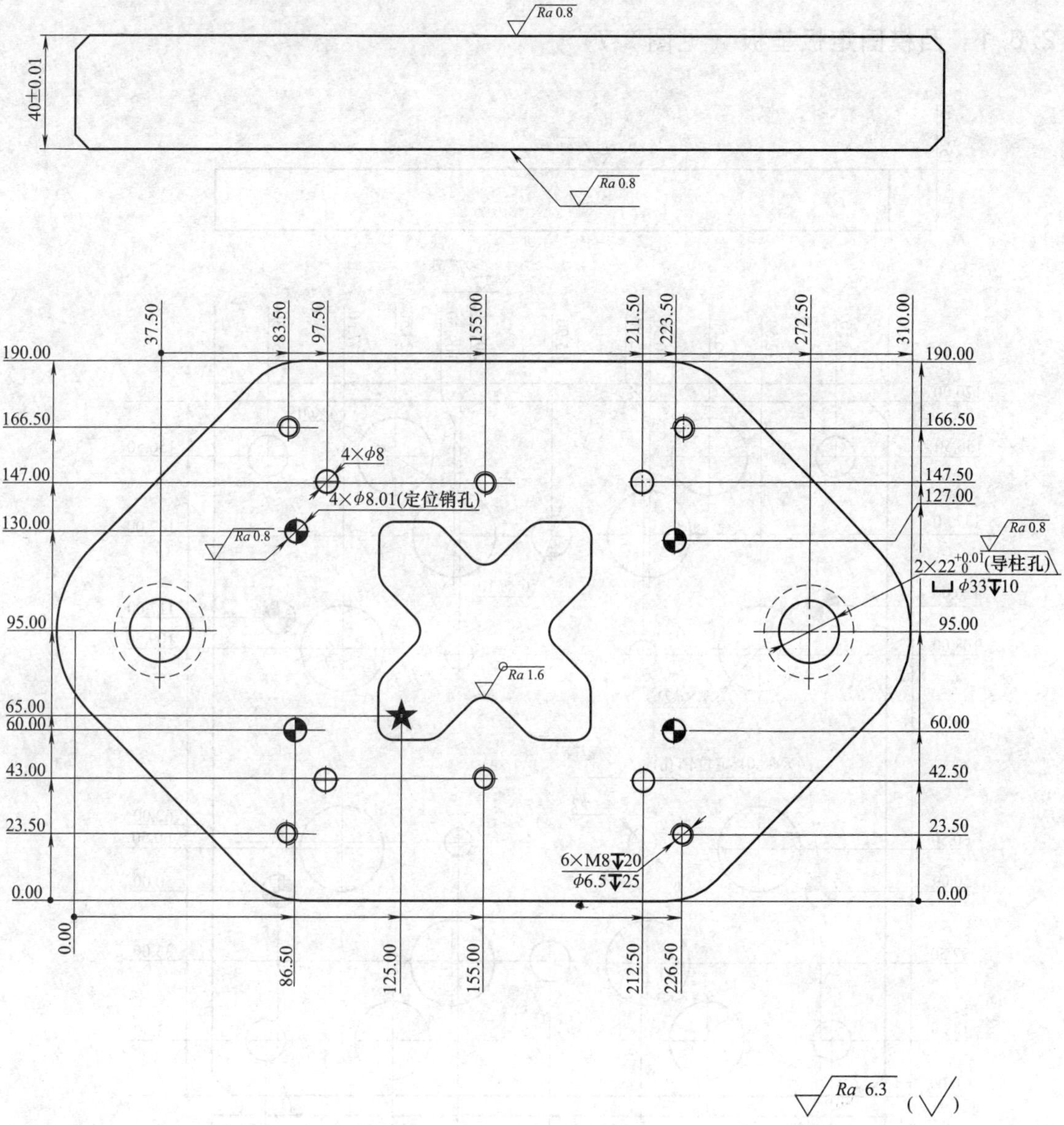

技术要求：
1.材料：45钢。
2.板厚为 (40±0.01)mm，两面平行度为0.005mm。
3.定位销孔和导柱孔对底面的垂直度为0.003mm。
4.图中标有"★"为穿丝孔。
5.数量：1件。

图 2-6　下模座（图 2-4 的件 13）

2.6 模板设计

2.6.1 凸模固定板垫板（见图 2-7）

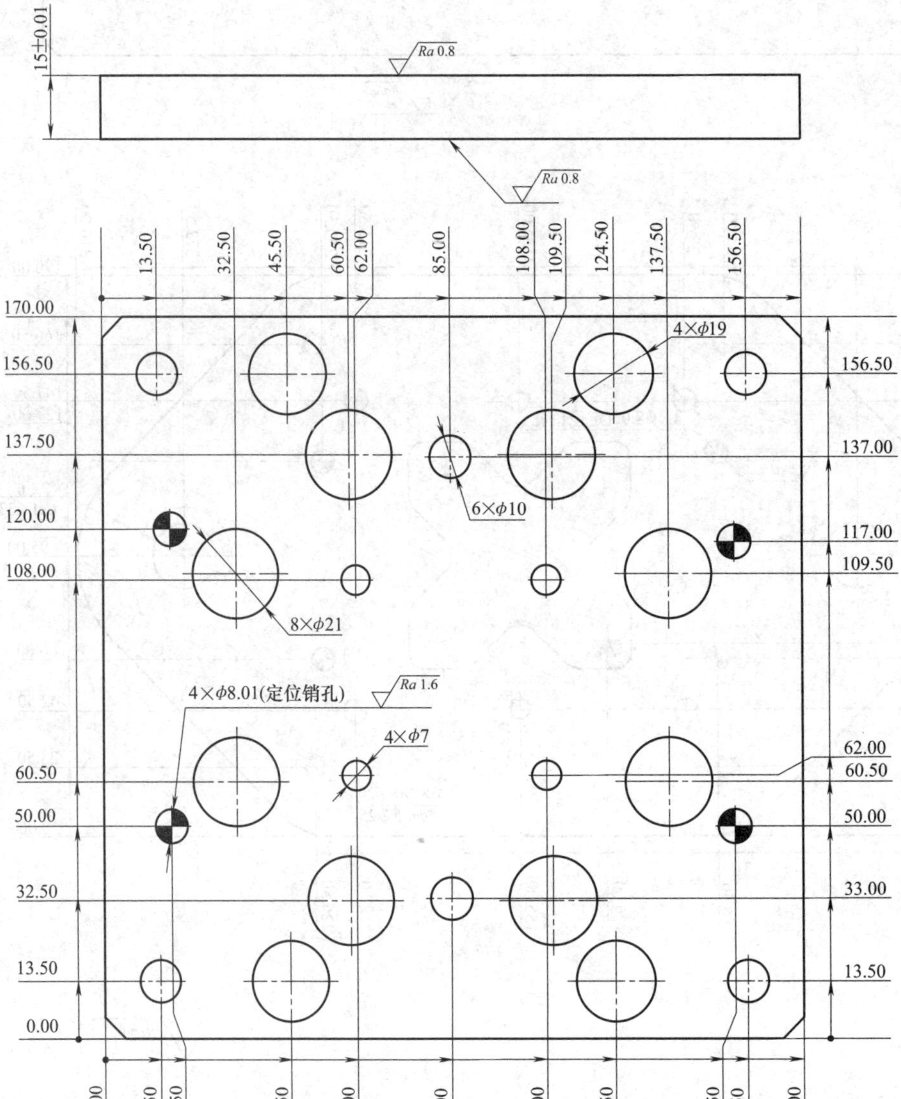

技术要求：
1.材料：45钢。
2.调质处理硬度为320～360HBW。
3.板厚为(15± 0.01)mm，两面平行度为0.005mm。
4.主要型孔采用快走丝加工。
5.数量：1件。

图 2-7　凸模固定板垫板（图 2-4 的件 2）

2.6.2　凸模固定板（见图 2-8）

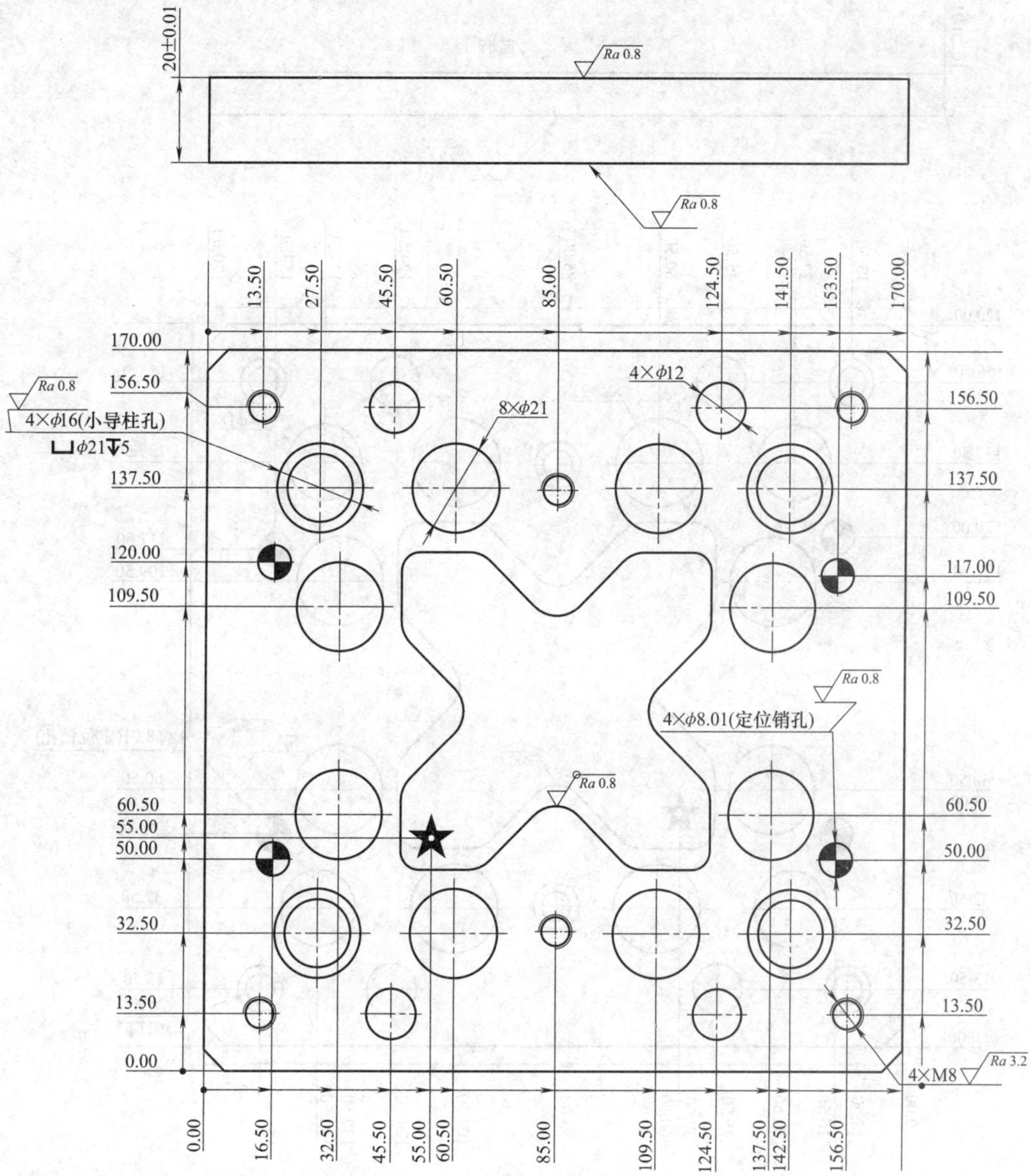

技术要求：

1.材料：45钢。
2.板厚为(20±0.01)mm，两面平行度为0.005mm。
3.主要型孔采用慢走丝加工，对底面的垂直度为0.002mm。
4.图中标有“★”为穿丝孔。
5.数量：1件。

图 2-8　凸模固定板（图 2-4 的件 7）

2.6.3 卸料板垫板（见图 2-9）

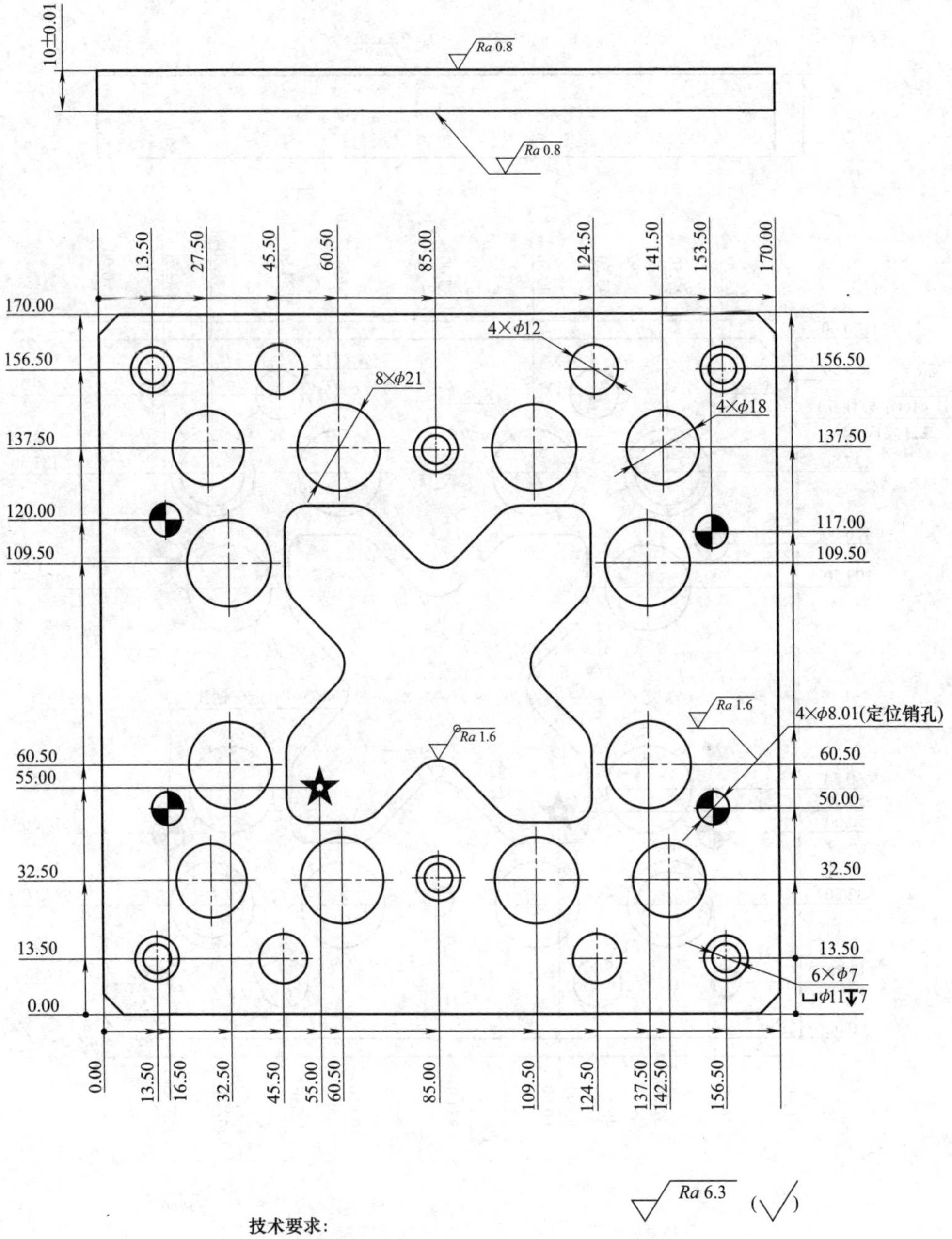

技术要求：

1.材料：45钢。

2.板厚为(10±0.01)mm，两面平行度为0.005mm。

3.主要型孔采用快走丝加工。

4.图中标有“★”为穿丝孔。

5.数量：1件。

图 2-9 卸料板垫板（图 2-4 的件 9）

2.6.4　卸料板（见图 2-10）

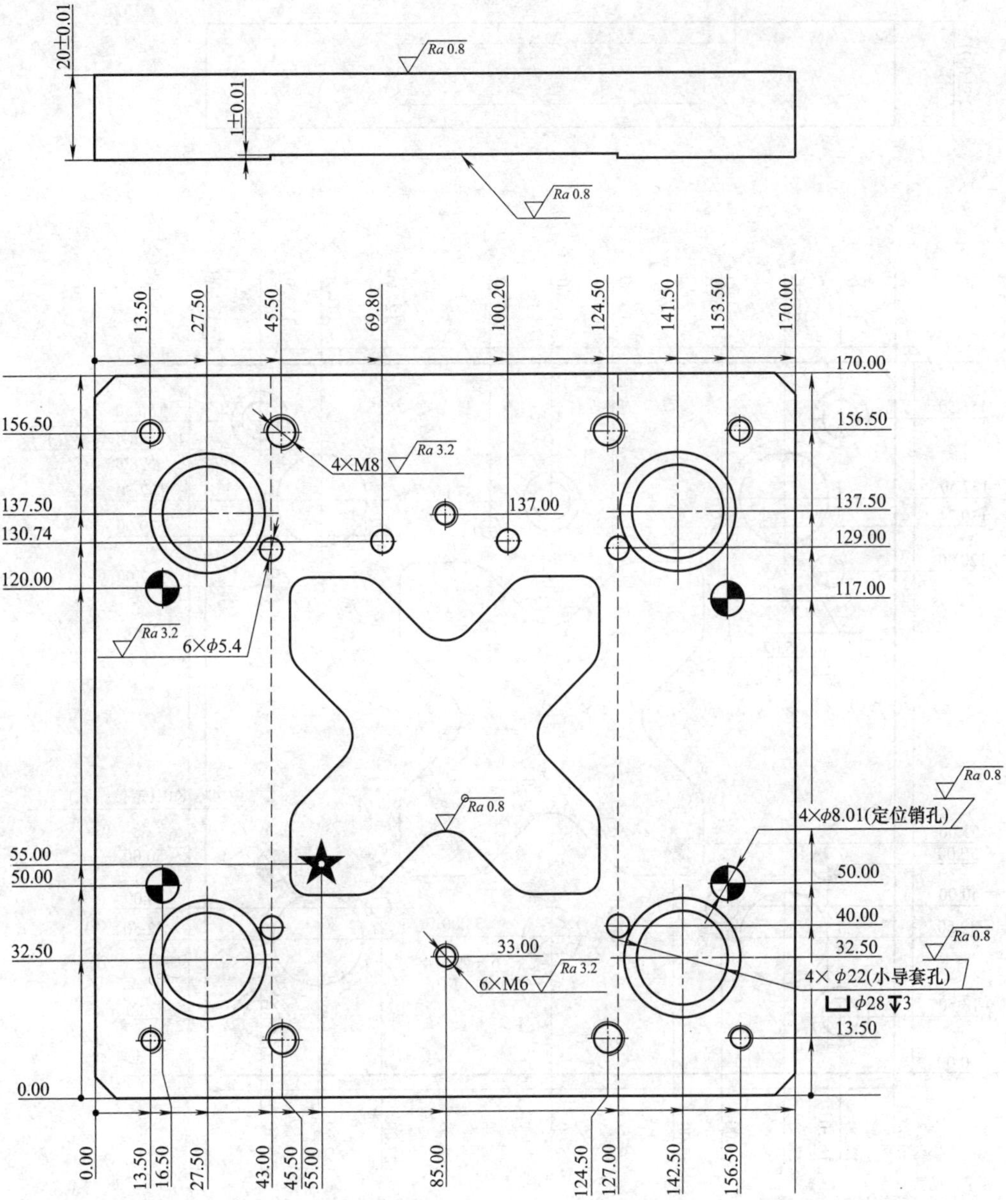

技术要求：　　　　Ra 6.3　(√)

1.材料：Cr12MoV。
2.热处理硬度为50～55HRC。
3.板厚为(20±0.01)mm，两面平行度为0.005mm。
4.主要型孔采用慢走丝加工，对底面的垂直度为0.002mm。
5.图中标有“★”为穿丝孔。
6.数量：1件。

图 2-10　卸料板（图 2-4 的件 18）

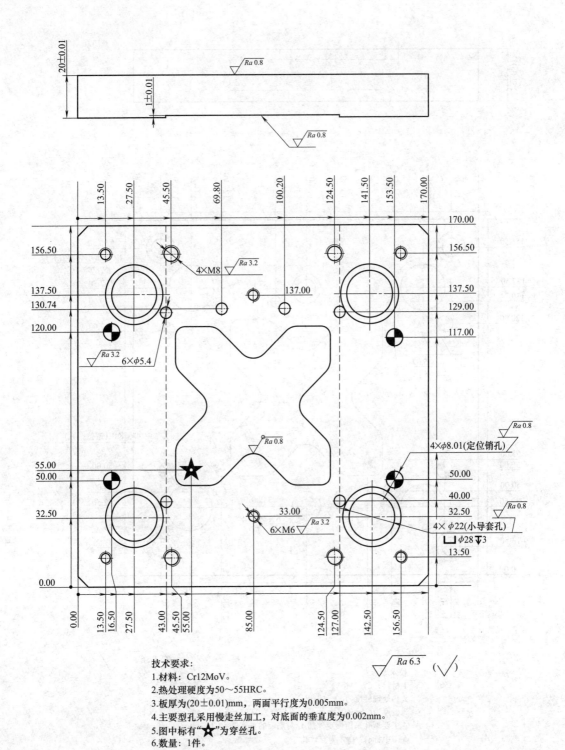

2.6.5 凹模板（见图 2-11）

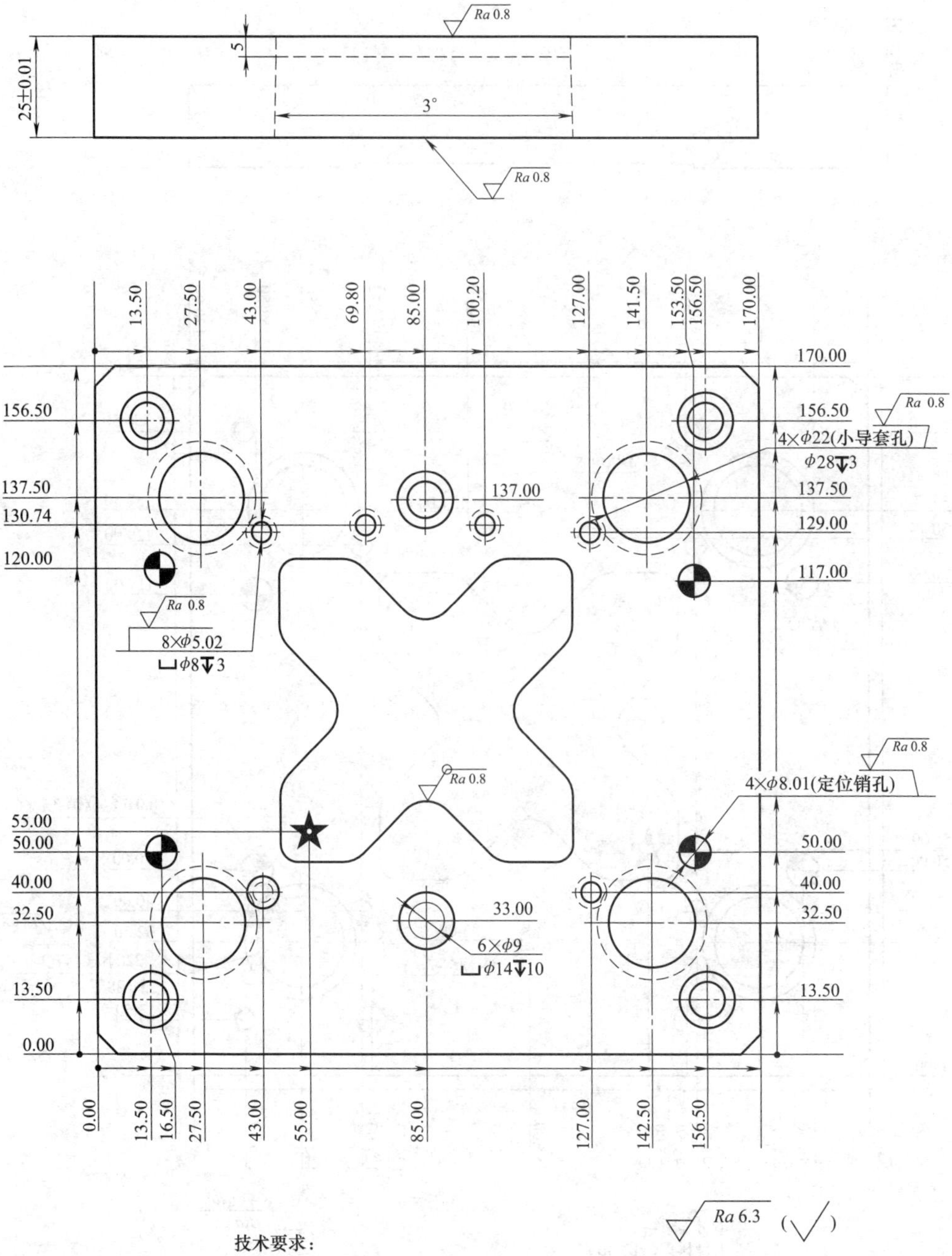

技术要求：

1.材料：Cr12MoV。

2.热处理硬度为60～62HRC 。

3.板厚为(25±0.01)mm,两面平行度为0.005mm

4.主要型孔采用慢走丝加工,对底面的垂直度为0.002mm。

5.图中标有“★”为穿丝孔 。

6.数量：1件。

图 2-11　凹模板（图 2-4 的件 16）

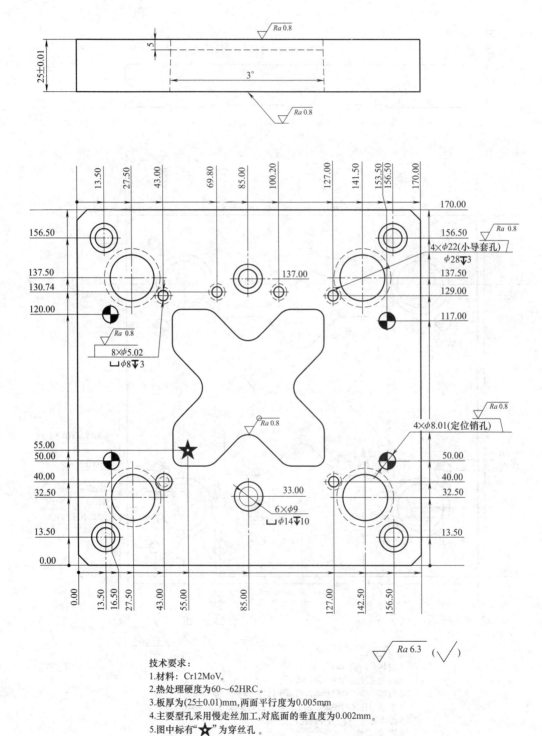

2.6.6　凹模垫板（见图 2-12）

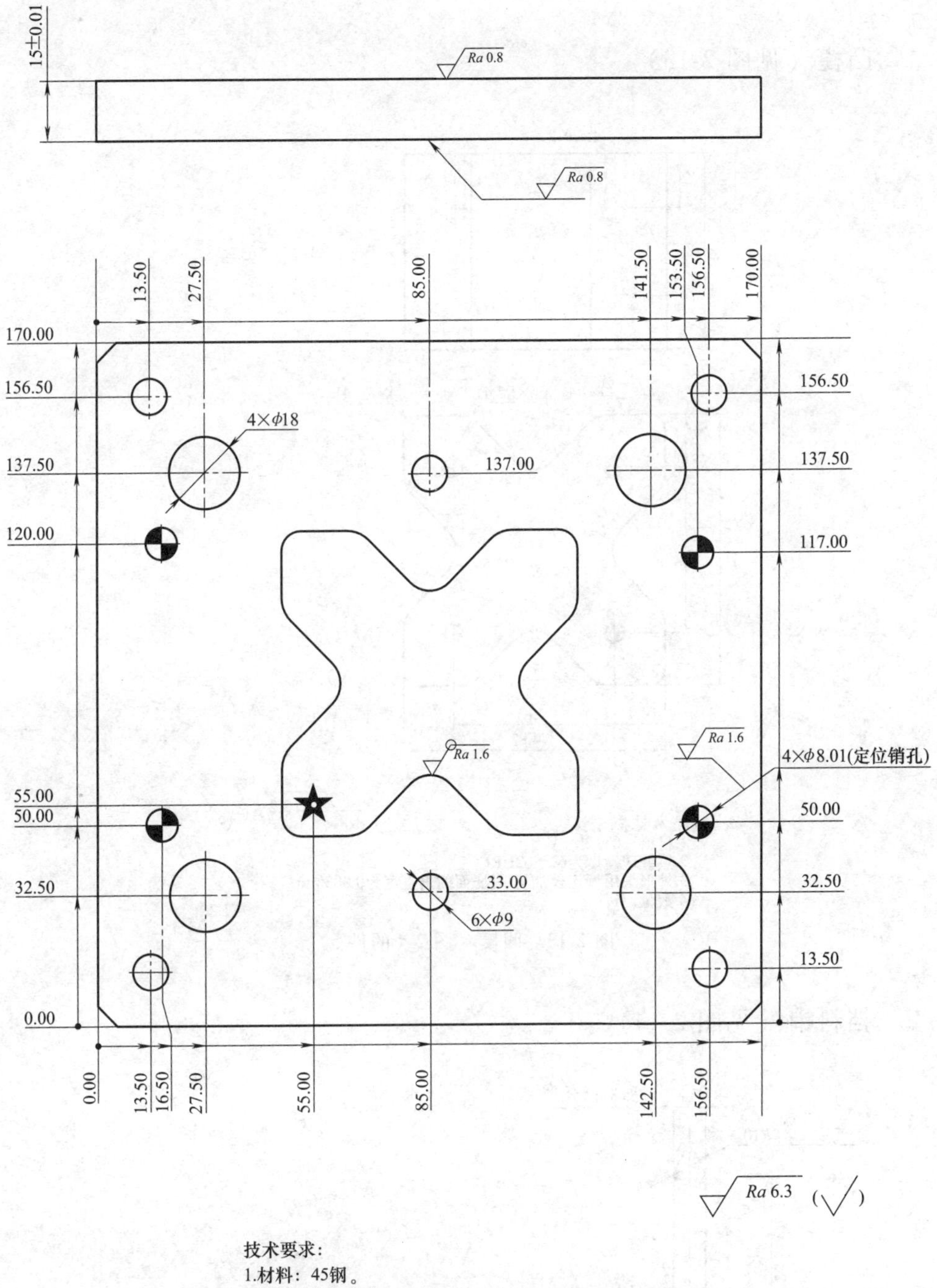

技术要求：

1.材料：45钢。

2.调质处理硬度为320～360HBW。

3.板厚为(15±0.01)mm，两面平行度为0.005mm。

4.主要型孔采用快走丝加工。

5.图中标有“★”为穿丝孔。

6.数量：1件。

图 2-12　凹模垫板（图 2-4 的件 15）

2.7 模具零部件设计

2.7.1 凸模（见图 2-13）

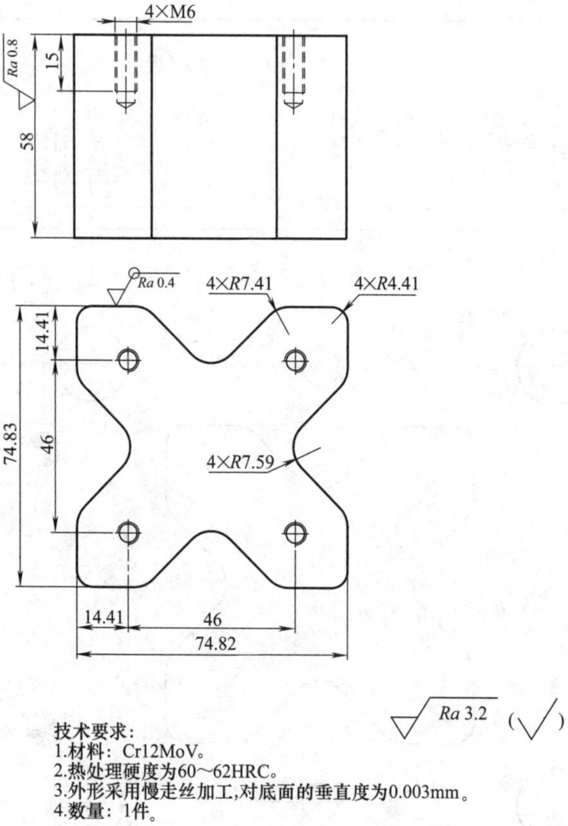
4×M6
15
58
Ra 0.8
Ra 0.4
4×R7.41
4×R4.41
14.41
74.83
46
4×R7.59
14.41
46
74.82
Ra 3.2
技术要求：
1.材料：Cr12MoV。
2.热处理硬度为60～62HRC。
3.外形采用慢走丝加工,对底面的垂直度为0.003mm。
4.数量：1件。

图 2-13 凹模（图 2-4 的件 5）

2.7.2 挡料销（见图 2-14）

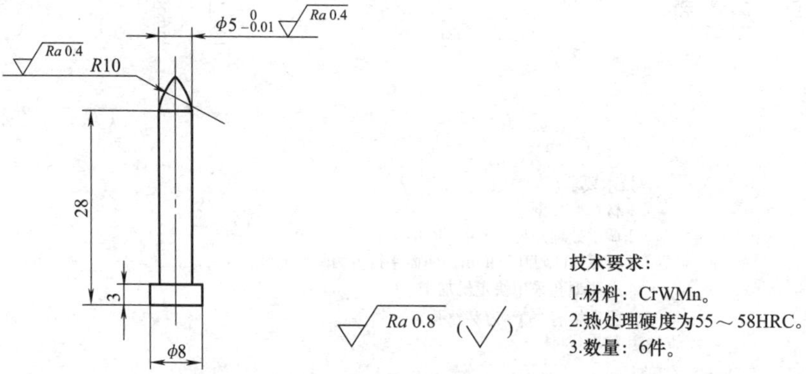
ϕ5 0 −0.01
Ra 0.4
Ra 0.4
R10
28
3
ϕ8
Ra 0.8
技术要求：
1.材料：CrWMn。
2.热处理硬度为55～58HRC。
3.数量：6件。

图 2-14 挡料销（图 2-4 的件 14）

2.7.3　模柄（见图 2-15）

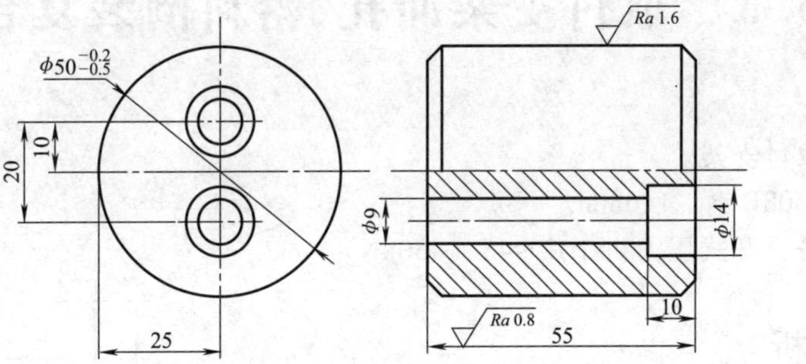

Ra 6.3 （√）

技术要求：
1.材料：45钢。
2.数量：1件。

图 2-15　模柄（图 2-4 的件 4）

第 3 章　取付支架冲孔、落料倒装复合模

制件名称：取付支架。

材料及板厚：08F 钢，1.6mm。

所用冲压设备：开式压力机 JH21-45（450kN）。

3.1　工艺分析

图 3-1 所示为取付支架，该制件用于家用电器的连接垫板，内形有两个 ϕ4.3mm 圆孔为螺钉固定孔。从图中可以看出，此制件形状简单，尺寸要求不高，外形及内孔要求在同一面毛刺方向，制件最大外形尺寸，长为 82.2mm、宽为 50mm。

因制件板料厚为 1.6mm，而外形凹形部位处有两条宽为 3mm 的细长条，在冲裁时，凹模凸出的部位强度较弱，在设计模具时要重点考虑。

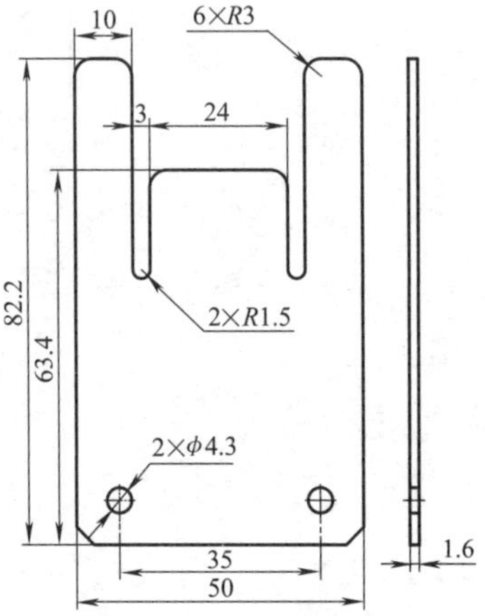

图 3-1　取付支架

3.2　模具设计方案确定

经分析，该制件可采用如下三种方案来设计。

方案 1：采用多工位级进模，所需工位数多，模具制造成本昂贵，维修困难。

方案 2：采用单工序模，需要两个工位冲压，工位 1 为落料外形；工位 2 为冲两个圆孔。

方案 3：采用冲孔、落料复合模，需要一副模具即可。

对以上三个方案的分析，方案 1 模具制造成本高，维修困难；方案 2 模具冲压成本高，制件定位误差大；方案 3 模具成本低，冲压出的制件一致性好。而且制件的年生产批量小，选择方案 3 采用复合模设计较为经济，可以降低模具的制造成本，使冲压出的制件一致性好。

3.3　模具总装图设计

取付支架冲孔、落料倒装复合模如图 3-2 所示。采用复合模具冲压，制件不能从压力机的工作台面漏下，在模具设计时需要解决出件问题。

模具工作时，条料放在下模的卸料板 20 上，由浮动挡料销 11 对条料进行挡料定位。上模下行，条料在凹模板 21 与卸料板 20 的压紧下，靠凸凹模 18 对凹模板 21 施加压力，完成制件冲孔、落料复合冲裁工作。上模回程，留在凹模板 21 内的制件由刚性推板 10 通过推杆 5 推下使制件卸料。同时在凹模内落下制件的瞬间用压缩空气将其吹入容器中，而中间两个圆孔的废料从下模座的漏料孔中自由排出。

技巧

● 该制件的板料较厚（t=1.6mm），生产批量一般，因此在模座上无须设计导柱，直接在模具的内部设计小导柱导向即可。

• 本模具的凸凹模 18 装在下模，凹模板 21 装在上模，凹模内装有推板 10 对冲压完成的制件起卸料作用。

经验

• 采用复合模也存在一定的问题。凸凹模的壁厚受到了一定的限制（凸凹模内、外形间的壁厚，或内形与内形间的壁厚，都不能过薄，以免影响强度）。冲孔落料复合模的凸凹模，其刃口平面与制件尺寸相同，这就产生了复合模的“最小壁厚”问题。因此，冲孔落料复合模许用最小壁厚可按表 3-1 选取，表中的数值是经验数据，仅供参考。

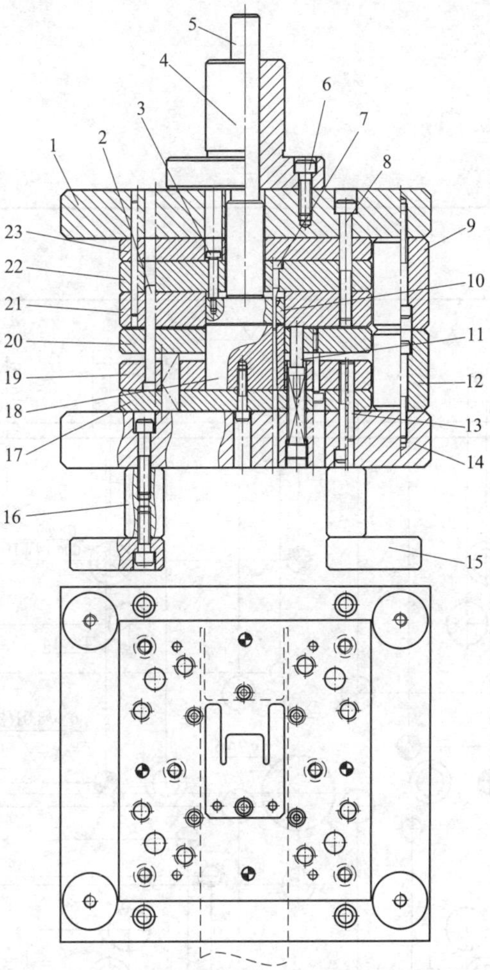

					12	下限位柱	45 钢	4	
23	上垫板	45 钢	1		11	浮动挡料销	CrWMn	5	
22	上固定板	45 钢	1		10	推板	Cr12MoV	1	
21	凹模板	Cr12MoV	1		9	上限位柱	45 钢	4	
20	卸料板	Cr12MoV	1		8	螺钉-2		6	标准件
19	下固定板	45 钢	1		7	圆孔凸模	SKD11	2	
18	凸凹模	Cr12MoV	1		6	螺钉-1		3	标准件
17	下垫板	45 钢	1		5	推杆	CrWMn	1	
16	下垫脚-1	45 钢	2		4	模柄	45 钢	1	
15	下垫脚-2	45 钢	2		3	卸料螺钉		5	标准件
14	下模座	45 钢	1		2	小导柱		4	标准件
13	圆柱销		4	标准件	1	上模座	45 钢	1	
件号	名　称	材　料	数量	备　注	件号	名　称	材　料	数量	备　注

图 3-2　取付支架冲孔、落料倒装复合模

表 3-1 所示　复合模最小壁厚　　　　　　　　　　（单位：mm）

材料名称	材料厚度 t		
	≤0.5	0.6~0.8	≥1
铝、铜	0.6~0.8	0.8~1.0	$(1.0~1.2)t$
黄铜、低碳钢	0.8~1.0	1.0~1.2	$(1.2~1.5)t$
硅钢、磷铜、中碳钢	1.2~1.5	1.5~2.0	$(2.0~2.5)t$

注：表中小的数值用于凸圆弧与凸圆弧之间或凸圆弧与直线之间的最小距离，大的数值用于凸圆弧与凹圆弧之间或平行直线之间的最小距离。

3.4　模座设计

3.4.1　上模座（见图 3-3）

技术要求：

1.材料：45钢。

2.板厚为(30±0.01)mm,两面平行度为0.005mm。

3.定位销孔对底面的垂直度为0.003mm。

4.数量：1件。

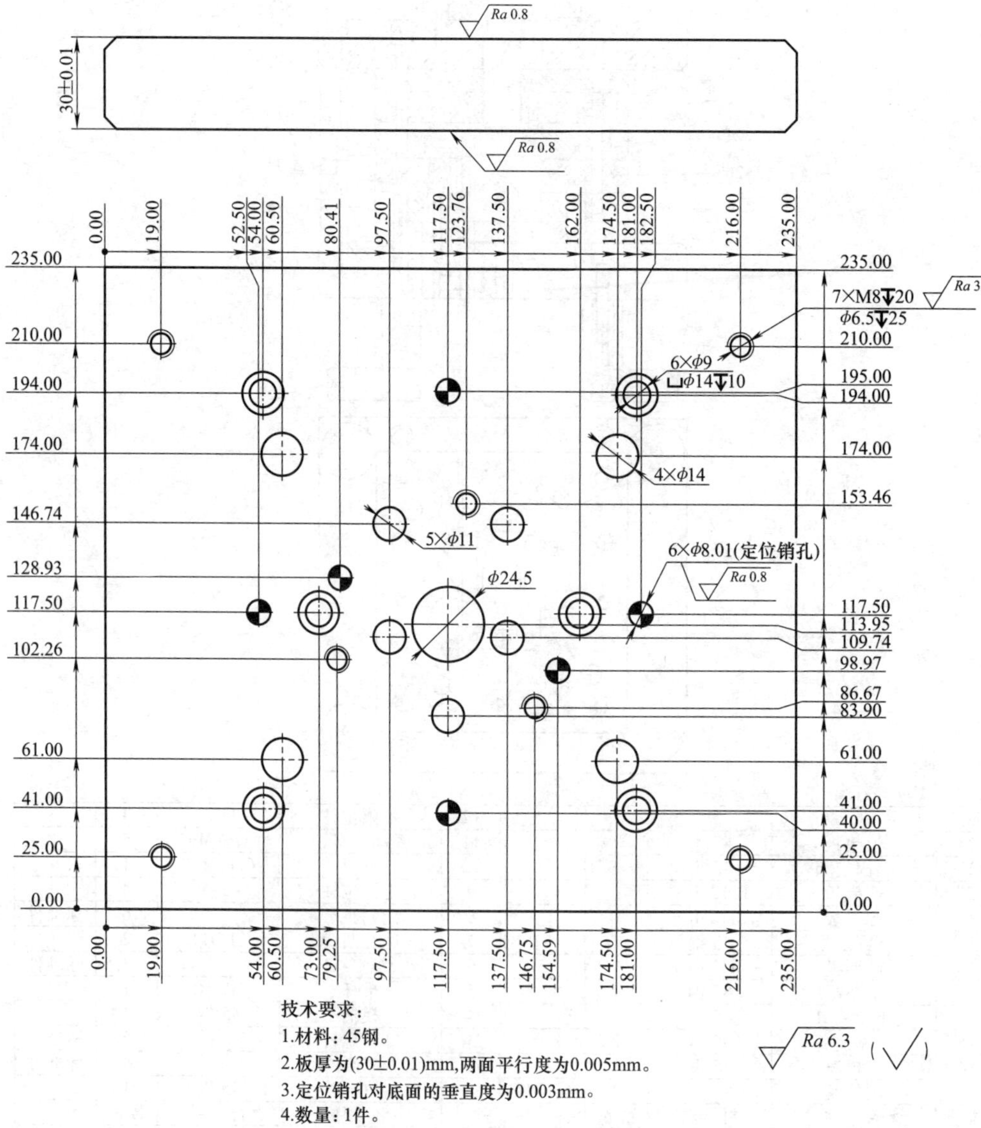

图 3-3　上模座（图 3-2 的件 1）

3.4.2　下模座（见图 3-4）

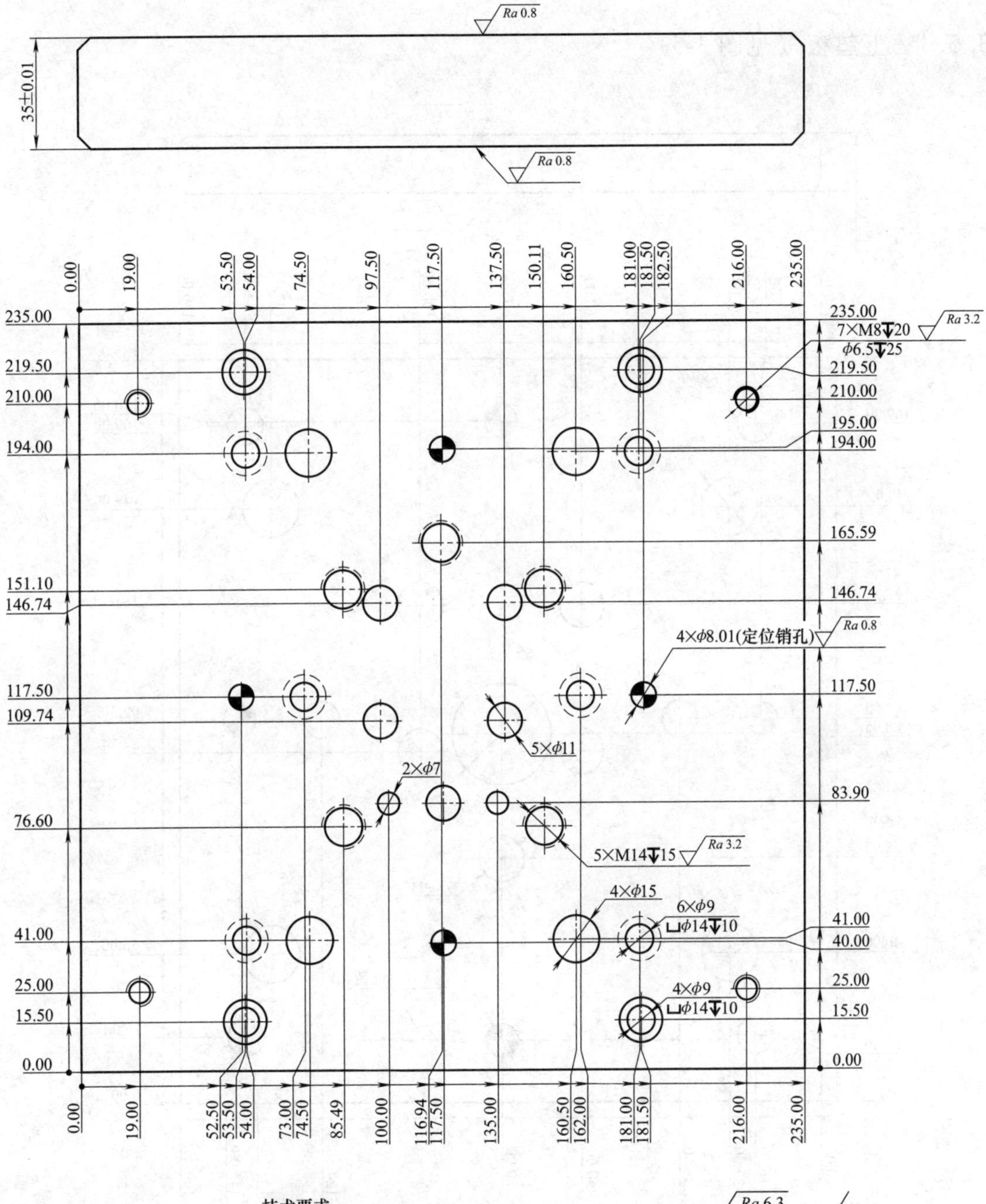
Ra 0.8
35±0.01
Ra 0.8
7×M8↧20
ϕ6.5↧25
Ra 3.2
4×ϕ8.01(定位销孔)
Ra 0.8
5×ϕ11
2×ϕ7
5×M14↧15
Ra 3.2
4×ϕ15
6×ϕ9
⌴ϕ14↧10
4×ϕ9
⌴ϕ14↧10
Ra 6.3
技术要求：
1.材料：45钢。
2.板厚为(35±0.01)mm,两面平行度为0.005mm。
3.定位销孔对底面的垂直度为0.003mm。
4.数量：1件。

图 3-4　下模座（图 3-2 的件 14）

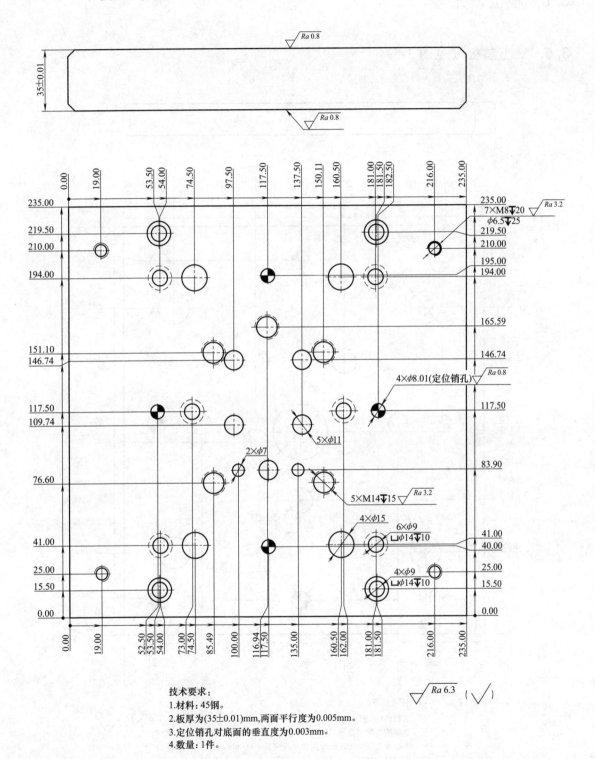

3.5 模板设计

3.5.1 上垫板（见图 3-5）

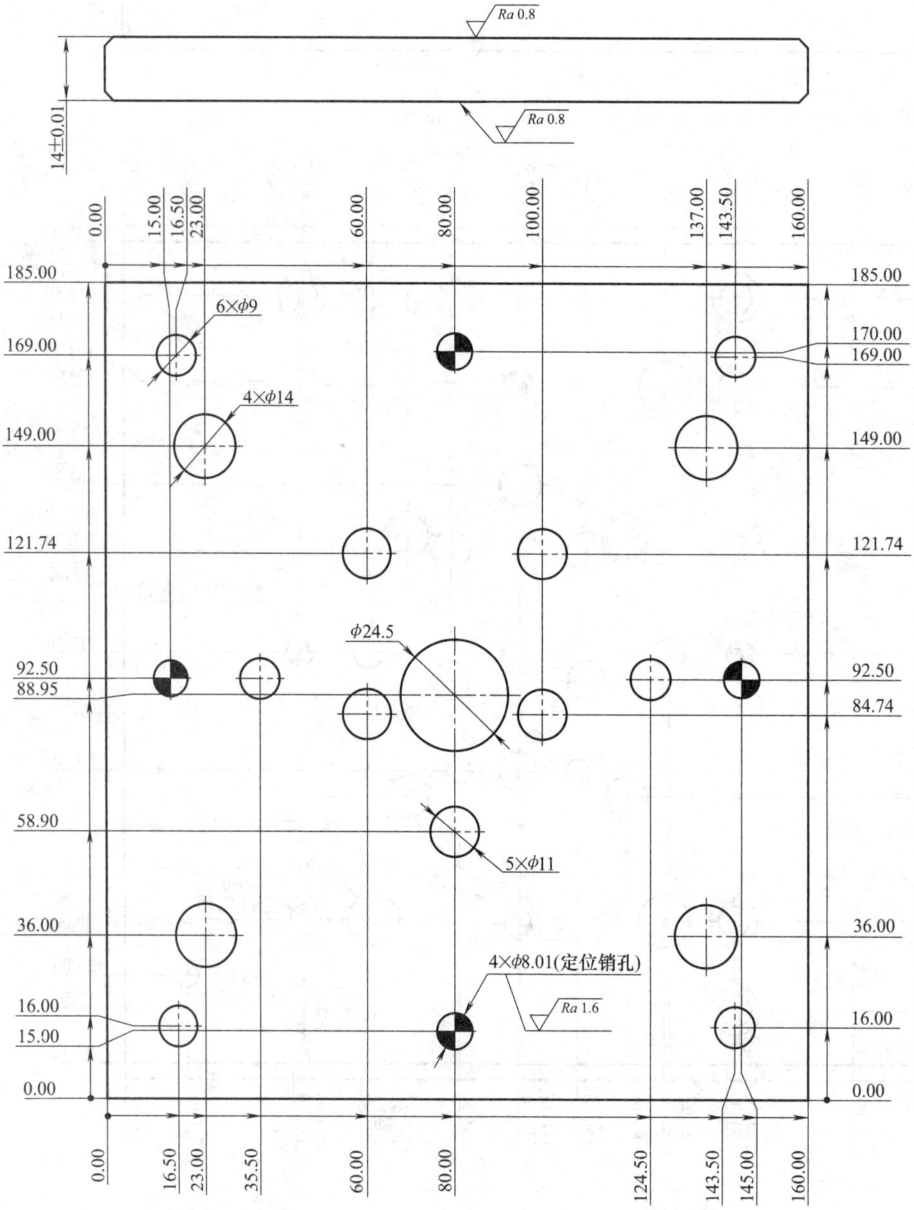

技术要求：

1.材料：45钢。

2.调质处理硬度为320～360HBW。

3.板厚为(14±0.01)mm,两面平行度为0.005mm。

4.数量：1件。

$\sqrt{Ra\ 6.3}$ ($\sqrt{}$)

图 3-5 上垫板（图 3-2 的件 23）

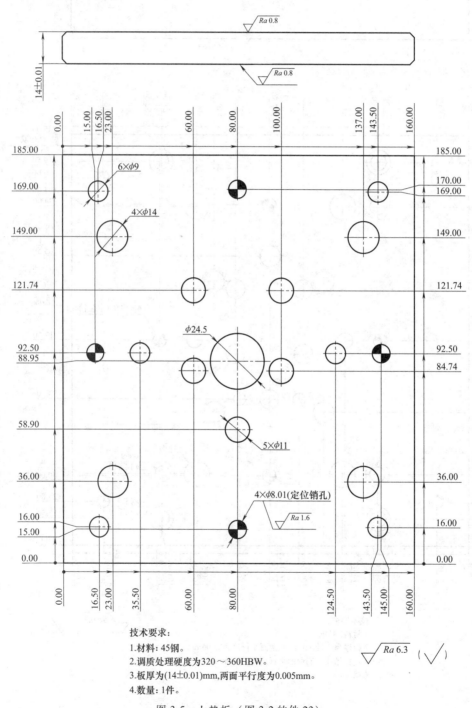

3.5.2　上固定板（见图 3-6）

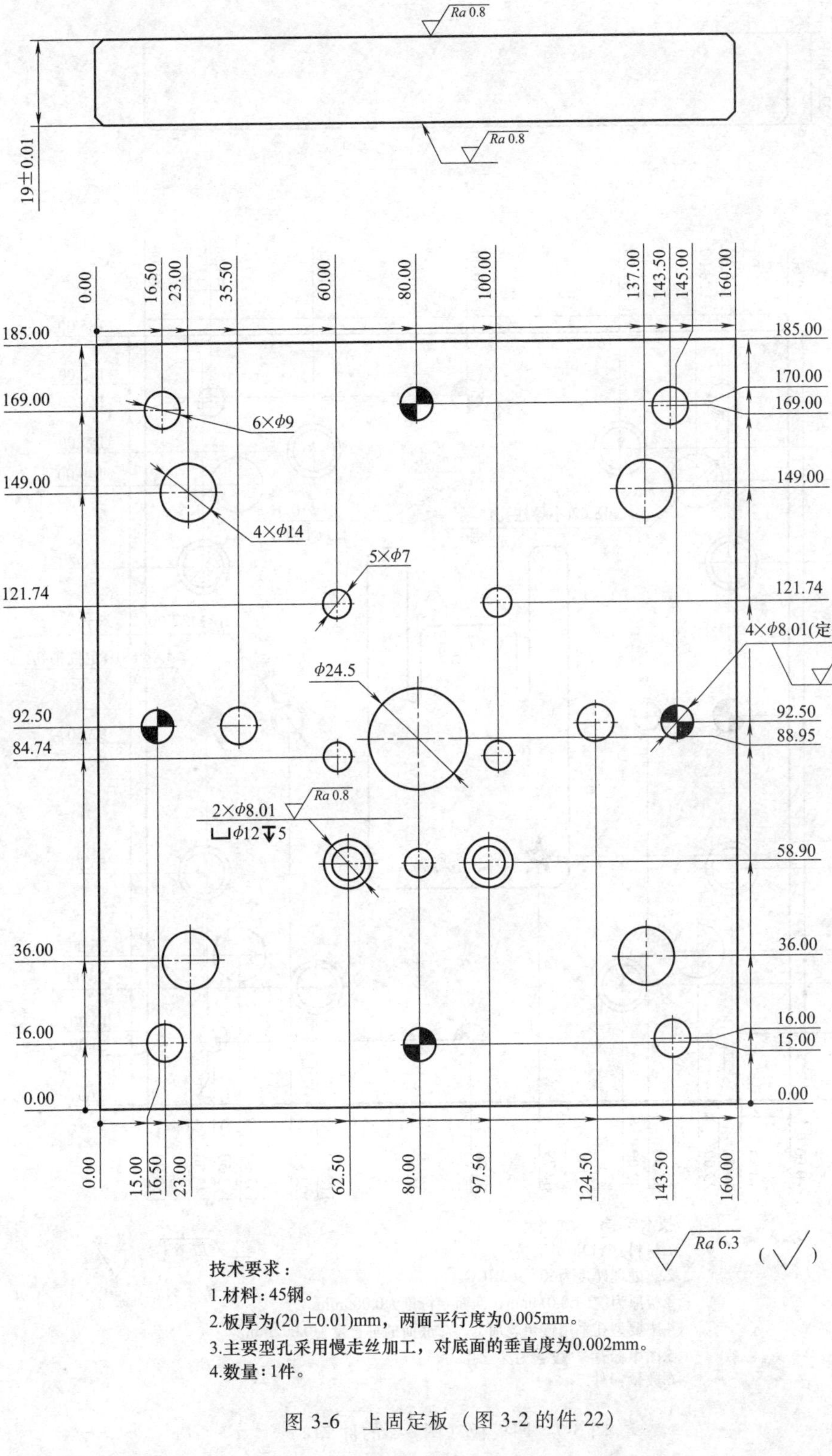

图 3-6　上固定板（图 3-2 的件 22）

3.5.3 凹模板（见图 3-7）

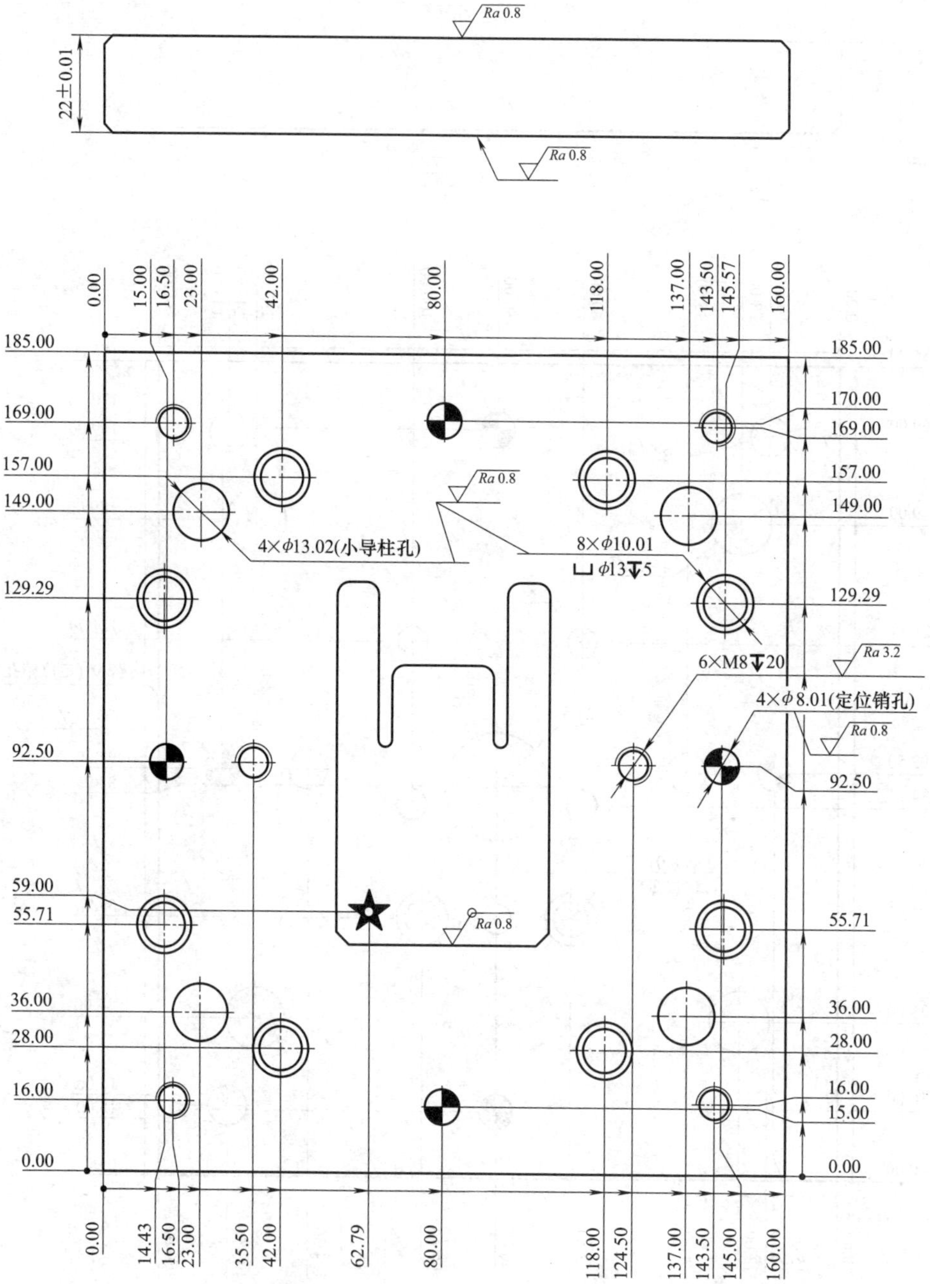

技术要求：

1.材料：Cr12MoV。

2.热处理硬度为60～62HRC。

3.板厚为(22±0.01)mm，两面平行度为0.005mm。

4.主要型孔采用慢走丝加工，对底面的垂直度为0.002mm。

5.图中标有“★”为穿丝孔。

6.数量：1件。

Ra 6.3（√）

图 3-7　凹模板（图 3-2 的件 21）

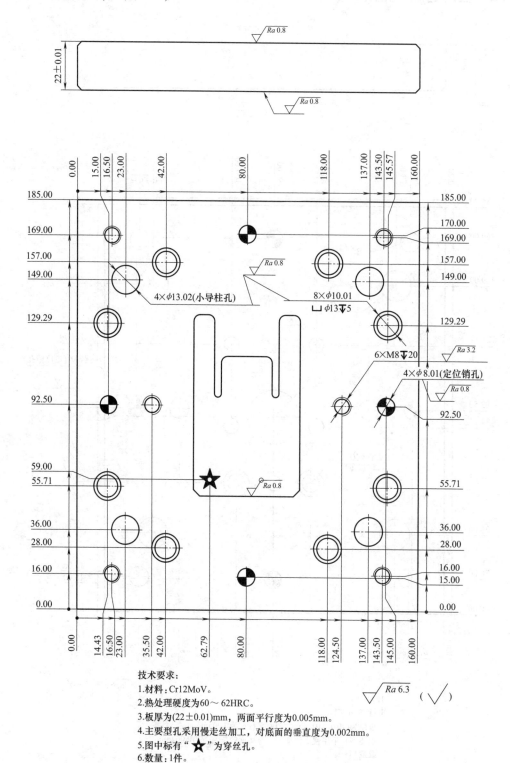

3.5.4　卸料板（见图 3-8）

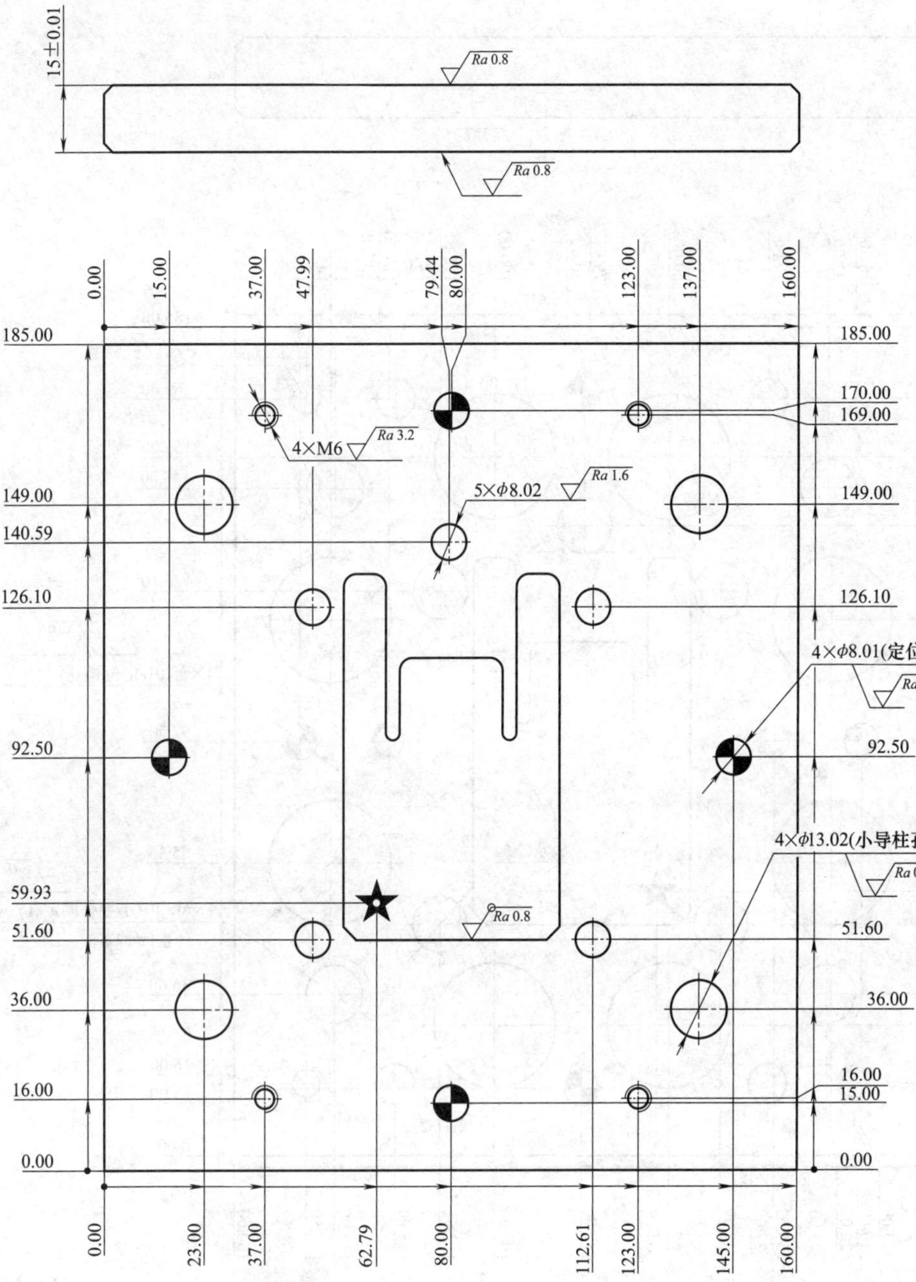

技术要求：

1.材料：Cr12MoV。

2.热处理硬度为50～55HRC。

3.板厚为(15±0.01)mm，两面平行度为0.005mm。

4.主要型孔采用慢走丝加工，对底面的垂直度为0.002mm。

5.图中标有"★"为穿丝孔。

6.数量：1件。

Ra 6.3 （√）

图 3-8　卸料板（图 3-2 的件 20）

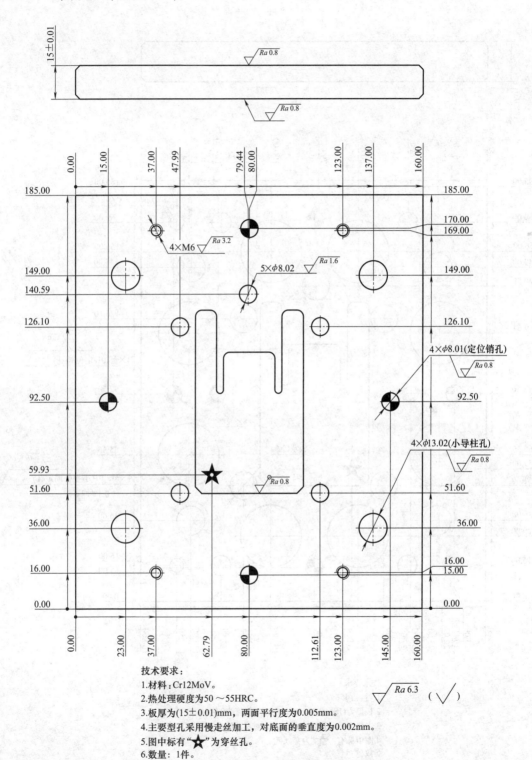

3.5.5 下固定板（见图 3-9）

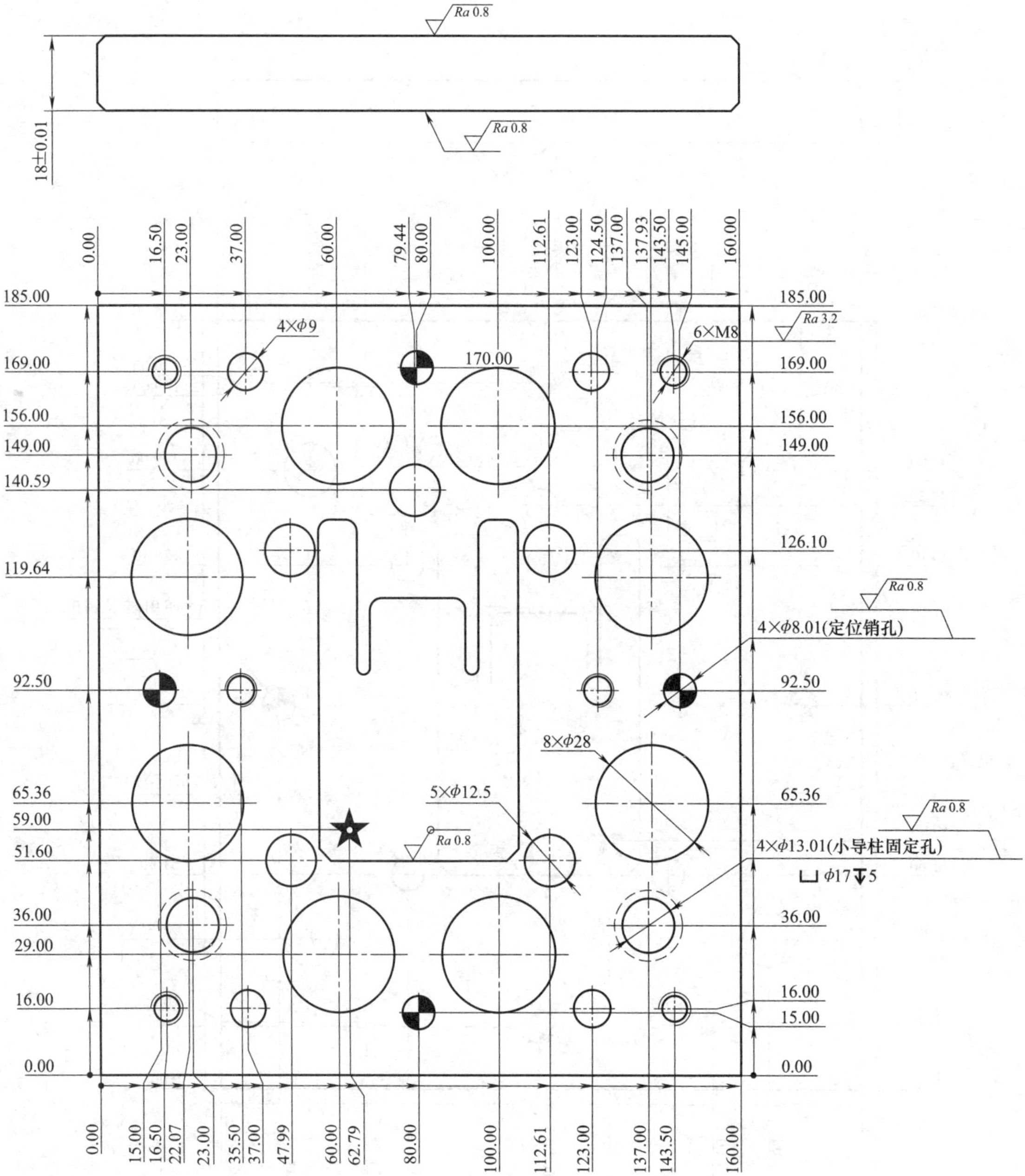

技术要求：

Ra 6.3 （√）

1.材料：45钢。

2.板厚为(18±0.01)mm，两面平行度为0.005mm。

3.主要型孔采用慢走丝加工，对底面的垂直度为0.002mm。

4.图中标有"★"为穿丝孔。

5.数量：1件。

图 3-9 下固定板（图 3-2 的件 19）

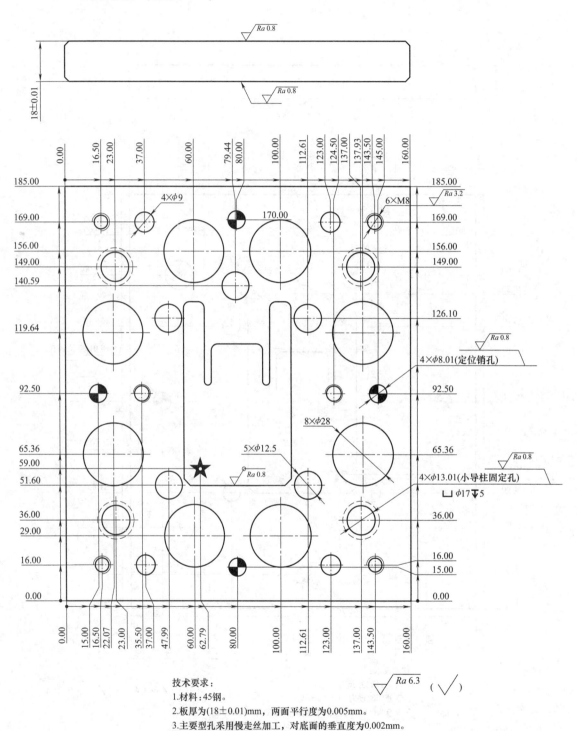

3.5.6　下垫板（见图 3-10）

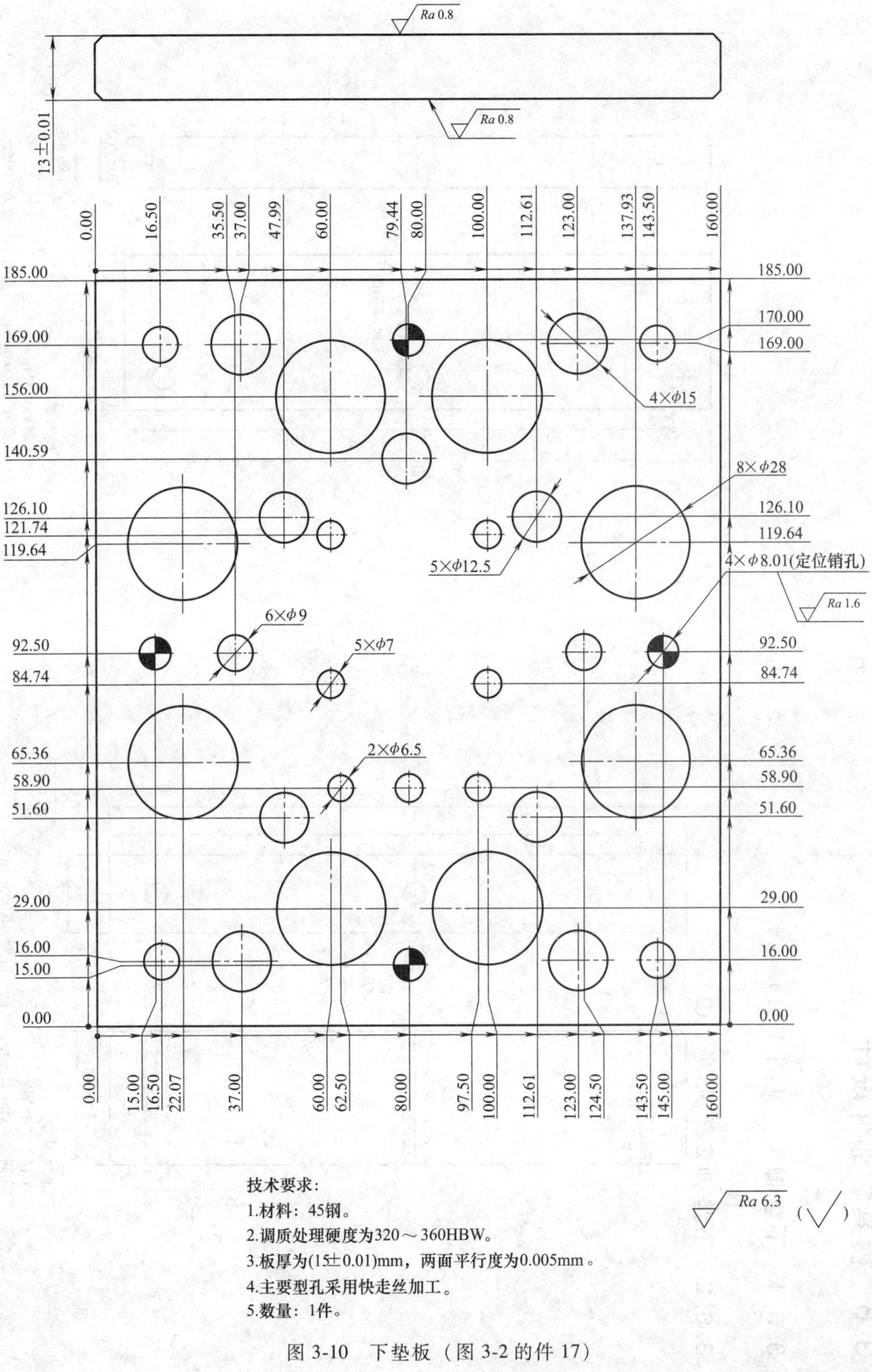

图 3-10　下垫板（图 3-2 的件 17）

3.6 模具零部件设计

3.6.1 下垫脚 1（见图 3-11）

3.6.2 下垫脚 2（见图 3-12）

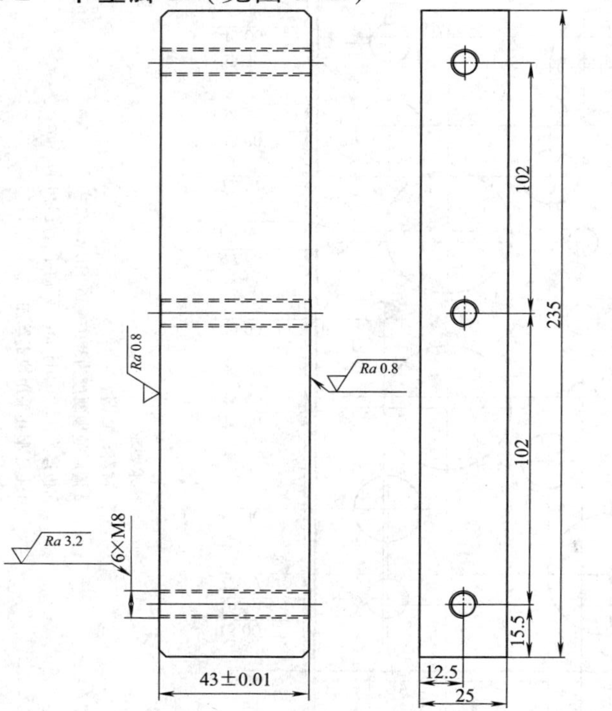

Ra 6.3 （√）

技术要求：
1.材料：45钢。
2.高为(43±0.01)mm，两面平行度为0.005mm。
3.数量：2件。

图 3-11　下垫脚 1（图 3-2 的件 16）

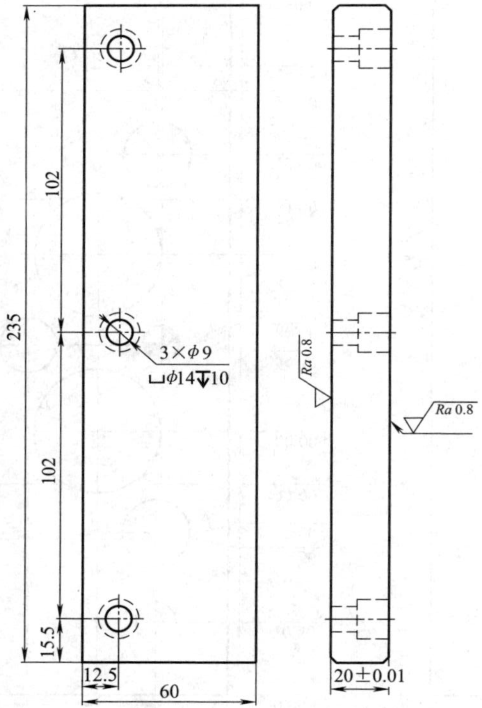

Ra 6.3 （√）

技术要求：
1.材料：45钢。
2.高为(20±0.01)mm，两面平行度为0.005mm。
3.数量：2件。

图 3-12　下垫脚 2（图 3-2 的件 15）

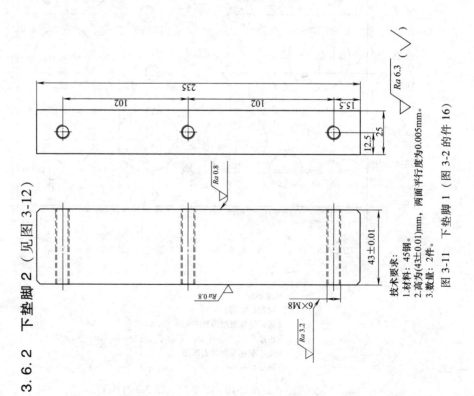

3.6.3　凸凹模（见图 3-13）

3.6.4　推板（见图 3-14）

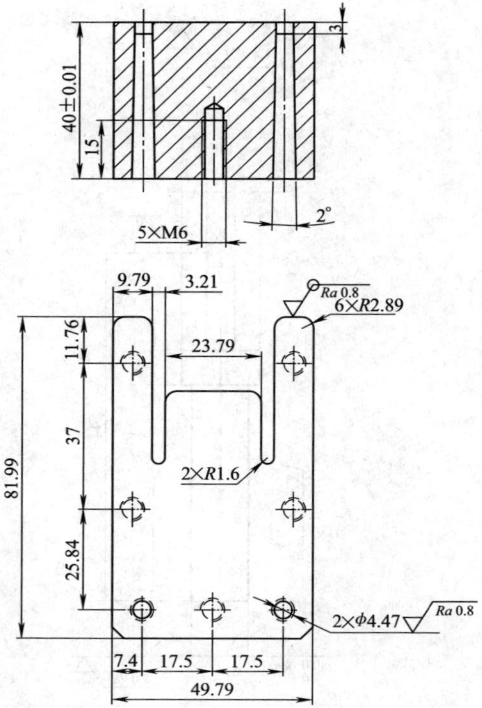

Ra 3.2 （√）

技术要求：
1.材料：12CrMoV。
2.热处理硬度为60～62HRC。
3.外形采用慢走丝加工,对底面的垂直度为0.003mm。
4.数量：1件。

图 3-13　凸凹模（图 3-2 的件 18）

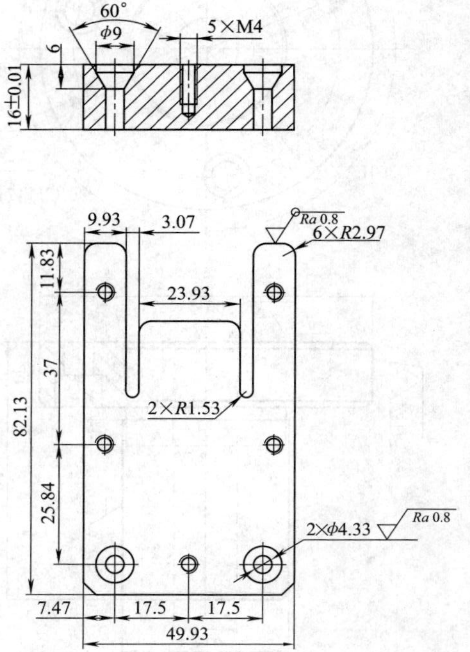

Ra 3.2 （√）

技术要求：
1.材料：12CrMoV。
2.热处理硬度为50～55HRC。
3.外形采用慢走丝加工，对底面的垂直度为0.003mm。
4.数量：1件。

图 3-14　推板（图 3-2 的件 10）

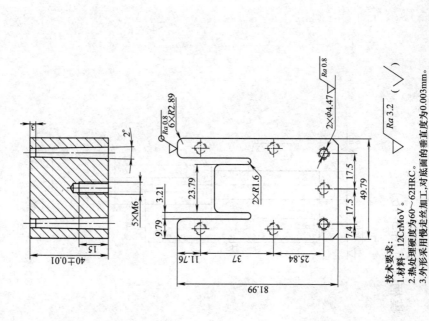

3.6.5 浮动挡料销（见图 3-15）

3.6.6 模柄（见图 3-16）

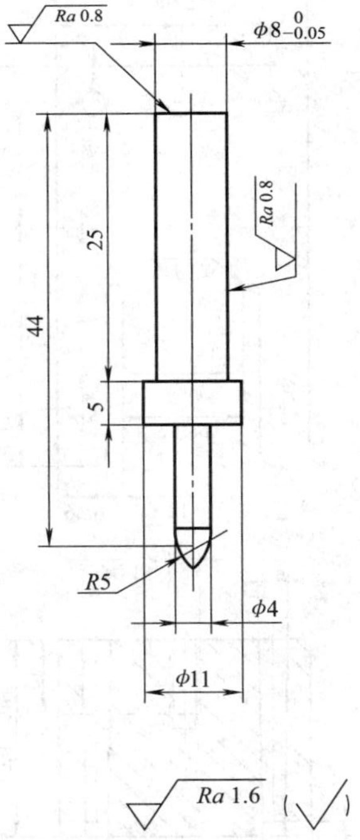

技术要求：
1.材料：CrWMn。
2.热处理硬度为55～58HRC。
3.数量：5件。

图 3-15　浮动挡料销（图 3-2 的件 11）

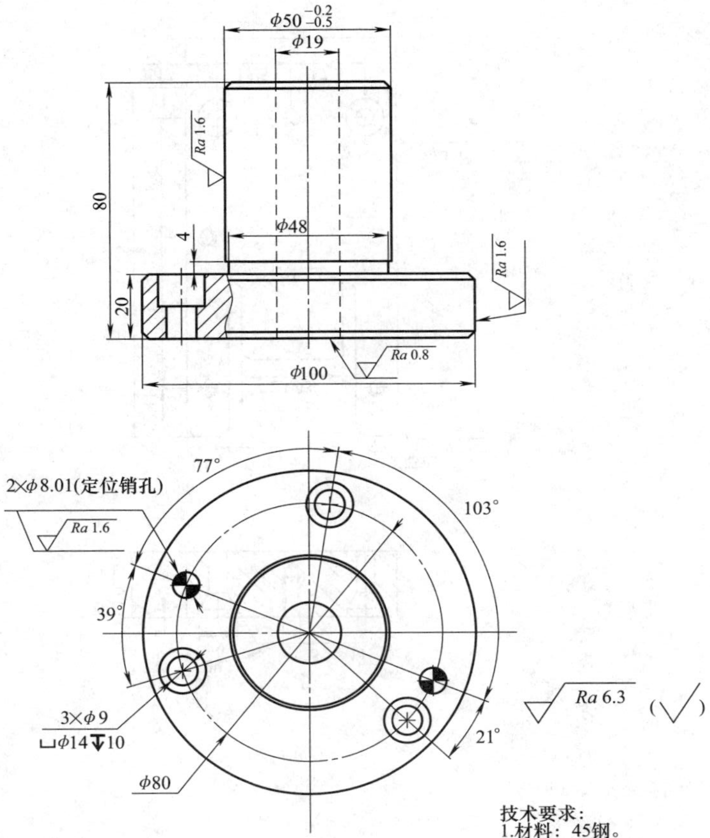

技术要求：
1.材料：45钢。
2.数量：1件。

图 3-16　模柄（图 3-2 的件 4）

3.6.7　推杆（见图 3-17）

3.6.8　限位柱

1. 上限位柱（见图 3-18）
2. 下限位柱（见图 3-19）

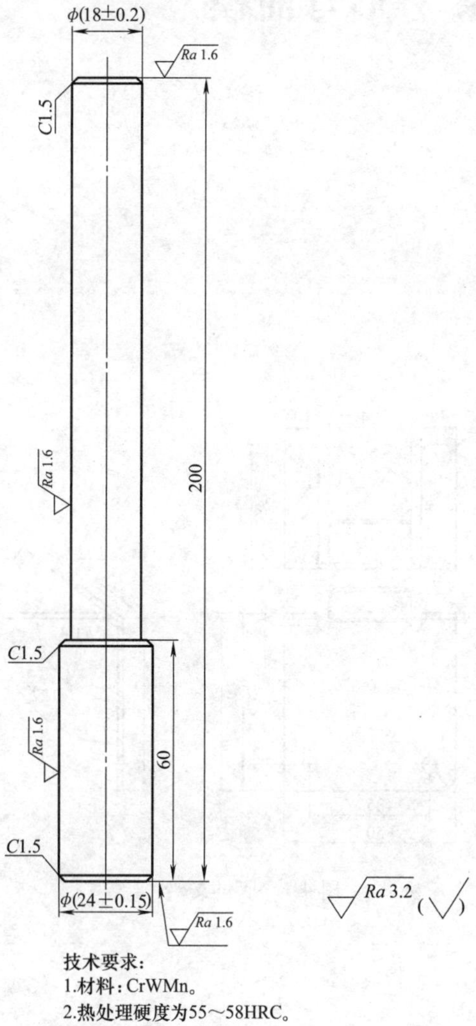

图 3-17　推杆（图 3-2 的件 5）

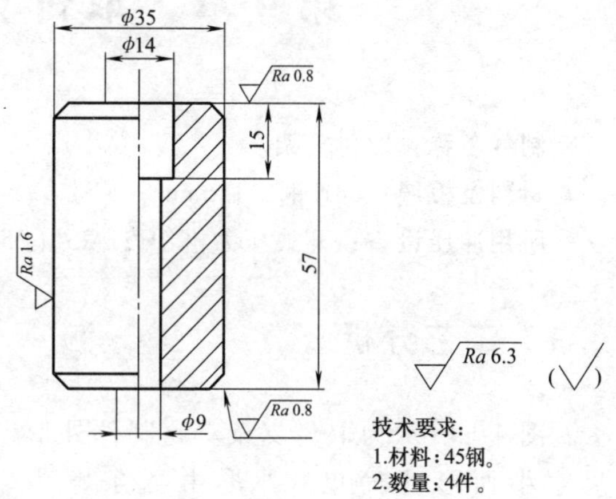

图 3-18　上限位柱（图 3-2 的件 9）

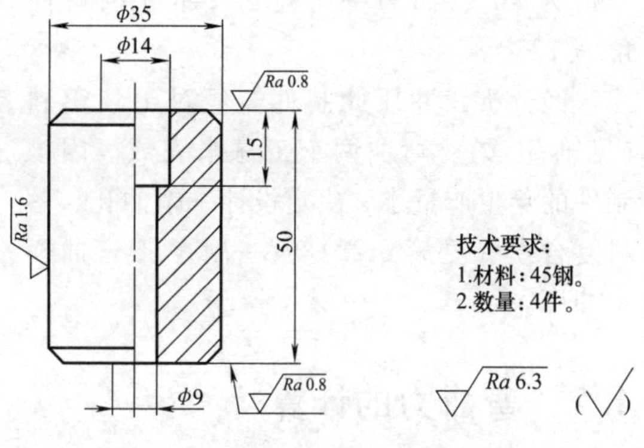

图 3-19　下限位柱（图 3-2 的件 12）

第2篇　弯　曲　模

第4章　取付支架V形弯曲模

制件名称： 取付支架。

材料及板厚： 08F钢，1.6mm。

所用冲压设备： 开式压力机JH21-25（250kN）。

4.1　工艺分析

图4-1所示为取付支架。此制件外形尺寸小而形状简单，外形由两条宽为10mm及一条宽为24mm的长条组成；内形由两个ϕ4.3mm的圆孔组成；该制件弯曲圆角半径R为1.4mm，从相关资料查得，符合弯曲的圆角半径的要求。从图4-1中可以看出，该制件两条宽为10mm的弯曲角为90°，而另一条宽为24mm的弯曲角为127°。

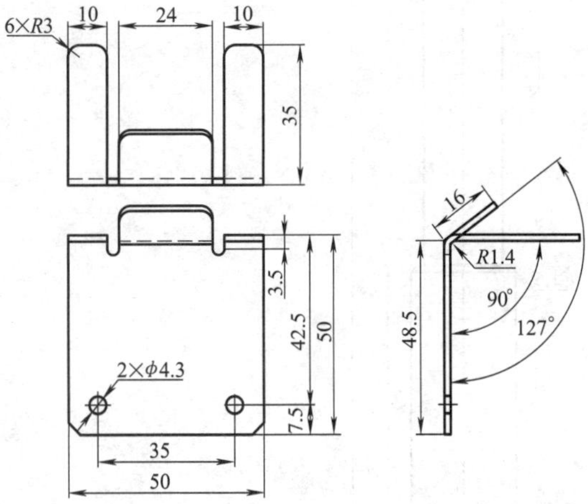

图4-1　取付支架

经分析，冲压此制件需经过毛坯落料（见第3章）、弯曲两个工序来完成。因该制件的年生产量小，决定设计一副冲孔、落料复合模（见第3章）及一副V形弯曲模来冲压。

4.2　弯曲力的计算

弯曲力是设计模具和选择压力机吨位的重要依据。弯曲力的大小不仅与毛坯尺寸、材料力学性能、凹模支点间的距离、弯曲半径、模具间隙等有关，而且与弯曲方式也有很大关系。因此，要从理论上计算弯曲力是非常困难和复杂的，计算精确度也不高。生产中，通常采用如下经验公式来计算V形弯曲力。

$$F_{自}=\frac{0.6kbt^2R_m}{r+t}$$

式中　$F_{自}$——V 形自由弯曲时的弯曲力（N）；

b——弯曲件的宽度（mm）；

r——弯曲件的内弯曲半径（mm）；

R_m——材料的抗拉强度（MPa），08F 钢的 R_m 为 280~390MPa；

k——安全系数，一般取 $k=1 \sim 1.3$；

t——板料厚度。

1）两条宽为 10mm 的 90°弯曲代入式（4-1）得

$$F_{自_1}=\frac{0.6\times1.3\times(10+10)\times1.6^2\times350}{1.4+1.6}\text{N}$$

$$=4.659\text{kN}\approx4.66\text{kN}$$

2）中间一条宽为 24mm 的 127°弯曲代入式（4-1）得

$$F_{自_2}=\frac{0.6\times1.3\times24\times1.6^2\times350}{1.4+1.6}\text{N}$$

$$=5.591\text{kN}\approx5.59\text{kN}$$

该制件总的弯曲力为 $F_{自}=F_{自_1}+F_{自_2}=4.66\text{kN}+5.59\text{kN}=10.25\text{kN}$。根据所计算的总压力及结合工厂现有的压力机装模空间，选用 250kN 开式压力机。

4.3　模具总装图设计

取付支架 V 形弯曲模如图 4-2 所示。该模具结构简单，上模主要由上模座 1、凸模固定板垫板 3、凸模固定板 4、弯曲凸模 14 和 15 及小导柱 17 等组成；下模主要由弯曲凹模 7、弯曲凹模镶件 12、下模座 11 等组成。工作时，将毛坯放入弯曲凹模 7 上，由挡料块 13、18 对毛坯进行定位，上模下行，小导柱 17 先进入下模导向，上模继续下行，弯曲凸模、弯曲凹模将坯料进行弯曲。

技巧

- 该制件 90°及 127°弯曲在一副模具上同时进行，为方便调试，在模具上设计两套小导柱对上、下模进行快速对准。
- 为方便对制件弯曲长度进行调整，在弯曲凹模上设计可调整的挡料块 13、18。
- 该模具在模座上设计两对限位柱，在批量冲压中能很好地控制由于压力机精度不高导致弯曲回弹不稳定的难题。

经验

弯曲回弹的确定。由于影响回弹值的因素很多，因此要在理论上计算回弹值是有困难的。模具设计时，通常按试验总结的数据来选用，经试冲后再对模具工作部分加以修正。该制件相对弯曲半径较小，当相对弯曲半径较小（$r/t<1$）时，弯曲后，弯曲半径变化不大，可只考虑角度的回弹。根据经验值，两条宽为 10mm 的 90°弯曲回弹为 1°，因此凸、凹模设计为 89°；而中间一条宽为 24mm 的 127°弯曲回弹为 2.5°，因此凸、凹模设计为 124.5°，在试模中进一步进行修正。

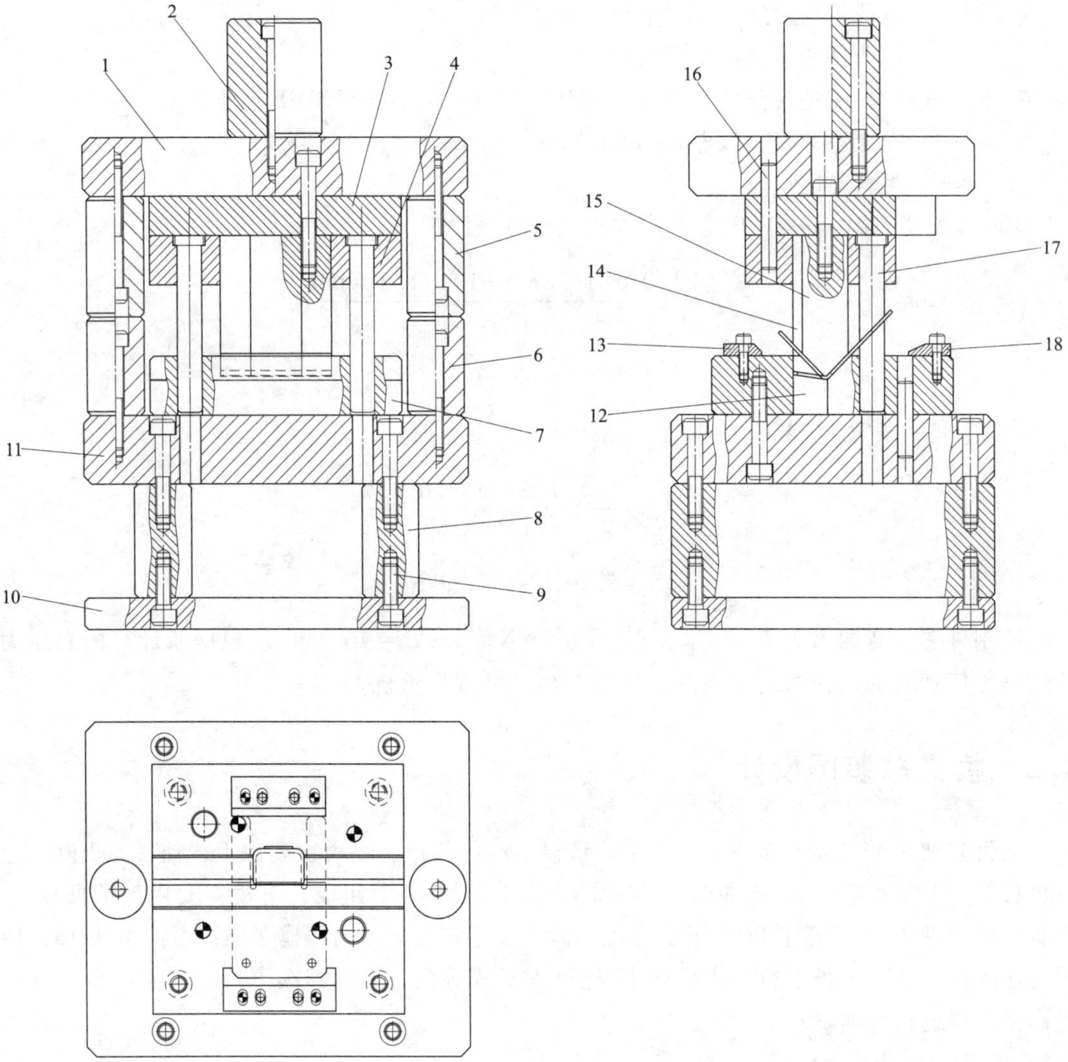

18	挡料块 2	CrWMn	1		9	螺钉		4	标准件
17	小导柱		2	标准件	8	下垫脚	45 钢	2	
16	圆柱销		8	标准件	7	弯曲凹模	Cr12MoV	1	
15	弯曲凸模 2	Cr12MoV	2		6	下限位柱	45 钢	2	
14	弯曲凸模 1	Cr12MoV	1		5	上限位柱	45 钢	2	
13	挡料块 1	CrWMn	1		4	凸模固定板	Cr12	1	
12	弯曲凹模镶件	Cr12MoV	1		3	凸模固定板垫板	45 钢	1	
11	下模座	45 钢	1		2	模柄	45 钢	1	
10	下托板	45 钢	1		1	上模座	45 钢	1	
件号	名　称	材　料	数量	备　注	件号	名　称	材　料	数量	备　注

图 4-2　取付支架 V 形弯曲模

4.4 模座及托板设计

4.4.1 上模座（见图 4-3）

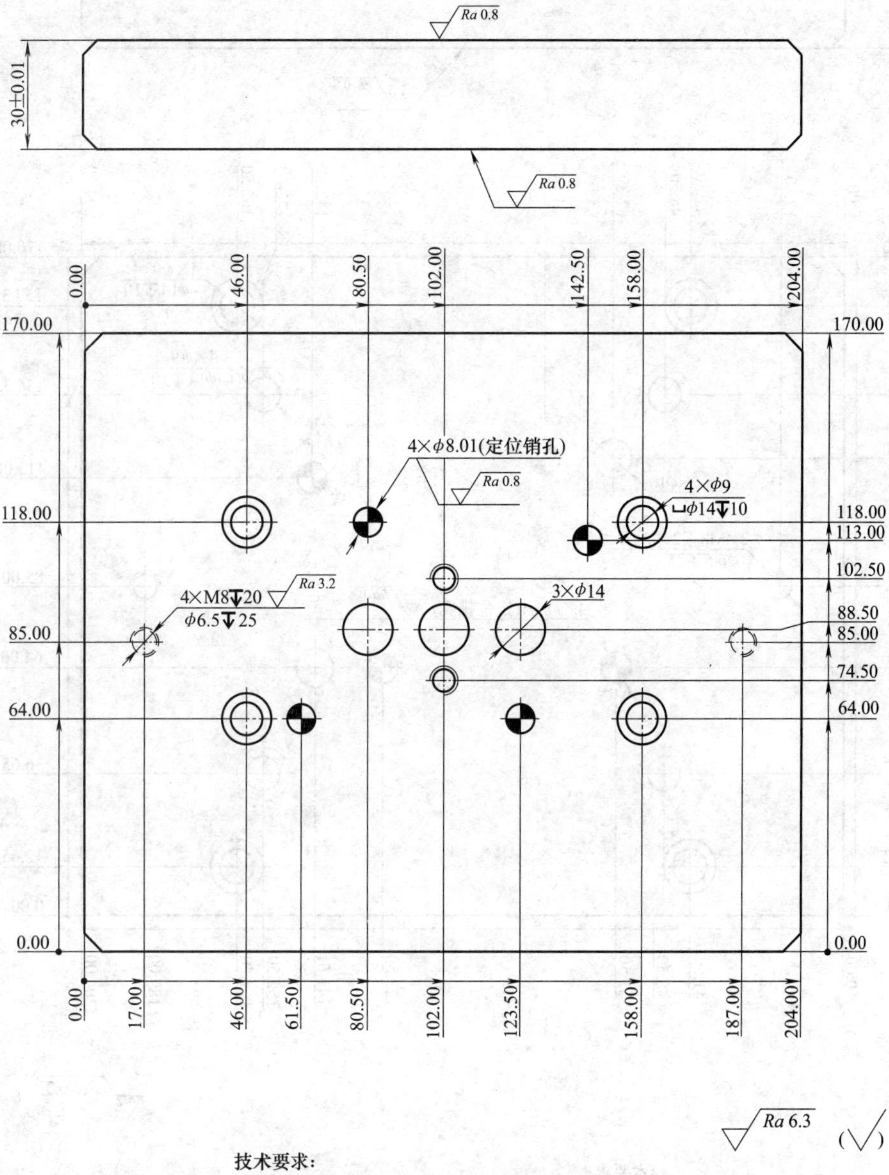

技术要求：

1.材料：45钢。

2.板厚为(30±0.01)mm 两面平行度为0.005mm。

3.定位销孔对底面的垂直度为0.003mm。

4.数量：1件。

图 4-3　上模座（图 4-2 的件 1）

4.4.2 下模座（见图 4-4）

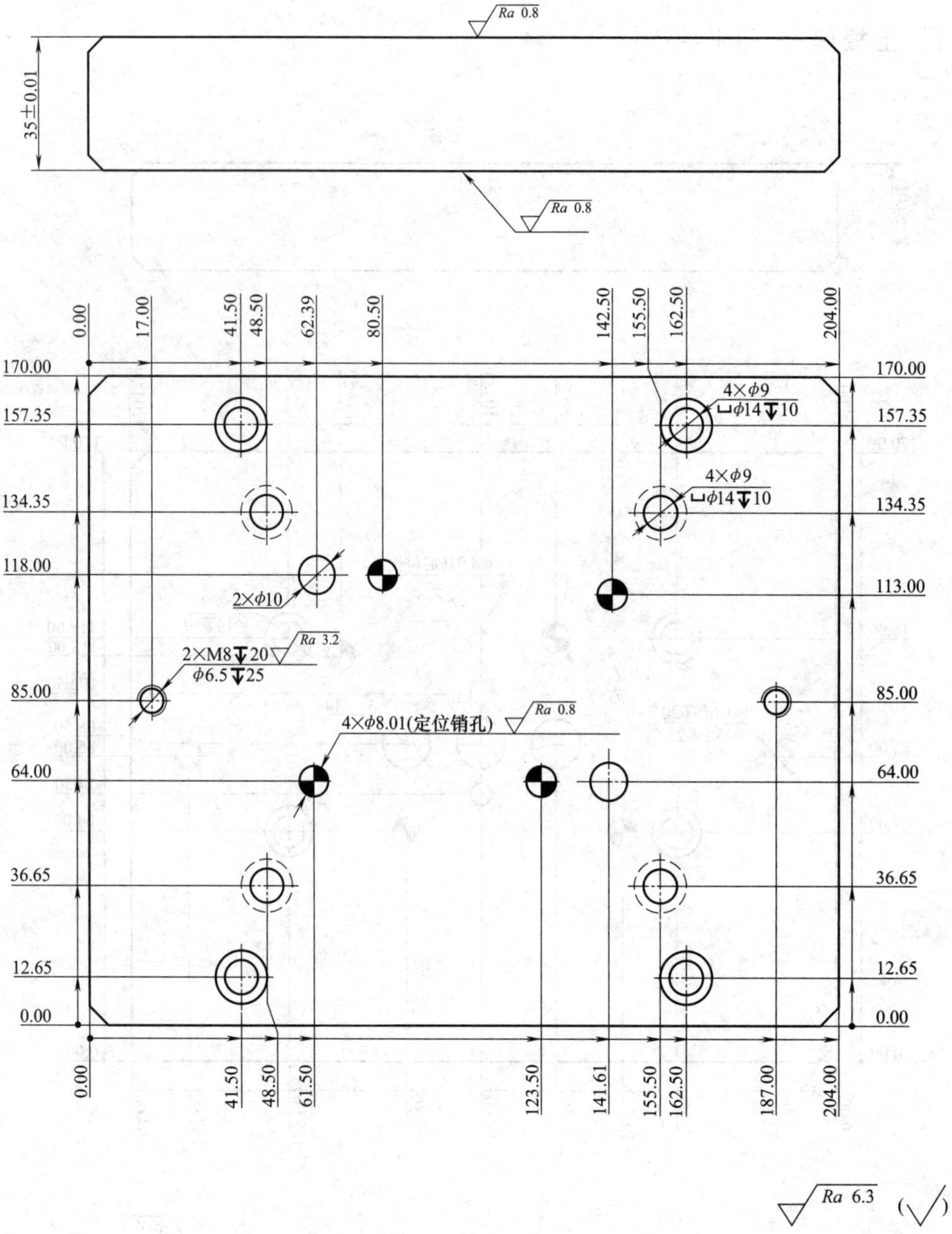

技术要求：
1.材料：45钢。
2.板厚为(35±0.01)mm，两面平行度为0.005mm。
3.定位销孔对底面的垂直度为0.003mm。
4.数量：1件。

图 4-4　下模座（图 4-2 的件 11）

4.4.3　下托板（见图 4-5）

4.5　模板设计

4.5.1　凸模固定板垫板（见图 4-6）

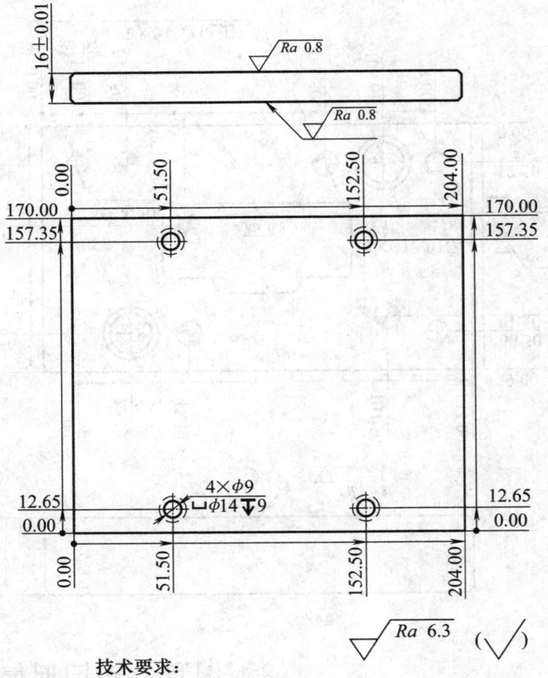

技术要求：
1.材料：45钢。
2.板厚为(16±0.01)mm，两面平行度为0.005mm。
3.数量：1件。

图 4-5　下托板（图 4-2 的件 10）

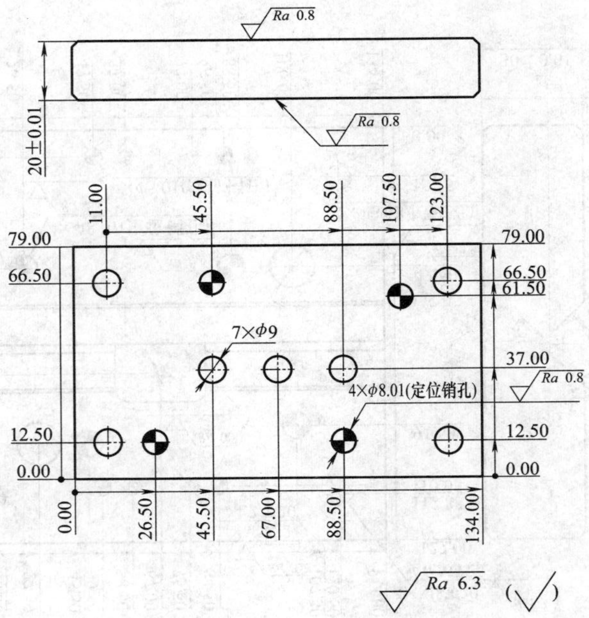

技术要求：
1.材料：45钢。
2.板厚为(20±0.01)mm，两面平行度为0.005mm。
3.定位销孔对底面的垂直度为0.003mm。
4.数量：1件。

图 4-6　凸模固定板垫板（图 4-2 的件 3）

4.5.2 凸模固定板（见图 4-7）

4.5.3 弯曲凹模（见图 4-8）

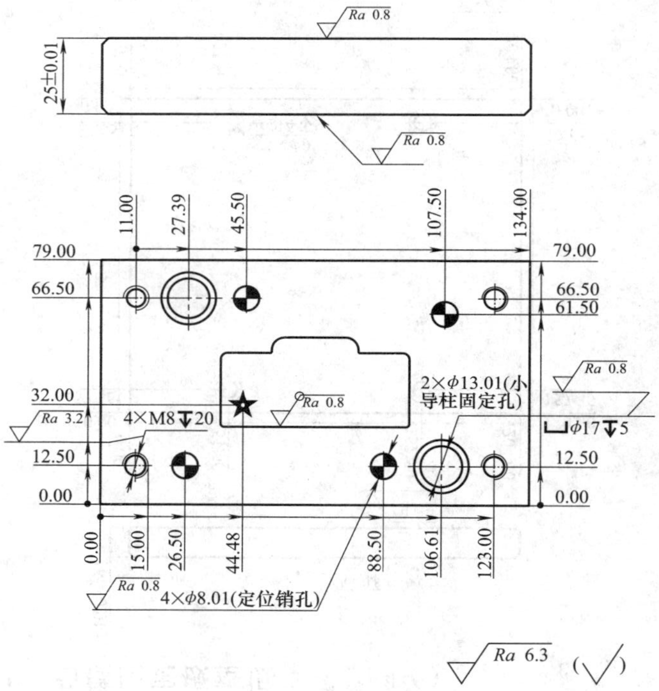

技术要求：
1.材料：Cr12。
2.热处理硬度为50～55HRC。
3.板厚为(25±0.01)mm，两面平行度为0.005mm。
4.主要型孔采用慢走丝加工，对底面的垂直度为0.002mm。
5.图中标有“★”为穿丝孔。
6.数量：1件。

图 4-7　凸模固定板（图 4-2 的件 4）

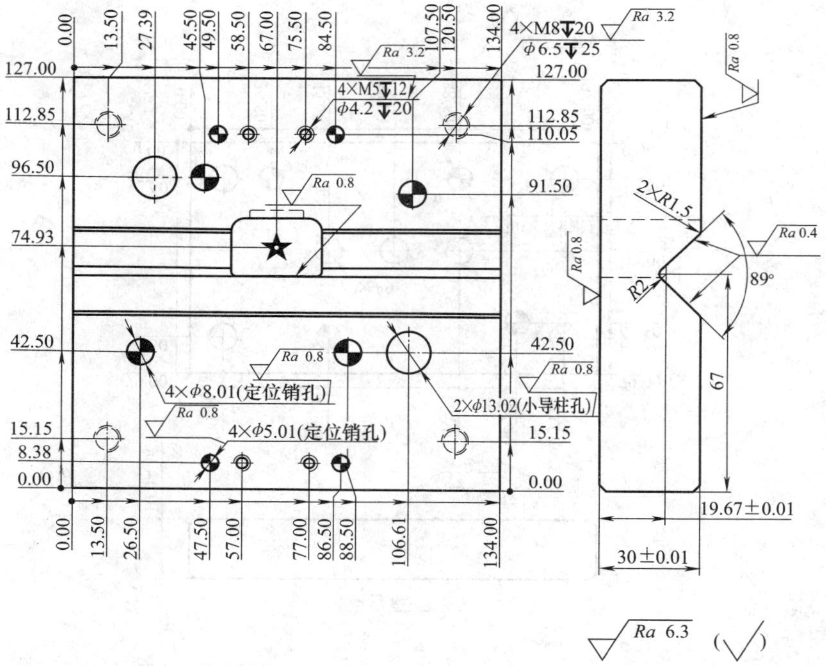

技术要求：
1.材料：Cr12MoV。
2.热处理硬度为60～62HRC。
3.板厚为(30±0.01)mm，两面平行度为0.005mm。
4.主要型孔采用慢走丝加工，对底面的垂直度为0.002mm。
5.图中标有“★”为穿丝孔。
6.数量：1件。

图 4-8　弯曲凹模（图 4-2 的件 7）

4.6　模具零部件设计

4.6.1　凸模

1. 弯曲凸模 1（见图 4-9）
2. 弯曲凸模 2（见图 4-10）

4.6.2　弯曲凹模镶件（见图 4-11）

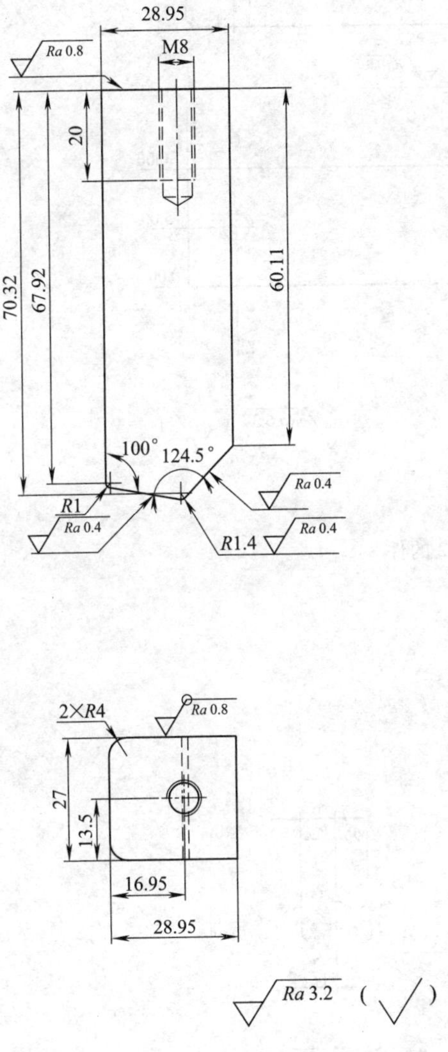

技术要求：
1.材料：Cr12MoV。
2.热处理硬度为60～62HRC。
3.外形采用慢走丝加工，对底面的垂直度为0.003mm。
4.数量：1件。

图 4-9　弯曲凸模 1（图 4-2 的件 14）

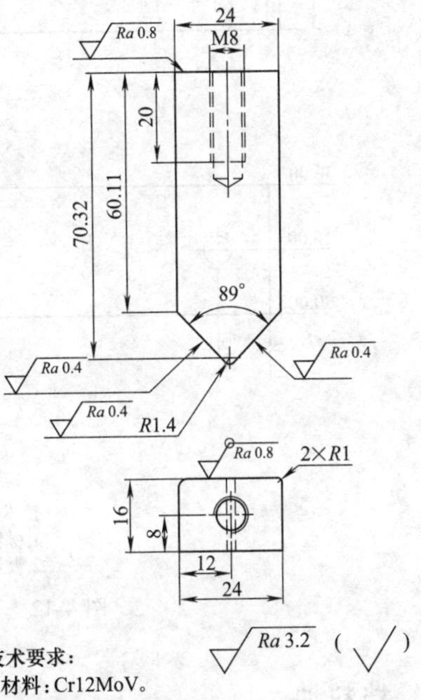

技术要求：
1.材料：Cr12MoV。
2.热处理硬度为60～62HRC。
3.外形采用慢走丝加工，对底面的垂直度为0.003mm。
4.数量：2件。

图 4-10　弯曲凸模 2（图 4-2 的件 15）

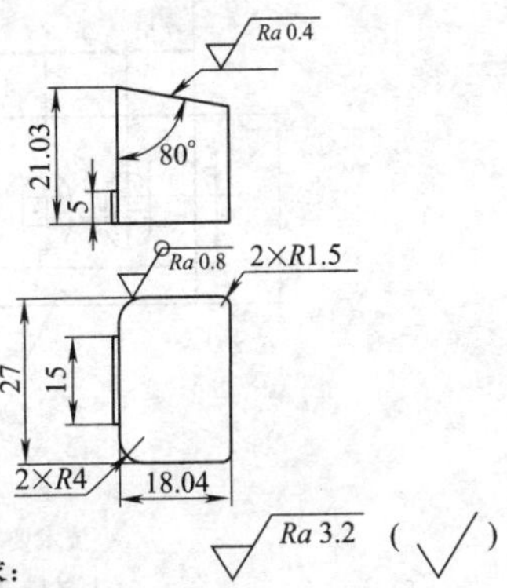

技术要求：
1.材料：Cr12MoV。
2.热处理硬度为60～62HRC。
3.外形采用慢走丝加工，对底面的垂直度为0.003mm。
4.数量：1件。

图 4-11　弯曲凹模镶件（图 4-2 的件 12）

4.6.3 下垫脚（见图 4-12）

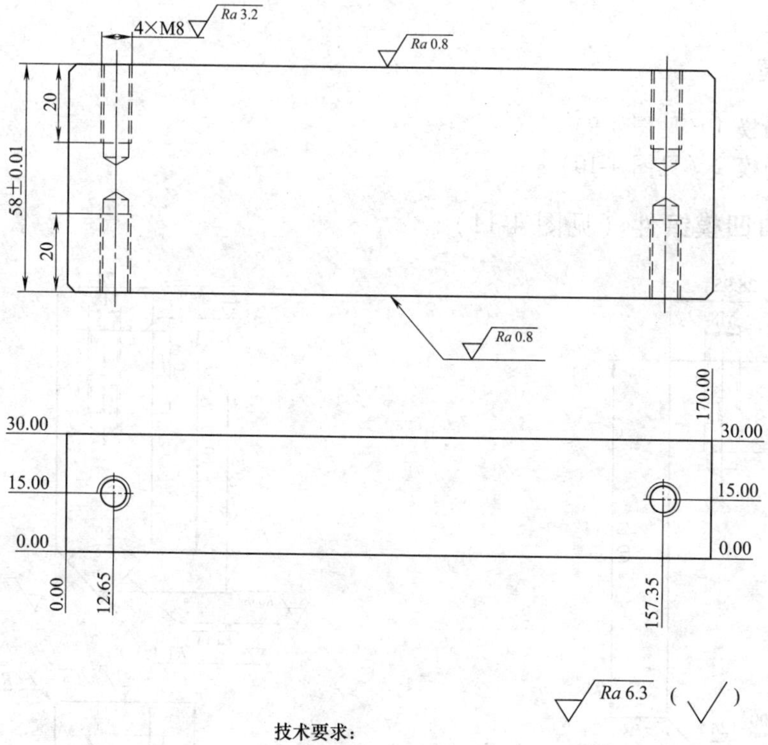

技术要求：
1.材料：45钢。
2.数量：2件。

图 4-12 下垫脚（图 4-2 的件 8）

4.6.4 挡料块

1. 挡料块 1（见图 4-13）

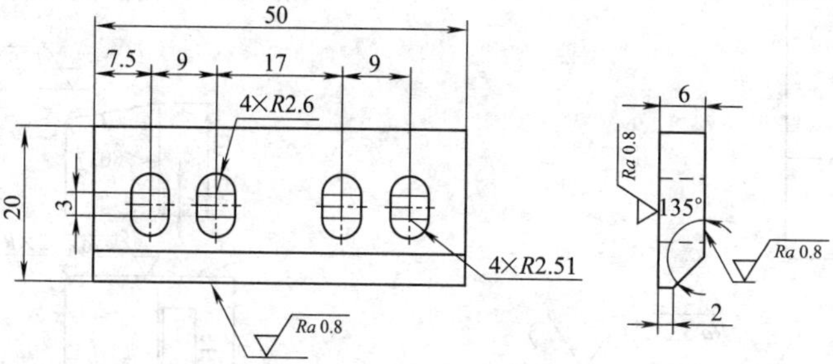

技术要求：
1.材料：CrWMn。
2.热处理硬度为55～58HRC。
3.数量：1件。

图 4-13 挡料块 1（图 4-2 的件 13）

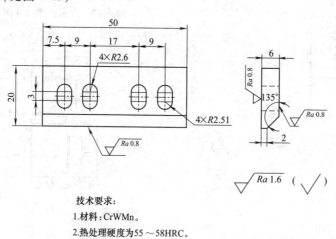

2. 挡料块 2（见图 4-14）

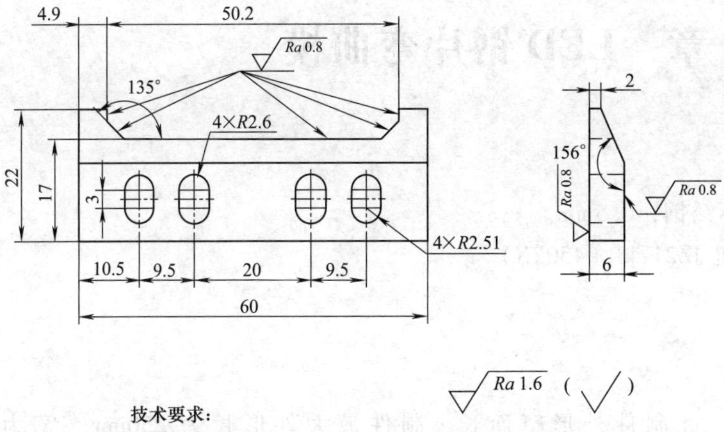

技术要求：
1.材料：CrWMn。
2.热处理硬度为55～58HRC。
3.数量：1件。

图 4-14　挡料块 2（图 4-2 的件 18）

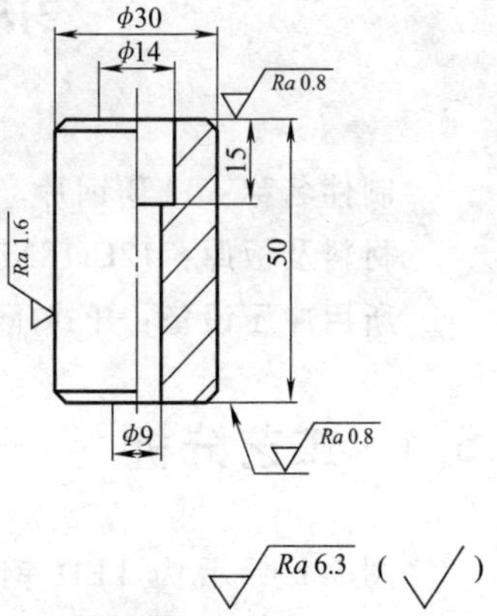

技术要求：
1.材料：45钢。
2.数量：2件。

图 4-15　上限位柱（图 4-2 的件 5）

4.6.5　限位柱

1. 上限位柱（见图 4-15）
2. 下限位柱（见图 4-16）

4.6.6　模柄（见图 4-17）

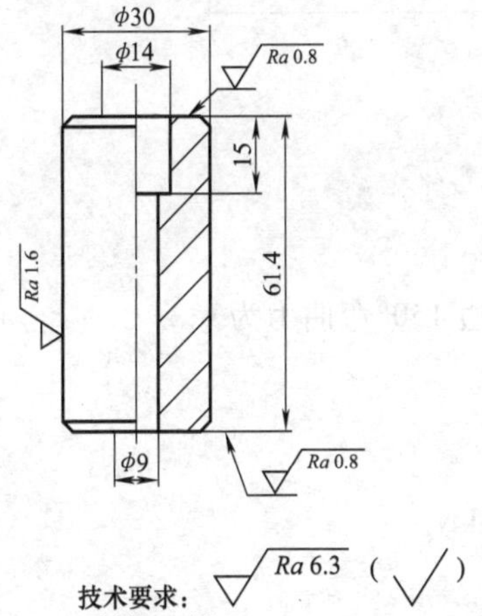

技术要求：
1.材料：45钢。
2.数量：2件。

图 4-16　下限位柱（图 4-2 的件 6）

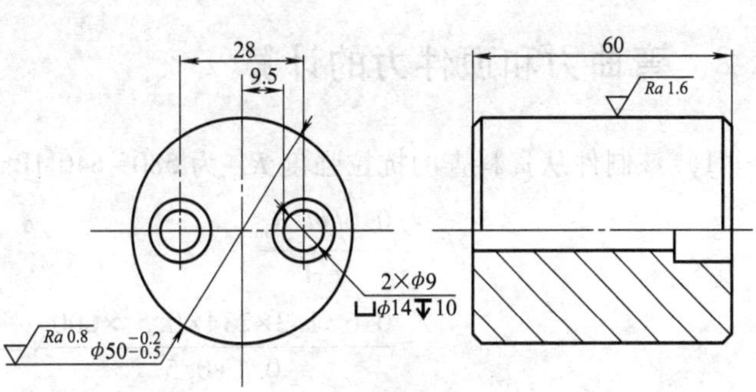

技术要求：
1.材料：45钢。
2.数量：1件。

图 4-17　模柄（图 4-2 的件 2）

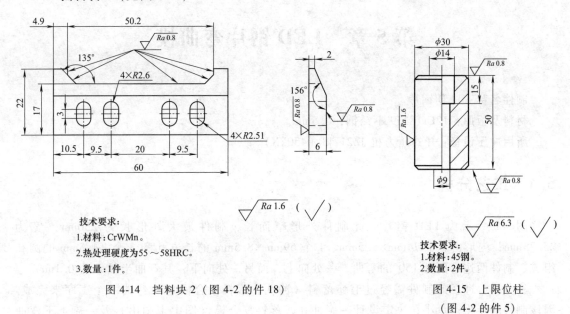

第 5 章　LED 钢片弯曲模

制件名称： LED 钢片。

材料及板厚： 12Cr18Ni9 不锈钢，0.5mm。

所用冲压设备： 开式压力机 JZ21-45（450kN）。

5.1　工艺分析

图 5-1 所示为 LED 钢片。此制件外形窄而长，制件最大外形长为 250mm、宽为 23.73mm；内形由 1 个 74mm×8.5mm、1 个 69mm×8.5mm 的长方孔和 3 个 ϕ4.5mm 的圆孔组成。制件两边有两处 150°的弯曲，一处向上，而另一处向下，其弯曲半径 R 为 0.1mm。

经分析，冲压此制件需经过毛坯落料（冲孔、落料复合模）及弯曲两个工序来完成。因该制件的年生产量小，决定设计一副冲孔、落料复合模（图中未画出）及一副上下弯曲同时进行的单工序模来冲压。

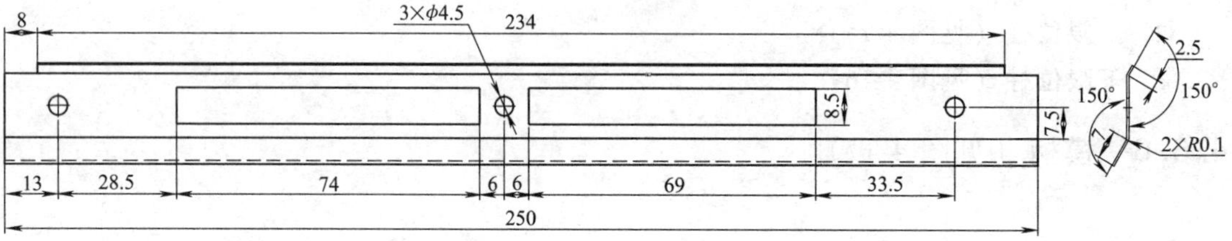

图 5-1　LED 钢片

5.2　弯曲力和顶件力的计算

1）该制件从资料查的抗拉强度 R_m 为 580～640MPa，两边 150°弯曲力为

$$F_s=\frac{0.6kbt^2R_m}{r+t}=\frac{0.6\times1.3\times234\times0.5^2\times600}{0.1+0.5}\text{N}=45.63\text{kN}$$

$$F_x=\frac{0.6kbt^2R_m}{r+t}=\frac{0.6\times1.3\times250\times0.5^2\times600}{0.1+0.5}\text{N}=48.75\text{kN}$$

那么制件的总弯曲力为

$$F_z=F_s+F_x=45.63\text{kN}+48.75\text{kN}=94.38\text{kN}$$

式中　F_s——向上弯曲时的弯曲力（N）；

F_x——向下弯曲时的弯曲力（N）；

F_z——制件总弯曲力（N）；

b——弯曲件的宽度（mm）；

r——弯曲件的内弯曲半径（mm）；

R_m——材料的抗拉强度（MPa）；

k——安全系数，一般取 $k=1\sim1.3$。

2）压料力计算。下压料力可近似取自由弯曲力的 30%～80%，即

$$F_{Q下}=(0.3\sim0.8)F_z$$

该制件为上下弯曲同时进行，因此下模压料力取上弯曲力的 80%，代入上式得

$$F_{Q下}=0.8\times45.63\text{kN}=36.5\text{kN}$$

由于上压料力比较特殊，因为向上弯曲的活动凸模是依靠弹簧力来弯曲成形的，可按如下公式计算：

$$F_{Q上}=(F_s\times1.3+F_{Q下})\times1.3=(45.63\text{kN}\times1.3+36.5\text{kN})\times1.3\approx124.6\text{kN}$$

式中　$F_{Q上}$——上压料力；

$F_{Q下}$——下压料力；

F_s——向上弯曲时的总弯曲力。

3）压力机的吨位确定。该制件的压力机吨位可按如下计算：

$$F_{机}=F_{Q上}+F_{Q下}+F_z=124.6\text{kN}+36.5\text{kN}+94.38\text{kN}\approx255.5\text{kN}$$

式中　$F_{机}$——压力机的吨位（kN）。

根据以上所计算，选用 450kN 开式压力机较为合理。

5.3　模具总装图设计

LED 钢片弯曲模如图 5-2 所示。

1）为确保弯曲上下模的对准精度，该模具在模座上设置有两套 ϕ20mm 的独立导柱、导套。

2）该模具由上下模两部分组成，上模主要由上模座 1、上垫块 16、上弯曲凹模 4 及上模活动凸模 13 等组成；下模主要由下模座 7、导正销固定板 9、下弯曲凹模 12 及下模活动凸模 6 等组成。

3）该模具上模活动凸模和下模活动凸模，是靠各周边的挡块来定位的。

4）该模具的特点是在上、下模设置有压料装置，能顺利完成制件的上、下弯曲同时进行的冲压工艺。其冲压动作如下：将毛坯（冲孔、落料工序件）放入模具内，毛坯是靠导正销 10 进行定位。上模下行，上模活动凸模 13 与下模活动凸模 6 将毛坯压紧，上模继续下行，下模活动凸模 6 在下模弹簧的压缩下随之下行，并在下弯曲凹模 12 的作用下完成向上弯曲；向上弯曲结束时，下模活动凸模 6 的底面与导正销固定块 9 的平面碰死，上模继续下行，上模活动凸模 13 在上模弹簧 2 的压缩下上行，并在上弯曲凹模 4 的作用下完成向下弯曲。

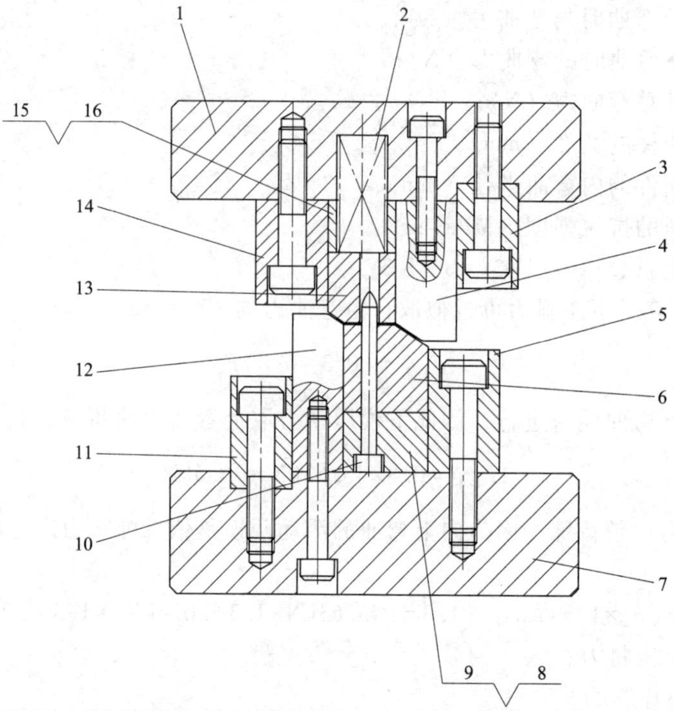

件号	名称	材料	数量	备注	件号	名称	材料	数量	备注
16	上垫块	45 钢	1	标准件	8	下模挡块 2	Cr12	2	
15	上模挡块 3	Cr12	2		7	下模座	45 钢	1	
14	上模挡块 2	Cr12	2		6	下模活动凸模（兼带压料板）	Cr12MoV	1	
13	上模活动凸模（兼带压料板）	Cr12MoV	1		5	下模挡块 1	Cr12	2	
12	下弯曲凹模	Cr12MoV	1		4	上弯曲凹模	Cr12MoV	1	
11	下模挡块 3	Cr12	1		3	上模挡块 1	Cr12	2	
10	导正销	CrWMn	2	标准件	2	弹簧		6	标准件
9	导正销固定块	45 钢	1		1	上模座	45 钢	1	

图 5-2　LED 钢片弯曲模

技巧

- 该制件内形有两个长方孔，孔边离弯曲边的距离比较近，在设计时压料力要比一般的弯曲压料力适当加大，否则会导致方孔边缘变形及翘曲现象。

经验

- 该制件材料为 12Cr18Ni9 不锈钢，弯曲 R 均为 0.1mm。根据经验值得，实际制件的弯曲角为 150°，在模具中，弯曲凸模设计时按 147.5°，在试模中进一步进行修正。
- 上下弯曲在同一副模具上进行时，在上模及下模均要设计压料力，其中有一边的压料力要比另一边的压料力大 1.3 倍左右，模具才能正常冲压。如果上模的压料力同下模的压料力相同，则模具在冲压时上模的力同下模的力相抵触后影响弯曲的质量。

5.4　模座设计

5.4.1　上模座（见图 5-3）

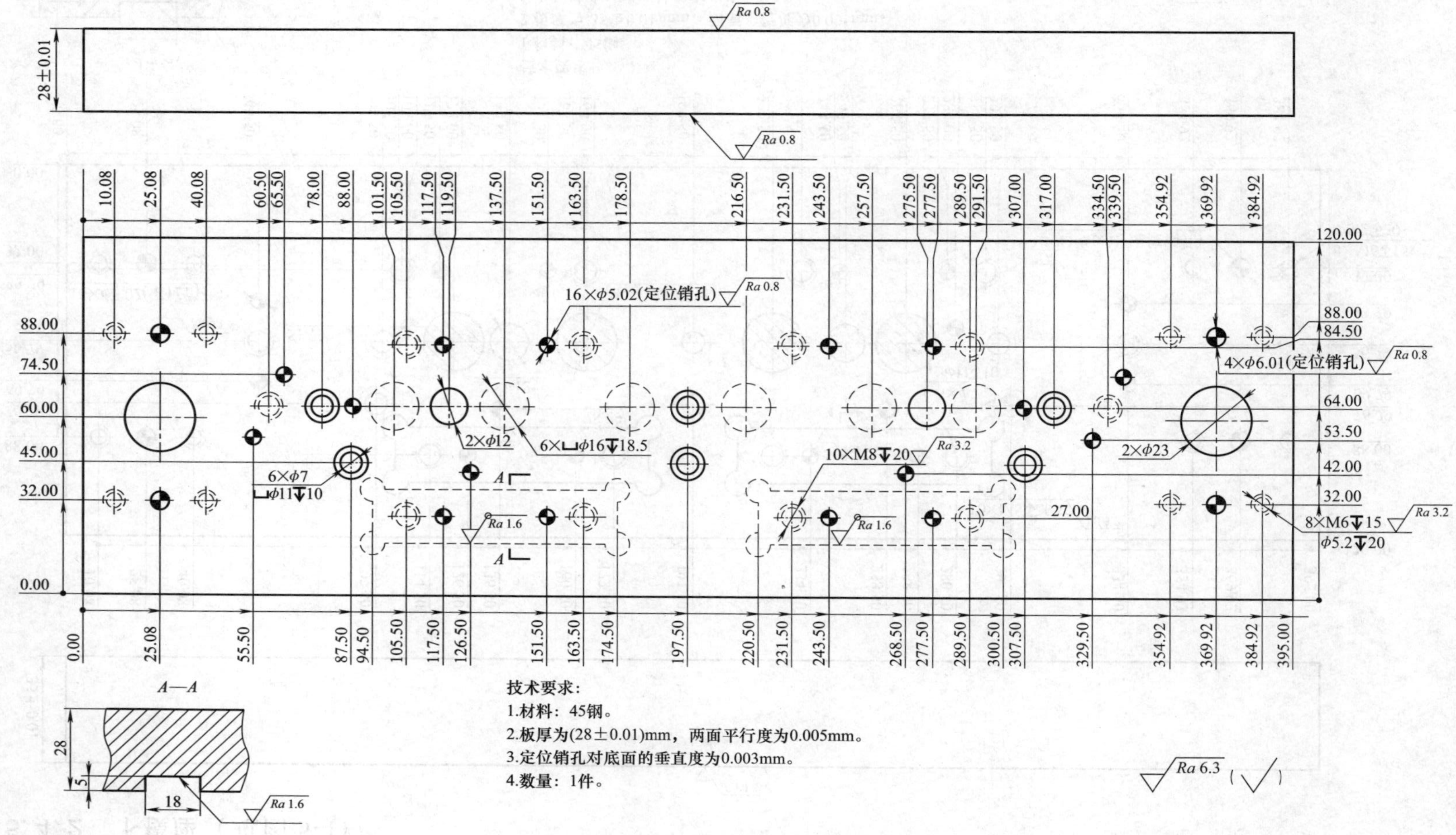

图 5-3　上模座（图 5-2 的件 1）

5.4.2 下模座（见图5-4）

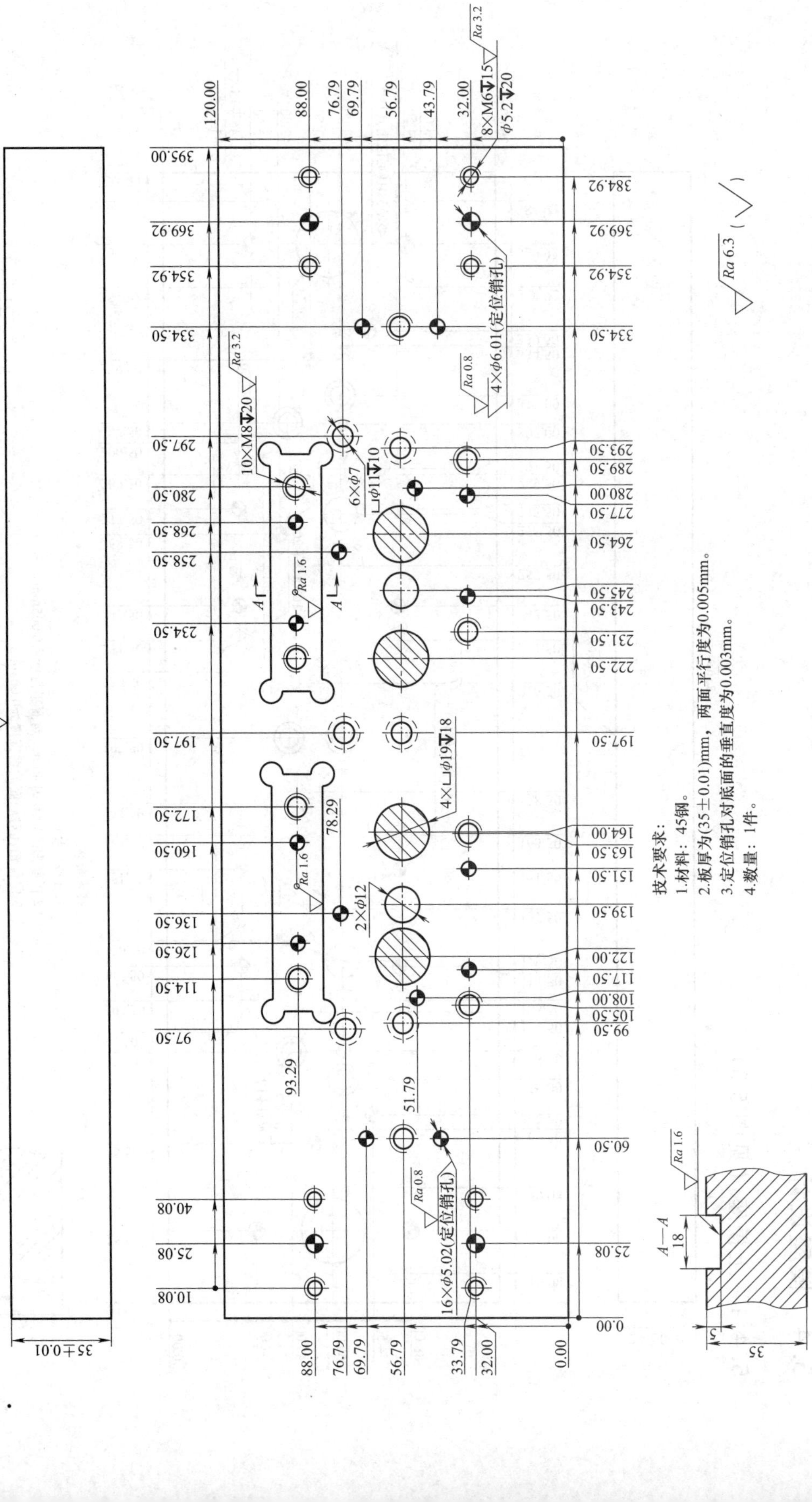

技术要求：
1.材料：45钢。
2.板厚为(35±0.01)mm，两面平行度为0.005mm。
3.定位销孔对底面的垂直度为0.003mm。
4.数量：1件。

图 5-4 下模座（图 5-2 的件 7）

5.5　模具零部件设计

5.5.1　上模挡块

1. 上模挡块 1（见图 5-5）

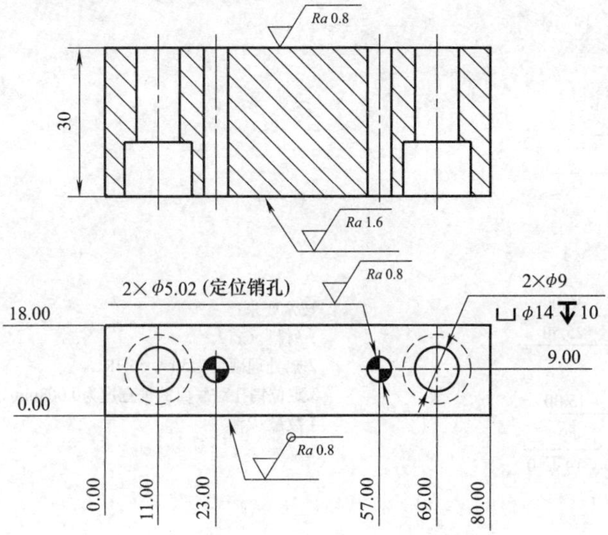

技术要求：

1.材料：Cr12。

2.热处理硬度为50～55HRC。

3.定位销孔对底面的垂直度为0.003mm。

4.数量：2件。

Ra 6.3 (√)

图 5-5　上模挡块 1（图 5-2 的件 3）

2. 上模挡块 2（见图 5-6）

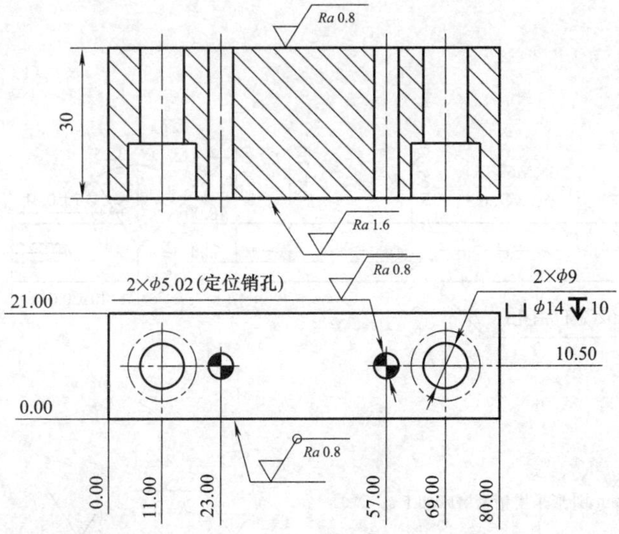

技术要求：

1.材料：Cr12。

2.热处理硬度为50～55HRC。

3.定位销孔对底面的垂直度为0.003mm。

4.数量：2件。

Ra 6.3 (√)

图 5-6　上模挡块 2（图 5-2 的件 14）

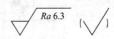

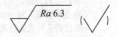

3. 上模挡块 3（见图 5-7）

5.5.2 上弯曲凹模（见图 5-8）

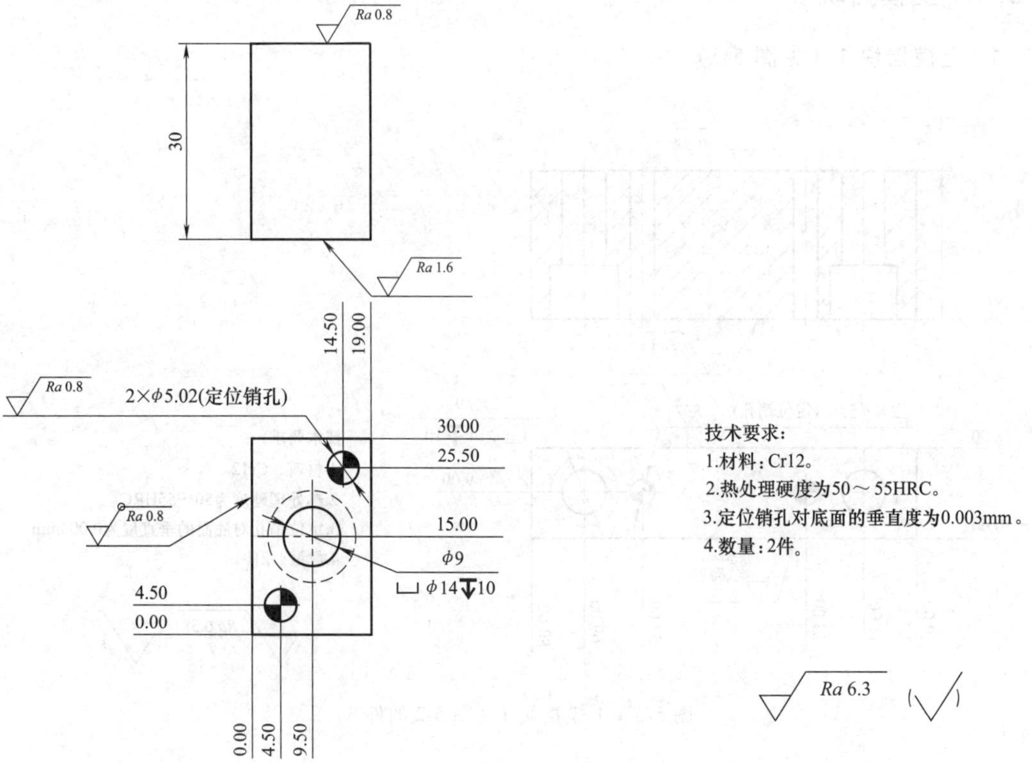

图 5-7　上模挡块 3（图 5-2 的件 15）

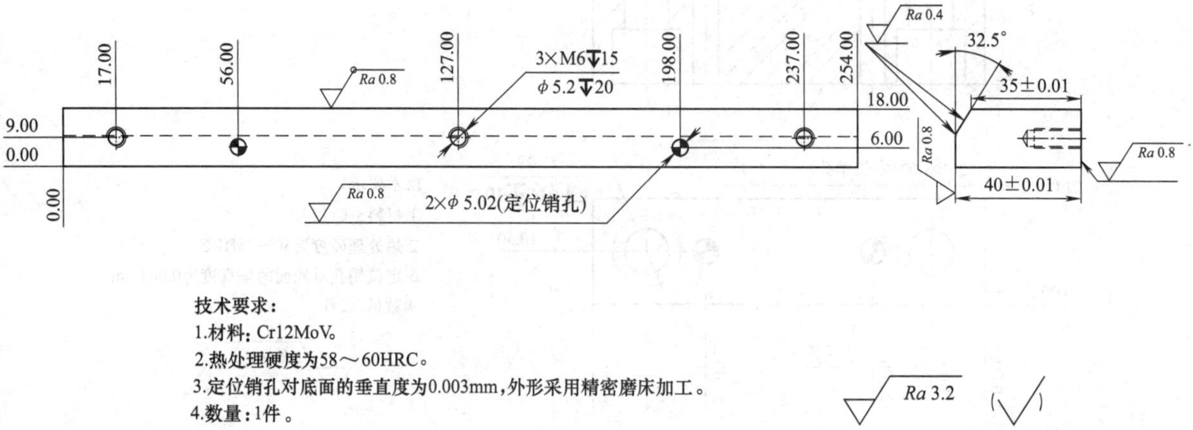

图 5-8　上弯曲凹模（图 5-2 的件 4）

5.5.3　下弯曲凹模（见图 5-9）

5.5.4　上垫块（见图 5-10）

5.5.5　上模带压料弯曲凸模（见图 5-11）

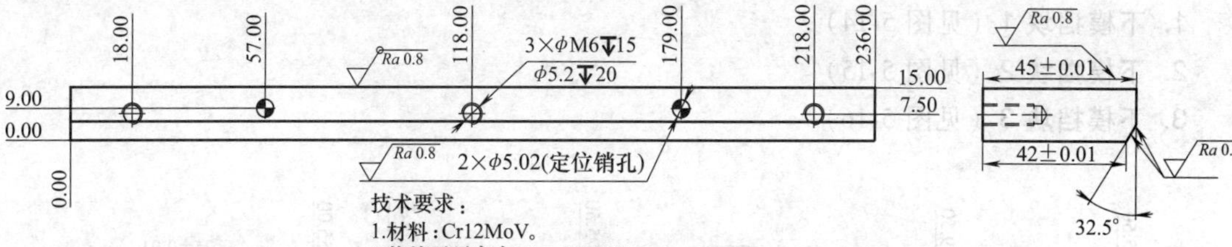

技术要求：
1.材料：Cr12MoV。
2.热处理硬度为58～60HRC。
3.定位销孔对底面的垂直度为0.003mm，外形采用精密磨床加工。
4.数量：1件。

Ra 3.2 (√)

图 5-9　下弯曲凹模（图 5-2 的件 12）

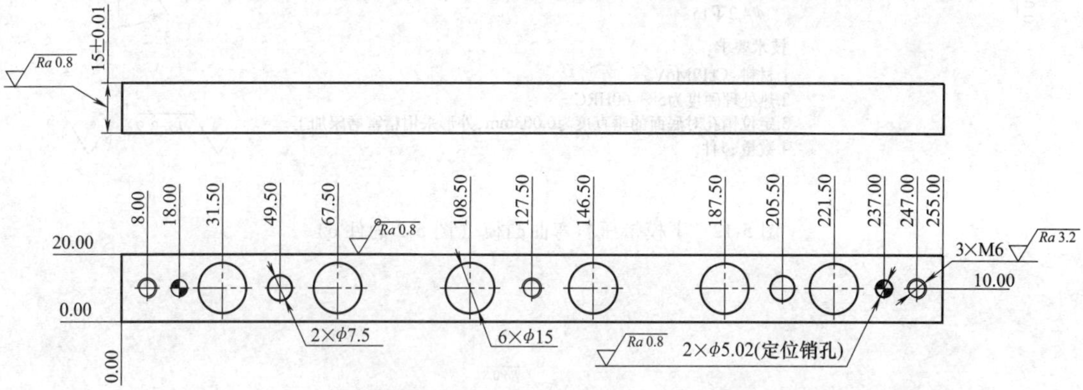

技术要求：
1.材料：45钢。
2.板厚为(15±0.01)mm，两面平行度为0.005mm。
3.定位销孔对底面的垂直度为0.003mm。
4.数量：1件。

Ra 6.3 (√)

图 5-10　上垫块（图 5-2 的件 16）

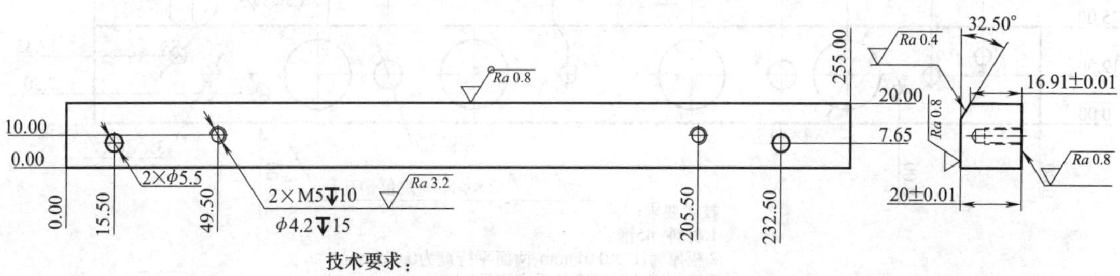

技术要求：
1.材料：Cr12MoV。
2.热处理硬度为58～60HRC。
3.定位销孔对底面的垂直度为0.003mm，外形采用精密磨床加工。
4.数量：1件。

Ra 6.3 (√)

图 5-11　上模带压料弯曲凸模（图 5-2 的件 13）

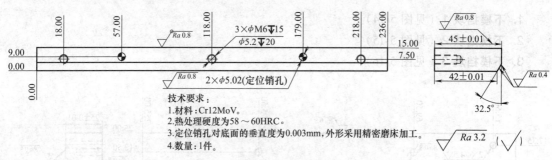

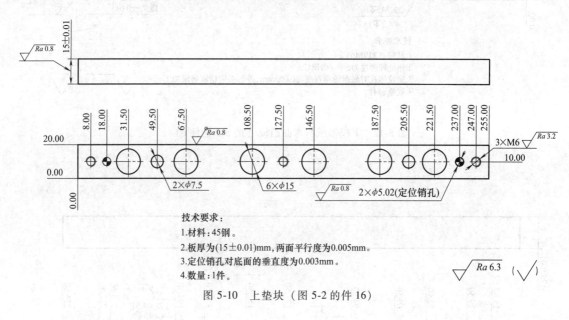

5.5.6 下模带压料弯曲凸模（见图 5-12）

5.5.7 导正销固定块（见图 5-13）

5.5.8 下模挡块

1. 下模挡块 1（见图 5-14）
2. 下模挡块 2（见图 5-15）
3. 下模挡块 3（见图 5-16）

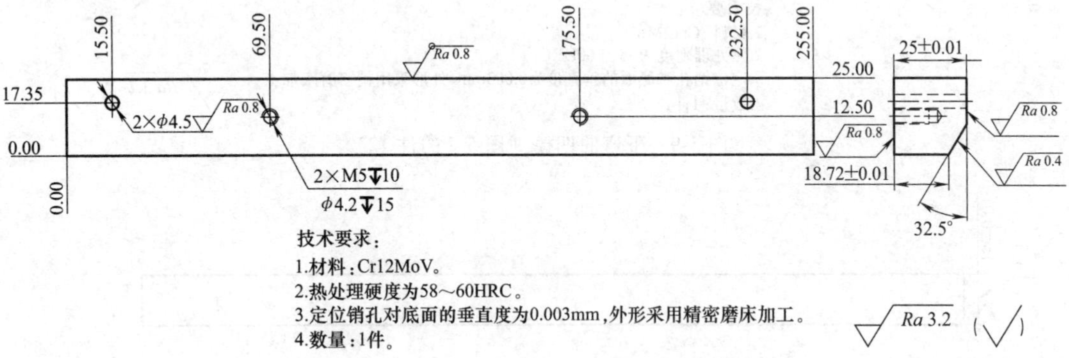

图 5-12 下模带压料弯曲凸模（图 5-2 的件 6）

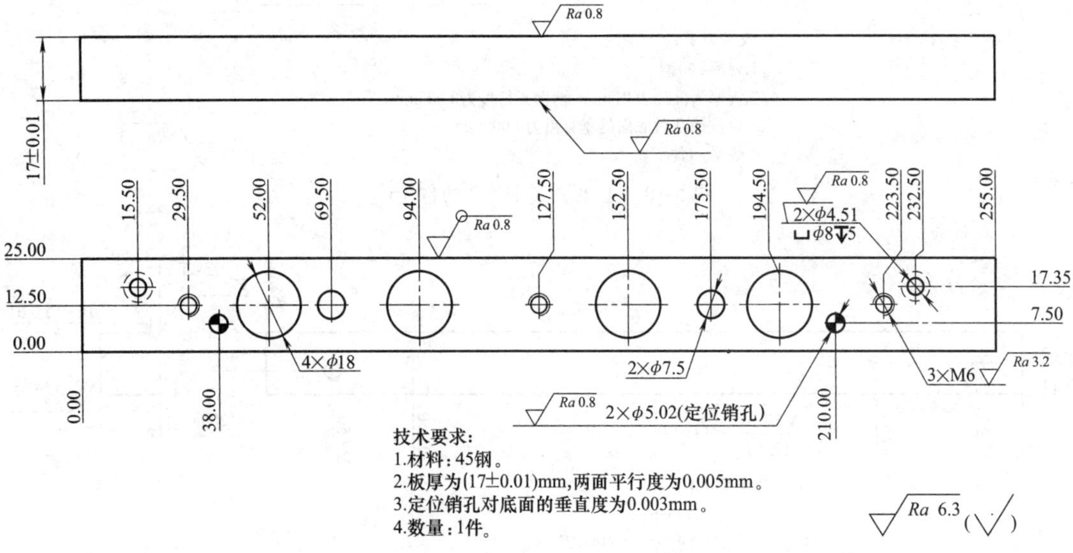

图 5-13 导正销固定块（图 5-2 的件 9）

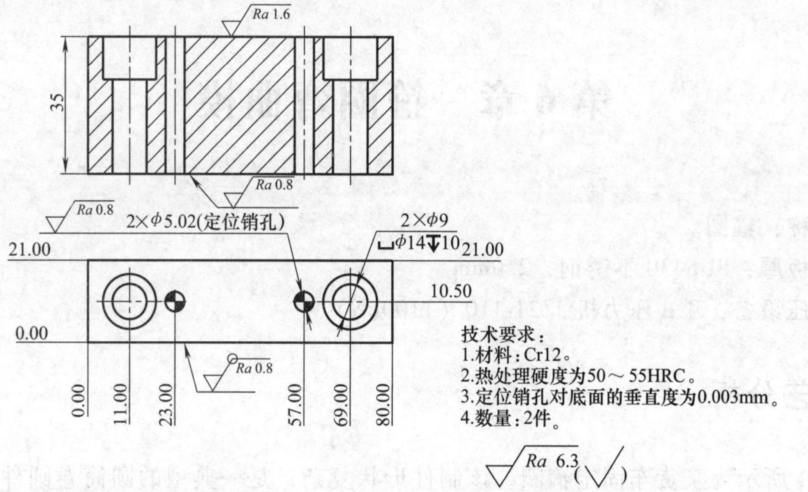

图 5-14　下模挡块 1（图 5-2 的件 5）

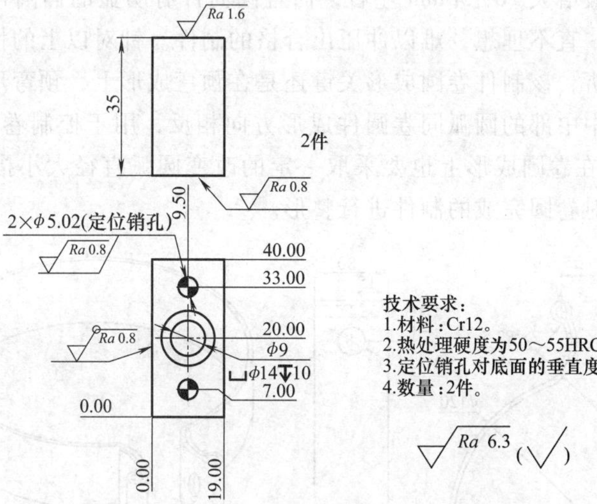

图 5-15　下模挡块 2（图 5-2 的件 8）

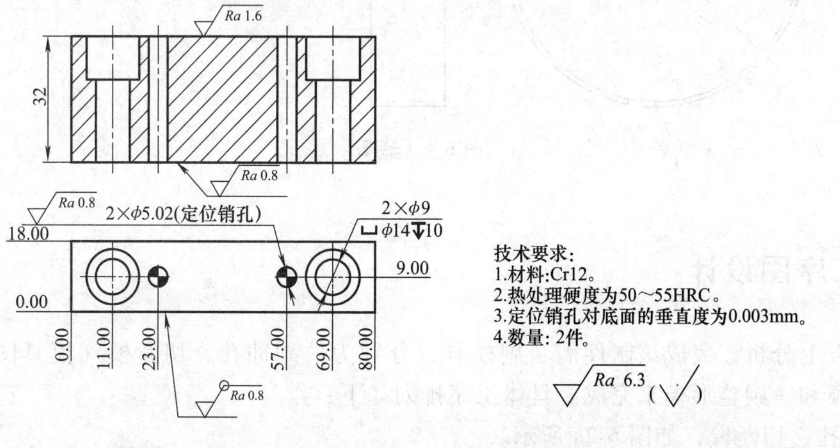

图 5-16　下模挡块 3（图 5-2 的件 11）

第 6 章　箍圈弯曲模

制件名称：箍圈。

材料及板厚：SUS430 不锈钢，2.0mm。

所用冲压设备：开式压力机 JZ21-110（1100kN）。

6.1　工艺分析

如图 6-1 所示为某货车固定箍圈，该制件形状复杂，是一典型的圆筒卷圆件，最大内圆为 124mm。以前曾有类似的制件，按照传统工艺预弯，卷圆成形后出现了较大的回弹，回弹后圆筒件开口处直径一般增大 20~30mm 左右，而且圆筒件有明显的椭圆化倾向，虽经反复调整，修研模具，效果一直不理想，难以冲压出合格的制件。针对以上的情况，考虑从设计上彻底给予解决。经分析，该制件卷圆成形关键还是在预弯成形上，预弯形状由三段不同大小的圆弧组合而成，其中中部的圆弧同卷圆件成形方向相反，用于控制卷圆件的回弹量，如图 6-2e 所示。同时还应在卷圆成形上也要采取一定的改变圆弧直径大小措施来减小制件的回弹，最后用整形工序对卷圆完成的制件进行整形。

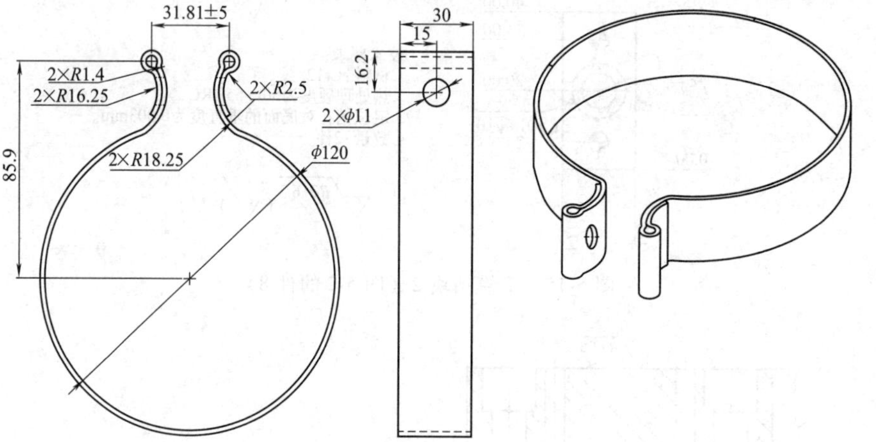

图 6-1　箍圈

6.2　工序图设计

根据以上分析，完成该制件需 7 副模具，分别为一副冲孔、切断模（模具图未画出）、五副弯曲模和一副整形模来完成。具体工序排列如下：

① 冲孔、切断模，如图 6-2a 所示。

② 第 1 工序弯曲，如图 6-2b 所示。

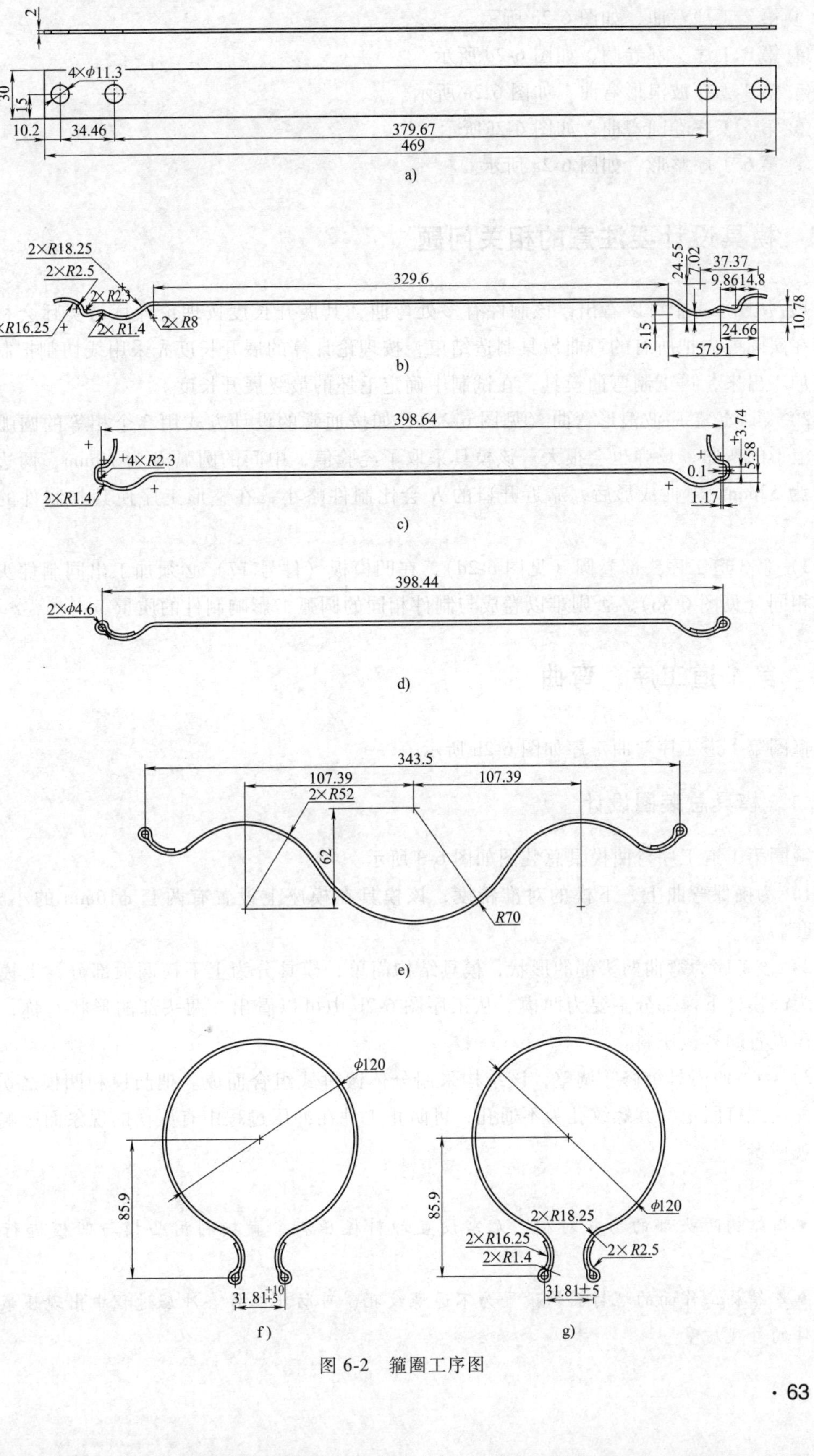
2
4×ϕ11.3
30
15
10.2
34.46
379.67
469
a)
2×R18.25
2×R2.5
2×R2.3
2×R16.25
2×R1.4
2×R8
329.6
24.55
7.02
37.37
9.86
14.8
10.78
5.15
24.66
57.91
b)
398.64
3.74
4×R2.3
5.58
0.1
2×R1.4
1.17
c)
398.44
2×ϕ4.6
d)
343.5
107.39
107.39
2×R52
62
R70
e)
ϕ120
85.9
31.81
f)
ϕ120
85.9
2×R18.25
2×R16.25
2×R2.5
2×R1.4
31.81±5
g)

图 6-2　箍圈工序图

③ 第 2 工序弯曲，如图 6-2c 所示。

④ 第 3 工序头部卷圆，如图 6-2d 所示。

⑤ 第 4 工序波浪形弯曲，如图 6-2e 所示。

⑥ 第 5 工序卷圆弯曲，如图 6-2f 所示。

⑦ 第 6 工序整形，如图 6-2g 所示。

6.3 模具设计要注意的相关问题

1）从图 6-1 中可以看出，该制件有多处弯曲，其展开长度按理论计算与实际会相差很大，在实际中先把所有的弯曲模具制造结束，按理论计算的展开长度先采用线切割把制件的毛坯加工出来，再试制弯曲模具，在试制中确定毛坯的最终展开长度。

2）第 4 道工序波浪形弯曲（见图 6-2e），如按通常的设计方式用 3 个相等的圆弧连接一波浪形的弯曲，反弹也会很大。该模具采取了经验值，中间的圆弧 R 为 70mm，两边的圆弧 R 为 52mm，弯曲成形后，靠近开口的 R 会比制件略小，在整形工序使其与制件的圆弧相同。

3）第 3 道工序头部卷圆（见图 6-2d），在凹模板（件号 17）必须加工出同制件头部的圆弧相同（见图 6-36），否则难以卷成与制件相同的圆弧，影响制件的质量。

6.4 第 1 道工序，弯曲

箍圈第 1 道工序弯曲工序如图 6-2b 所示。

6.4.1 模具总装图设计

箍圈第 1 道工序弯曲模具总装图如图 6-3 所示。

1）为确保弯曲上、下模的对准精度，该模具在模座上设置有两套 ϕ16mm 的小导柱、小导套。

2）该工序为弯曲两头部的形状，模具结构简单，模具分为上下模两大部分，上模部分主要为凸模，下模部分主要为凹模。从工序图 6-2b 中可以看出，两头部的形状对称，该结构无需设置卸料板压料。

3）为方便模具维修、调整，该结构采用分体镶拼式组合而成。把凸模和凹模各分为 3 块，并用螺钉固定，其螺纹孔为不通孔，可防止工件在冲压过程中有压伤的现象而影响制件的外观质量。

技巧

● 本结构两头部的形状对称，无需设置卸料板压料，直接利用凸模与凹模进行刚性成形。

● 本结构工作面的螺钉孔均设置为不通螺纹孔，可防止工件在冲压过程中出现压痕，影响制件的外观质量。

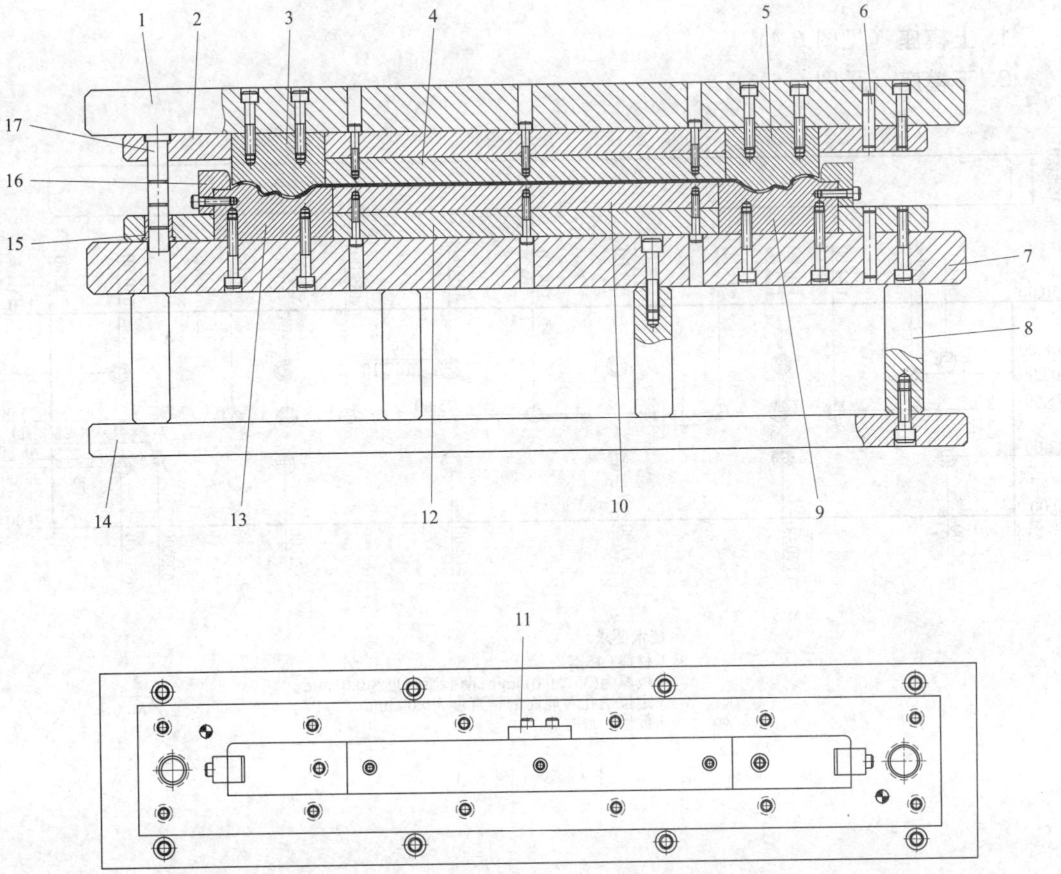

件号	名　称	材　料	数量	备　注	件号	名　称	材　料	数量	备　注
					9	凹模 3	Cr12MoV	1	
17	小导柱		2	标准件	8	下垫脚	45 钢	4	
16	挡料块 2	CrWMn	2		7	下模座	45 钢	1	
15	小导套	CrWMn	2	标准件	6	圆柱销		4	标准件
14	下托板	45 钢	1		5	凸模 3	Cr12MoV	1	
13	凹模 2	Cr12MoV	1		4	凸模 1	Cr12MoV	1	
12	凹模固定板	45 钢	1		3	凸模 2	Cr12MoV	1	
11	挡料块 1	CrWMn	1		2	凸模固定板	45 钢	1	
10	凹模 1	Cr12MoV	1		1	上模座	45 钢	1	

图 6-3　箍圈第 1 道工序弯曲模具总装图

6.4.2 模座及托板设计

1. 上模座（见图 6-4）

2. 下模座（见图 6-5）

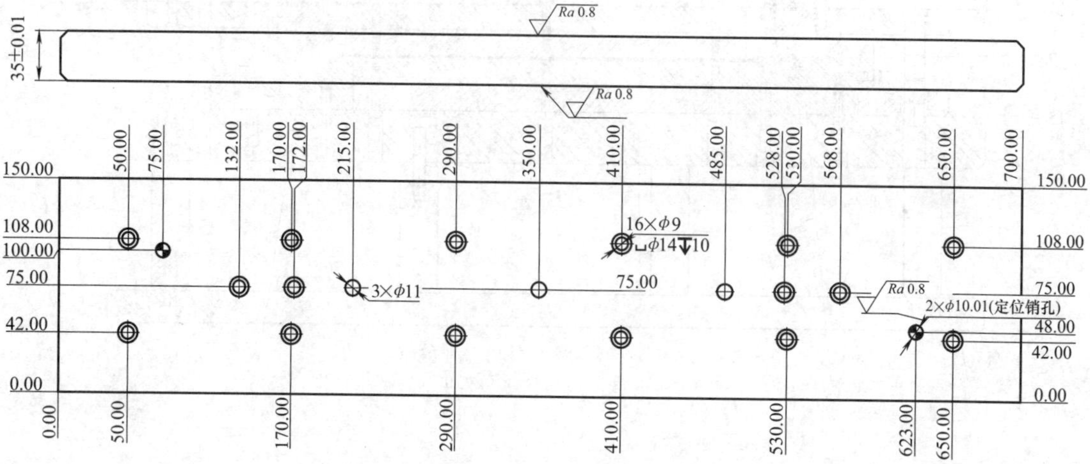

技术要求：
1.材料：45钢。
2.板厚为(35± 0.01)mm，两面平行度为0.01mm。
3.定位销孔对底面的垂直度为0.003mm。
4.数量：1件。

Ra 6.3 (√)

图 6-4 上模座（图 6-3 的件 1）

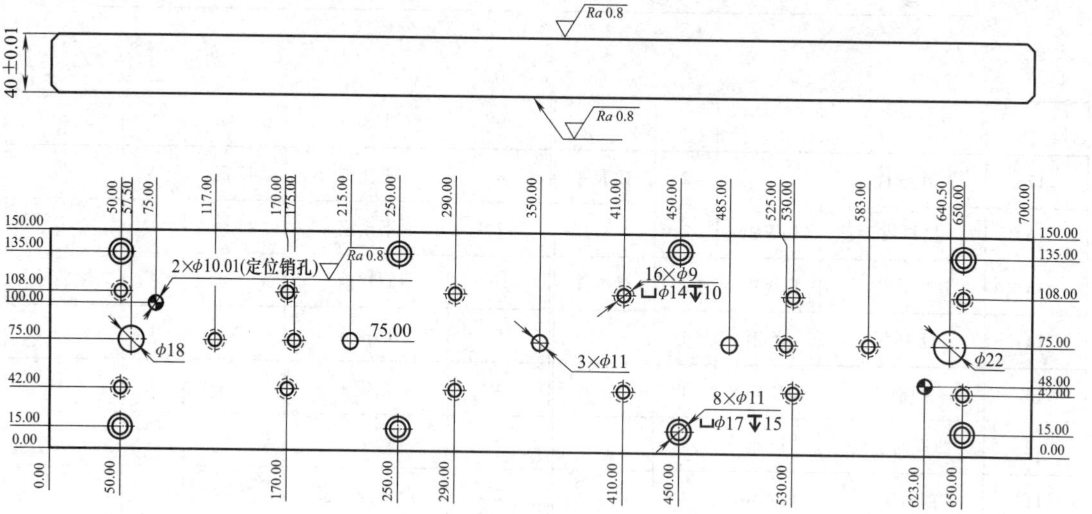

技术要求：
1.材料：45钢。
2.板厚为 (40±0.01)mm，两面平行度为0.01mm。
3.定位销孔对底面的垂直度为0.003mm。
4.数量：1件。

Ra 6.3 (√)

图 6-5 下模座（图 6-3 的件 7）

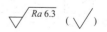

3. 下托板（见图 6-6）

6.4.3　模板设计

1. 凸模固定板（见图 6-7）

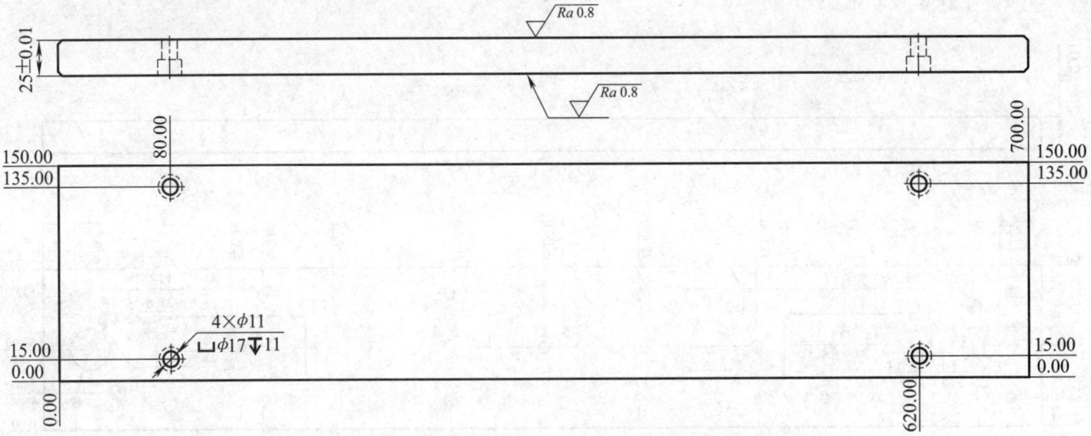

技术要求：
1.材料：45钢。
2.板厚为(25±0.01)mm，两面平行度为0.01mm。
3.数量：1件。

Ra 6.3（√）

图 6-6　下托板（图 6-3 的件 14）

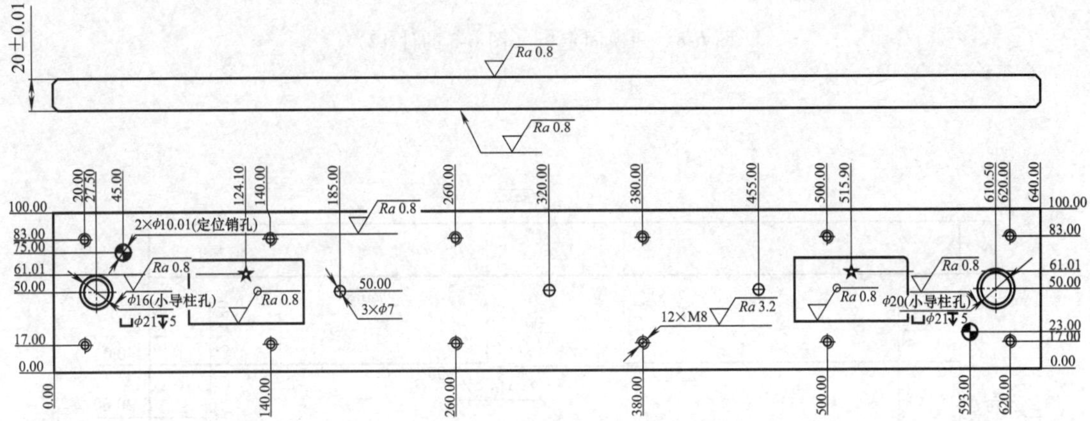

技术要求：
1.材料：45钢。
2.调质处理：320～360HBW。
3.板厚为(20±0.01)mm，两面平行度为0.005mm。
4.主要型孔采用慢走丝加工，对底面的垂直度为0.002mm。
5.图中标有“★”为穿丝孔。
6.数量：1件。

Ra 6.3（√）

图 6-7　凸模固定板（图 6-3 的件 2）

2. 凹模固定板（见图 6-8）

6.4.4 模具零部件设计

1. 凸模

(1) 凸模 1（见图 6-9）

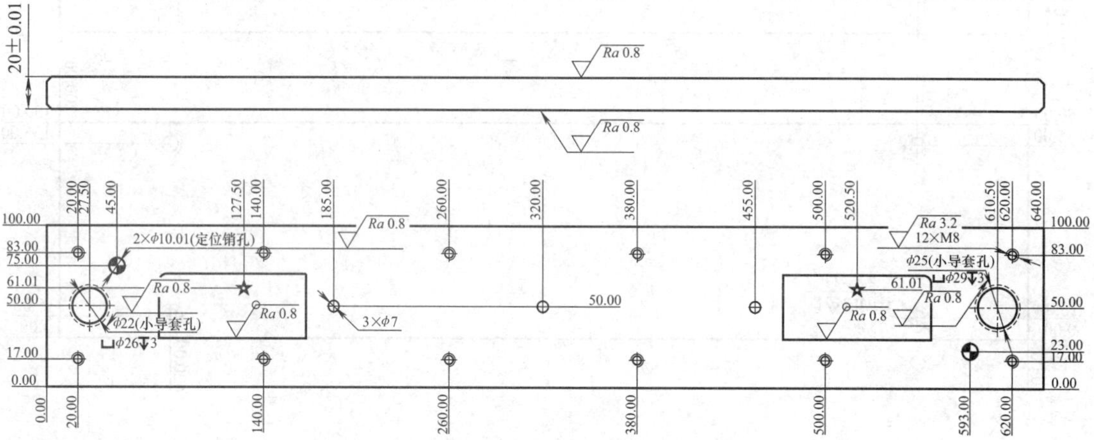

技术要求：
1.材料：45钢。
2.调质处理：320～360HBW。
3.板厚为(20±0.01)mm，两面平行度为0.005mm。
4.主要型孔采用慢走丝加工，对底面垂直度为0.002mm。
5.图中标有“★”为穿丝孔。
6.数量：1件。

Ra 6.3 (√)

图 6-8 凹模固定板（图 6-3 的件 12）

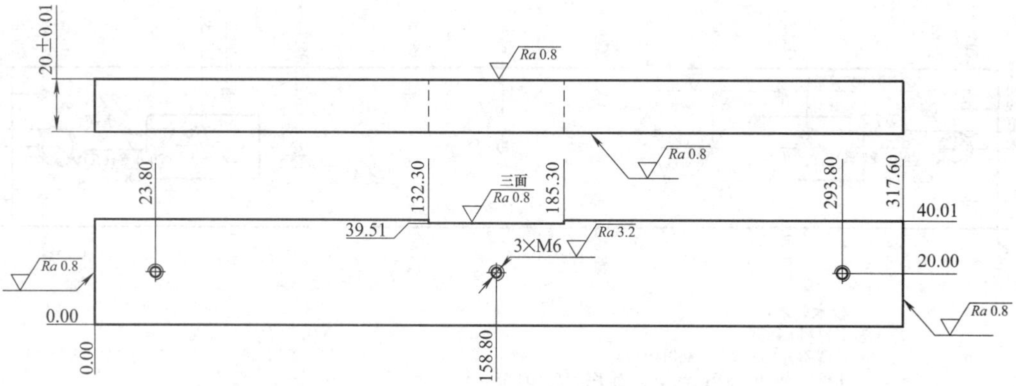

技术要求：
1.材料：Cr12MoV。
2.热处理硬度为60～62HRC。
3.板厚为(20±0.01)mm，两面平行度为0.005mm。
4.数量：1件。

Ra 6.3 (√)

图 6-9 凸模 1（图 6-3 的件 4）

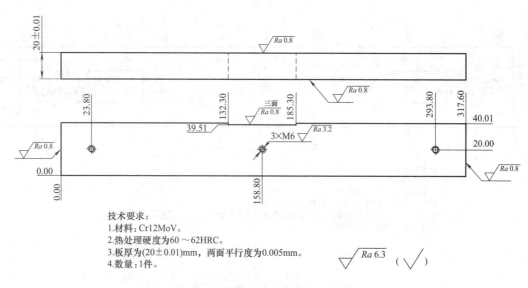

（2）凸模 2（见图 6-10）

（3）凸模 3（见图 6-11）

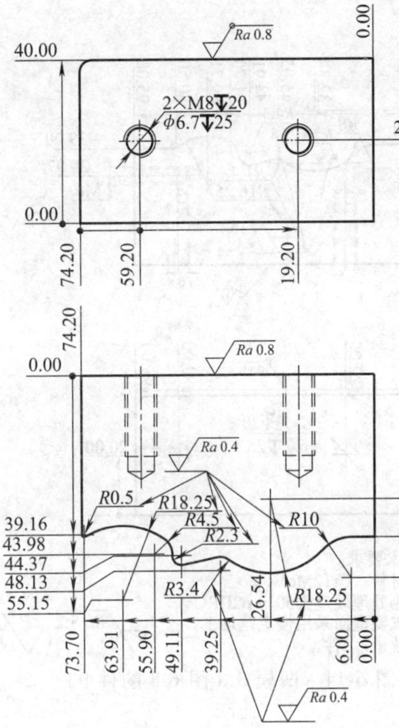

技术要求：
1.材料：Cr12MoV。
2.热处理硬度为60～62HRC。
3.主要型面采用慢走丝加工。
4.数量：1件。

Ra 3.2 (√)

图 6-10　凸模 2（图 6-3 的件 3）

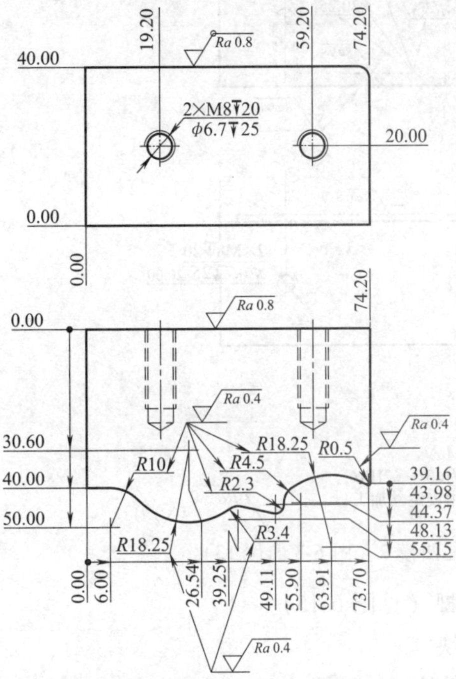

技术要求：
1.材料：Cr12MoV。
2.热处理硬度为60～62HRC。
3.主要型面采用慢走丝加工。
4.数量：1件。

Ra 3.2 (√)

图 6-11　凸模 3（图 6-3 的件 5）

2. 凸模

（1）凹模 1（见图 6-12）

（2）凹模 2（见图 6-13）

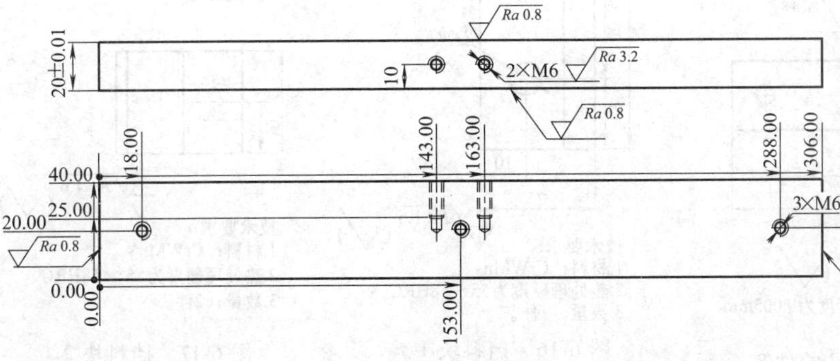

技术要求：
1.材料：Cr12MoV。
2.热处理硬度为60～62HRC。
3.板厚为(20±0.01)mm，
两面平行度为0.005mm。
4.数量：1件

Ra 6.3 (√)

图 6-12　凹模 1（图 6-3 的件 10）

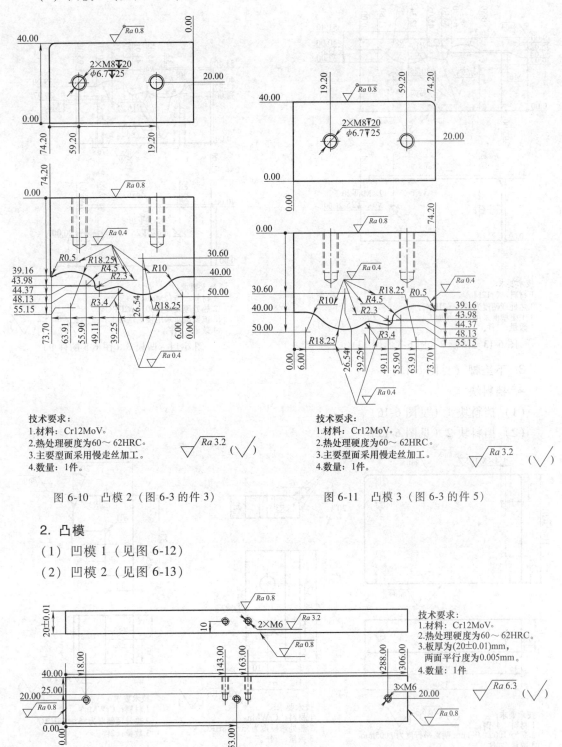

（3）凹模 3（见图 6-14）

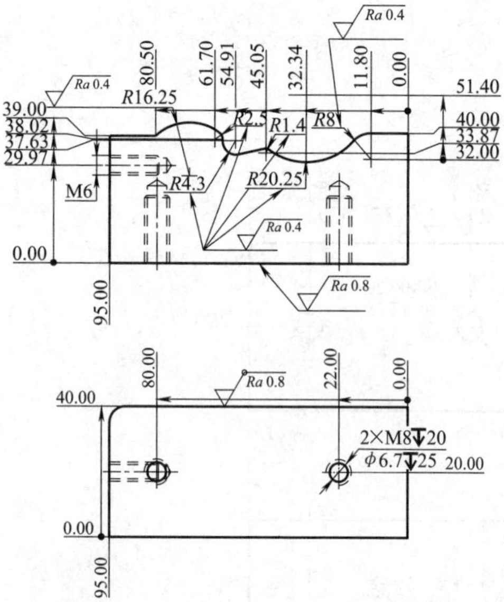

技术要求：
1.材料：Cr12MoV。
2.热处理硬度为60～62HRC。
3.主要型面采用慢走丝加工。
4.数量：1件。
Ra 3.2（√）

图 6-13　凹模 2（图 6-3 的件 13）

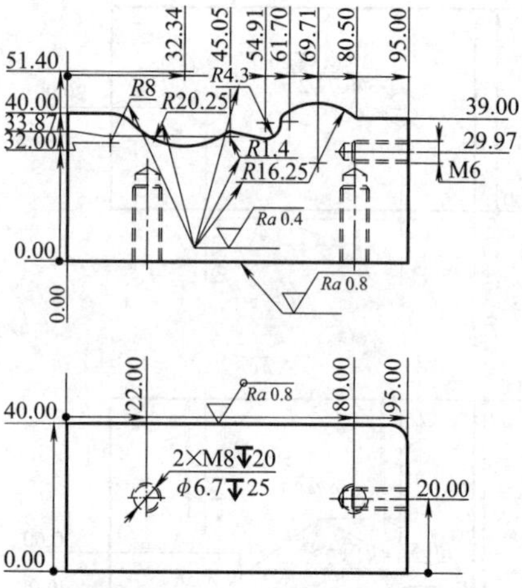

技术要求：
1.材料：Cr12MoV。
2.热处理硬度为60～62HRC。
3.主要型面采用慢走丝加工。
4.数量：1件。
Ra 3.2（√）

图 6-14　凹模 3（图 6-3 的件 9）

3. **下垫脚**（见图 6-15）

4. **挡料块**

（1）挡料块 1（见图 6-16）

（2）挡料块 2（见图 6-17）

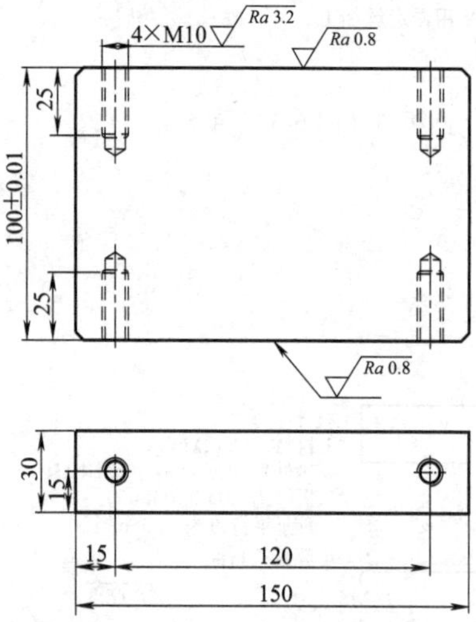

技术要求：　Ra 6.3（√）
1.材料：45钢。
2.高为(100±0.01)mm,两面平行度为0.005mm。
3.数量：4件。

图 6-15　下垫脚（图 6-3 的件 8）

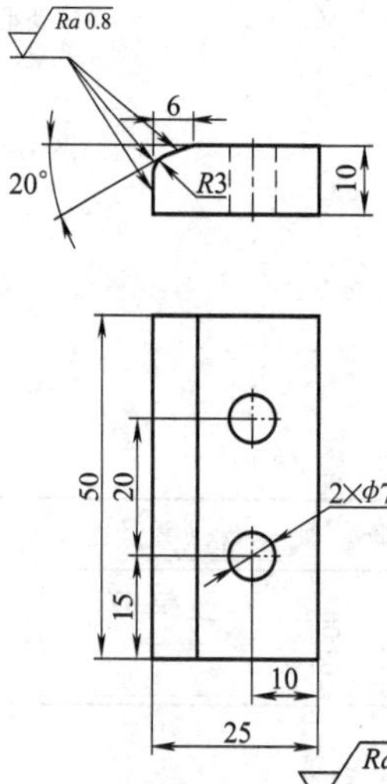

技术要求：　Ra 1.6（√）
1.材料：CrWMn。
2.热处理硬度为55～58HRC。
3.数量：1件。

图 6-16　挡料块 1
（图 6-3 的件 11）

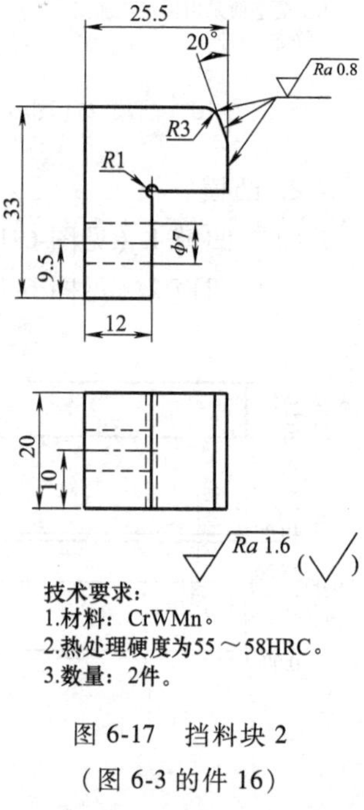

Ra 1.6（√）

技术要求：
1.材料：CrWMn。
2.热处理硬度为55～58HRC。
3.数量：2件。

图 6-17　挡料块 2
（图 6-3 的件 16）

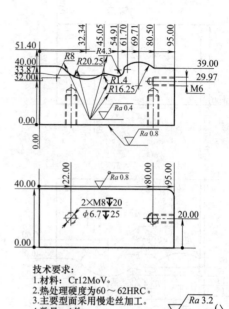

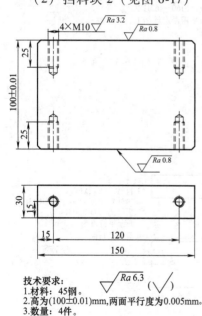

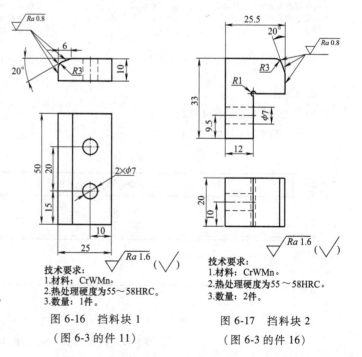

6.5　第 2 道工序，弯曲

箍圈第 2 道工序弯曲工序图如图 6-2c 所示。

6.5.1　模具总装图设计

箍圈第 2 道工序弯曲模具总装图如图 6-18 所示。

1）该工序弯曲两头部，该模具的弯曲直接影响头部卷圆的尺寸，因此要合理地控制弯曲凸、凹模的间隙，以免导致弯曲后的回弹较大，导致后一工序难以卷圆。

2）该制件的板料较厚（$t=2.0$mm），为保证工序件的质量，模具的压料采用 3 个 ϕ80mm 的强力优力胶 12 进行弹压，优力胶 12 安装在下模座 8 的底部。

3）冲压动作：将前一工序冲压出的工序件放入模具内，用挡料块 6 对工序件进行定位。上模下行，对制件进行弯曲成形（图 6-18 为模具闭合状态）。弯曲结束，上模上行，在此工序已弯曲成形结束后的工序件随凸模一起上行，工序件从凸模的侧面出件。

技巧

- 因该制件为 SUS430 不锈钢，设计时，在凹模的侧面加一挡块 19，能很好地防止弯曲过程对凹模产生的侧向力。

6.5.2　模座及托板设计

1. 上模座（见图 6-19）

2. 下模座（见图 6-20）

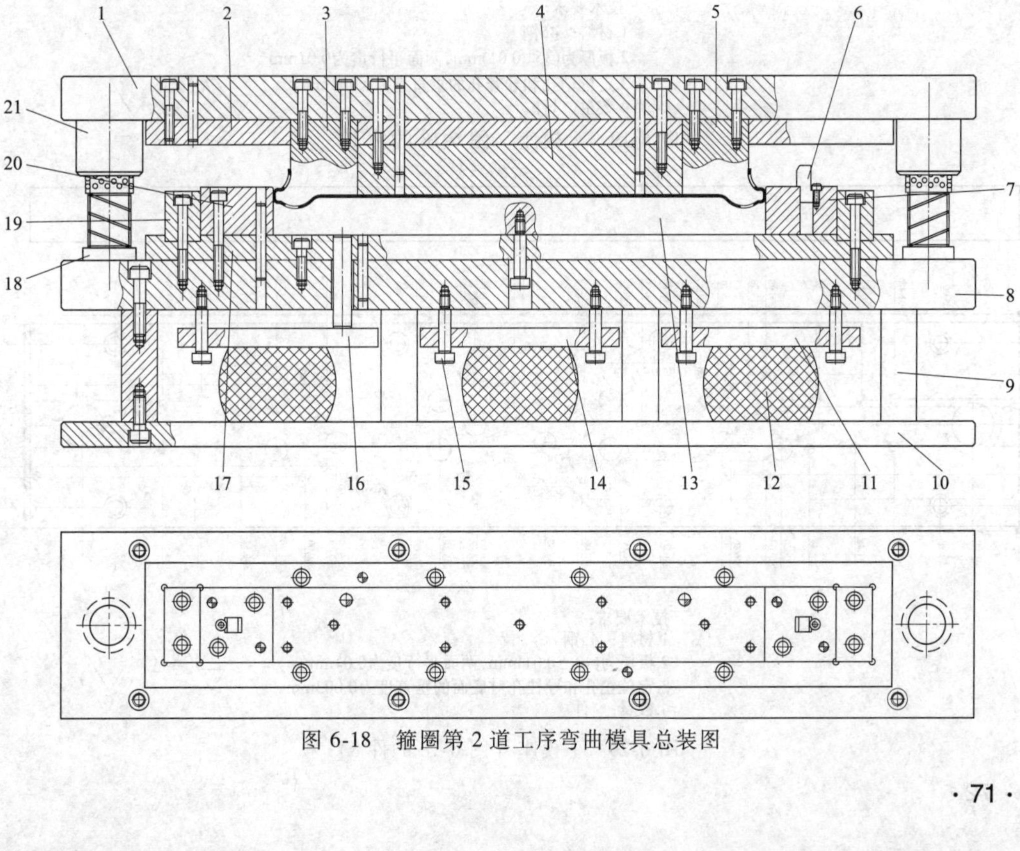

图 6-18　箍圈第 2 道工序弯曲模具总装图

					11	优力胶顶板 3	45 钢	1	
21	导套		2	标准件	10	下托板	45 钢	1	
20	凹模 1	Cr12MoV	1		9	下垫脚	45 钢	4	
19	挡块	CrWMn	2		8	下模座	45 钢	1	
18	导柱		2	标准件	7	凹模 2	Cr12MoV	1	
17	凹模固定板	45 钢	1		6	挡料块	CrWMn	2	
16	优力胶顶板 1	45 钢	1		5	凸模 3	Cr12MoV	1	
15	卸料螺钉		12	标准件	4	凸模 1	Cr12MoV	1	
14	优力胶顶板 2	45 钢	1		3	凸模 2	Cr12MoV	1	
13	压料块	Cr12MoV	1		2	凸模固定板	45 钢	1	
12	优力胶		3	标准件	1	上模座	45 钢	1	
件号	名　称	材　料	数量	备　注	件号	名　称	材　料	数量	备　注

图 6-18　箍圈第 2 道工序弯曲模具总装图（续）

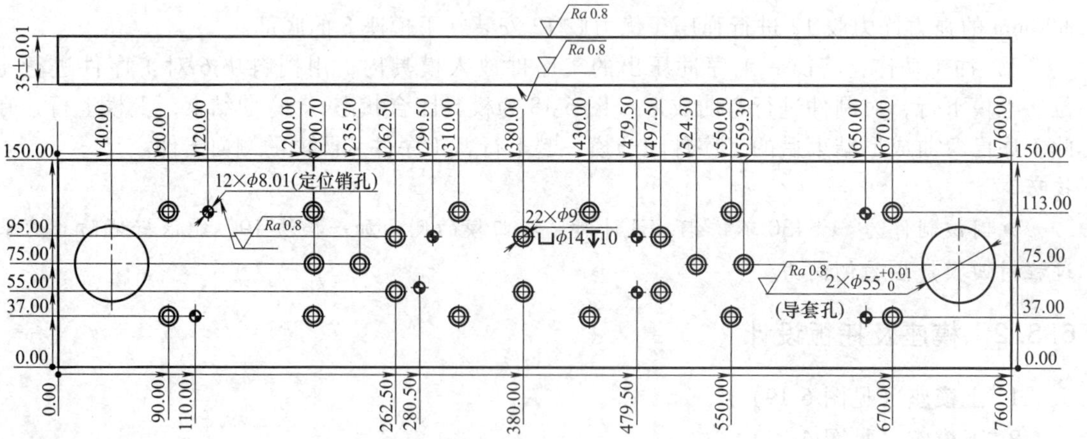

技术要求：
1.材料：45钢。
2.板厚为(35±0.01)mm，两面平行度为0.01mm。
3.定位销孔和导套孔的垂直度为0.003mm。
4.数量：1件。

Ra 6.3 (√)

图 6-19　上模座（图 6-18 的件 1）

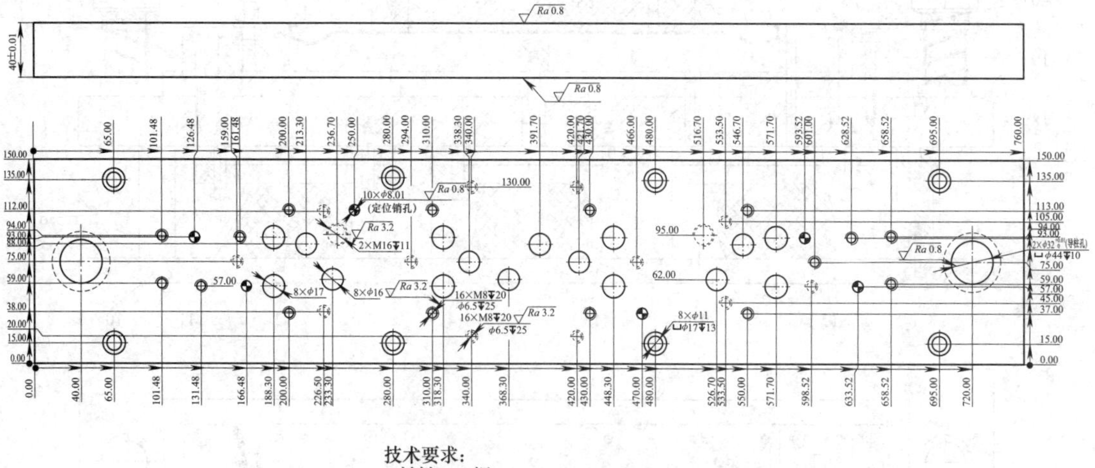

技术要求：
1.材料：45钢。
2.板厚为(40±0.01)mm，两面平行度为0.01mm。
3.定位销孔和导柱孔对底面的垂直度为0.003mm。
4.数量：1件。

Ra 6.3 (√)

图 6-20　下模座（图 6-18 的件 8）

3. 下托板（见图 6-21）

6.5.3　模板设计

1. 凸模固定板（见图 6-22）

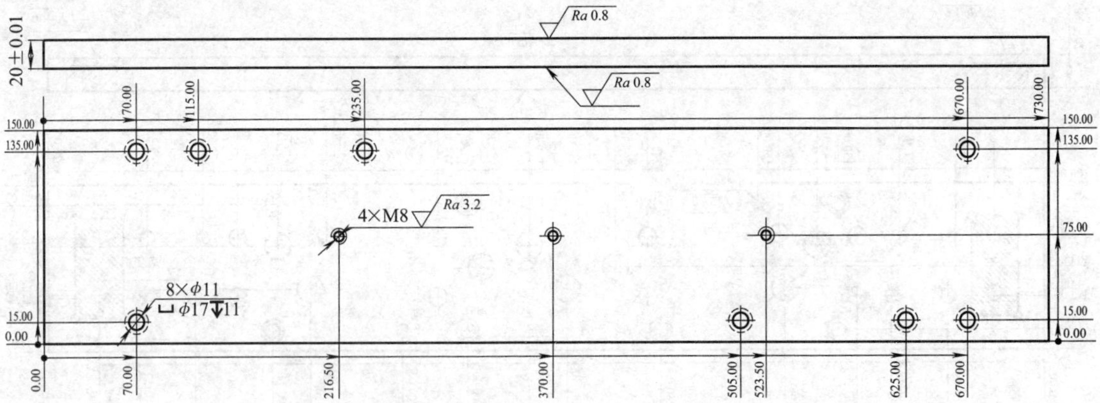

技术要求：
1.材料：45钢。
2.板厚为(20±0.01)mm，两面平行度为0.01mm。　Ra 6.3 (√)
3.数量：1件。

图 6-21　下托板（图 6-18 的件 10）

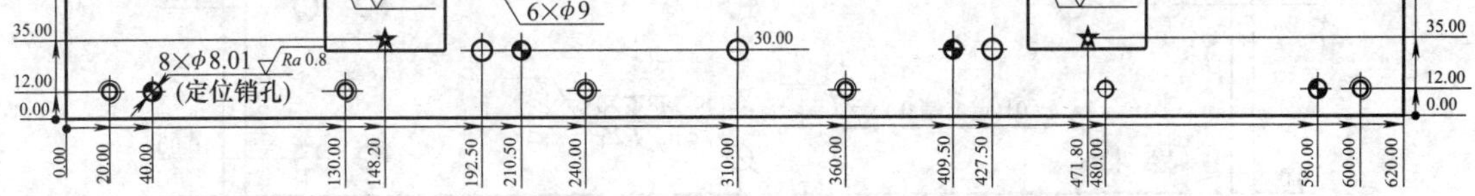

技术要求：
1.材料：45钢。
2.调质处理硬度为320～360HBW。
3.板厚为(20±0.01)mm，两面平行度为0.005mm。
4.主要型孔采用慢走丝加工，对底面的垂直度为0.002mm。　Ra 6.3 (√)
5.图中标有“★”为穿丝孔。
6.数量：1件。

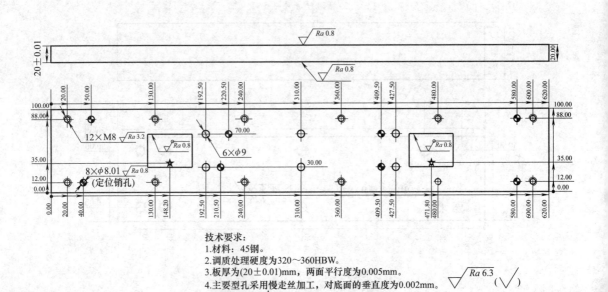

图 6-22　凸模固定板（图 6-18 的件 2）

2. **凹模固定板**（见图 6-23）

6.5.4 模具零部件设计

1. 凸模

（1）凸模 1（见图 6-24）

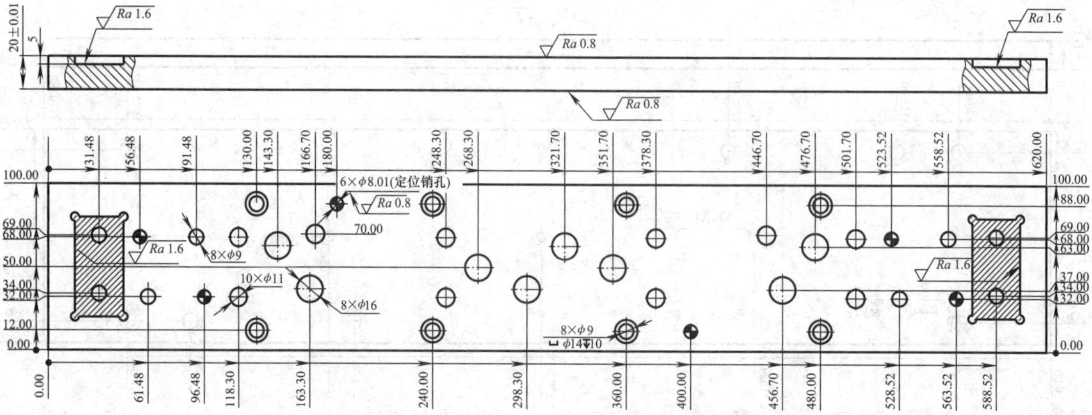

技术要求：
1.材料：45钢。
2.板厚为(20±0.01)mm，两面平行度为0.005mm。
3.主要型孔采用慢走丝和CNC加工，对底面的垂直度为0.002mm。
4.数量：1件。

Ra 6.3 (√)

图 6-23 凹模固定板（图 6-18 的件 17）

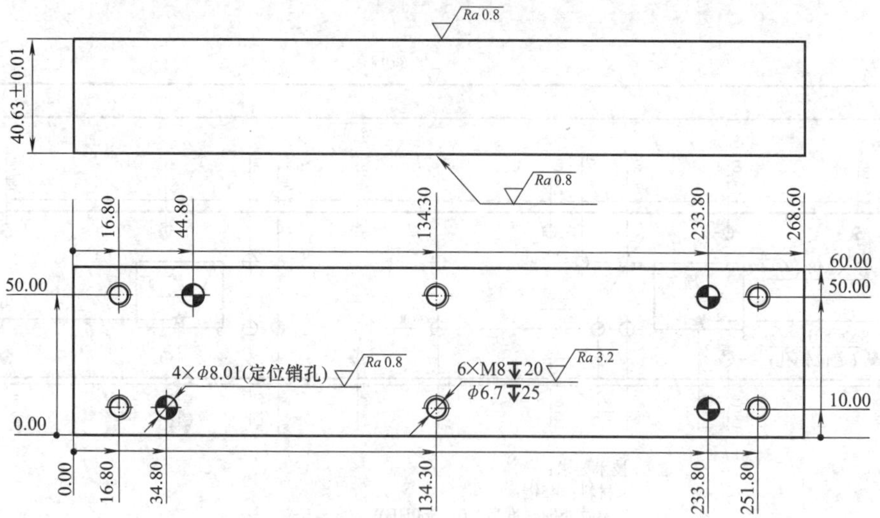

技术要求：
1.材料：Cr12MoV。
2.热处理硬度为60～62HRC。
3.板厚为(40.63±0.01)mm，两面平行度为0.005mm。
4.定位销孔对底面的垂直度为0.003mm。
5.数量：1件。

Ra 6.3 (√)

图 6-24 凸模 1（图 6-18 的件 4）

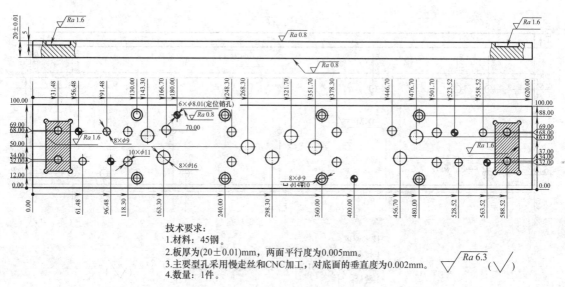

（2）凸模 2（见图 6-25）

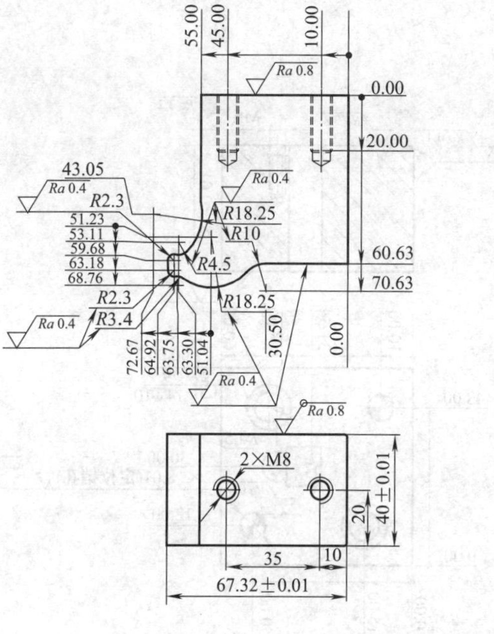

技术要求：
1.材料：Cr12MoV。
2.热处理硬度为60～62HRC。
3.主要型面采用慢走丝加工。
4.数量：1件。

$\sqrt{Ra\ 3.2}$ ($\sqrt{}$)

图 6-25　凸模 2（图 6-18 的件 3）

（3）凸模 3（见图 6-26）

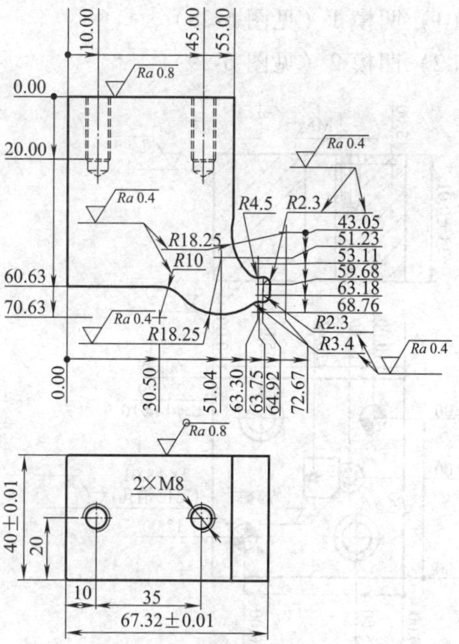

技术要求：
1.材料：Cr12MoV。
2.热处理硬度为60～62HRC。
3.主要型面采用慢走丝加工。
4.数量：1件。

$\sqrt{Ra\ 3.2}$ ($\sqrt{}$)

图 6-26　凸模 3（图 6-18 的件 5）

（4）压料块（见图 6-27）

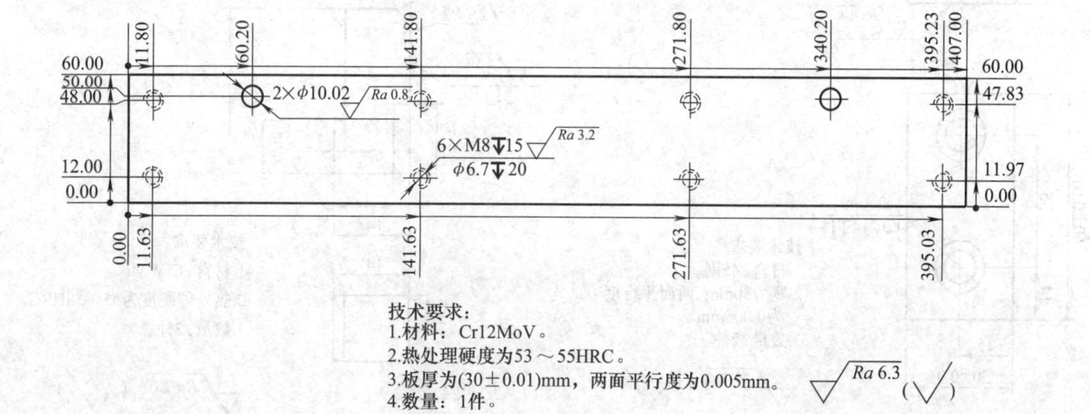

技术要求：
1.材料：Cr12MoV。
2.热处理硬度为53～55HRC。
3.板厚为(30±0.01)mm，两面平行度为0.005mm。
4.数量：1件。

$\sqrt{Ra\ 6.3}$ ($\sqrt{}$)

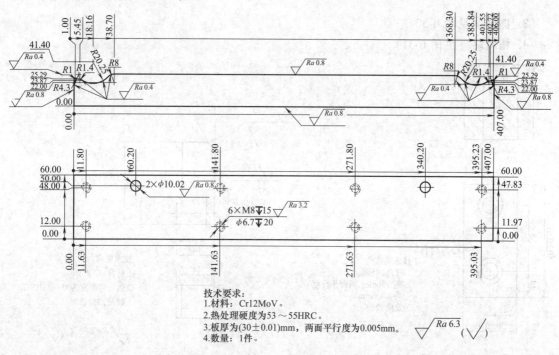

图 6-27　压料块（图 6-18 的件 13）

2. 凹模

（1）凹模 1（见图 6-28）

（2）凹模 2（见图 6-29）

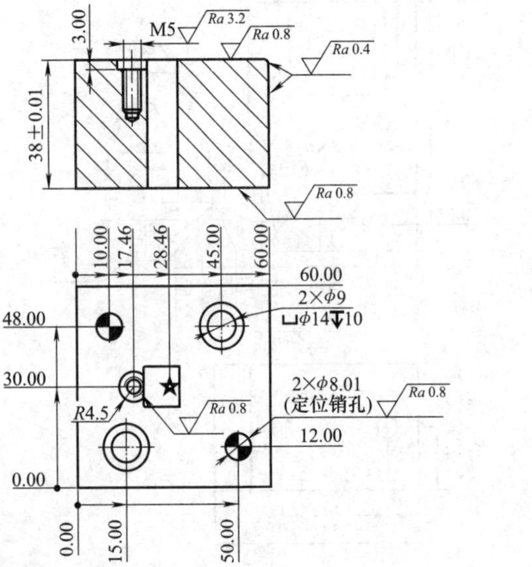

技术要求：
1.材料：Cr12MoV。
2.热处理硬度为60～62HRC。
3.板厚为(38±0.01)mm，两面平行度为0.005mm。
4.主要型孔采用慢走丝加工，垂直度为0.002mm。 Ra 6.3 (√)
5.图中标有“★”为穿丝孔。
6.数量：1件。

图 6-28　凹模 1（图 6-18 的件 20）

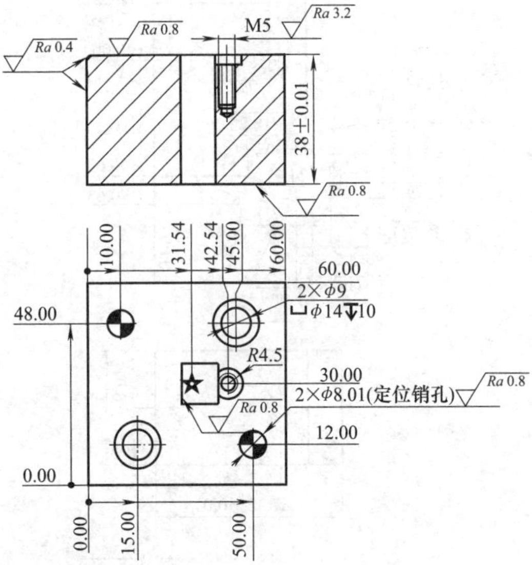

技术要求：
1.材料：Cr12MoV。
2.热处理硬度为60～62HRC。
3.板厚为(38±0.01)mm，两面平行度0.005mm。
4.主要型孔采用慢走丝加工，垂直度为0.002mm。
5.图中标有“★”为穿丝孔。
6.数量：1件。

图 6-29　凹模 2（图 6-18 的件 7）

3. 挡块（见图 6-30）

4. 挡料块（见图 6-31）

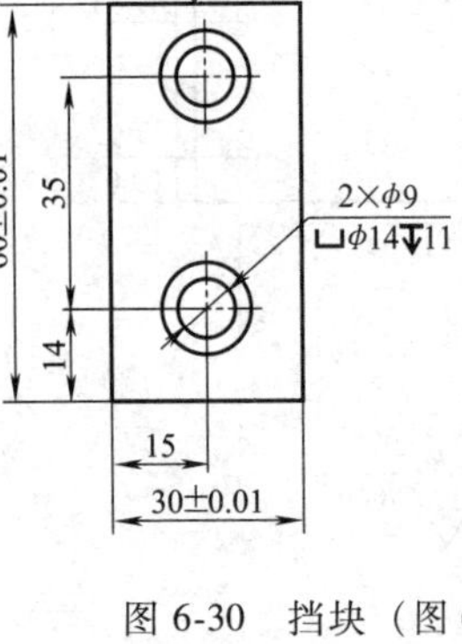

技术要求：
1.材料：45钢。
2.宽为30mm，两面平行度为0.005mm。
3.数量：2件。

Ra 6.3 (√)

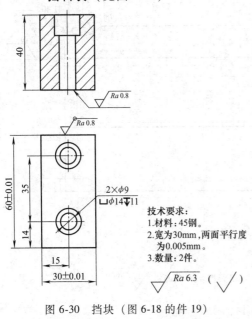

图 6-30　挡块（图 6-18 的件 19）

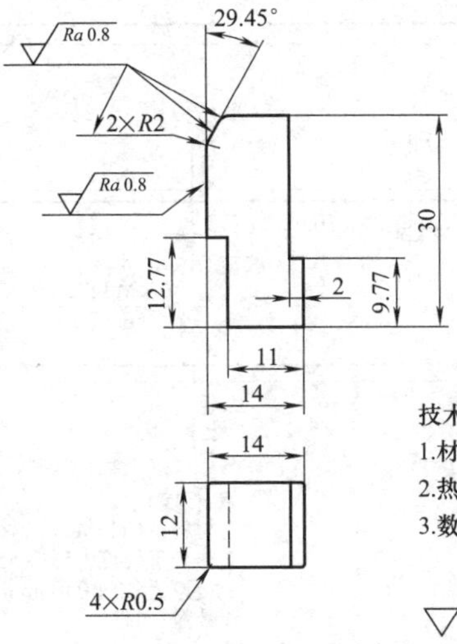

技术要求：
1.材料：CrWMn。
2.热处理硬度为55～58HRC。
3.数量：2件。

Ra 1.6 (√)

图 6-31　挡料块（图 6-18 的件 6）

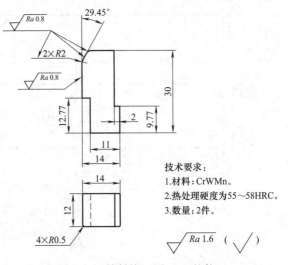

5. 下垫脚（见图 6-32）

6. 优力胶顶板

（1）优力胶顶板 1（见图 6-33）

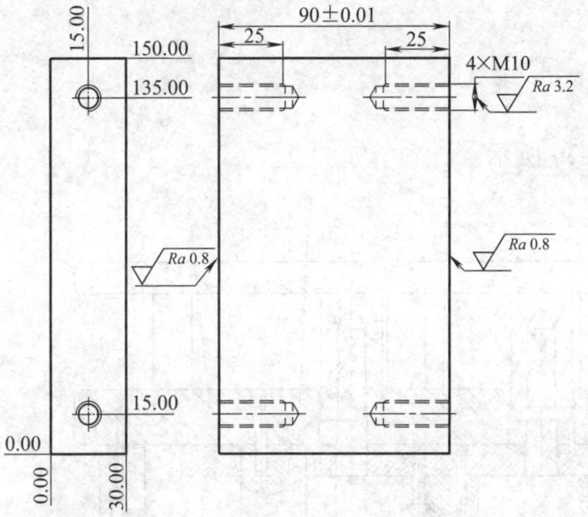

技术要求：
1.材料：45钢。
2.高为(90±0.01)mm，两面平行度为0.005mm。
3.数量：4件。

Ra 6.3 (√)

图 6-32　下垫脚（图 6-18 的件 9）

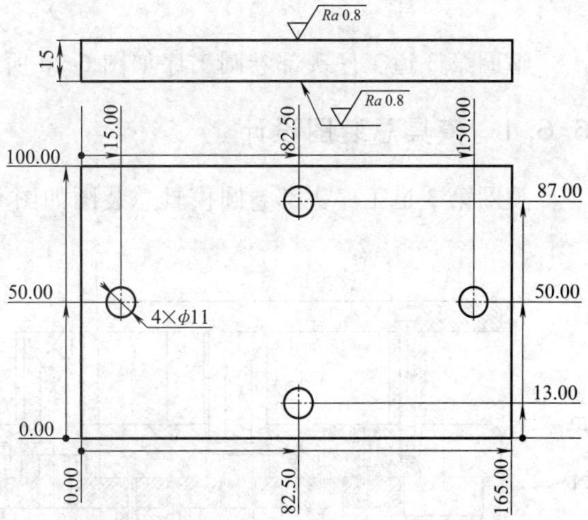

技术要求：
1.材料：45钢。
2.板厚为(15±0.01)mm，两面平行度为0.1mm。
3.数量：1件。

Ra 6.3 (√)

图 6-33　优力胶顶板 1（图 6-18 的件 16）

（2）优力胶顶板 2（见图 6-34）

（3）优力胶顶板 3（见图 6-35）

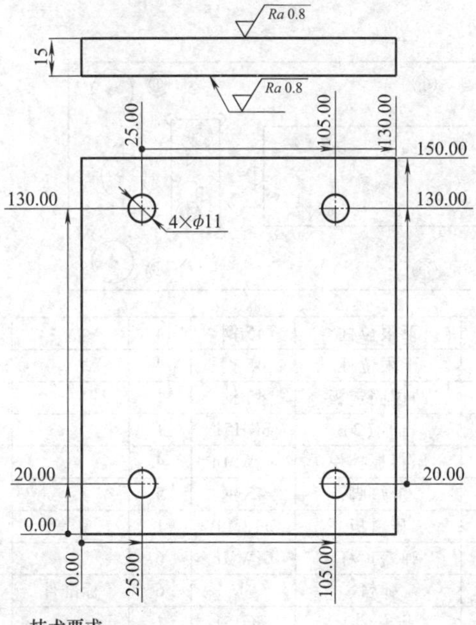

技术要求：
1.材料：45钢。
2.板厚为(15±0.01)mm，两面平行度为0.1mm。
3.数量：1件。

Ra 6.3 (√)

图 6-34　优力胶顶板 2（图 6-18 的件 14）

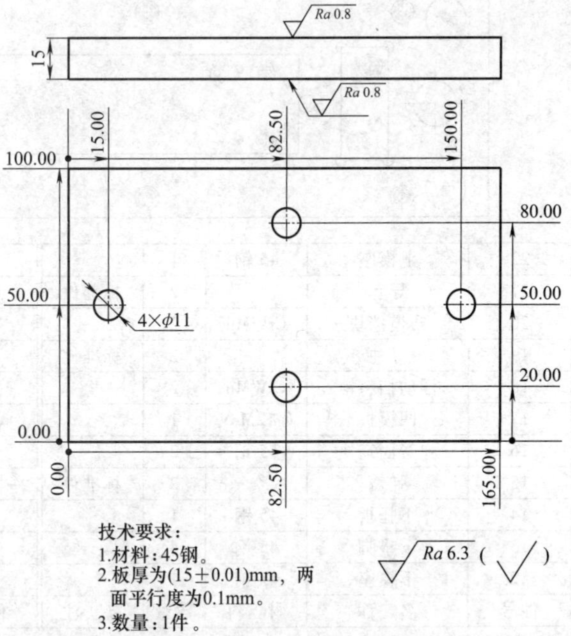

技术要求：
1.材料：45钢。
2.板厚为(15±0.01)mm，两面平行度为0.1mm。
3.数量：1件。

Ra 6.3 (√)

图 6-35　优力胶顶板 3（图 6-18 的件 11）

6.6 第3道工序，头部卷圆

箍圈第3道工序头部卷圆工序如图6-2d所示。

6.6.1 模具总装图设计

箍圈第3道工序头部卷圆模具总装图如图6-36所示。

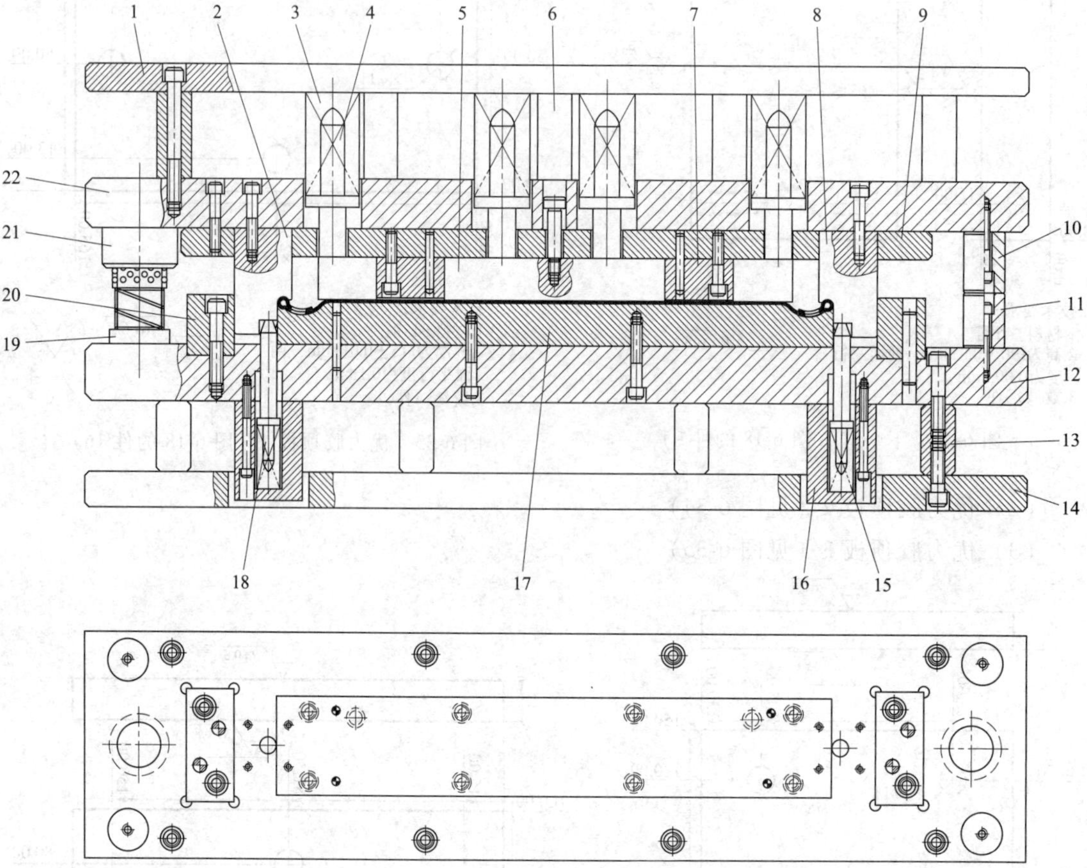

22	上模座	45钢	1		11	下限位柱	45钢	4	
21	导套		2	标准件	10	上限位柱	45钢	4	
20	凸模挡块	CrWMn	2		9	凸模固定板	45钢	1	
19	导柱		2	标准件	8	凸模(2)	SKH51	1	
18	浮动挡料销	CrWMn	2		7	压料板挡块	CrWMn	4	
17	凹模板	Cr12MoV	1		6	上垫脚	45钢	5	
16	弹簧固定块	45钢	2		5	压料板	Cr12MoV	1	
15	弹簧		2	标准件	4	弹簧顶杆	CrWMn	6	
14	下托板	45钢	1		3	弹簧		6	标准件
13	下垫脚	45钢	4		2	凸模(1)	SKH51	1	
12	下模座	45钢	1		1	上托板	45钢	1	
件号	名　称	材　料	数量	备　注	件号	名　称	材　料	数量	备　注

图6-36　箍圈第3道工序头部卷圆模具总装图

1）该模具结构较为复杂，为保证上下模的对准精度，在模座上装有 2 套 ϕ38mm 的滚珠钢球导柱、导套。上模下行，滚珠钢球导柱、导套对模具先导向，再进行冲压。

2）为保证上、下模有足够的弹簧压缩行程，上模设计有上托板 1 和上垫脚 6；下模设计有下托板 14 和下垫脚 13。

3）该模具中的压料板 5 较狭窄，为保证压料板 5 的强度，不能在内部设置小导柱，为保证压料板 5 滑动的垂直度，该结构在压料板 5 的侧面设计有 4 件压料板挡块 7，压料板 5 在压料板挡块 7 内滑动。该结构稳定性好，可以代替小导柱导向。

4）冲压动作：将前一工序冲压出的工序件放入模具内，用浮动导料销 18 对工件进行粗定位。上模下行，模座上的滚珠钢球导柱、导套对模具进行导向，再用料板 5 压住工件，上模继续下行，凸模（1）2、凸模（2）8 头部的导向部分对工件进行导向，随之浮动导料销 18 在凸模下行的同时随着下滑，上模再继续下行，开始对头部进行卷圆成形（见图 6-36 卷圆时模具闭合的状态）。

经验

- 第 3 道工序头部卷圆（见图 6-2d），在凹模板 17 的两头加工出与制件头部的圆弧相同（见图 6-36），否则难以卷成达到制件要求的圆弧，从而影响制件的质量。
- 为防止凸模（1）2、凸模（2）8 在卷圆中产生的侧向力，分别在凸模 2、8 后侧相对应的下模设置有挡块 20，在冲压时凸模的头部先进行导向，再卷圆成形。

6.6.2　模座及托板设计

1. 上托板（见图 6-37）

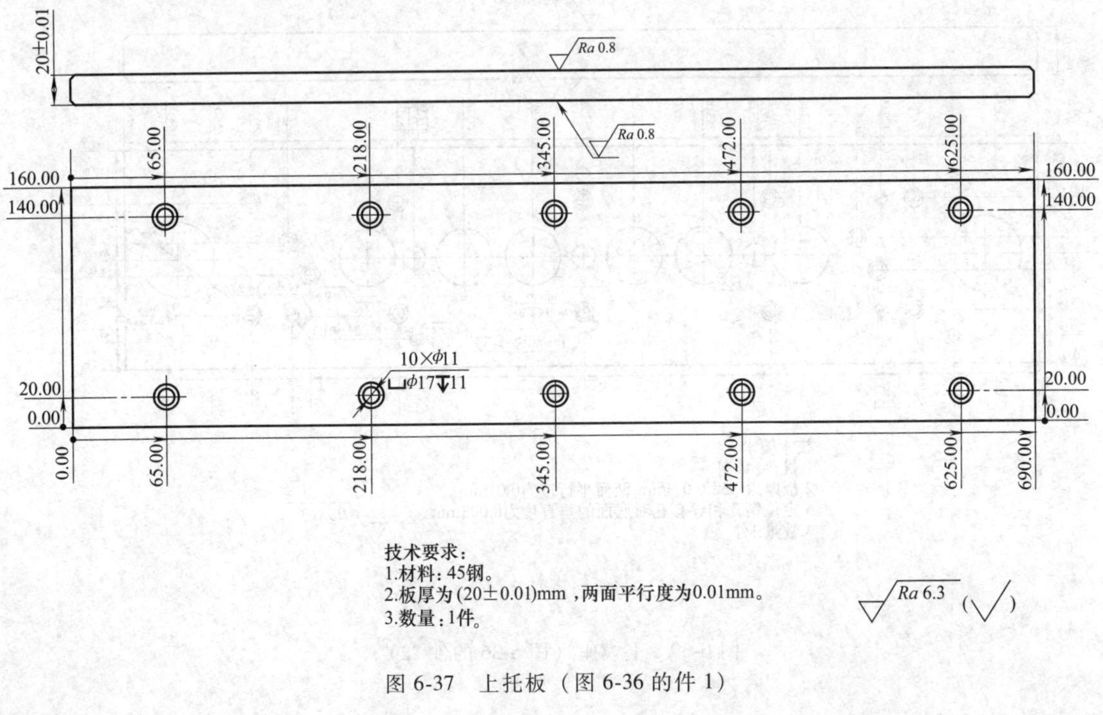

图 6-37　上托板（图 6-36 的件 1）

2. 下托板（见图 6-38）

3. 上模座（见图 6-39）

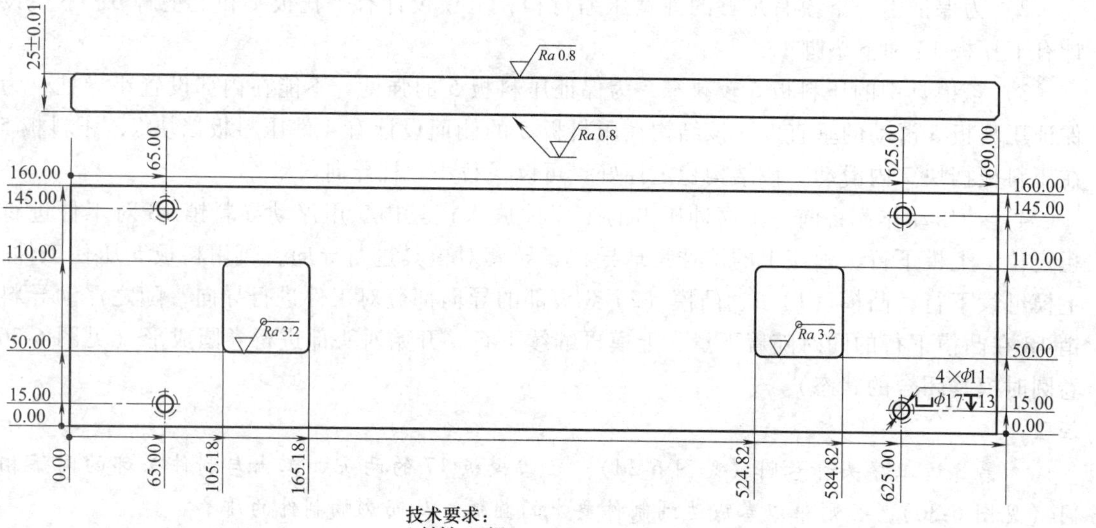

技术要求：
1.材料：45钢。
2.板厚为(25±0.01)mm，两面平行度为0.01mm。
3.数量：1件。

Ra 6.3 (√)

图 6-38　下托板（图 6-36 的件 14）

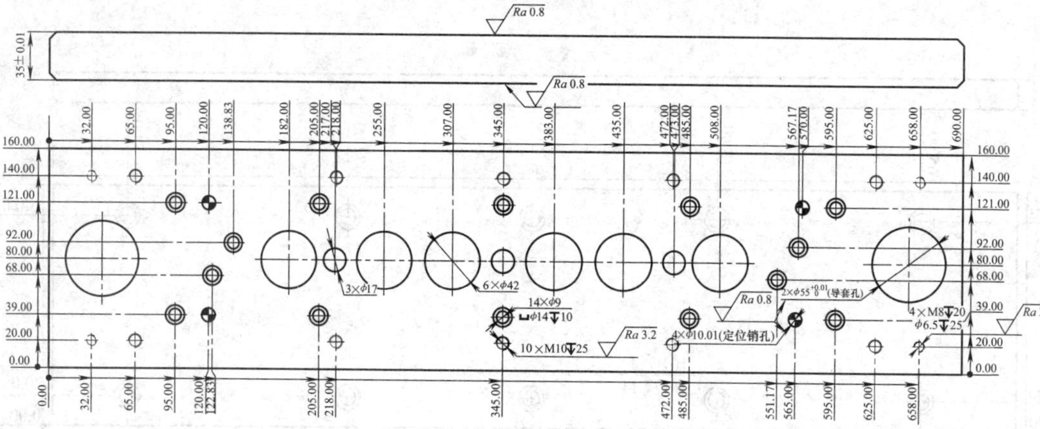

技术要求：
1.材料：45钢。
2.板厚为(35±0.01)mm，两面平行度为0.01mm。
3.定位销孔和导套孔对底面的垂直度为0.003mm。
4.数量：1件。

Ra 6.3 (√)

图 6-39　上模座（图 6-36 的件 22）

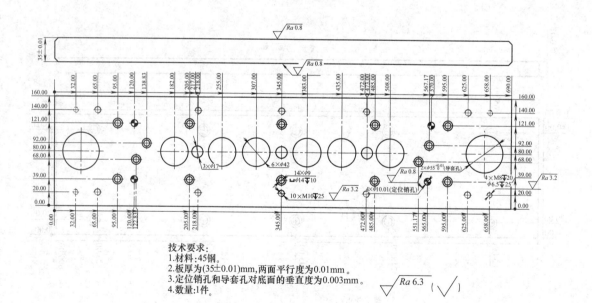

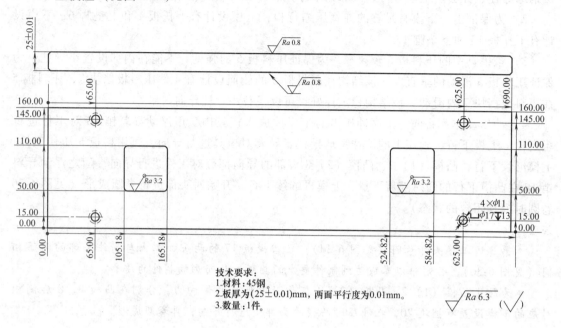

4. 下模座（见图 6-40）

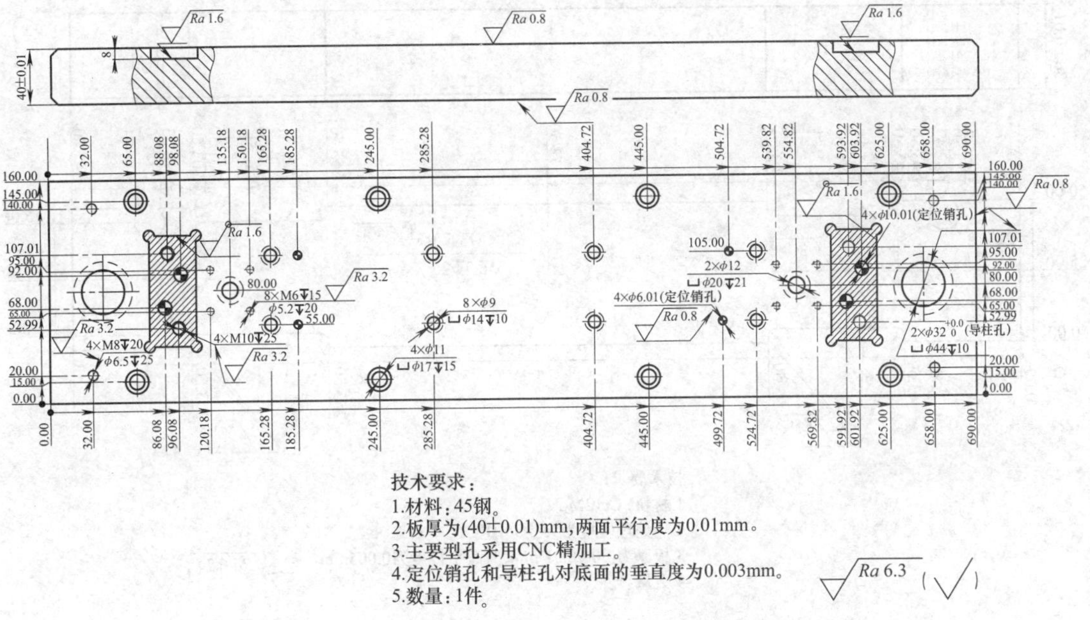

技术要求：
1.材料：45钢。
2.板厚为(40±0.01)mm,两面平行度为0.01mm。
3.主要型孔采用CNC精加工。
4.定位销孔和导柱孔对底面的垂直度为0.003mm。
5.数量：1件。

图 6-40　下模座（图 6-36 的件 12）

6.6.3　模板设计

1. 凸模固定板（见图 6-41）

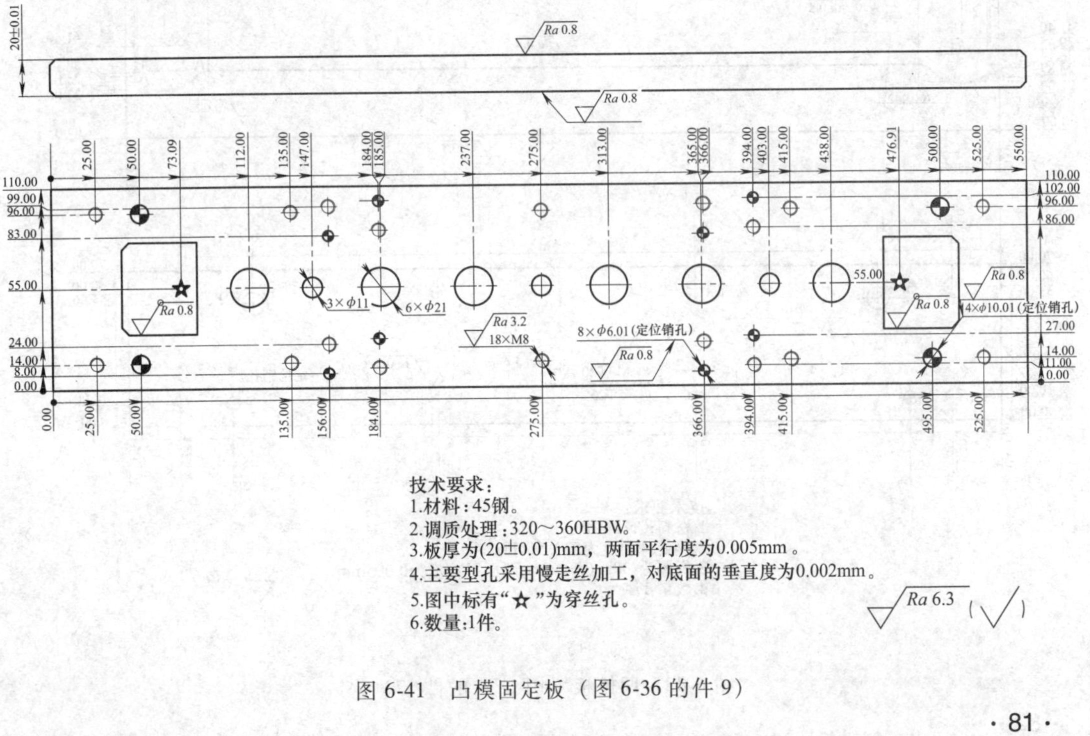

技术要求：
1.材料：45钢。
2.调质处理：320～360HBW。
3.板厚为(20±0.01)mm，两面平行度为0.005mm。
4.主要型孔采用慢走丝加工，对底面的垂直度为0.002mm。
5.图中标有"☆"为穿丝孔。
6.数量:1件。

图 6-41　凸模固定板（图 6-36 的件 9）

2. 压料板（见图 6-42）

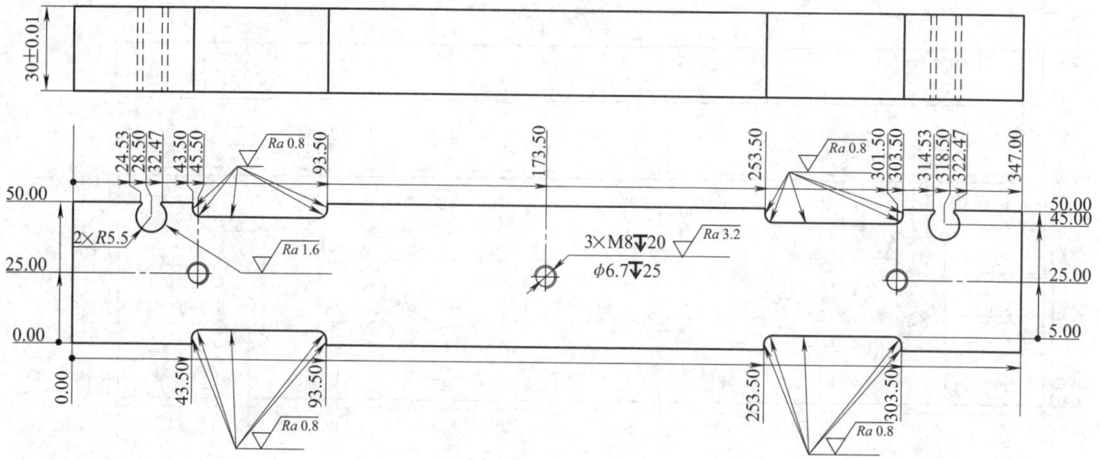

技术要求：
1.材料：Cr12MoV。
2.热处理硬度为53～55HRC。
3.板厚为(30±0.01)mm,两面平行度为0.005mm。
4.数量：1件。

Ra 6.3 (√)

图 6-42　压料板（图 6-36 的件 5）

3. 凹模板（见图 6-43）

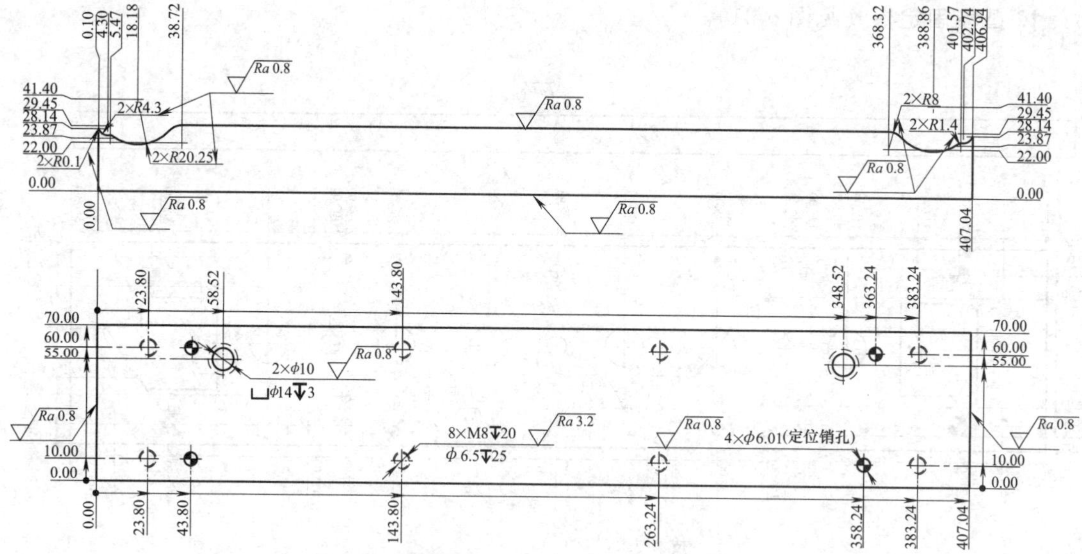

技术要求：
1.材料:Cr12MoV。
2.热处理硬度为53～55HRC。
3.板厚为(30±0.01)mm,两面平行度为0.005mm。
4.数量:1件。

Ra 6.3 (√)

图 6-43　凹模板（图 6-36 的件 17）

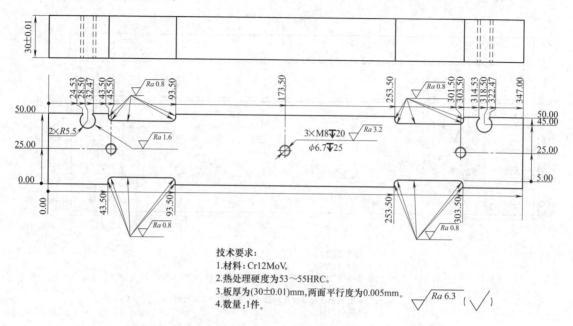

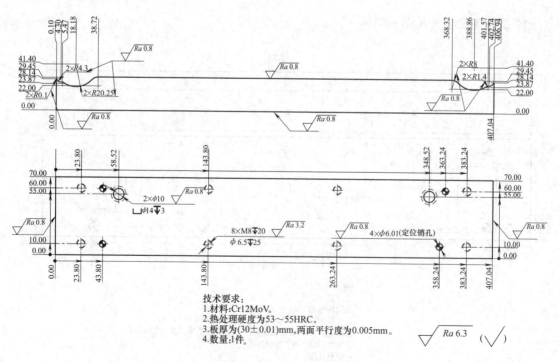

6.6.4 模具零部件设计

1. 挡块

（1）压料板挡块（见图 6-44）

（2）凸模挡块（见图 6-45）

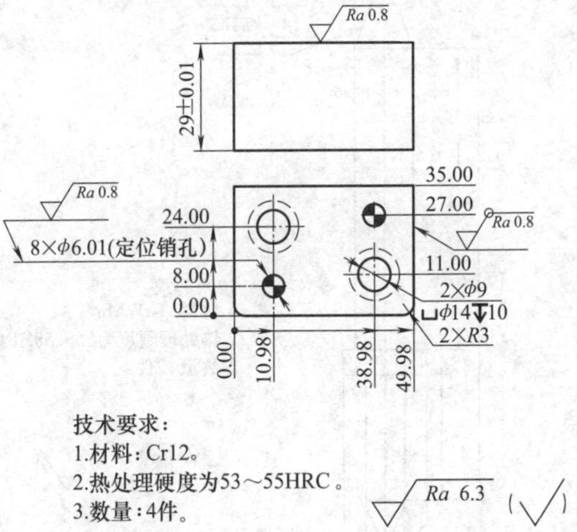

图 6-44　压料板挡块（图 6-36 的件 7）

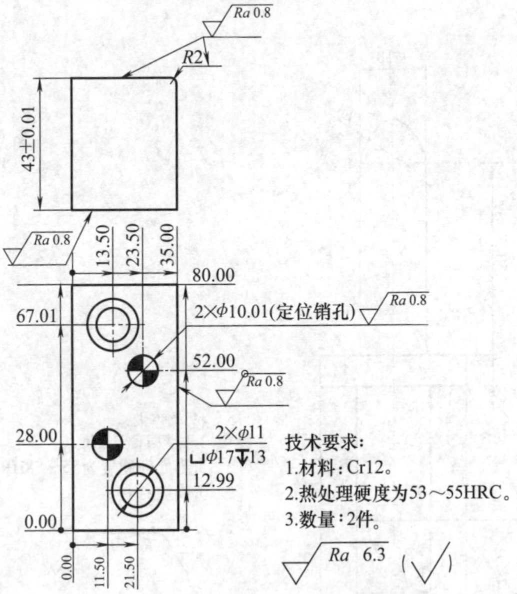

图 6-45　凸模挡块（图 6-36 的件 20）

2. 凸模

（1）凸模 1（见图 6-46）

（2）凸模 2（见图 6-47）

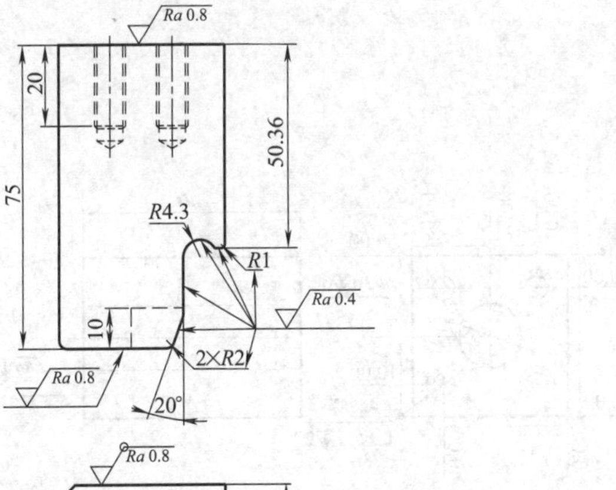

图 6-46　凸模 1（图 6-36 的件 2）

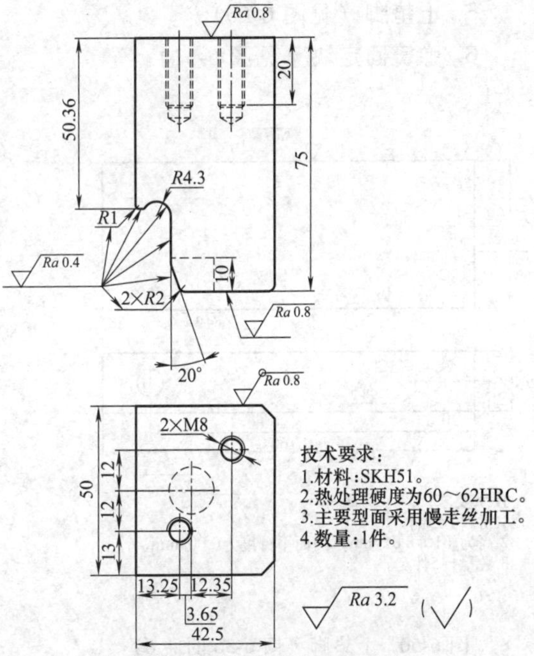

图 6-47　凸模 2（图 6-36 的件 8）

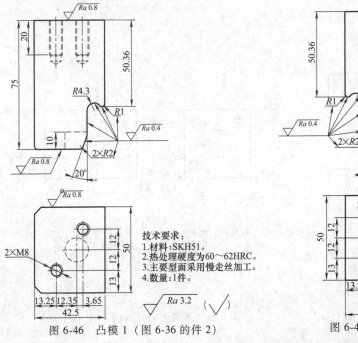

3. 弹簧顶杆（见图 6-48）

4. 浮动挡料销（见图 6-49）

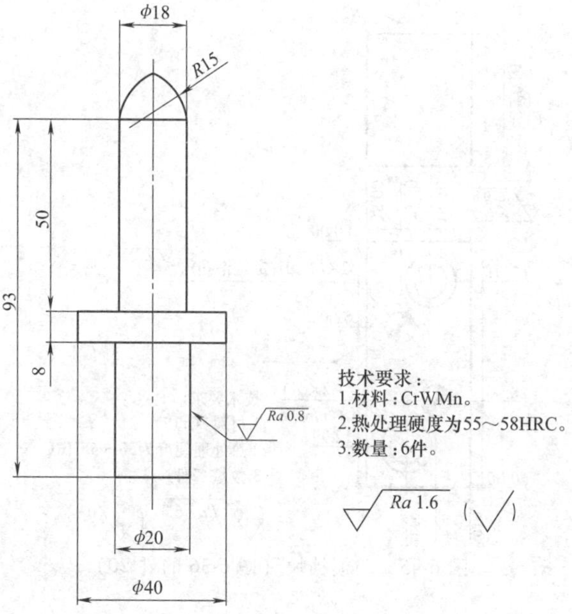

技术要求：
1.材料：CrWMn。
2.热处理硬度为55～58HRC。
3.数量：6件。

图 6-48　弹簧顶杆（图 6-36 的件 4）

技术要求：
1.材料：CrWMn。
2.热处理硬度为55～58HRC。
3.数量：2件。

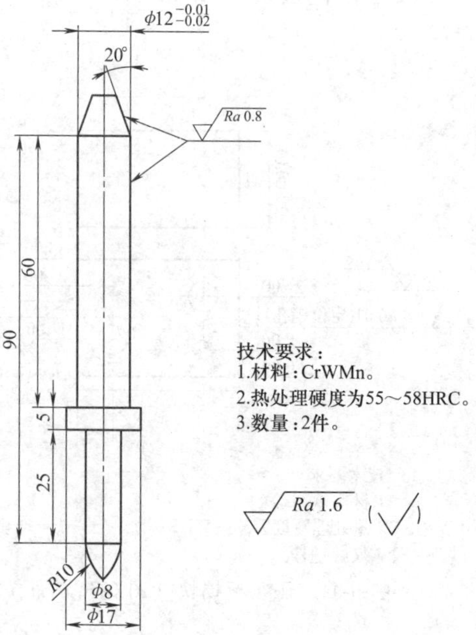

图 6-49　浮动挡料销（图 6-36 的件 18）

5. 上垫脚（见图 6-50）

6. 弹簧固定块（见图 6-51）

技术要求：
1.材料：45钢。
2.高为(61±0.01)mm，两面平行度为0.005mm。
3.数量：5件。

图 6-50　上垫脚（图 6-36 的件 6）

技术要求：
1.材料：45钢。
2.数量：2件。

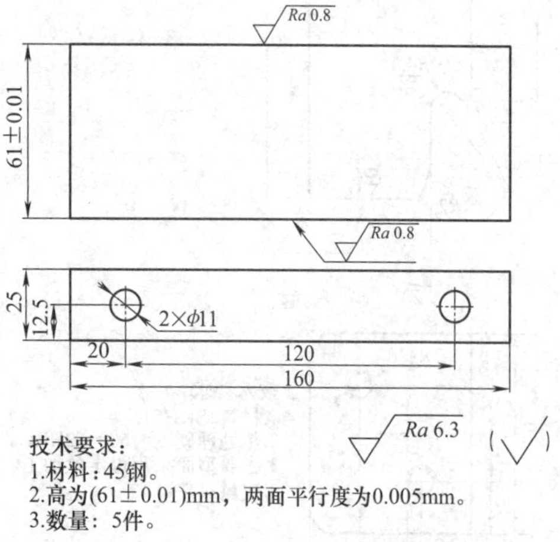

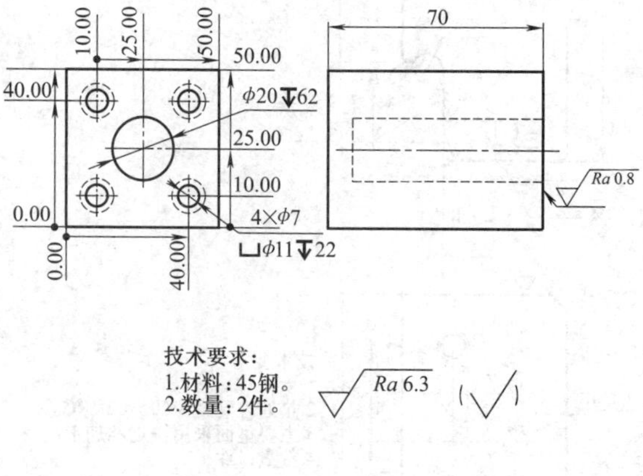

图 6-51　弹簧固定块（图 6-36 的件 16）

7. **下垫脚**（见图 6-52）

8. **限位柱**

（1）上限位柱（见图 6-53）

（2）下限位柱（见图 6-54）

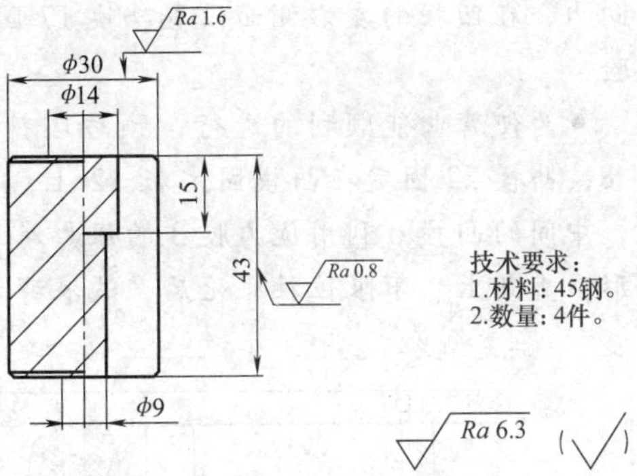
Ra 1.6
φ30
φ14
15
43
Ra 0.8
φ9
技术要求：
1.材料：45钢。
2.数量：4件。
Ra 6.3 (√)

图 6-53　上限位柱（图 6-36 的件 10）

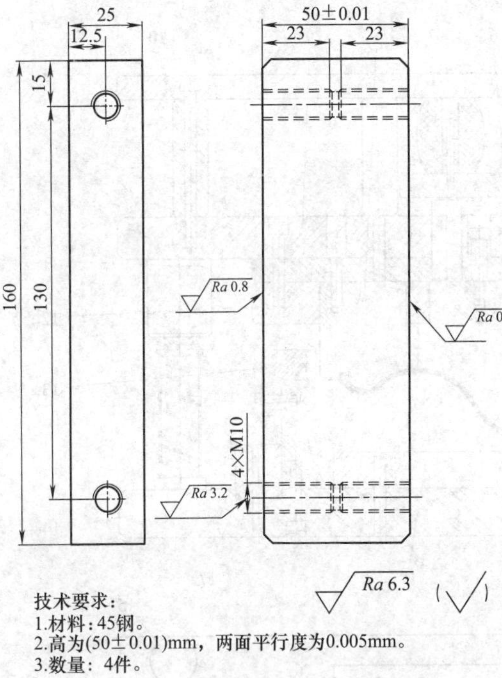
25
12.5
15
160
130
50±0.01
23
23
Ra 0.8
Ra 0.8
4×M10
Ra 3.2
Ra 6.3 (√)
技术要求：
1.材料：45钢。
2.高为(50±0.01)mm，两面平行度为0.005mm。
3.数量：4件。

图 6-52　下垫脚（图 6-36 的件 13）

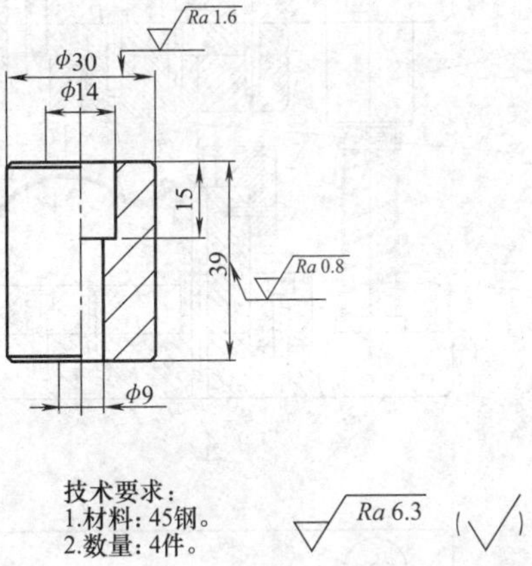
Ra 1.6
φ30
φ14
15
39
Ra 0.8
φ9
技术要求：
1.材料：45钢。
2.数量：4件。
Ra 6.3 (√)

图 6-54　下限位柱（图 6-36 的件 11）

6.7　第 4 道工序，波浪形弯曲

箍圈第 4 道工序波浪形弯曲工序图如图 6-2e 所示。

6.7.1　模具总装图设计

箍圈第 4 道工序波浪形弯曲模具总装图如图 6-55 所示。

1）该工序弯曲形状简单，但模具结构复杂，上模部分主要由上托板 1，上垫脚 2、10，上模座 9，凸模固定板垫板 11，凸模固定板，12 和凸模 6、8、22 等组成；下模部分主要由凹模 18、20 和下模座 14 等组成。

2）本结构凸模分为三部分，分别凸模 8 和凸模 22 固定在凸模固定板 12 上，凸模 6 与凸模固定板进行滑配，用卸料螺钉固定。在弯曲成形时，波浪弯曲中间的大圆弧部分先成形出。

3）本结构凸模 6 采用浮动结构，波浪弯曲中间的大圆弧部分采用强力胶 3 成形，在设置强力胶时，其弹力必须大于波浪弯曲中间大圆弧弯曲力的1.3倍以上。

技巧

• 为了便于加工，该凹模采用分体结构，在分体后防止凹模在波浪弯曲过程中有较大的侧向力，在凹模的左右侧面设置挡块17固定。

经验

• 为使弯曲能顺利的进行，预防坯料在弯曲过程中出现变薄现象。该模具两边的凸模2、8、凸模22固定在凸模固定板12上，中间的凸模6采用浮动结构，其动作为：上模下行，中间的凸模6利用优力胶3的压力对工序件进行预成形，上模继续下行，再成形两边的弧形，直到上、下限位柱碰死后，波浪弯曲成形结束。

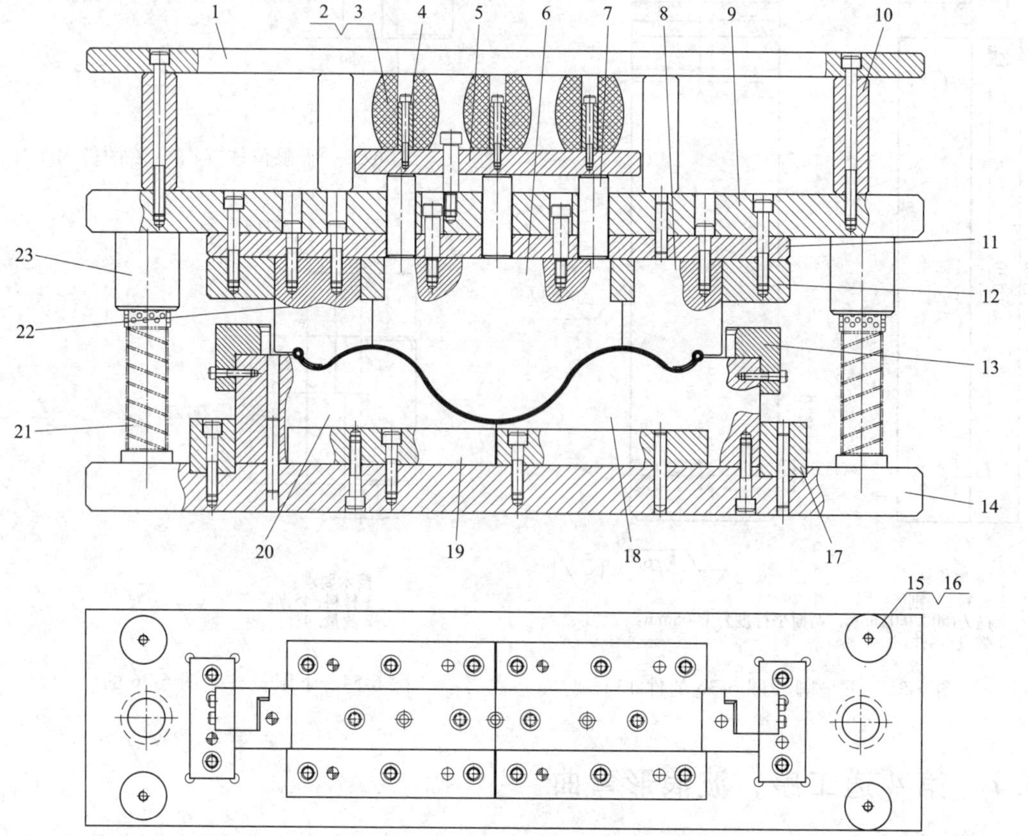

件号	名 称	材 料	数量	备 注	件号	名 称	材 料	数量	备 注
					12	凸模固定板	Cr12MoV	1	
23	导套		2	标准件	11	凸模固定板垫板	45钢	1	
22	凸模3	Cr12MoV	1		10	上垫脚2	45钢	4	
21	导柱		2	标准件	9	上模座	45钢	1	
20	凹模2	Cr12MoV	1		8	凸模2	Cr12MoV	1	
19	凹模挡块2	45钢	4		7	顶杆	CrWMn	3	
18	凹模1	Cr12MoV	1		6	凸模1	Cr12MoV	1	
17	凹模挡块1	45钢	2		5	优力胶顶板	45钢	1	
16	下限位柱	45钢	4		4	优力胶定位销	45钢	3	
15	上限位柱	45钢	4		3	优力胶		3	标准件
14	下模座	45钢	1		2	上垫脚1	45钢	2	
13	挡料块	CrWMn	2		1	上托板	45钢	1	

图6-55 箍圈第4道工序波浪形弯曲模具总装图

6.7.2　模座及托板设计

1. 上托板（见图 6-56）

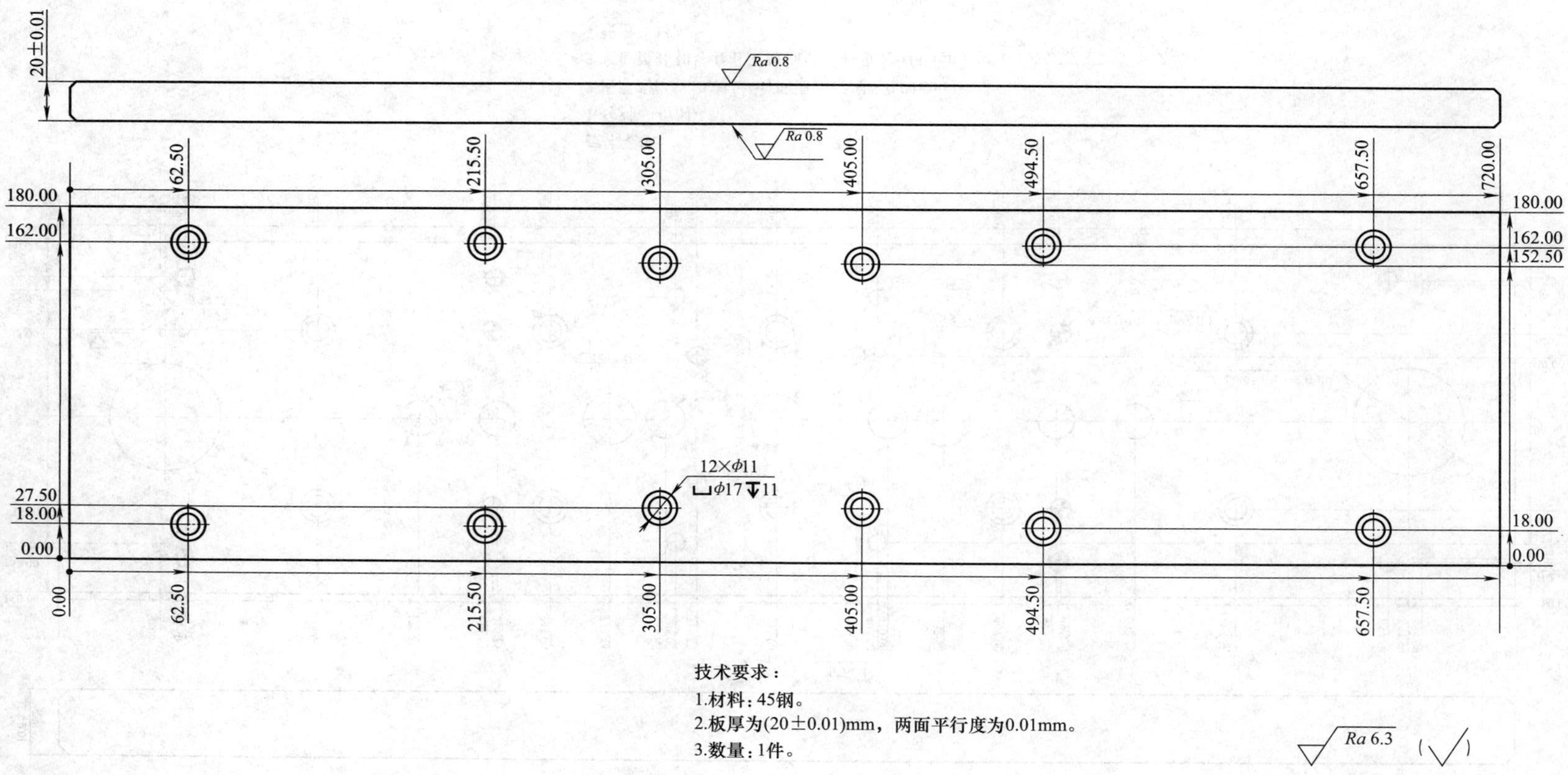

图 6-56　上托板（图 6-55 的件 1）

2. **上模座**（见图 6-57）

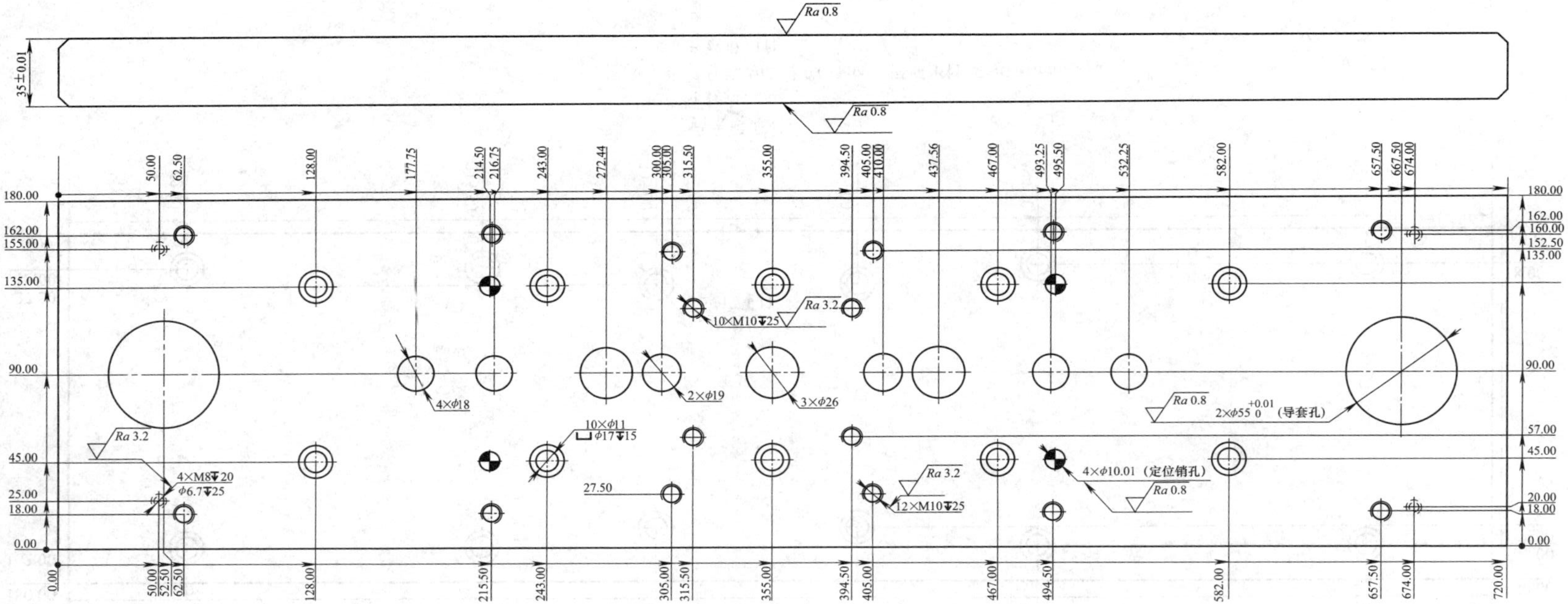

技术要求：

1.材料：45钢。

2.板厚为(35±0.01)mm，两面平行度为0.01mm。

3.定位销孔和导套孔对底面的垂直度为0.003mm。

4.数量：1件。

Ra 6.3 （√）

图 6-57　上模座（图 6-55 的件 9）

3. 下模座（见图 6-58）

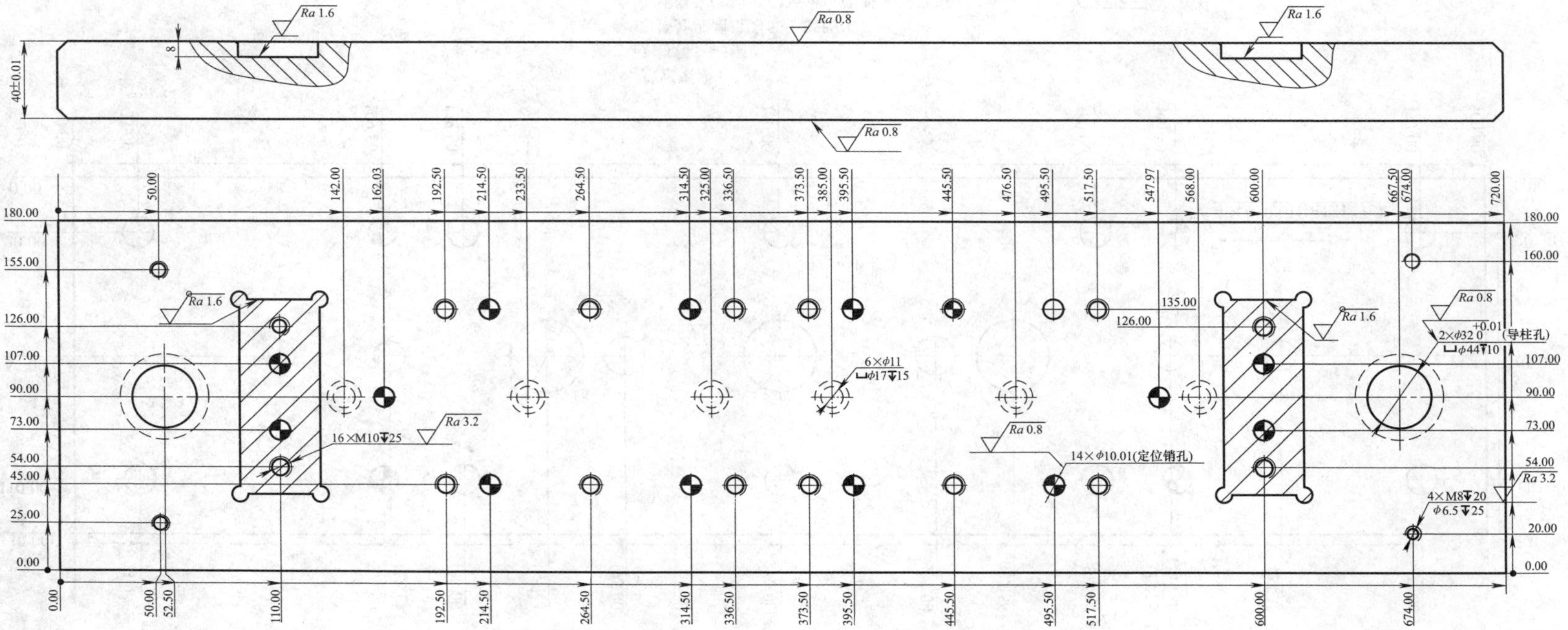

技术要求：

1.材料：45钢。

2.板厚为(40±0.01)mm,两面平行度为0.01mm。

3.定位销孔和导柱孔对底面的垂直度为0.003mm。

4.数量：1件。

$\sqrt{Ra\ 6.3}$ (√)

图 6-58　下模座（图 6-55 的件 14）

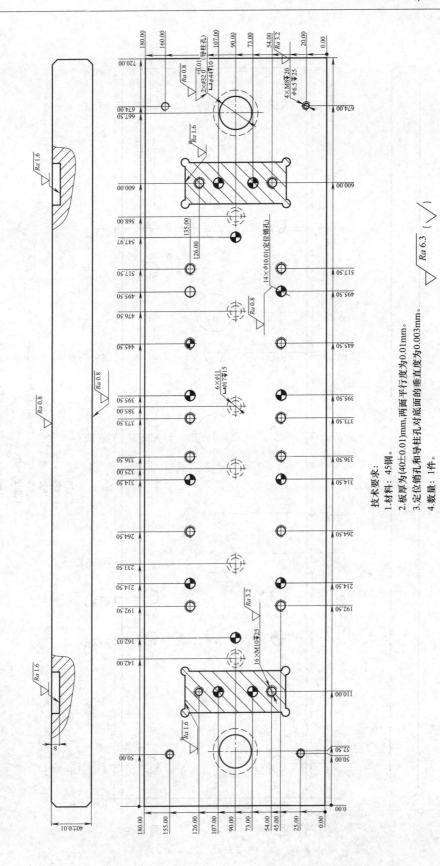

6.7.3 模板设计

1. 凸模固定板垫板（见图 6-59）

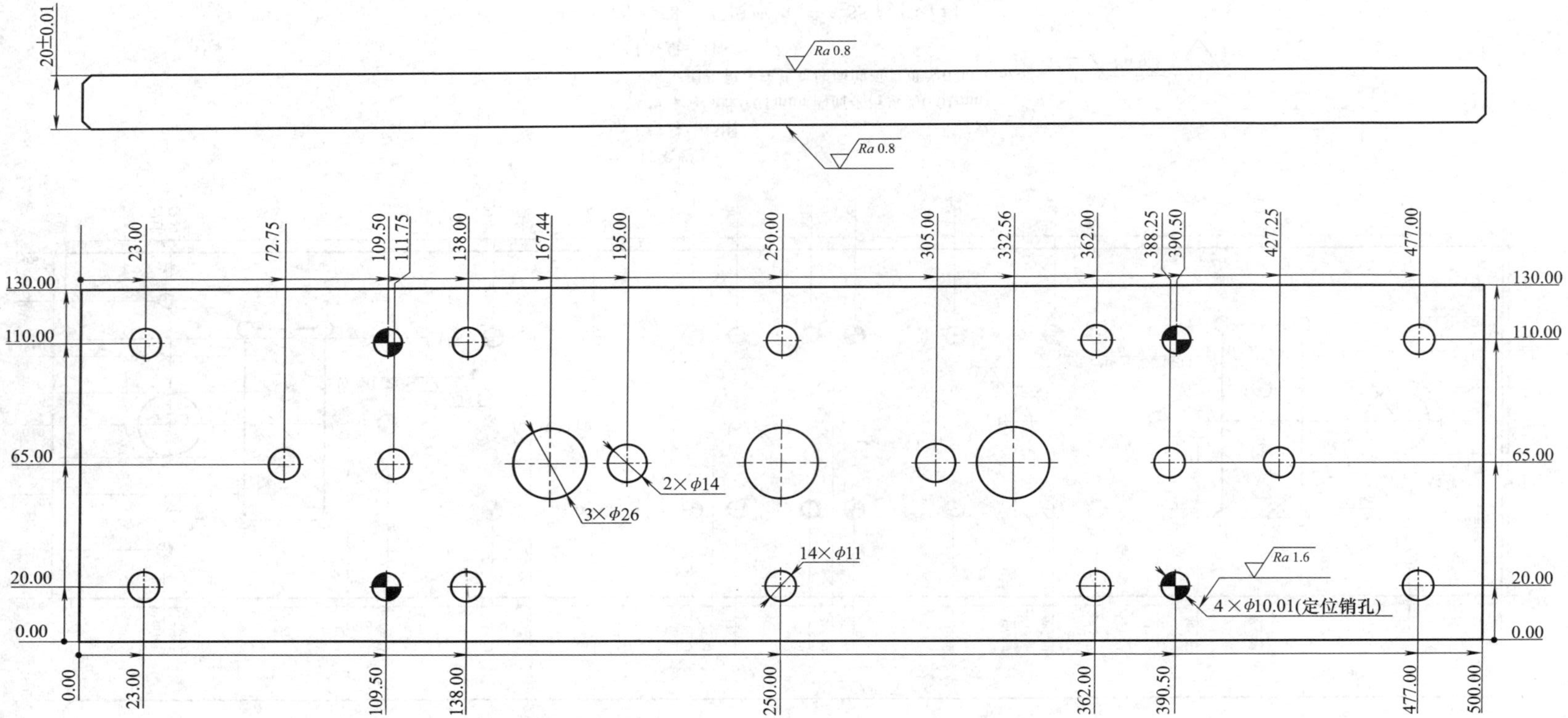

技术要求：
1.材料：45钢。
2.热处理硬度为53～55HRC。
3.板厚为(20±0.01)mm，两面平行度为0.01mm。
4.数量：1件。

Ra 6.3 (√)

图 6-59　凸模固定板垫板（图 6-55 的件 11）

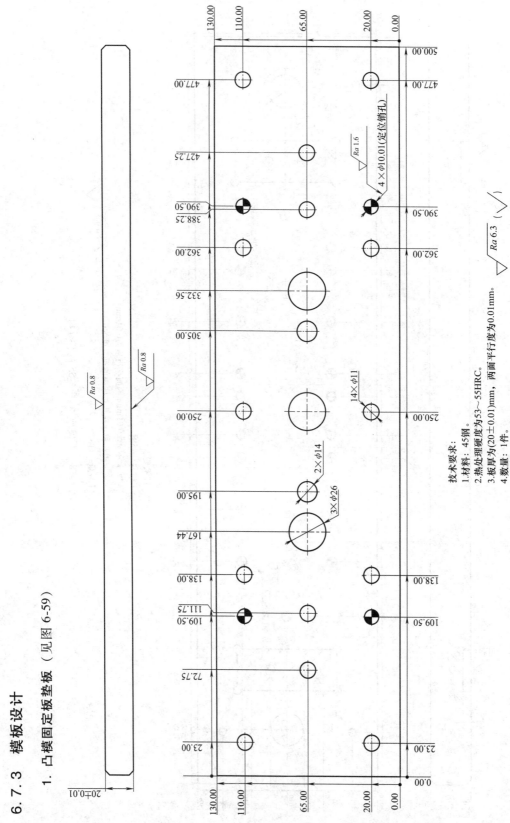

2. **凸模固定板**（见图 6-60）

技术要求：
1.材料：Cr12MoV。
2.热处理硬度为55～58HRC。
3.板厚为(35±0.01)mm，两面平行度0.005mm。
4.主要型孔采用慢走丝加工，对底面的垂直度为0.002mm。
5.图中标有“★”为穿丝孔。
6.数量：1件。

Ra 6.3 (√)

图 6-60　凸模固定板（图 6-55 的件 12）

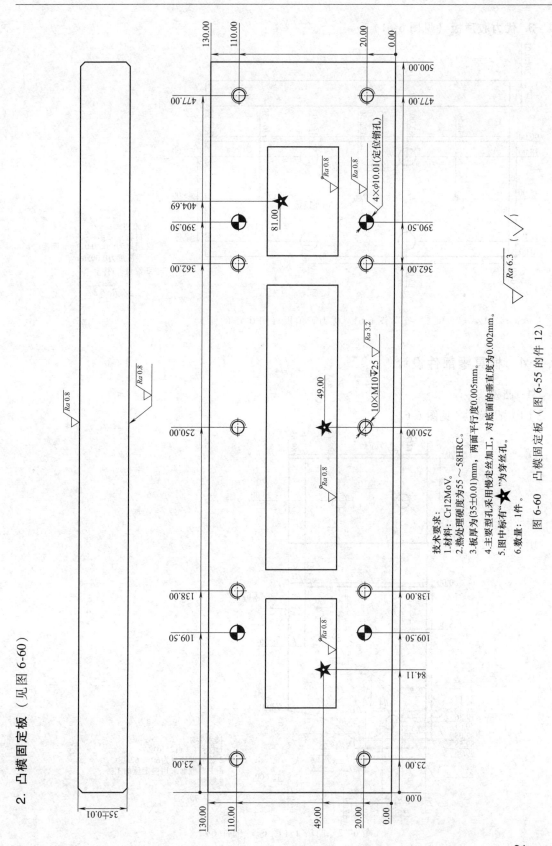

3. **优力胶顶板**（见图 6-61）

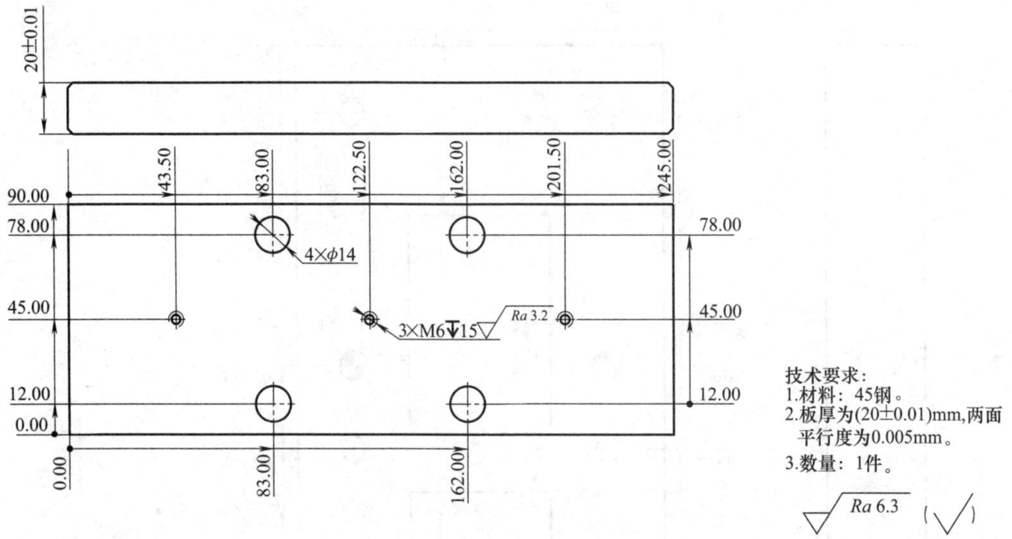

图 6-61　优力胶顶板（图 6-55 的件 5）

6.7.4　模具零部件设计

1. **凸模**

（1）凸模 1（见图 6-62）

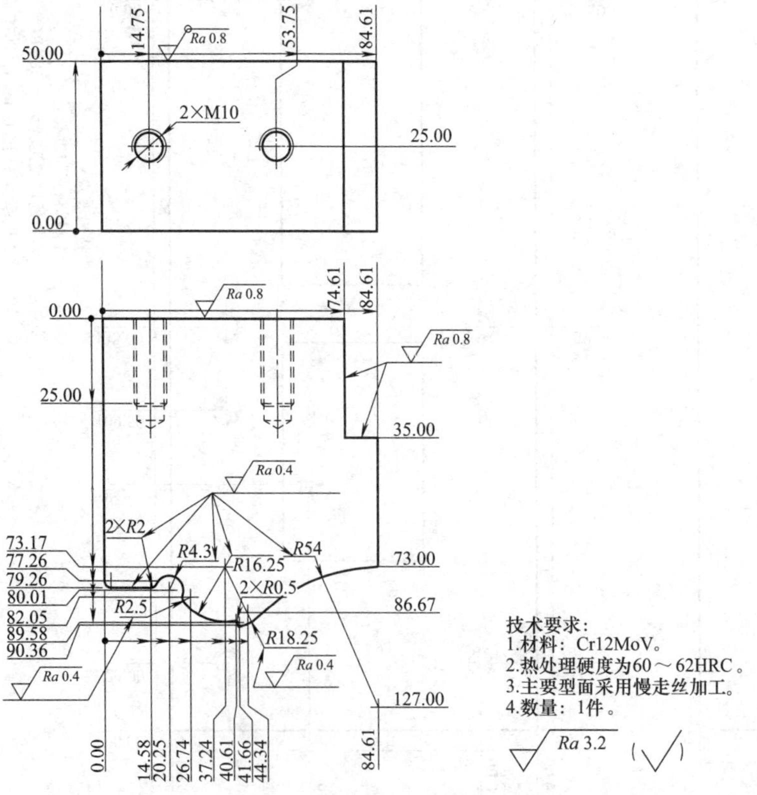

图 6-62　凸模 1（图 6-55 的件 6）

（2）凸模 2（见图 6-63）

（3）凸模 3（见图 6-64）

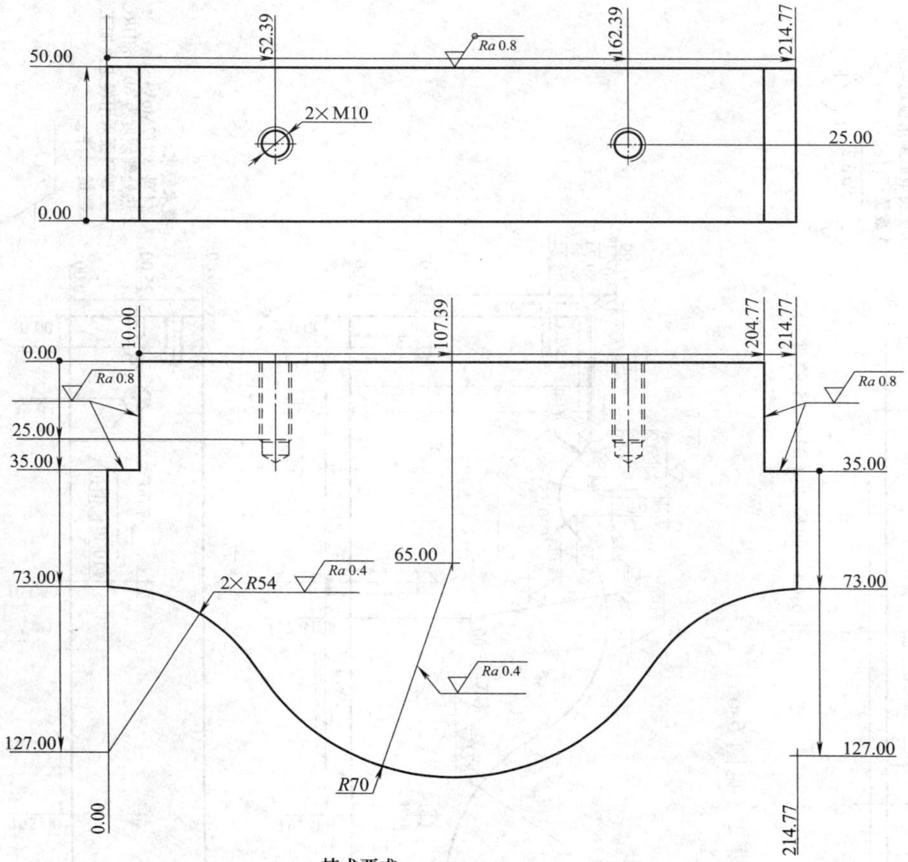

技术要求：
1.材料：Cr12MoV。
2.热处理硬度为60～62HRC。
3.主要型面采用慢走丝加工。
4.数量：1件。

Ra 3.2 （√）

图 6-63　凸模 2（图 6-55 的件 8）

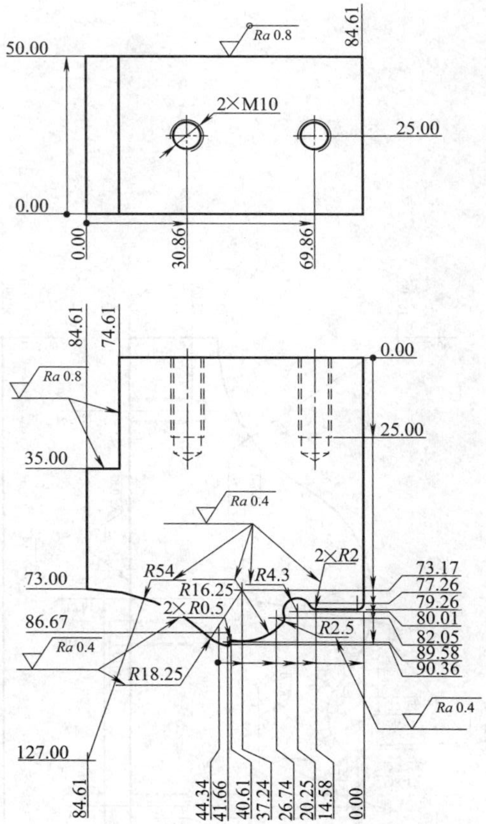

技术要求：
1.材料：Cr12MoV。
2.热处理硬度为60～62HRC。
3.主要型面采用慢走丝加工。
4.数量：1件。

Ra 3.2 （√）

图 6-64　凸模 3（图 6-55 的件 22）

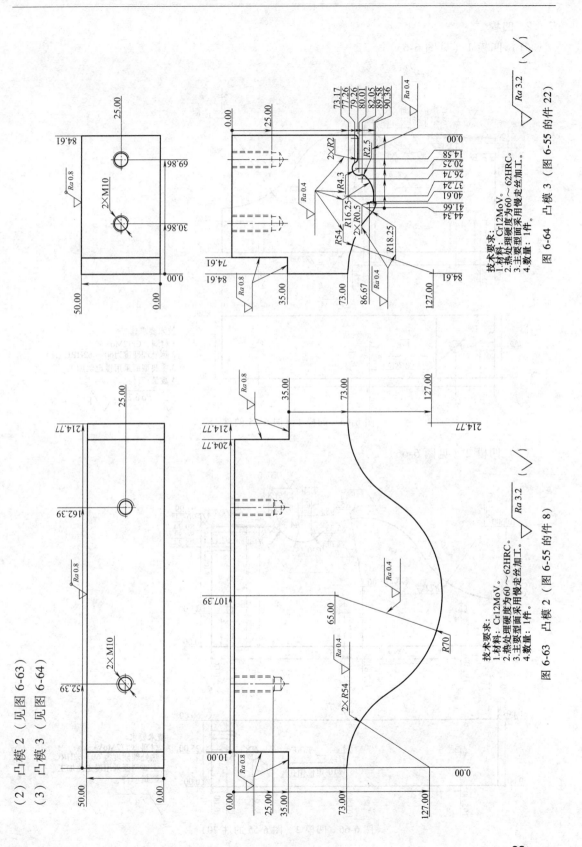

2. 凹模

(1) 凹模 1（见图 6-65）

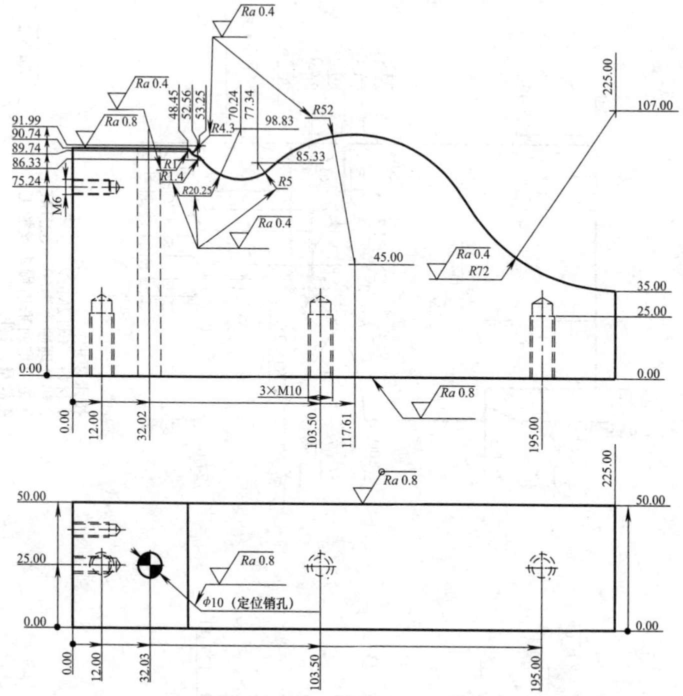

技术要求：
1.材料：Cr12MoV。
2.热处理硬度为60～62HRC 。
3.主要型面采用慢走丝加工。
4.数量：1件。
Ra 3.2 (√)

图 6-65 凹模 1（图 6-55 的件 18）

(2) 凹模 2（见图 6-66）

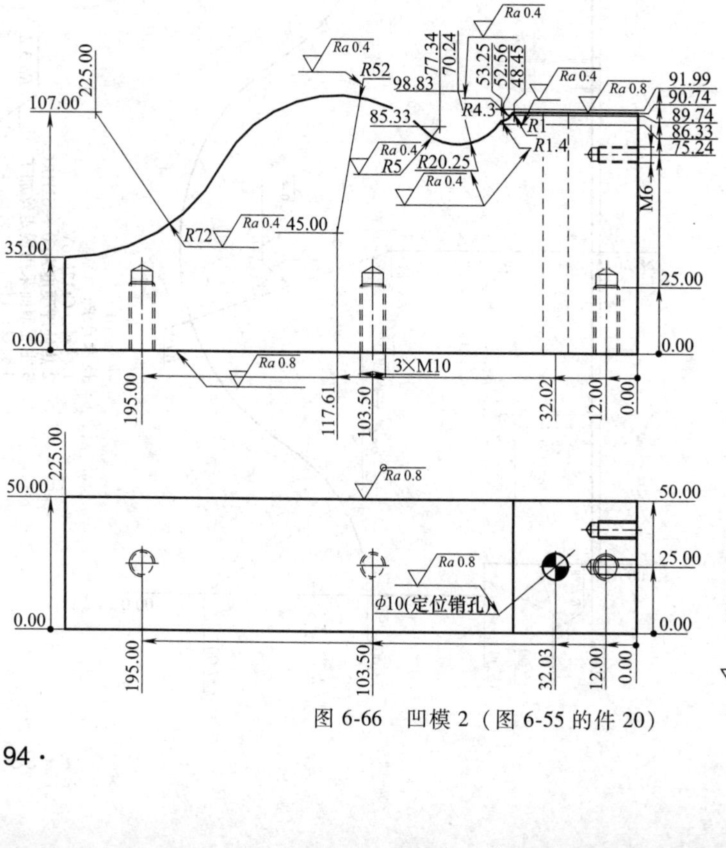

技术要求：
1.材料：Cr12MoV。
2.热处理硬度为 60～62HRC。
3.主要型面采用慢走丝加工。
4.数量：1件。
Ra 3.2 (√)

图 6-66 凹模 2（图 6-55 的件 20）

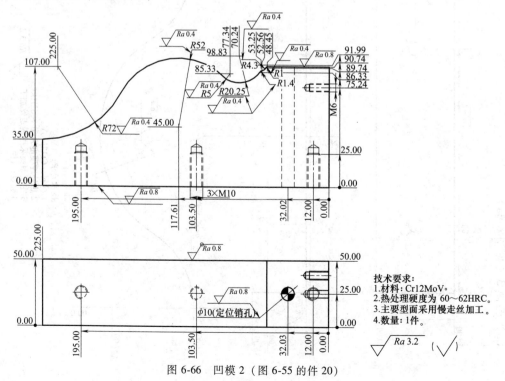

3. 凹模挡块

（1）凹模挡块 1（见图 6-67）

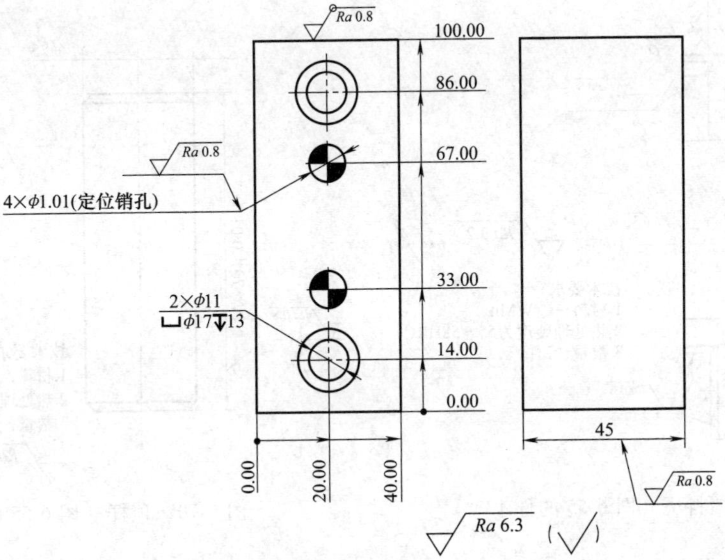

技术要求：
1.材料：45钢。
2.宽为40mm，两面平行度为0.005mm。
3.数量：2件。

图 6-67　凹模挡块 1（图 6-55 的件 17）

（2）凹模挡块 2（见图 6-68）

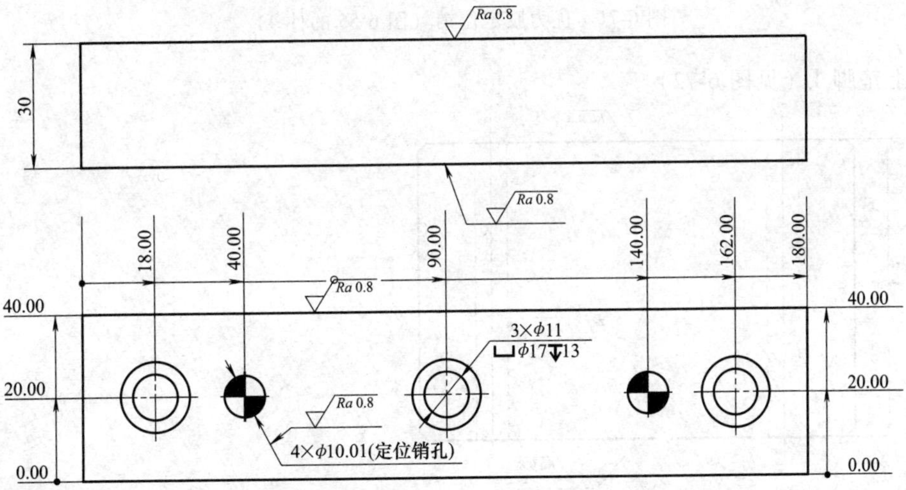

技术要求：
1.材料：45钢。
2.宽为40mm，两面平行度为0.005mm。
3.数量：4件。

图 6-68　凹模挡块 2（图 6-55 的件 19）

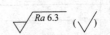

4. 挡料块（见图 6-69）

5. 顶杆（见图 6-70）

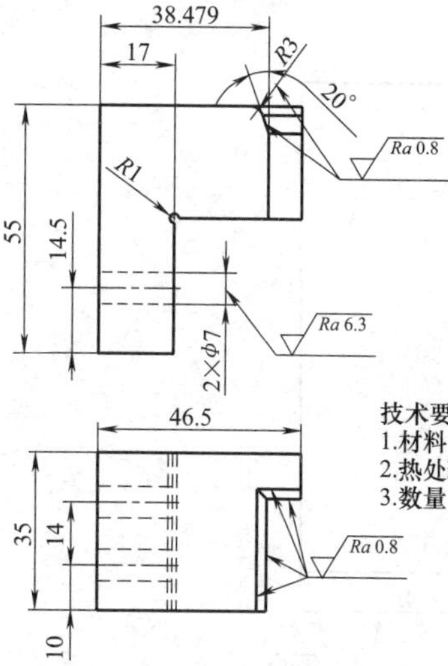

Ra 3.2 (√)

技术要求:
1.材料：CrWMn。
2.热处理硬度为55～58HRC。
3.数量：2件。

图 6-69　挡料块（图 6-55 的件 13）

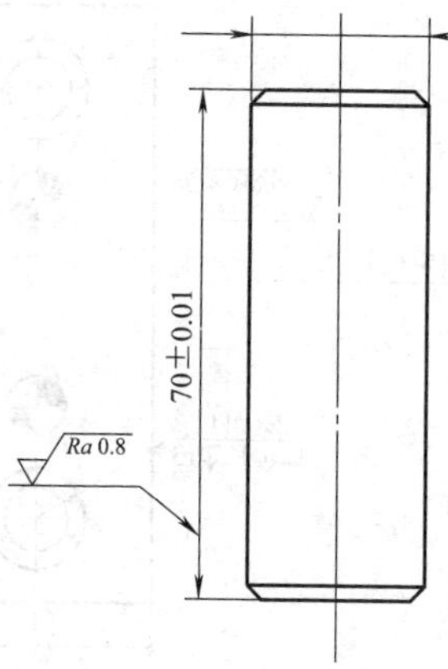

技术要求:
1.材料：CrWMn。
2.热处理硬度为55～58HRC。
3.数量：3件。

Ra 1.6 (√)

图 6-70　顶杆（图 6-55 的件 7）

6. 优力胶定位销（见图 6-71）

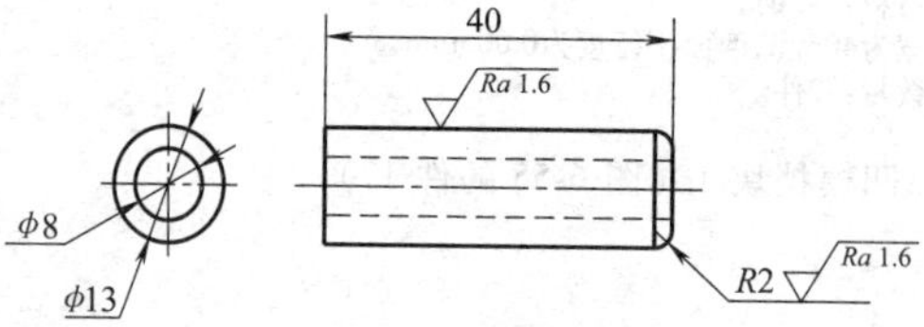

技术要求:
1.材料：45钢。
3.数量：3件。

Ra 6.3 (√)

图 6-71　优力胶定位销（图 6-55 的件 4）

7. 上垫脚 1（见图 6-72）

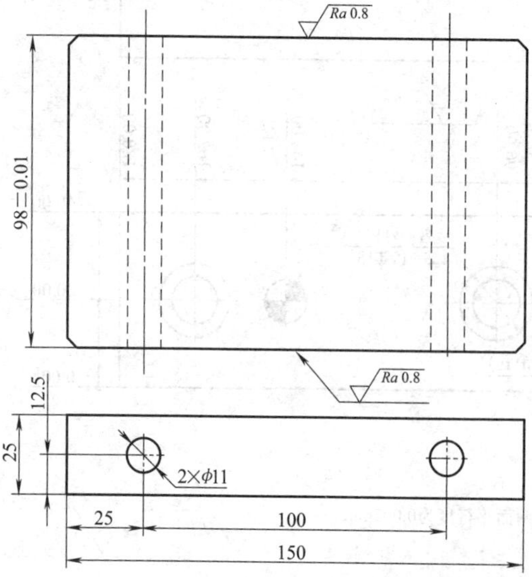

技术要求:
1.材料：45钢。
2.高为(98±0.01)mm，两面平行度为0.005mm。
3.数量：4件。

Ra 6.3 (√)

图 6-72　上垫脚 1（图 6-55 的件 2）

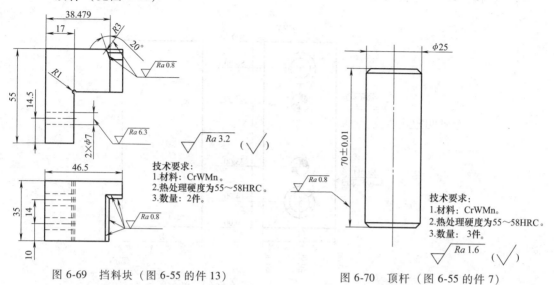

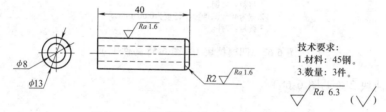

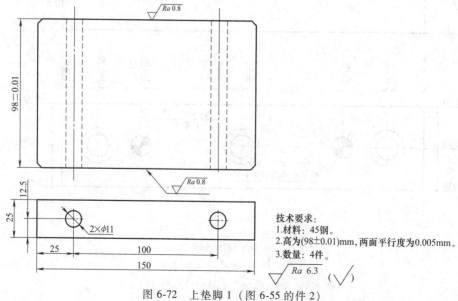

8. 上垫脚 2（见图 6-73）

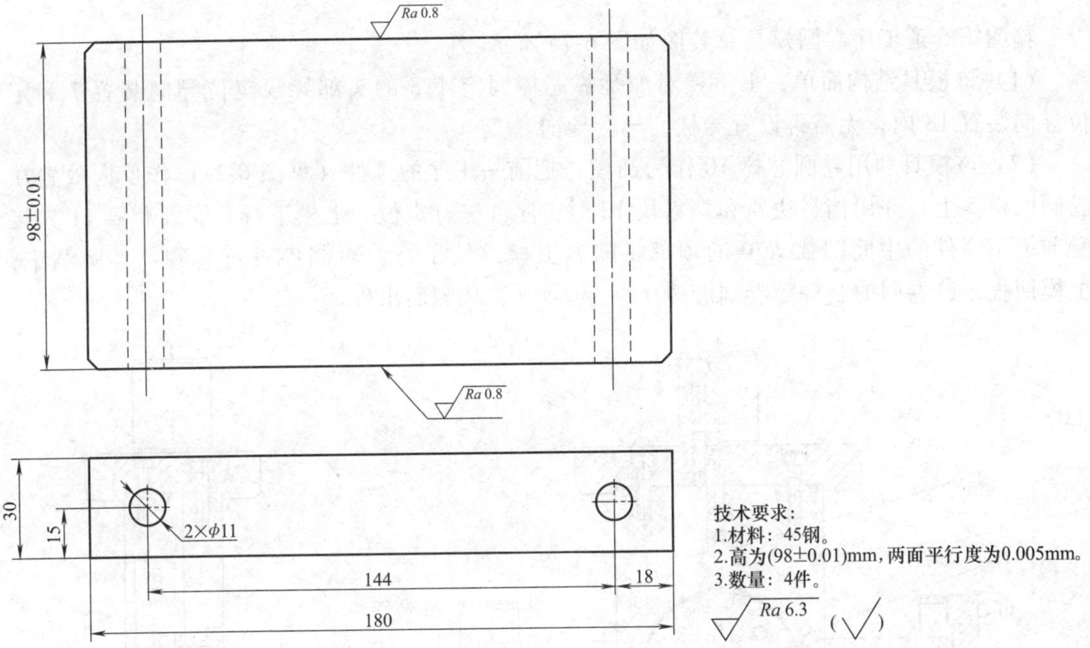

图 6-73　上垫脚 2（图 6-55 的件 10）

9. 限位柱

（1）上限位柱（见图 6-74）

（2）下限位柱（见图 6-75）

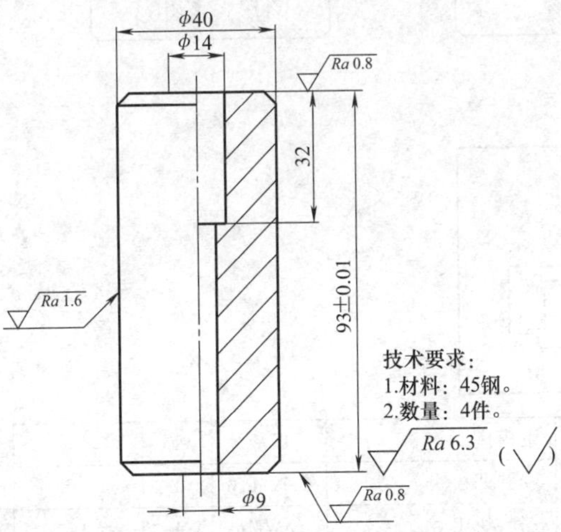

图 6-74　上限位柱（图 6-55 的件 15）

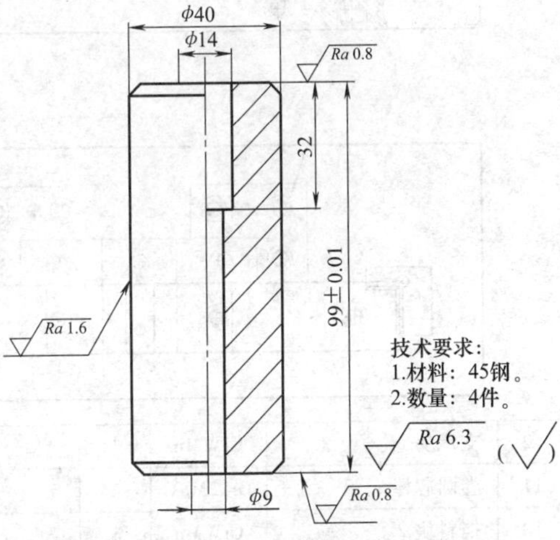

图 6-75　下限位柱（图 6-55 的件 16）

6.8　第 5 道工序，卷圆弯曲

箍圈第 5 道工序卷圆工序图如图 6-2f 所示。

6.8.1 模具总装图设计

箍圈第 5 道工序卷圆模具总装图如图 6-76 所示。

（1）该模具结构简单，上下模对准是靠芯棒固定座 3 的头部导入定位导向装置 7 和定位导向装置 18 内，无需再设置导柱、导套导向。

（2）该模具利用卷圆芯棒 10 作为凸模，把前一工序的工件（见图 6-2e）作反向放置在卷圆凹模 5 上，并用挡料块 4 和挡料块 10 对工序件进行定位。上模下行，卷圆芯棒 11 先接触前一工序件的中间圆弧 $R70$ 的顶部，随着上模继续下行，对制件进行卷圆。卷圆结束，上模回程，已卷圆的制件随卷圆芯棒 11 一起回升，从侧面出件。

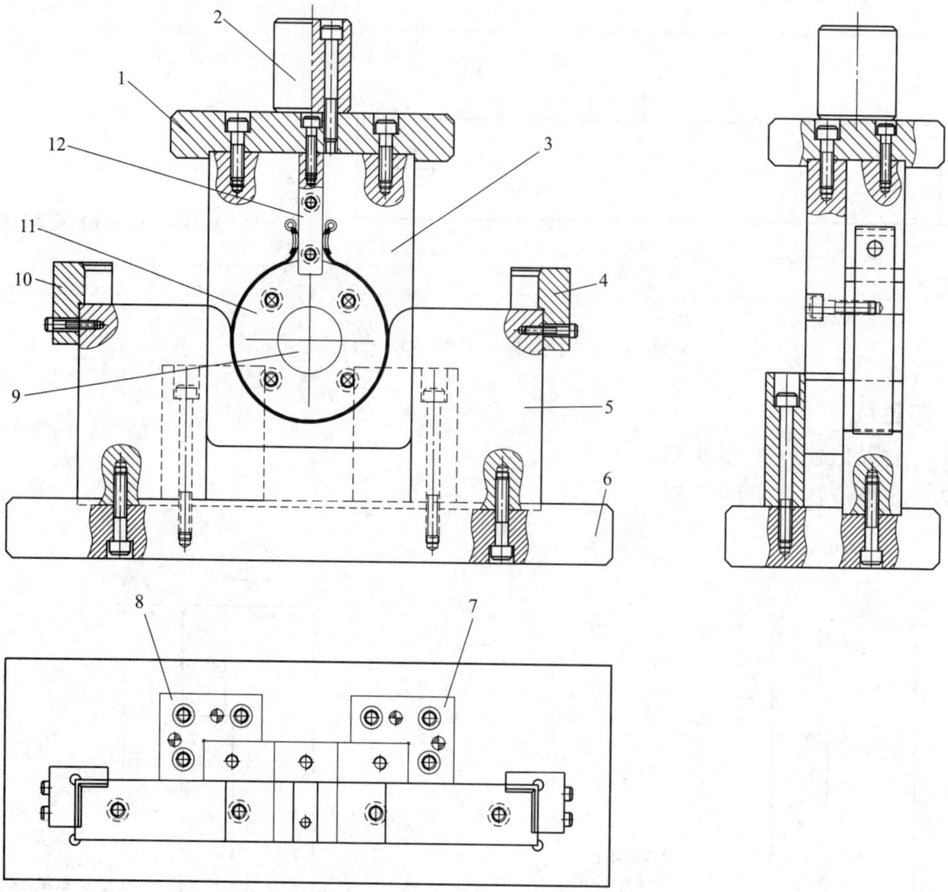

件号	名称	材料	数量	备注	件号	名称	材料	数量	备注
12	支承块	CrWMn	1		6	下模座	45 钢	1	
11	卷圆芯棒	Cr12MoV	1		5	卷圆凹模	Cr12MoV	1	
10	挡料块 2	CrWMn	1		4	挡料块 1	CrWMn	1	
9	固定销	CrWMn	1		3	芯棒固定座	Cr12MoV	1	
8	定位导向装置 1	CrWMn	1		2	模柄	45 钢	1	
7	定位导向装置 2	CrWMn	1		1	上模座	45 钢	1	

图 6-76　箍圈第 5 道工序卷圆模具总装图

技巧

● 为增加卷圆芯棒 11 在卷圆过程的强度，该结构在卷圆芯棒 11 的上方加工出一缺口，镶入支承块 12，支承块 12 的上方与上模座 1 连接，侧面与芯棒固定座 3 连接，支承块 12 同时也对卷圆件的开口处作隔离作用。

6.8.2 模座设计

1. 上模座（见图 6-77）

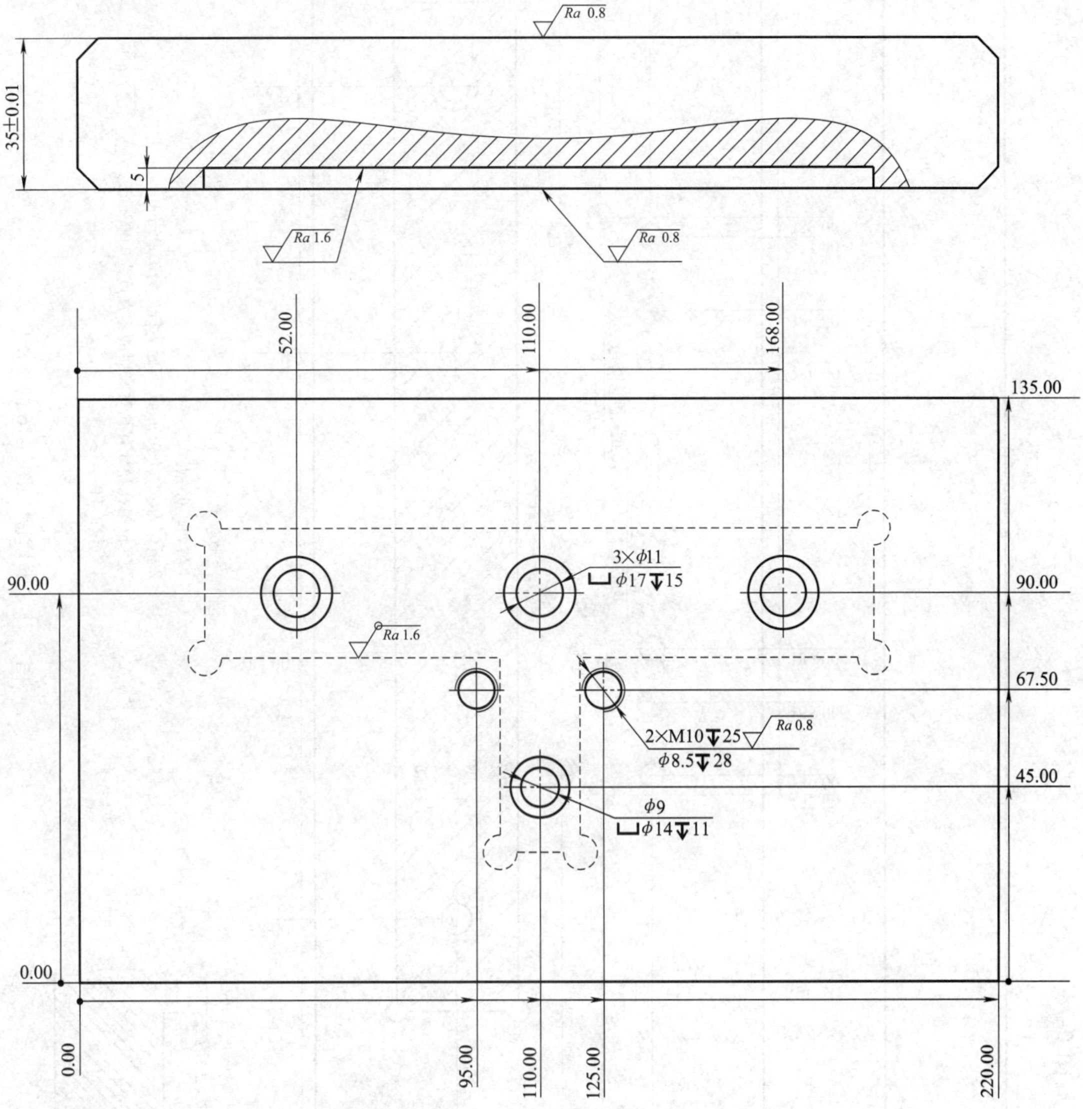

技术要求：

1.材料：45钢。

2.板厚为(35±0.01)mm，两面平行度为0.005mm。

3.定位销孔和导套孔对底面的垂直度为0.003mm。

4.数量：1件。

Ra 6.3 (√)

图 6-77　上模座（图 6-76 的件 1）

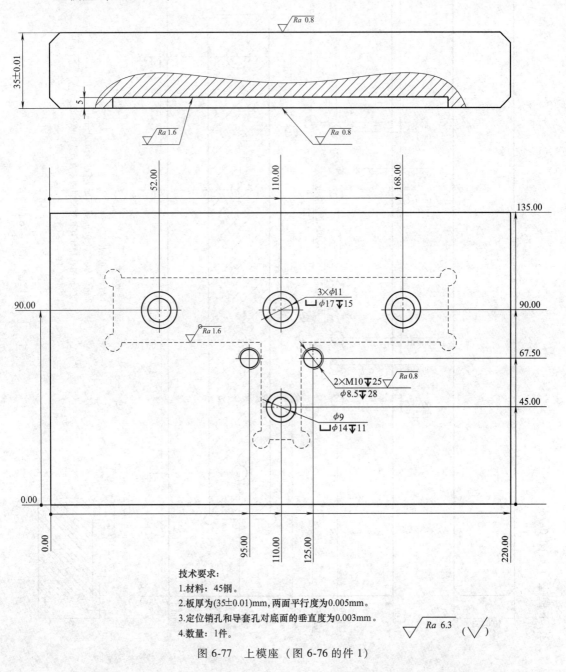

2. 下模座（见图 6-78）

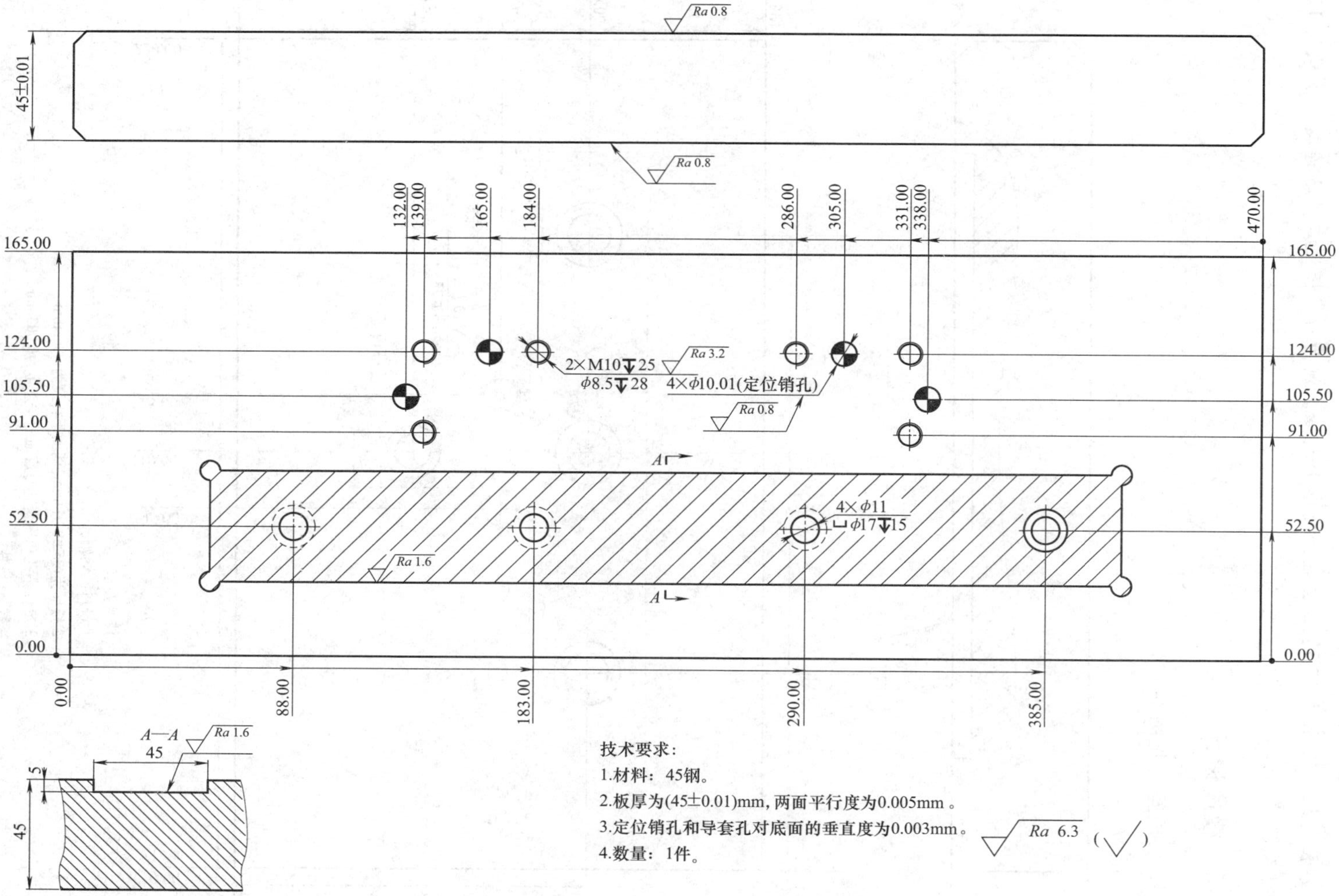

图 6-78　下模座（图 6-76 的件 6）

6.8.3　模具零部件设计

1. 芯棒固定座（见图 6-79）

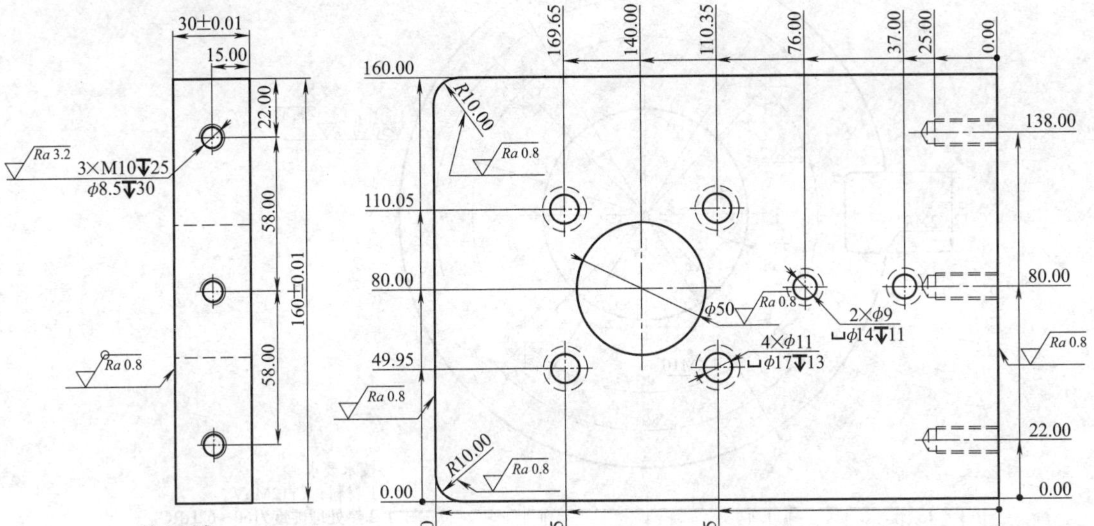

技术要求:
1.材料：Cr12MoV。
2.热处理硬度为 55～58HRC。
3.板厚为(30±0.01)mm，两面平行度为0.005mm。
4.主要型孔采用慢走丝加工，对底面的垂直度为0.002mm。 Ra 6.3 (√)
5.数量：1件 。

图 6-79　芯棒固定座（图 6-76 的件 3）

2. 卷圆凹模（见图 6-80）

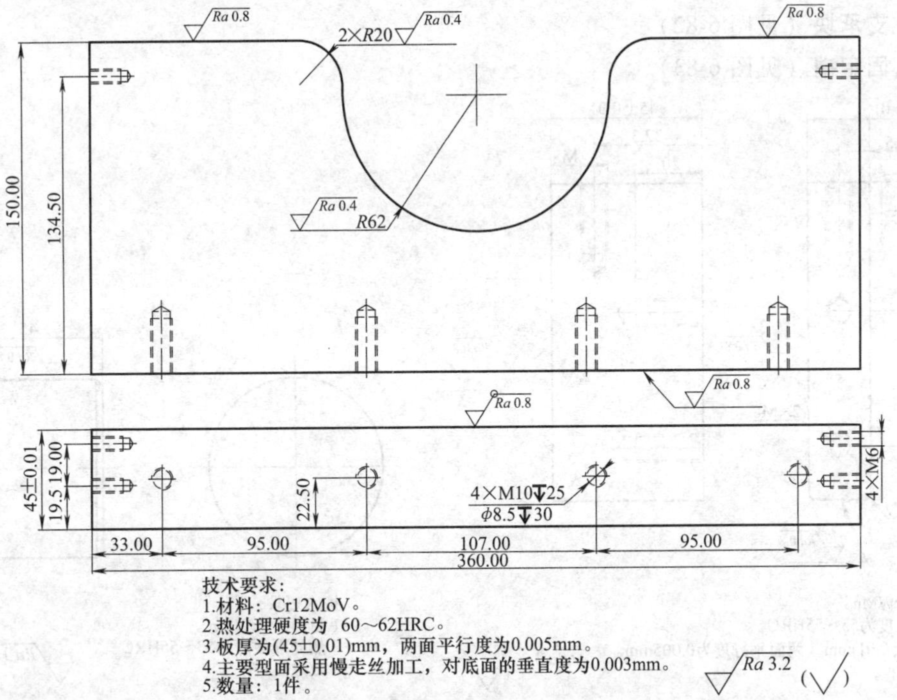

技术要求:
1.材料：Cr12MoV。
2.热处理硬度为 60～62HRC。
3.板厚为(45±0.01)mm，两面平行度为0.005mm。
4.主要型面采用慢走丝加工，对底面的垂直度为0.003mm。 Ra 3.2 (√)
5.数量：1件。

图 6-80　卷圆凹模（图 6-76 的件 5）

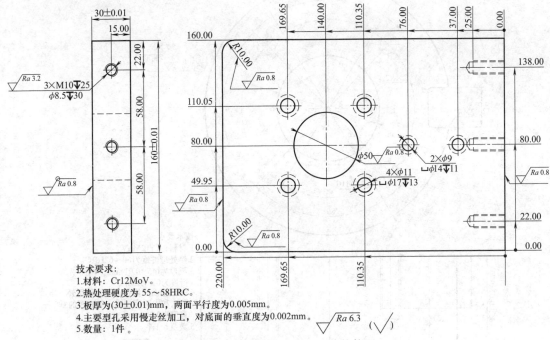

3. 卷圆芯棒（见图 6-81）

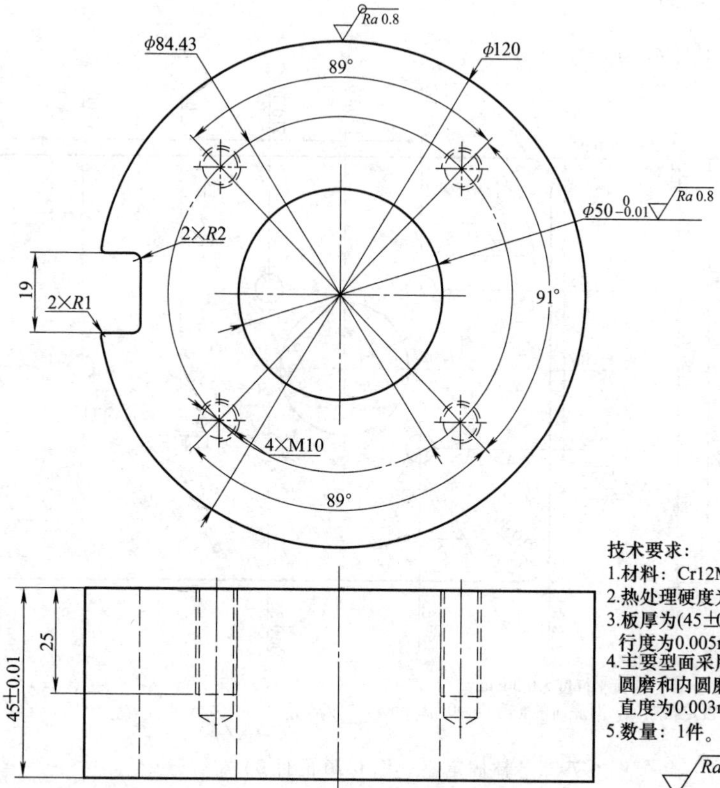

技术要求：
1.材料：Cr12MoV。
2.热处理硬度为60～62HRC。
3.板厚为(45±0.01)mm，两面平行度为0.005mm。
4.主要型面采用慢走丝或采用外圆磨和内圆磨加工，对底面的垂直度为0.003mm。
5.数量：1件。

Ra 3.2 (√)

图 6-81　卷圆芯棒（图 6-76 的件 11）

4. 支承块（见图 6-82）

5. 固定销（见图 6-83）

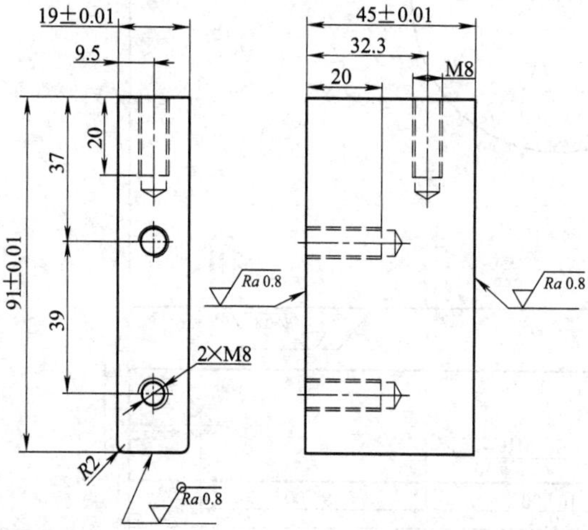

技术要求：
1.材料：CrWMn。
2.热处理硬度为53～55HRC。
3.高为(91±0.01)mm，两面平行度为0.005mm。
4.数量：1件。

Ra 3.2 (√)

图 6-82　支承块（图 6-76 的件 12）

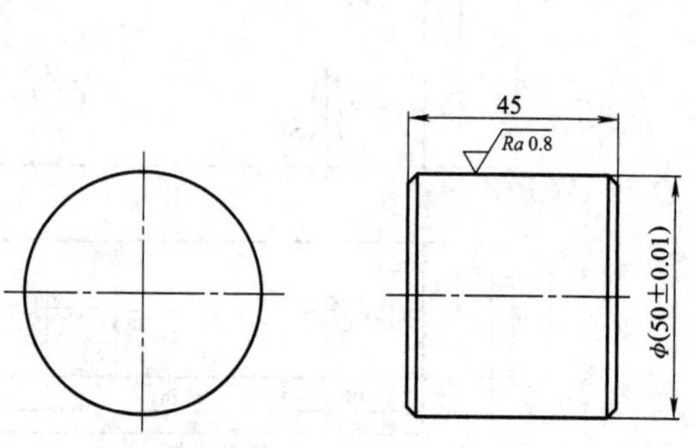

技术要求：
1.材料：CrWMn。
2.热处理硬度为53～55HRC。
3.数量：1件。

Ra 1.6 (√)

图 6-83　固定销（图 6-76 的件 9）

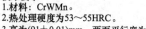

6. 定位导向装置

（1）定位导向装置 1（见图 6-84）

（2）定位导向装置 2（见图 6-85）

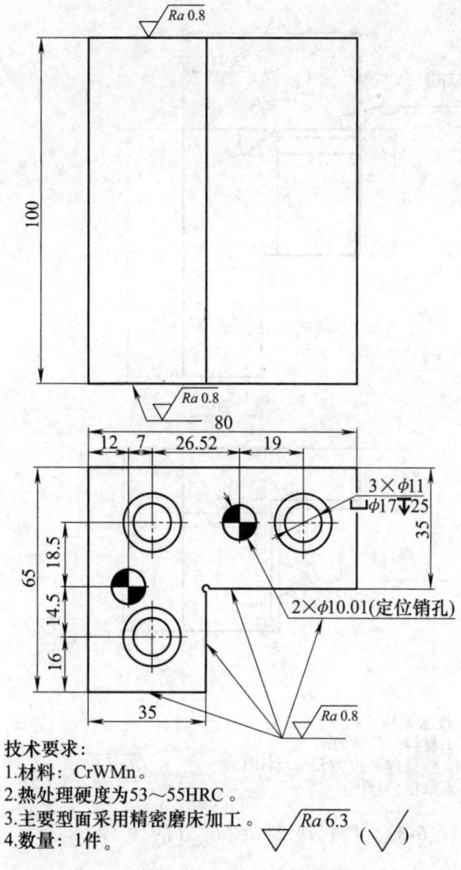
Ra 0.8
100
80
12
7
26.52
19
3×φ11
φ17▼25
35
65
18.5
14.5
16
2×φ10.01(定位销孔)
Ra 0.8
技术要求：
1.材料：CrWMn。
2.热处理硬度为53～55HRC。
3.主要型面采用精密磨床加工。
4.数量：1件。
Ra 6.3 (√)

图 6-84　定位导向装置 1（图 6-76 的件 8）

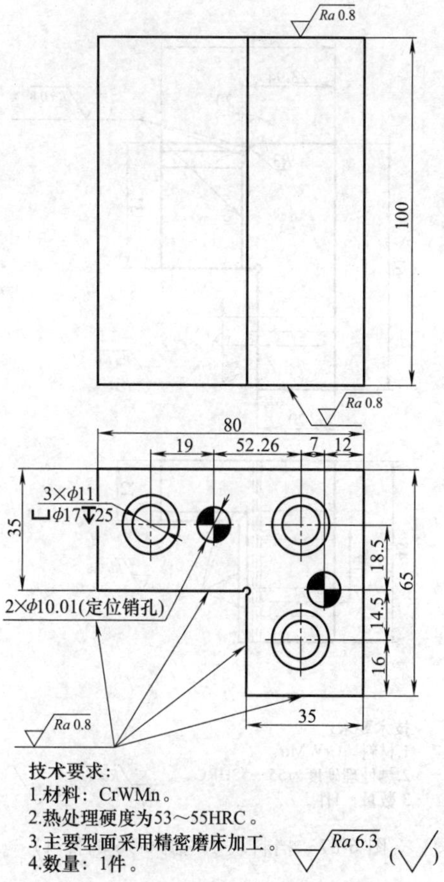
Ra 0.8
100
80
19
52.26
7
12
3×φ11
φ17▼25
35
65
18.5
14.5
16
2×φ10.01(定位销孔)
Ra 0.8
技术要求：
1.材料：CrWMn。
2.热处理硬度为53～55HRC。
3.主要型面采用精密磨床加工。
4.数量：1件。
Ra 6.3 (√)

图 6-85　定位导向装置 2（图 6-76 的件 7）

7. 模柄（见图 6-86）

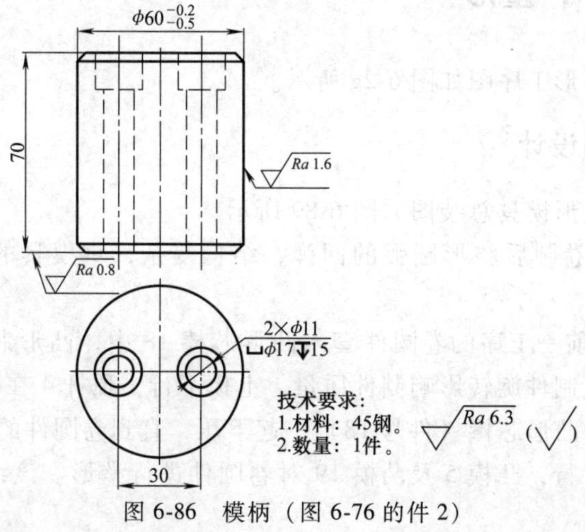
φ60 -0.2 -0.5
70
Ra 1.6
Ra 0.8
2×φ11
φ17▼15
30
技术要求：
1.材料：45钢。
2.数量：1件。
Ra 6.3 (√)

图 6-86　模柄（图 6-76 的件 2）

8. 挡料块

（1）挡料块 1（见图 6-87）

（2）挡料块 2（见图 6-88）

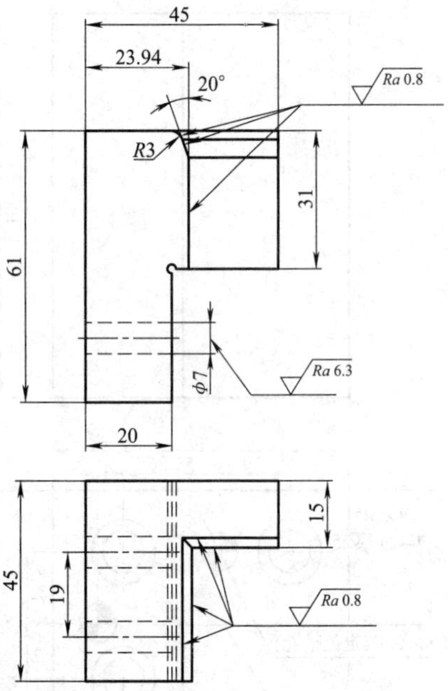

技术要求：
1.材料：CrWMn。
2.热处理硬度为55～58HRC。
3.数量：1件。

Ra 1.6 (√)

图 6-87　挡料块 1（图 6-76 的件 4）

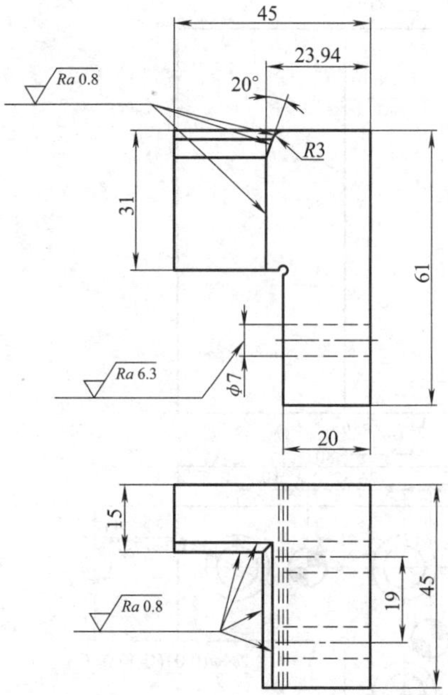

技术要求：
1.材料：CrWMn。
2.热处理硬度为55～58HRC。
3.数量：1件。

Ra 1.6 (√)

图 6-88　挡料块 2（图 6-76 的件 10）

6.9　第 6 道工序，整形

箍圈第 6 道工序整形工序图如图 6-2g 所示。

6.9.1　模具总装图设计

箍圈第 6 道工序整形模具总装图如图 6-89 所示。

1）该工序为制件卷圆后整形圆弧的回弹，结构复杂，对模具的各零部件制造精度要求高。

2）模具动作：将前一工序的卷圆件套入凸形芯棒 18 中，凸形芯棒的凸出部分对制件起到定位作用，以防止制件旋转影响制件质量。上模下行，顶杆 4 在弹簧的压力下首先将芯棒固定座 7 及带制件的凸形芯棒（件号 18）一起下压，直到卷圆件的圆弧底部接触到凹模 9 的圆弧后，上模继续下行，凸模 5 及凸模 19 对卷圆件进行整形。该结构能很好地控制卷圆件的回弹。

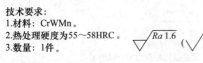

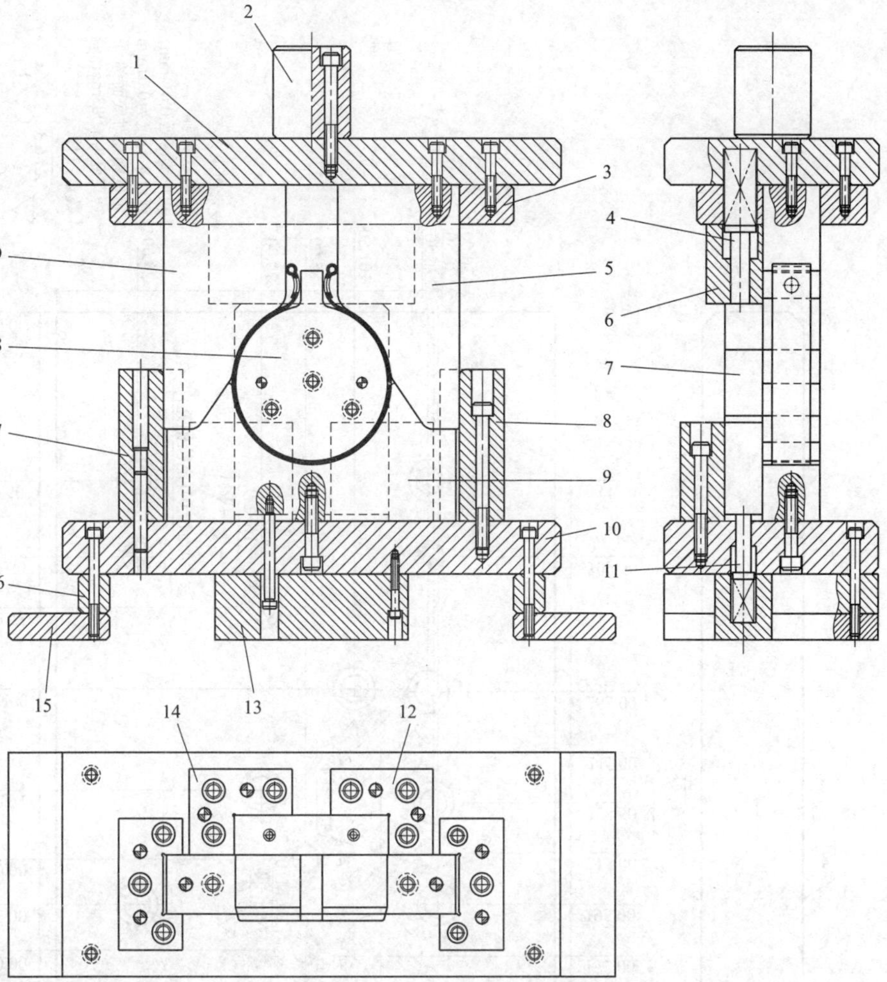

					10	下模座	45 钢	1	
19	凸模 1	Cr12MoV	1		9	凹模	Cr12MoV	1	
18	凸形芯棒	Cr12MoV	1		8	定位导向装置 2	CrWMn	1	
17	定位导向装置 1	CrWMn	1		7	芯棒固定座	Cr12	1	
16	下垫脚 1	45 钢	2		6	弹簧顶杆固定块	45 钢	1	
15	下垫脚 3	45 钢	1		5	凸模 2	Cr12MoV	1	
14	定位导向装置 3	CrWMn	1		4	顶杆 1	CrWMn	4	
13	下垫脚 2	45 钢	1		3	凸模固定板	45 钢	1	
12	定位导向装置 4	CrWMn	1		2	模柄	45 钢	1	
11	顶杆 2	CrWMn	4		1	上模座	45 钢	1	
件号	名称	材料	数量	备注	件号	名称	材料	数量	备注

图 6-89　箍圈第 6 道工序整形模具总装图

技巧

- 该模具上、下模对准是靠凸模 5 及凸模 19 的头部进入定位导向装置 8 及定位导向装置 17 内，无需再设置导柱、导套导向。
- 该模具的凸形芯棒 18 固定在芯棒固定座 7 上，而芯棒固定座在下模定位导向装置 12 和定位导向装置 14 内滑动。

6.9.2 模座及模板设计

1. 上模座（见图 6-90）

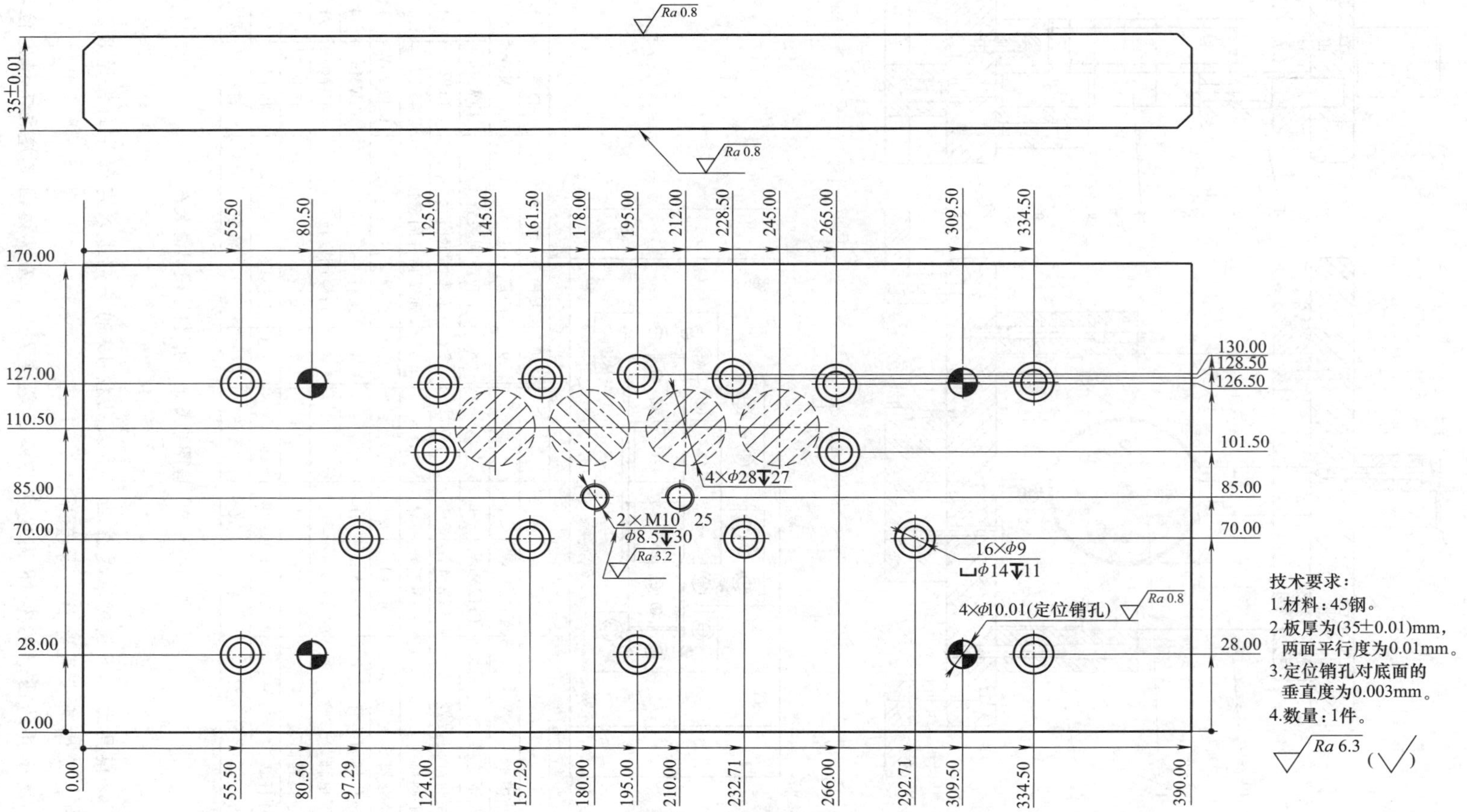

图 6-90　上模座（图 6-89 的件 1）

2. 下模座（见图 6-91）

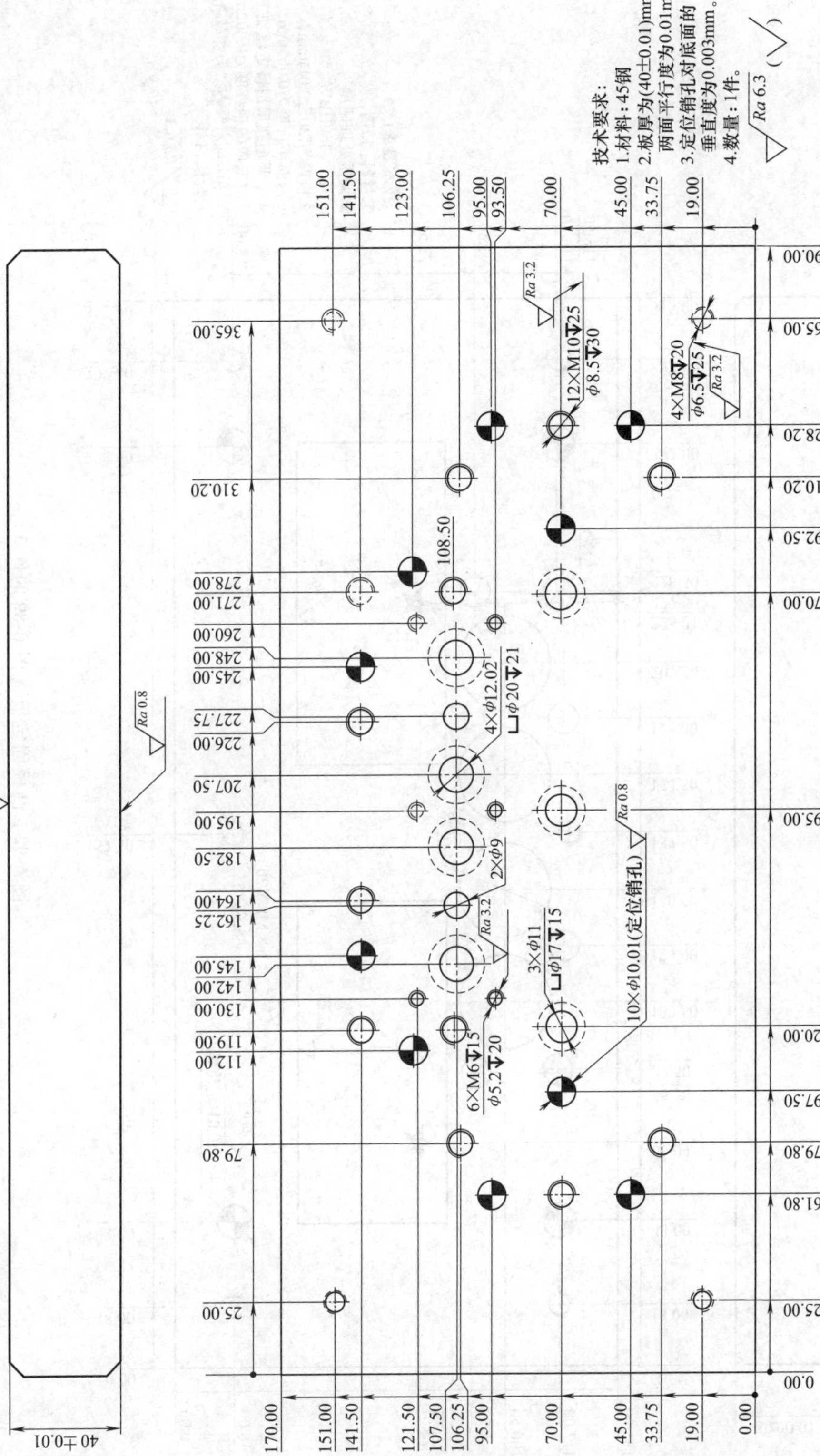
技术要求:
1.材料:45钢
2.板厚为(40±0.01)mm，
两面平行度为0.01mm。
3.定位销孔对底面的
垂直度为0.003mm。
4.数量:1件。
10×ϕ10.01(定位销孔)
12×M10▼25
ϕ8.5▼30
4×M8▼20
ϕ6.5▼25
6×M6▼15
ϕ5.2▼20
4×ϕ12.02
⌴ϕ20▼21
3×ϕ11
⌴ϕ17▼15
2×ϕ9
40±0.01

图 6-91　下模座（图 6-89 的件 10）

3. 凸模固定板（见图 6-92）

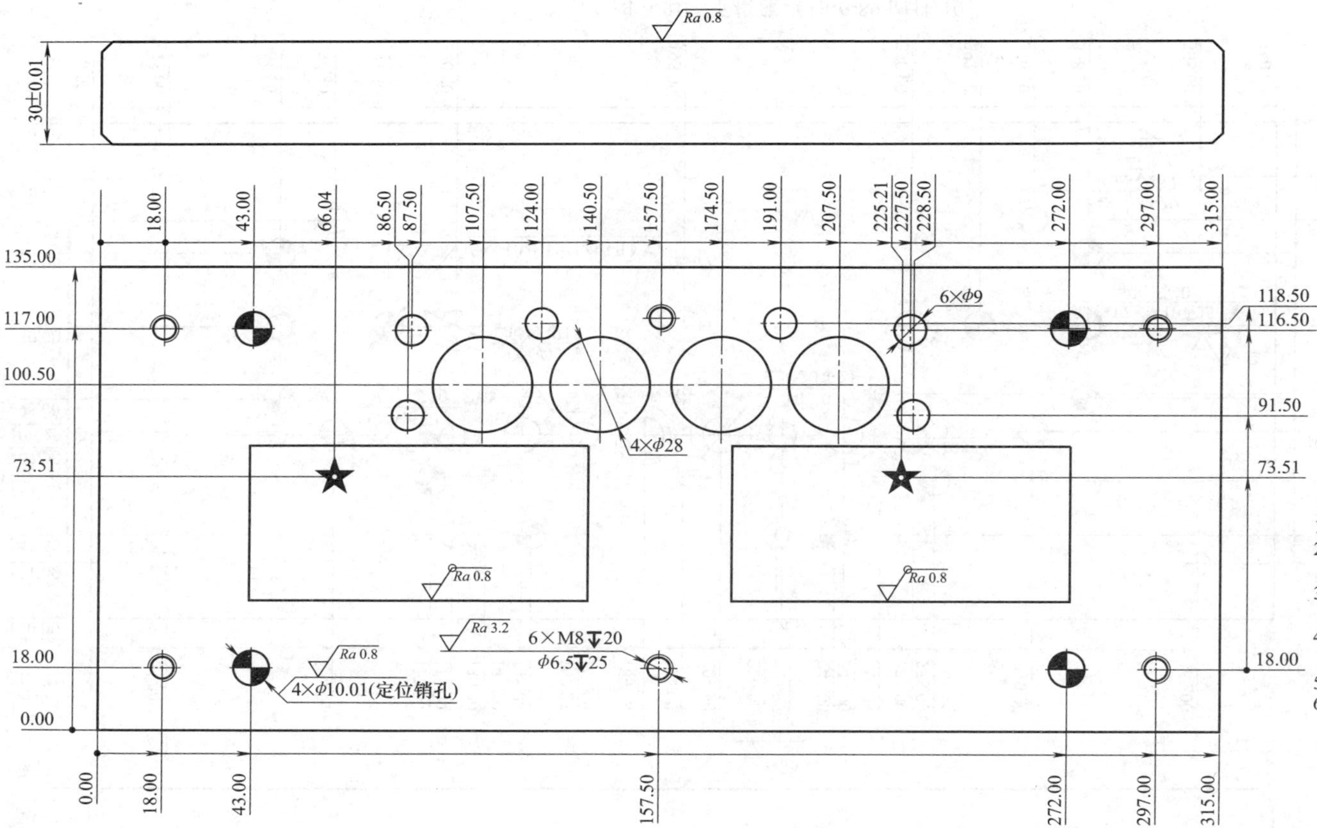

技术要求：
1.材料：45钢。
2.调质处理硬度为320～360HBW。
3.板厚为(30±0.01)mm，两面平行度为0.005mm。
4.主要型孔采用慢走丝加工，对底面的垂直度为0.002mm。
5.图中标有“★”为穿丝孔。
6.数量：1件。

Ra 6.3 (√)

图 6-92　凸模固定板（图 6-89 的件 3）

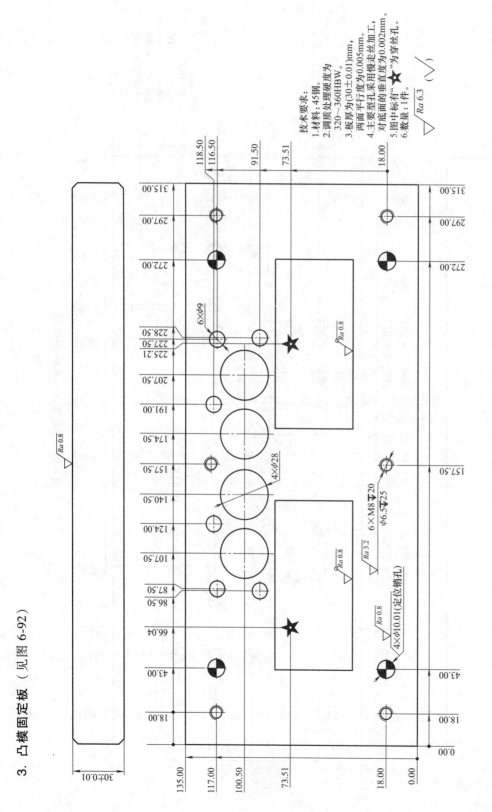

6.9.3　模具零部件设计

1. 凸模

（1）凸模 1（见图 6-93）

（2）凸模 2（见图 6-94）

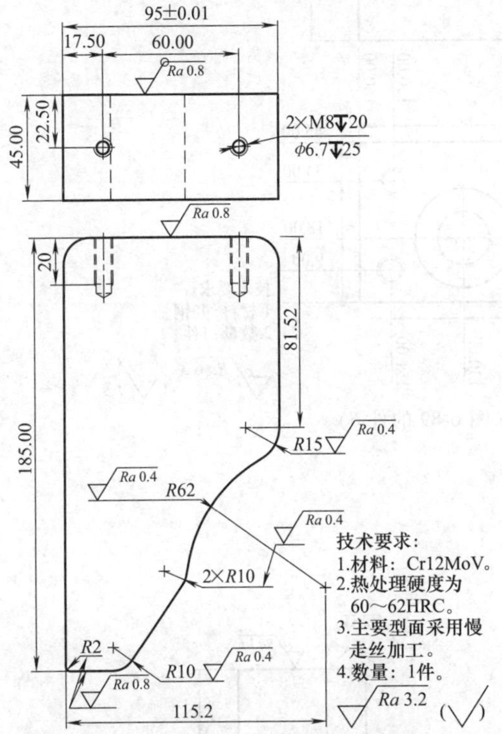

图 6-93　凸模 1（图 6-89 的件 19）

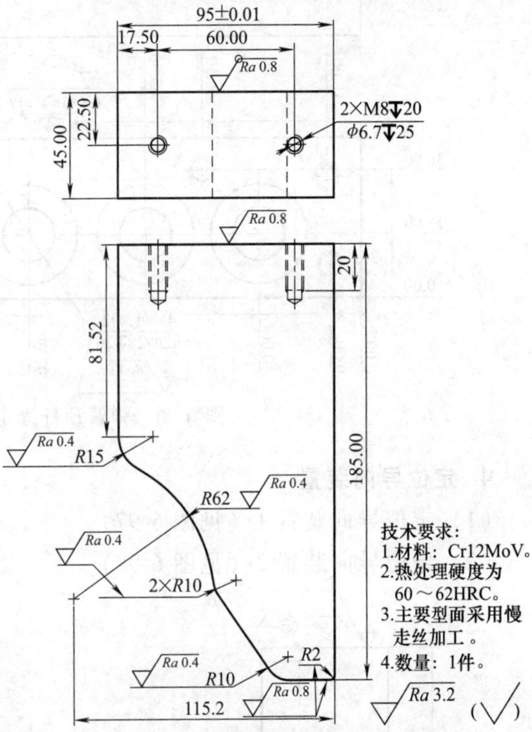

图 6-94　凸模 2（图 6-89 的件 5）

2. 芯棒固定座（见图 6-95）

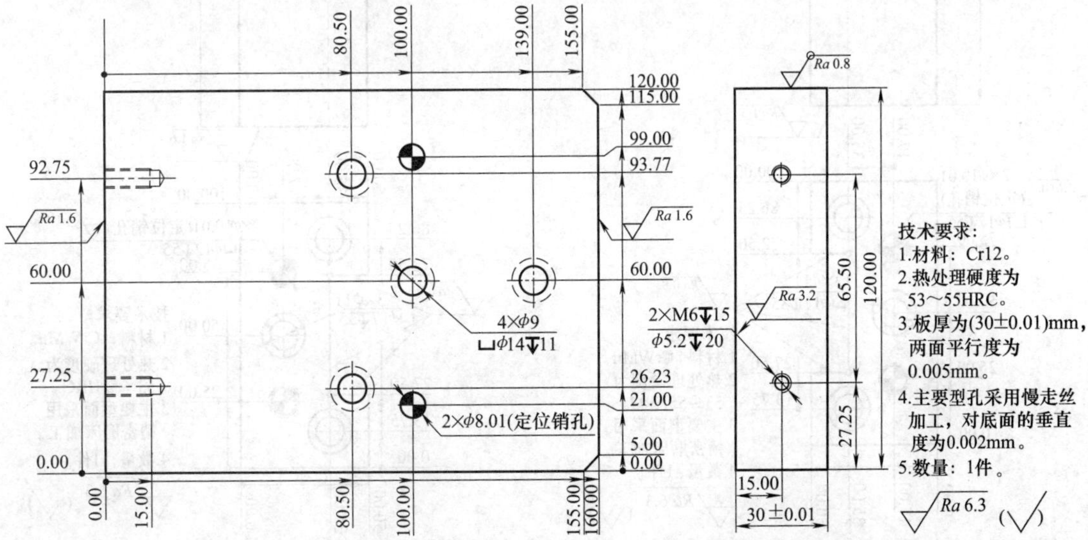

图 6-95　芯棒固定座（图 6-89 的件 7）

3. 弹簧顶杆固定块（见图 6-96）

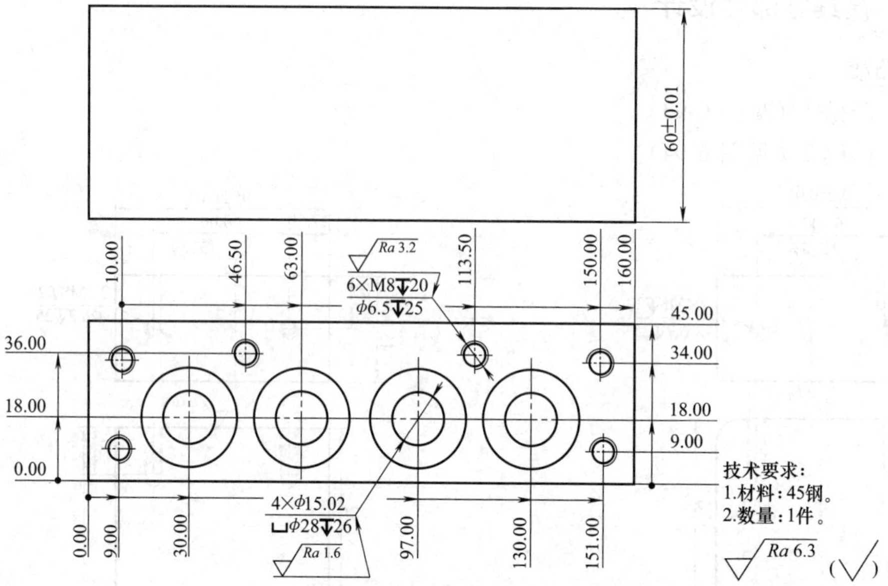

图 6-96　弹簧顶杆固定块（图 6-89 的件 6）

技术要求：
1.材料：45钢。
2.数量：1件。

4. 定位导向装置

（1）定位导向装置 1（见图 6-97）
（2）定位导向装置 2（见图 6-98）

技术要求：
1.材料：CrWMn。
2.热处理硬度为53～55HRC。
3.主要型面采用精密磨床加工。
4.数量：1件。

图 6-97　定位导向装置 1（图 6-89 的件 17）

技术要求：
1.材料：CrWMn。
2.热处理硬度为53～55HRC。
3.主要型面采用精密磨床加工。
4.数量：1件。

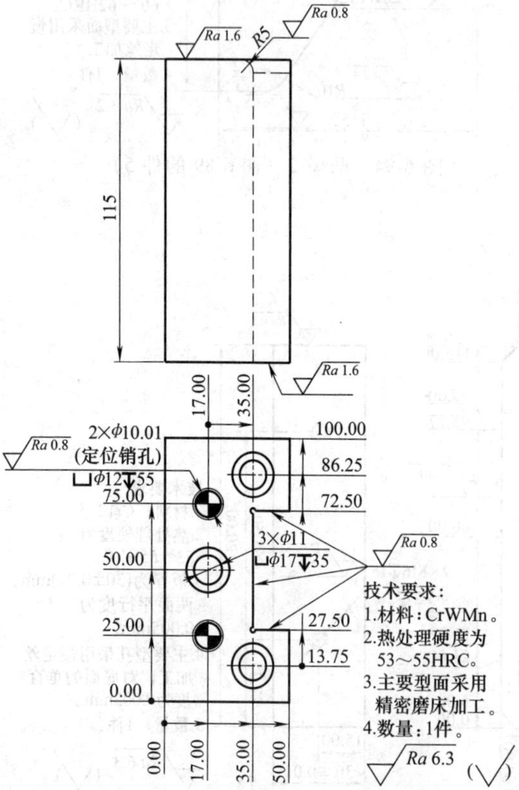

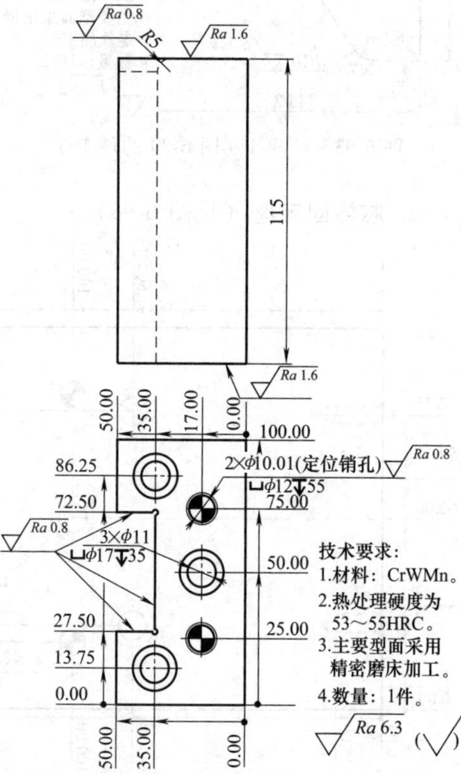

图 6-98　定位导向装置 2（图 6-89 的件 8）

（3）定位导向装置 3（见图 6-99）

（4）定位导向装置 4（见图 6-100）

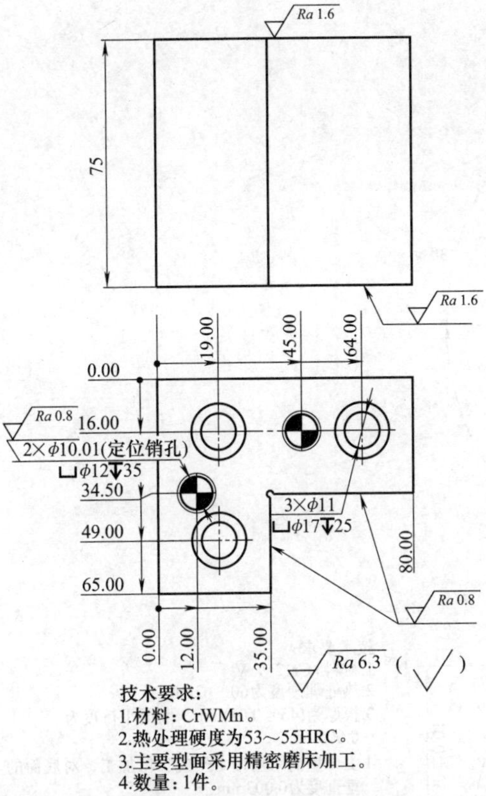

图 6-99　定位导向装置 3（图 6-89 的件 14）

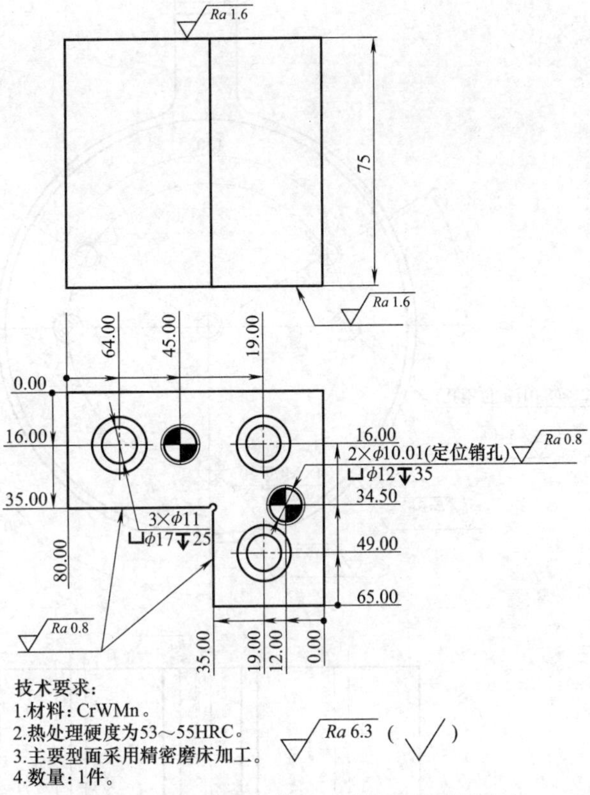

图 6-100　定位导向装置 4（图 6-89 的件 12）

5. 凹模（见图 6-101）

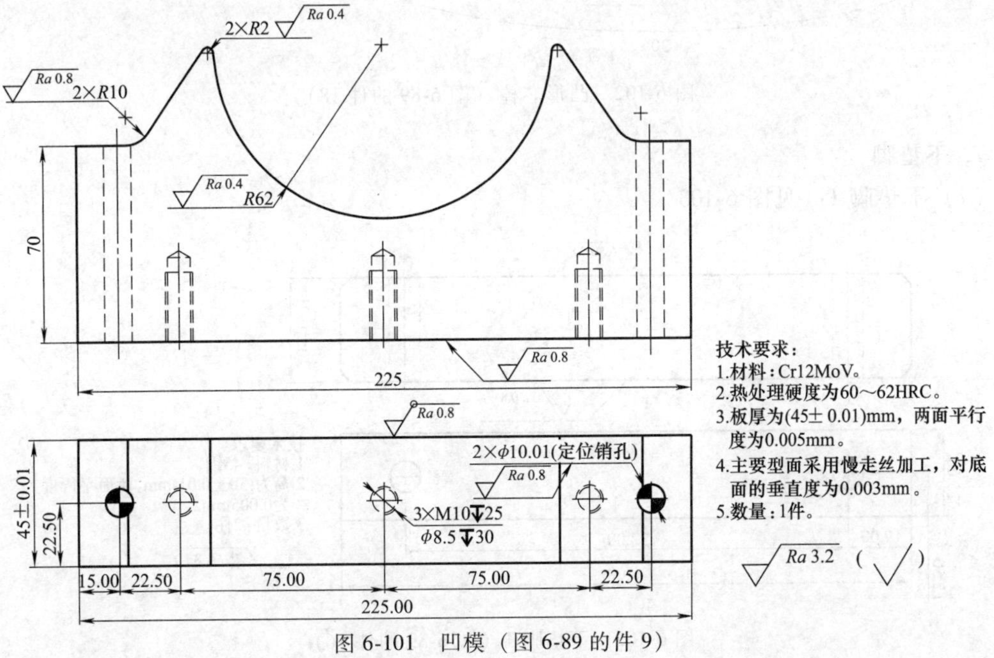

图 6-101　凹模（图 6-89 的件 9）

6. 凸形芯棒（见图 6-102）

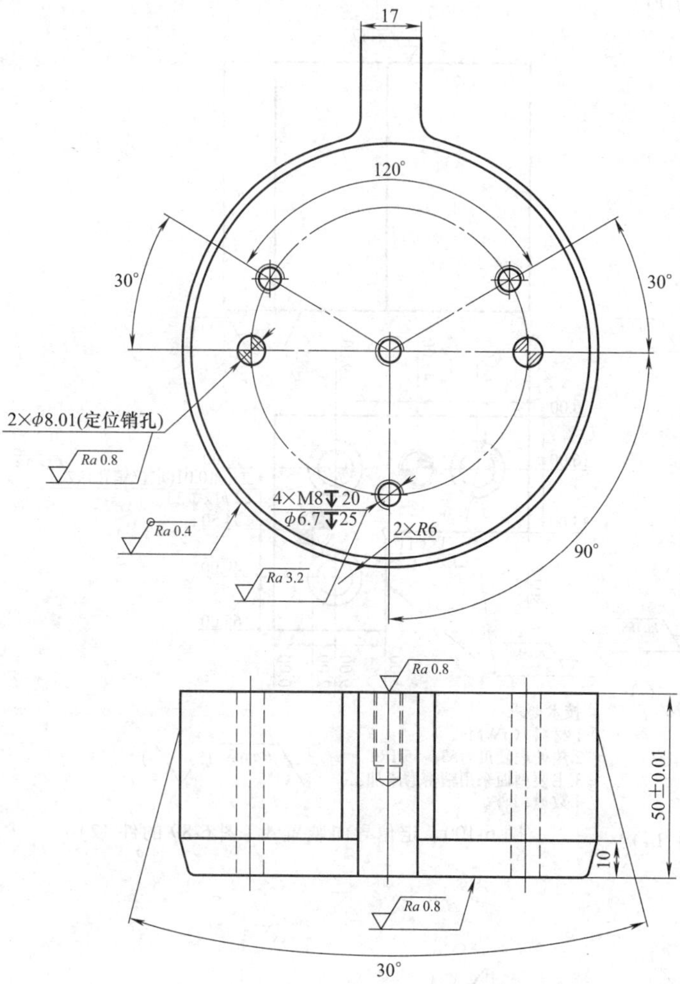

技术要求：
1.材料：Cr12MoV。
2.热处理硬度为60～62HRC。
3.板厚为(45± 0.01)mm，两面平行度为0.005mm。
4.主要型面采用慢走丝或CNC加工，对底面的垂直度为0.003mm。
5.数量：1件。

Ra 3.2 （√）

图 6-102　凸形芯棒（图 6-89 的件 18）

7. 下垫脚

（1）下垫脚 1（见图 6-103）

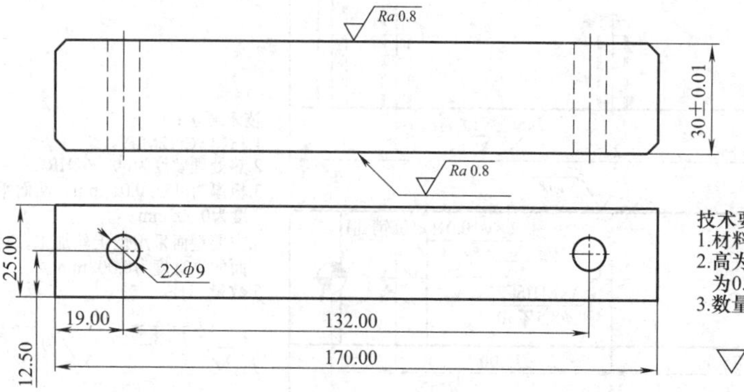

技术要求：
1.材料：45钢。
2.高为(30±0.01)mm，两面平行度为0.005mm。
3.数量：2件。

Ra 6.3 （√）

图 6-103　下垫脚 1（图 6-89 的件 16）

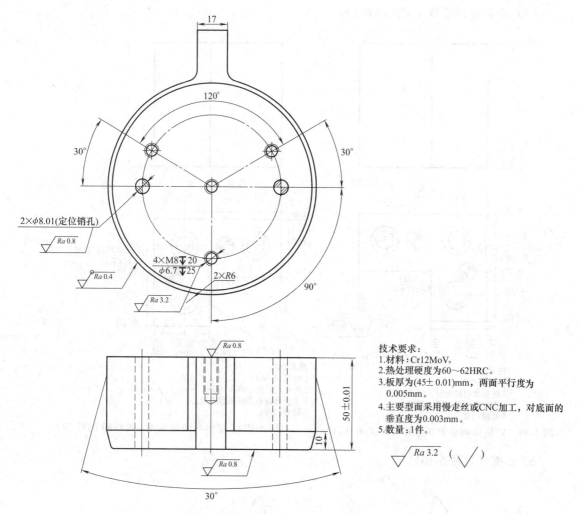

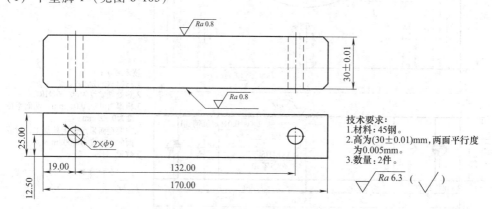

（2）下垫脚 2（见图 6-104）

（3）下垫脚 3（见图 6-105）

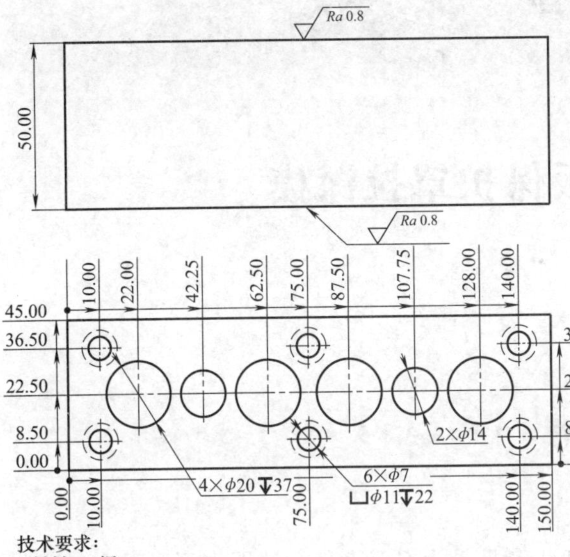

技术要求：
1.材料：45钢。
2.高为(50± 0.01)mm,两面平行度为0.005mm。　Ra 6.3 （√）
3.数量：1件。

图 6-104　下垫脚 2（图 6-89 的件 13）

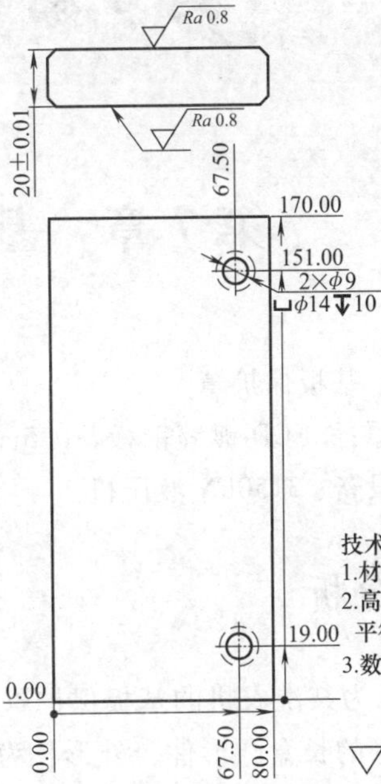

技术要求：
1.材料：45钢。
2.高为(20± 0.01)mm,两面平行度为0.005mm。
3.数量：2件。

Ra 6.3 （√）

图 6-105　下垫脚 3（图 6-89 的件 15）

8. 顶杆

（1）顶杆 1（见图 6-106）

（2）顶杆 2（见图 6-107）

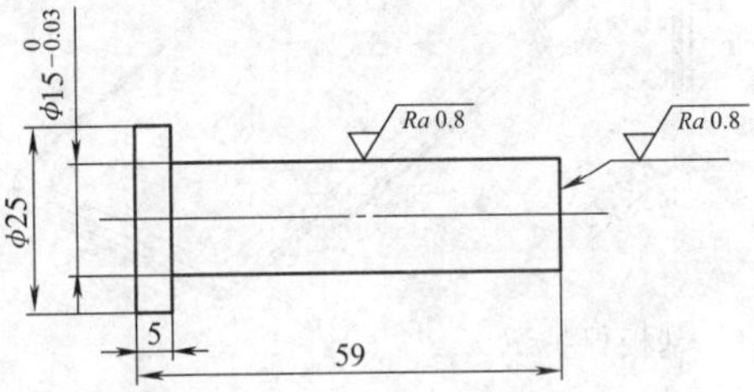

技术要求：
1.材料：CrWMn。
2.热处理硬度为55～58HRC。　Ra 1.6 （√）
3.数量：4件。

图 6-106　顶杆 1（图 6-89 的件 4）

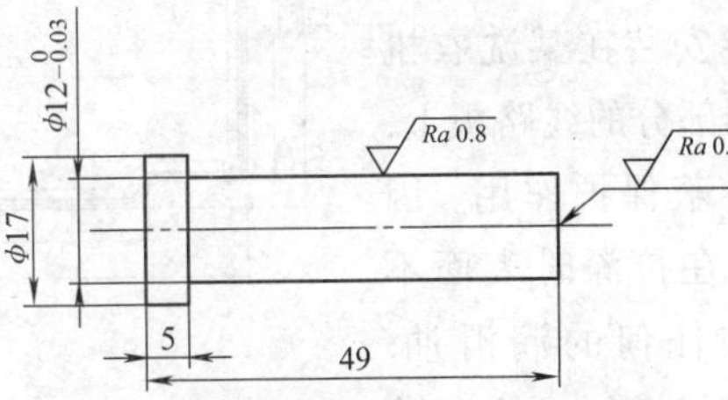

技术要求：
1.材料：CrWMn。
2.热处理硬度为55～58HRC。
3.数量：4件。

图 6-107　顶杆 2（图 6-89 的件 11）

9. 模柄（见图 6-108）

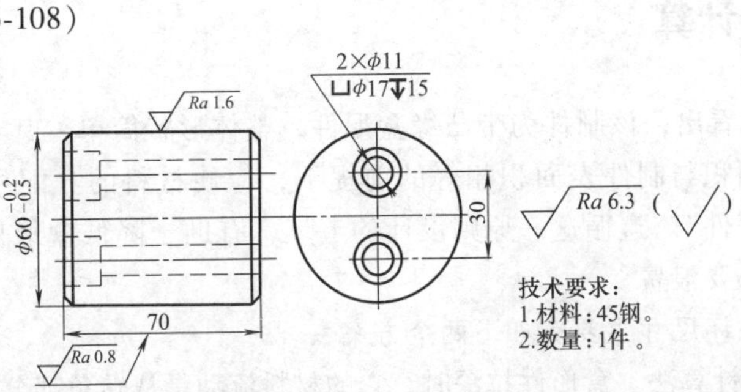

技术要求：
1.材料：45钢。
2.数量：1件。

图 6-108　模柄（图 6-89 的件 2）

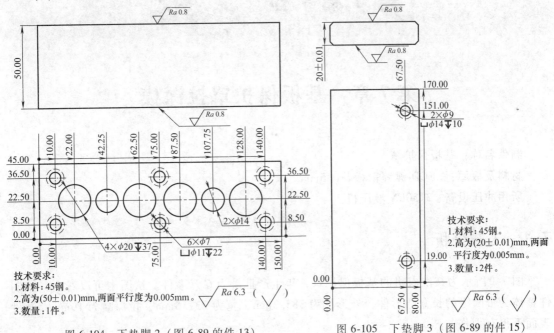

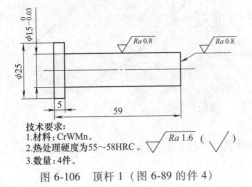

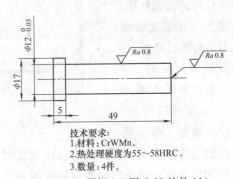

第3篇　拉　深　模

第7章　基板保护罩拉深模

制件名称：基板保护罩。

材料及板厚：SECD 镀锌钢板，0.5mm。

所用冲压设备：3150kN 液压机。

7.1　工艺分析

图 7-1 所示为某洗衣机的基板保护罩，年生产批量为 6 万多件。从图中可以看出，该制件整体为带凸缘的长盒凸形件，外形长为 383.3mm、宽为 237.5mm，拉深高为 19mm，制件表面不得有划伤、压伤现象。该制件的加工难点在于其材料为镀锌钢板，在冲压后不作任何的表面处理，直接安装在某洗衣机电器部分的线路板上，起屏蔽保护作用。因此，在拉深时表面不能加任何的润滑油，这样就增加了拉深模具的制造难度。经分析，确定在拉深试制结束后对拉深凹模的表面进行 TD 处理，以提高模具的使用寿命，减少凹模表面拉毛等现象。

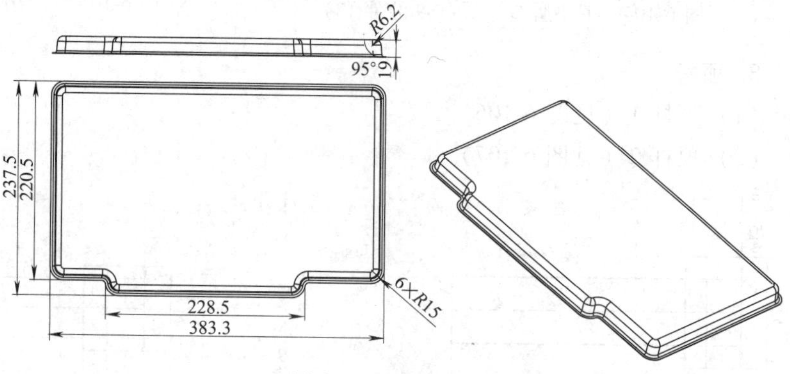

图 7-1　基板保护罩

7.2　毛坯展开计算

从图 7-1 中可以看出，该制件为带凸缘盒形件，整体形状简单。其毛坯尺寸的计算原则是：在确保毛坯表面积与制件表面积相等的前提下，应使材料的分配尽可能满足获得“盒形凸缘处平齐的拉深件”。遵循这一原则设计的毛坯，有助于降低盒形件拉深时的不均匀变形和减小材料的不必要浪费。

计算该制件的毛坯尺寸主要有如下两个方案：

方案 1 采用理论计算法。盒形件拉深时，它的材料流动是从转角部分的圆角处转移到直边处，可见转角处发生拉深变形，直边处以弯曲变形为主。那么，毛坯尺寸计算时，圆角部分则按拉深工艺计算其展开，直边部分按弯曲工艺计算其展开，再进一步修正毛坯的外形即可。

方案 2 采用软件计算法。软件计算法是利用计算机上的专业 CAE 软件并用网格的划分方式计算取得。利用软件计算得到制件的毛坯如图 7-2 所示。根据制件的展开形状可以看出，该制件坯料为凸字形，完成该制件需经过毛坯落料、拉深和外形切边三个工序。考虑到制件的拉深高度较低（$H=19$mm），为减少模具的加工工序，降低冲压成本，因此将毛坯简化为规则的长方形，长为 420mm、宽为 275mm，可直接从材料厂家采购，无需再用模具冲切出凸字形的毛坯外形。

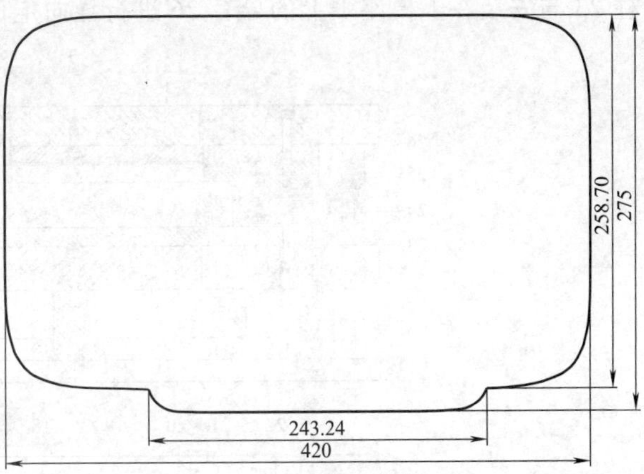

图 7-2　制件毛坯图

本章主要介绍拉深模具，拉深后的外形切边不作详细的解释。

7.3　模具设计要注意的相关问题

1）螺钉孔和定位销孔设计。在拉深模中压料板与凹模板的螺钉孔和定位销孔设计不同于其他的冲裁模或弯曲模，冲裁模或弯曲模的螺钉孔设计可以在凹模的工作部分边缘排布，螺钉孔或定位销孔可以设置不通孔或通孔。而拉深模在毛坯边线的内部相对应的凹模或压料板上设置螺钉孔或定位销孔时，必须为不通孔，以避免毛坯在拉深过程中，板料的流动导致制件表面拉伤或拉裂等现象。如果压料板或凹模板的板厚较薄，螺钉孔或定位销孔必须为通孔时，那么要把螺钉孔或定位销孔的位置设置在制件毛坯边线的外侧较合理。

2）排气孔设计。该拉深模在拉深工作过程中，凸模、凹模（包括内卸料板）及压料板均紧贴着拉深件坯料。如果凸模及凹模未设置排气孔，在卸料过程中根据抽真空的原理，导致拉深件表面吸附后变形不平整，因此必须在凸模、内卸料板及相对应位置上设置排气孔。

3）因该制件的表面不允许有拉伤、划伤现象，因此拉深凹模要考虑采用 TD 表面处理，为避免 TD 处理后导致拉深凸模与凹模的间隙过小影响拉深的效果，在设计拉深凹模时，凹模的工作部分间隙要比通常的间隙稍大些（根据 TD 镀层的厚度来选取）。

7.4　模具总装图设计

基板保护罩模具结构如图 7-3 所示。模具的外形长为 720mm，宽为 550mm，闭合高度为 315mm。此模具的特点如下：

1）该模具设置在 3150kN 液压机上使用，因此拉深时的压边采用液压机自身带的顶杆来传递，使模具设计更简单化。

2）该制件外形较大，在凸模固定板 20 上直接加工出定位销孔，同时凸模也加工出定位销孔，两者之间进行定位，再用螺钉固定即可。

3）为保证上、下模的对准精度，该模具采用三层导向定位。其一为在拉深成形时，凸模与凹模在拉深件板料厚度的作用下进行自动导向对准定位；其二为安装在凸模固定板 20 上的小导柱 15 与安装在凹模板 3 上的小导套 7 进行导向定位；其三为安装在下模座 11 上的导柱 23 与安装在上模座 1 上的导套 26 进行导向定位。

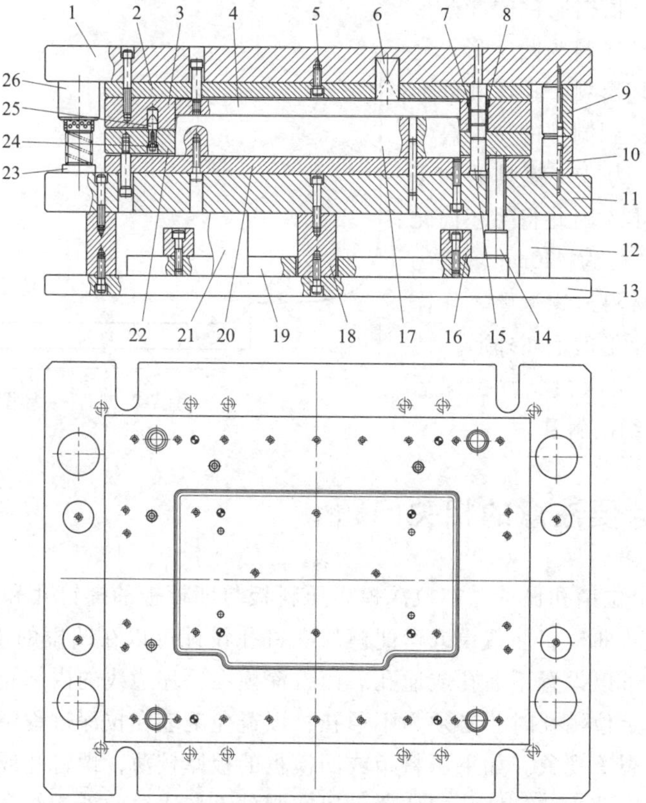

26	导套		4	标准件	13	下托板	45 钢		
25	挡料销	CrWMn	4	标准件	12	下垫脚 1	45 钢	2	
24	挡料销垫圈	45 钢	4		11	下模座	45 钢	1	
23	导柱		4		10	下限位柱	45 钢	4	
22	压料板	SKD11	4	SKD11	9	上限位柱	45 钢	4	
21	下垫脚 2	45 钢	4		8	小导套垫圈	45 钢	4	
20	凸模固定板	45 钢	1		7	小导套		4	标准件
19	顶板	45 钢	1		6	弹簧		14	标准件
18	下垫脚 3	45 钢	7		5	螺钉		6	标准件
17	凸模	Cr12MoV	1		4	内卸料板	Cr12MoV	1	
16	顶板限位柱	45 钢	10		3	凹模板	SKDII	1	
15	小导柱		4	标准件	2	凹模垫板	45 钢	1	
14	顶杆	CrWMn	16		1	上模座	45 钢	1	
件号	名称	材料	数量	备注	件号	名称	材料	数量	备注

图 7-3 基板保护罩模具总装图

技巧

- 本结构在 3150kN 的液压机上进行拉深，压料采用油压机上的下顶缸来进行，其动作为：油压机下顶缸上的顶杆（图中未画出）的压力传递到顶板 19，由顶板 19、模具顶杆 14 将力传递到压料板 22，对坯料进行压料及顶出工作。

• 本结构下模上设置顶板 19，因此中间不能设置下垫脚，为保证下模座的强度，在顶板的中间设置 7 个圆形下垫脚 18。

• 应该凸模较大，凸模 17 与凸模固定板 20 采用销钉连接、螺钉紧固即可，无需在固定板上加工出与凸模外形相同的固定孔。

经验

• 该盒形件拉深带有 5°的锥度，加工时，凸模的形状与制件相同，凹模可加工成垂直的形状，无需与制件的形状相同。凹模周边的 *R* 角大小及位置与制件凸缘的 *R* 角大小及位置相同。

• 为使挡料销能起到挡料的作用，该挡料销 25 的有效定位面高出压料板 22 上表面 3~5mm。

7.5 模座及托板设计

7.5.1 上模座（见图 7-4）

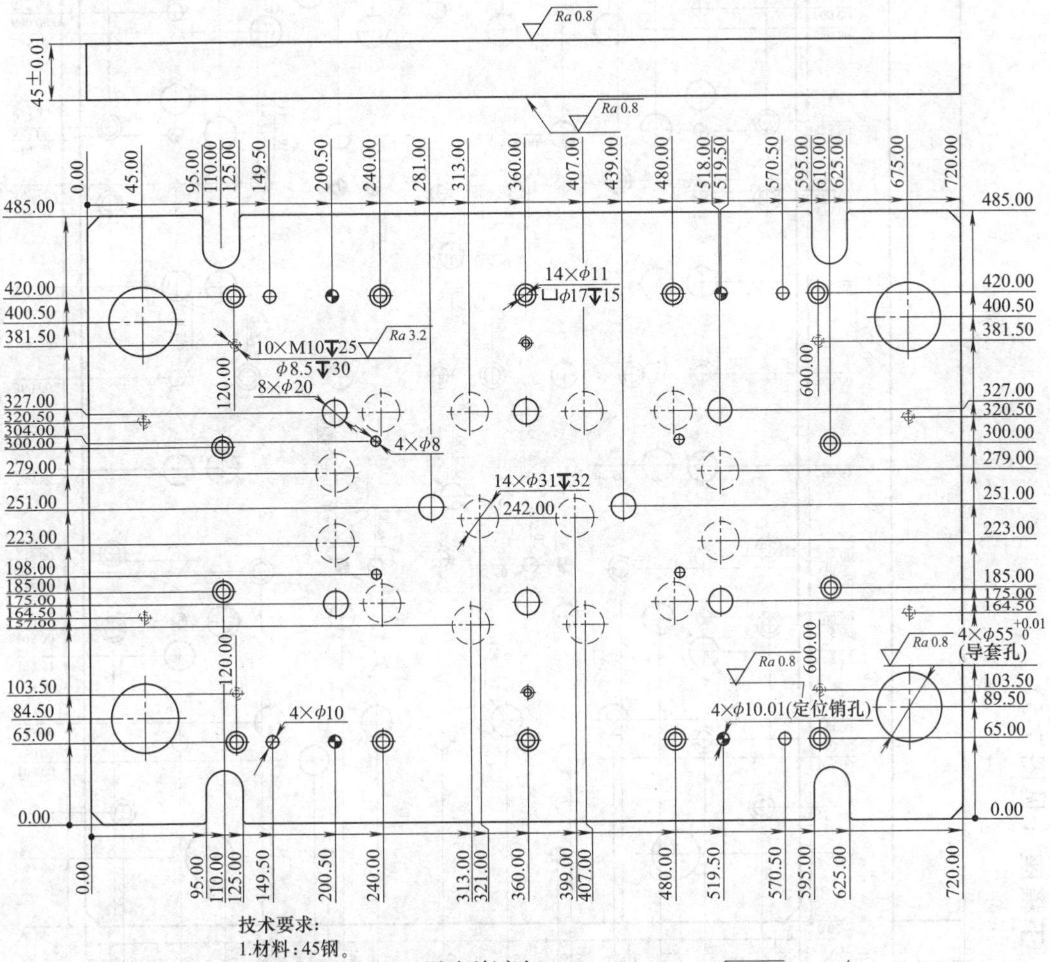

技术要求：
1.材料：45钢。
2.板厚为(45±0.01)mm,两面平行度为0.01mm。
3.定位销孔和导套孔对底面的垂直度为0.003mm。
4.数量：1件。

Ra 6.3 (√)

图 7-4 上模座（图 7-3 的件 1）

7.5.2 下模座（见图 7-5）

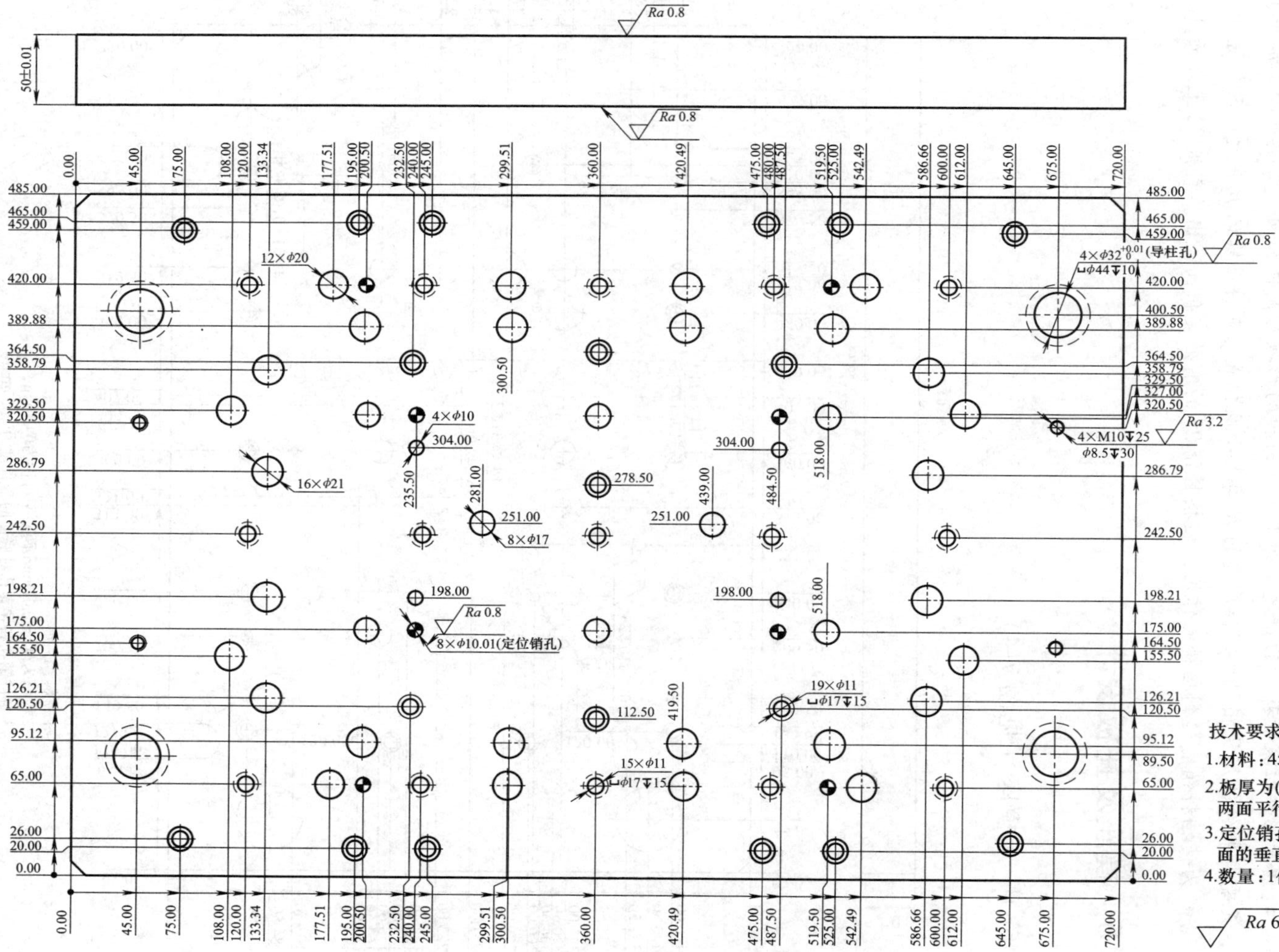

技术要求：

1.材料：45钢。

2.板厚为(50±0.01)mm，两面平行度为0.01mm。

3.定位销孔和导柱孔对底面的垂直度为0.003mm

4.数量：1件。

$\sqrt{Ra\ 6.3}$ （$\sqrt{}$）

图 7-5 下模座（图 7-3 的件 11）

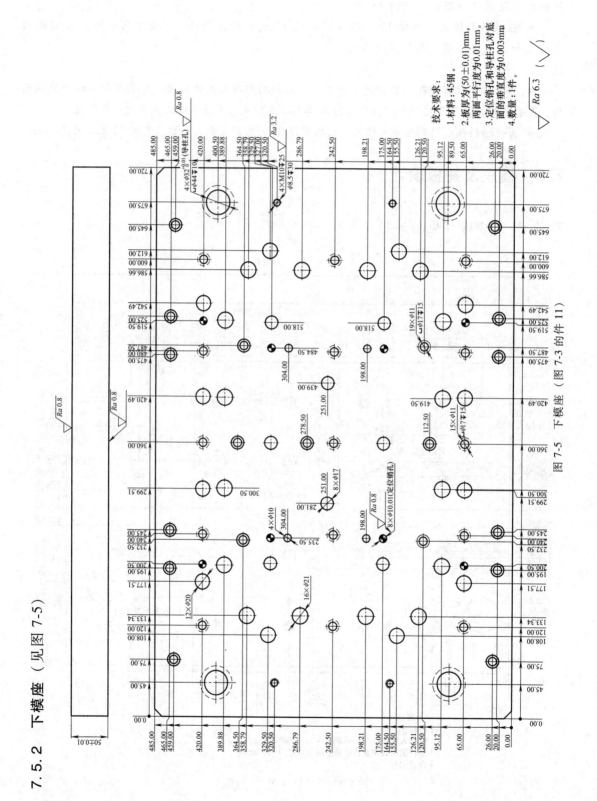

7.5.3　下托板（见图7-6）

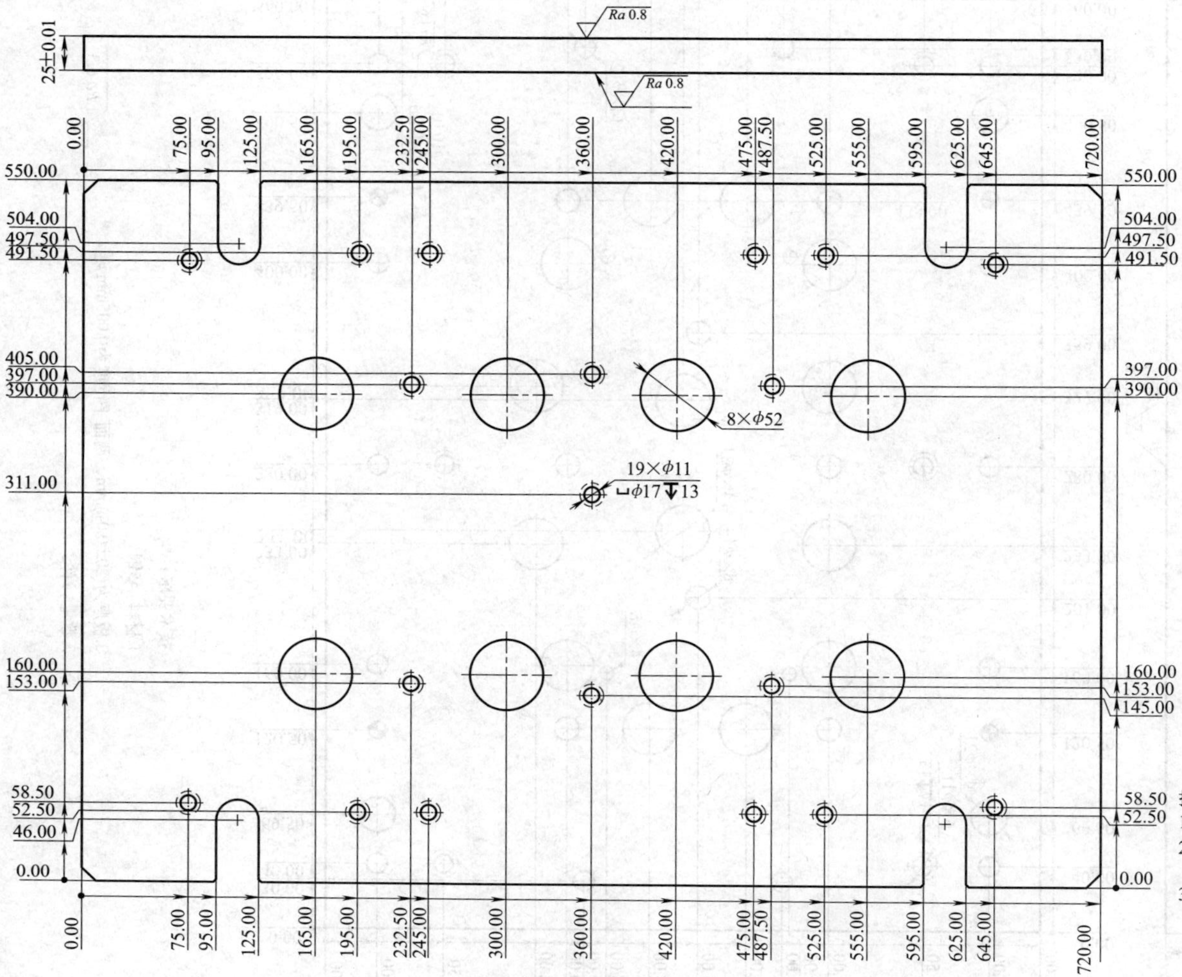

技术要求：
1.材料：45钢。
2.板厚为(25±0.01)mm，
两面平行度为0.01mm。
3.数量：1件。

$\sqrt{Ra\ 6.3}$（$\sqrt{}$）

图7-6　下托板（图7-3的件13）

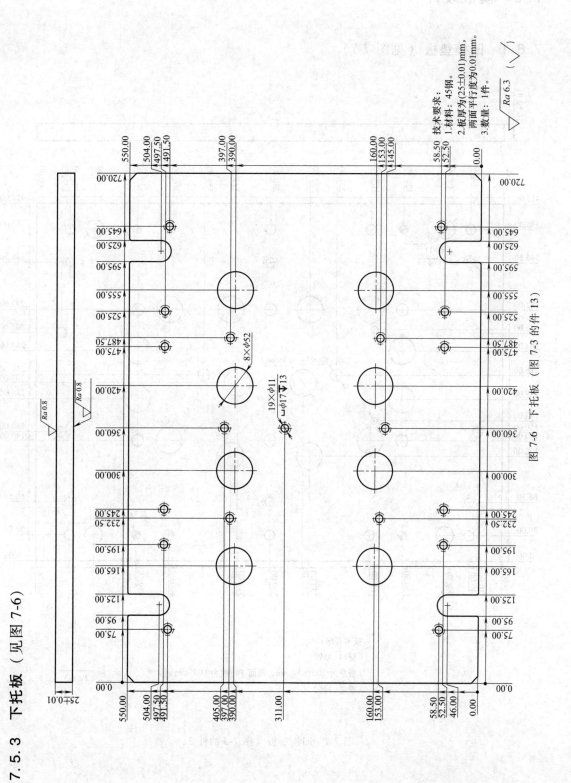

7.6 模板设计

7.6.1 凹模垫板（见图 7-7）

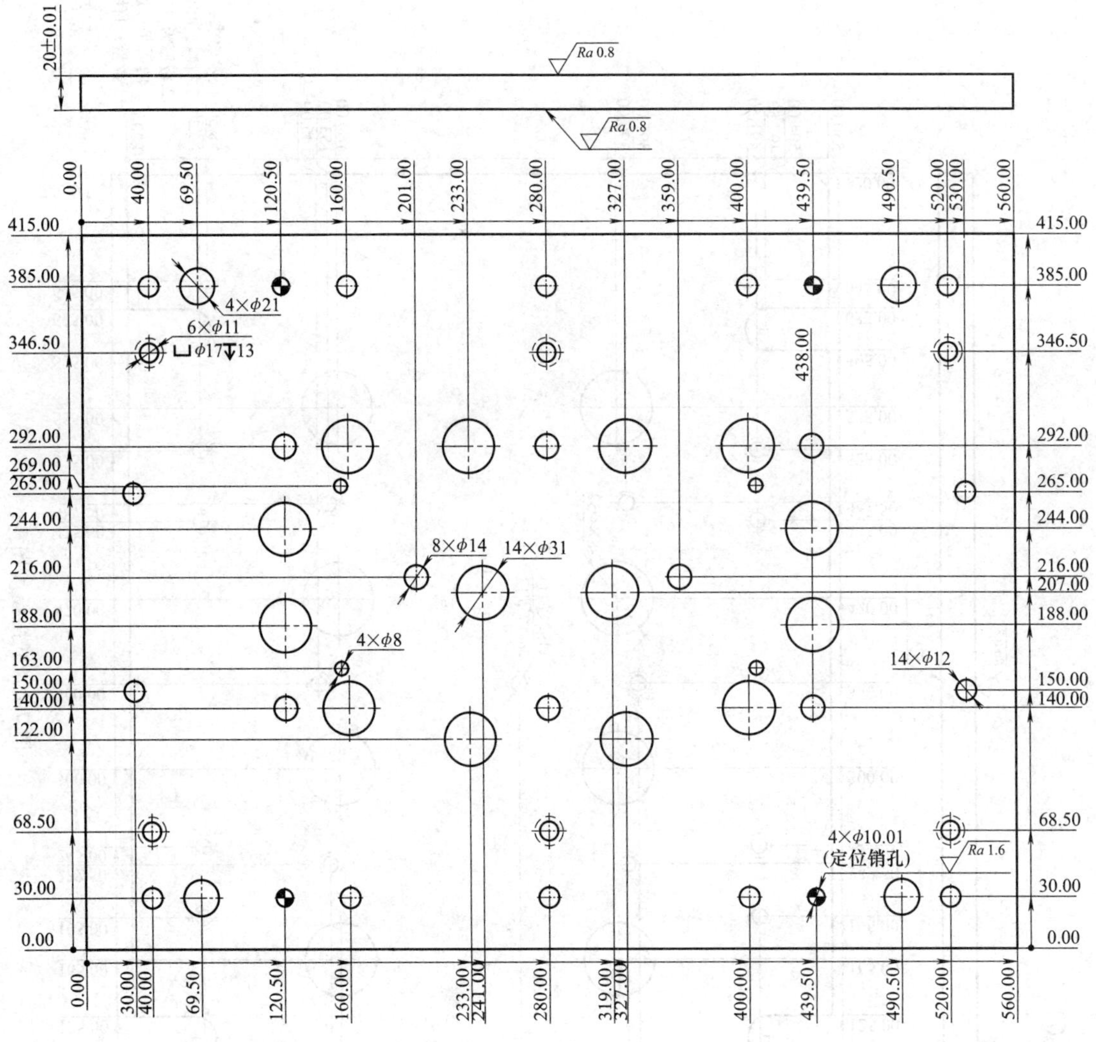

技术要求：

1.材料：45钢。

2.板厚为(20±0.01)mm，两面平行度为0.005mm。

3.数量：1件。

Ra 6.3 (√)

图 7-7 凹模垫板（图 7-3 的件 2）

7.6.2　凹模板（见图 7-8）

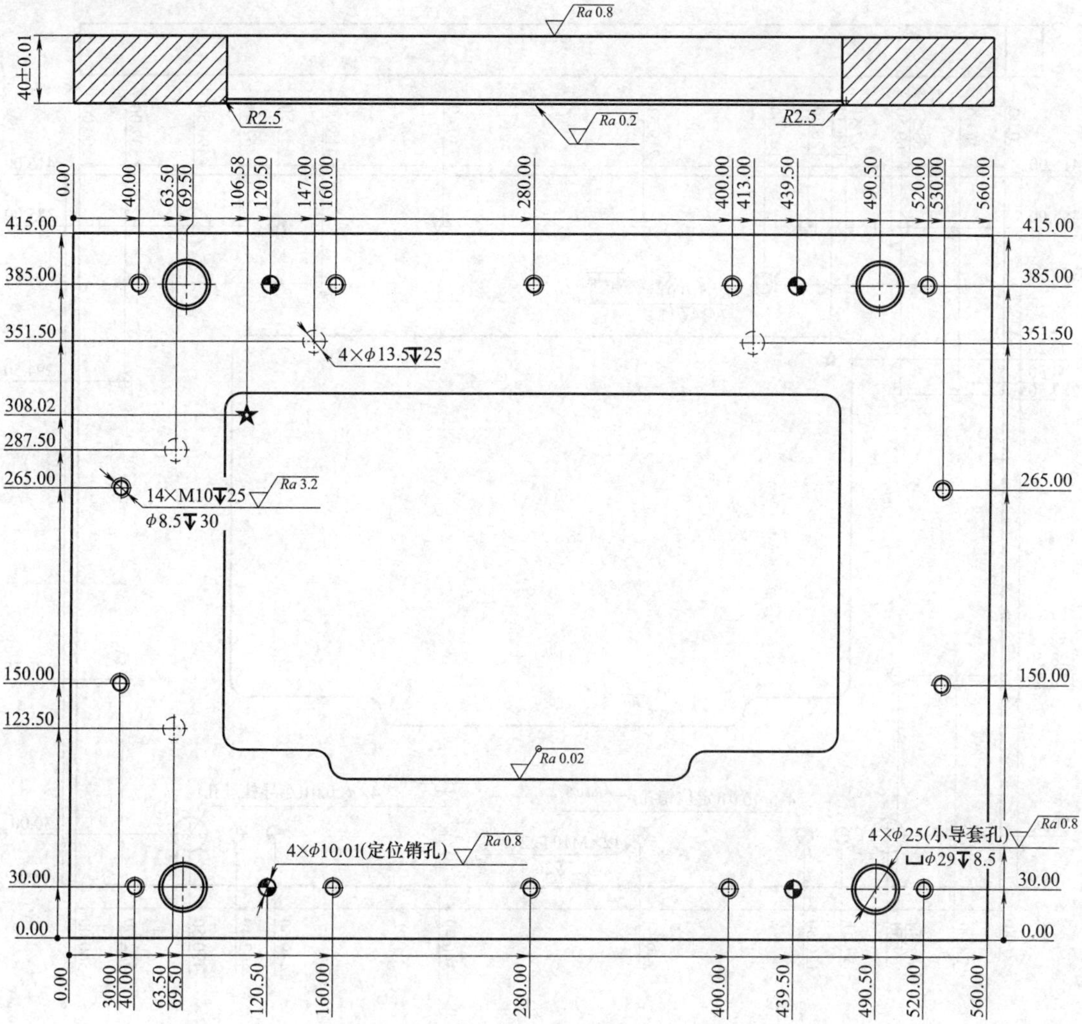

技术要求：

1.材料：SKD11。

2.热处理硬度为60～62HRC。

3.板厚为(40±0.01)mm，两面平行度为0.005mm。

4.主要型孔采用慢走丝加工，对底面的垂直度为0.003mm。

5.图中标有"★"为穿丝孔。

6.数量：1件。

Ra 6.3 (√)

图 7-8　凹模板（图 7-3 的件 3）

7.6.3 压料板（见图 7-9）

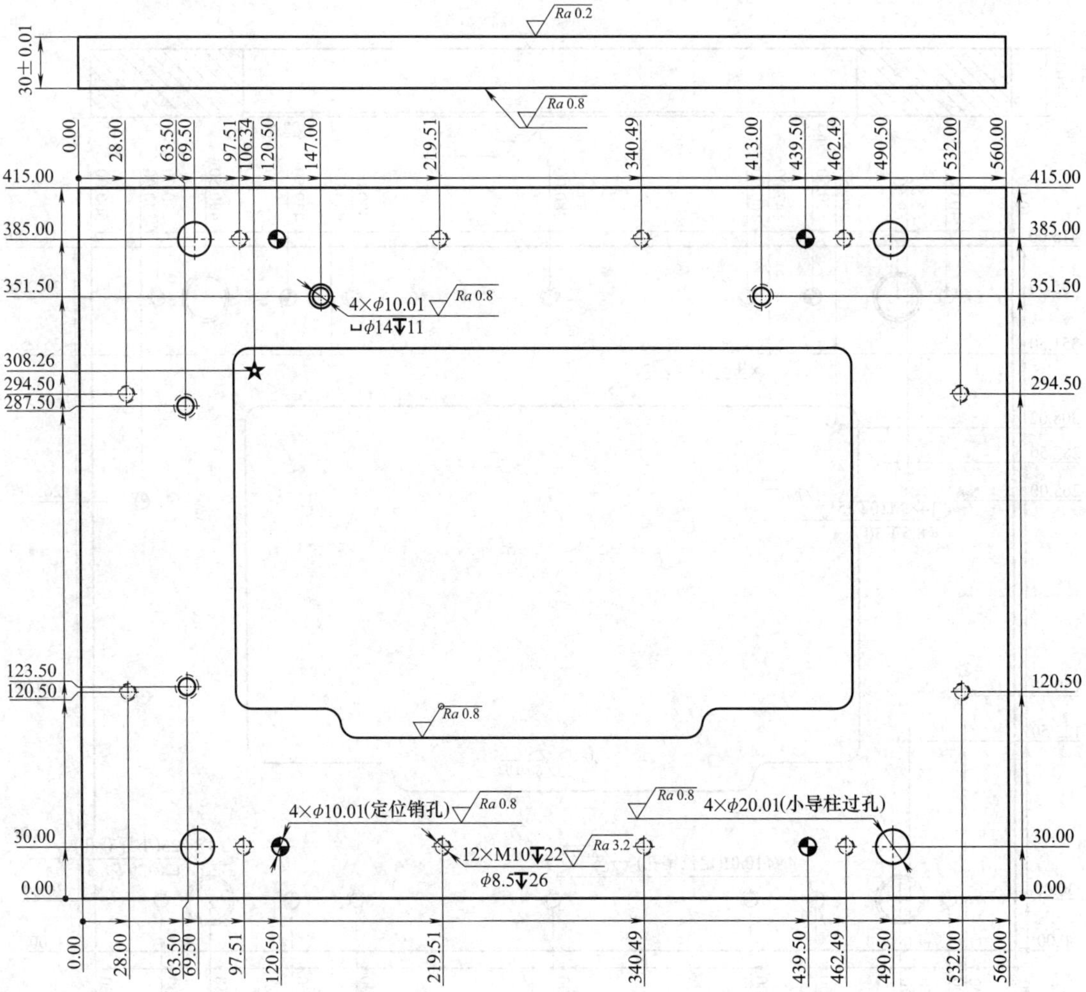

技术要求：

1.材料：SKD11。

2.热处理硬度为60～62HRC。

3.板厚为(40±0.01)mm，两面平行度为0.005mm。

4.主要型孔采用慢走丝加工，对底面的垂直度为0.003mm。

5.图中标有“★”为穿丝孔。

6.数量：1件。

$\sqrt{Ra\ 6.3}$ ($\sqrt{}$)

图 7-9　压料板（图 7-3 的件 22）

7.6.4　凸模固定板（见图 7-10）

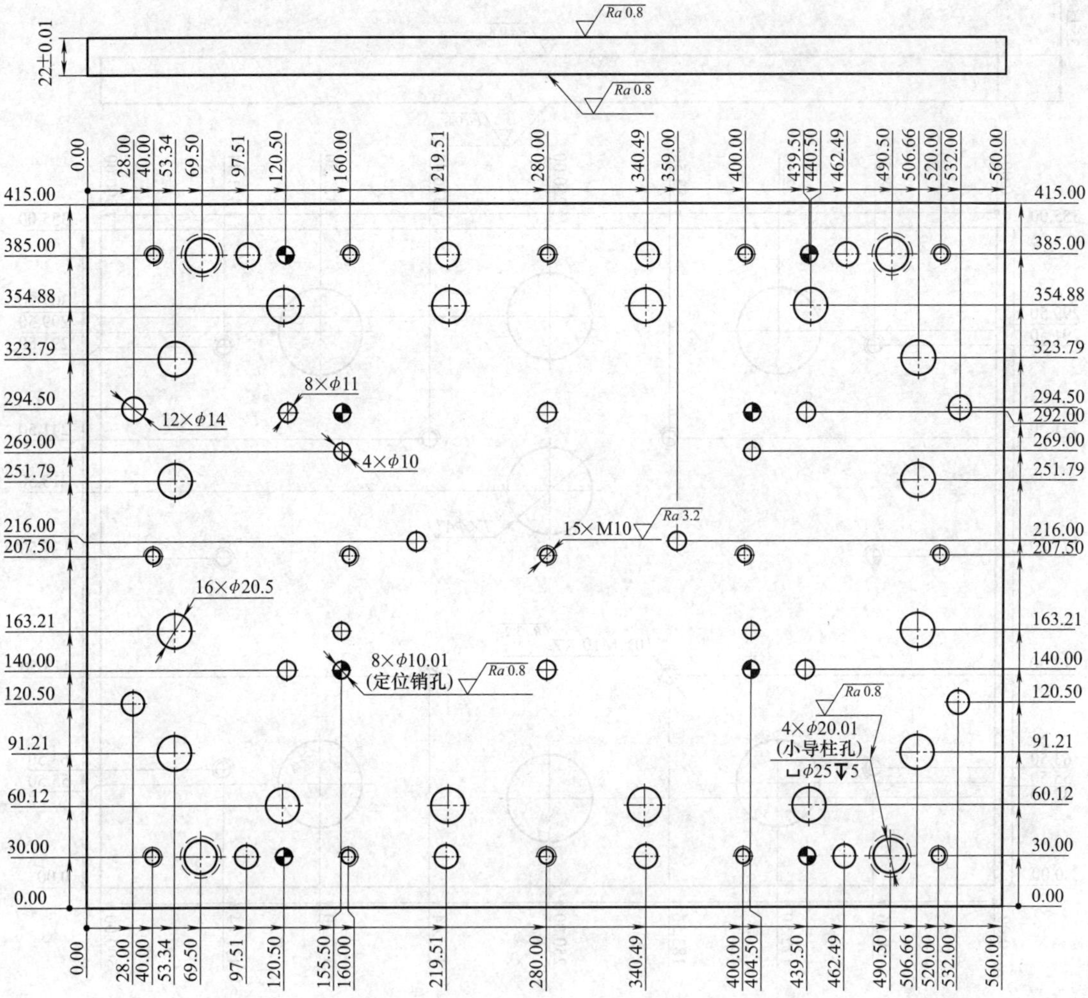

技术要求：

1.材料：45钢。

2.板厚为(22±0.01)mm，两面平行度为0.005mm。

3.主要型孔采用慢走丝加工，对底面的垂直度为0.003mm。

4.数量：1件。

Ra 6.3 (√)

图 7-10　凸模固定板（图 7-3 的件 20）

7.6.5 顶板（见图 7-11）

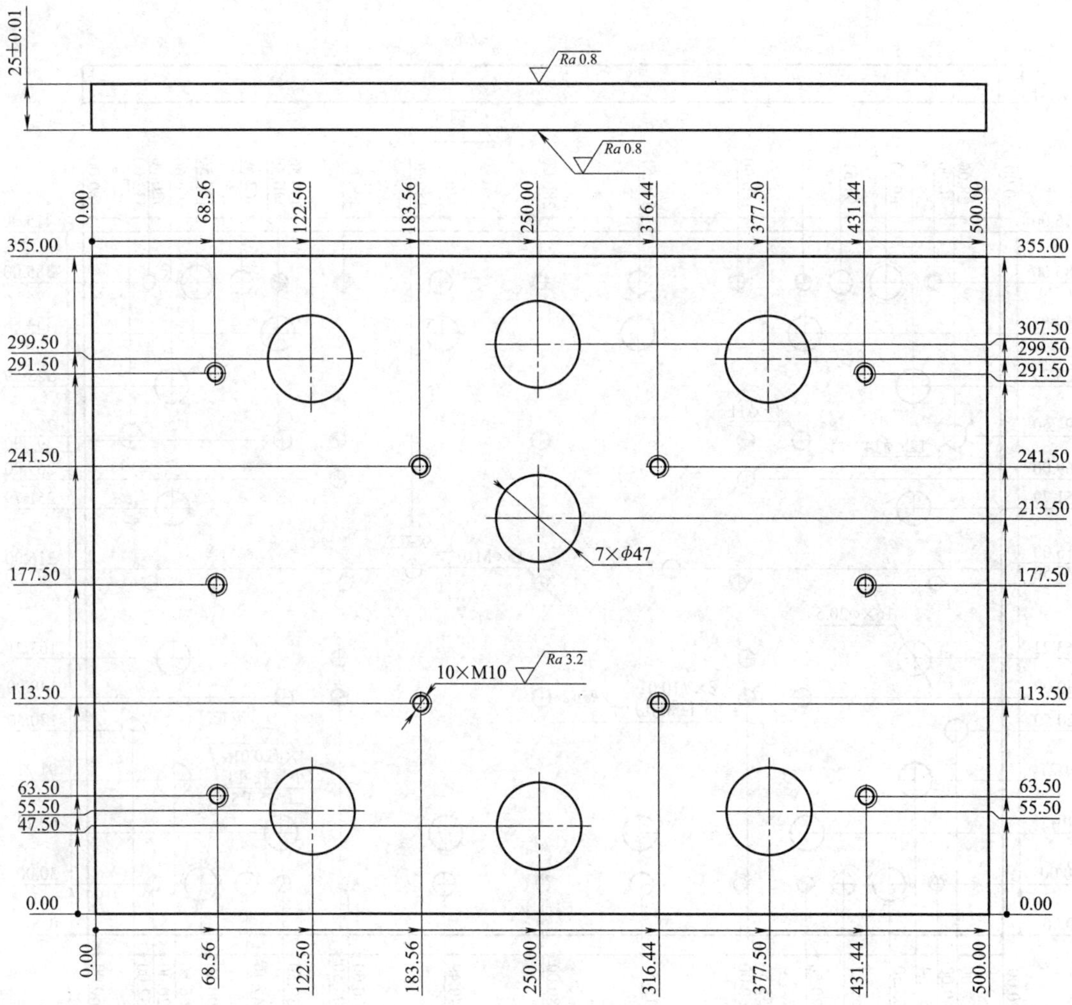

技术要求：

1.材料：45钢。

2.板厚为(25±0.01)mm，两面平行度为0.005mm。

3.数量：1件。

Ra 6.3 (√)

图 7-11　顶板（图 7-3 的件 19）

7.7　模具零部件设计

7.7.1　内卸料板（见图 7-12）

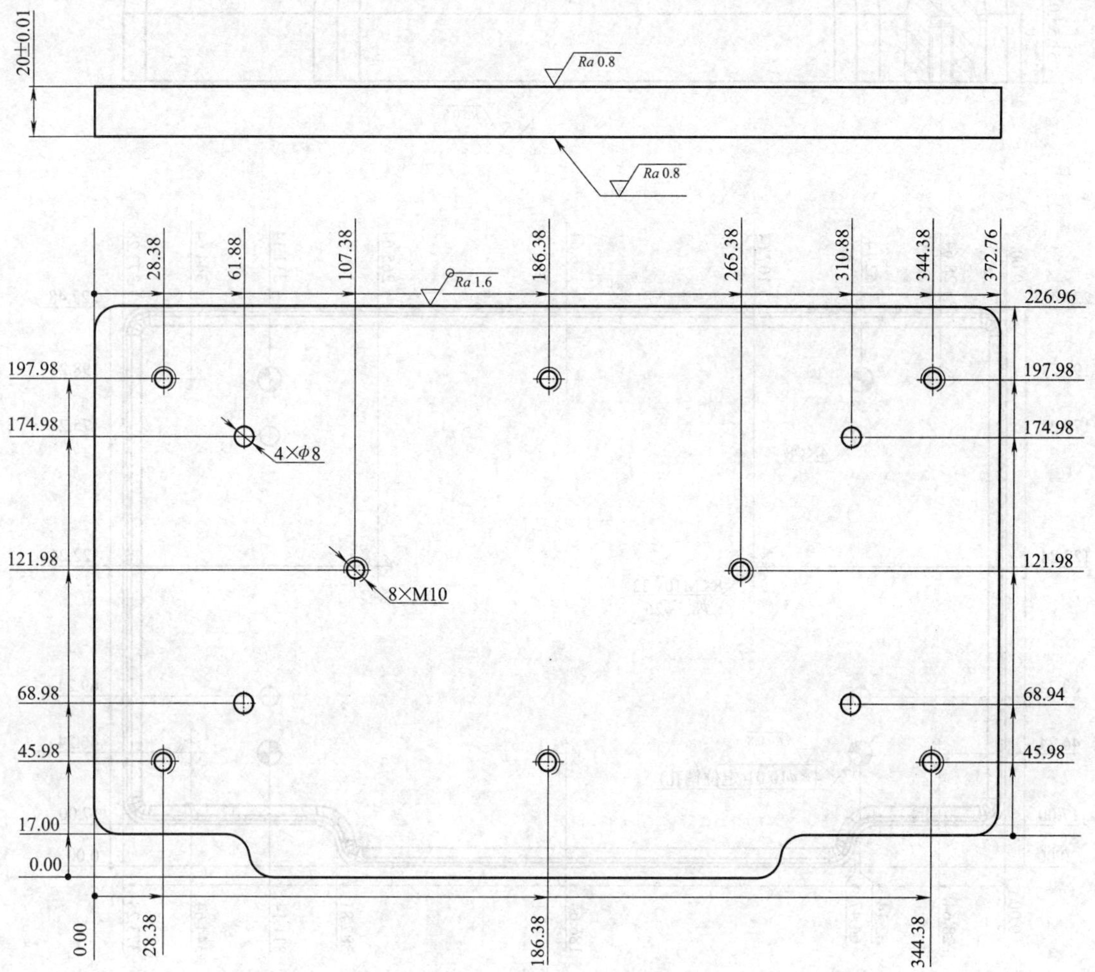

技术要求：

1.材料：Cr12MoV。

2.热处理硬度为53～55HRC。

3.板厚为(20±0.01)mm，两面平行度为0.005mm。

4.外形采用中走丝加工。

5.数量：1件。

Ra 3.2 (√)

图 7-12　内卸料板（图 7-3 的件 4）

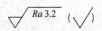

7.7.2 凸模（见图 7-13）

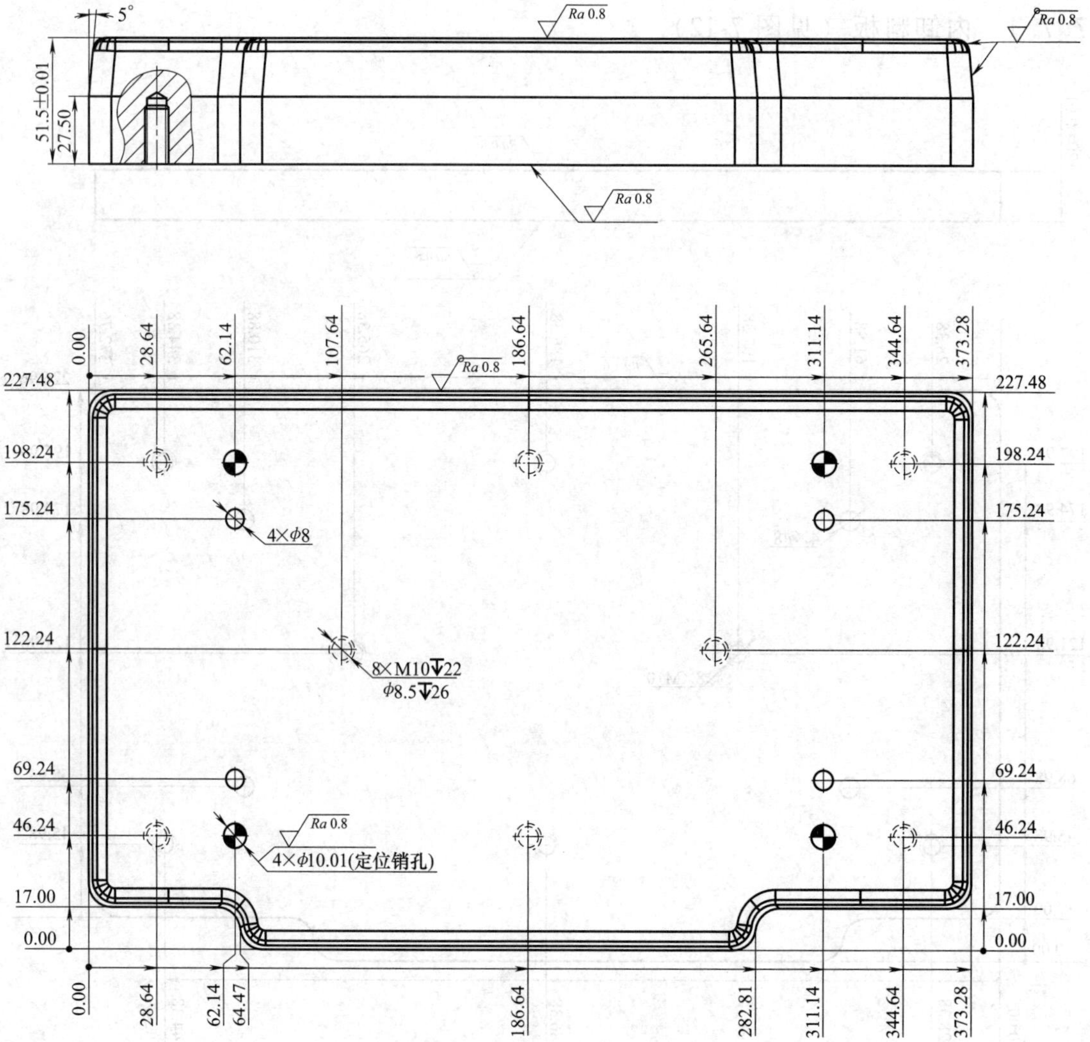

技术要求：

1.材料：Cr12MoV。

2.热处理硬度为53～55HRC。

3.板厚为(20±0.01)mm，两面平行度为0.005mm。

4.拉深型面采用CNC加工后再抛光处理。

5.数量：1件。　　Ra 3.2 (√)

图 7-13　凸模（图 7-3 的件 17）

7.7.3　下垫脚

1. 下垫脚 1（见图 7-14）

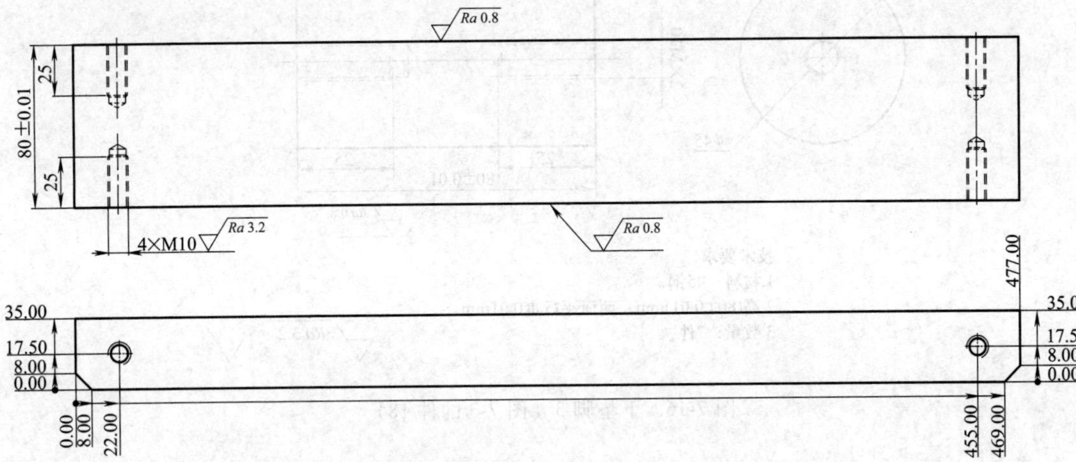

技术要求：
1.材料：45钢。
2.高为(80±0.01)mm，两面平行度为0.01mm。
3.数量：2件。

Ra 6.3 (√)

图 7-14　下垫脚 1（图 7-3 的件 12）

2. 下垫脚 2（见图 7-15）

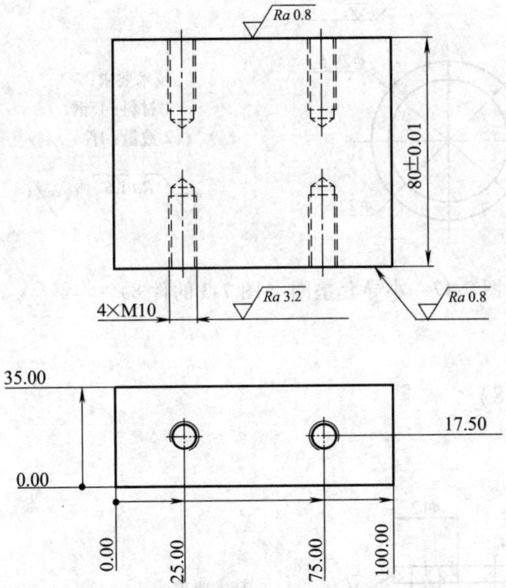

技术要求：
1.材料：45钢。
2.高为(80±0.01)mm，两面平行度为0.01mm。
3.数量：4件。

Ra 6.3 (√)

图 7-15　下垫脚 2（图 7-3 的件 21）

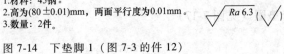

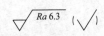

3. 下垫脚 3（见图 7-16）

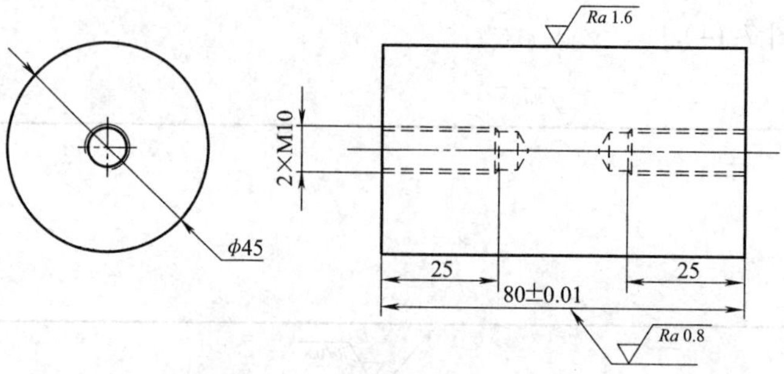

技术要求：
1.材料：45钢。
2.高(80±0.01)mm，两面平行度0.01mm。
3.数量：7件。

Ra 3.2（√）

图 7-16　下垫脚 3（图 7-3 的件 18）

7.7.4　垫圈

1. 小导套垫圈（见图 7-17）

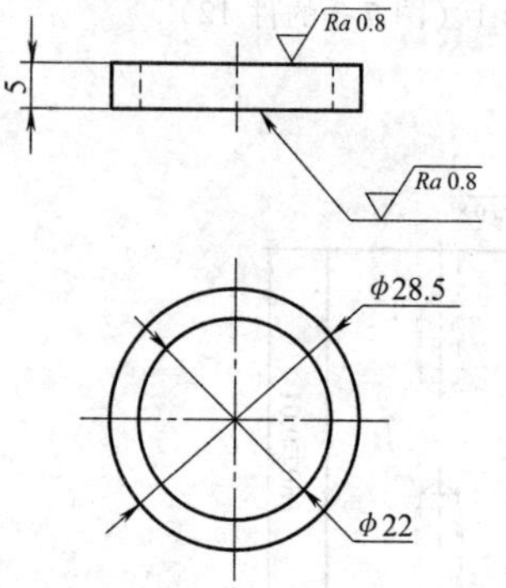

技术要求：
1.材料：45钢。
2.数量：4件。

Ra 1.6（√）

图 7-17　小导套垫圈（图 7-3 的件 8）

2. 挡料销垫圈（见图 7-18）

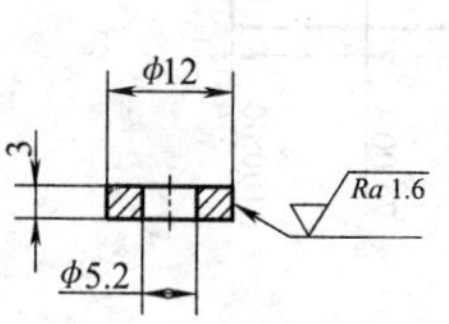

技术要求：
1.材料：45钢。
2.数量：4件。

Ra 3.2（√）

图 7-18　挡料销垫圈（图 7-3 的件 24）

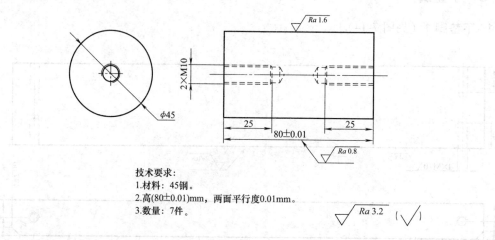

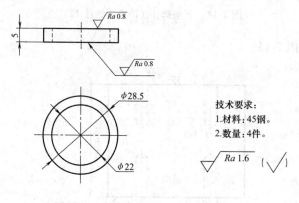

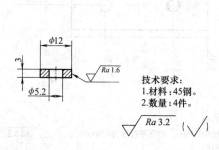

7.7.5 挡料销（见图 7-19）

7.7.6 顶板限位柱（见图 7-20）

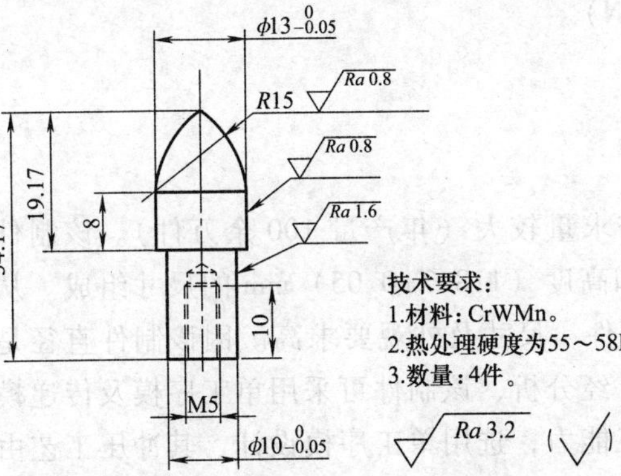
$\phi13_{-0.05}^{0}$
R15
Ra 0.8
Ra 0.8
Ra 1.6
34.17
19.17
8
10
M5
$\phi10_{-0.05}^{0}$
技术要求：
1.材料：CrWMn。
2.热处理硬度为55～58HRC。
3.数量：4件。
Ra 3.2 (√)

图 7-19　挡料销（图 7-3 的件 25）

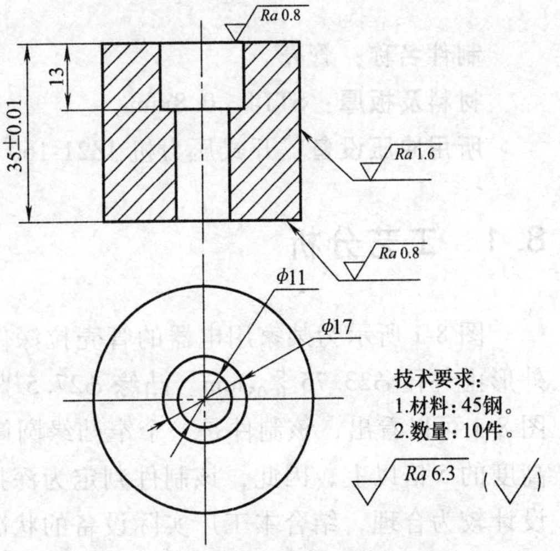
Ra 0.8
13
35±0.01
Ra 1.6
Ra 0.8
φ11
φ17
技术要求：
1.材料：45钢。
2.数量：10件。
Ra 6.3 (√)

图 7-20　顶板限位柱（图 7-3 的件 16）

7.7.7 顶杆（见图 7-21）

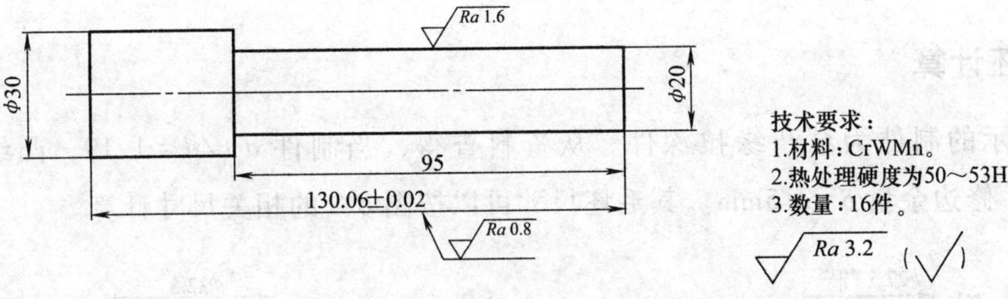
Ra 1.6
φ30
φ20
95
130.06±0.02
Ra 0.8
技术要求：
1.材料：CrWMn。
2.热处理硬度为50～53HRC。
3.数量：16件。
Ra 3.2 (√)

图 7-21　顶杆（图 7-3 的件 14）

7.7.8 限位柱

1. 上限位柱（见图 7-22）
2. 下限位柱（见图 7-23）

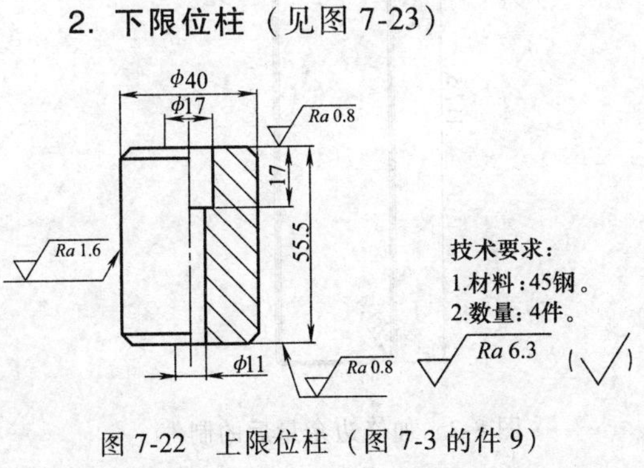
φ40
φ17
Ra 0.8
17
55.5
Ra 1.6
φ11
Ra 0.8
技术要求：
1.材料：45钢。
2.数量：4件。
Ra 6.3 (√)

图 7-22　上限位柱（图 7-3 的件 9）

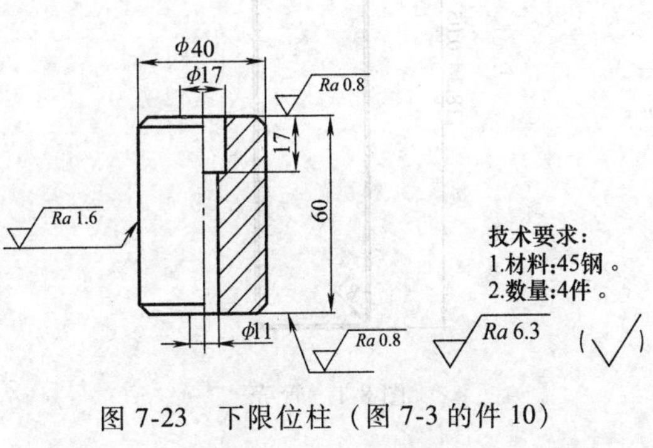
φ40
φ17
Ra 0.8
17
60
Ra 1.6
φ11
Ra 0.8
技术要求：
1.材料：45钢。
2.数量：4件。
Ra 6.3 (√)

图 7-23　下限位柱（图 7-3 的件 10）

第 8 章　家用电器管壳拉深模

制件名称： 管壳。

材料及板厚： ST14，0. 8mm。

所用冲压设备： 开式压力机 JZ21-160（1600kN）。

8.1　工艺分析

图 8-1 所示为某家用电器的管壳拉深件，年需求量较大（年产量 100 余万件）。该制件外形由外径 $\phi23.75_{-0.05}^{\ 0}$mm、凸缘 $\phi27.5_{\ 0}^{+0.05}$mm 和高度（118. 3±0. 05）mm 的尺寸组成。从图 8-1 可以看出，该制件是一个窄凸缘圆筒形拉深件，尺寸及外观要求高。因该制件直径是高度的 5 倍以上，因此，该制件判定为深拉深件。经分析，该制件可采用单工序模及传递模设计较为合理，结合本工厂实际设备的状况及加工能力，选用单工序模设计，其冲压工艺由圆形毛坯落料、拉深及制件落料等工序组成。

8.2　工艺计算

8.2.1　毛坯计算

图 8-1 所示的制件为窄凸缘拉深件。从资料查得，当制件 $d_{凸}/d=1.19$，凸缘直径为 $\phi27.5$mm 时，修边余量 $\delta=2.5$mm。其毛坯尺寸可以按图 8-2 的相关尺寸计算。

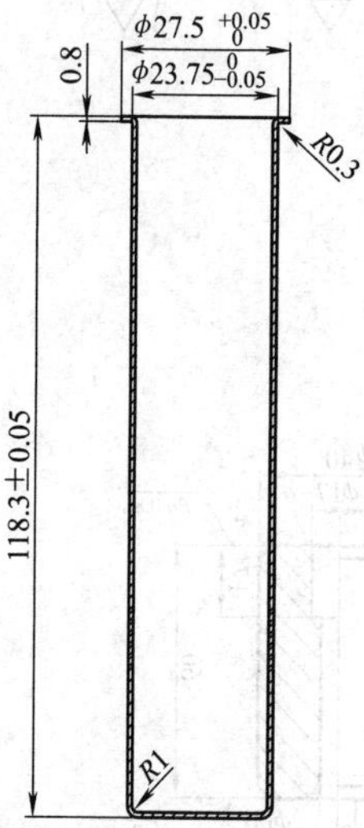

图 8-1　管壳

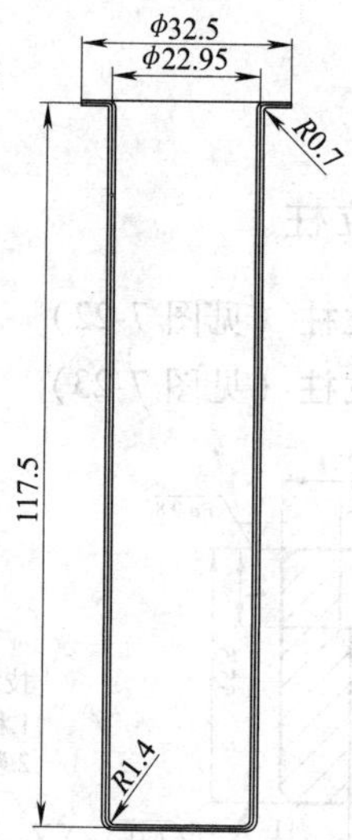

图 8-2　加修边余量后的制件

毛坯直径可按以下公式计算：

$$D=\sqrt{d_2^2+4d_1h}=\sqrt{32.5^2+4\times22.95\times117.5}\text{mm}$$

$$=108.824\text{mm}\approx108.8\text{mm}$$

根据经验值得拉深件的毛坯直径为 108.5mm。

8.2.2 拉深系数及拉深直径计算

拉深系数是拉深工艺中的重要参数，此制件首次拉深把凸缘部分的材料全部拉入凹模内，因此首次拉深按无凸缘零件计算拉深系数，以后各次拉深系数按窄凸缘筒形拉深件计算，由毛坯相对厚度：

$$\frac{t}{D}\times100=\frac{0.8}{108.5}\times100\approx0.73$$

从资料查得首次拉深的拉深系数 $m_1=0.53\sim0.55$；以后各次拉深系数 $m_2=0.76$，$m_3=0.79$，$m_4=0.82$，$m_5=0.84$。求得各工序拉深直径如下。

首次拉深直径：

$$d_1=m_1D=0.53\times108.5\text{mm}\approx57.5\text{mm}$$

第二次拉深直径：

$$d_2=m_2d_1=0.76\times57.5\text{mm}$$

$$\approx43.7\text{mm}\ (\text{取值 }43.5\text{mm})$$

第三次拉深直径：

$$d_3=m_3d_2=0.79\times43.5\text{mm}$$

$$\approx34.0\text{mm}$$

第四次拉深直径：

$$d_4=m_4d_3=0.82\times34.0\text{mm}$$

$$\approx28.0\text{mm}$$

第五次拉深直径：

$$d_5=m_5d_4=0.84\times28.0\text{mm}$$

$$\approx23.5\text{mm}$$

从以上计算可以看出，第五次拉深直径 d_5 小于图 8-1 所示制件的外径。考虑该制件拉深高度较高，根据以往的经验分析，要再加一道拉深工序，那么该制件共为 6 次拉深。经调整后的拉深系数为：$m'_1=0.56$，$m'_2=0.77$，$m'_3=0.80$，$m'_4=0.83$，$m'_5=0.85$，$m'_6=0.89$。

重新计算各工序的拉深直径：

首次拉深直径：

$$d_1' = m_1'D = 0.56 \times 108.5\text{mm}$$
$$\approx 60.8\text{mm}（取值 60.5\text{mm}）$$

第二次拉深直径：

$$d_2' = m_2'd_1 = 0.77 \times 60.5\text{mm}$$
$$\approx 46.6\text{mm}（取值 46.5\text{mm}）$$

第三次拉深直径：

$$d_3' = m_3'd_2 = 0.80 \times 46.5\text{mm}$$
$$\approx 37.2\text{mm}（取值 37.5\text{mm}）$$

第四次拉深直径：

$$d_4' = m_4'd_3 = 0.83 \times 37.5\text{mm}$$
$$\approx 31\text{mm}$$

第五次拉深直径：

$$d_5' = m_5'd_4 = 0.85 \times 31\text{mm}$$
$$\approx 26.3\text{mm}（取值 26.5\text{mm}）$$

第六次拉深直径：

$$d_6' = m_6'd_5 = 0.89 \times 26.5\text{mm}$$
$$\approx 23.6\text{mm}（取值 23.75\text{mm}）$$

8.2.3 各工序拉深高度及凸、凹模圆角半径的计算

（1）凸、凹模圆角半径计算

1）首次拉深凹模圆角半径按公式 $r_{\mathrm{d}} = 0.8\sqrt{(D-d)t}$ 计算，得：$r_{\mathrm{d1}} \approx 5.0\text{mm}$。

以后各次拉深凹模圆角半径按公式 $r_{\mathrm{d}n} = (0.6 \sim 0.9) r_{\mathrm{d}(n-1)}$ 计算，得：$r_{\mathrm{d2}} \approx 3.7\text{mm}$，$r_{\mathrm{d3}} \approx 2.8\text{mm}$，$r_{\mathrm{d4}} \approx 2\text{mm}$，$r_{\mathrm{d5}} \approx 1.5\text{mm}$，$r_{\mathrm{d6}} \approx 1.1\text{mm}$。

2）凸模圆角半径按公式 $r_{\mathrm{p}} = (0.6 \sim 1) r_{\mathrm{d}}$，计算，得：$r_{\mathrm{p1}} \approx 5.0\text{mm}$，$r_{\mathrm{p2}} \approx 3.7\text{mm}$，$r_{\mathrm{p3}} \approx 2.5\text{mm}$，$r_{\mathrm{p4}} \approx 1.8\text{mm}$，$r_{\mathrm{p5}} \approx 1.5\text{mm}$，$r_{\mathrm{p6}} \approx 1.0\text{mm}$。

（2）各工序拉深高度计算　对于窄凸缘筒形拉深件，可在前几次拉深中不留凸缘，先拉成圆筒形件，而在以后各工序的拉深中，当拉深直径与凸缘的直径相接近时，开始留出凸缘。

具体计算如下：

首次拉深高度：

$$h_1 = 0.25(Dk_1 - d_1) + 0.43\frac{r_1}{d_1}(d_1 + 0.32r_1)$$
$$= \left[0.25 \times (108.5 \times 1.785 - 60.5) + 0.43 \times \frac{5}{60.5} \times (60.5 + 0.32 \times 5)\right]\text{mm}$$
$$\approx 35.5\text{mm}$$

第二次拉深高度：

$$h_2=0.25(Dk_1k_2-d_2)+0.43\frac{r_2}{d_2}(d_2+0.32r_2)$$

$$=\left[0.25\times(108.5\times1.785\times1.299-46.5)+0.43\times\frac{3.7}{46.5}\times(46.5+0.32\times3.7)\right]\text{mm}$$

$$\approx53\text{mm}$$

第三次拉深高度：

$$h_3=0.25(Dk_1k_2k_3-d_3)+0.43\frac{r_3}{d_3}(d_3+0.32r_3)$$

$$=\left[0.25\times(108.5\times1.785\times1.299\times1.25-37.5)+0.43\times\frac{2.5}{37.5}\times(37.5+0.32\times2.5)\right]\text{mm}$$

$$\approx70.3\text{mm}$$

第四次拉深高度：

设第四次拉深时多拉入 4%的材料，为了计算方便先求出假想的毛坯直径：

$$D_4=\sqrt{(1+x)D^2}=\sqrt{(1+0.04)\times108.5^2}\text{ mm}\approx110.65\text{mm}$$

故

$$h_4=\frac{0.25}{d_4}(D_4^2-d_凸^2)+0.43(r_4+R_4)+\frac{0.14}{d_4}(r_4^2-R_4^2)$$

$$=\left[\frac{0.25}{31}(110.65^2-32.5^2)+0.43(1.8+2)+\frac{0.14}{31}(1.8^2-2^2)\right]\text{mm}$$

$$\approx91.8\text{mm}$$

第五次拉深高度：

设第五次拉深时多拉入 2%的材料（其余 2%的材料返回到凸缘上），为了计算方便先求出假想的毛坯直径：

$$D_5=\sqrt{(1+x)D^2}=\sqrt{(1+0.02)\times108.5^2}\text{ mm}\approx109.57\text{mm}$$

故

$$h_5=\frac{0.25}{d_5}(D_5^2-d_凸^2)+0.43(r_5+R_5)+\frac{0.14}{d_5}(r_5^2-R_5^2)$$

$$=\left[\frac{0.25}{26.5}(109.57^2-32.5^2)+0.43(1.5+1.5)+\frac{0.14}{31}(1.5^2-1.5^2)\right]\text{mm}$$

$$\approx104.5\text{mm}$$

第六次拉深高度等于制件的高度，得 $h_6=117.5\text{mm}$。

8.3　工序图设计

根据以上的毛坯尺寸、拉深系数、拉深直径及各工序拉深高度的计算，绘制出图 8-3 所示的制件工序图。

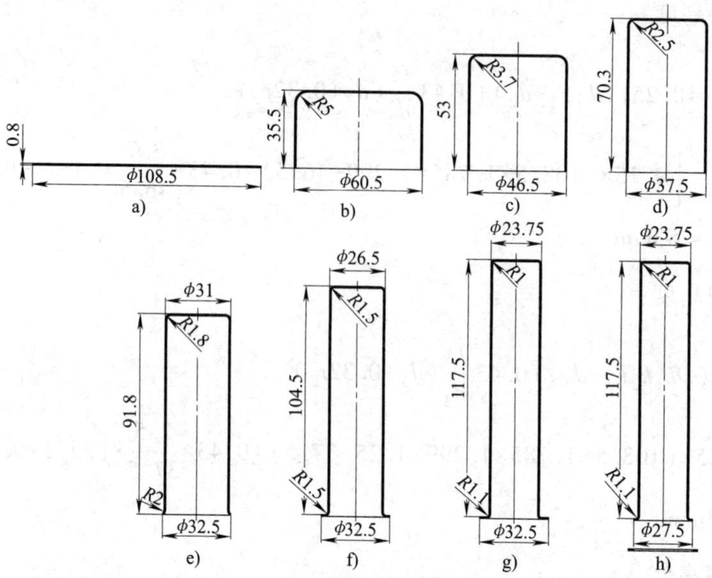

图 8-3 制件工序图

因该制件的年产量较大，为便于维修及调试，把拉深前毛坯落料工序单独作为一道工序。具体冲压工艺安排如下：

工序 1：落料，毛坯为 ϕ108.5mm，如图 8-3a 所示（本章未作具体介绍）。

工序 2：首次拉深，如图 8-3b 所示。

工序 3：第二次拉深，如图 8-3c 所示。

工序 4：第三次拉深，如图 8-3d 所示。

工序 5：第四次拉深，如图 8-3e 所示。

工序 6：第五次拉深，如图 8-3f 所示。

工序 7：第六次拉深及凸缘整形，如图 8-3g 所示。

工序 8：落料（制件与凸缘处废料分离），如图 8-3h 所示。

8.4 模具工作部分尺寸的确定

1）该制件料厚为 0.8mm，有压边圈拉深凸、凹模间隙计算如下。

首次拉深及第二、第三次拉深凸、凹模的间隙如下：

$$c=1.2t=1.2\times0.8=0.96\text{mm}$$

第四、第五次拉深凸、凹模的间隙如下：

$$c=1.1t=1.1\times0.8=0.88\text{mm}$$

第六次拉深（最后一次拉深）凸、凹模的间隙如下：

$$c=t=0.8\text{mm}$$

2）拉深凸、凹模工作部分尺寸的计算。

从图 8-1 可以看出，该制件公差标注在外形，则模具的制造公差以凹模为基准。其制件公差一般是由最后一道拉深工序来控制，因此对最后一道拉深工序的凸、凹模工作部分尺寸要求较为严格。

首次拉深、第二~第五次拉深的凹模尺寸如下：

$$D_{d1}=60.5^{+0.06}_{0}\text{mm}$$

$$D_{d2}=46.5^{+0.06}_{0}\text{mm}$$

$$D_{d3}=37.5^{+0.06}_{0}\text{mm}$$

$$D_{d4}=31^{+0.06}_{0}\text{mm}$$

$$D_{d5}=26.5^{+0.06}_{0}\text{mm}$$

由以下公式计算出最后一次拉深凹模的尺寸如下：

$$\begin{aligned}D_{d6}&=(D-0.75\Delta)^{+\delta_d}_{0}=(23.75-0.75\times0.05)^{+0.015}_{0}\text{mm}\\&\approx23.71^{+0.015}_{0}\text{mm}\end{aligned}$$

首次拉深、第二~第五次拉深的凸模尺寸如下：

$$d_{p1}=58.58^{0}_{-0.04}\text{mm}$$

$$d_{p2}=44.58^{0}_{-0.035}\text{mm}$$

$$d_{p3}=35.58^{0}_{-0.035}\text{mm}$$

$$d_{p4}=29.24^{0}_{-0.035}\text{mm}$$

$$d_{p5}=24.74^{0}_{-0.035}\text{mm}$$

由以下公式计算出最后一次拉深凸模的尺寸如下：

$$\begin{aligned}d_p&=(D-0.75\Delta-2c)^{0}_{-\delta_p}\\&=[(23.75-0.75\times0.05-2\times0.8)^{0}_{-0.01}]\text{mm}\\&\approx22.11^{0}_{-0.01}\text{mm}\end{aligned}$$

8.5　首次拉深

管壳首次拉深工序图如图 8-3b 所示。

8.5.1　模具总装图设计

管壳首次拉深模具总装图如图 8-4 所示。

1）通常首次拉深采用拉深带毛坯落料复合工序冲压。为提高材料利用率，使模具维修、调试更方便。该模具毛坯落料采用一出三排列连续冲压（图中未画出），首次拉深为单独的拉深模具结构（见图 8-4）。

2）为保证模具的导向精度，该模具内导向装置采用自润滑小导柱、导套导向，外导向装置采用滚珠导柱、导套导向。

3）为增加拉深凹模及压边圈的耐磨性，该模具采用硬质合金（YG15）制造。

4）为使压边圈压料更稳定，该模具使用氮气弹簧代替普通的弹簧或橡胶。

5）冲压动作：用手工放入 ϕ108.5mm 的圆形毛坯，毛坯靠挡料销 19 来定位。上模下行，利用下模的导柱、小导柱与上模的导套、小导套先导向。上模继续下行，拉深凹模 14 与压边圈 5 将毛坯压紧后，这时开始进入拉深工序，直到上限位柱 17 与下限位柱 21 紧贴时拉深结束。上模上行，拉深工序件利用氮气弹簧 23 及顶件器 13 顶出拉深工件。

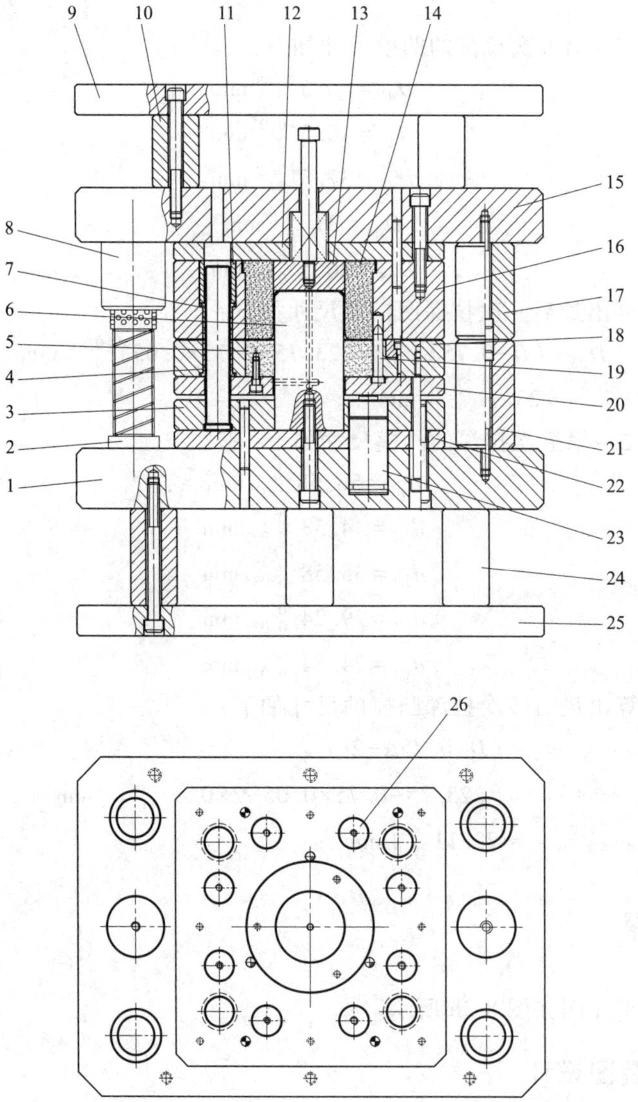

件号	名 称	材 料	数量	备 注	件号	名 称	材 料	数量	备 注
26	调压垫	Cr12	8		13	顶件器	Cr12	1	
25	下托板	45 钢	1		12	拉深凹模垫板	Cr12	1	
24	下垫脚	45 钢	3		11	垫圈	45 钢	4	
23	氮气弹簧		4	标准件	10	上垫脚	45 钢	2	
22	拉深凸模垫板	Cr12	1		9	上托板	45 钢	1	
21	下限位柱	45 钢	2		8	导套		4	标准件
20	压边圈垫板	Cr12	1		7	小导套 2		4	标准件
19	挡料销	CrWMn	3	标准件	6	拉深凸模	SKH51	1	
18	压边圈固定板	Cr12MoV	1		5	压边圈	硬质合金 YG15	1	
17	上限位柱	45 钢	2		4	小导套 1		4	标准件
16	拉深凹模固定板	Cr12MoV	1		3	拉深凸模固定板	Cr12	1	
15	上模座	45 钢	1		2	导柱		4	标准件
14	拉深凹模	硬质合金 YG15	1		1	下模座	45 钢	1	

图 8-4 管壳首次拉深模具总装图

8.5.2　模座及托板设计

1. 上模座（见图 8-5）
2. 下模座（见图 8-6）

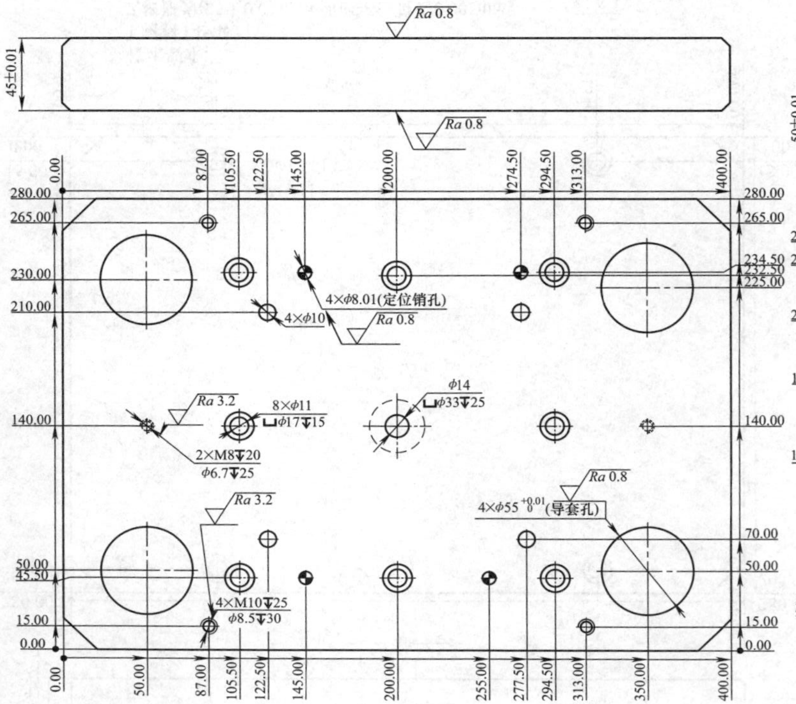

技术要求：
1.材料：45钢。
2.板厚为(45±0.01)mm，两面平行度为0.01mm。
3.定位销孔和导套孔的垂直度为0.003mm。
4.数量：1件。

$\sqrt{Ra\ 6.3}$ （$\sqrt{\ }$）

图 8-5　上模座（图 8-4 的件 15）

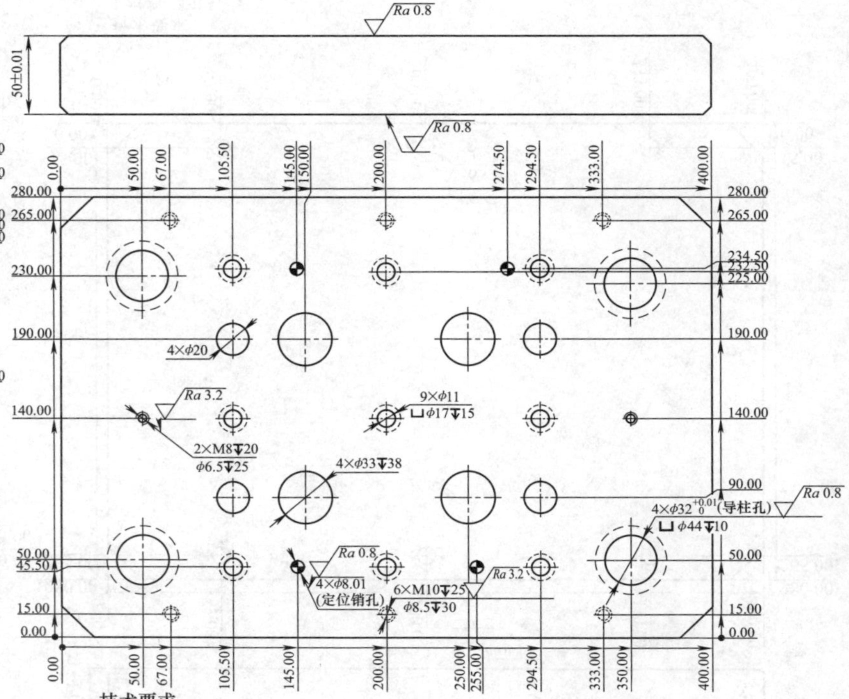

技术要求：
1.材料：45钢。
2.板厚(50±0.01)mm，两面平行度为0.01mm。
3.定位销孔和导柱孔的垂直度为0.003mm。
4.数量：1件。

$\sqrt{Ra\ 6.3}$ （$\sqrt{\ }$）

图 8-6　下模座（图 8-4 的件 1）

3. **上托板**（见图 8-7）

4. **下托板**（见图 8-8）

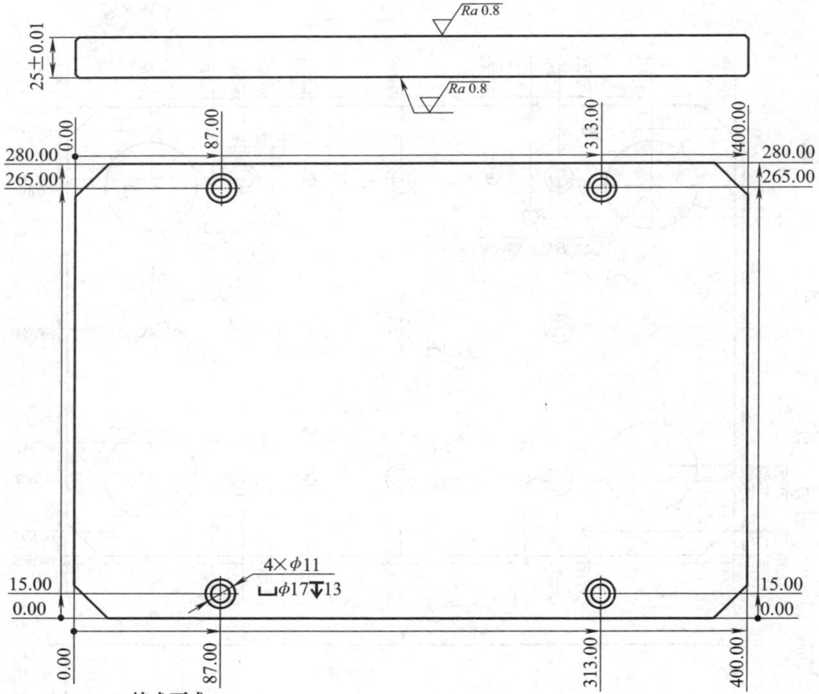

技术要求：
1.材料：45钢。
2.板厚为(25±0.01)mm,两面平行度为0.005mm。
3.数量：1件。

Ra 6.3 (√)

图 8-7 上托板（图 8-4 的件 9）

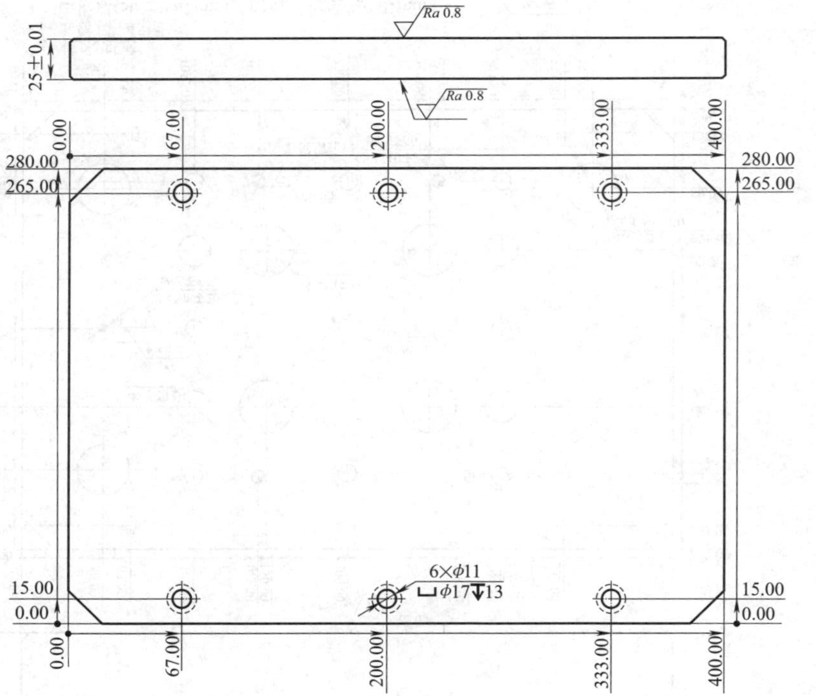

技术要求：
1.材料：45钢。
2.板厚为(25±0.01)mm,两面平行度为0.005mm。
3.数量：1件。

Ra 6.3 (√)

图 8-8 下托板（图 8-4 的件 25）

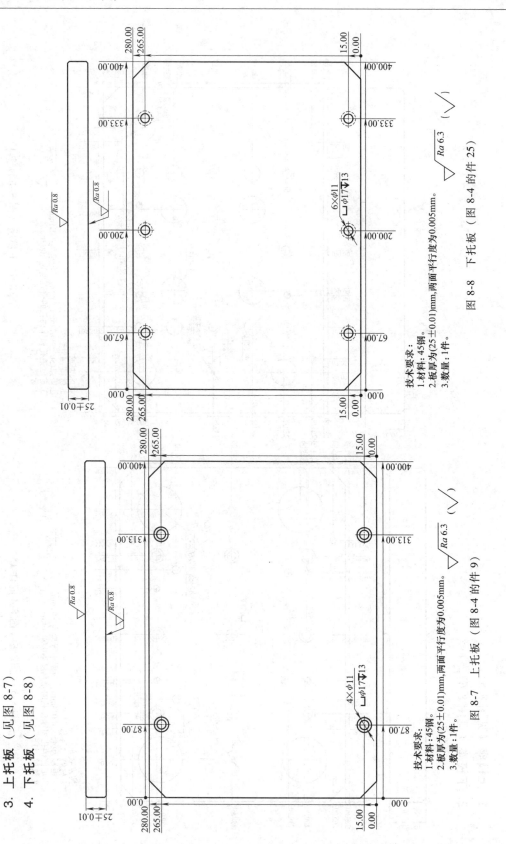

8.5.3 模板设计

1. 拉深凹模垫板（见图 8-9）

2. 拉深凹模固定板（见图 8-10）

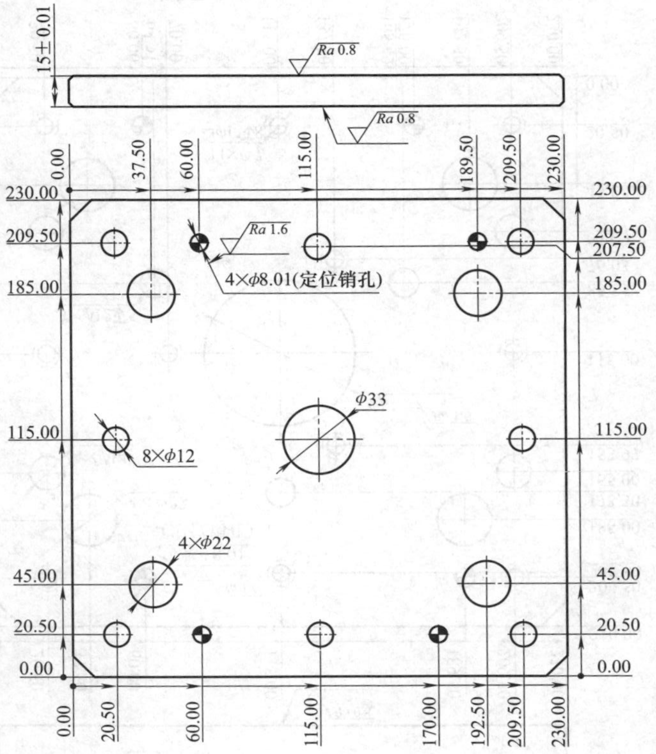

技术要求：
1.材料：Cr12。
2.热处理硬度为53～55HRC。
3.板厚为(15±0.01)mm，两面平行度为0.005mm。 $\sqrt{Ra\ 6.3}$ ($\sqrt{}$)
4.数量：1件。

图 8-9 拉深凹模垫板（图 8-4 的件 12）

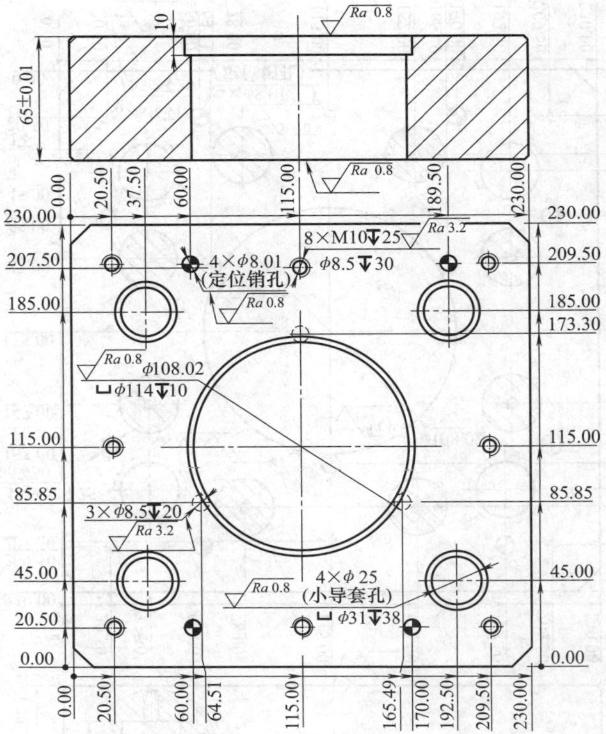

技术要求：
1.材料：Cr12MoV。 $\sqrt{Ra\ 6.3}$ ($\sqrt{}$)
2.热处理硬度为55～58HRC。
3.板厚为(65±0.01)mm，两面平行度为0.005mm。
4.主要型孔采用慢走丝加工，对底面的垂直度为0.002mm。
5.数量：1件。

图 8-10 拉深凹模固定板（图 8-4 的件 16）

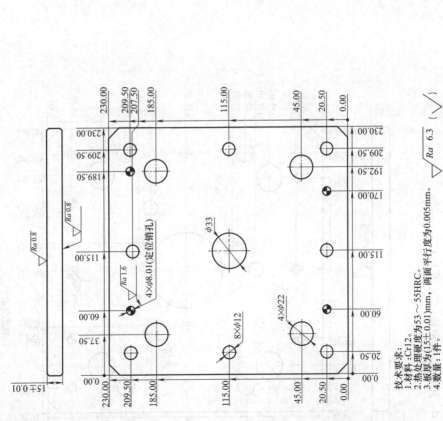

3. **压边圈垫板**（见图 8-11）

4. **压边圈固定板**（见图 8-12）

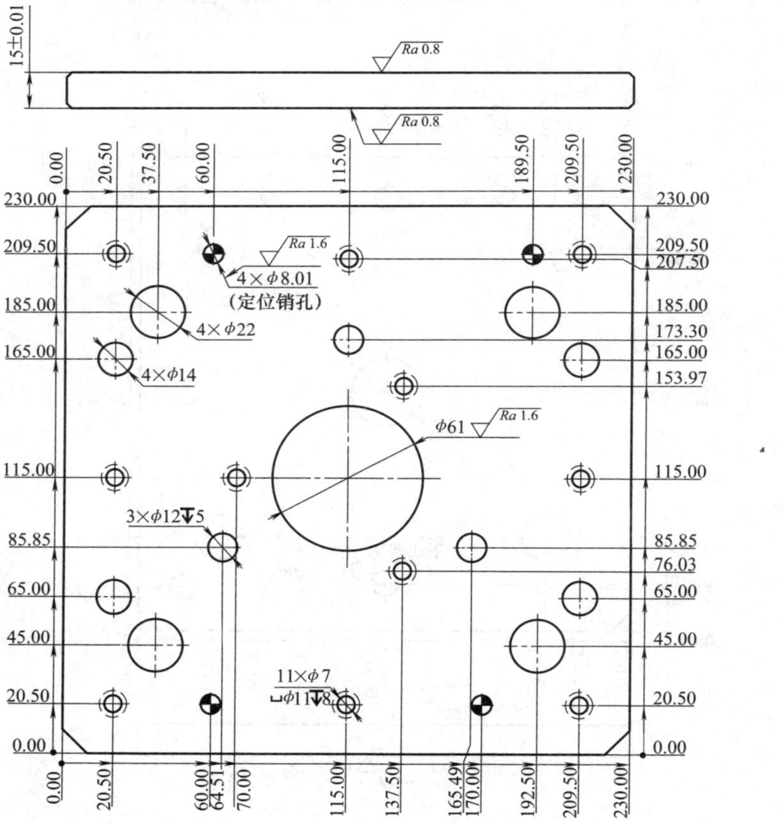

技术要求：
1.材料：Cr12。
2.热处理硬度为53～55HRC。
3.板厚为(15 ±0.01)mm，两面平行度为0.005mm。
4.主要型孔采用快走丝加工。
5.数量：1件。

Ra 6.3 （√）

图 8-11　压边圈垫板（图 8-4 的件 20）

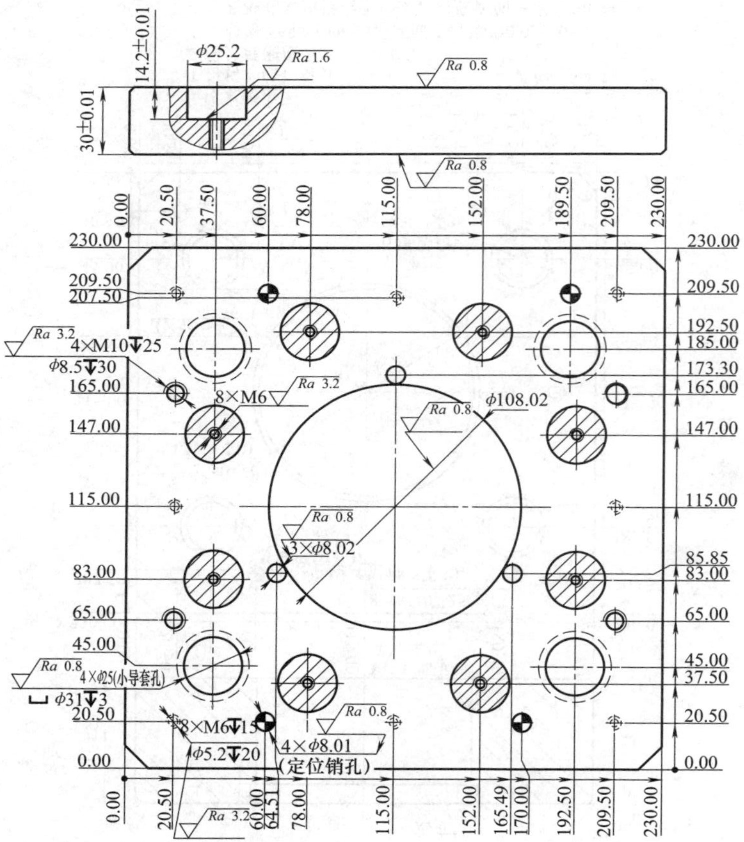

技术要求：
1.材料：Cr12MoV。
2.热处理硬度为55～58HRC。
3.板厚为(30±0.01)mm，两面平行度为0.005mm。
4.主要型孔采用慢走丝加工，对底面的垂直度为0.002mm。
5.数量：1件。

Ra 6.3 （√）

图 8-12　压边圈固定板（图 8-4 的件 18）

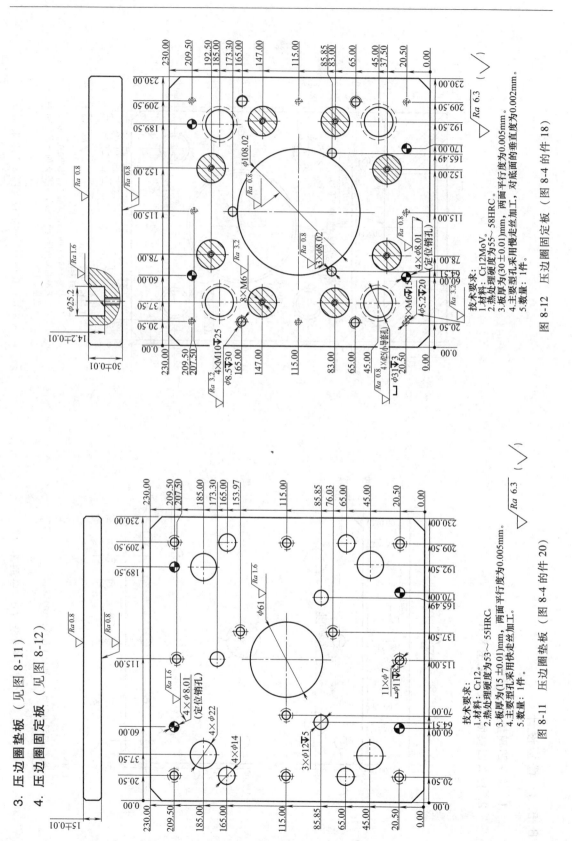

5. 拉深凸模固定板（见图 8-13）

6. 拉深凸模垫板（见图 8-14）

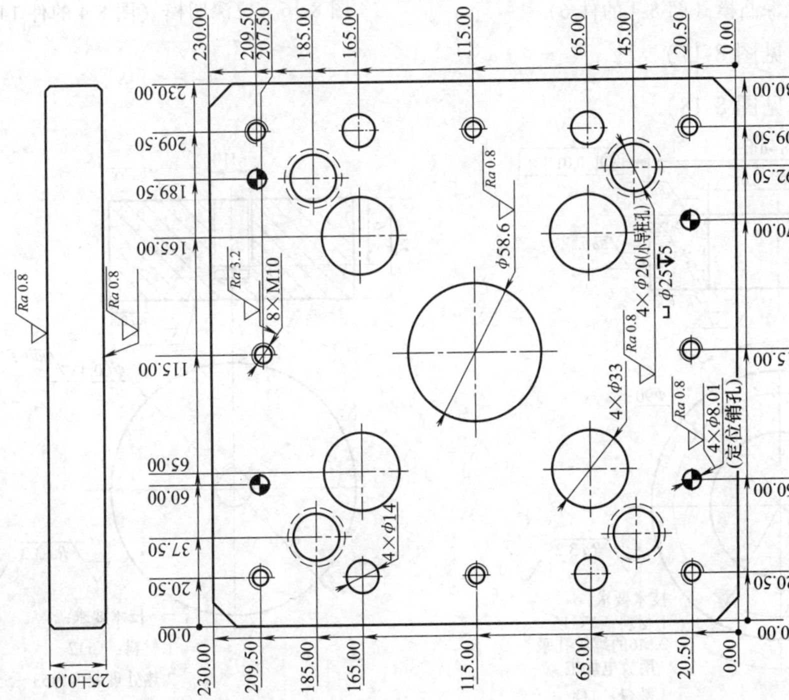

技术要求：
1.材料：Cr12。
2.热处理硬度为53～55HRC。
3.板厚为(25±0.01)mm，两面平行度为0.005mm。
4.主要型孔采用慢走丝加工，对底面的垂直度为0.002mm。
5.数量：1件。

Ra 6.3 （√）

图 8-13　拉深凸模固定板（图 8-4 的件 3）

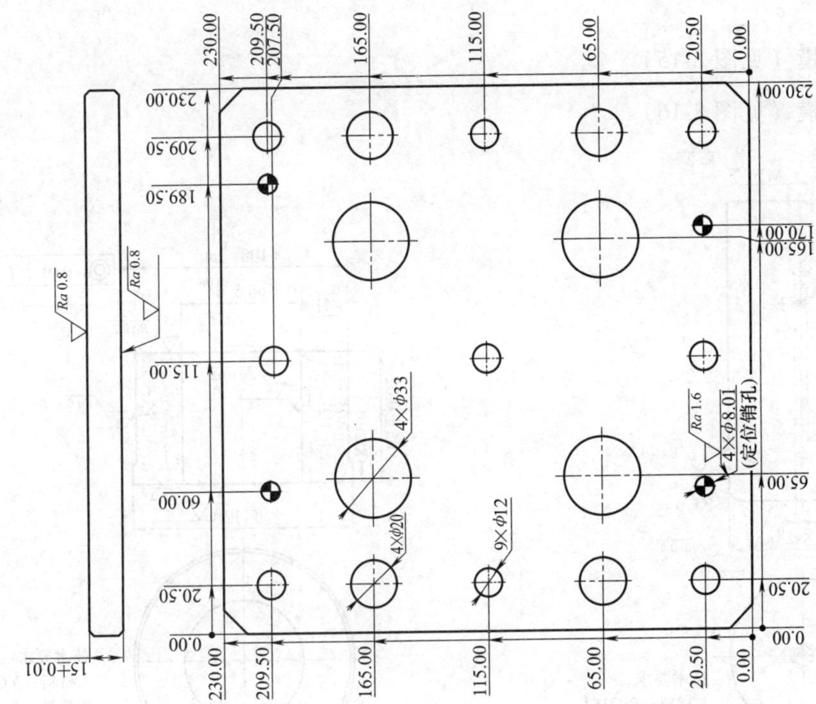

技术要求：
1.材料：Cr12。
2.热处理硬度为53～55HRC。
3.板厚为(15±0.01)mm，两面平行度为0.005mm。
4.主要型孔采用快走丝加工。
5.数量：1件。

Ra 6.3 （√）

图 8-14　拉深凸模垫板（图 8-4 的件 22）

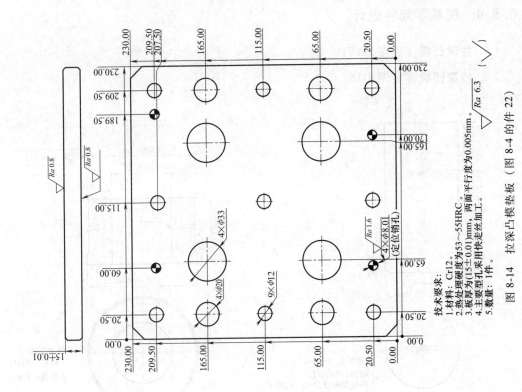

8.5.4　模具零部件设计

1. 拉深凸模（见图 8-15）

2. 拉深凹模（见图 8-16）

技术要求：
1.材料：SKH51。
2.热处理硬度为62～64HRC。
3.数量：1件。

图 8-15　拉深凸模（图 8-4 的件 6）

技术要求：
1.材料：YG15。
2.数量：1件。

图 8-16　拉深凹模（图 8-4 的件 14）

3. 压边圈（见图 8-17）

4. 顶件器（见图 8-18）

技术要求：
1.材料：YG15。
2.M6的螺纹孔采
　用放电加工。
3.数量：1件。

图 8-17　压边圈（图 8-4 的件 5）

技术要求：
1.材料：Cr12。
2.热处理硬度为53～55HRC。
3.数量：1件。

图 8-18　顶件器（图 8-4 的件 13）

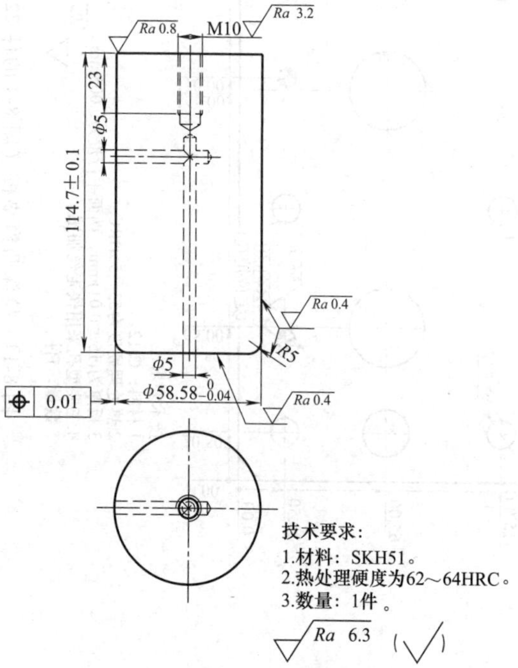

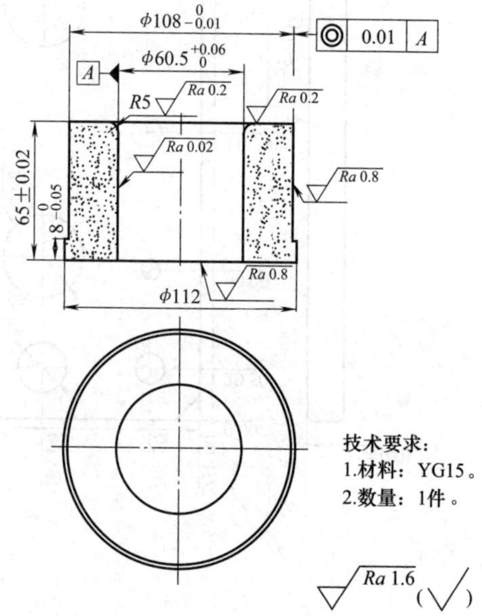

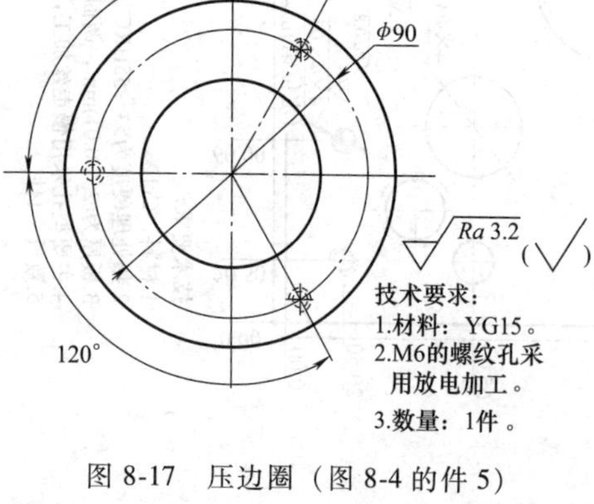

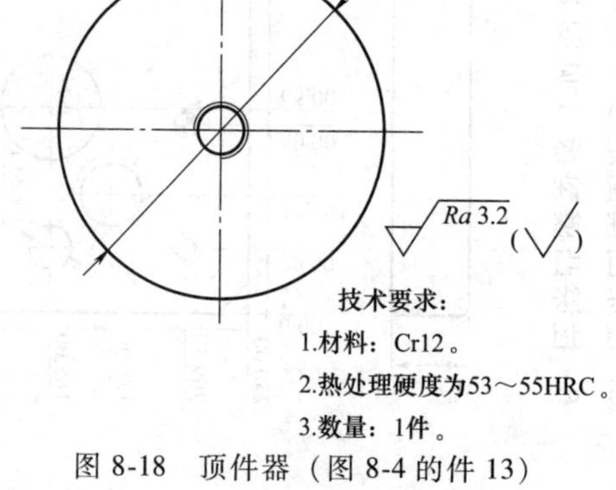

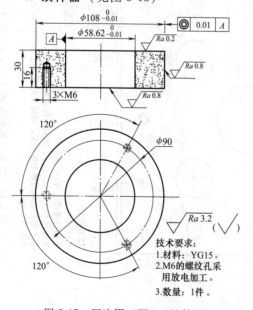

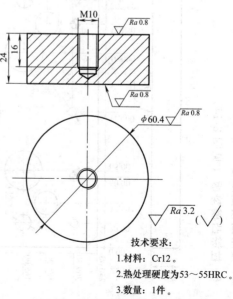

5. 垫圈（见图 8-19）

6. 调压垫（见图 8-20）

7. 挡料销（见图 8-21）

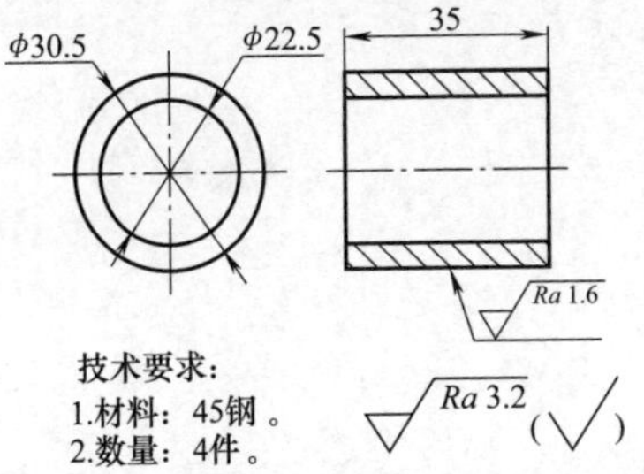
φ30.5
φ22.5
35
Ra 1.6
技术要求：
1.材料：45钢。
2.数量：4件。
Ra 3.2
(√)

图 8-19　垫圈
（图 8-4 的件 11）

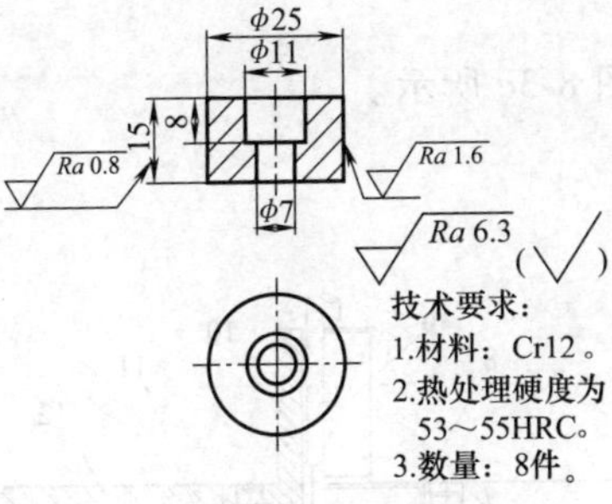
φ25
φ11
15
8
Ra 0.8
Ra 1.6
φ7
Ra 6.3
(√)
技术要求：
1.材料：Cr12。
2.热处理硬度为
53～55HRC。
3.数量：8件。

图 8-20　调压垫
（图 8-4 的件 26）

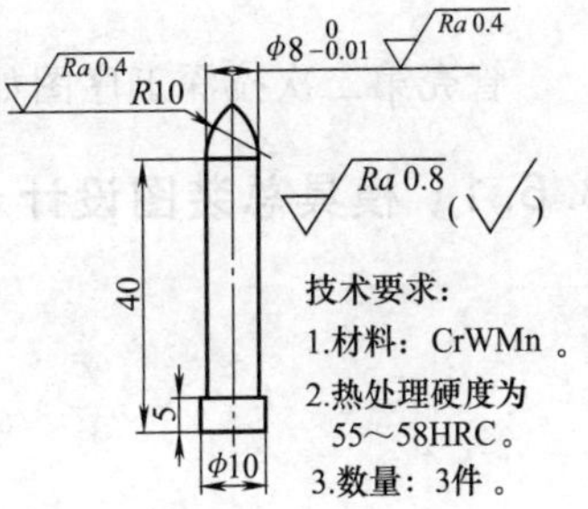
φ8 0 -0.01
Ra 0.4
Ra 0.4
R10
Ra 0.8
(√)
40
5
φ10
技术要求：
1.材料：CrWMn。
2.热处理硬度为
55～58HRC。
3.数量：3件。

图 8-21　挡料销
（图 8-4 的件 19）

8. 垫脚

（1）上垫脚（见图 8-22）

（2）下垫脚（见图 8-23）

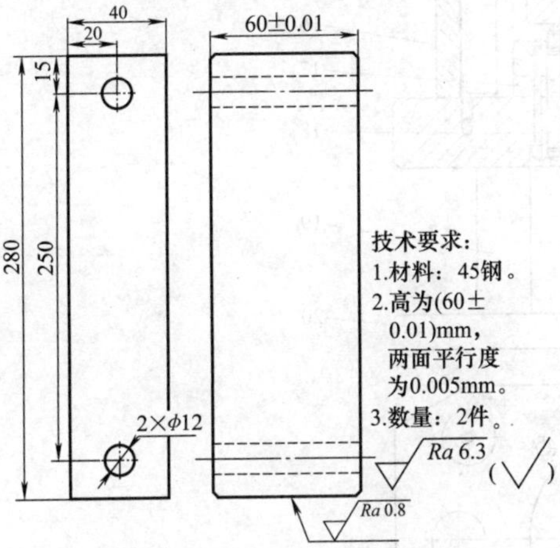
40
20
60±0.01
15
280
250
2×φ12
技术要求：
1.材料：45钢。
2.高为(60±
0.01)mm，
两面平行度
为0.005mm。
3.数量：2件。
Ra 6.3
(√)
Ra 0.8

图 8-22　上垫脚（图 8-4 的件 10）

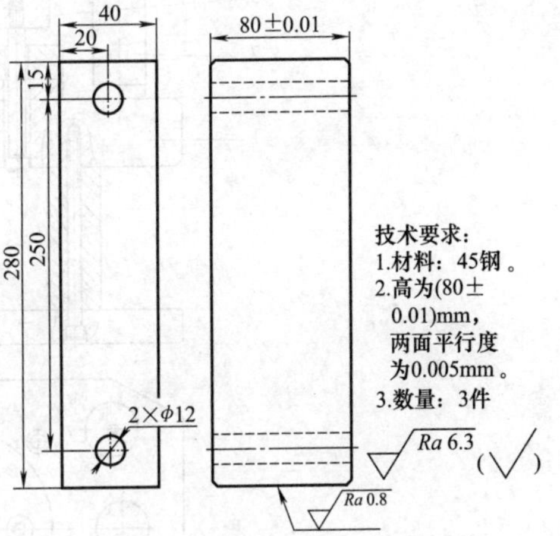
40
20
80±0.01
15
280
250
2×φ12
技术要求：
1.材料：45钢。
2.高为(80±
0.01)mm，
两面平行度
为0.005mm。
3.数量：3件
Ra 6.3
(√)
Ra 0.8

图 8-23　下垫脚（图 8-4 的件 24）

9. 限位柱

（1）上限位柱（见图 8-24）

（2）下限位柱（见图 8-25）

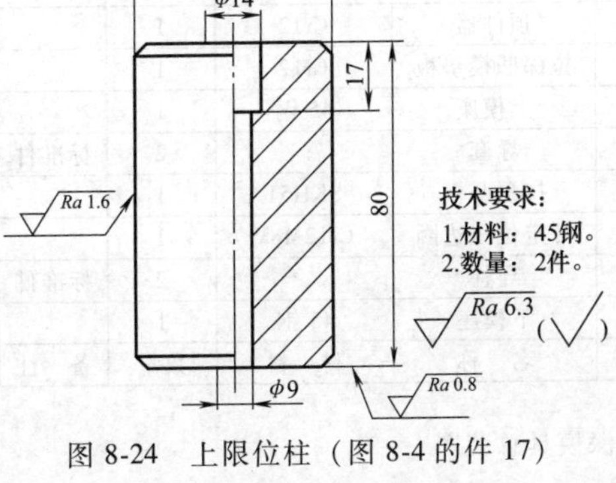
φ50
φ14
17
80
Ra 1.6
技术要求：
1.材料：45钢。
2.数量：2件。
Ra 6.3
(√)
φ9
Ra 0.8

图 8-24　上限位柱（图 8-4 的件 17）

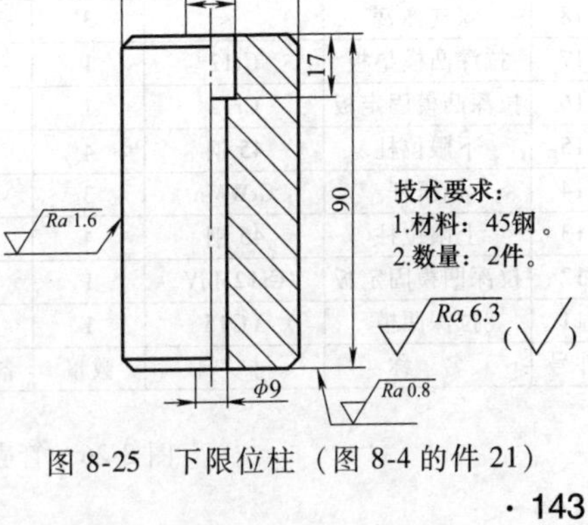
φ50
φ14
17
90
Ra 1.6
技术要求：
1.材料：45钢。
2.数量：2件。
Ra 6.3
(√)
φ9
Ra 0.8

图 8-25　下限位柱（图 8-4 的件 21）

8.6 第二次拉深

管壳第二次拉深工序图如图 8-3c 所示。

8.6.1 模具总装图设计

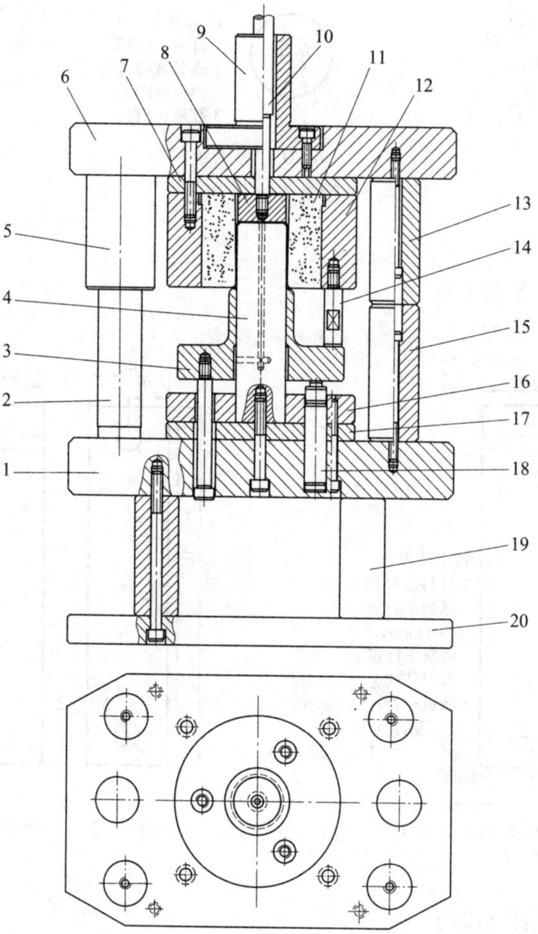

件号	名　称	材　料	数量	备　注	件号	名　称	材　料	数量	备　注
20	下托板	45 钢	1		10	推杆	CrWMn	1	
19	下垫脚	45 钢	2		9	模柄	45 钢	1	
18	氮气弹簧		3	标准件	8	顶件器	Cr12	1	
17	拉深凸模垫板	Cr12	1		7	拉深凹模垫板	Cr12	1	
16	拉深凸模固定板	Cr12	1		6	上模座	45 钢	1	
15	下限位柱	45 钢	4		5	导套		2	标准件
14	调压杆	CrWMn	3		4	拉深凸模	SKH51	1	
13	上限位柱	45 钢	4		3	带定位压边圈	Cr12MoV	1	
12	拉深凹模固定板	Cr12MoV	1		2	导柱		2	标准件
11	拉深凹模	YG15	1		1	下模座	45 钢	1	

图 8-26　管壳第二次拉深模具总装图

管壳第二次拉深模具总装图如图 8-26 所示。

1）为提高模具的使用寿命，该模具的拉深凹模采用硬质合金 YG15 制造。

2）上模采用模柄 9 与压力机滑块下平面连接，导向装置采用滑动导柱、导套导向。

3）该模具中的带定位压边圈 3 与拉深凹模 11 的高度靠调压杆 14 来调节控制。

4）该模具拉深结束后，拉深件留在拉深凹模 11 内，利用推杆 10 的头部碰到压力机的打杆上，并利用顶件器把拉深件从凹模内推出。

5）冲压动作：把首次拉深工序件套入带定位压边圈 3 上，上模下行，直到调压杆 14 接触到带定位压边圈 3 上，原则上调压杆 14 与带定位压边圈 3 上的头部圆弧处保留 1 个料厚的间隙，这时拉深工作开始进行。拉深结束，上模上行，带定位压边圈 3 在氮气弹簧 18 的压力下，把该工序拉深件从拉深凸模 4 上卸下，使拉深件留在拉深凹模 11 内，上模继续上行，直至推杆 10 的头部碰到压力机的推杆上，并利用顶件器把拉深件从凹模内顶出。

8.6.2　模座及托板设计

1. 上模座（见图 8-27）

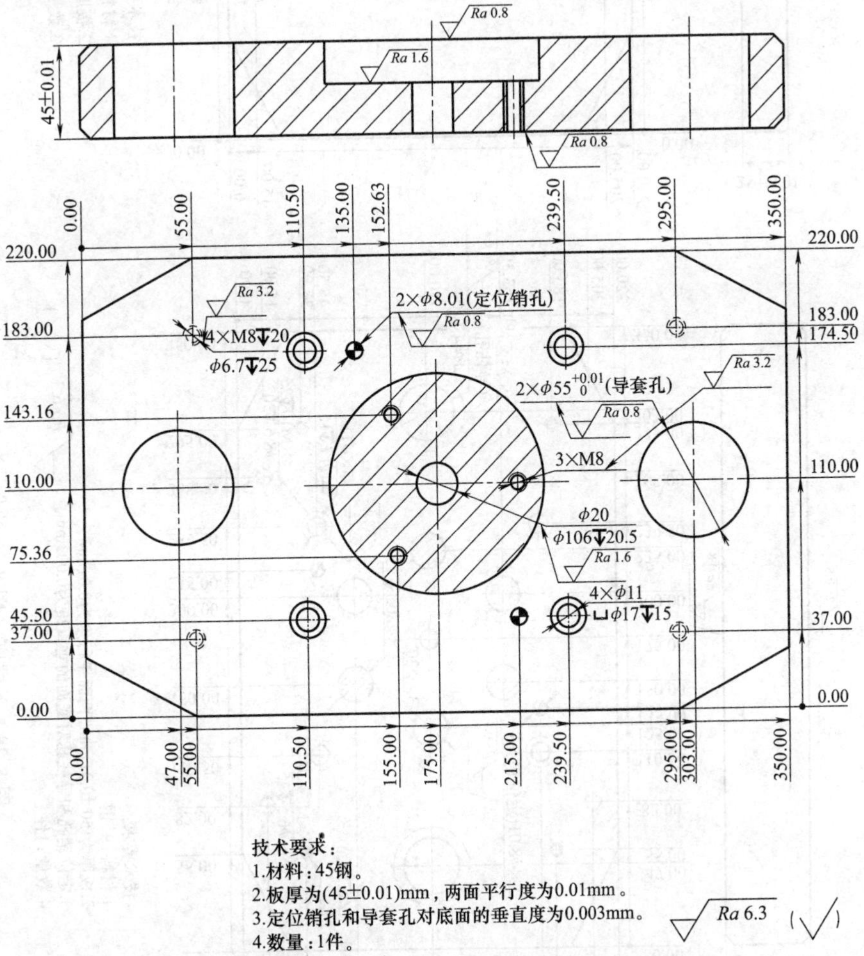

图 8-27　上模座（图 8-26 的件 6）

2. **下模座**（见图 8-28）

3. **下托板**（见图 8-29）

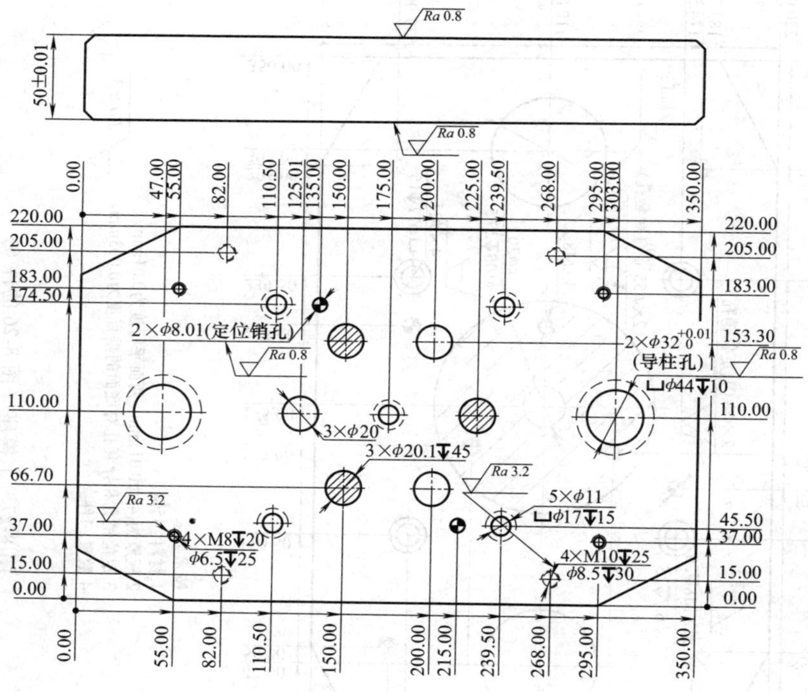

技术要求：
1.材料：45钢 。
2.板厚为(50 ±0.01)mm，两面平行度为0.01mm。
3.定位销孔和导柱孔对底面的垂直度为0.003mm。
4.数量：1件 。

$\sqrt{Ra\ 6.3}$ ($\sqrt{}$)

图 8-28　下模座（图 8-26 的件 1）

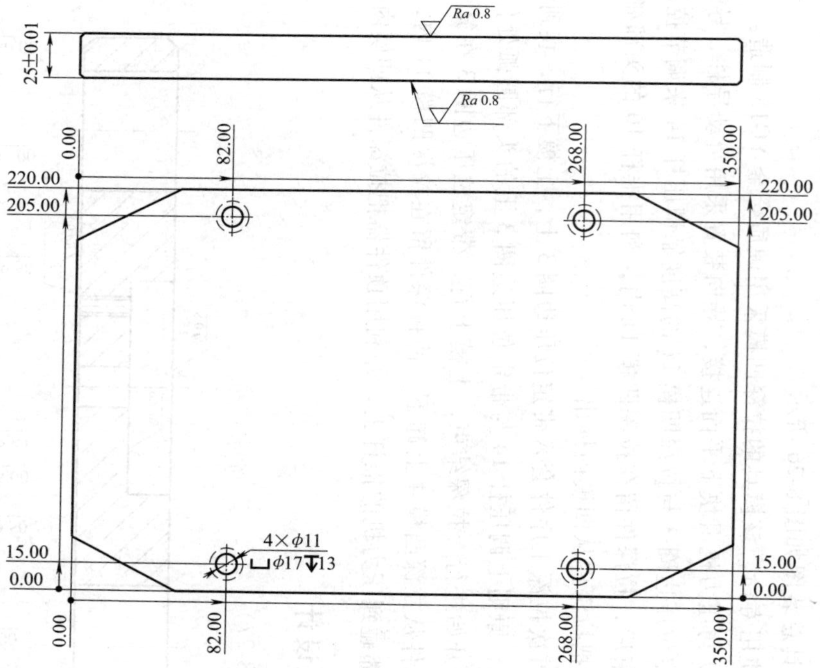

技术要求：
1.材料：45钢。
2.板厚为(25±0.01)mm，两面平行度为0.005mm。
3.数量：1件。

$\sqrt{Ra\ 6.3}$ ($\sqrt{}$)

图 8-29　下托板（图 8-26 的件 20）

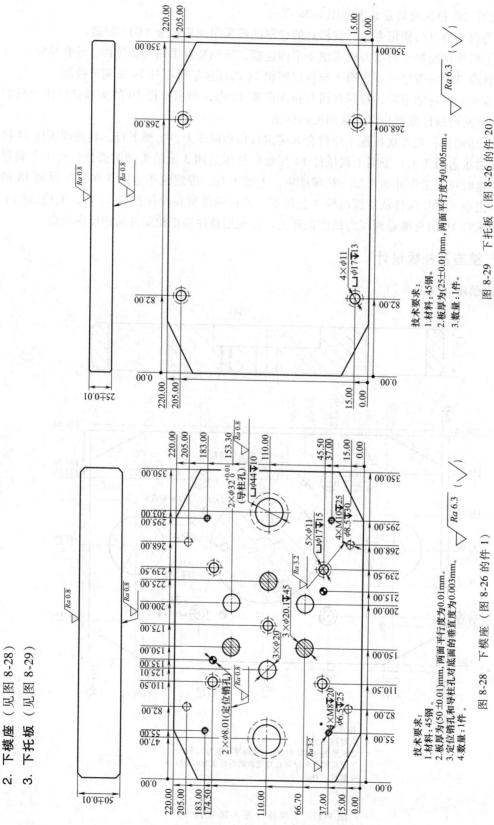

8.6.3 模板设计

1. 拉深凹模垫板（见图 8-30）

2. 拉深凹模固定板（见图 8-31）

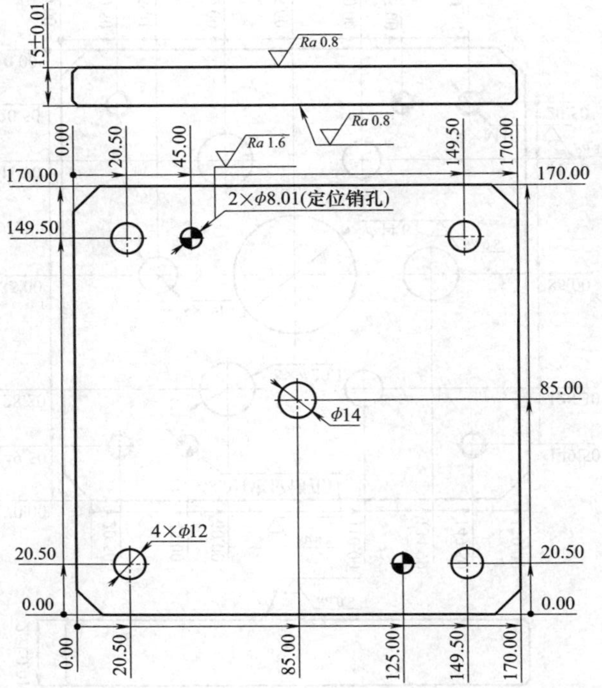

技术要求：

1.材料：Cr12。

2.热处理硬度为53～55HRC。

3.板厚为(15±0.01)mm，两面平行度为0.005mm。

4.数量：1件。

Ra 6.3 (√)

图 8-30 拉深凹模垫板（图 8-26 的件 7）

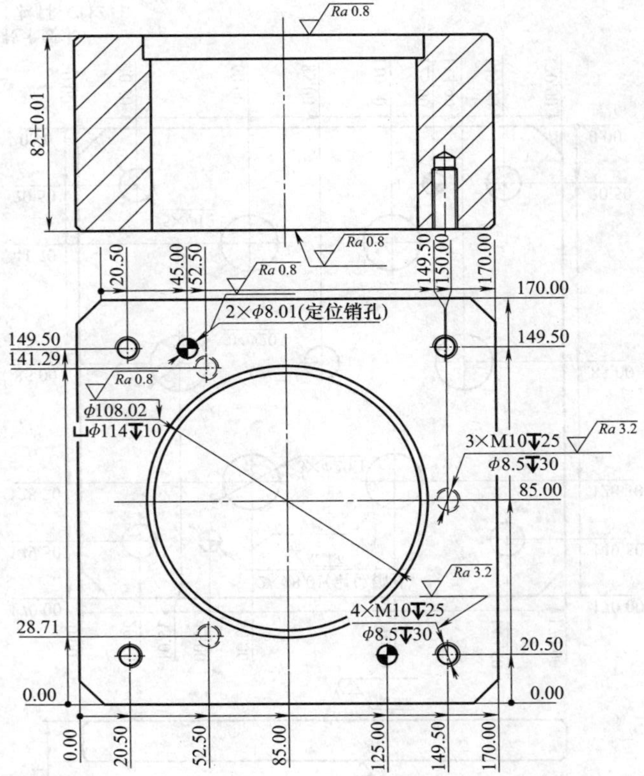

技术要求：

1.材料：Cr12MoV。

2.热处理硬度为55～58HRC。

3.板厚为(82±0.01)mm，两面平行度为0.005mm。

4.主要型孔采用慢走丝加工，垂直度0.002mm。

5.数量：1件。

Ra 6.3 (√)

图 8-31 拉深凹模固定板（图 8-26 的件 12）

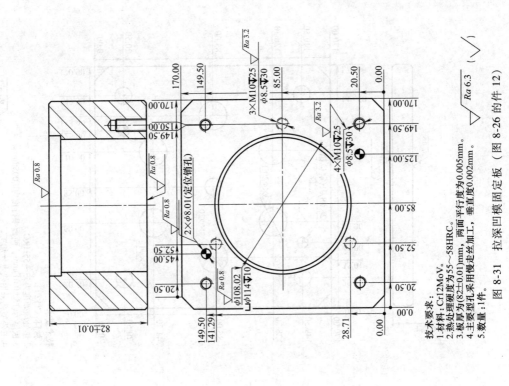

3. 拉深凸模固定板（见图 8-32）

4. 拉深凸模垫板（见图 8-33）

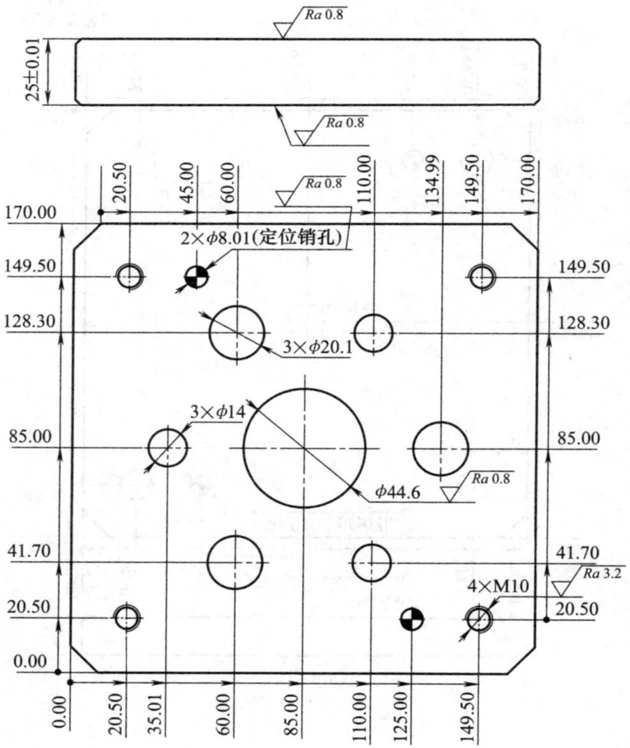

技术要求：
1.材料：Cr12。
2.热处理硬度为53～55HRC。
3.板厚为(25±0.01)mm，两面平行度为0.005mm。
4.主要型孔采用慢走丝加工，垂直度0.002mm。
5.数量：1件。

Ra 6.3（√）

图 8-32 拉深凸模固定板（图 8-26 的件 16）

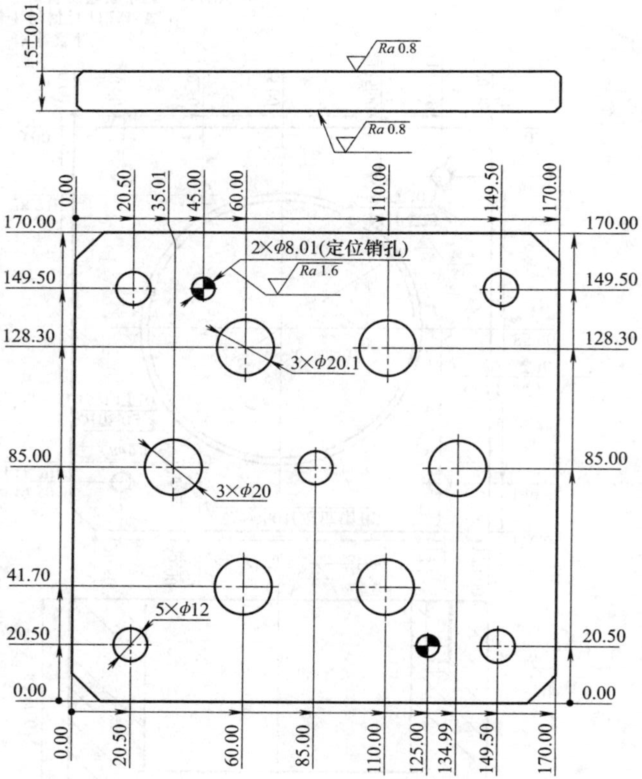

技术要求：
1.材料：Cr12。
2.热处理硬度为53～55HRC。
3.板厚为(15±0.01)mm，两面平行度为0.005mm。
4.主要型孔采用快走丝加工。
5.数量：1件。

Ra 6.3（√）

图 8-33 拉深凸模垫板（图 8-26 的件 17）

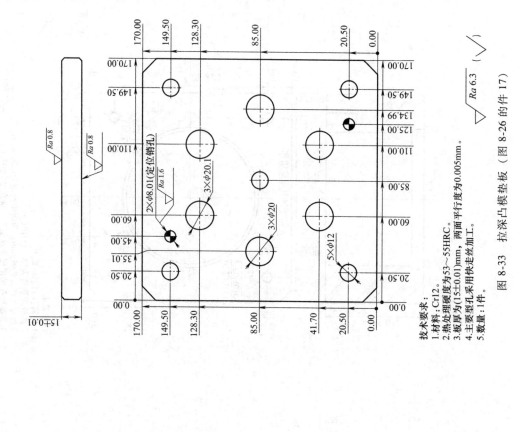

8.6.4　模具零部件设计

1. 拉深凸模（见图 8-34）
2. 拉深凹模（见图 8-35）
3. 带定位压边圈（见图 8-36）

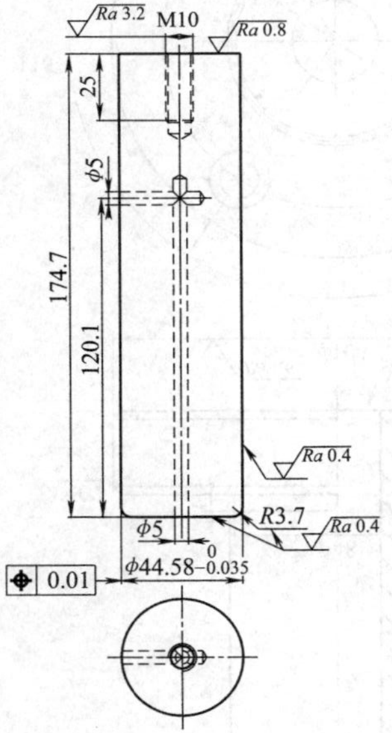

技术要求：
1.材料：SKH51。
2.热处理硬度为62～64HRC。
3.数量：1件。

$\sqrt{Ra\ 6.3}$ （$\sqrt{}$）

图 8-34　拉深凸模（图 8-26 的件 4）

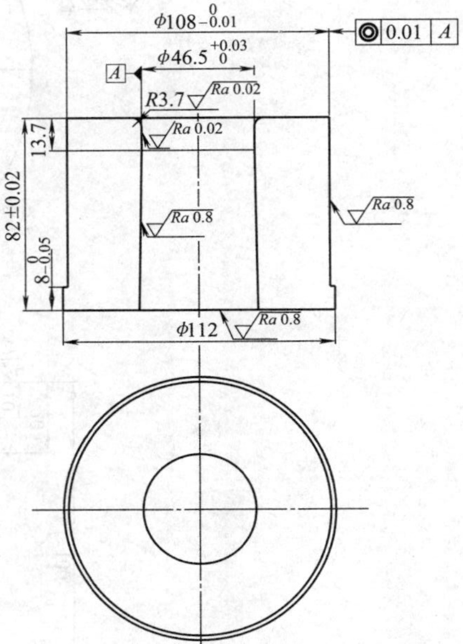

技术要求：
1.材料：YG15。
2.数量：1件。

$\sqrt{Ra\ 1.6}$ （$\sqrt{}$）

图 8-35　拉深凹模（图 8-26 的件 11）

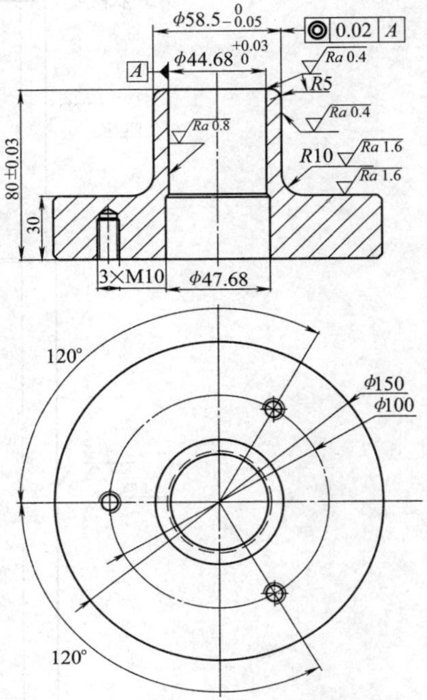

技术要求：
1.材料：Cr12MoV。
2.热处理硬度为55～58HRC。
3.数量：1件。

$\sqrt{Ra\ 3.2}$ （$\sqrt{}$）

图 8-36　带定位压边圈（图 8-26 的件 3）

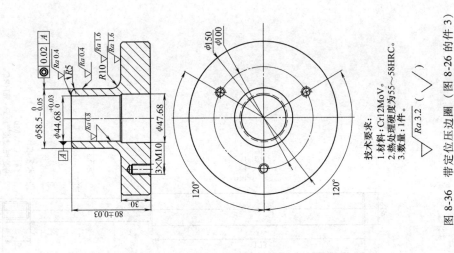

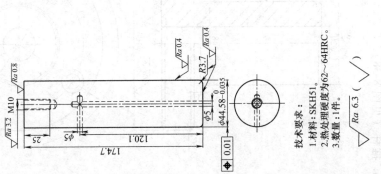

4. **模柄**（见图 8-37）

5. **推杆**（见图 8-38）

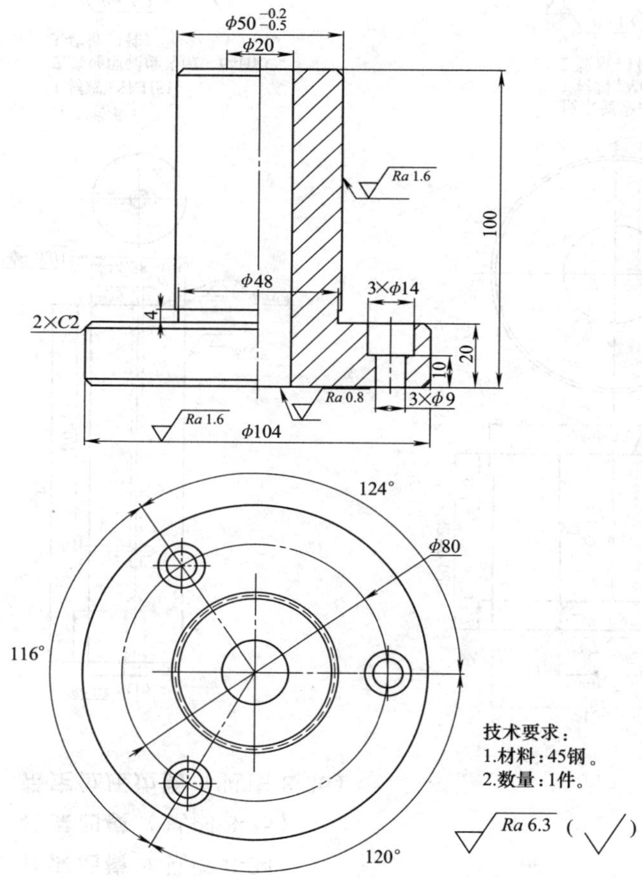

图 8-37 模柄（图 8-26 的件 9）

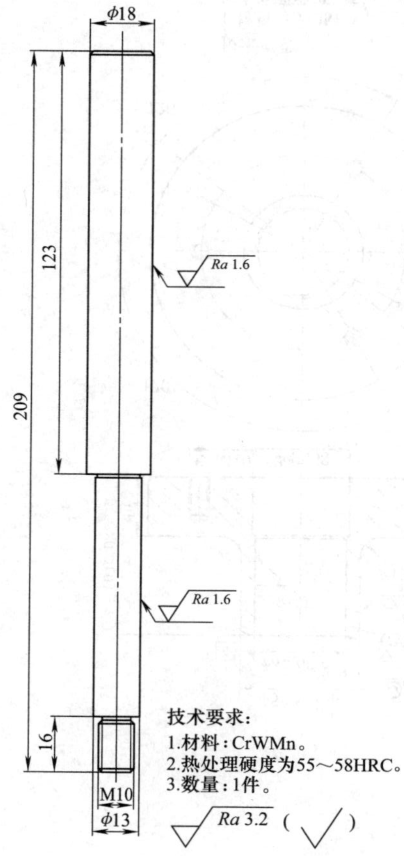

图 8-38 推杆（图 8-26 的件 10）

6. 顶件器（见图 8-39）

7. 调压杆（见图 8-40）

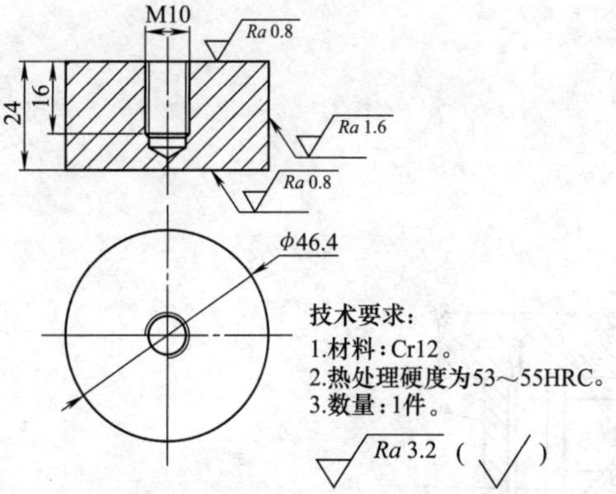
M10
Ra 0.8
Ra 1.6
Ra 0.8
24
16
ϕ46.4
技术要求：
1.材料：Cr12。
2.热处理硬度为53～55HRC。
3.数量：1件。
Ra 3.2 (√)

图 8-39　顶件器（图 8-26 的件 8）

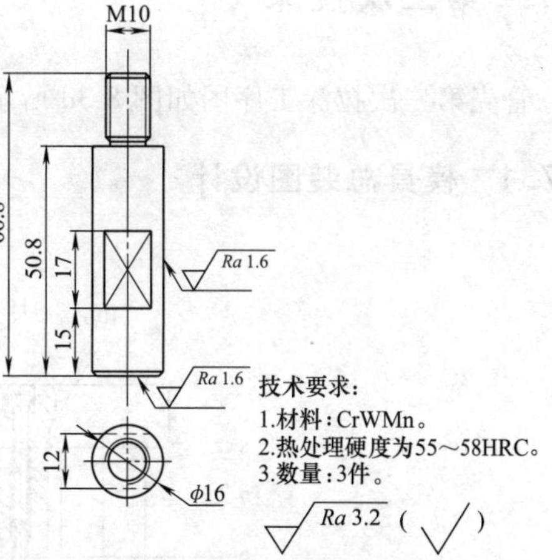
M10
66.8
50.8
17
15
Ra 1.6
Ra 1.6
12
ϕ16
技术要求：
1.材料：CrWMn。
2.热处理硬度为55～58HRC。
3.数量：3件。
Ra 3.2 (√)

图 8-40　调压杆（图 8-26 的件 14）

8. 下垫脚（见图 8-41）

9. 限位柱

（1）上限位柱（见图 8-42）

（2）下限位柱（见图 8-43）

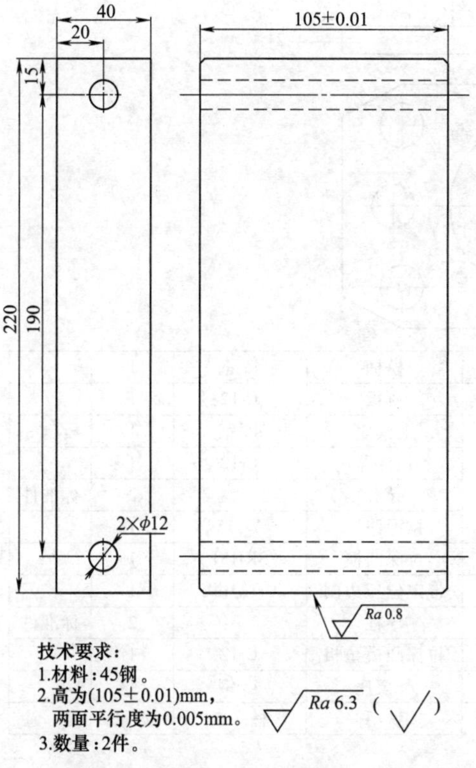
40
20
15
220
190
2×ϕ12
105±0.01
Ra 0.8
技术要求：
1.材料：45钢。
2.高为(105±0.01)mm，
两面平行度为0.005mm。
3.数量：2件。
Ra 6.3 (√)

图 8-41　下垫脚（图 8-26 的件 19）

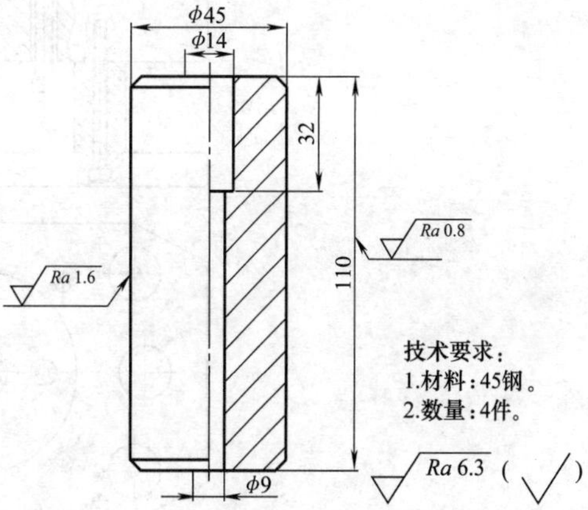
ϕ45
ϕ14
32
110
Ra 0.8
Ra 1.6
ϕ9
技术要求：
1.材料：45钢。
2.数量：4件。
Ra 6.3 (√)

图 8-42　上限位柱（图 8-26 的件 13）

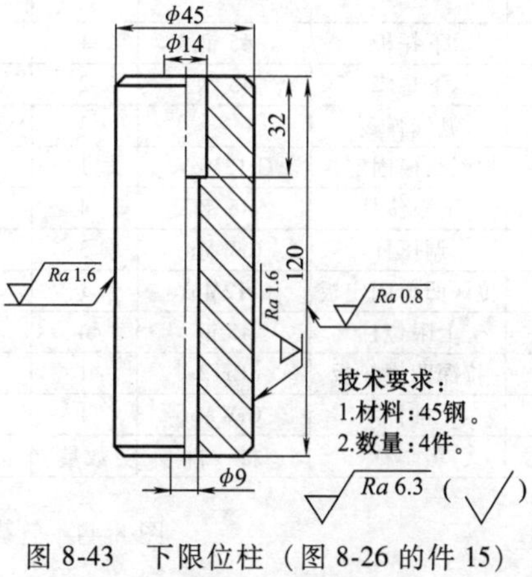
ϕ45
ϕ14
32
120
Ra 1.6
Ra 1.6
Ra 0.8
ϕ9
技术要求：
1.材料：45钢。
2.数量：4件。
Ra 6.3 (√)

图 8-43　下限位柱（图 8-26 的件 15）

8.7 第三次拉深

管壳第三次拉深工序图如图 8-3d 所示。

8.7.1 模具总装图设计

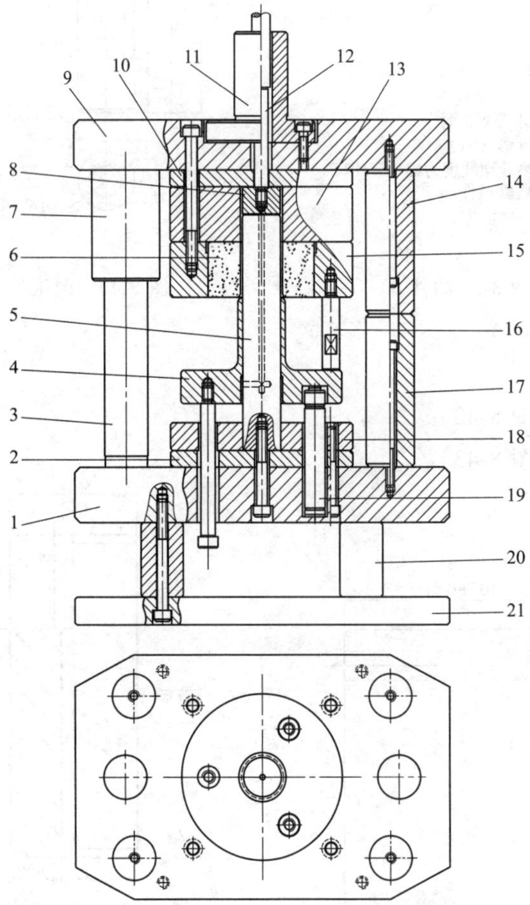

					11	模柄	45 钢	1	
21	下托板	45 钢	1		10	衬板	Cr12	1	
20	下垫脚	45 钢	2		9	上模座	45 钢	1	
19	氮气弹簧		3	标准件	8	顶件器	Cr12	1	
18	拉深凸模固定板	Cr12MoV	1		7	导套		2	标准件
17	下限位柱	45 钢	4		6	拉深凹模	YG15	1	
16	调压杆	CrWMn	3		5	拉深凸模	SKH51	1	
15	拉深凹模固定板	Cr12MoV	1		4	带定位压边圈	Cr12MoV	1	
14	上限位柱	45 钢	4		3	导柱		2	标准件
13	拉深凹模垫板	Cr12	1		2	拉深凸模垫板	Cr12	1	
12	推杆	CrWMn	1		1	下模座	45 钢	1	
件号	名　称	材　料	数量	备　注	件号	名　称	材　料	数量	备　注

图 8-44　管壳第三次拉深模具总装图

管壳第三次拉深模具总装图如图 8-44 所示。该模具结构特点与第二次拉深相似，其不同点如下：

1）为减少拉深凹模 6 及拉深凹模固定板 15 的高度，却增加了拉深凹模垫板 13 的高度，还在拉深凹模垫板 13 后面加一块衬板 10。

2）冲压动作。把第二次拉深工序件套入带定位压边圈 4 上，上模下行，直到调压杆 16 接触到带定位压边圈 4 上，原则上调压杆 16 与带定位压边圈 4 上的头部圆弧处保留 1.1 倍的料厚间隙，这时拉深工作开始进行。拉深结束，上模上行，带定位压边圈 4 在氮气弹簧 19 的压力下，把该工序的拉深件从拉深凸模 5 上卸下，使拉深件留在拉深凹模 6 内，上模继续上行，直至推杆 12 的头部碰到压力机的打杆上，并利用顶件器 8 把拉深件从凹模内推出。

8.7.2 模座及托板设计

1. 上模座（见图 8-45）

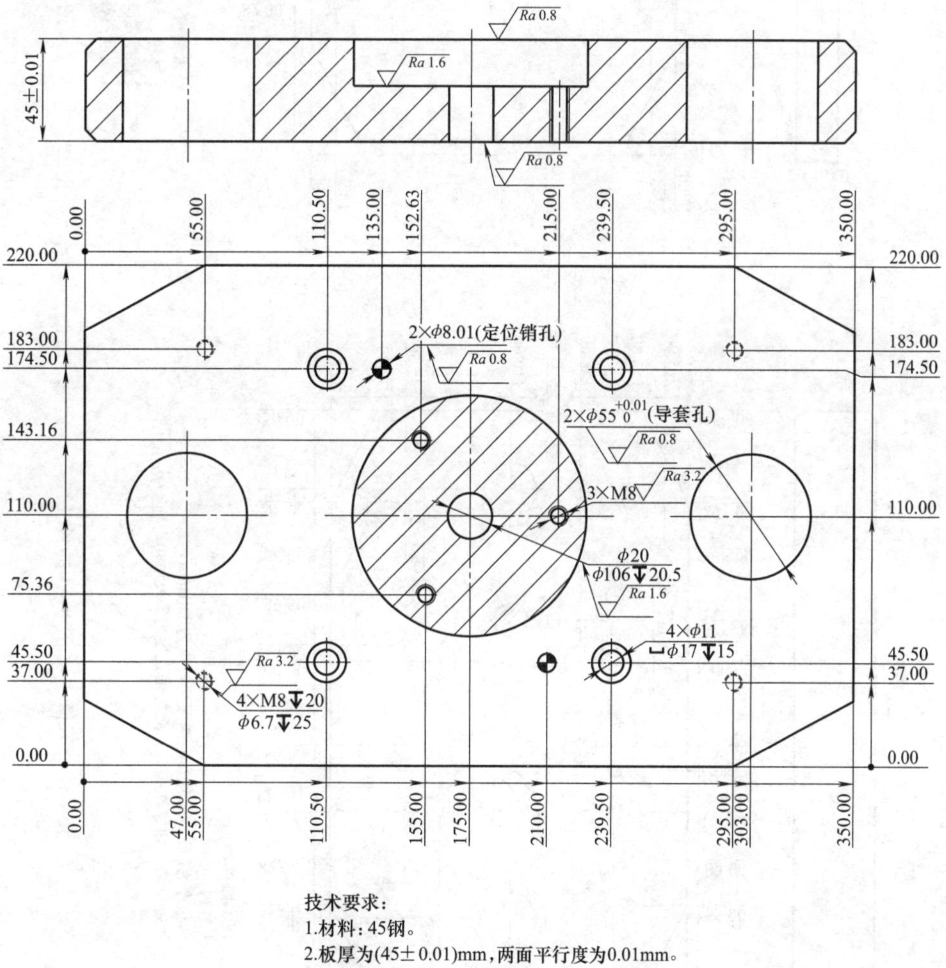

技术要求：
1.材料：45钢。
2.板厚为(45± 0.01)mm，两面平行度为0.01mm。
3.定位销孔和导套孔对底面的垂直度为0.003mm。
4.数量：1件。

Ra 6.3 (√)

图 8-45　上模座（图 8-44 的件 9）

2. **下模座**（见图 8-46）

3. **下托板**（见图 8-47）

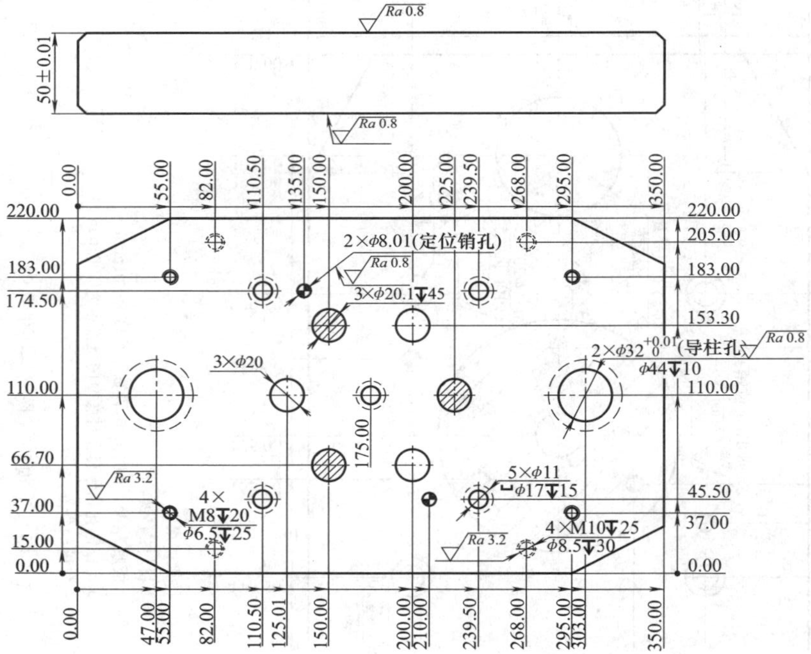

技术要求：

1.材料：45钢。

2.板厚为(50 ±0.01)mm 两面平行度为0.01mm。

3.定位销孔和导柱孔对底面的垂直度为0.003mm。

4.数量：1件。

$\sqrt{Ra\ 6.3}$ ($\sqrt{}$)

图 8-46 下模座（图 8-44 的件 1）

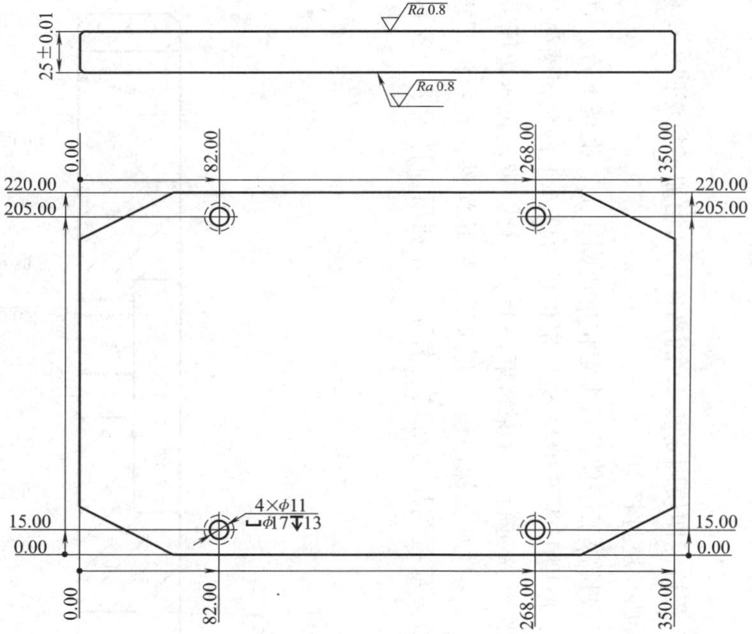

技术要求：

1.材料：45钢。

2.板厚为(25± 0.01)mm，两面平行度为0.005mm。

3.数量：1件。

$\sqrt{Ra\ 6.3}$ ($\sqrt{}$)

图 8-47 下托板（图 8-44 的件 21）

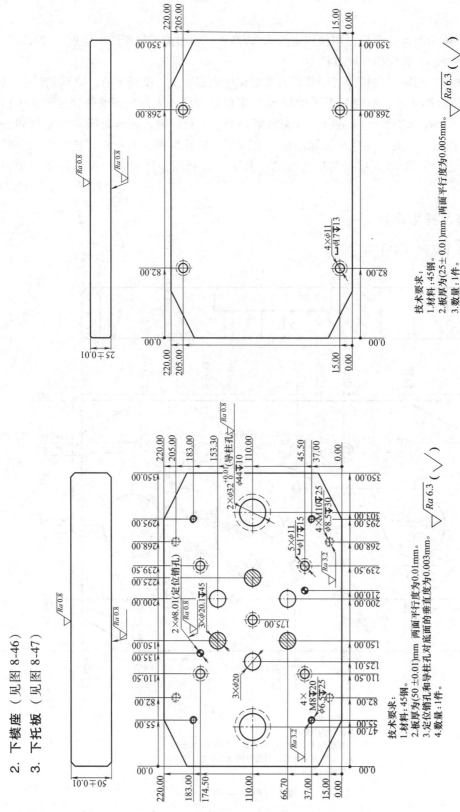

8.7.3　模板设计

1. 衬板（见图 8-48）
2. 拉深凹模垫板（见图 8-49）

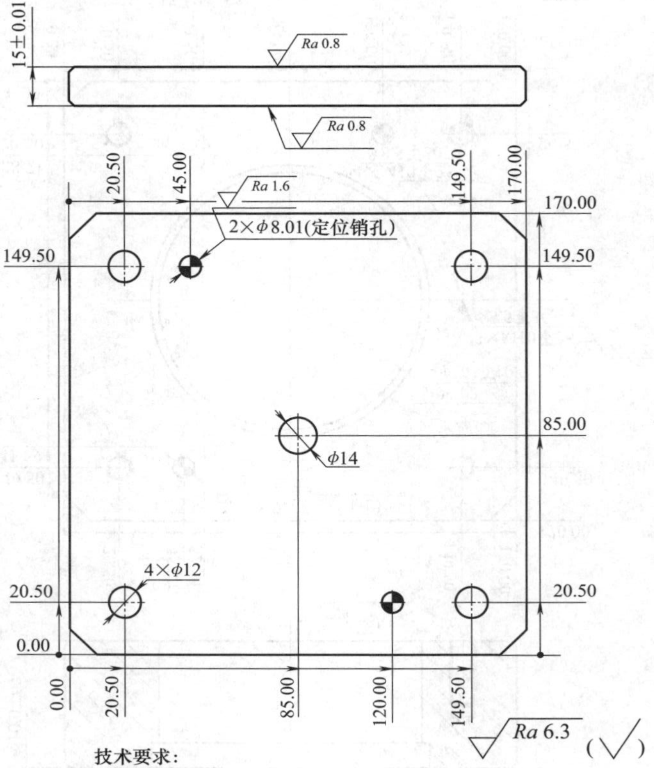

技术要求：
1.材料：Cr12。
2.热处理硬度为53～55HRC。
3.板厚为(15±0.01)mm，两面平行度为0.005mm。
4.数量：1件。

图 8-48　衬板（图 8-44 的件 10）

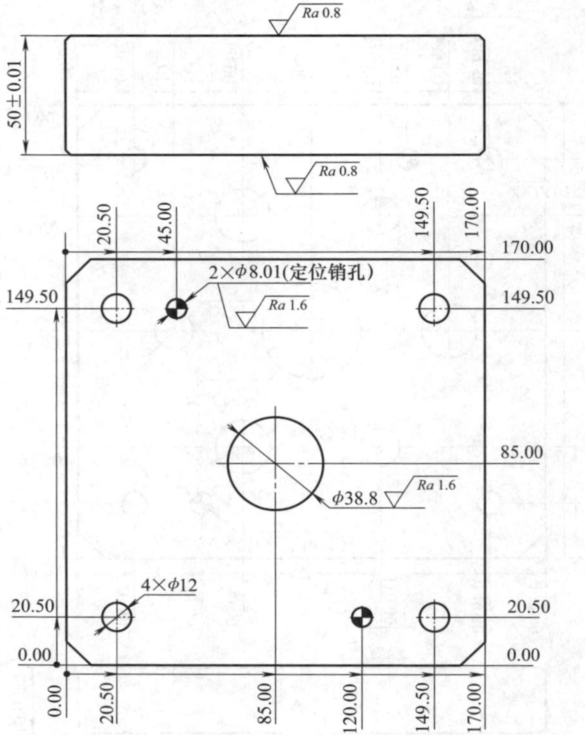

技术要求：
1.材料：Cr12。
2.热处理硬度为53～55HRC。
3.板厚为(50±0.01)mm，两面平行度为0.005mm。 Ra 6.3 (√)
4.数量：1件。

图 8-49　拉深凹模垫板（图 8-44 的件 13）

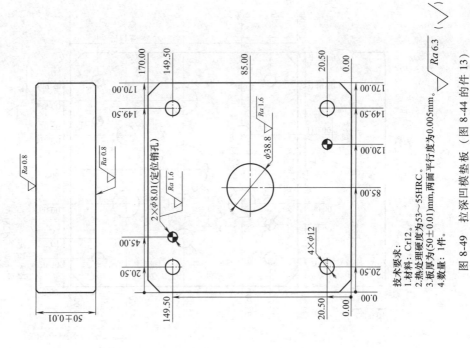

3. 拉深凹模固定板（见图 8-50）

4. 拉深凸模固定板（见图 8-51）

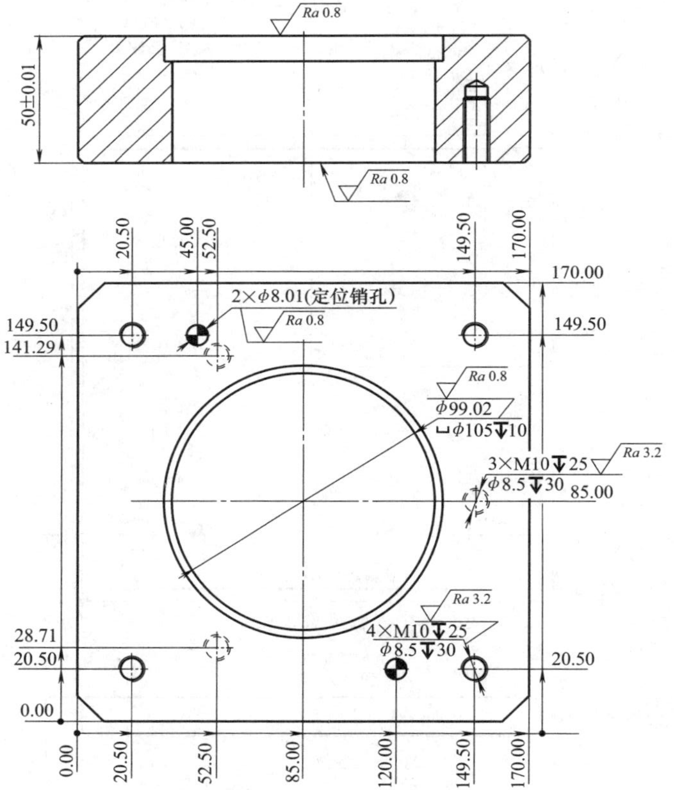

技术要求：

1.材料：Cr12MoV。

2.热处理硬度为55～58HRC。

3.板厚为(50±0.01)mm，两面平行度为0.005mm。

4.主要型孔采用慢走丝加工，对底面的垂直度为0.002mm。

5.数量：1件。

$\sqrt{Ra6.3}$ （$\sqrt{}$）

图 8-50　拉深凹模固定板（图 8-44 的件 15）

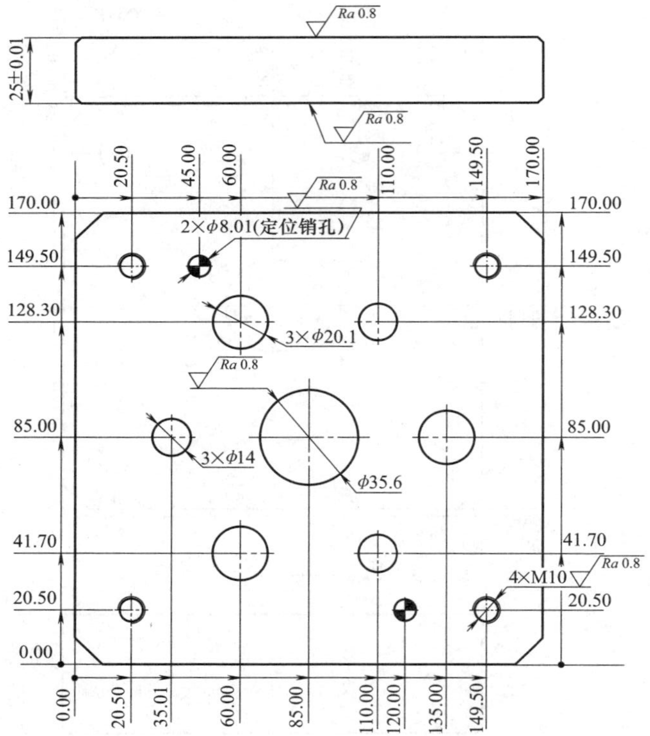

技术要求：

1.材料：Cr12MoV。

2.热处理硬度为53～55HRC。

3.板厚为(25±0.01)mm，两面平行度为0.005mm。

4.主要型孔采用慢走丝加工，对底面的垂直度为0.002mm。

5.数量：1件。

$\sqrt{Ra\ 6.3}$ （$\sqrt{}$）

图 8-51　拉深凸模固定板（图 8-44 的件 18）

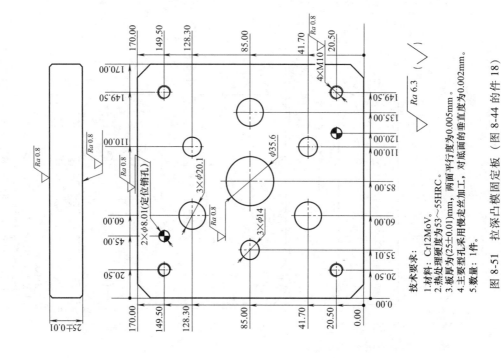

5．拉深凸模垫板（见图 8-52）

8.7.4　模具零部件设计

1．拉深凸模（见图 8-53）

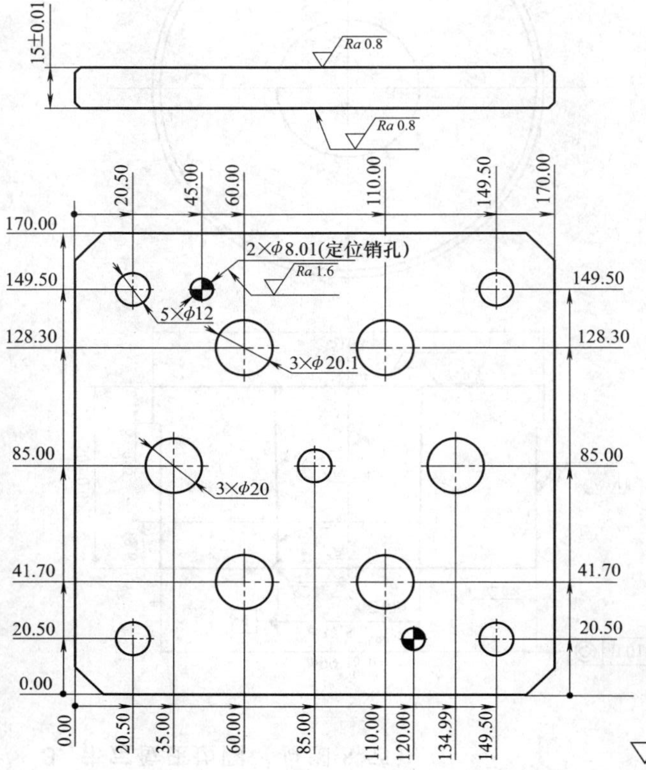

技术要求：
1.材料：Cr12。
2.热处理硬度为53～55HRC。
3.板厚为(15±0.01)mm，两面平行度为0.005mm。
4.主要型孔采用快走丝加工。
5.数量：1件。

图 8-52　拉深凸模垫板（图 8-44 的件 2）

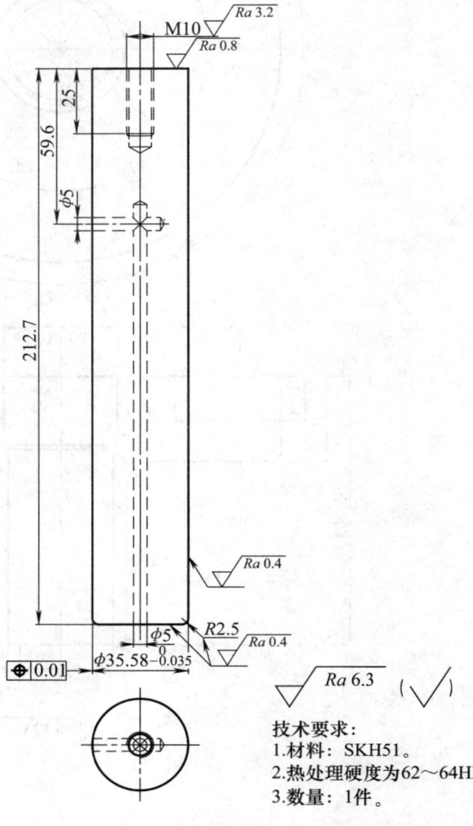

技术要求：
1.材料：SKH51。
2.热处理硬度为62～64HRC。
3.数量：1件。

图 8-53　拉深凸模（图 8-44 的件 5）

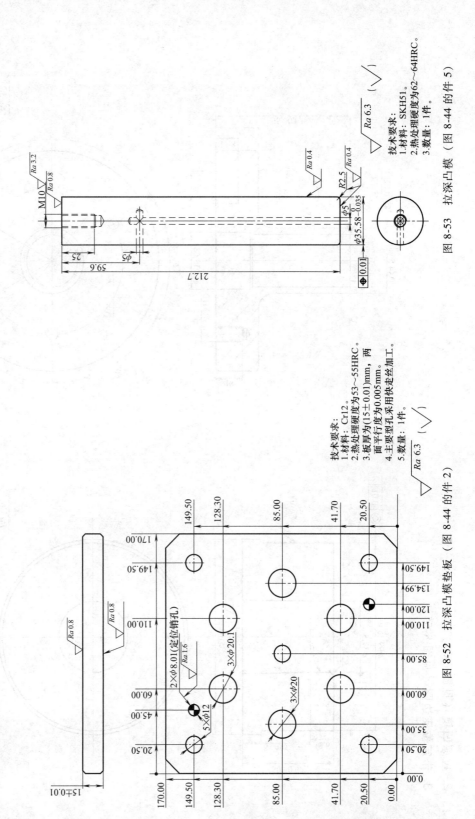

2. **拉深凹模**（见图 8-54）

3. **带定位压边圈**（见图 8-55）

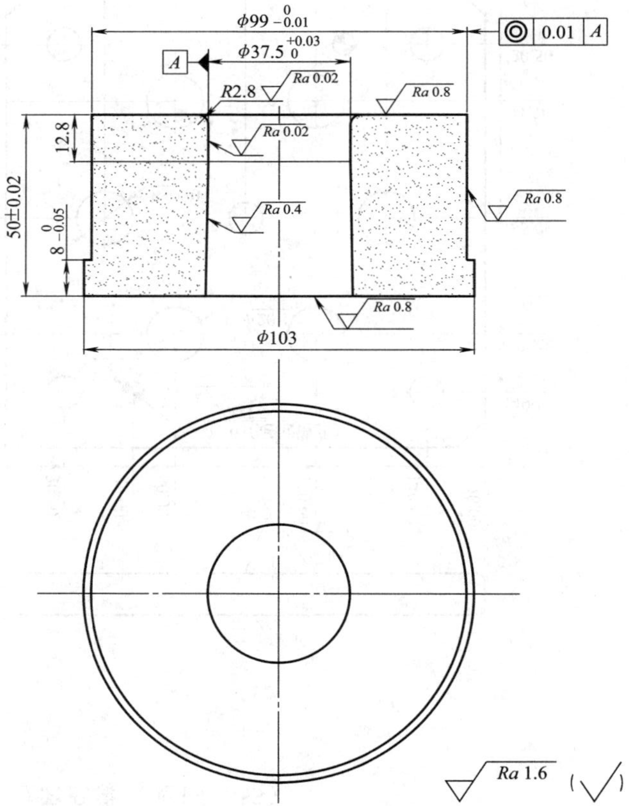

技术要求：
1.材料：YG15。
2.数量：1件。

图 8-54　拉深凹模（图 8-44 的件 6）

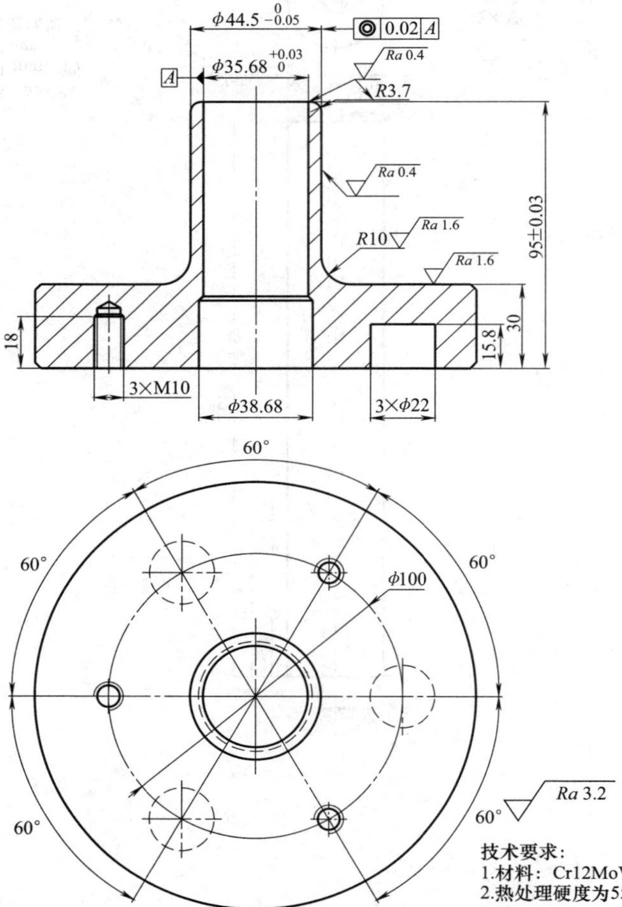

技术要求：
1.材料：Cr12MoV。
2.热处理硬度为55～58HRC。
3.数量：1件。

图 8-55　带定位压边圈（图 8-44 的件 4）

4. **模柄**（见图 8-56）
5. **推杆**（见图 8-57）
6. **顶件器**（见图 8-58）
7. **调压杆**（见图 8-59）

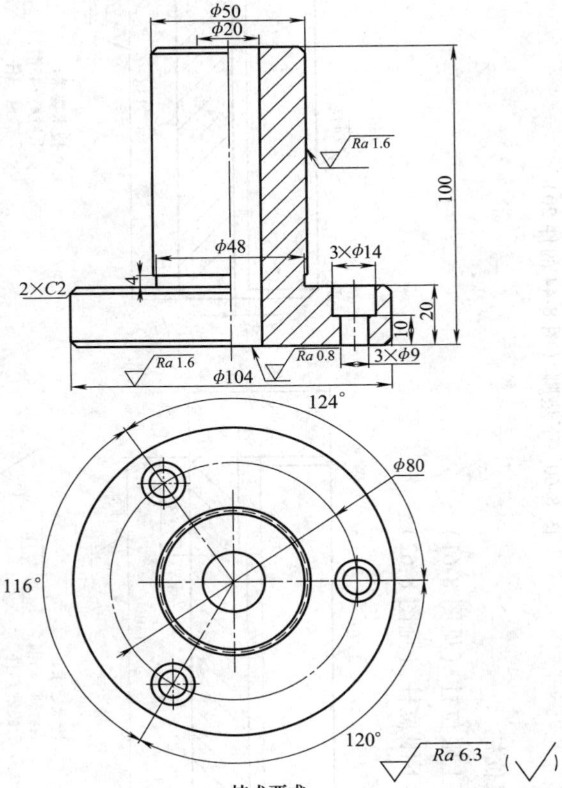

技术要求：
1.材料：45钢。
2.数量：1件。

图 8-56　模柄（图 8-44 的件 11）

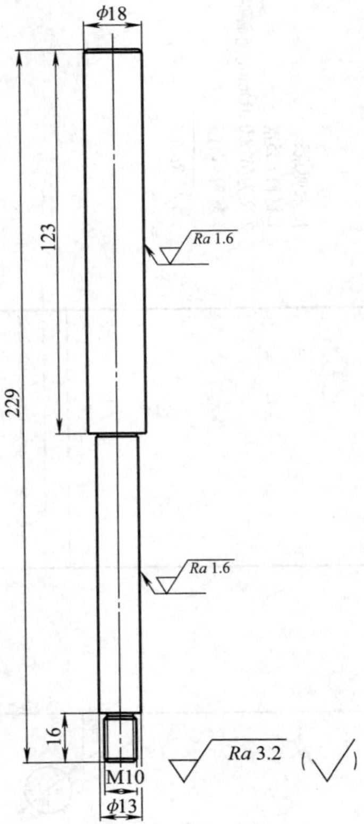

技术要求：
1.材料：CrWMn。
2.热处理硬度为55～58HRC。
3.数量：1件。

图 8-57　推杆（图 8-44 的件 12）

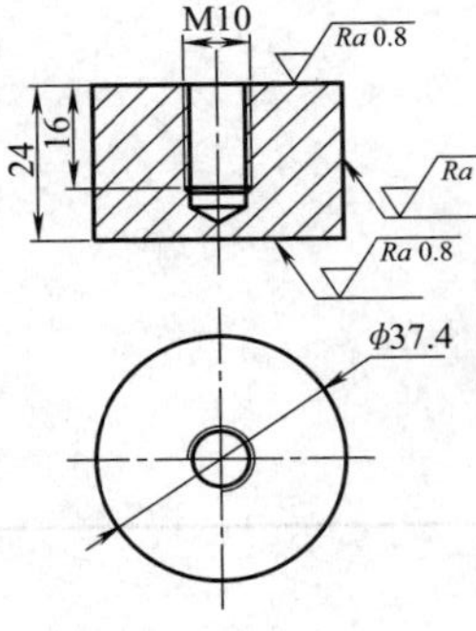

技术要求：
1.材料：Cr12
2.热处理硬度为53～55HRC
3.数量：1件

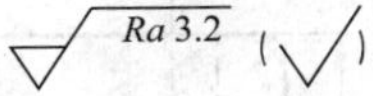

图 8-58　顶件器（图 8-44 的件 8）

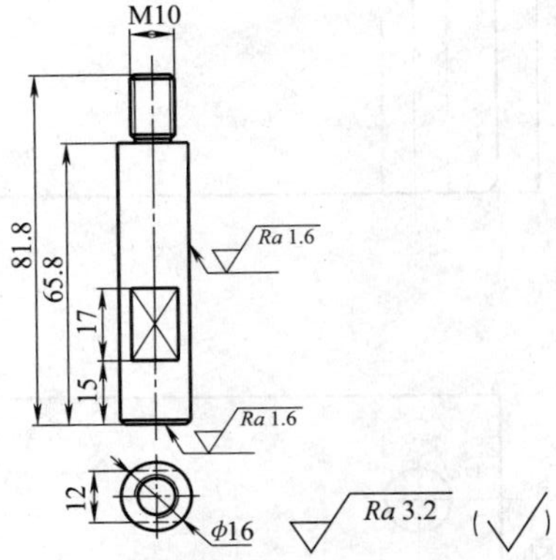

技术要求：
1.材料：CrWMn。
2.热处理硬度为55～58HRC。
3.数量：3件。

图 8-59　调压杆（图 8-44 的件 16）

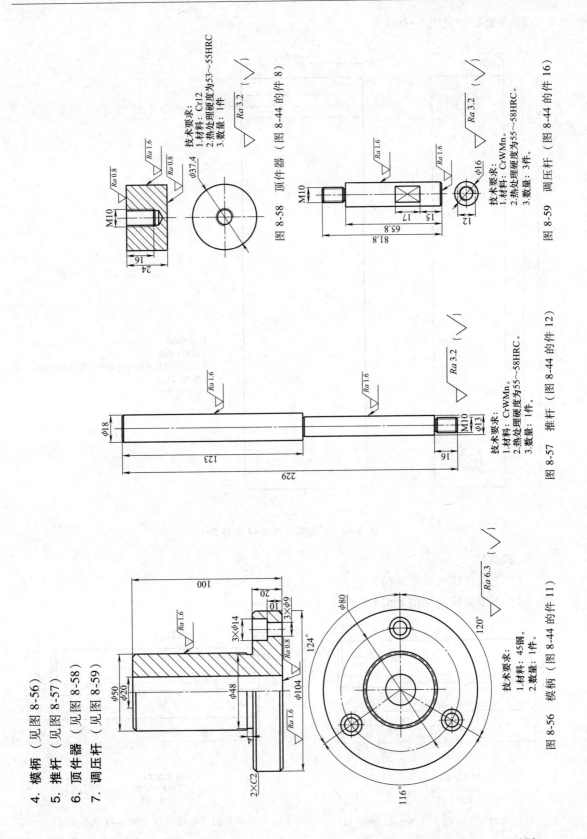

8. **下垫脚**（见图 8-60）

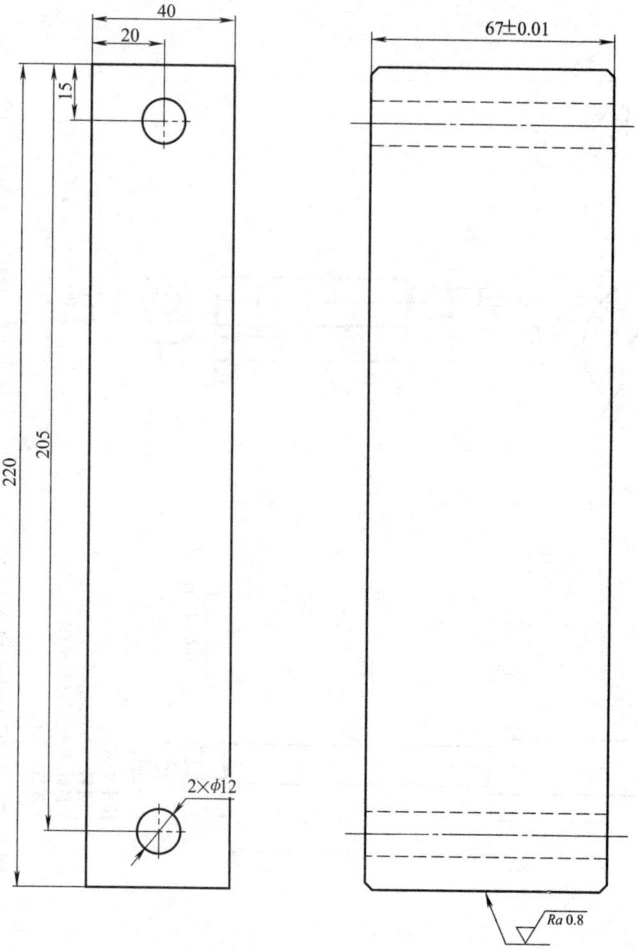

技术要求：
1.材料：45钢。
2.高为(67±0.01)mm，两面平行度为0.005mm。
3.数量：2件。
Ra 6.3 (√)

图 8-60　下垫脚（图 8-44 的件 20）

9. **限位柱**

（1）上限位柱（见图 8-61）

（2）下限位柱（见图 8-62）

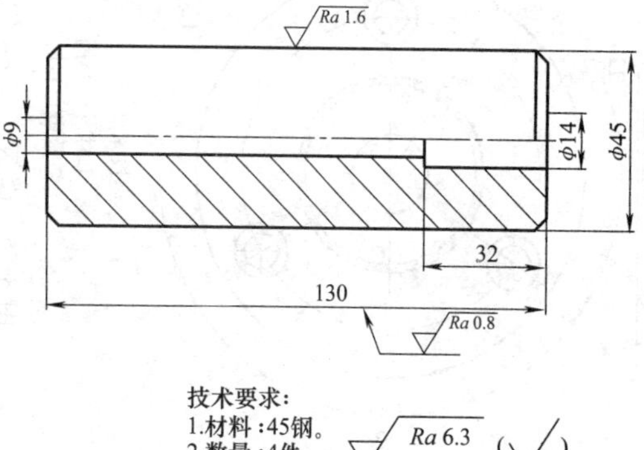

技术要求：
1.材料：45钢。
2.数量：4件。
Ra 6.3 (√)

图 8-61　上限位柱（图 8-44 的件 14）

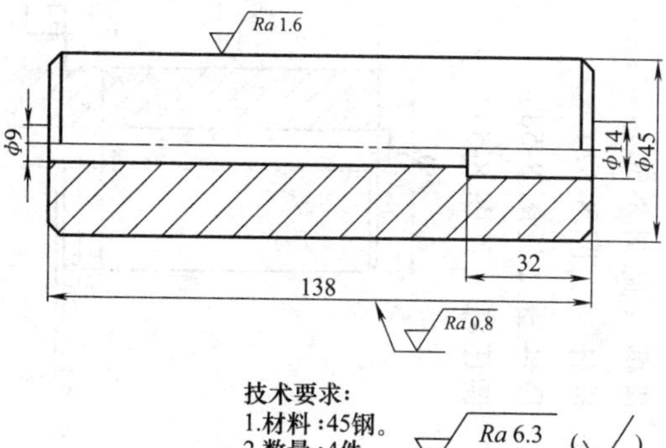

技术要求：
1.材料：45钢。
2.数量：4件。
Ra 6.3 (√)

图 8-62　下限位柱（图 8-44 的件 17）

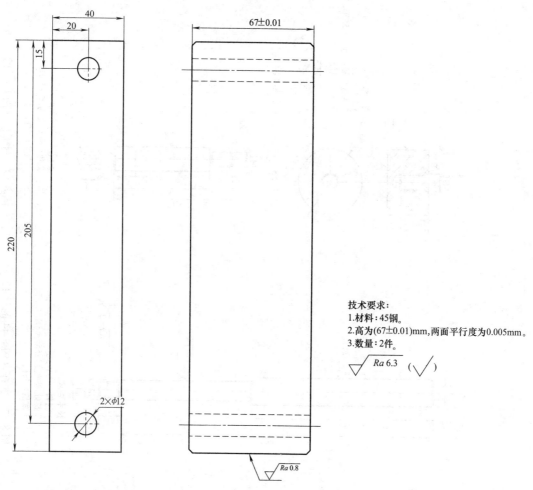

8.8　第四次拉深

管壳第四次拉深工序图如图 8-3e 所示。

8.8.1　模具总装图设计

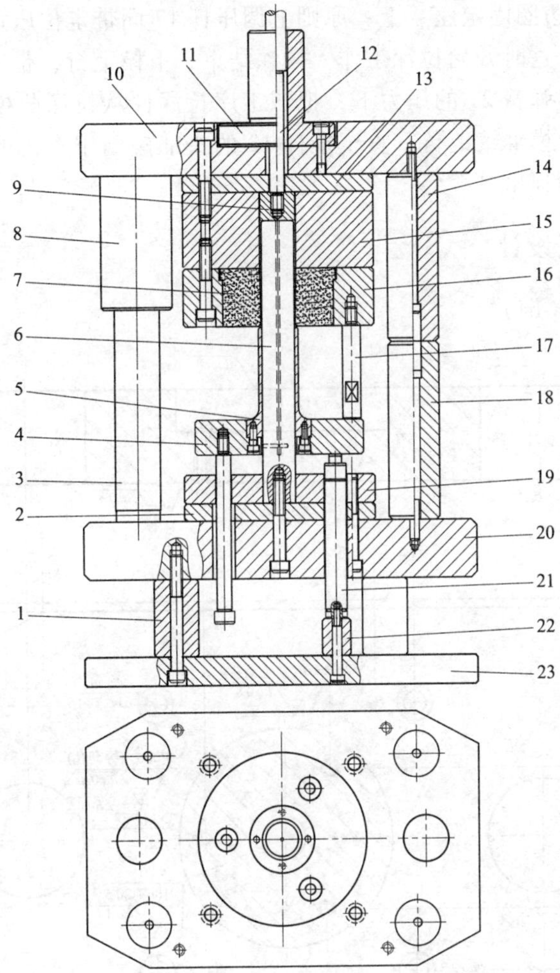

					12	推杆	CrWMn	1	
23	下托板	45 钢	1		11	模柄	45 钢	1	
22	垫柱	45 钢	3		10	上模座	45 钢	1	
21	氮气弹簧		3	标准件	9	顶件器	Cr12	1	
20	下模座	45 钢	1		8	导套		2	标准件
19	拉深凸模固定板	Cr12MoV	1		7	拉深凹模	YG15	1	
18	下限位柱	45 钢	4		6	拉深凸模	SKH51	1	
17	调压杆	CrWMn	3		5	带定位压边圈	Cr12MoV	1	
16	拉深凹模固定板	Cr12MoV	1		4	带定位压边圈固定座	Cr12	1	
15	拉深凹模垫板	Cr12	1		3	导柱		2	标准件
14	上限位柱	45 钢	4		2	拉深凸模垫板	Cr12	1	
13	衬板	Cr12	1		1	下垫脚	45 钢	2	
件号	名　称	材　料	数量	备　注	件号	名　称	材　料	数量	备　注

图 8-63　管壳第四次拉深模具总装图

管壳第四次拉深模具总装图如图 8-63 所示。该模具结构特点与第三次拉深的不同点如下：

1）该工序的带定位压边圈较为单薄，为方便加工，将其分解为带定位压边圈 5 及带定位压边圈固定座 4，如碰到异常薄壁处损坏，直接更换带定位压边圈 5 即可，无需更换带定位压边圈固定座 4。

2）冲压动作如下：把第 3 次拉深工序件套入带定位压边圈 5 上，上模下行，直到调压杆 17 接触到带定位压边圈固定座 4 上，原则上调压杆 17 同带定位压边圈 5 上的头部圆弧处保留 1 个料厚的间隙，这时开始拉深工作。拉深结束，上模上行，带定位压边圈固定座 4 和带定位压边圈 5 在氮气弹簧 21 的压力下，把该工序拉深件从拉深凸模 6 上卸下，使拉深件留在拉深凹模 7 内，上模继续上行，直至推杆 12 的头部碰到压力机的打杆上，并利用顶件器 9 把拉深件从凹模内顶出。

8.8.2 模座及托板设计

1. 上模座（见图 8-64）

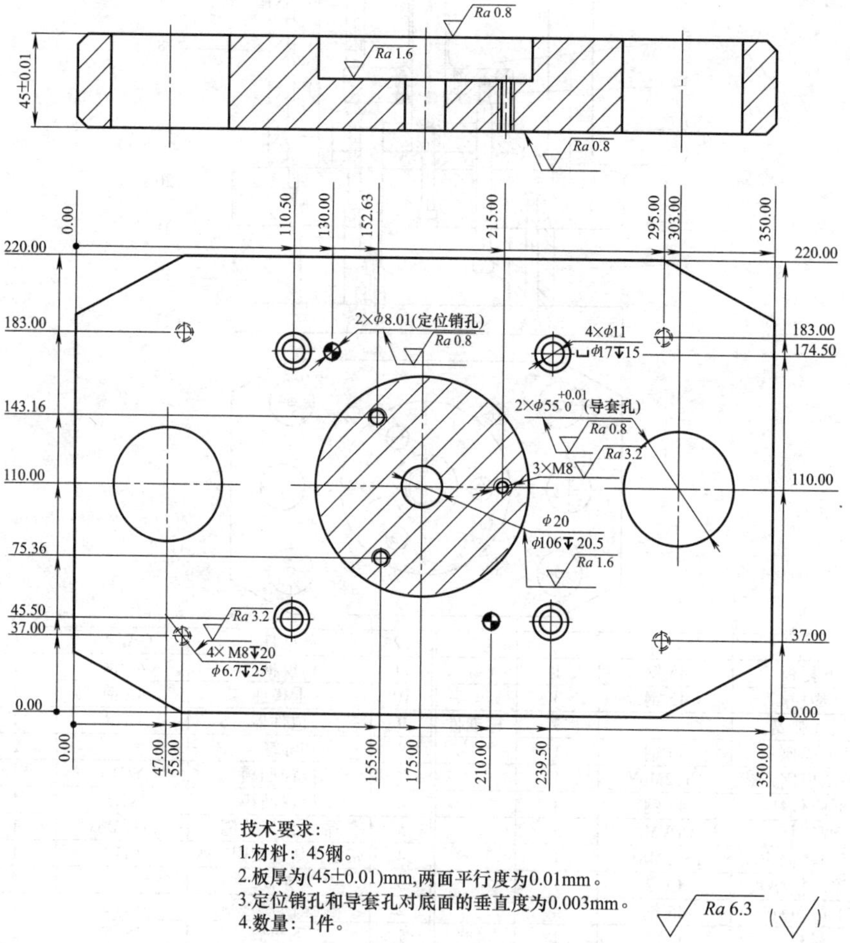

图 8-64　上模座（图 8-63 的件 10）

2. 下模座（见图 8-65）

3. 下托板（见图 8-66）

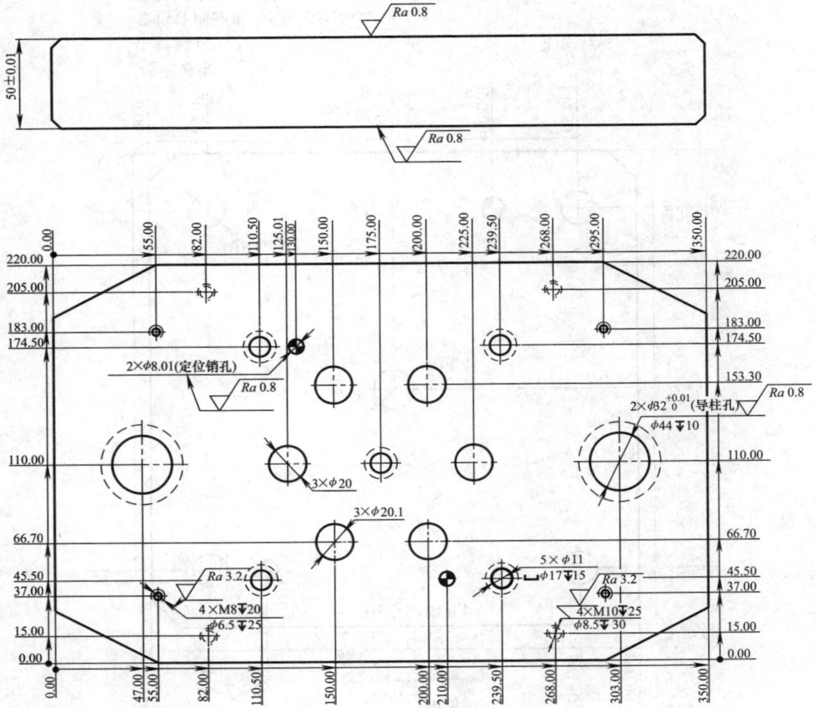

技术要求：
1.材料：45钢。
2.板厚为(50±0.01)mm，两面平行度为0.01mm。
3.定位销孔和导柱孔对底面的垂直度为0.003mm。 Ra 6.3 (√)
4.数量：1件。

图 8-65 下模座（图 8-63 的件 20）

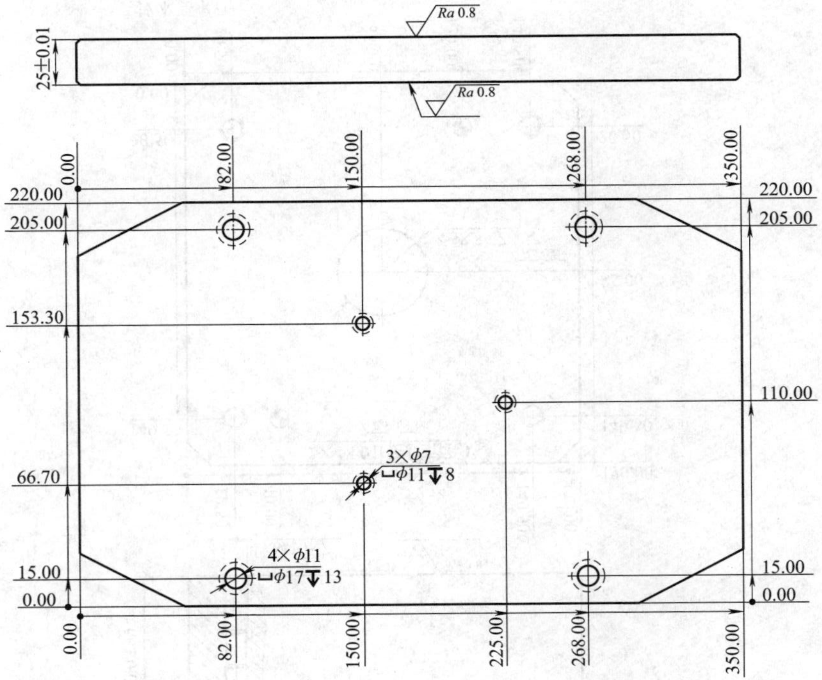

技术要求：
1.材料：45钢。
2.板厚为(25±0.01)mm，两面平行度为0.005mm。 Ra 6.3 (√)
3.数量：1件。

图 8-66 下托板（图 8-63 的件 23）

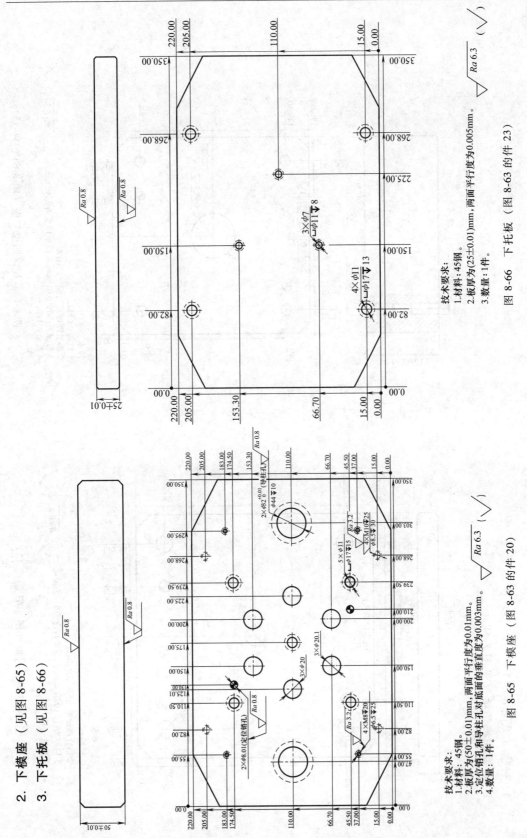

8.8.3 模板设计

1. 衬板（见图 8-67）

2. 拉深凹模垫板（见图 8-68）

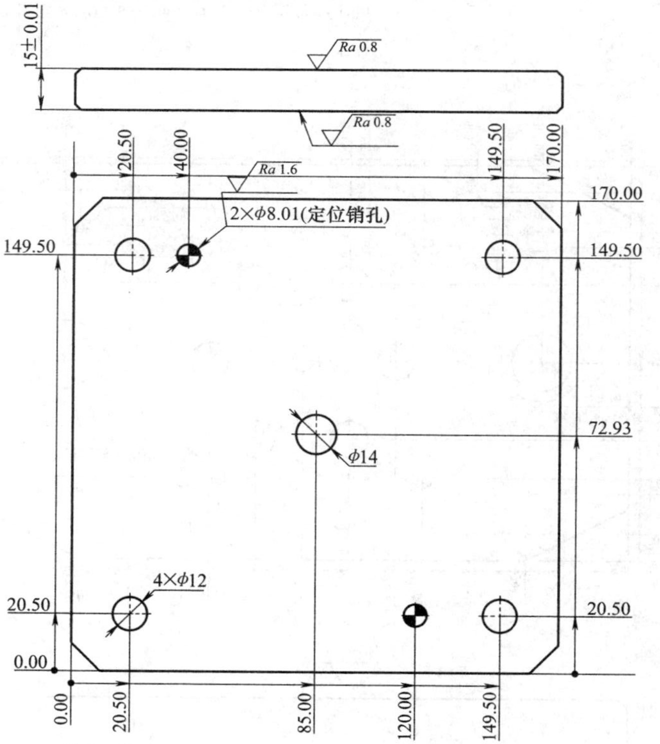

技术要求：
1.材料：Cr12。
2.热处理硬度为53～55HRC。
3.板厚为(15±0.01)mm，两面平行度为0.005mm。
4.数量：1件。

Ra 6.3 (√)

图 8-67　衬板（图 8-63 的件 13）

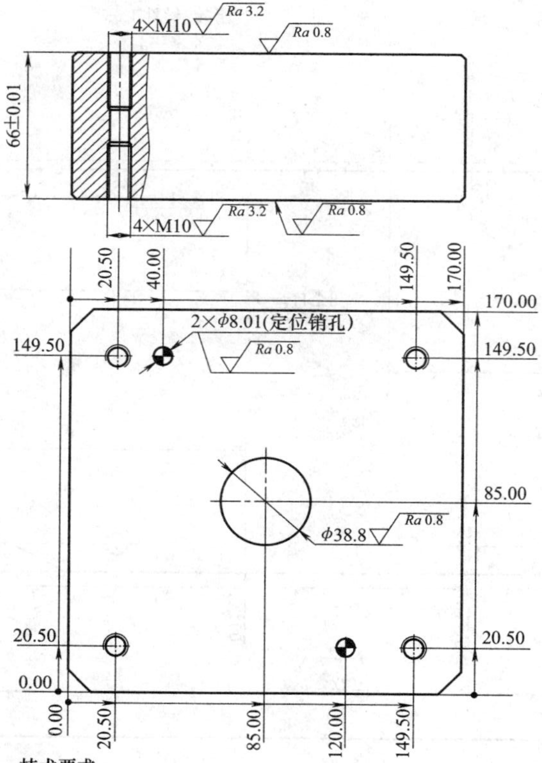

技术要求：
1.材料：Cr12。
2.热处理硬度为53～55HRC。
3.板厚为(66± 0.01)mm，两面平行度为0.005mm。
4.数量：1件。

Ra 6.3 (√)

图 8-68　拉深凹模垫板（图 8-63 的件 15）

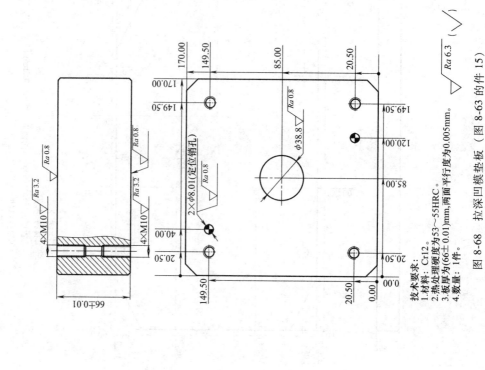

3. **拉深凹模固定板**（见图 8-69）

4. **拉深凸模固定板**（见图 8-70）

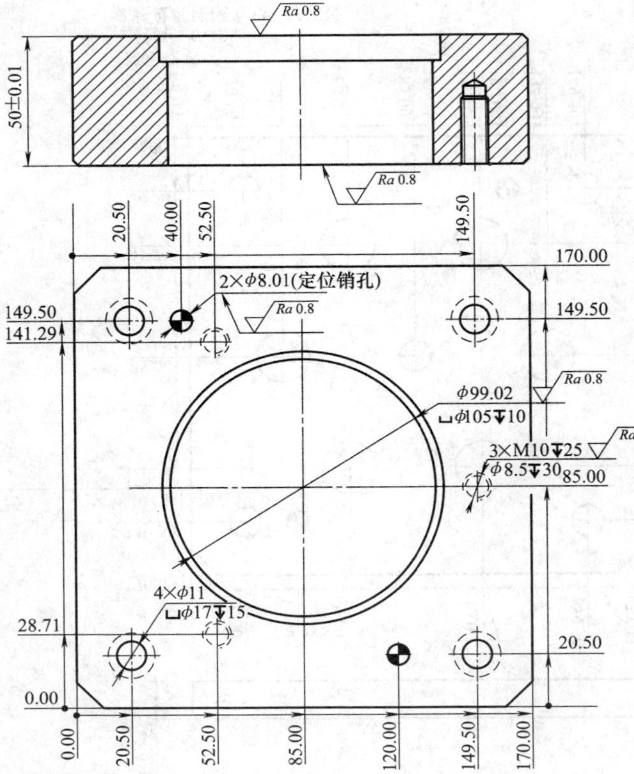

技术要求：
1.材料：Cr12MoV。
2.热处理硬度为55～58HRC。
3.板厚为(50±0.01)mm，两面平行度为0.005mm。
4.主要型孔采用慢走丝加工，对底面的垂直度为0.002mm。　Ra 6.3（√）
5.数量：1件。

图 8-69　拉深凹模固定板（图 8-63 的件 16）

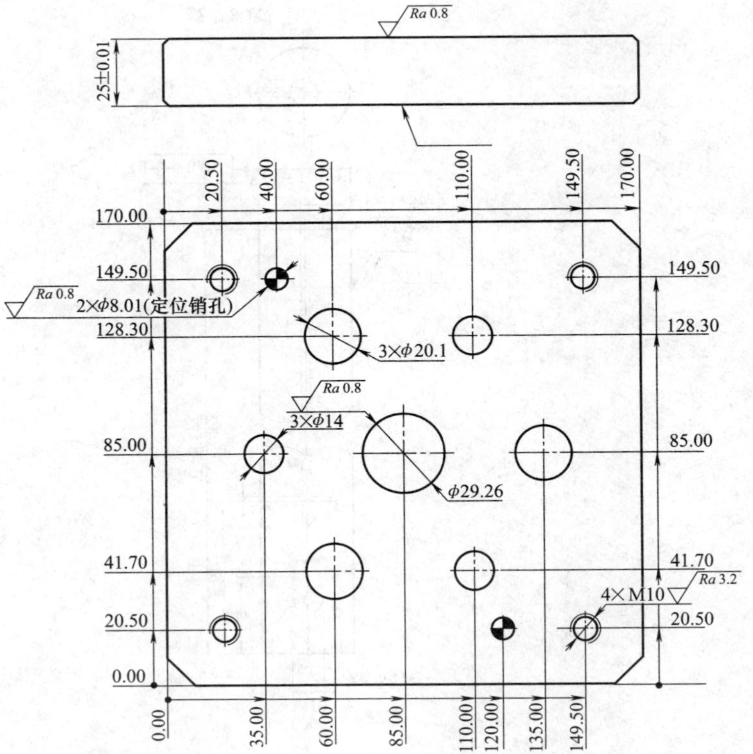

技术要求：
1.材料：Cr12MoV。
2.热处理硬度为53～55HRC。
3.板厚为(25±0.01)mm，两面平行度为0.005mm。
4.主要型孔采用慢走丝加工，对底面的垂直度为0.002mm。　Ra 6.3（√）
5.数量：1件。

图 8-70　拉深凸模固定板（图 8-63 的件 19）

5. 拉深凸模垫板（见图 8-71）

8.8.4 模具零部件设计

1. 拉深凸模（见图 8-72）

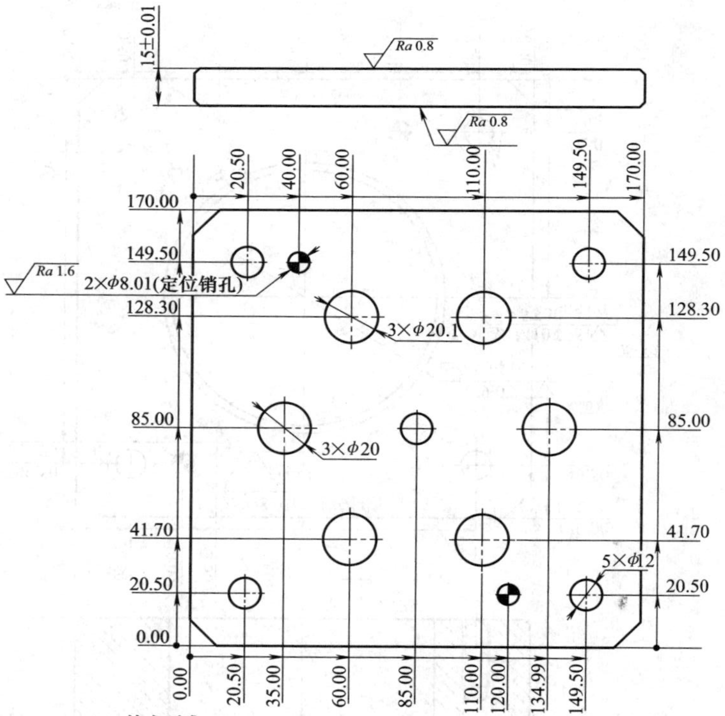

技术要求：
1.材料：Cr12。
2.热处理硬度为53～55HRC。
3.板厚为(15±0.01)mm，两面平行度为0.005mm。
4.主要型孔采用快走丝加工。
5.数量：1件。

Ra 6.3 (√)

图 8-71　拉深凸模垫板（图 8-63 的件 2）

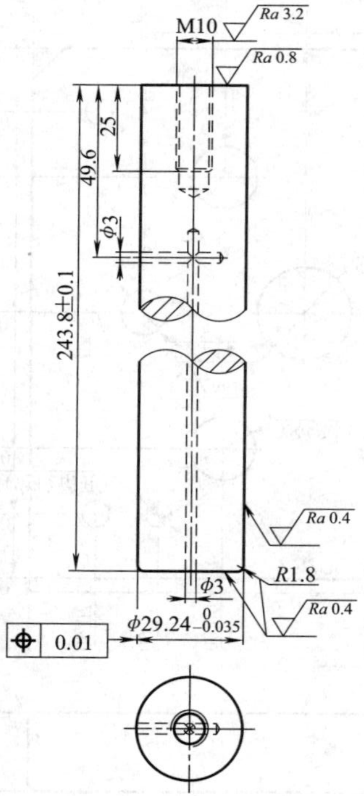

技术要求：
1.材料：SKH51。
2.热处理硬度为62～64HRC。
3.数量：1件。

Ra 6.3 (√)

图 8-72　拉深凸模（图 8-63 的件 6）

2. **拉深凹模**（见图 8-73）

3. **带定位压边圈组件**（见图 8-74）

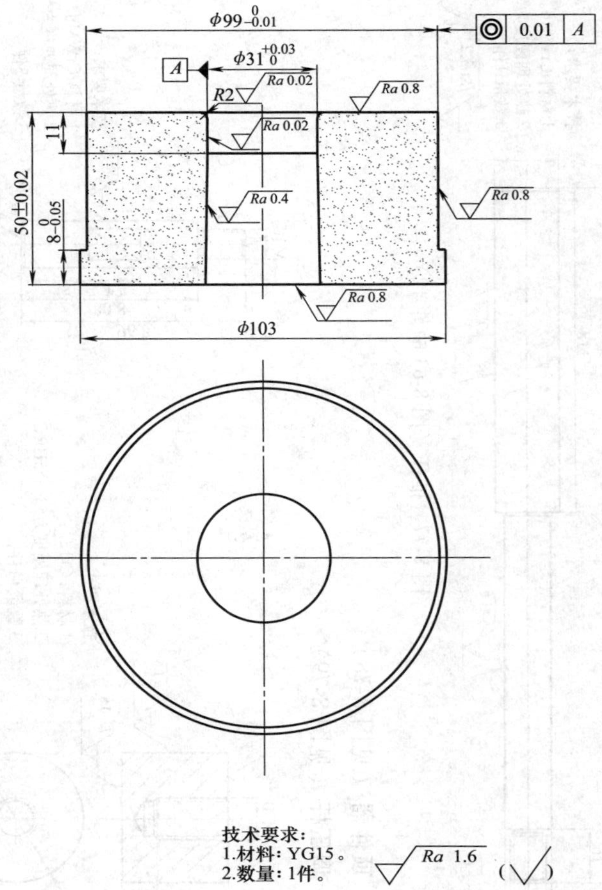

图 8-73　拉深凹模（图 8-63 的件 7）

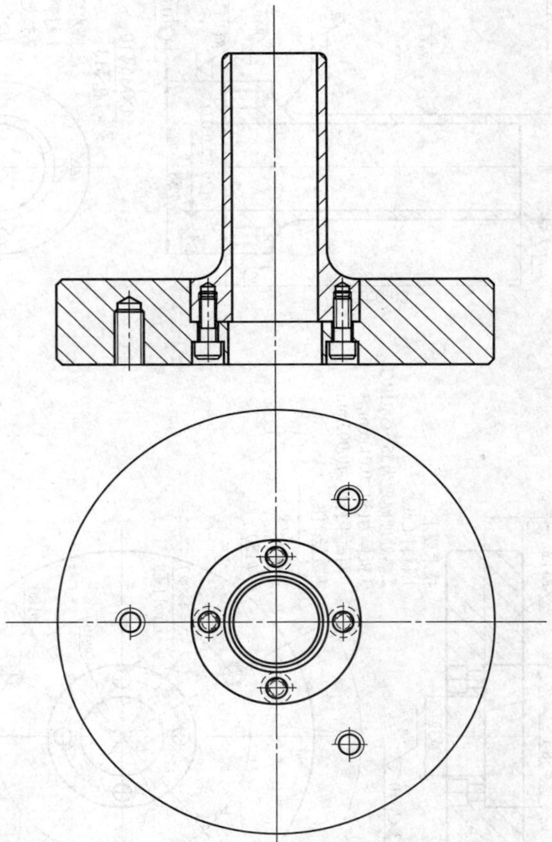

图 8-74　带定位压边圈组件

（1）带定位压边圈固定座（见图 8-75）

（2）带定位压边圈（见图 8-76）

技术要求：
1.材料:Cr12。
2.热处理硬度为55～58HRC。
3.板厚为(30±0.01)mm，
  两面平行度为0.005mm。
4.数量:1件。

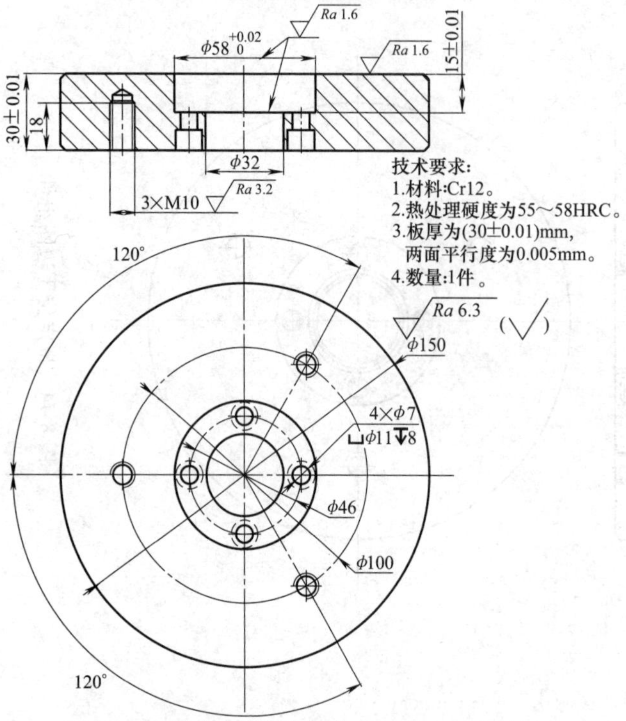

图 8-75 带定位压边圈固定座（图 8-63 的件 4）

技术要求：
1.材料:Cr12MoV。
2.热处理硬度
  为55～58HRC。
3.数量:1件。

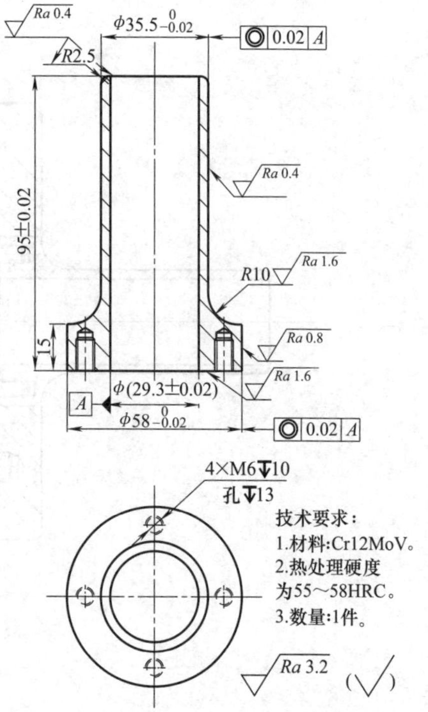

图 8-76 带定位压边圈（图 8-63 的件 5）

4. 推杆（见图 8-77）

技术要求：
1.材料:CrWMn。
2.热处理硬度为55～58HRC。
3.数量:1件。

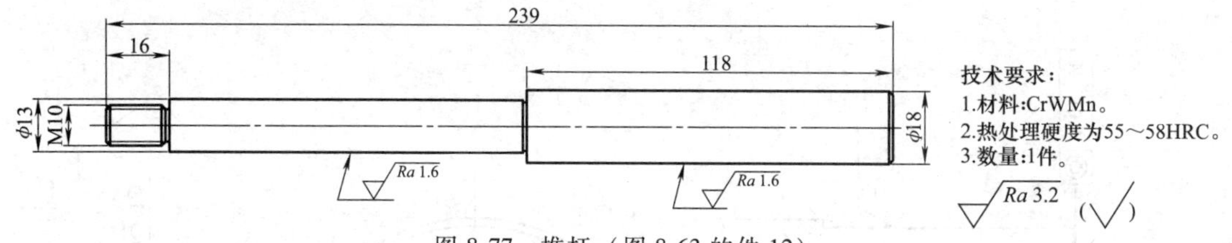

图 8-77 推杆（图 8-63 的件 12）

5. 顶件器（见图 8-78）

6. 调压杆（见图 8-79）

技术要求：
1.材料: Cr12。
2.热处理硬度为53～55HRC。
3.数量:1件。

图 8-78 顶件器（图 8-63 的件 9）

技术要求：
1.材料:CrWMn。
2.热处理硬度为55～58HRC。
3.数量:3件。

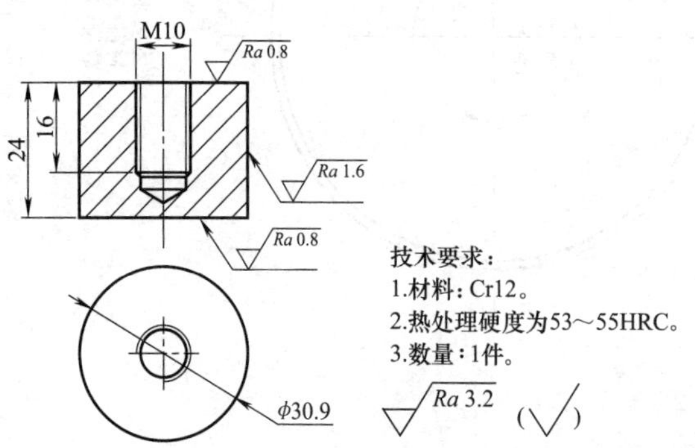

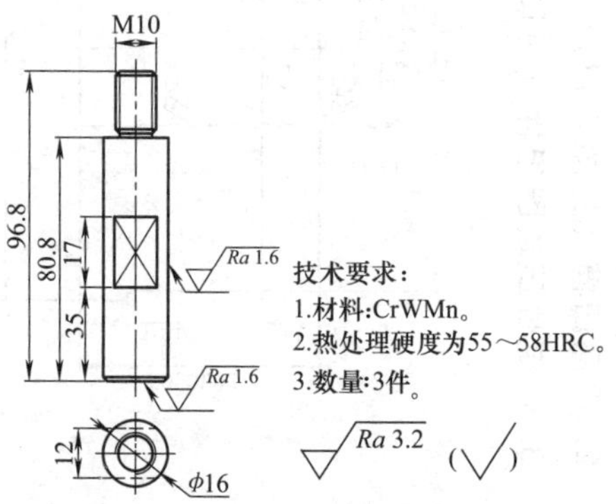

图 8-79 调压杆（图 8-63 的件 17）

7. 模柄（见图 8-80）

8. 下垫脚（见图 8-81）

9. 垫柱（见图 8-82）

10. 限位柱

（1）上限位柱（见图 8-83）

（2）下限位柱（见图 8-84）

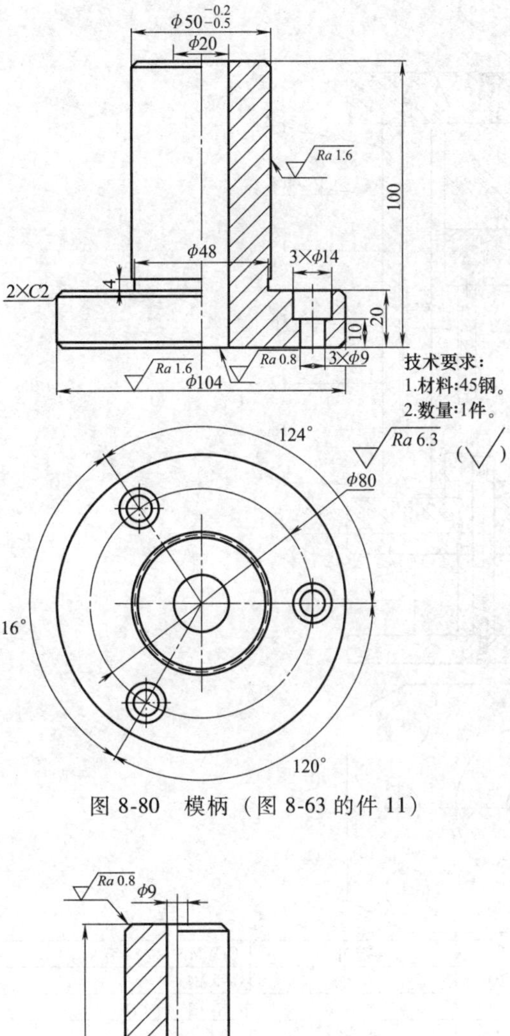

图 8-80　模柄（图 8-63 的件 11）

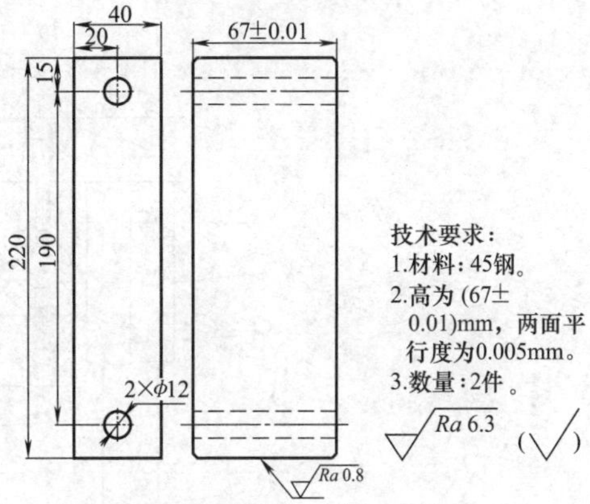

图 8-81　下垫脚（图 8-63 的件 1）

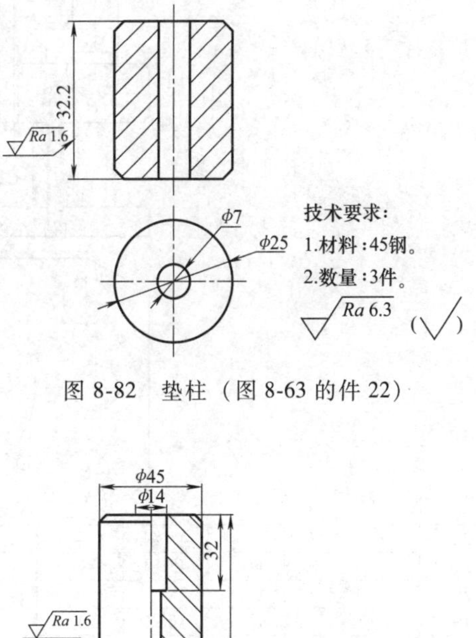

图 8-82　垫柱（图 8-63 的件 22）

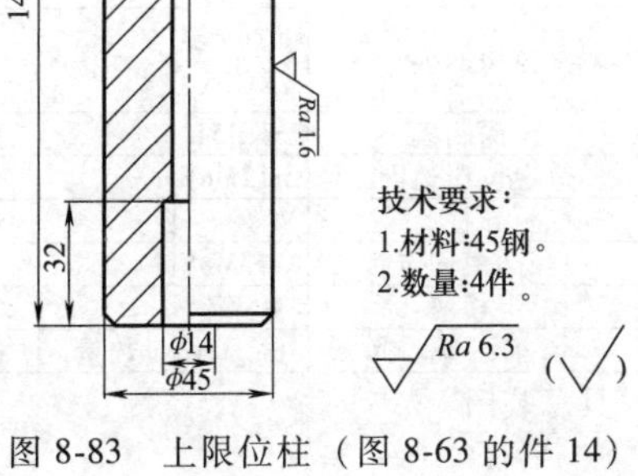

图 8-83　上限位柱（图 8-63 的件 14）

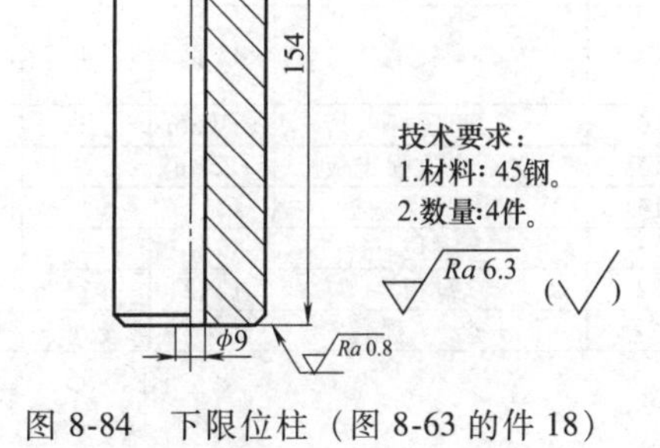

图 8-84　下限位柱（图 8-63 的件 18）

8.9 第五次拉深

管壳第五次拉深工序图如图 8-3f 所示。

8.9.1 模具总装图设计

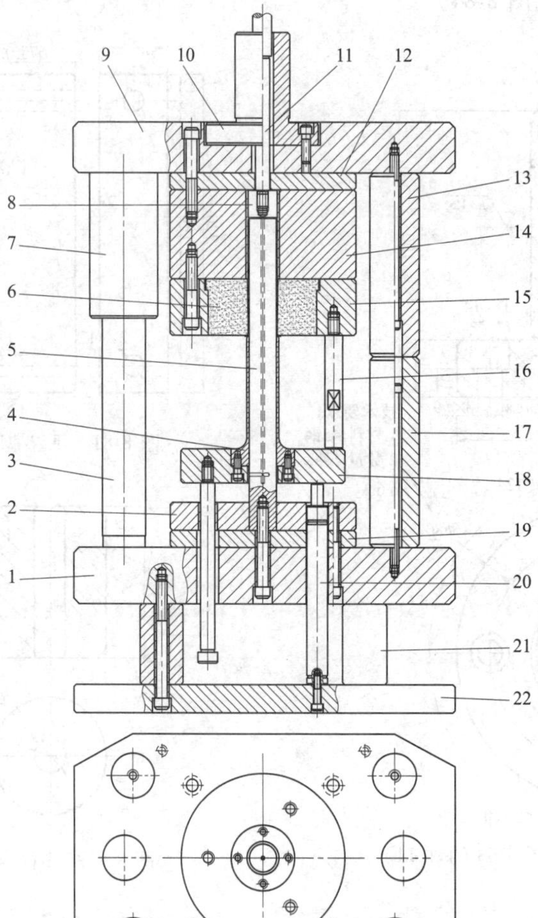

22	下托板	45 钢	1		11	推杆	CrWMn	1	
21	下垫脚	45 钢	2		10	模柄	45 钢	1	
20	氮气弹簧		3	标准件	9	上模座	45 钢	1	
19	拉深凸模垫板	Cr12	1		8	顶件器	Cr12	1	
18	带定位压边圈固定座	Cr12MoV	1		7	导套		2	标准件
17	下限位柱	45 钢	4		6	拉深凹模	硬质合金 YG15	1	
16	调压杆	CrWMn	3		5	拉深凸模	SKH51	1	
15	拉深凹模固定板	Cr12MoV	1		4	带定位压边圈	Cr12MoV	1	
14	拉深凹模垫板	Cr12	1		3	导柱		2	标准件
13	上限位柱	45 钢	4		2	拉深凸模固定板	Cr12MoV	1	
12	衬板	Cr12	1		1	下模座	45 钢	1	
件号	名　称	材　料	数量	备　注	件号	名　称	材　料	数量	备　注

图 8-85　管壳第五次拉深模具总装图

管壳第五次拉深模具总装图如图 8-85 所示。该模具结构特点与第四次拉深模具相同。

冲压动作：把第四次拉深工序件套入带定位压边圈 4 上，上模下行，直到调压杆 16 接触到带定位压边圈 4 上，原则上调压杆 16 同带定位压边圈 4 上的头部圆弧处保留 1.1 倍的料厚间隙，这时拉深工作开始进行。拉深结束，上模上行，带定位压边圈 4 在氮气弹簧 20 的压力下，把该工序的拉深件从拉深凸模 5 上卸下，使拉深件留在拉深凹模 6 内，上模继续上行，直至推杆 11 的头部碰到压力机的打杆上，并利用顶件器 8 把拉深件从凹模内推出。

8.9.2　模座及托板设计

1. 上模座（见图 8-86）

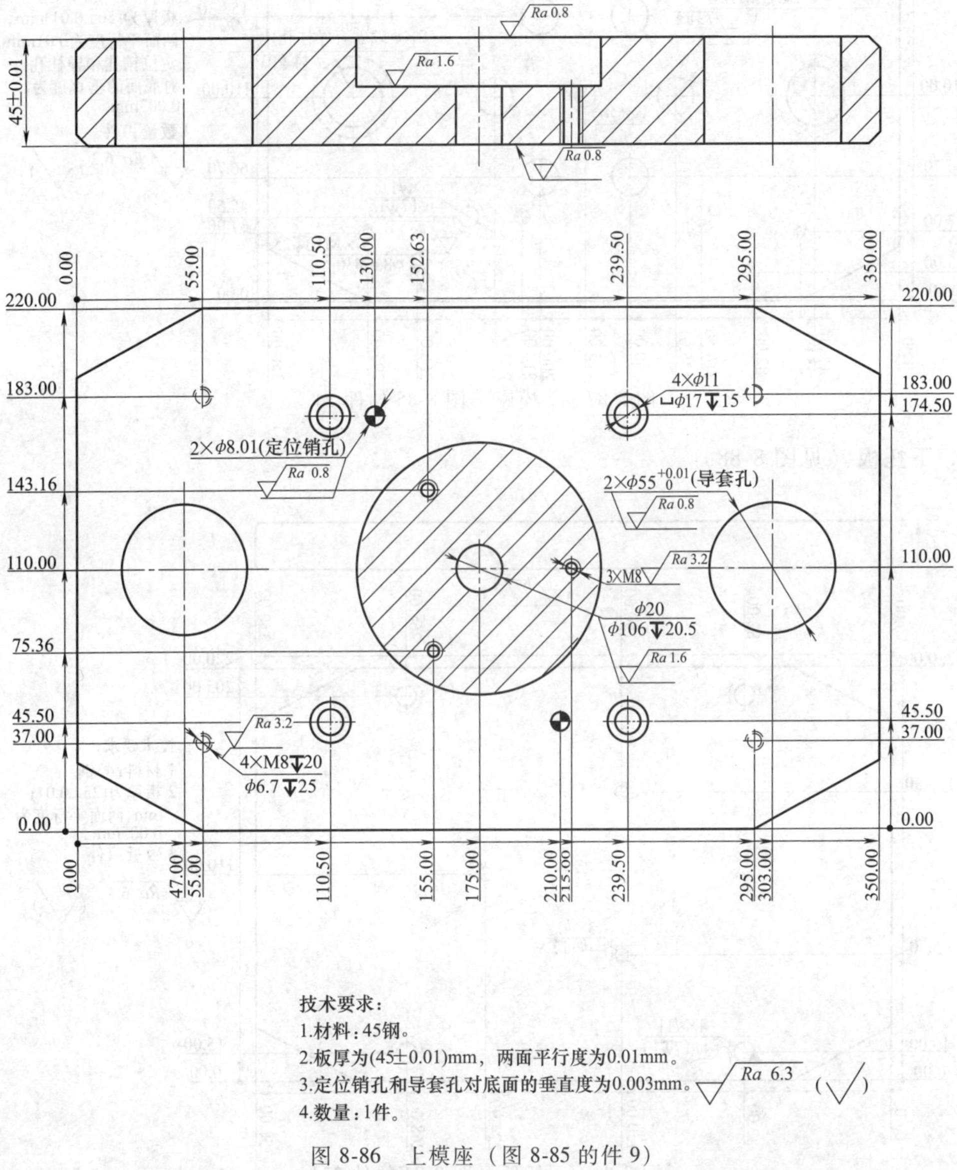

图 8-86　上模座（图 8-85 的件 9）

2. **下模座**（见图 8-87）

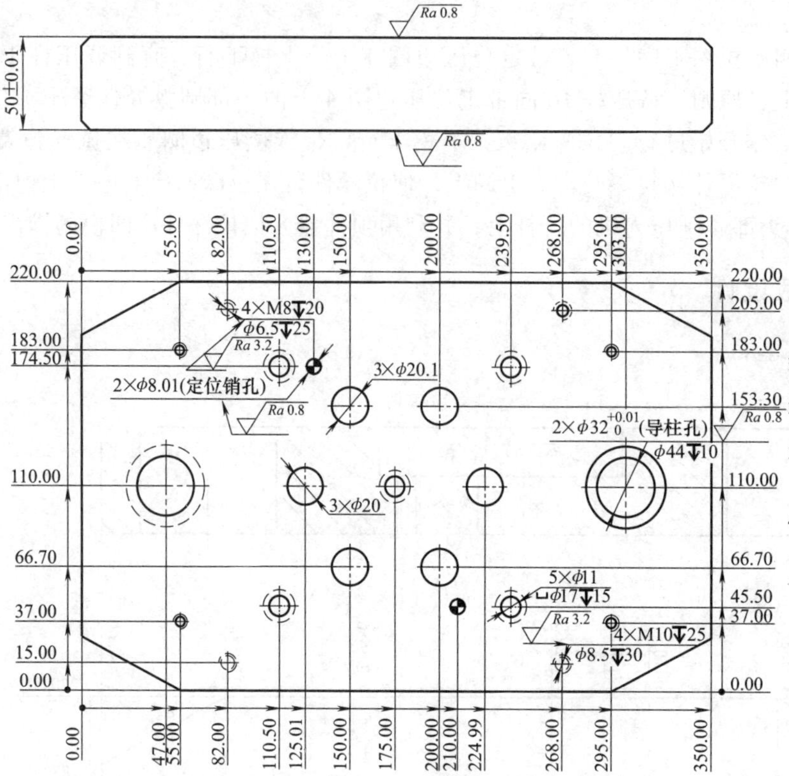

技术要求：
1.材料：45钢。
2.板厚为(50±0.01)mm，两面平行度为0.01mm。
3.定位销孔和导柱孔对底面的垂直度为0.003mm。
4.数量：1件。
$\sqrt{Ra\ 6.3}$ ($\sqrt{}$)

图 8-87 下模座（图 8-85 的件 1）

3. **下托板**（见图 8-88）

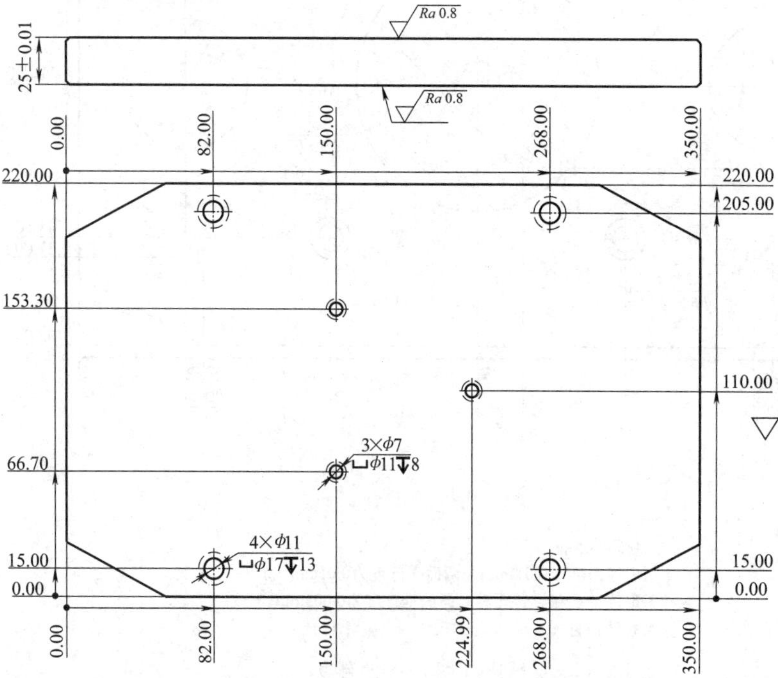

技术要求：
1.材料：45钢。
2.板厚为(25±0.01)mm，两面平行度为0.005mm。
3.数量：1件。
$\sqrt{Ra\ 6.3}$ ($\sqrt{}$)

图 8-88 下托板（图 8-84 的件 22）

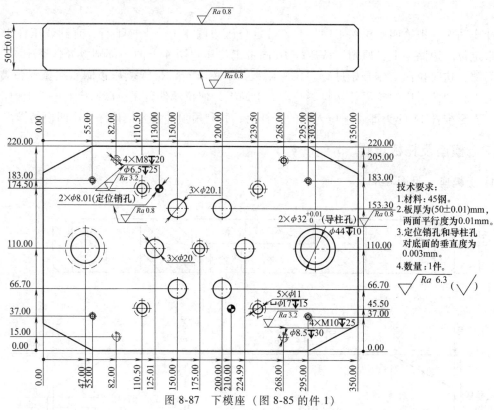

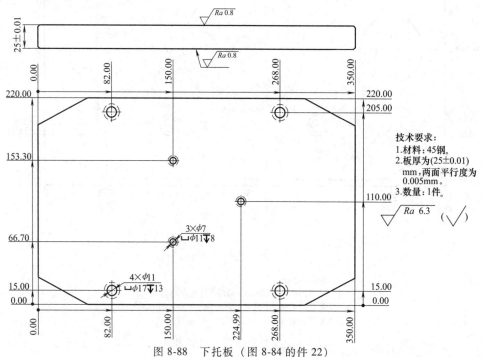

8.9.3　模板设计

1. 衬板（见图 8-89）

2. 拉深凹模垫板（见图 8-90）

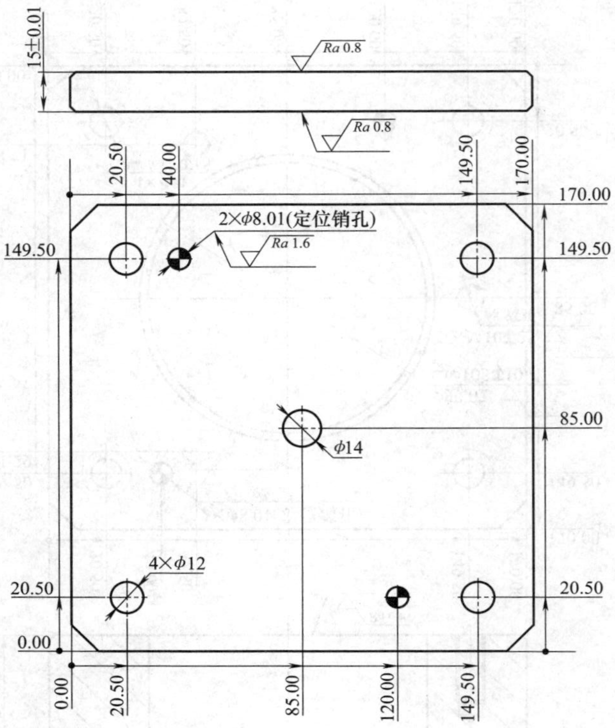

技术要求：
1.材料：Cr12。
2.热处理硬度为53～55HRC。
3.板厚为(15±0.01)mm，两面平行度为0.005mm。
4.数量：1件。
Ra 6.3（√）

图 8-89　衬板（图 8-85 的件 12）

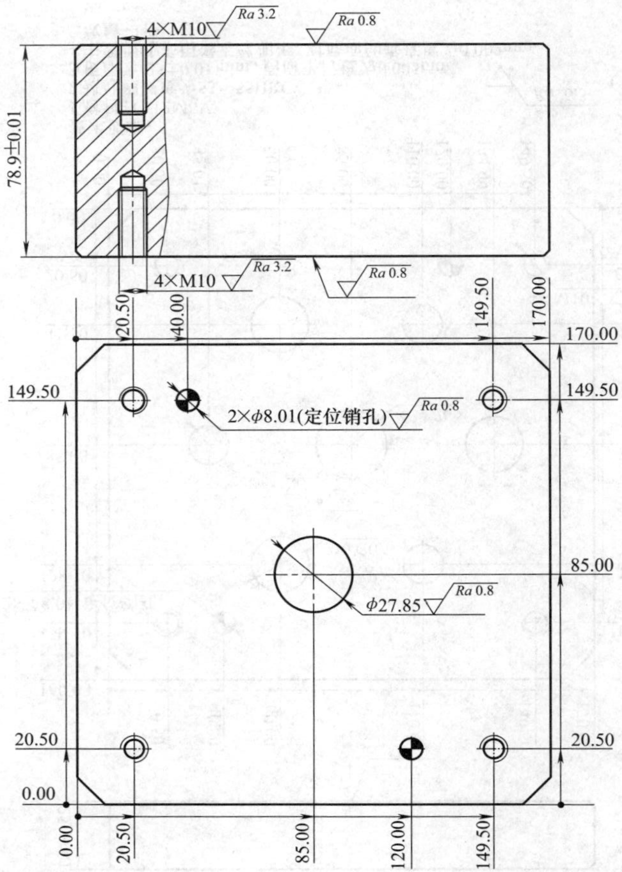

技术要求：
1.材料：Cr12。
2.热处理硬度为53～55HRC。
3.板厚为(78.9±0.01)mm，两面平行度为0.005mm。
4.数量：1件。
Ra 6.3（√）

图 8-90　拉深凹模垫板（图 8-85 的件 14）

3. 拉深凹模固定板（见图 8-91）

4. 拉深凸模固定板（见图 8-92）

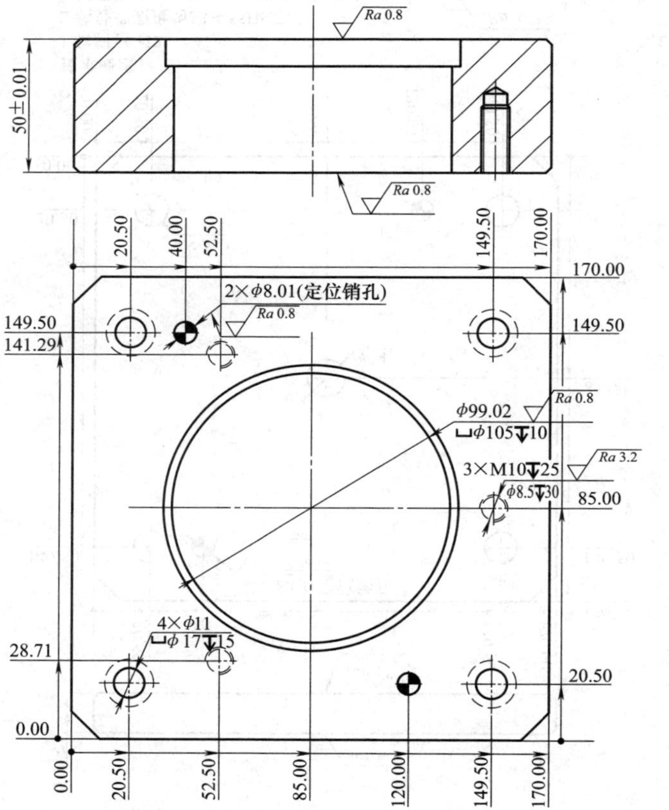

技术要求：
1.材料：Cr12MoV。
2.热处理硬度为55～58HRC。
3.板厚为(50±0.01)mm，两面平行度为0.005mm。
4.主要型孔采用慢走丝加工，对底面的垂直度为0.002mm。
5.数量：1件。

$\sqrt{Ra\ 6.3}$ （$\sqrt{}$）

图 8-91　拉深凹模固定板（图 8-85 的件 15）

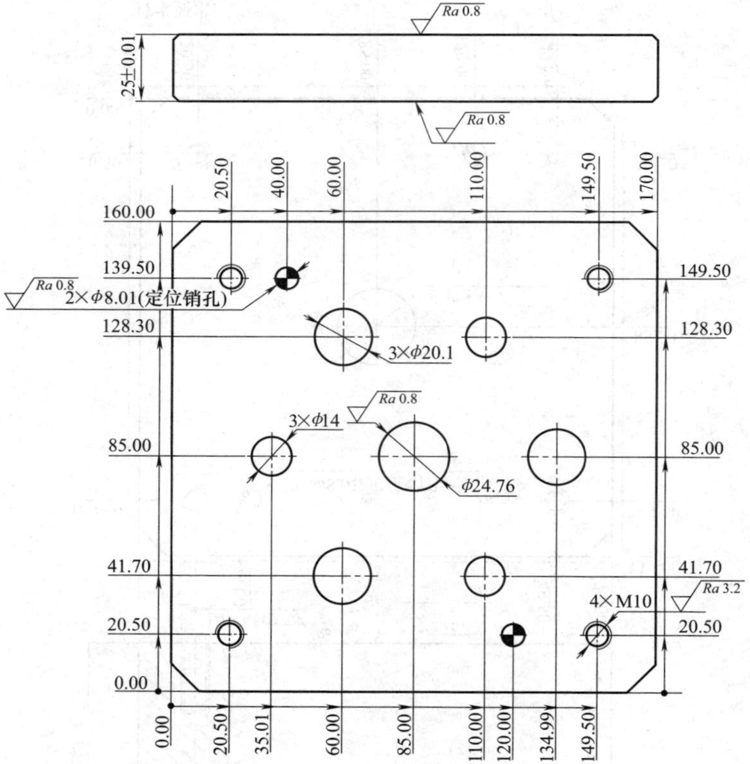

技术要求：
1.材料：Cr12MoV。
2.热处理硬度为53～55HRC。
3.板厚为(25±0.01)mm，两面平行度为0.005mm。
4.主要型孔采用慢走丝加工，对底面的垂直度为0.002mm。
5.数量：1件。

$\sqrt{Ra\ 6.3}$ （$\sqrt{}$）

图 8-92　拉深凸模固定板（图 8-85 的件 2）

5. 拉深凸模垫板（见图 8-93）

8.9.4　模具零部件设计

1. 拉深凸模（见图 8-94）

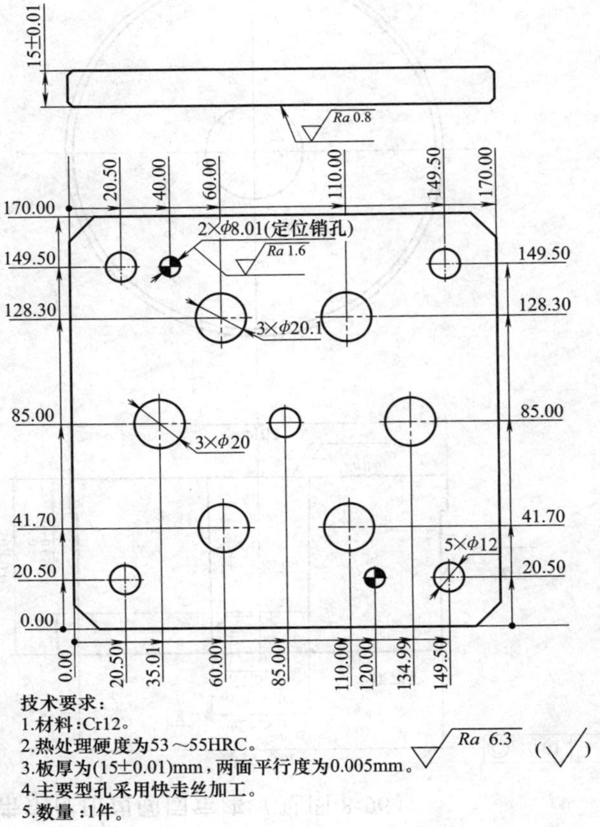

图 8-93　拉深凸模垫板（图 8-85 的件 19）

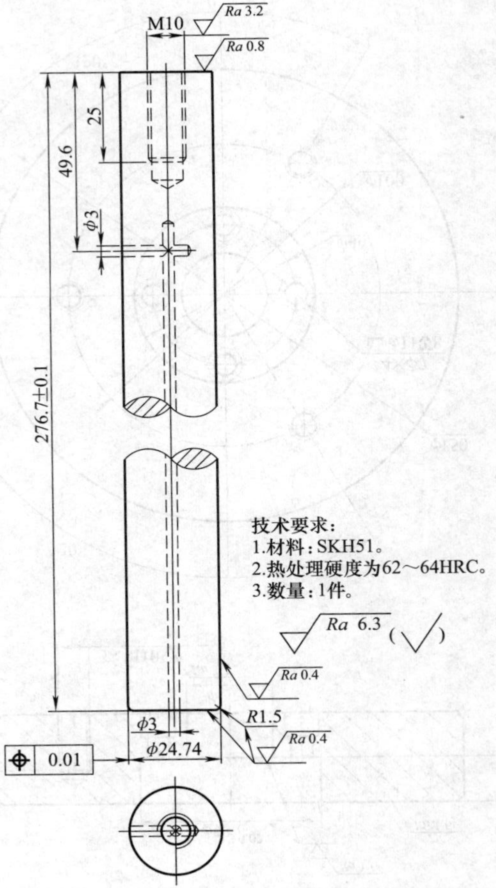

图 8-94　拉深凸模（图 8-85 的件 5）

2. 拉深凹模（见图 8-95）

3. 带定位压边圈固定座（见图 8-96）

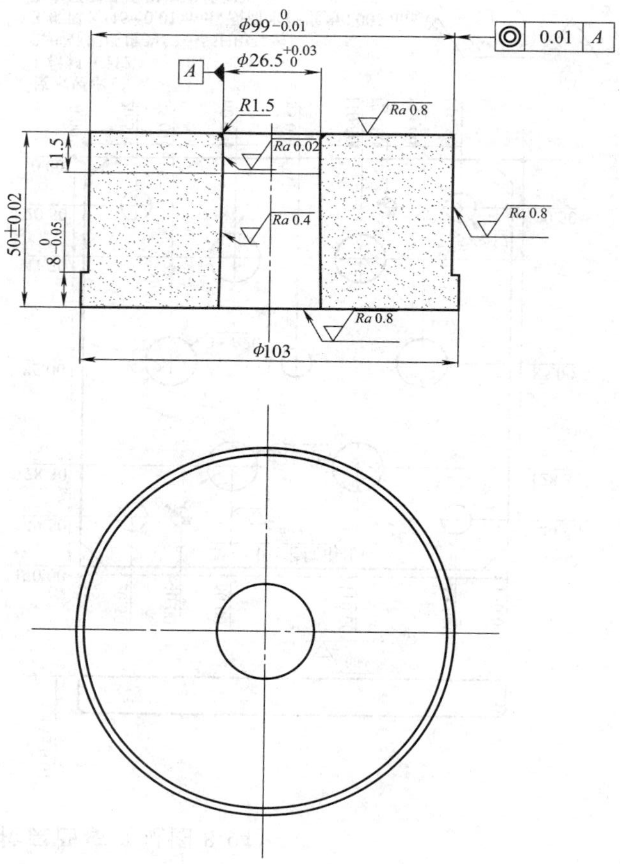

技术要求：
1.材料：YG15。
2.数量：1件。

$\sqrt{Ra\ 1.6}$ ($\surd$)

图 8-95　拉深凹模（图 8-85 的件 6）

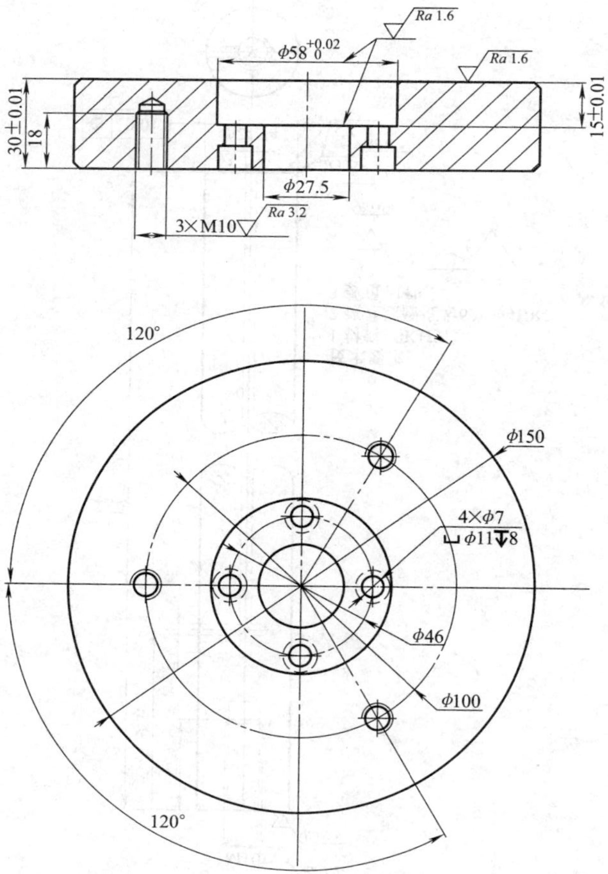

技术要求：
1.材料：Cr12MoV。
2.热处理硬度为55～58HRC。
3.板厚为(30±0.01)mm，两面平行度为0.005mm。
4.数量：1件。

$\sqrt{Ra\ 6.3}$ ($\surd$)

图 8-96　带定位压边圈固定座（图 8-85 的件 18）

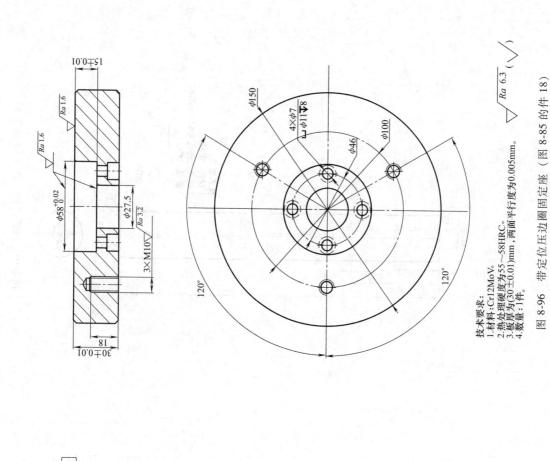

4. 带定位压边圈（见图 8-97）
5. 顶件器（见图 8-98）
6. 推杆（见图 8-99）
7. 调压杆（见图 8-100）

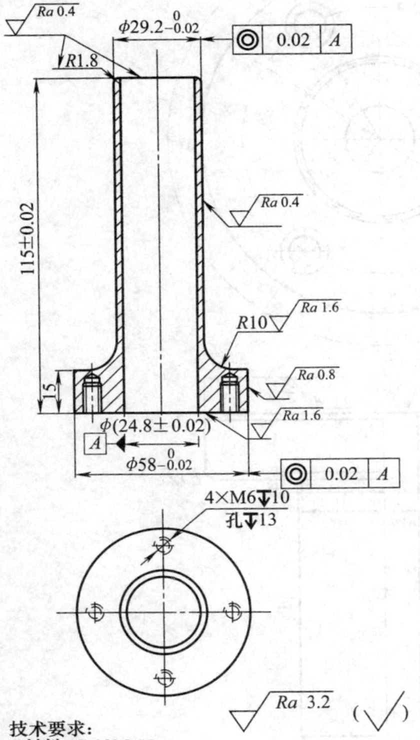

技术要求：
1.材料：Cr12MoV。
2.热处理硬度为55～58HRC。
3.数量：1件。

图 8-97　带定位压边圈
（图 8-85 的件 4）

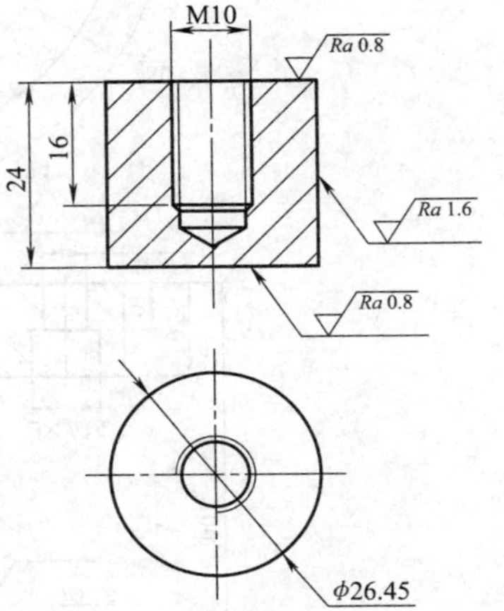

技术要求：
1.材料：Cr12。
2.热处理硬度为53～55HRC。
3.数量：1件。

图 8-98　顶件器
（图 8-85 的件 8）

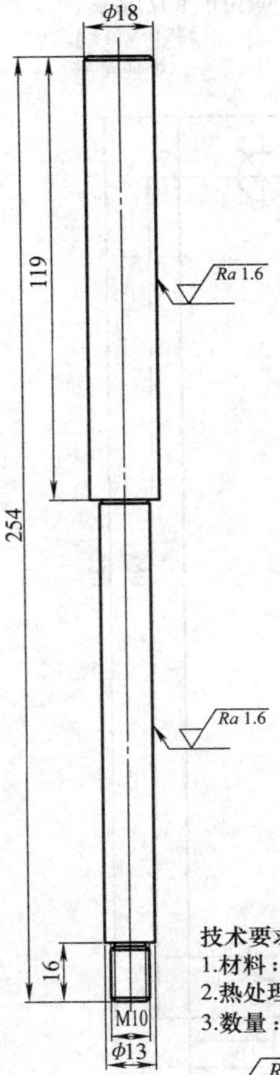

技术要求：
1.材料：CrWMn。
2.热处理硬度为55～58HRC。
3.数量：1件。

Ra 3.2 (√)

图 8-99　推杆
（图 8-85 的件 11）

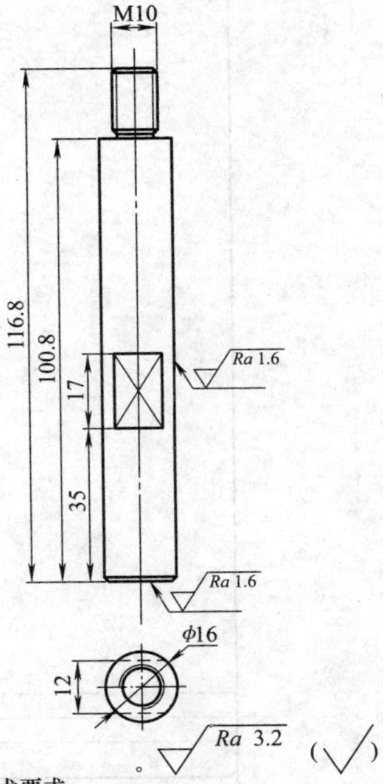

技术要求：
1.材料：CrWMn。
2.热处理硬度为55～58HRC
3.数量：3件。

图 8-100　调压杆
（图 8-85 的件 16）

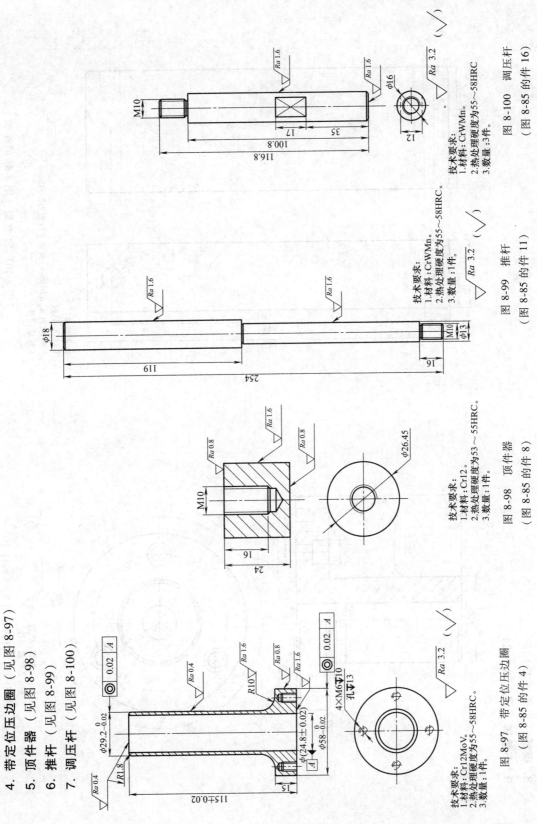

8. **模柄**（见图 8-101）

9. **下垫脚**（见图 8-102）

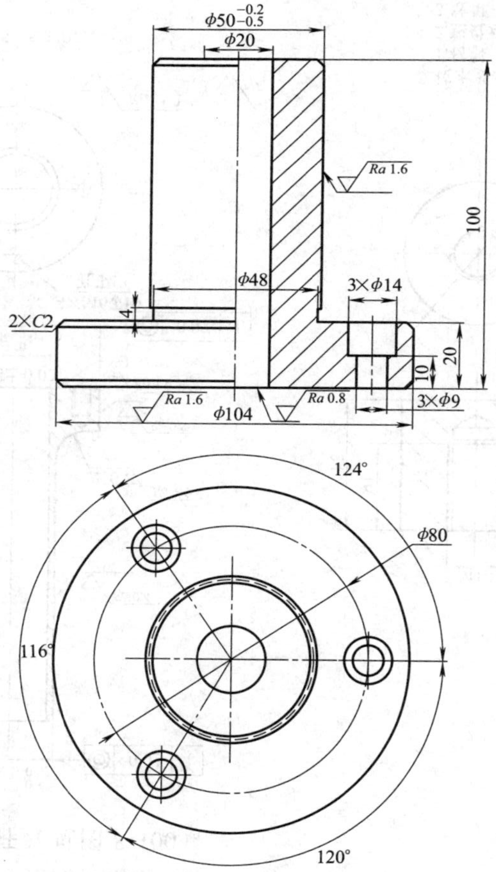

技术要求：
1.材料：45钢。
2.数量：1件。
Ra 6.3 (√)

图 8-101　模柄（图 8-85 的件 10）

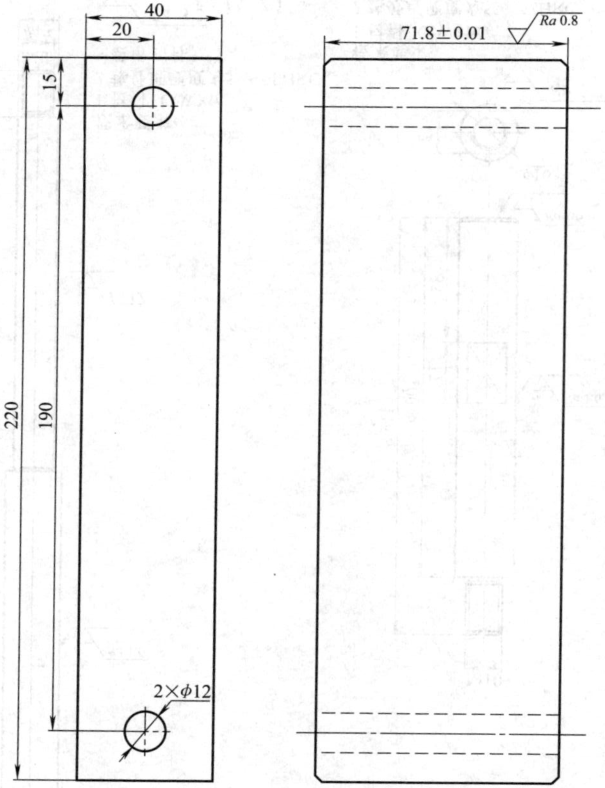

技术要求：
1.材料：45钢。
2.高为(71.8±0.01)mm，两面平行度为0.005mm。Ra 6.3 (√)
3.数量：2件。

图 8-102　下垫脚（图 8-85 的件 21）

10. 限位柱

（1）上限位柱（见图 8-103）

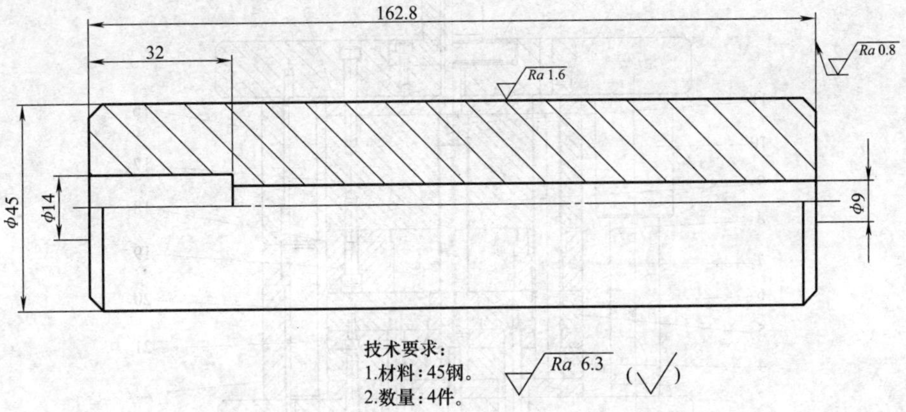

图 8-103　上限位柱（图 8-85 的件 13）

（2）下限位柱（见图 8-104）

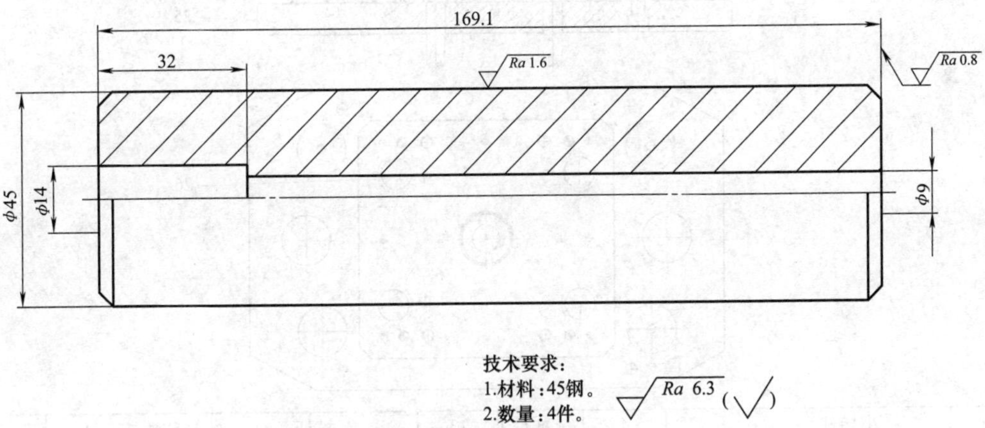

图 8-104　下限位柱（图 8-85 的件 17）

8.10　第六次拉深及凸缘整形

管壳第六次拉深工序图如图 8-3g 所示。

8.10.1　模具总装图设计

管壳第六次拉深模具总装图如图 8-105 所示。该模具结构特点如下：

1）因该工序拉深件的直径同上一工序拉深件的直径相差较小，故凸模不能设置定位压边圈导向。该模具采用拉深凸模作粗定位，而精定位是靠拉深凸模的 *R* 角及拉深凹模的 *R* 角进行导向定位。

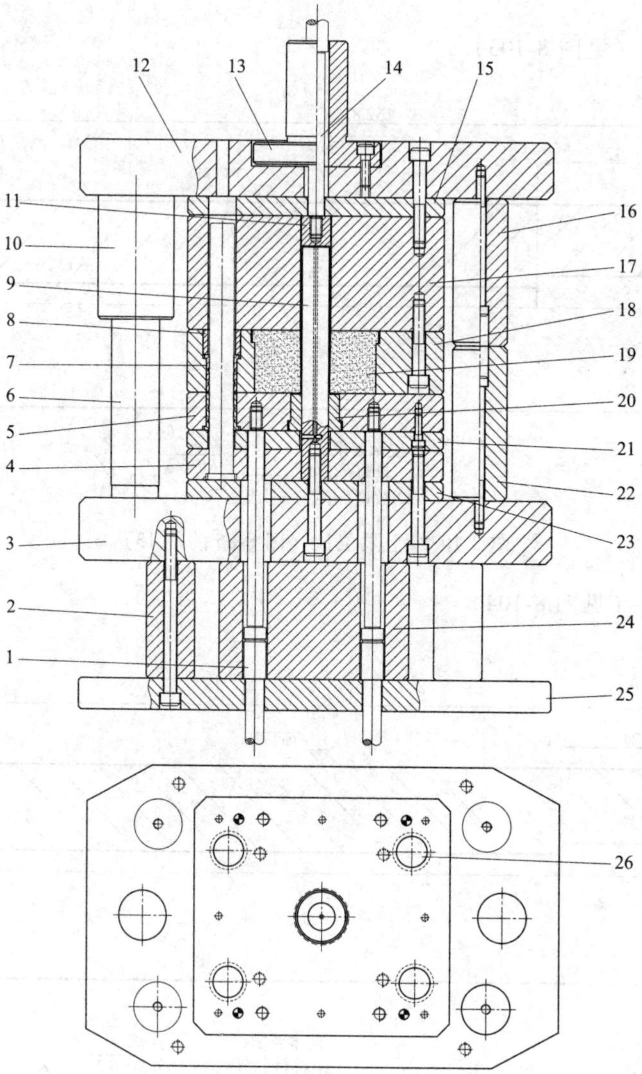

26	小导柱		4	标准件	13	模柄	45 钢	1	
25	下托板	45 钢	1		12	上模座	45 钢	1	
24	下垫脚 2	45 钢	1		11	顶件器	Cr12	1	
23	拉深凸模垫板	Cr12	1		10	导套		2	标准件
22	下限位柱	45 钢	4		9	拉深凸模	SKH51	1	
21	卸料板垫板	Cr12	1		8	垫圈	45 钢	4	
20	卸料板镶件	SKDII	1		7	小导套		4	标准件
19	拉深凹模	YG15	1		6	导柱		2	标准件
18	拉深凹模固定板	Cr12MoV	1		5	卸料板	Cr12MoV	1	
17	拉深凹模垫板	Cr12	1		4	拉深凸模固定板	Cr12	1	
16	上限位柱	45 钢	4		3	下模座	45 钢	1	
15	衬板	Cr12	1		2	下垫脚 1	45 钢	2	
14	推杆	CrWMn	1		1	顶杆	CrWMn	4	
件号	名　称	材　料	数量	备　注	件号	名　称	材　料	数量	备　注

图 8-105　管壳第六次拉深模具总装图

2）该结构中的卸料板只是起卸料及整形凸缘处的平面度作用，不作拉深件的定位。该结构不同于前工序的结构，该结构卸料板要有延迟顶出功能，因此是靠液压机或其他气动延迟顶出机构卸料。

3）冲压动作。卸料板组件先不顶出，把前一工序的拉深件套入拉深凸模 9 上，这时拉深凸模 9 同前一工序的拉深件有比较松动的间隙，拉深凸模 9 只是作拉深件的粗定位作用。上模开始下行，直到拉深凸模 9 头部 *R* 角与毛坯（前一工序拉深件）的顶部 *R* 角及拉深凹模 19 口部的 *R* 角接触这一刻，这时拉深件靠 *R* 角与 *R* 角之间自动导向精确定位。上模继续下行，拉深工作开始进行，拉深快结束时，上模继续下行，边拉深边整形凸缘的平面度，凸缘的平面度是依靠卸料板镶件 20 进行整形的。上模上行，如制件粘在上模上，是靠上模推杆 14 上的顶件器 11 出件，反之粘在下模上，用卸料板出件。卸料板顶出拉深件后，又要复位到原位置，依次循环拉深。

8.10.2　模座及托板设计

1. 上模座（见图 8-106）

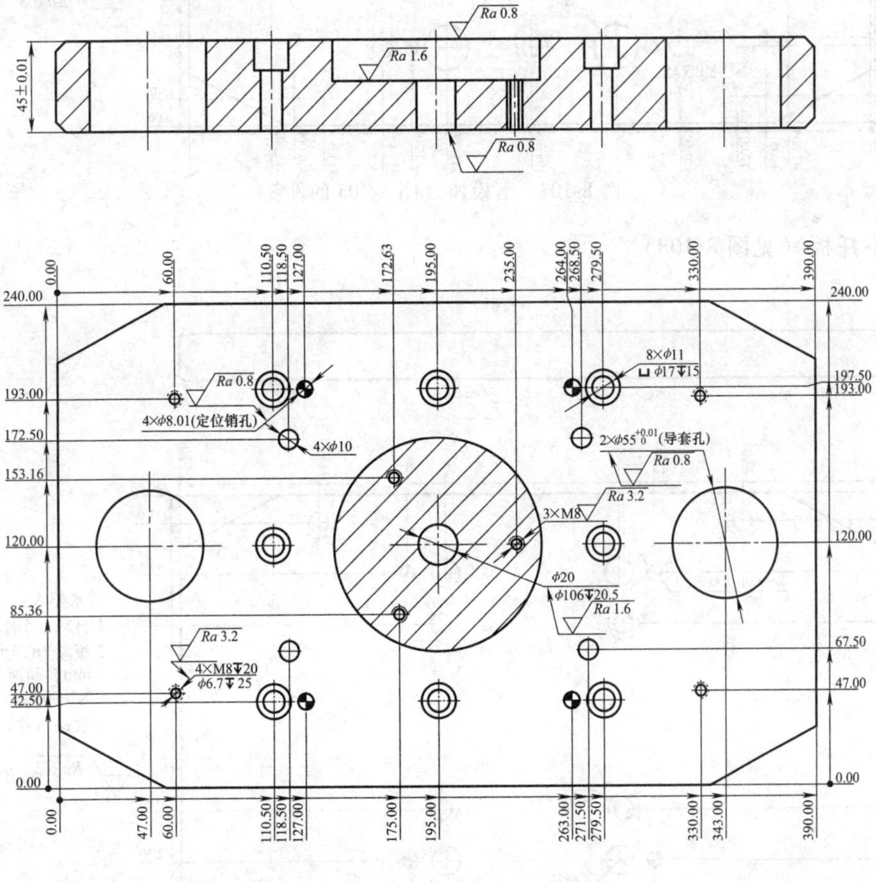

技术要求：
1.材料：45钢。
2.板厚为(45±0.01)mm，两面平行度为0.01mm。
3.定位销孔和导套孔对底面的垂直度为0.003mm。
4.数量：1件。

图 8-106　上模座（图 8-105 的件 12）

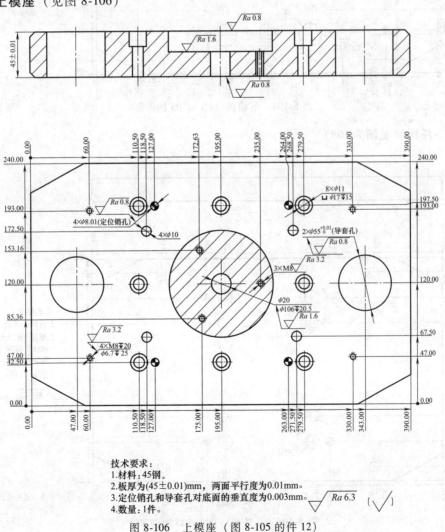

2. **下模座**（见图 8-107）

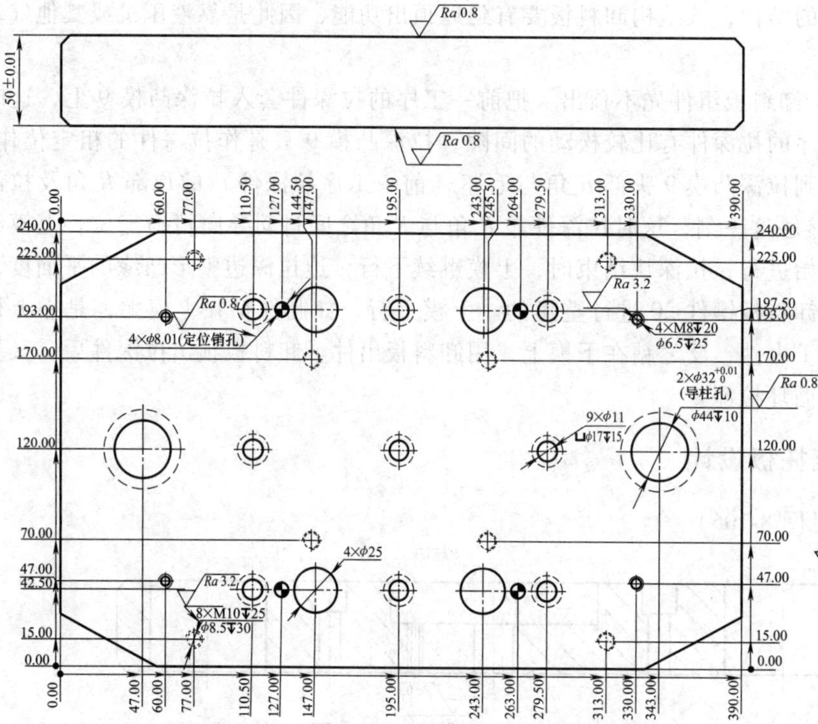

技术要求：
1.材料：45钢。
2.板厚为(50±0.01)mm，两面平行度为0.01mm。
3.定位销孔和导柱孔对底面的垂直度为0.003mm。
4.数量：1件。

$\sqrt{Ra\ 6.3}$ ($\sqrt{}$)

图 8-107　下模座（图 8-105 的件 3）

3. **下托板**（见图 8-108）

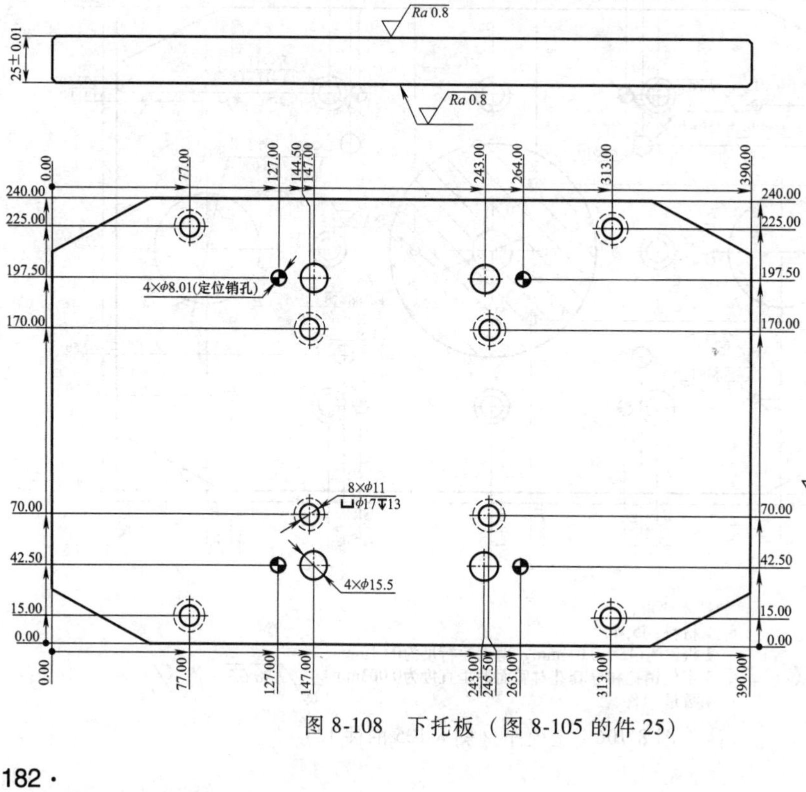

技术要求：
1.材料：45钢。
2.板厚为(25±0.01)mm，两面平行度为0.005mm。
3.数量：1件。

$\sqrt{Ra\ 6.3}$ ($\sqrt{}$)

图 8-108　下托板（图 8-105 的件 25）

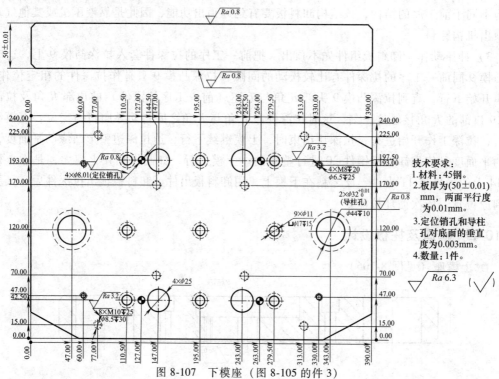

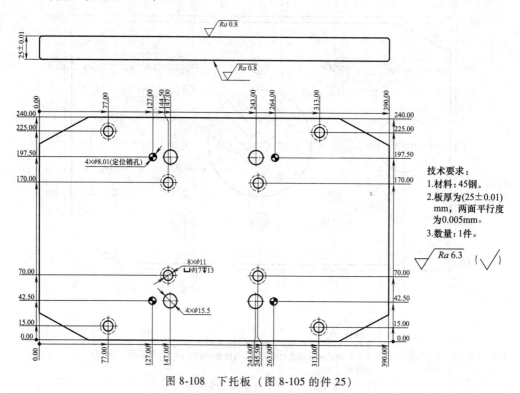

8.10.3　模板设计

1. **衬板**（见图 8-109）
2. **拉深凹模垫板**（见图 8-110）

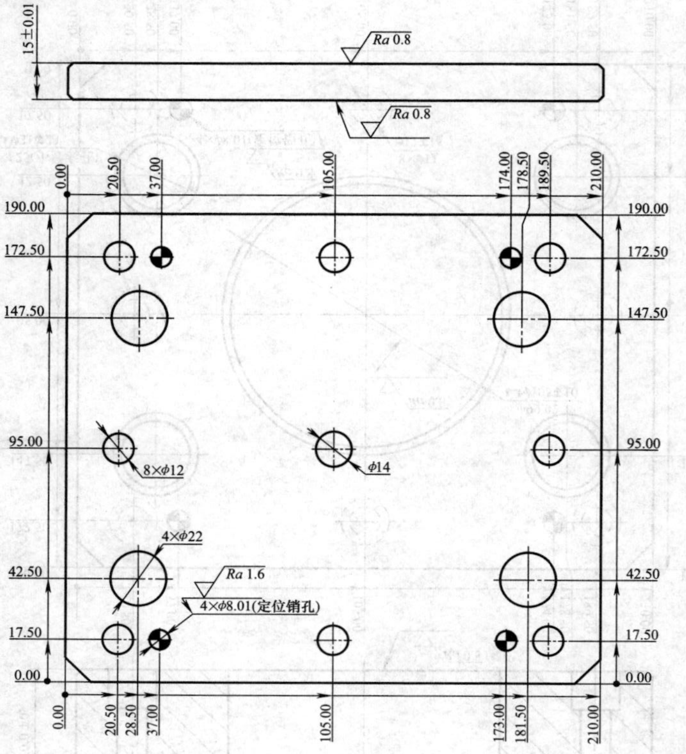

技术要求：
1.材料：Cr12。
2.热处理硬度为53～55HRC。
3.板厚为(15±0.01)mm,两面平行度为0.005mm。　Ra 6.3（√）
4.数量：1件。

图 8-109　衬板（图 8-105 的件 15）

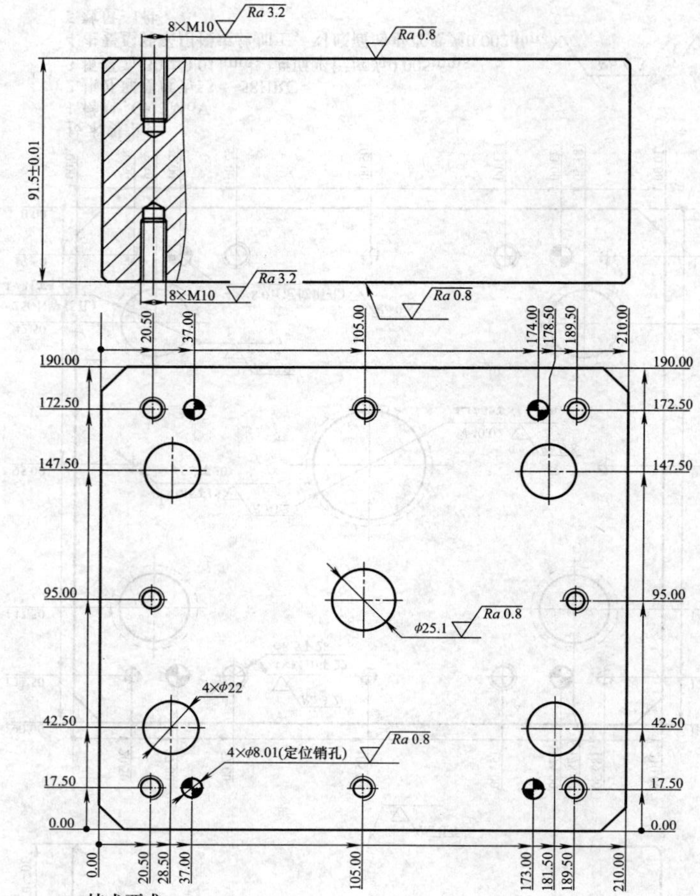

技术要求：
1.材料：Cr12。
2.热处理硬度为53～55HRC。
3.板厚为(91.5±0.01)mm，两面平行度为0.005mm。　Ra 6.3（√）
4.数量：1件。

图 8-110　拉深凹模垫板（图 8-105 的件 17）

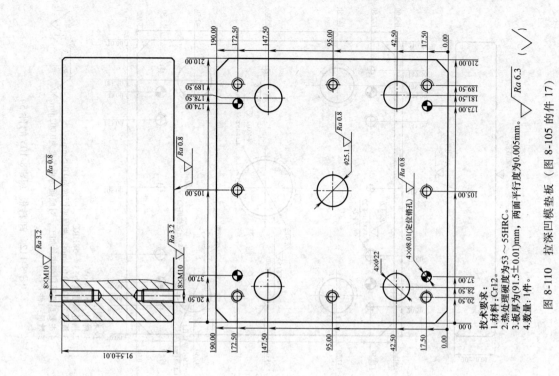

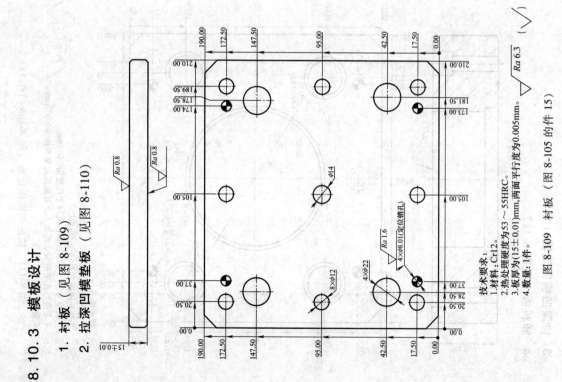

3. 拉深凹模固定板（见图 8-111）

4. 卸料板（见图 8-112）

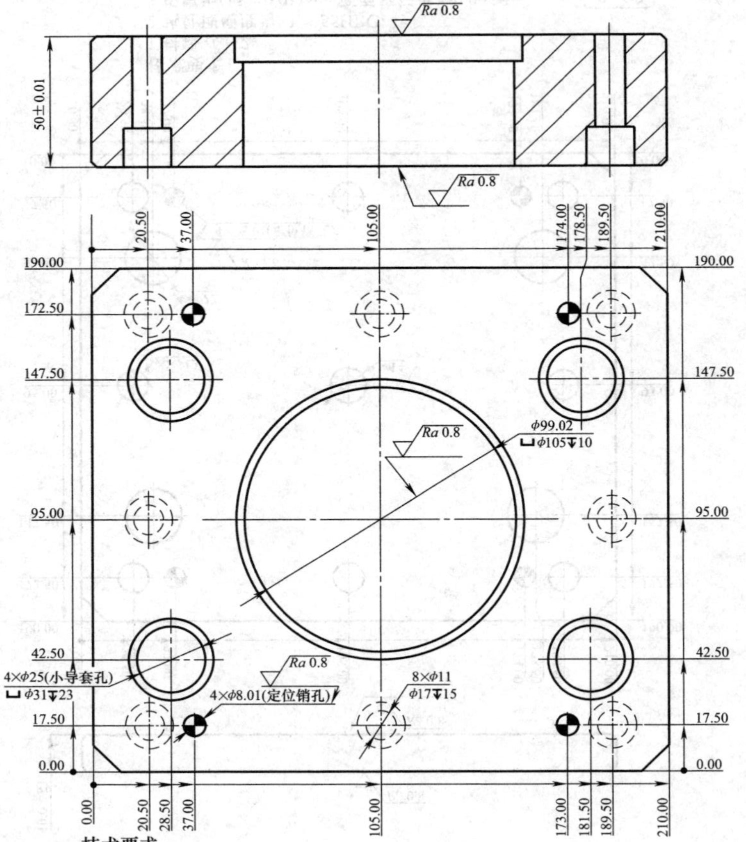

技术要求：
1.材料：Cr12MoV。
2.热处理硬度为55～58HRC。
3.板厚为(50±0.01)mm，两面平行度为0.005mm。
4.主要型孔采用慢走丝加工，对底面的垂直度为0.002mm。
5.数量：1件。

Ra 6.3 (√)

图 8-111 拉深凹模固定板（图 8-105 的件 18）

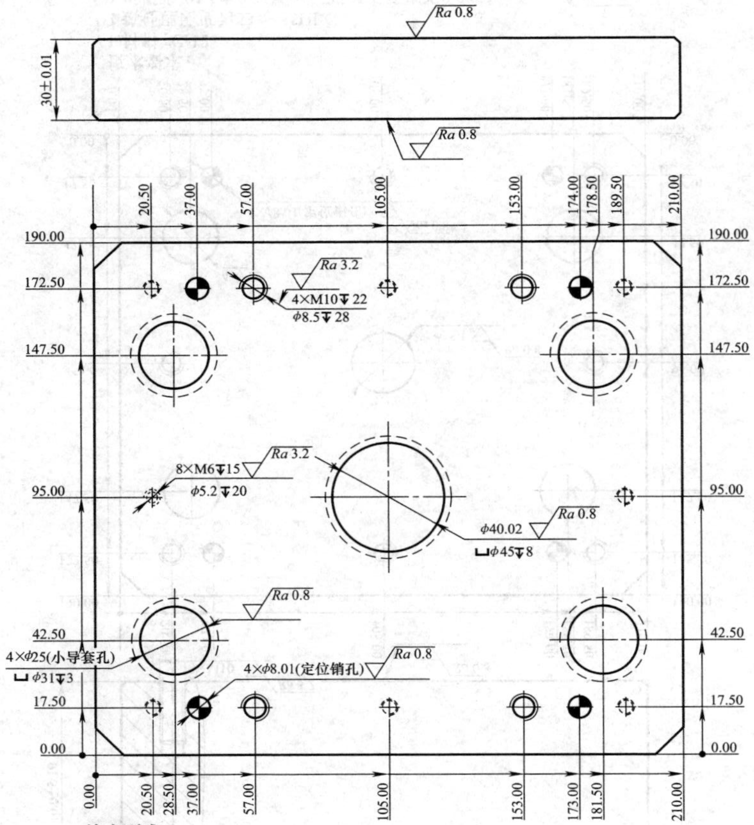

技术要求：
1.材料：Cr12MoV。
2.热处理硬度为55～58HRC。
3.板厚为(30±0.01)mm，两面平行度为0.005mm。
4.主要型孔采用慢走丝加工，对底面的垂直度为0.002mm。
5.数量：1件。

Ra 6.3 (√)

图 8-112 卸料板（图 8-105 的件 5）

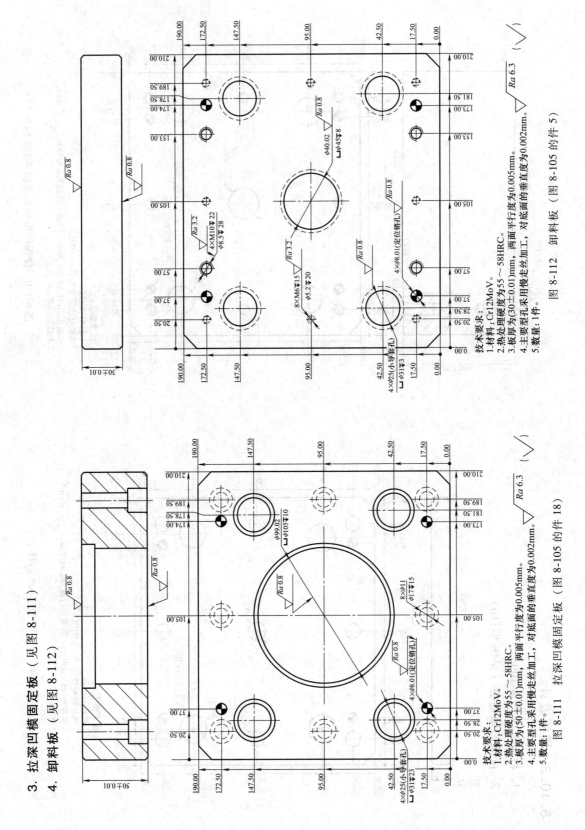

5. **卸料板垫板**（见图 8-113）

6. **拉深凸模固定板**（见图 8-114）

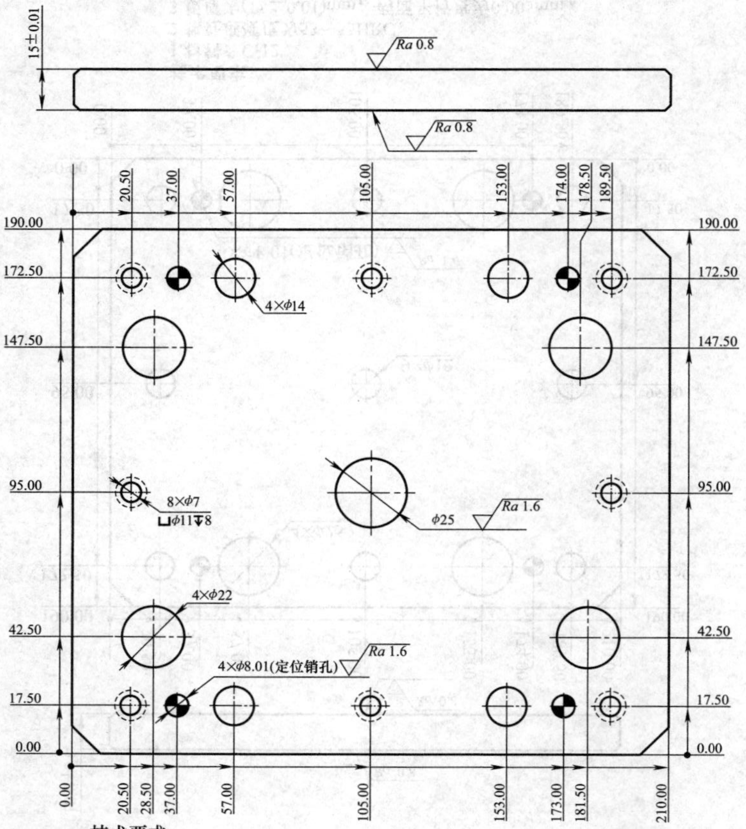

技术要求：
1.材料：Cr12。
2.热处理硬度为53～55HRC。
3.板厚为(15±0.01)mm，两面平行度为0.005mm。
4.主要型孔采用快走丝加工。
5.数量：1件。

Ra 6.3 (√)

图 8-113　卸料板垫板（图 8-105 的件 21）

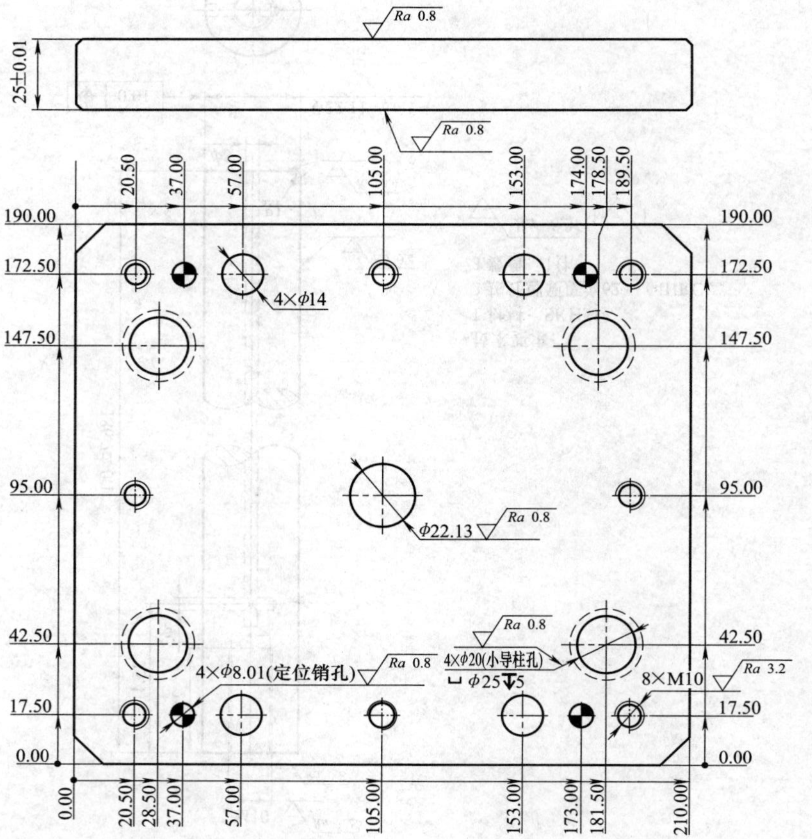

技术要求：
1.材料：Cr12。
2.热处理硬度为53～55HRC。
3.板厚为(25±0.01mm)，两面平行度为0.005mm。
4.主要型孔采用慢走丝加工，对底面的垂直度为0.002mm。
5.数量：1件。

Ra 6.3 (√)

图 8-114　拉深凸模固定板（图 8-105 的件 4）

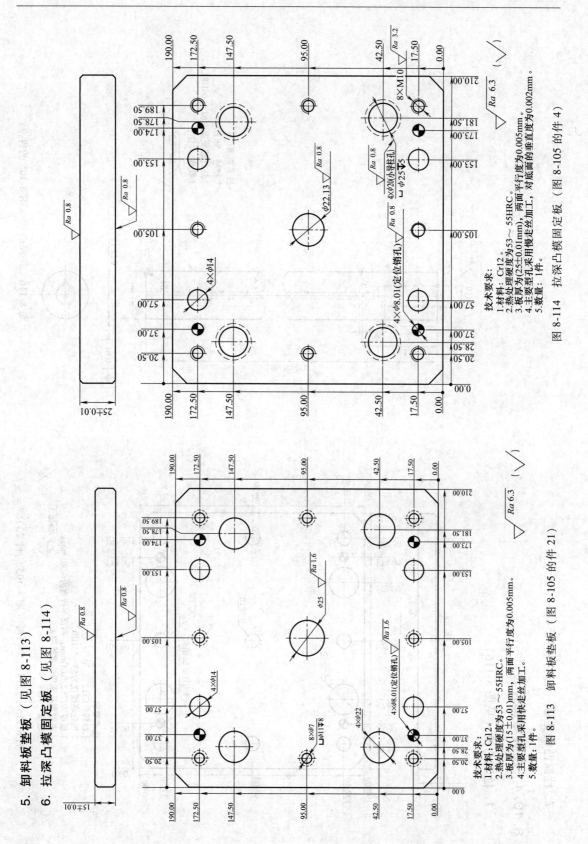

7. 拉深凸模垫板（见图 8-115）

8. 10. 4　模具零部件设计

1. 拉深凸模（见图 8-116）

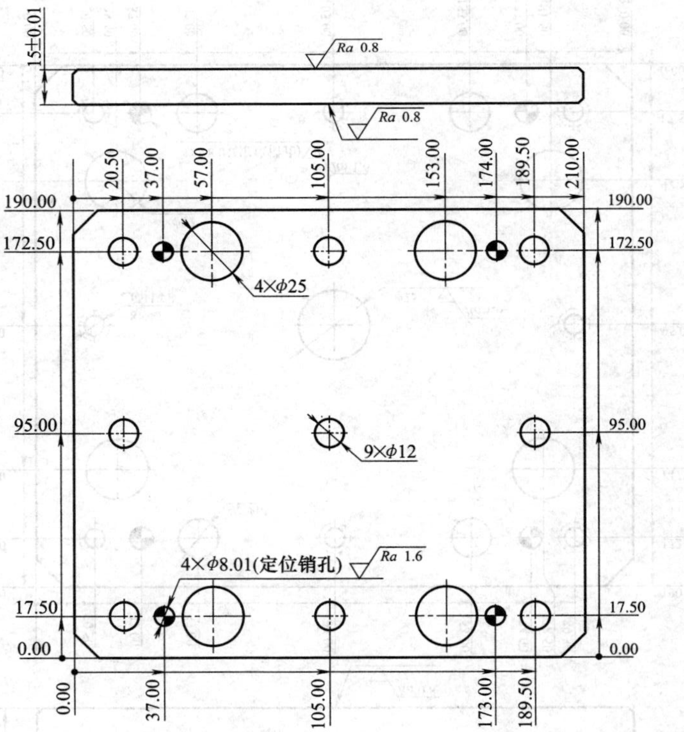

技术要求：
1.材料：Cr12。
2.热处理硬度为53～55HRC。
3.板厚为(15±0.01)mm，两面平行度为0.005mm。
4.主要型孔采用快走丝加工。
5.数量：1件。

Ra 6.3 (√)

图 8-115　拉深凸模垫板（图 8-105 的件 23）

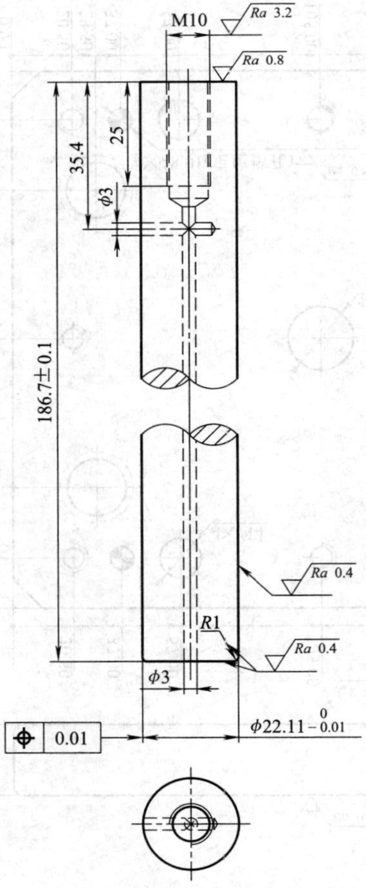

技术要求：
1.材料：SKH51。
2.热处理硬度为62～64HRC。
3.数量：1件。

Ra 6.3 (√)

图 8-116　拉深凸模（图 8-105 的件 9）

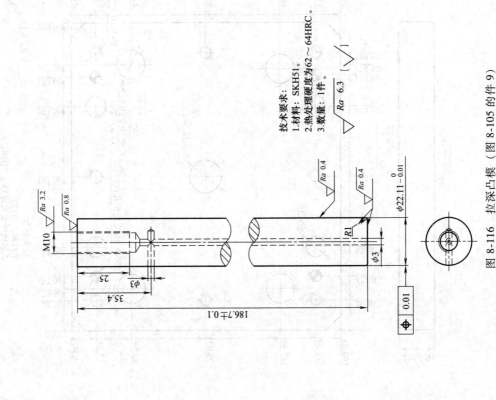

2. **拉深凹模**（见图 8-117）

3. **推杆**（见图 8-118）

4. **卸料板镶件**（见图 8-119）

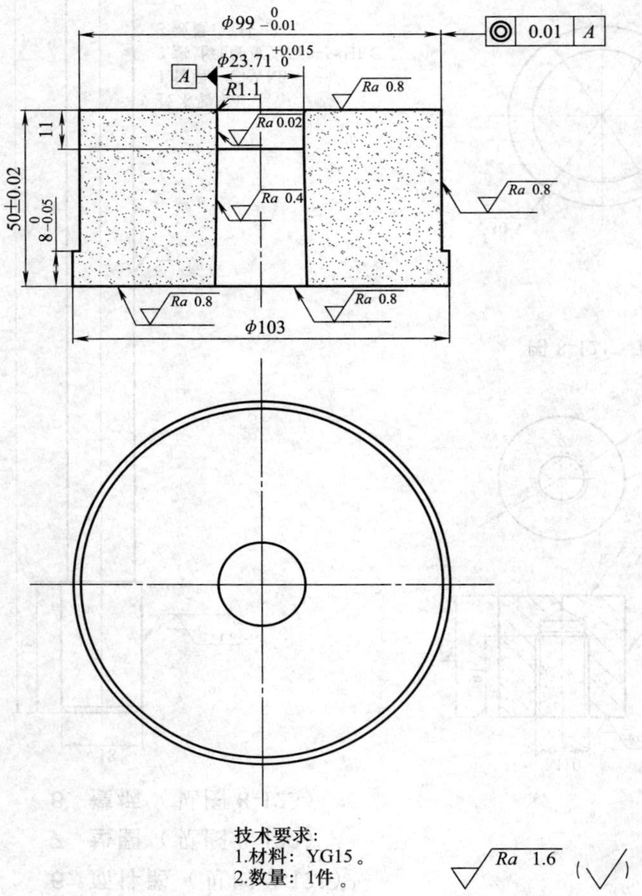

图 8-117　拉深凹模（图 8-105 的件 19）

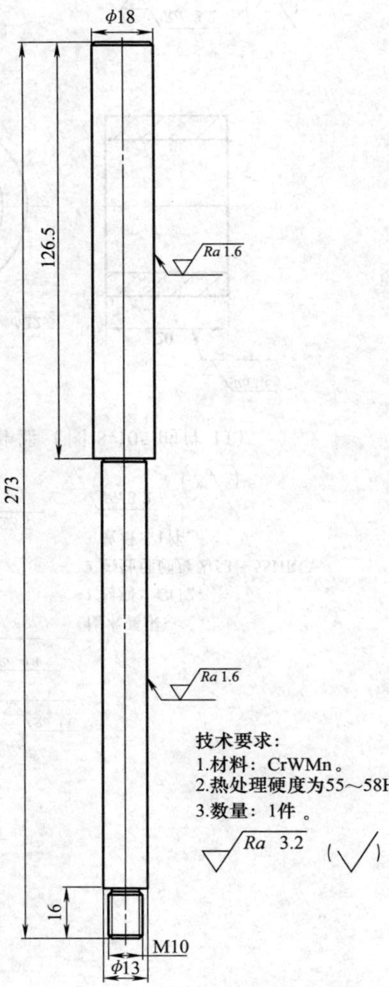

图 8-118　推杆（图 8-105 的件 14）

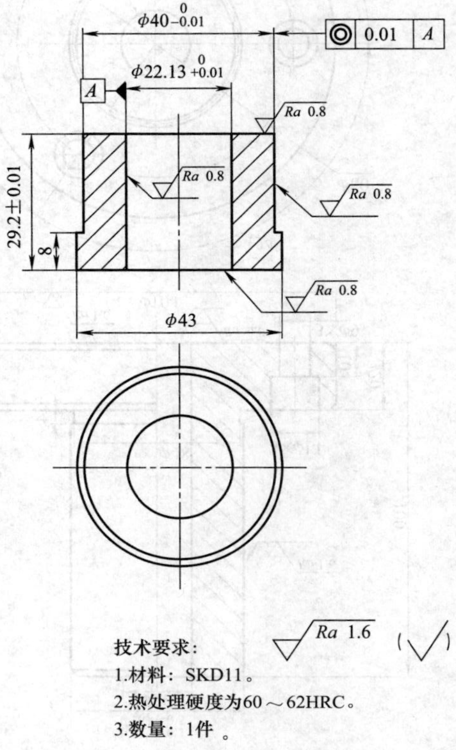

图 8-119　卸料板镶件（图 8-105 的件 20）

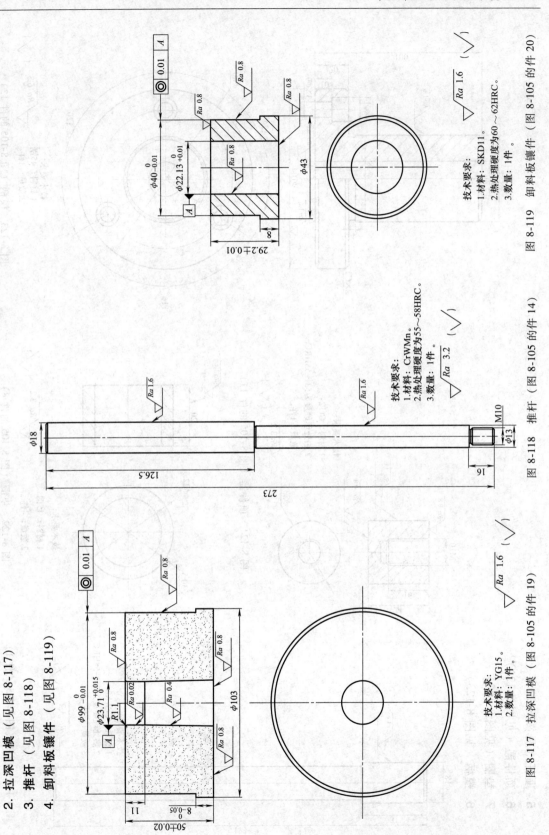

5. 顶杆（见图 8-120）
6. 顶件器（见图 8-121）
7. 垫圈（见图 8-122）
8. 模柄（见图 8-123）

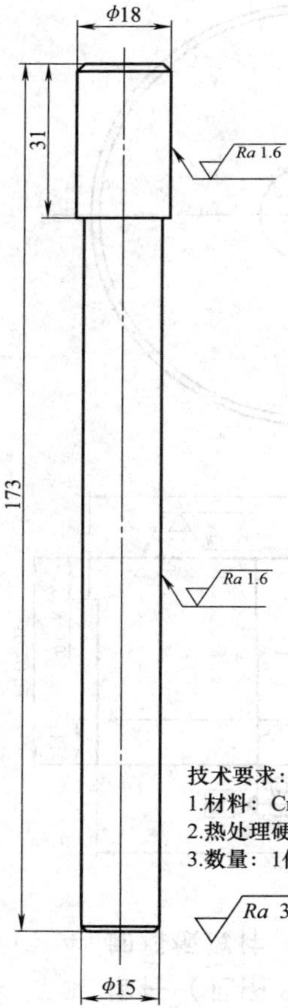

技术要求：
1.材料：CrWMn。
2.热处理硬度为55～58HRC 。
3.数量：1件 。

Ra 3.2 （√）

图 8-120　顶杆（图 8-105 的件 1）

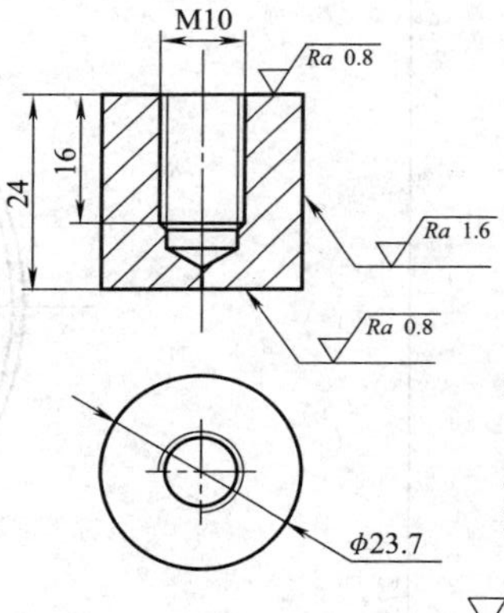

技术要求：
1.材料：Cr12。
2.热处理硬度为53～55HRC 。
3.数量：1件。

Ra 3.2 （√）

图 8-121　顶件器（图 8-105 的件 11）

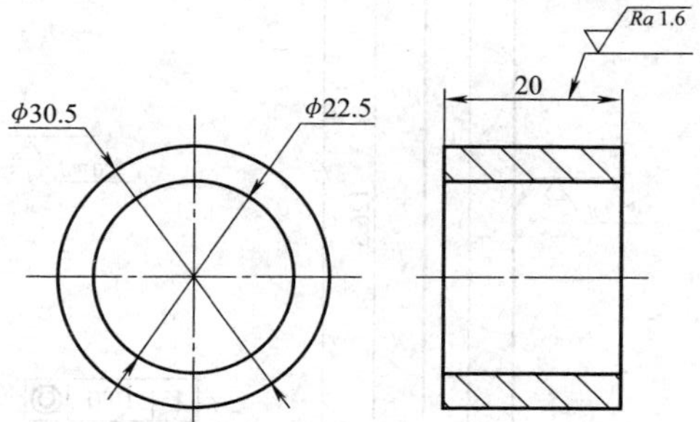

技术要求：
1.材料：45钢 。
2.数量：4件 。

Ra 3.2 （√）

图 8-122　垫圈（图 8-105 的件 8）

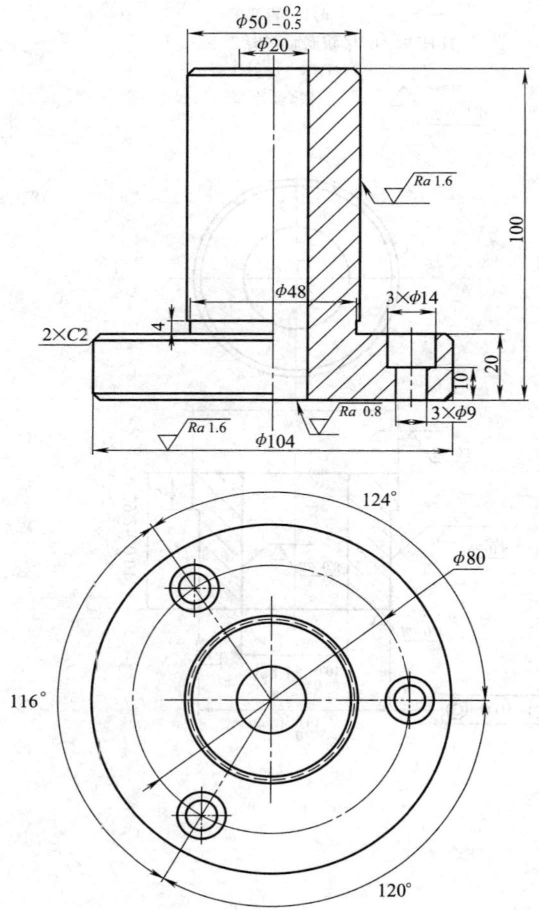

技术要求：
1.材料：45钢。
2.数量：1件。

Ra 6.3 （√）

图 8-123　模柄（图 8-105 的件 13）

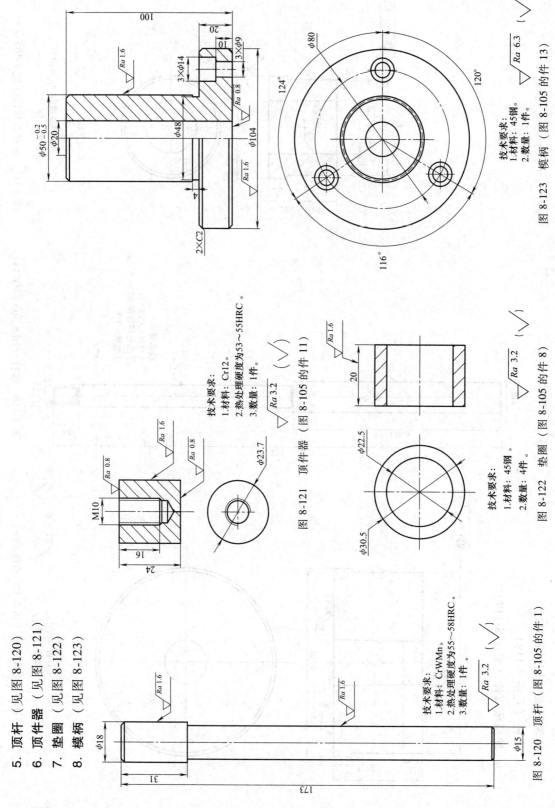

9. 下垫脚 1（见图 8-124）

10. 下垫脚 2（见图 8-125）

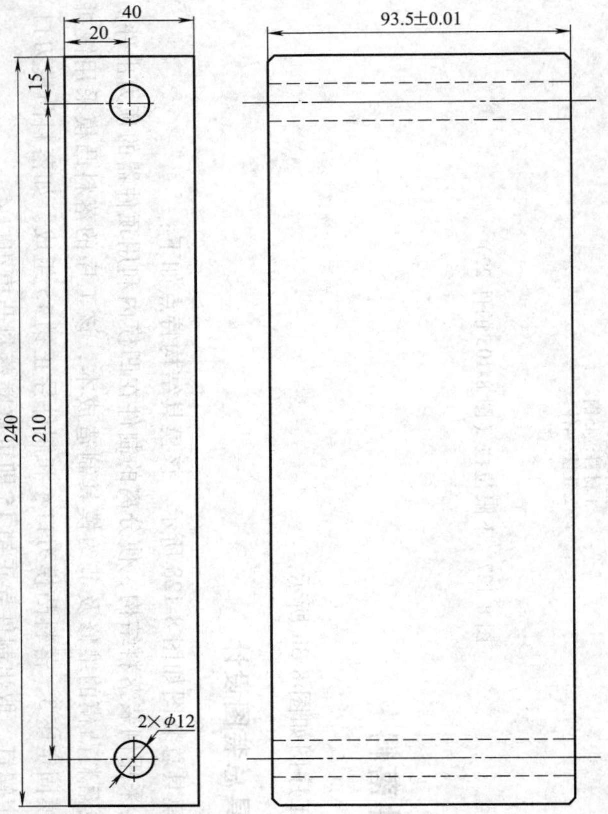

技术要求：
1.材料：45钢。
2.高为(93.5±0.01)mm，两面平行度为0.005mm。
3.数量：2件。

Ra 6.3（√）

图 8-124　下垫脚 1（图 8-105 的件 2）

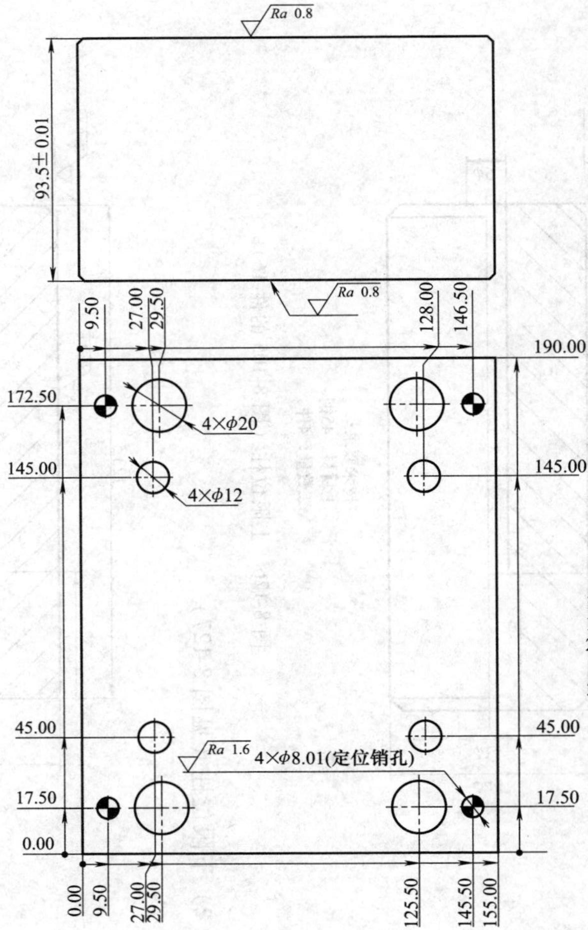

技术要求：
1.材料：45钢。
2.高为(93.5±0.01)mm，
　两面平行度为0.005mm。
3.数量：1件。

Ra 6.3（√）

图 8-125　下垫脚 2（图 8-105 的件 24）

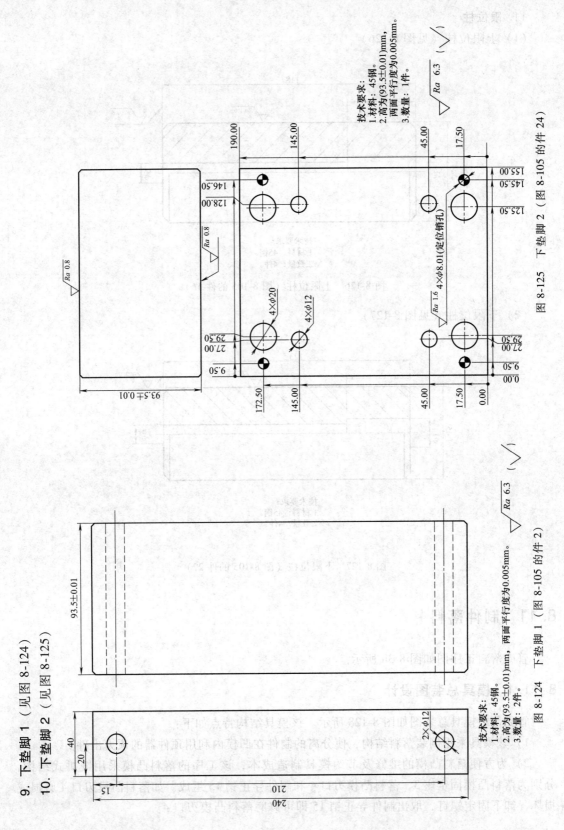

11. 限位柱

（1）上限位柱（见图 8-126）

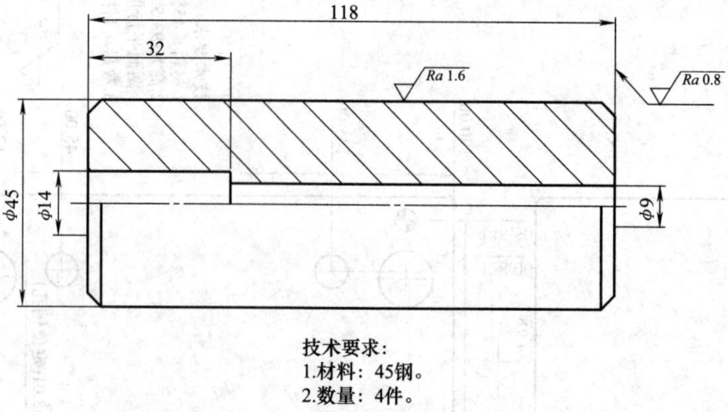

图 8-126　上限位柱（图 8-105 的件 16）

（2）下限位柱（见图 8-127）

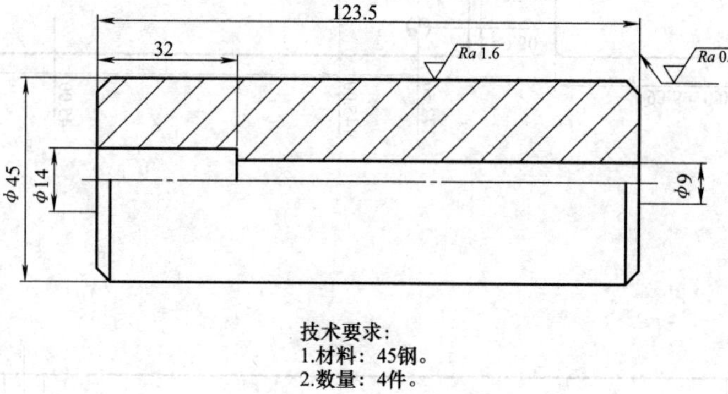

图 8-127　下限位柱（图 8-105 的件 22）

8.11　制件落料

管壳落料工序图如图 8-3h 所示。

8.11.1　模具总装图设计

管壳落料模具总装图如图 8-128 所示。该模具结构特点如下：

1）该模具采用倒装落料结构，使分离的制件在凹模内利用顶件器的顶力出件。

2）为方便落料凸模的维修及节约模具制造成本，该工序的落料凸模采用镶拼式结构，分别为落料凸模固定座 3、落料凸模刃口 4 和制件导正销 15 组成。如落料凸模刃口 4 磨损或损坏，卸下固定螺钉，取出制件导正销 15 即可修磨落料凸模刃口 4。

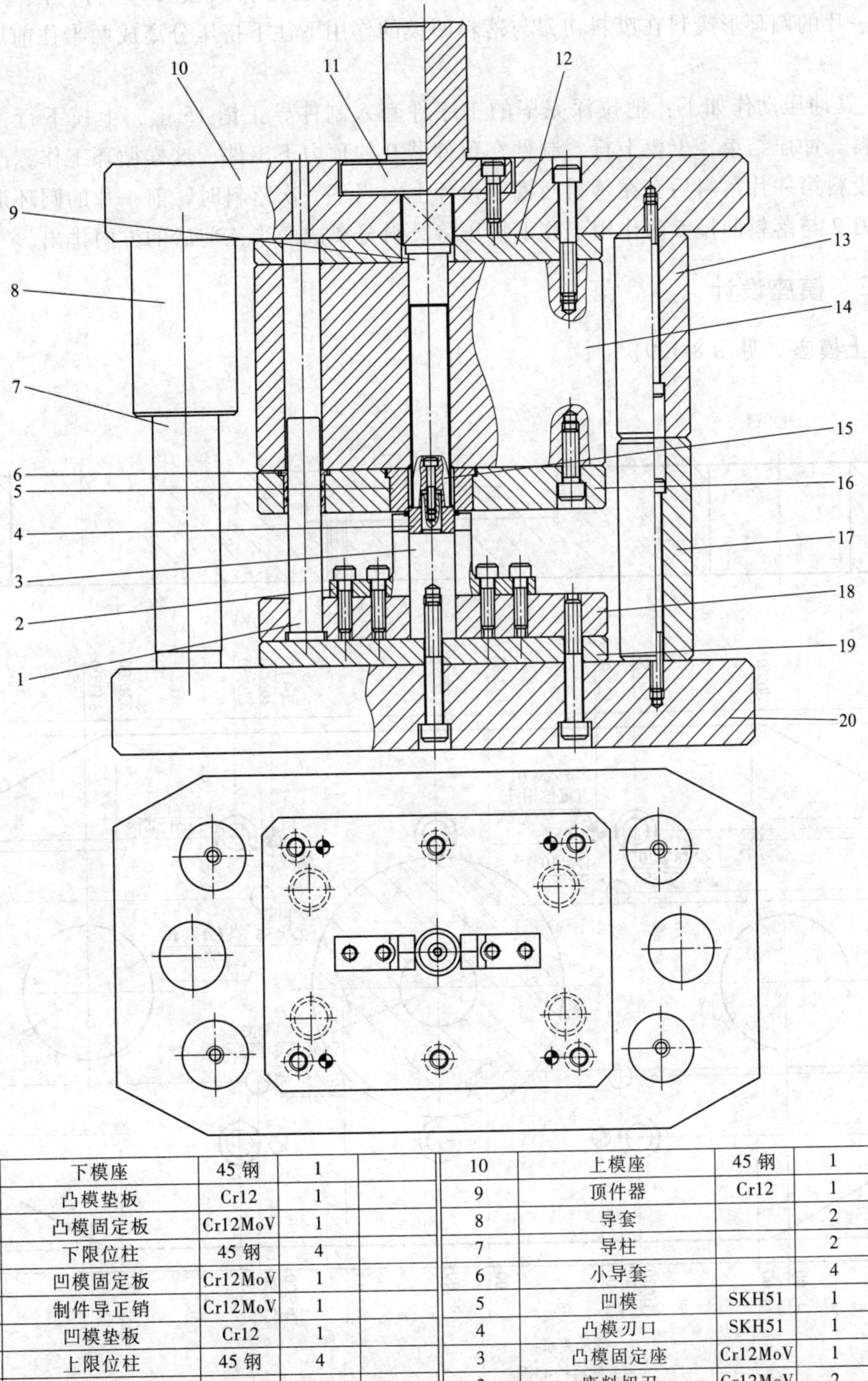

20	下模座	45 钢	1		10	上模座	45 钢	1	
19	凸模垫板	Cr12	1		9	顶件器	Cr12	1	
18	凸模固定板	Cr12MoV	1		8	导套		2	标准件
17	下限位柱	45 钢	4		7	导柱		2	标准件
16	凹模固定板	Cr12MoV	1		6	小导套		4	标准件
15	制件导正销	Cr12MoV	1		5	凹模	SKH51	1	
14	凹模垫板	Cr12	1		4	凸模刃口	SKH51	1	
13	上限位柱	45 钢	4		3	凸模固定座	Cr12MoV	1	
12	衬板	Cr12	1		2	废料切刀	Cr12MoV	2	
11	模柄	45 钢	1		1	小导柱		4	标准件
件号	名　称	材　料	数量	备　注	件号	名　称	材　料	数量	备　注

图 8-128　管壳落料模具总装图

3）该结构的凸缘处的圆环形废料第一片落料后套在落料凸模刃口上，当下一次落料时，前一片的圆环形废料在废料切刀与落料凹模的作用下往下挤压分离成两半往前后的方向排出。

4）其冲压动作如下：把拉深完毕的工序件套入制件导正销 15 上，上模下行，对制件开始落料。冲压结束，上模上行，制件在顶件器 9 的顶力下出件，这样循环工作，凸缘处的圆环形废料第一片落料后套在落料凸模刃口 4 上，当下一次落料时，前一片的圆环形废料在废料切刀 2 与落料凹模 5 的作用下往下挤压将废料分离成两半往前后的方向排出。

8.11.2 模座设计

1. 上模座（见图 8-129）

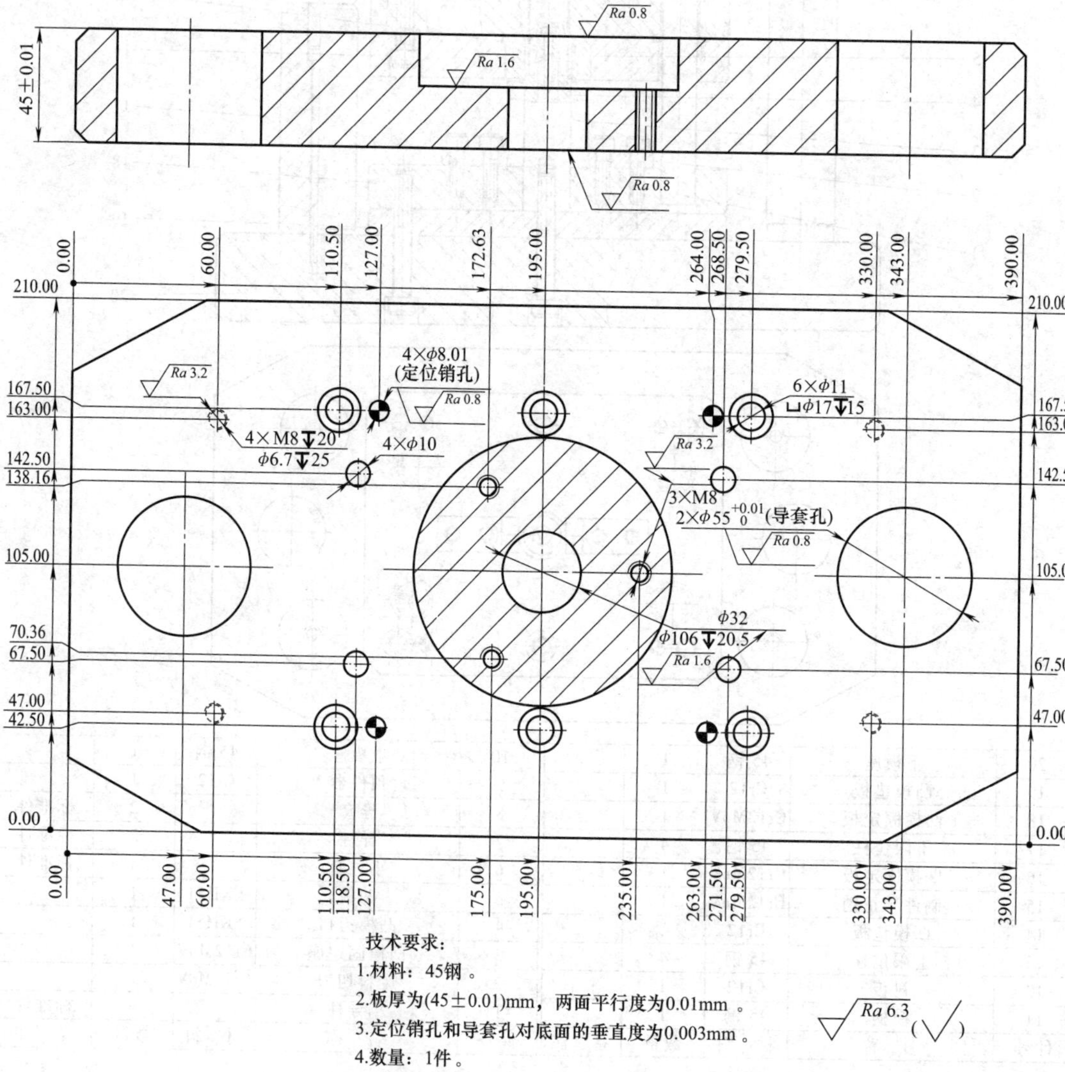

图 8-129　上模座（图 8-128 的件 10）

2. 下模座（见图 8-130）

8.11.3　模板设计

1. 衬板（见图 8-131）

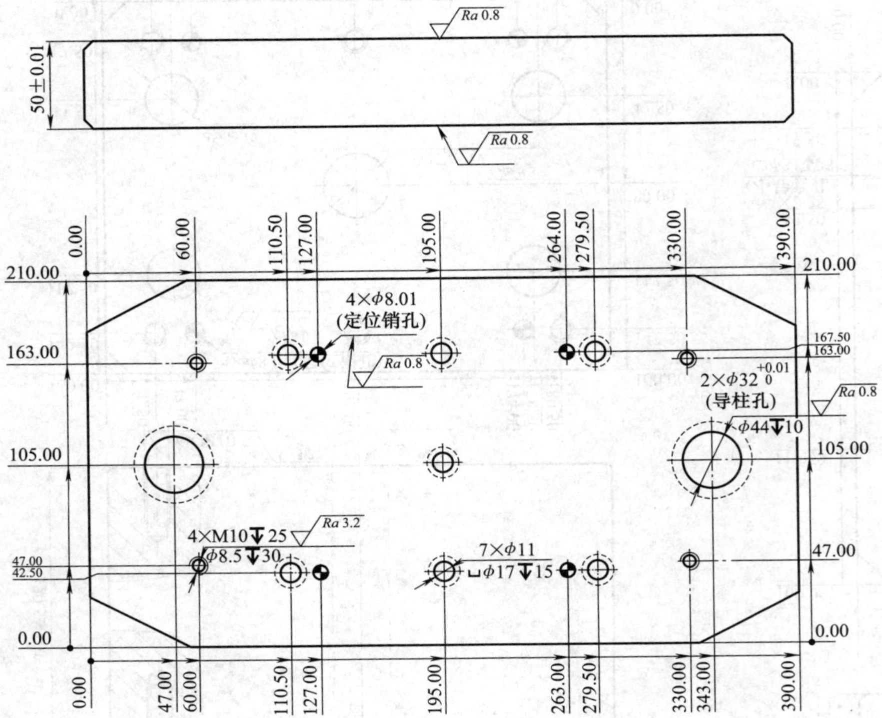

技术要求：
1.材料：45钢。
2.板厚为(50±0.01)mm，两面平行度为0.01mm。
3.定位销孔和导柱孔对底面的垂直度为0.003mm。
4.数量：1件。

Ra 6.3 (√)

图 8-130　上模座（图 8-128 的件 20）

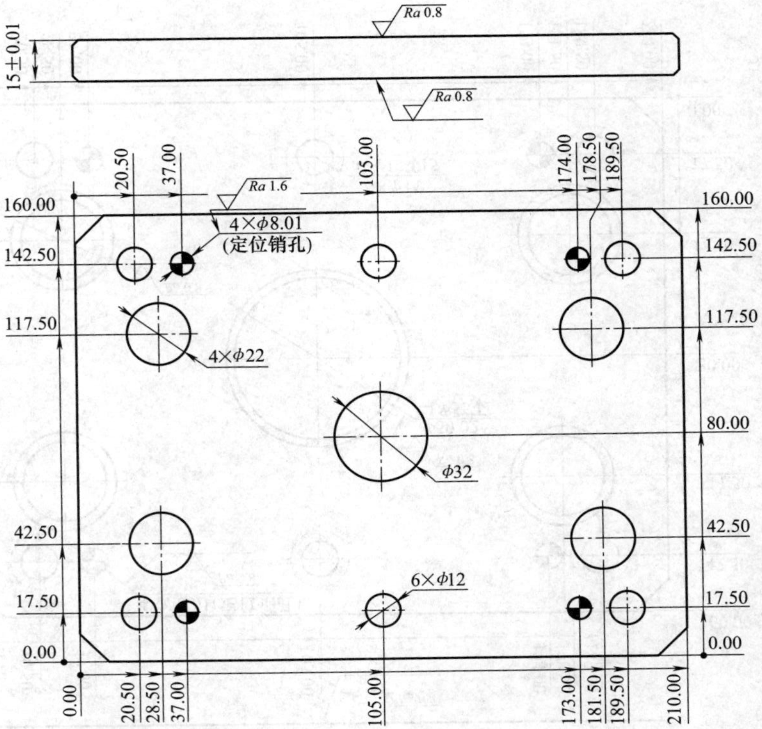

技术要求：
1.材料：Cr12。
2.热处理硬度为53～55HRC。
3.板厚为(15±0.01)mm，两面平行度为0.005mm。
4.数量：1件。

Ra 6.3 (√)

图 8-131　衬板（图 8-128 的件 12）

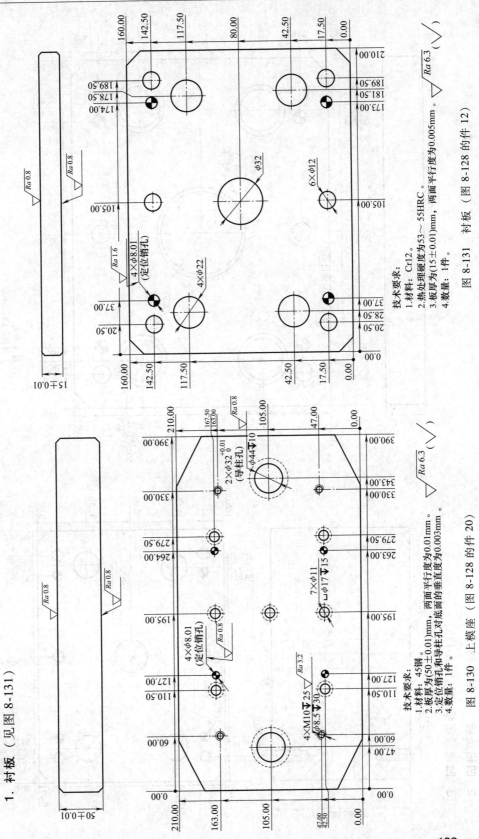

2. 凹模垫板（见图 8-132）

3. 凹模固定板（见图 8-133）

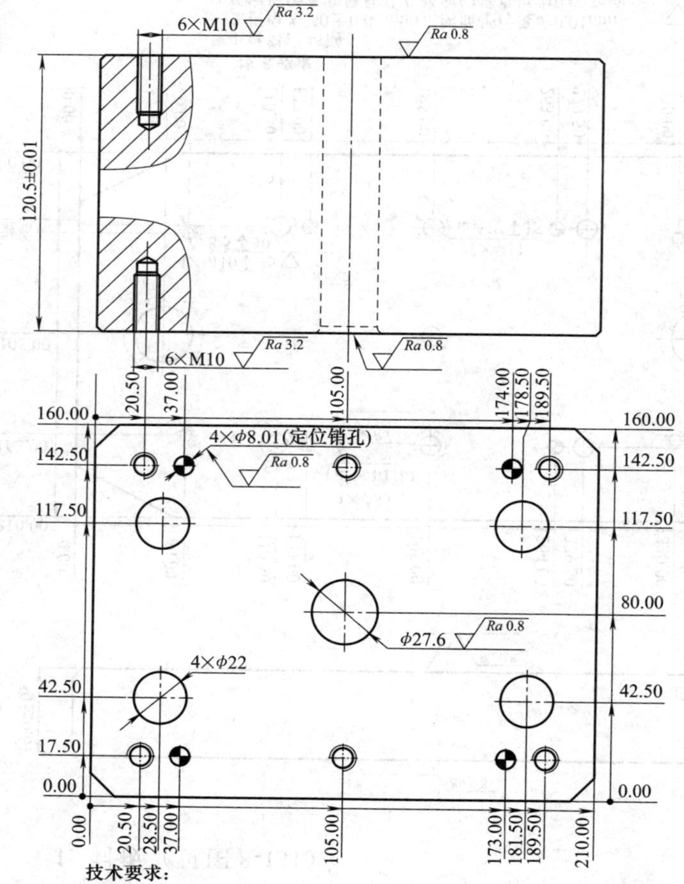

技术要求：
1.材料：Cr12。
2.热处理硬度为53～55HRC。
3.板厚为(120.5±0.01)mm，两面平行度为0.005mm。 Ra 6.3 (√)
4.数量：1件。

图 8-132　凹模垫板（图 8-128 的件 14）

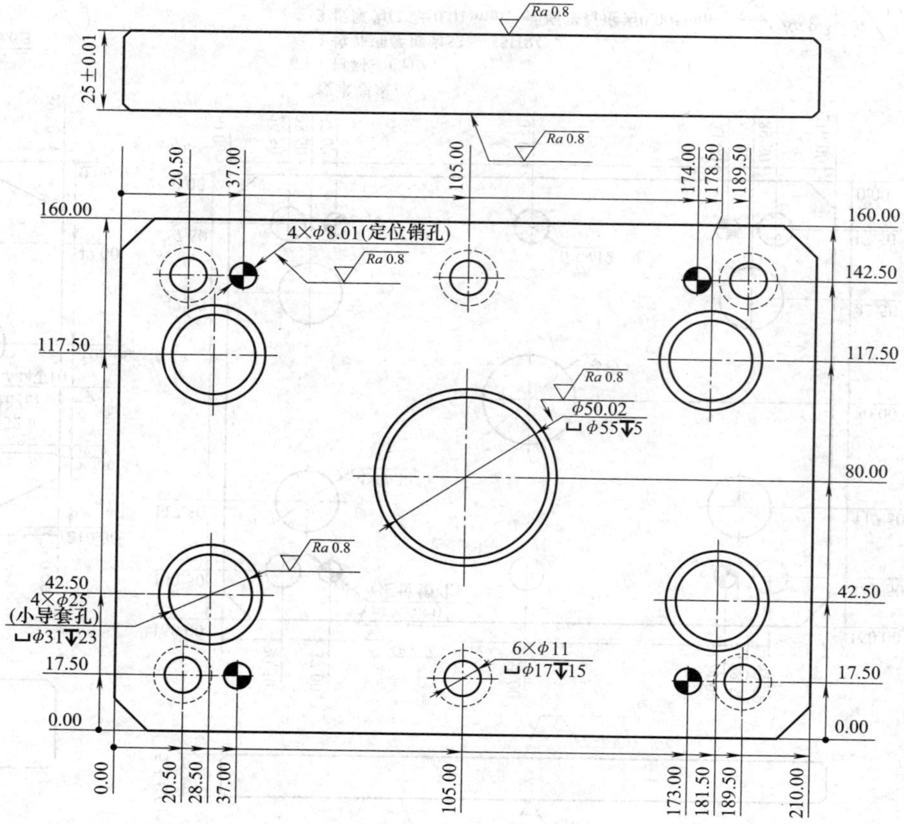

技术要求：
1.材料：Cr12MoV。
2.热处理硬度为55～58HRC。
3.板厚为(25±0.01)mm，两面平行度为0.005mm。
4.主要型孔采用慢走丝加工，对底面的垂直度为0.002mm。 Ra 6.3 (√)
5.数量：1件。

图 8-133　凹模固定板（图 8-128 的件 16）

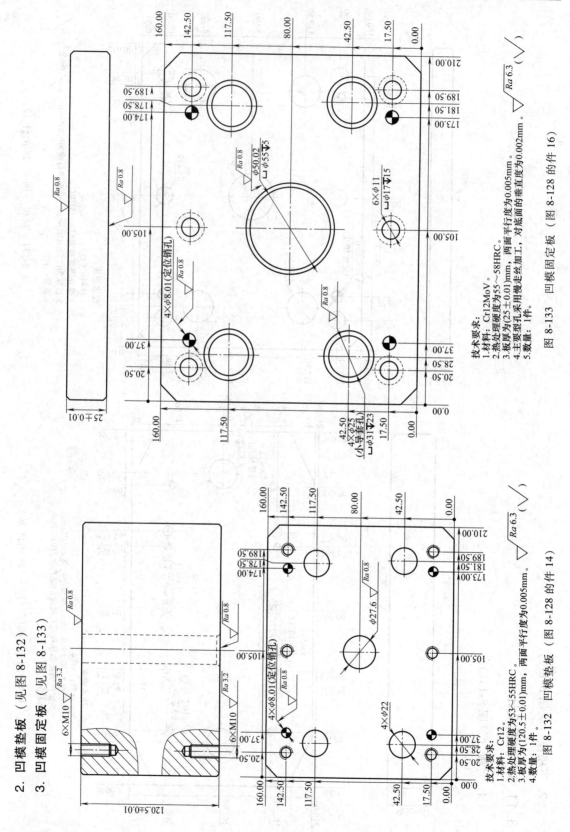

4. 凸模固定板（见图 8-134）

5. 凸模垫板（见图 8-135）

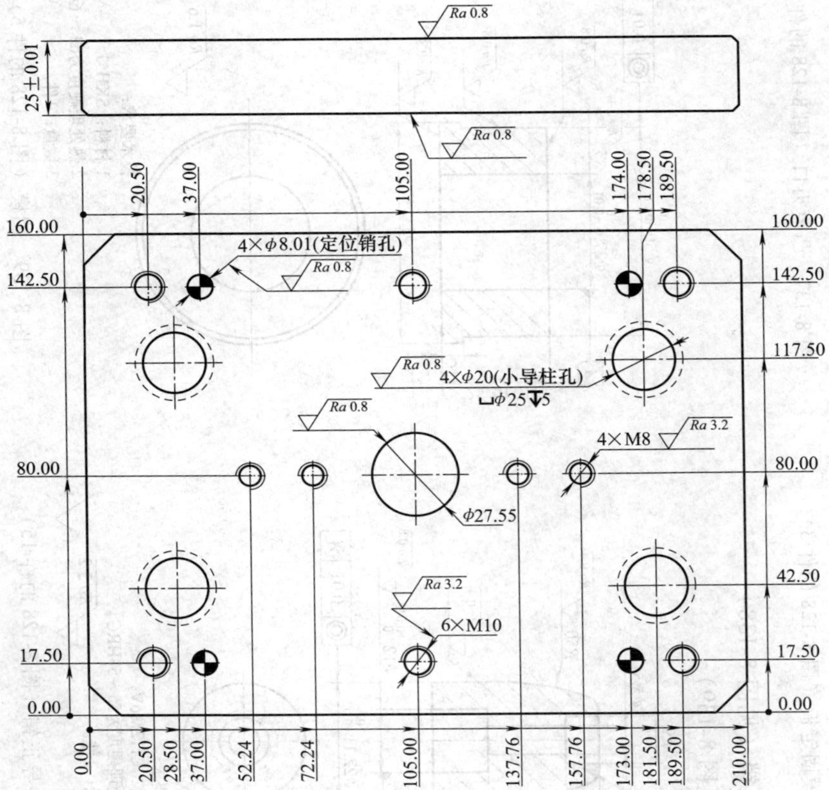

技术要求：
1.材料：Cr12MoV。
2.热处理硬度为53～55HRC。
3.板厚为(25±0.01)mm，两面平行度为0.005mm。
4.主要型孔采用慢走丝加工，对底面的垂直度为0.002mm。
5.数量：1件。

Ra 6.3（√）

图 8-134　凸模固定板（图 8-128 的件 18）

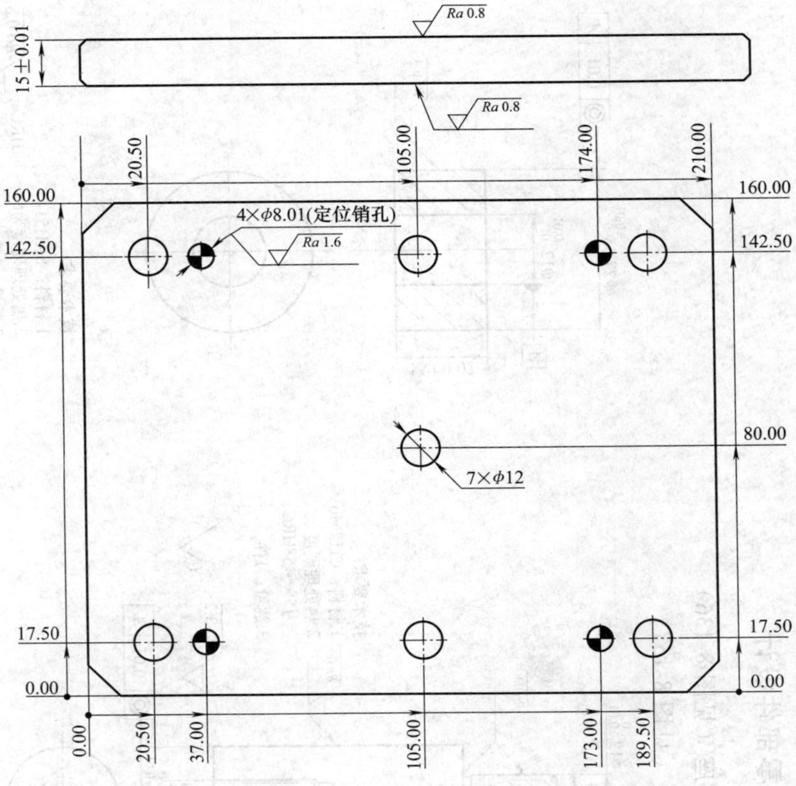

技术要求：
1.材料：Cr12。
2.热处理硬度为53～55HRC。
3.板厚为(15±0.01)mm，两面平行度为0.005mm。
4.主要型孔采用快走丝加工。
5.数量：1件。

Ra 6.3（√）

图 8-135　凸模垫板（图 8-128 的件 19）

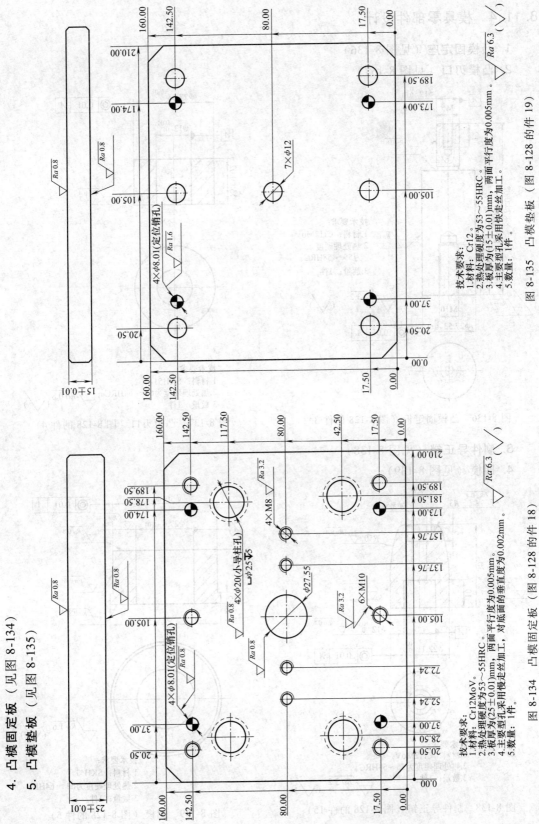

8.11.4 模具零部件设计

1. 凸模固定座（见图 8-136）

2. 凸模刃口（见图 8-137）

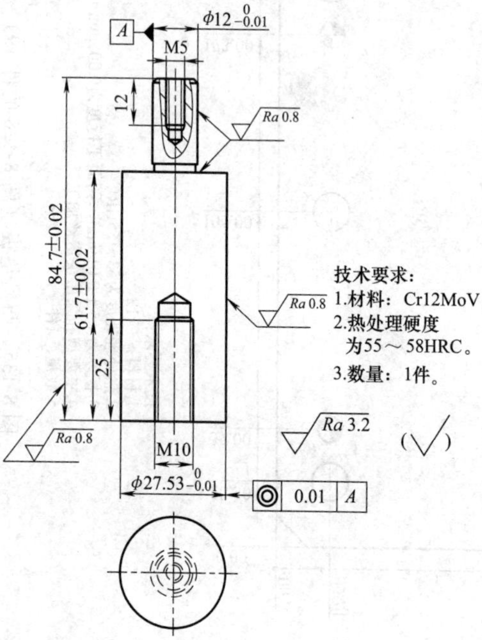

图 8-136 凸模固定板（图 8-128 的件 3）

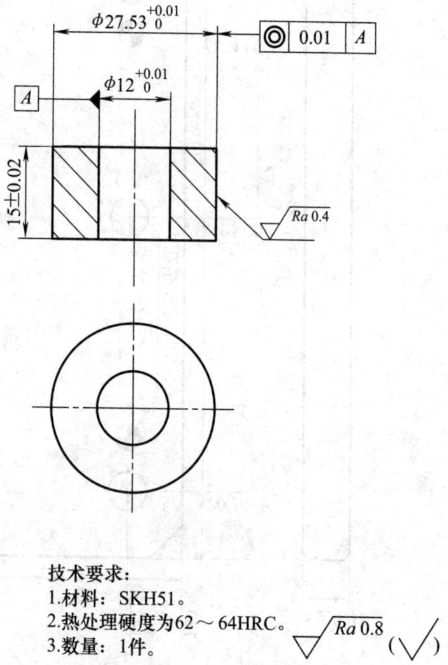

图 8-137 凸模刃口（图 8-128 的件 4）

3. 制件导正销（见图 8-138）

4. 凹模（见图 8-139）

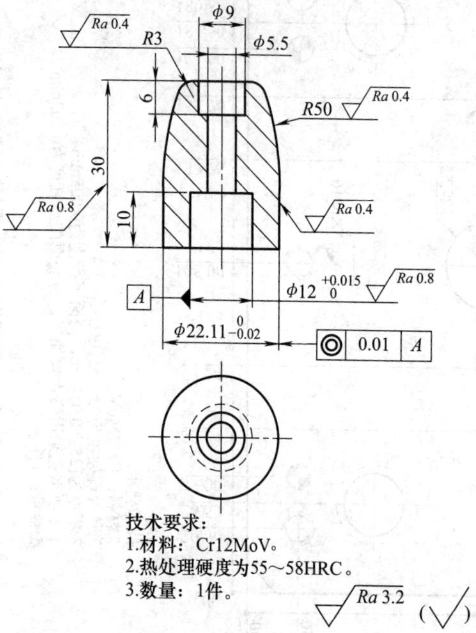

图 8-138 制件导正销（图 8-128 的件 15）

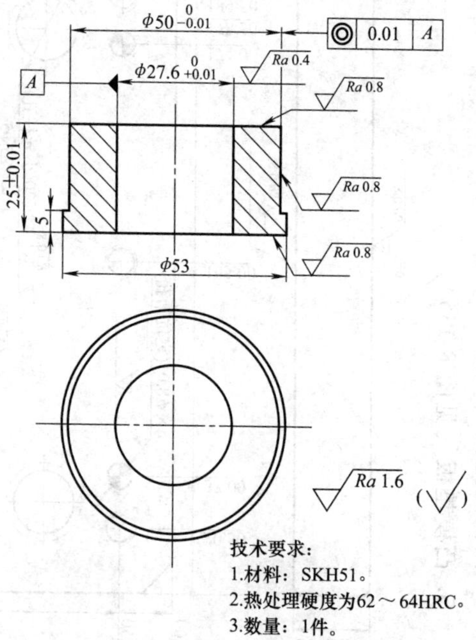

图 8-139 凹模（图 8-128 的件 5）

5. **顶件器**（见图 8-140）

6. **废料切刀**（见图 8-141）

7. **模柄**（见图 8-142）

技术要求：
1.材料：Cr12。
2.热处理硬度为53～55HRC。
3.数量：1件。

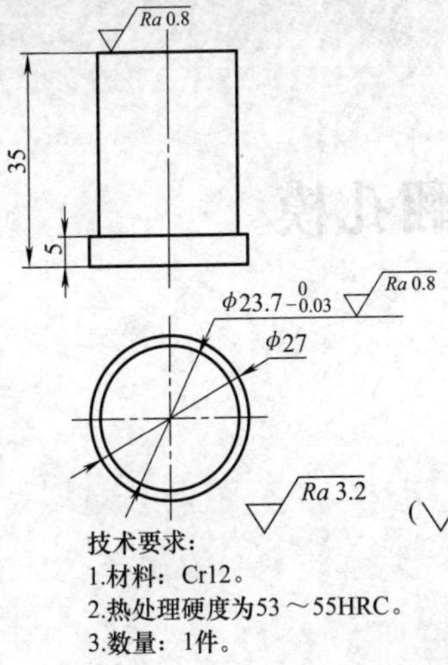

图 8-140　顶件器（图 8-128 的件 9）

技术要求：
1.材料：Cr12MoV。
2.热处理硬度为
55～58HRC。
3.数量：2件。

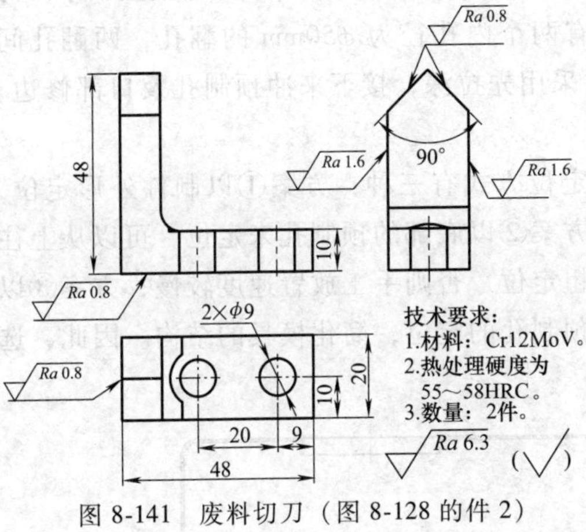

图 8-141　废料切刀（图 8-128 的件 2）

技术要求：
1.材料：45钢。
2.数量：1件。

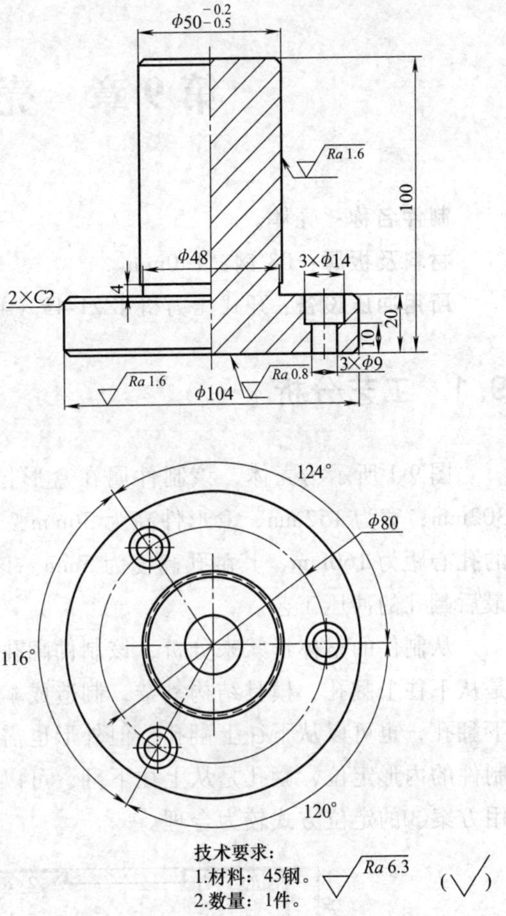

图 8-142　模柄（图 8-128 的件 11）

8. **限位柱**

（1）上限位柱（见图 8-143）

（2）下限位柱（见图 8-144）

技术要求：
1.材料：45钢。
2.数量：4件。

图 8-143　上限位柱（图 8-128 的件 13）

技术要求：
1.材料：45钢。
2.数量：4件。

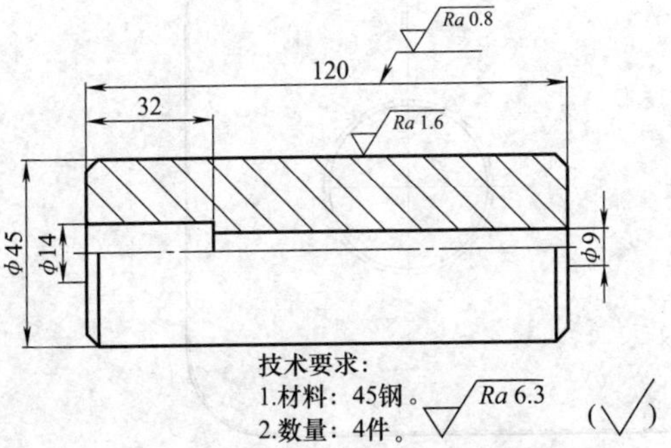

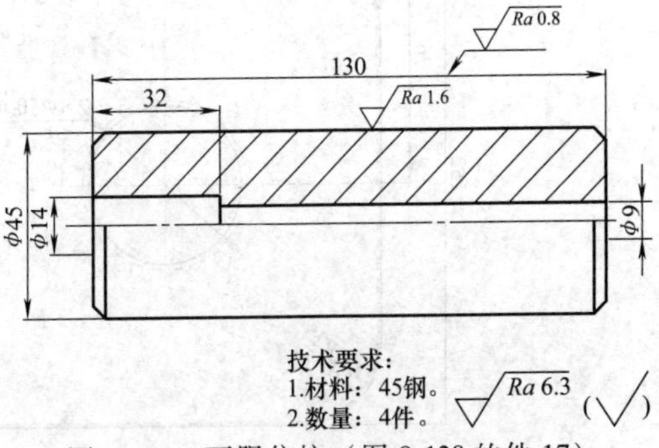

图 8-144　下限位柱（图 8-128 的件 17）

第4篇 成 形 模

第9章 壳体底部翻孔模

制件名称：壳体。

材料及板厚：08钢，1.0mm。

所用冲压设备：开式压力机JZ21-45（450kN）。

9.1 工艺分析

图9-1所示为壳体，该制件属在盒形拉深件上翻孔。从图中可以看出，此盒形件长为302mm，宽为152mm，盒形件高为36mm，底部有两个内孔径为ϕ50mm的翻孔，两翻孔间的孔心距为160mm，其翻孔高度为5mm。该制件采用先拉深，接下来冲预制孔及口部修边，最后翻孔的冲压工艺。

从制件的整体形状来分析，该制件翻孔时的定位方式有三种：方案①以制件外形定位，是从下往上翻孔，模具结构复杂，制造成本高；方案②以底部的预制孔来定位，可以从上往下翻孔，也可以从下往上翻孔，但外形也需增加粗定位，否则手工放置速度较慢；方案③以制件的内形定位，翻孔是从上往下翻，可以省略预制孔的定位，简化模具的结构。因此，选用方案③的定位方式较为合理。

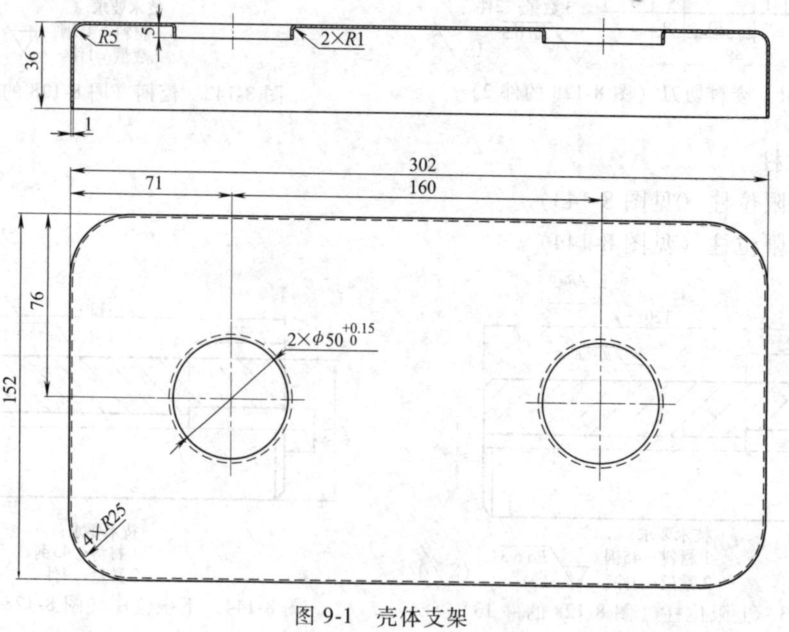

图9-1 壳体支架

9.2 翻孔凸模的选用

翻孔凸模设计的好坏直接影响翻孔的质量，翻孔时凸模圆角半径一般较大，甚至做成球形或抛物线形，有利于变形。以下介绍几种常见的翻孔凸模设计要点。

（1）平顶凸模（见图 9-2）　平顶凸模常用于大口径且对翻孔质量要求不高的制件，用平顶凸模翻孔时，材料不能平滑变形，因此翻孔系数应取大些。

（2）抛物线形凸模（见图 9-3）　抛物线的翻孔凸模，工作端有光滑圆弧过渡，翻孔时可将预制孔逐渐地胀开，减轻开裂，比平底凸模效果好。

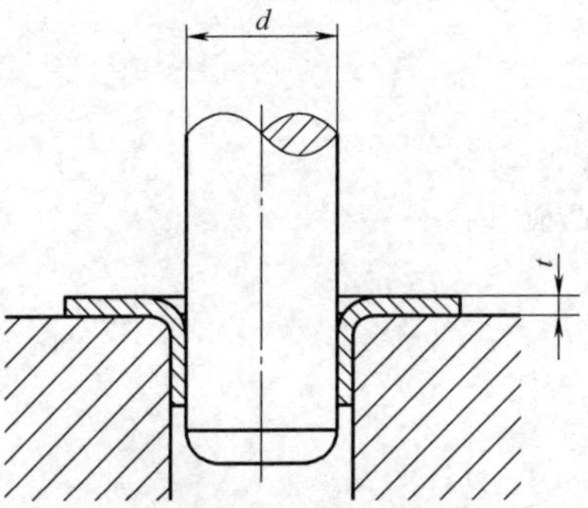

图 9-2　平顶凸模翻孔

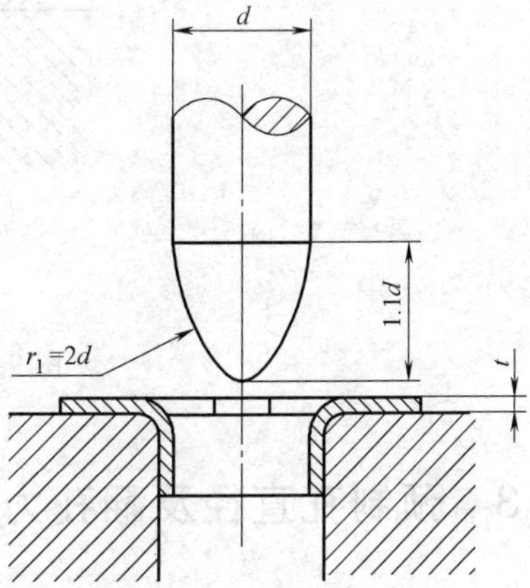

图 9-3　抛物线形凸模翻孔

（3）无预制孔的穿刺翻孔（见图 9-4）　无预制孔的穿刺翻孔凸模端部呈锥形，α 一般取 60°。凹模孔带台肩，以控制凸缘高度，同时避免直孔引起的边缘不齐。

（4）有导正段的凸模（见图 9-5）　此凸模前端有导正段，工作时导正段先进入预制孔内，先导正工序件的位置再翻孔。其优点是工作平稳，翻孔四周边缘均匀对称，翻孔的位置精度较高。

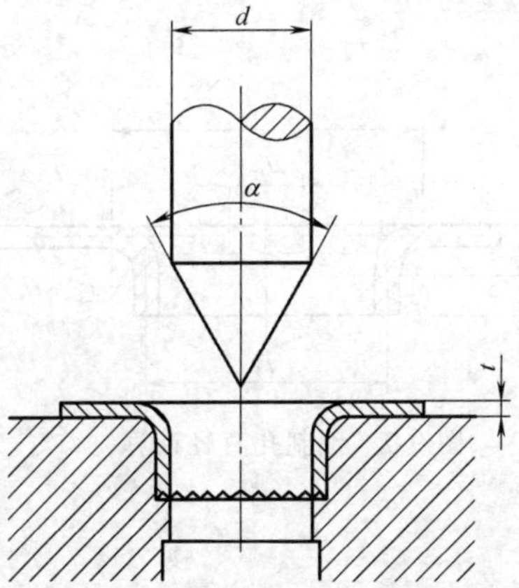

图 9-4　无预制孔的穿刺翻孔

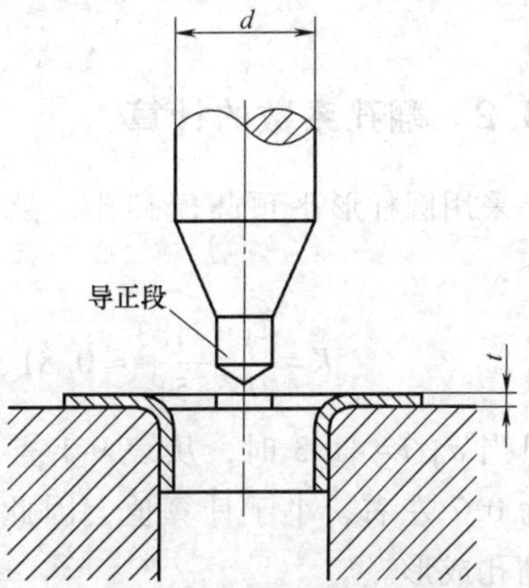

图 9-5　有导正段的凸模翻孔

（5）带有整形台肩的翻孔凸模（见图 9-6）　此凸模后端设计成台肩，其工作过程是：压力机行程降到下极点时，翻孔后靠肩部对制件圆弧部分整形，以此来克服回弹，起到了整形作用。

如图 9-1 所示，制件翻孔口径较大，高度较低，因此选用图 9-2 平顶凸模能满足其要求。

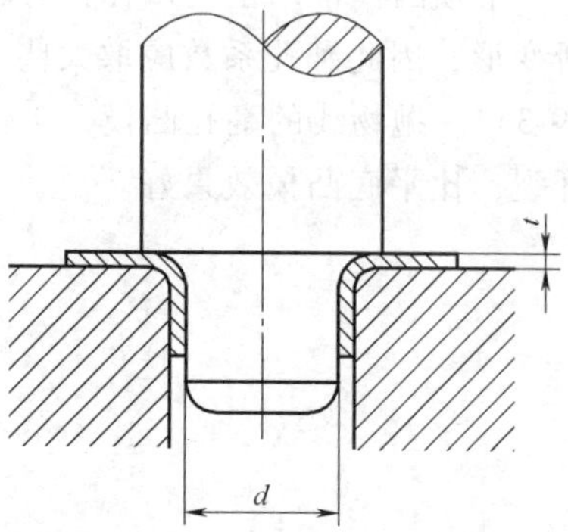

图 9-6　带有整形台肩的翻孔凸模

9.3　预制孔直径及翻孔力的计算

9.3.1　预制孔直径计算

翻孔预制孔尺寸是按制件中性层长度不变的原则近视计算，如图 9-7 所示。预制孔尺寸 d_0 由下式计算：

$$d_0 = D_1 - \left[\pi - \left(r + \frac{t}{2}\right) + 2h\right] \tag{9-1}$$

$$= D - 2(H - 0.43r - 0.72t)$$

$$= [51 - 2\times(6 - 0.43\times1 - 0.72\times1)]\text{mm}$$

$$= 41.3\text{mm}$$

9.3.2　翻孔系数的计算

采用圆柱形平顶凸模翻孔，翻孔系数 K 计算如下：

$$K = \frac{d_0}{D} = \frac{41.3}{51} \approx 0.81$$

当 $d_0/t = 41.3$ 时，从表 9-1 查的极限翻孔系数为 0.7 左右，小于计算值，因此，该制件能一次翻孔成形。

低碳钢的极限翻孔系数见表 9-1。

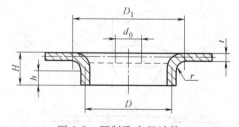

图 9-7　预制孔直径计算

表 9-1　低碳钢的极限翻孔系数

翻孔凸模形状	孔的加工方法	极限翻孔系数										
		$d_0/t=$ 100	$d_0/t=$ 50	$d_0/t=$ 35	$d_0/t=$ 20	$d_0/t=$ 15	$d_0/t=$ 10	$d_0/t=$ 8	$d_0/t=$ 6.5	$d_0/t=$ 5	$d_0/t=$ 3	$d_0/t=$ 1
球形凸模	钻后去毛刺	0.70	0.60	0.52	0.45	0.40	0.36	0.33	0.31	0.30	0.25	0.20
	冲孔模冲孔	0.75	0.65	0.57	0.52	0.48	0.45	0.44	0.43	0.42	0.42	—
圆柱形凸模	钻后去毛刺	0.80	0.70	0.60	0.50	0.45	0.42	0.40	0.37	0.35	0.30	0.25
	冲孔模冲孔	0.85	0.75	0.65	0.60	0.55	0.52	0.50	0.50	0.48	0.47	—

注：d_0/t 为材料的相对厚度。

9.3.3　翻孔力的计算

查有关手册得 $\sigma_s=200\text{MPa}$，那么，有预制孔的翻孔力由下式计算：

$$
\begin{aligned}
F &= 1.1\pi t\sigma_s(D-d_0) \qquad (9\text{-}2)\\
&= 1.1\times\pi\times1.0\times200\times(51-41.3)\text{kN}\\
&= 6.7\text{kN}
\end{aligned}
$$

式中　σ_s——材料屈服点（MPa）；

D——翻孔后中性层直径（mm）；

d_0——预制孔直径（mm）；

t——材料厚度（mm）。

因该制件外形较大，结合压力机的工作台面，安排在 450kN 的开式压力机上冲压。

9.4　模具总装图设计

图 9-8 所示为壳体底部翻孔模具总装图。此模具结构特点如下：

1）该模具由两套 ϕ32mm 的导柱、导套来导向，由于该翻孔凸模较大，上、下模除了安装在模架上的导柱与导套导向以外，则由翻孔凸模与凹模进行自动对准（注意：翻孔凸模与凹模必须放置制件或相等料厚的板料才可自动对准，否则起不到对准的作用）。

2）本模具整体外形较小，因此，上模部分采用模柄固定在压力机的滑块上，为防止模柄件 5 在上模座 1 上转动，本结构在模柄与上模座间设置防转销 6。

3）为方便翻孔凸模的拆装，本模具在翻孔凸模 3 上攻有 M10 的螺纹孔。如需拆卸直接把上模座上的螺钉拧出即可，无须拆卸卸料板等零件。

技巧

• 本模具翻孔凸模为圆形，因此，在卸料板上未设置小导柱导向，卸料板上下滑动时靠翻孔凸模来导向。

• 为确保卸料板上的弹簧在冲压过程中断裂后飞出，本模具把卸料螺钉直接设置在弹簧的中部。

经验

• 在前一工序冲预制孔时，其毛刺方向朝外，这样，能很好地避免翻孔后口部出现开裂的现象。

• 从图 9-1 可以看出，该制件翻孔后的内 R 角为 1.0mm，在实际制作时先按下偏差去制作，如需要调整，再逐渐加大翻孔凹模的 R 角即可。

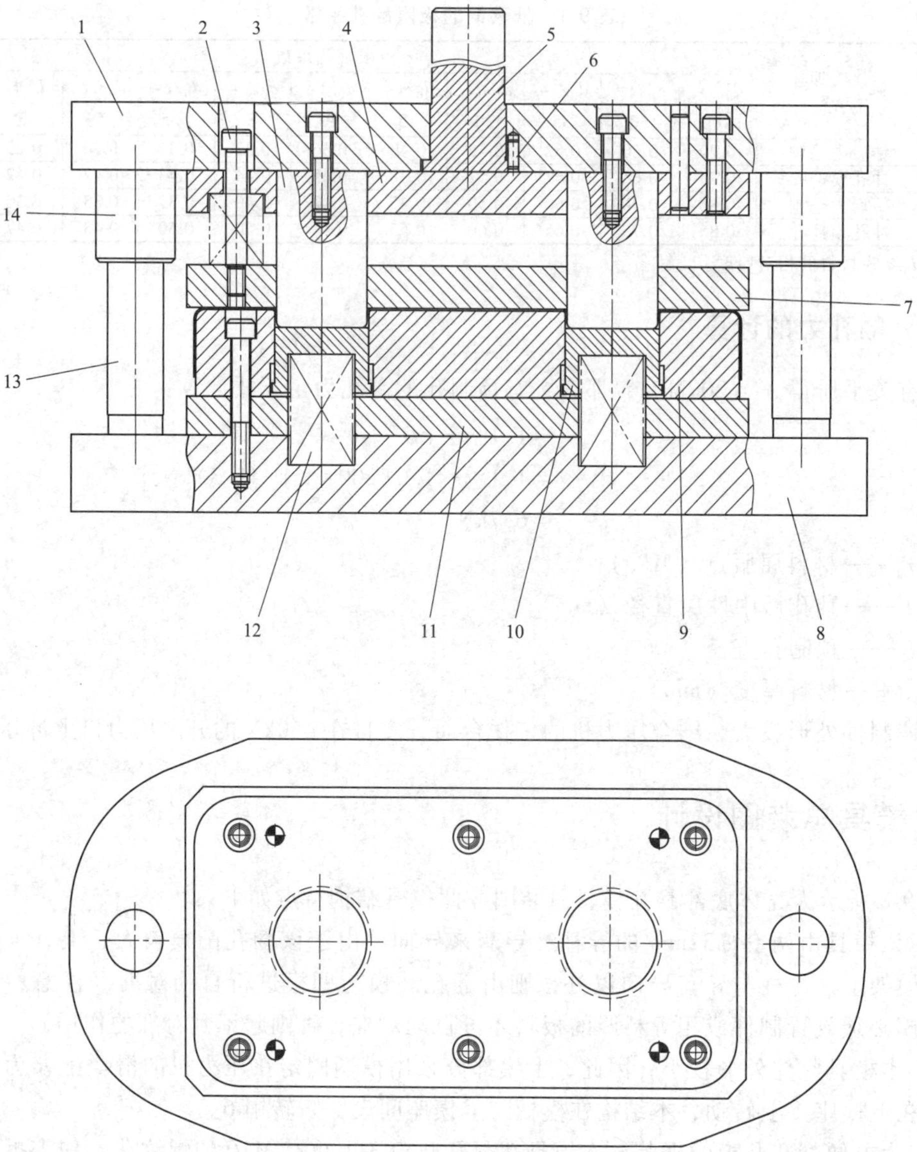

14	导套		2	标准件	7	卸料板	Cr12MoV	1	
13	导柱		2	标准件	6	防转销		1	标准件
12	弹簧		2	标准件	5	模柄	45 钢	1	
11	凹模垫板	Cr12	1		4	凸模固定板	45 钢	1	
10	顶杆	Cr12	2		3	翻孔凸模	SKD11	2	
9	翻孔凹模	Cr12MoV	1		2	卸料螺钉		8	标准件
8	下模座	45 钢	1		1	上模座	45 钢	1	
件号	名　称	材　料	数量	备　注	件号	名　称	材　料	数量	备　注

图 9-8　壳体底部翻孔模

9.5　模座设计

9.5.1　上模座（见图 9-9）

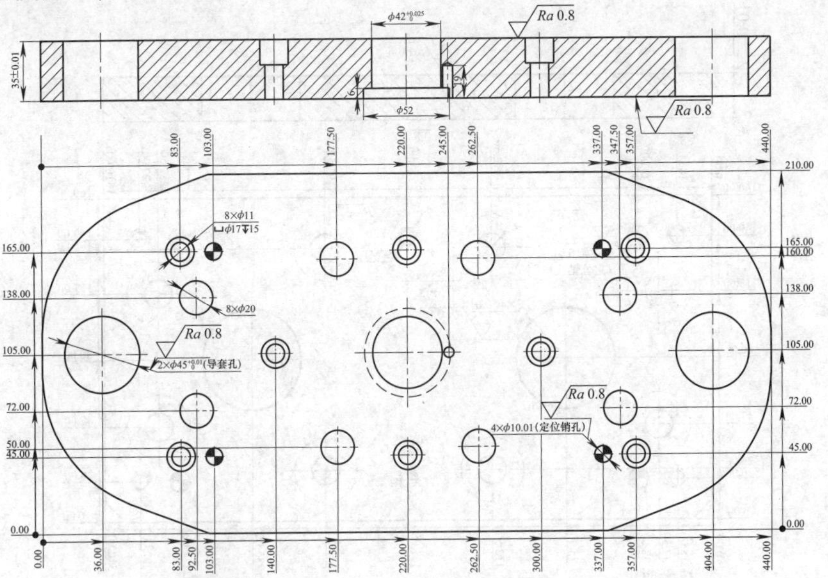

技术要求：
1.材料：45钢。
2.板厚为(35±0.01)mm,两面平行度为0.005mm。
3.定位销孔和导套孔的垂直度为0.003mm。　Ra 6.3 (√)
4.数量：1件。

图 9-9　上模座（图 9-8 的件 1）

9.5.2　下模座（见图 9-10）

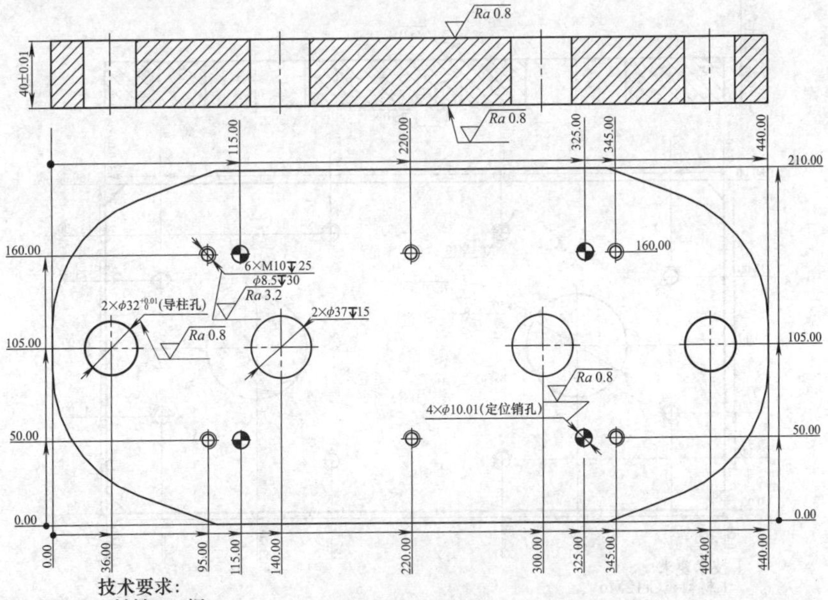

技术要求：
1.材料：45钢。
2.板厚为(40±0.01)mm，两面平行度为0.005mm。　Ra 6.3 (√)
3.定位销孔和导套孔对底面的垂直度为0.003mm。
4.数量：1件。

图 9-10　下模座（图 9-8 的件 8）

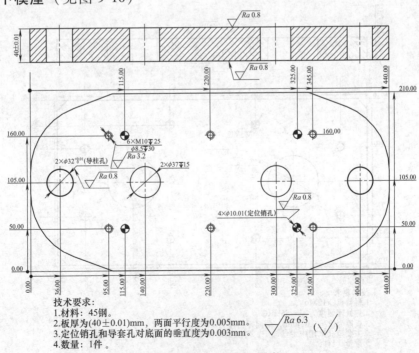

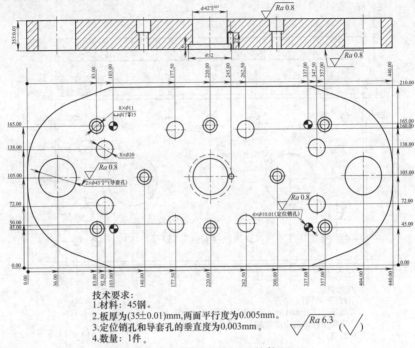

9.6 模板设计

9.6.1 凸模固定板（见图 9-11）

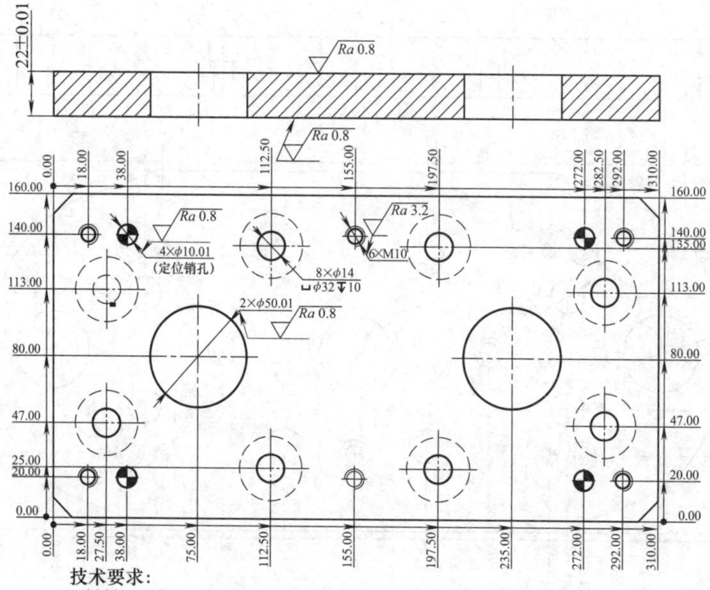

技术要求：
1.材料：45钢。
2.板厚为(22±0.01)mm，两面平行度为0.008mm。
3.主要型孔采用中走丝加工，垂直度为0.005mm。
4.数量：1件。

Ra 6.3 (√)

图 9-11 凸模固定板（图 9-8 的件 4）

9.6.2 卸料板（见图 9-12）

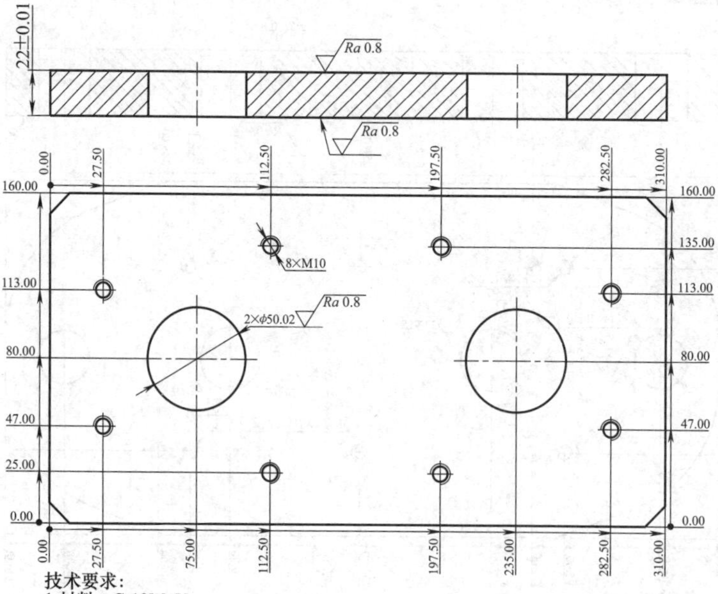

技术要求：
1.材料：Cr12MoV。
2.热处理硬度为53～55HRC。
3.板厚为(22±0.01)mm，两面平行度为0.005mm。
4.主要型孔采用中走丝加工，对底面的垂直度为0.005mm。
5.数量：1件。

Ra 3.2 (√)

图 9-12 卸料板（图 9-8 的件 7）

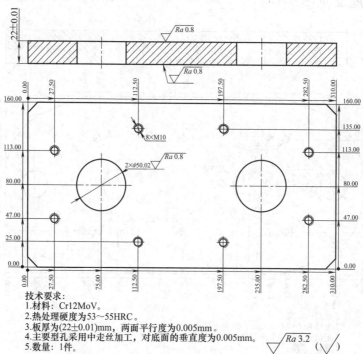

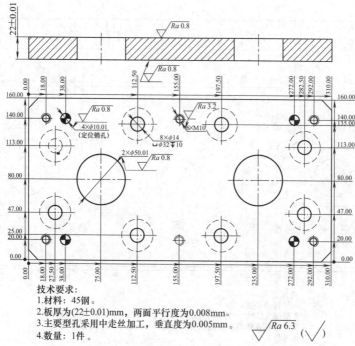

9.6.3 翻孔凹模（见图 9-13）

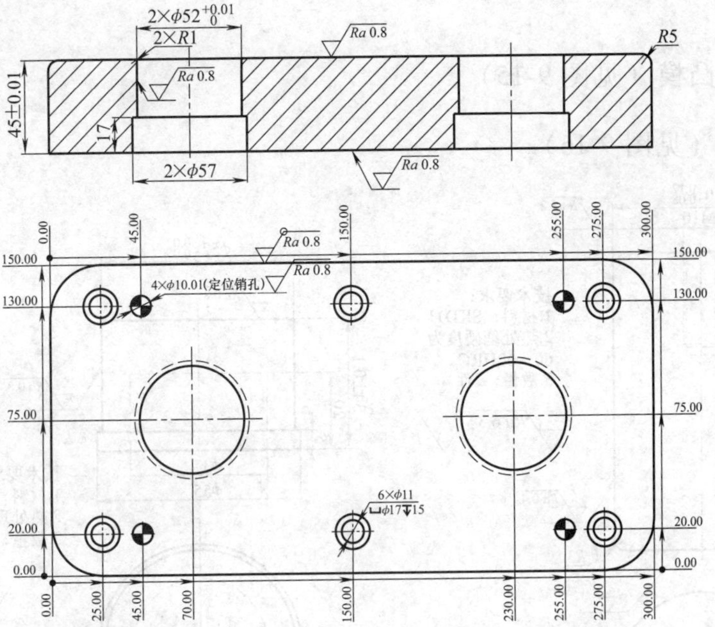

技术要求：
1.材料：Cr12MoV。
2.热处理硬度为53～55HRC。
3.板厚为(45±0.01)mm，两面平行度为0.005mm。
4.主要型孔采用慢走丝加工，对底面的垂直度为0.005mm。
5.数量：1件。

Ra 6.3 (√)

图 9-13 翻孔凹模（图 9-8 的件 9）

9.6.4 凹模垫板（见图 9-14）

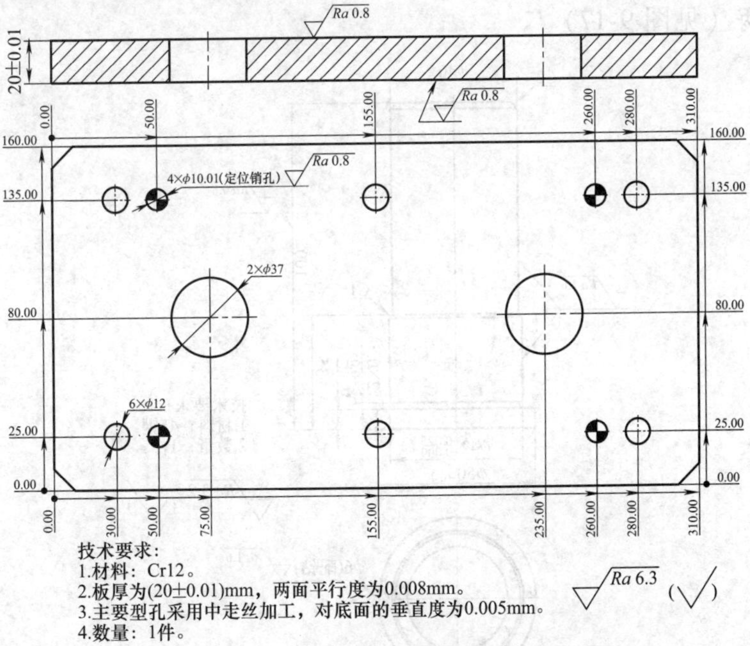

技术要求：
1.材料：Cr12。
2.板厚为(20±0.01)mm，两面平行度为0.008mm。
3.主要型孔采用中走丝加工，对底面的垂直度为0.005mm。
4.数量：1件。

Ra 6.3 (√)

图 9-14 凹模垫板（图 9-8 的件 11）

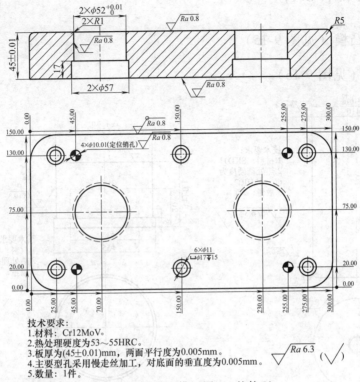

9.7 模具零部件设计

9.7.1 翻孔凸模（见图 9-15）

9.7.2 顶杆（见图 9-16）

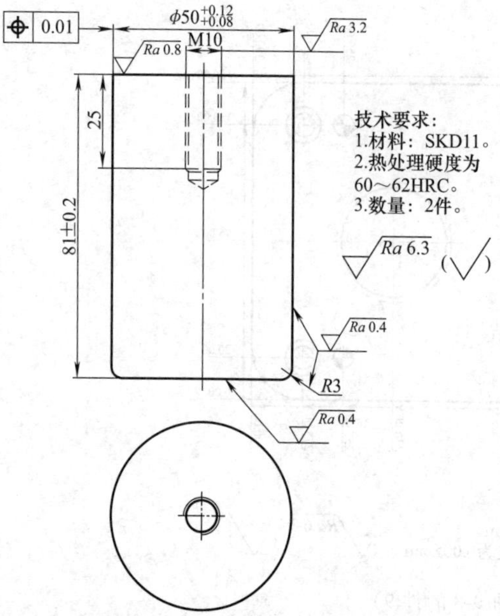

图 9-15　翻孔凸模（图 9-8 的件 3）

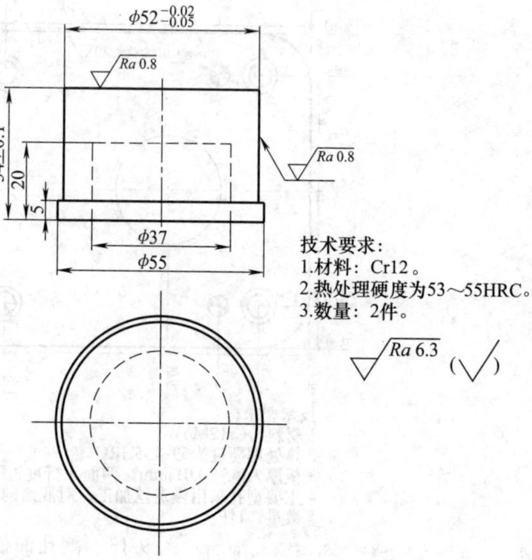

图 9-16　顶杆（图 9-8 的件 10）

9.7.3 模柄（见图 9-17）

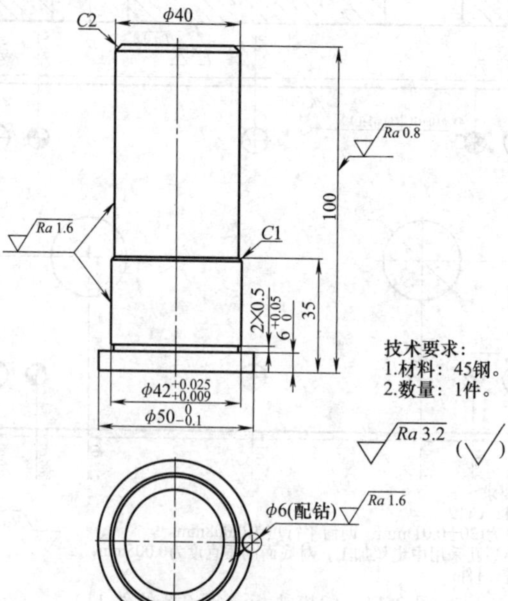

图 9-17　模柄（图 9-8 的件 5）

第 10 章　后板 A 翻边模

制件名称： 后板 A。

材料及板厚： SPCD 钢，1.0mm。

所用冲压设备： 开式压力机 JZ21-160（1600kN）。

10.1　工艺分析

图 10-1 所示为后板 A 的制件图，该制件为带翻边的盒形拉深件，是某家用电器的重要部件之一，其外形尺寸为 421mm×251mm×39mm，拉深成形后的高度为 31mm、盒形拉深单面锥度为 10°、顶部内圆角半径为 *R*9.5mm、凸缘处外圆角半径为 *R*5.0mm。该制件为外观件，对表面质量要求较为严格，不得有毛刺、压伤、划痕等问题。因此，该制件的难点为制件的拉深工艺（本章不作详细解说）及翻边工艺。从图中可以看出，4 个转角处的 8 个圆角半径 *R*4mm 应按照拉深工艺计算制件的展开尺寸，另外 4 个圆角半径 *R*5mm 则按普通翻边的公式来计算展开尺寸，然后将两者展开尺寸用曲线光滑过渡连接，最后在试冲过程中进一步修整展开尺寸。

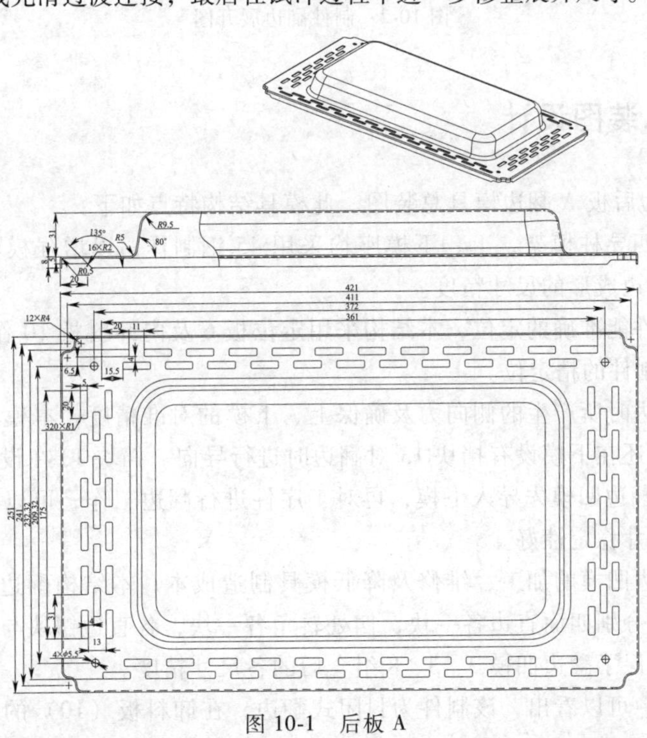

图 10-1　后板 A

该后板 A 转角处形状较为复杂，翻边后制件留在凸模上，若在制件周边布置顶杆进行卸料，会影响制件外观质量和尺寸精度，因此在翻边及 4 个转角处采用 4 块顶板进行卸料，该顶板还设置了延迟顶出功能。

10.2 翻边毛坯尺寸的计算

带凸缘盒形件翻边毛坯尺寸的计算原则是：在保证毛坯体积与制件体积相等的前提下，应使材料的分配尽可能满足制件图翻边高度的要求。该制件在计算展开尺寸时，其直边部分可按直角弯曲的相关公式来计算；转角部分可根据拉深和翻边公式来计算；再把转角与直边部分连接在一起即可。本制件按理论计算后再结合 Autoform 软件进行验证，最终得到翻边展开尺寸（见图 10-2），最后在试冲时进一步对翻边的展开尺寸进行修整。

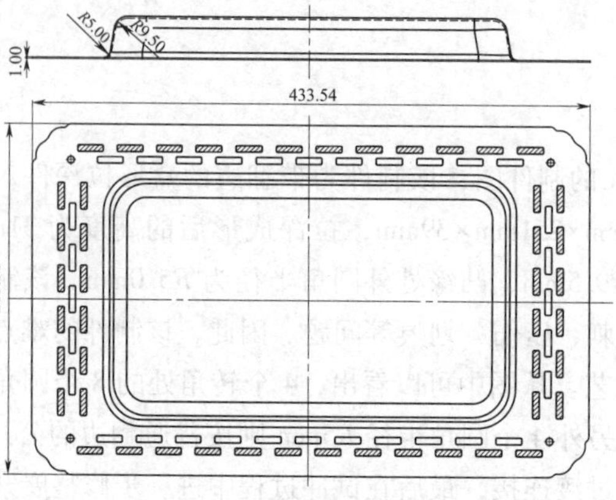

图 10-2　制件翻边展开图

10.3 模具总装图设计

图 10-3 所示为后板 A 翻边模具总装图。此模具结构特点如下：

1）模具采用四导柱模架，上、下模座均采用 45 钢制作，以增强模具整体的刚度和稳定性，提高后板翻边成形的尺寸精度。

2）为确保制件能准确的定位，本结构采用定位板 6 及内卸料板 10 作为制件的粗定位，而导正销 21 作为制件的精定位。

3）为防止翻边时所产生的侧向力及确保上、下模的对准精度，本模具除模架上的导柱导套进行导向外，还在下模设有挡块 13 对翻边时进行导向。挡块 13 在设计时应高出翻边凸模 18 约 5mm，使翻边凹模先导入下模，再对工序件进行翻边工作，可以防止翻边时的侧向力，使翻边后的尺寸稳定性好。

4）为方便翻边凹模的加工、维修及降低模具制造成本，本结构翻边凹模 2、3、8 由 8 块镶件镶拼而成，分别四面直边各一块，四处转角各一块，各直边镶块与转角镶块间采用连接扣连接，从而确保了翻边凹模 2、3、8 组合后的各尺寸精度。

5）从制件图中可以看出，该制件为封闭式翻边，在卸料板（10）的作用下，使翻边后的制件紧箍在翻边凸模 18 上，常规采用分布在翻边凸模周边的圆形顶杆对制件进行顶出，这样的结构较为简单，但该制件要用较大的顶出力，为确保制件能顺利顶出，若在圆形顶杆上设置较重的弹簧，很可能将制件的周边顶出顶杆的印子，对于有外观要求的制件是不允许的。因此，该制件在翻边后采用顶板 16 对制件进行顶出，而该顶板设计为一体式的，在顶出的工作位置上加工出深为 8mm 的让位槽，从而不因顶板而干涉翻边工作，顶出时又可起到延迟作用，确保了顶出后的制件边缘是平直不变形的。

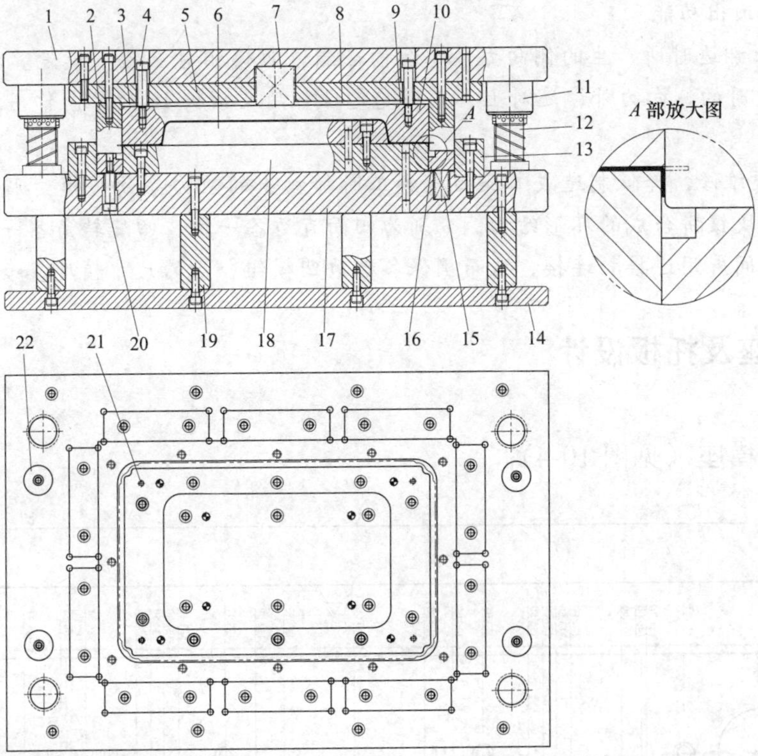

22	限位柱	45 钢	8		11	导套		4	标准件
21	导正销	CrWMn	4		10	内卸料板	Cr12MoV	1	
20	卸料螺钉		12	标准件	9	连接扣	Cr12MoV	8	
19	下垫脚	45 钢	4		8	翻边凹模-3	SKD11	4	
18	翻边凸模	Cr12MoV	1		7	弹簧		9	标准件
17	下模座	45 钢	1		6	定位板	Cr12	1	
16	顶板	45 钢	1	调质处理	5	凹模垫板	45 钢	1	
15	弹簧		20	标准件	4	卸料螺钉	45 钢	8	标准件
14	下托板	45 钢	1		3	翻边凹模-2	SKD11	2	
13	挡块	Cr12	10		2	翻边凹模-1	SKD11	2	
12	导柱		4	标准件	1	上模座	45 钢	1	
件号	名　称	材　料	数量	备　注	件号	名　称	材　料	数量	备　注

图 10-3　后板 A 翻边模

6）冲压动作。工作时，将前一工序的工序件（后称坯件）放置在定位板 6 上，由定位板 6 和四个导正销 21 对坯件进行定位，上模下行，内卸料板 10 在弹簧 7 的弹力下与翻边凸模 18 将坯件紧压。上模继续下行，翻边凹模的下平面先将顶板 16 往下压，同时翻边凹模的外侧首先导入下模的挡块 13 内，接着翻边凹模、翻边凸模对坯件进行翻边工作。翻边结束，上模回程，内卸料板 10 先将制件从翻边凹模内卸下，上模继续上行，顶板 16 将紧箍在翻边凸模上的制件顶出。

技巧

● 本结构为四周封闭式翻边，翻边凹模内采用内卸料板 10 进行卸料；而紧箍在翻边凸模 18 上的制件采用顶板 16 进行顶出。从图示中可以看出，顶板 16 靠近内部加工出深为 8mm 的让位槽将已翻边的制件顶出，其目的是坯件在翻边时不被顶板 16 所干涉，同时也能对制件起延迟顶出功能。

- 为防止翻边时所产生的侧向力，本结构在翻边凹模相对应的下模设置挡块 13，挡块 13 除防止翻边时的侧向力外，还对上、下模起定位作用及顶板 16 的导向作用。

经验

- 为方便维修、降低制造成本及凹模加工时释放出的应力导致凹模变形等问题，本结构凹模采用 8 块镶拼合成的环形结构，分别为四面直边各一块，四处转角各一块，各直边镶块与转角镶块间采用连接扣连接，从而确保各翻边凹模组合后的尺寸精度。

10.4 模座及托板设计

10.4.1 上模座（见图 10-4）

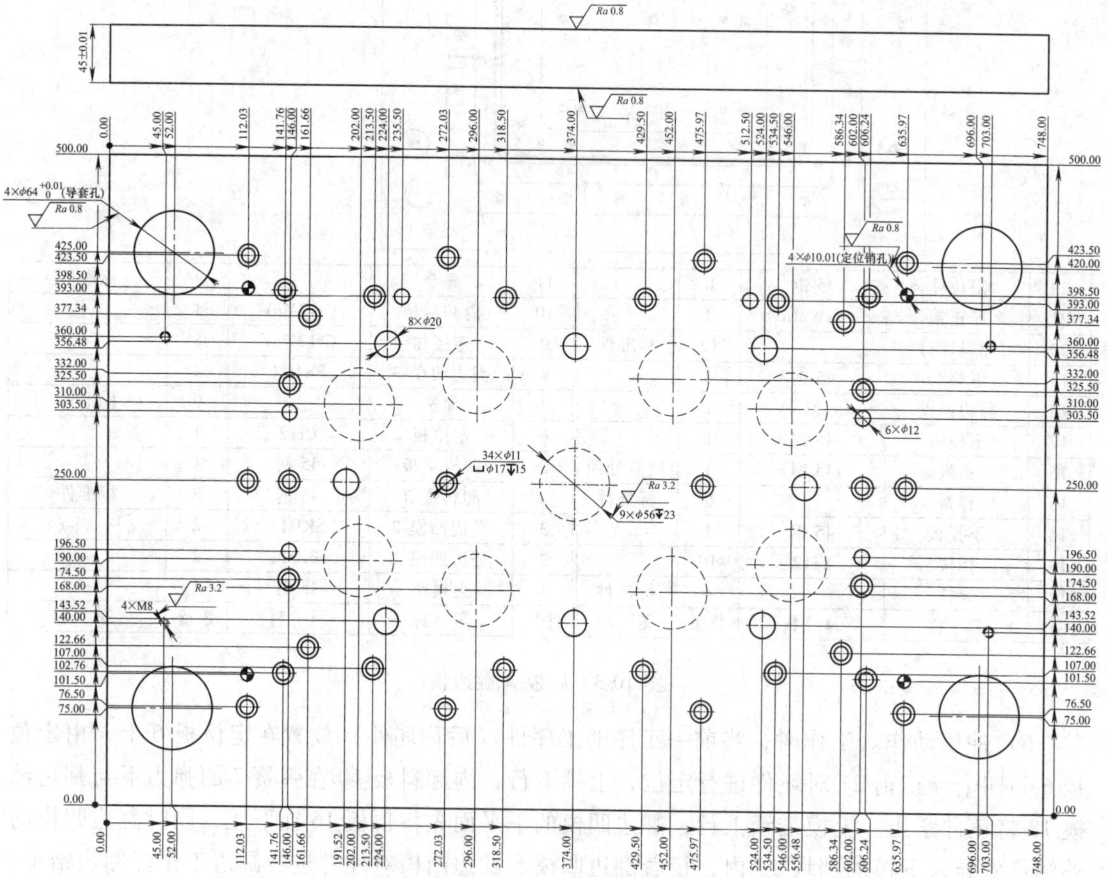

技术要求：
1.材料：45钢。
2.板厚为(45±0.01)mm,两面平行度为0.008mm。
3.定位销孔和导套孔对底面的垂直度为0.003mm。
4.数量：1件。

Ra 6.3 (√)

图 10-4　上模座（图 10-3 的件 1）

10.4.2　下模座（见图 10-5）

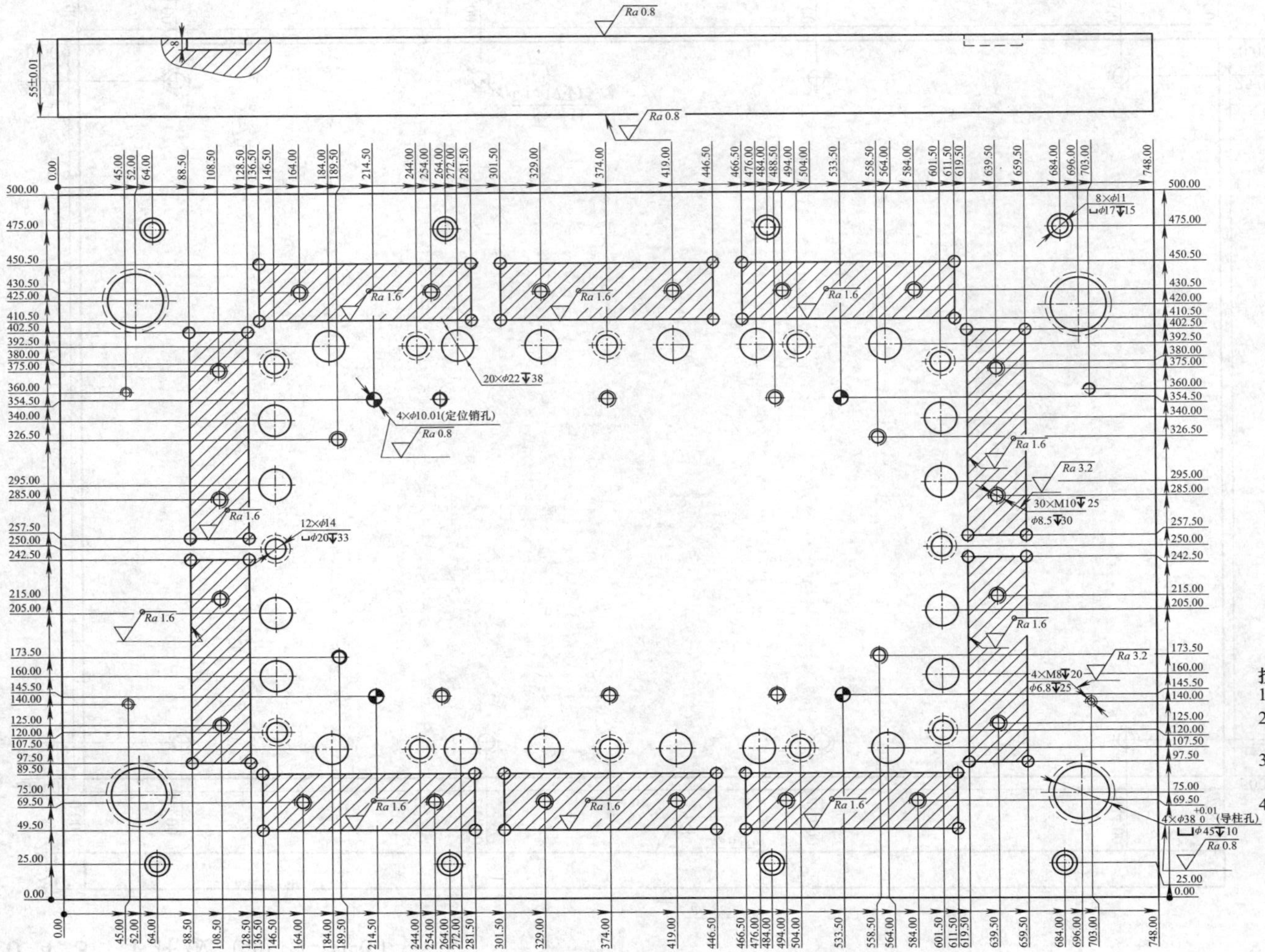

技术要求：
1.材料：45钢。
2.板厚为(55±0.01)mm,两面平行度为0.008mm。
3.定位销孔和导套孔对底面的垂直度为0.003mm。
4.数量：1件。

$\sqrt{Ra\ 6.3}$ ($\sqrt{}$)

图 10-5　下模座（图 10-3 的件 17）

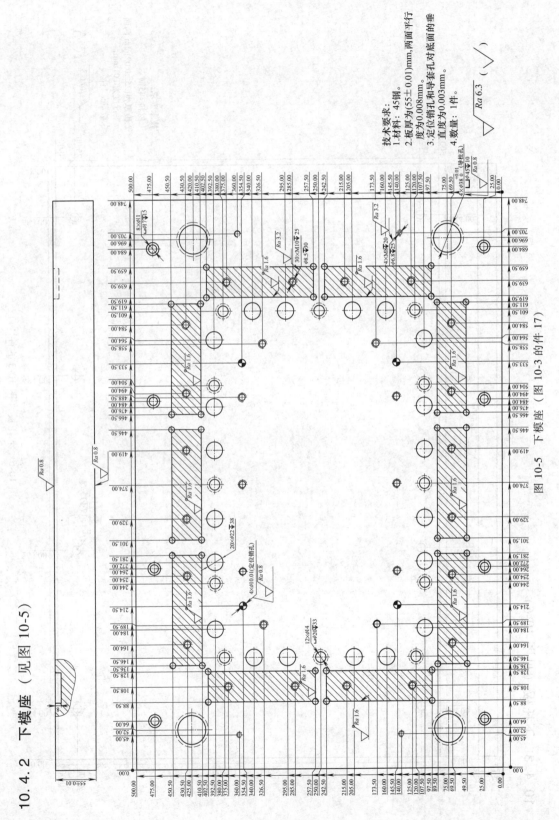

10.4.3 下托板（见图 10-6）

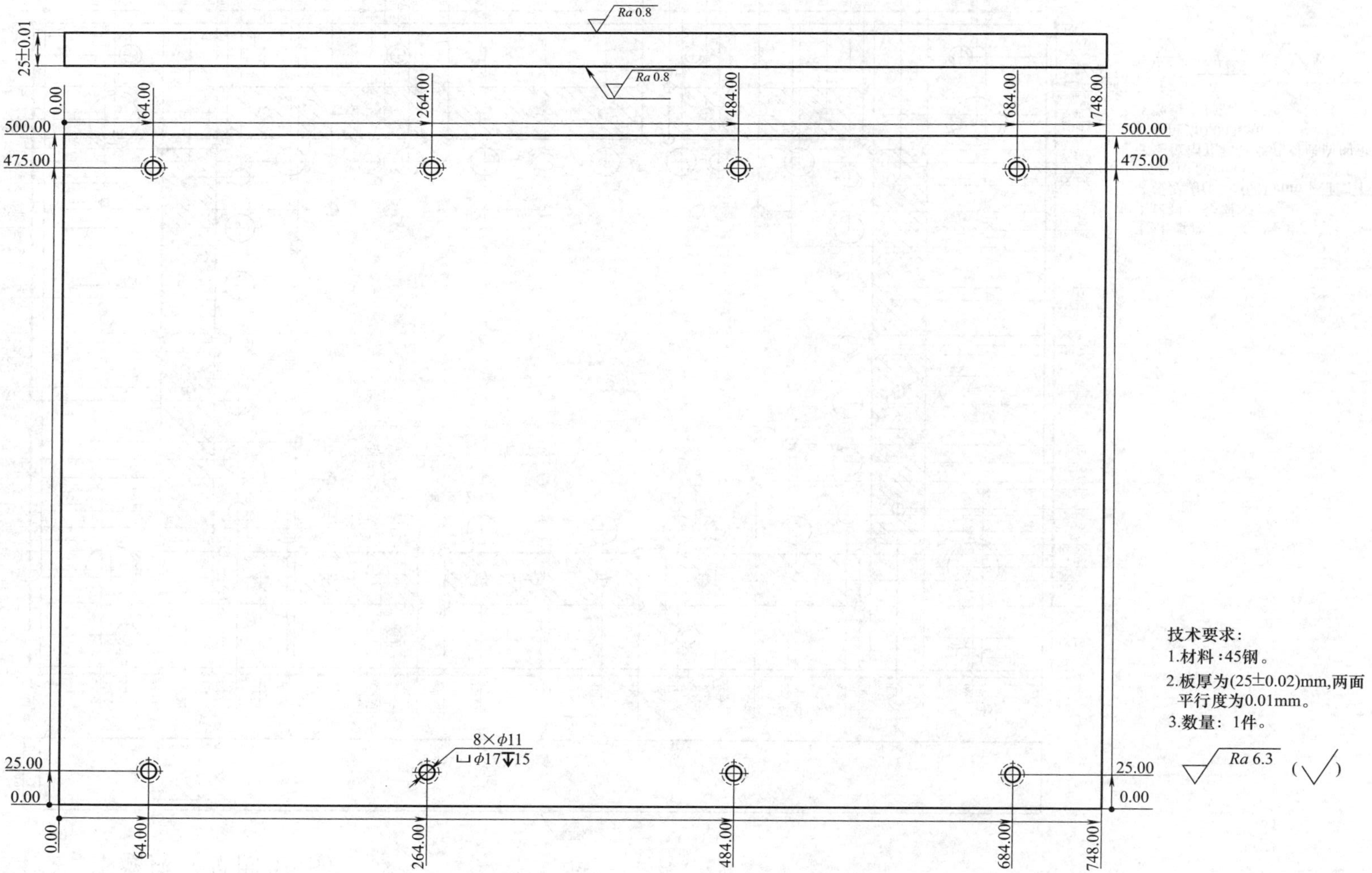

图 10-6 下托板（图 10-3 的件 14）

10.5　模板设计

10.5.1　凹模垫板（见图10-7）

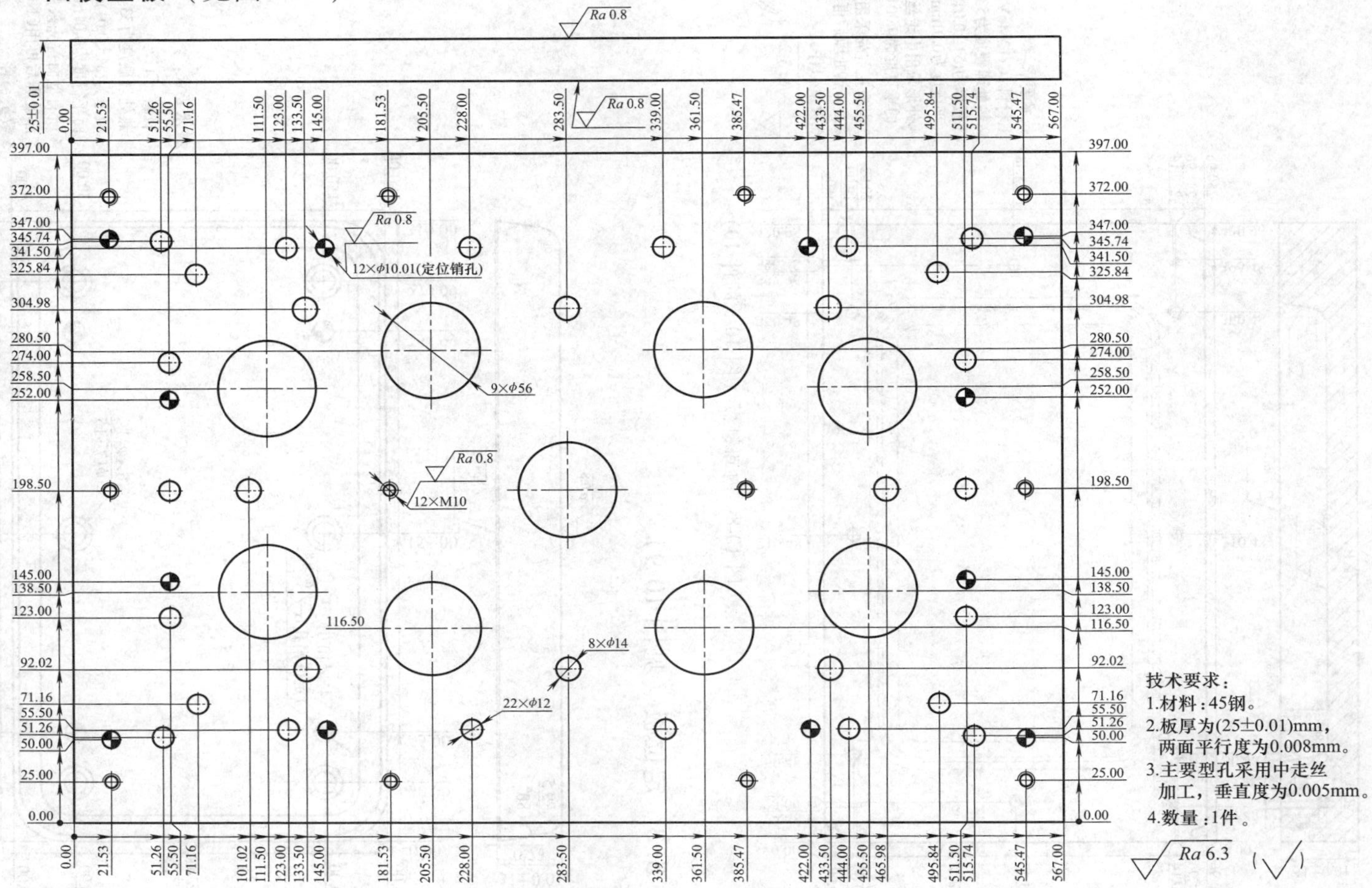
Ra 0.8
25±0.01
12×φ10.01(定位销孔)
9×φ56
12×M10
8×φ14
22×φ12
技术要求：
1.材料：45钢。
2.板厚为(25±0.01)mm，
两面平行度为0.008mm。
3.主要型孔采用中走丝
加工，垂直度为0.005mm。
4.数量：1件。
Ra 6.3

图10-7　凹模垫板（图10-3的件5）

10.5.2 内卸料板（见图 10-8）

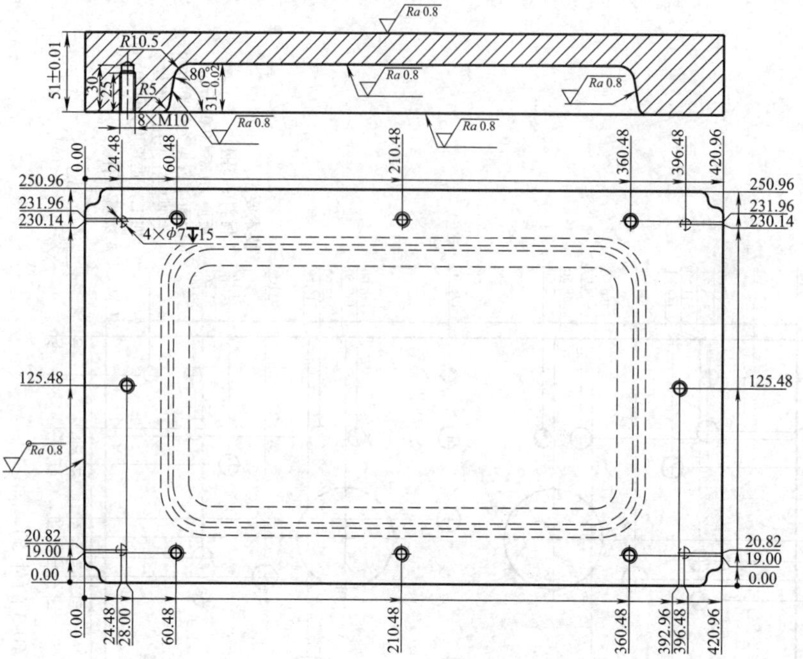

技术要求：

1.材料：Cr12MoV。

2.热处理硬度为53～55HRC。

3.板厚为(51±0.01)mm，两面平行度为0.01mm。

4.外形采用中走丝加工，对底面的垂直度为0.001mm。

5.内型孔首先采用CNC粗加工，热处理后再用CNC精加工。

6.数量：1件。

Ra 3.2 (√)

图 10-8 内卸料板（图 10-3 的件 10）

10.5.3 定位板（见图 10-9）

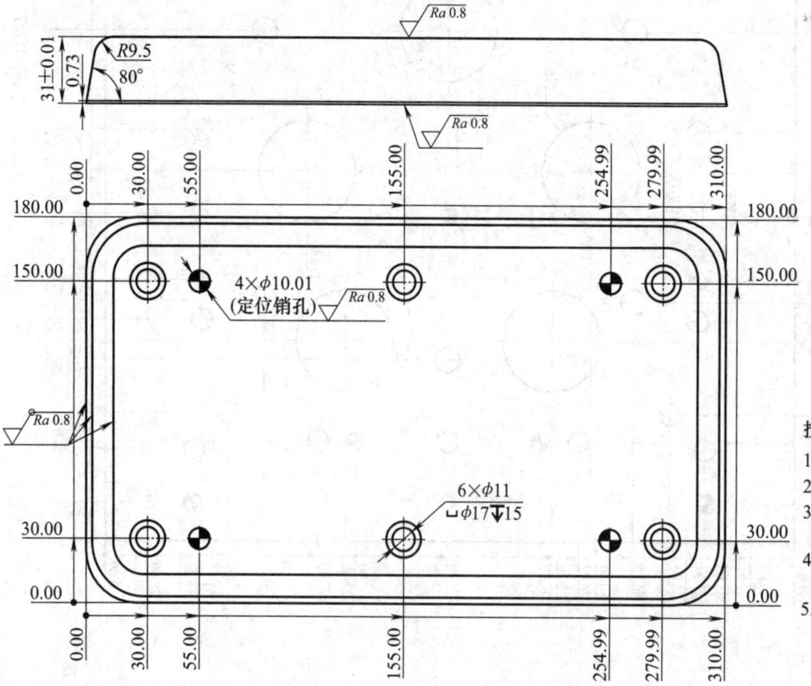

技术要求：

1.材料：Cr12。

2.热处理硬度为53～55HRC。

3.板厚为(31±0.01)mm，两面平行度为0.01mm。

4.所有型面首先采用CNC粗加工，热处理后再用CNC精加工。

5.数量：1件 。

Ra 6.3 (√)

图 10-9 定位板（图 10-3 的件 6）

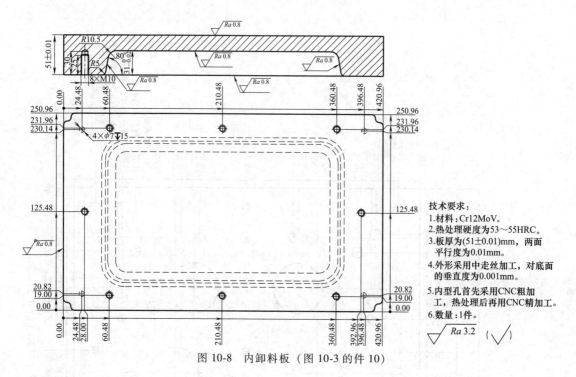

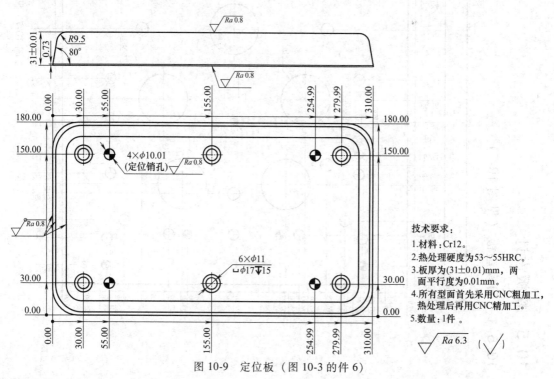

10.5.4　翻边凸模（见图 10-10）

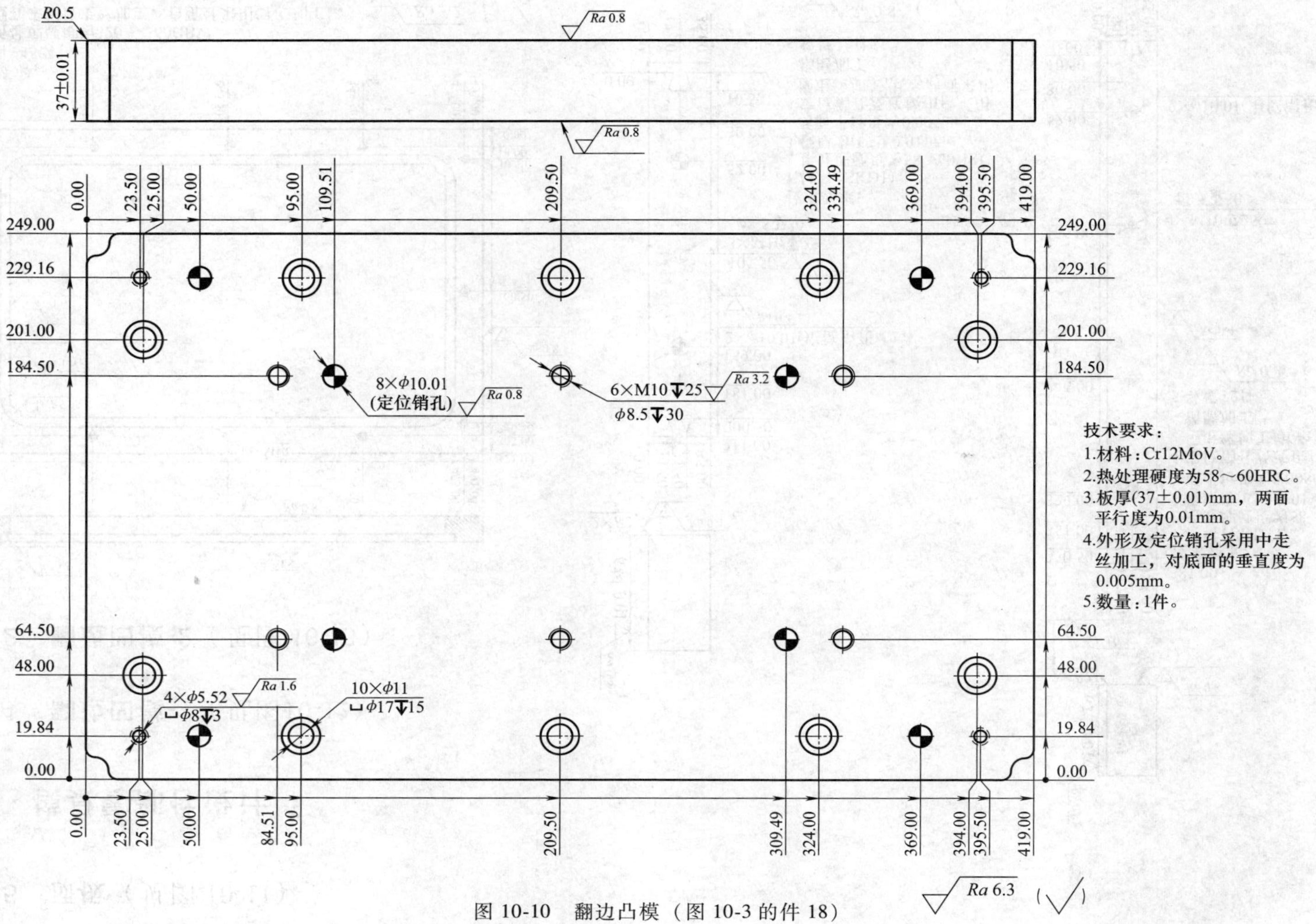

图 10-10　翻边凸模（图 10-3 的件 18）

10.5.5 顶板（见图 10-11）

10.6 模具零部件设计

10.6.1 翻边凹模-1（见图10-12）

10.6.2 翻边凹模-2（见图 10-13）

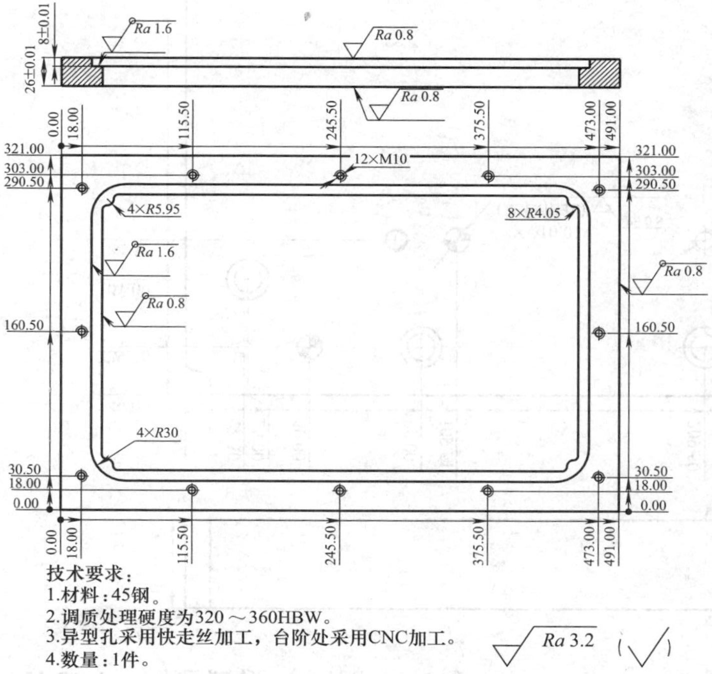
技术要求：
1.材料：45钢。
2.调质处理硬度为320～360HBW。
3.异型孔采用快走丝加工，台阶处采用CNC加工。
4.数量：1件。
Ra 3.2 （√）

图 10-11　顶板（图 10-3 的件 16）

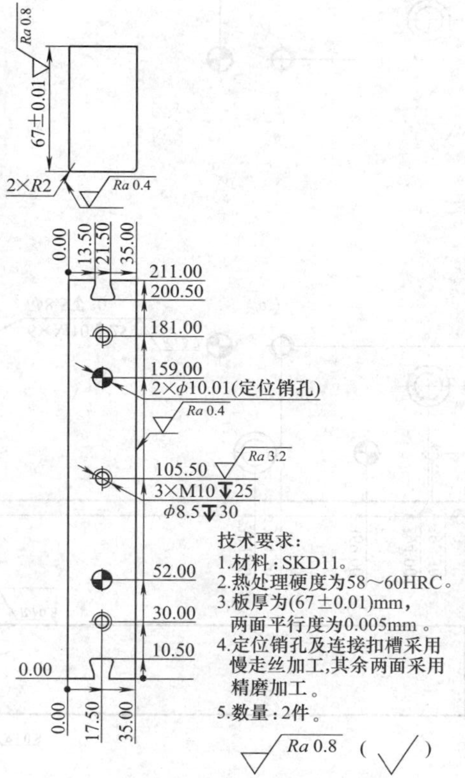
技术要求：
1.材料：SKD11。
2.热处理硬度为58～60HRC。
3.板厚为(67±0.01)mm，两面平行度为0.005mm。
4.定位销孔及连接扣槽采用慢走丝加工，其余两面采用精磨加工。
5.数量：2件。
Ra 0.8 （√）

图 10-12　翻边凹模-1（图 10-3 的件 2）

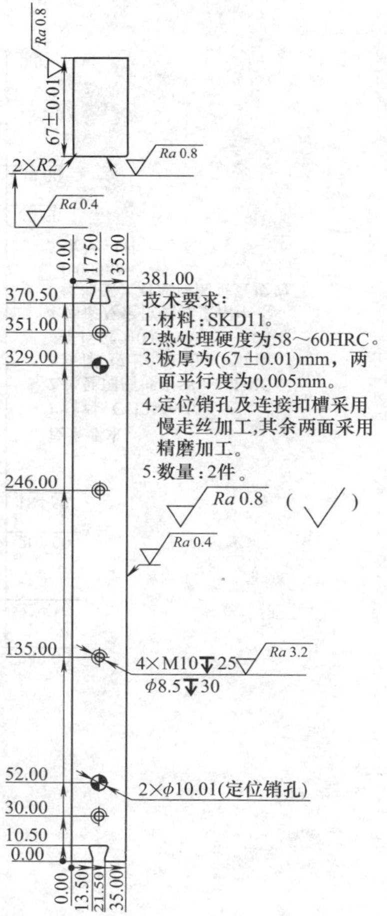
技术要求：
1.材料：SKD11。
2.热处理硬度为58～60HRC。
3.板厚为(67±0.01)mm，两面平行度为0.005mm。
4.定位销孔及连接扣槽采用慢走丝加工，其余两面采用精磨加工。
5.数量：2件。
Ra 0.8 （√）

图 10-13　翻边凹模-2（图 10-3 的件 3）

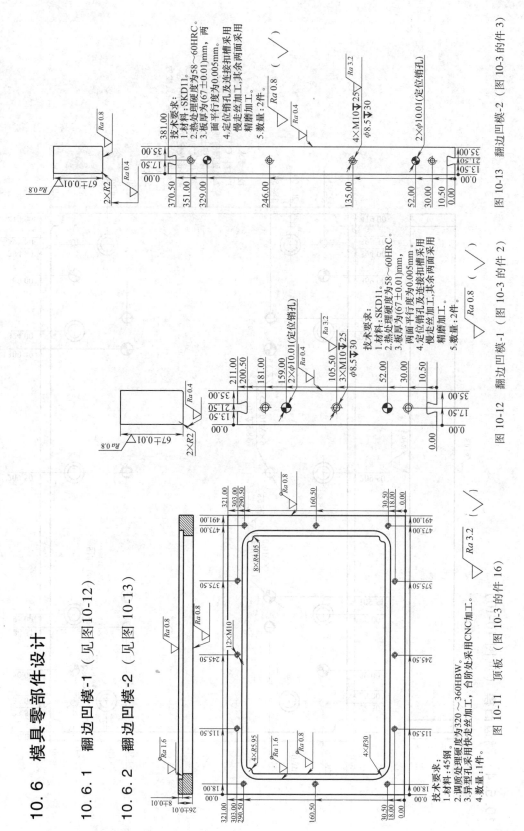

10.6.3　翻边凹模-3（见图 10-14）

10.6.4　燕尾连接扣（见图 10-15）

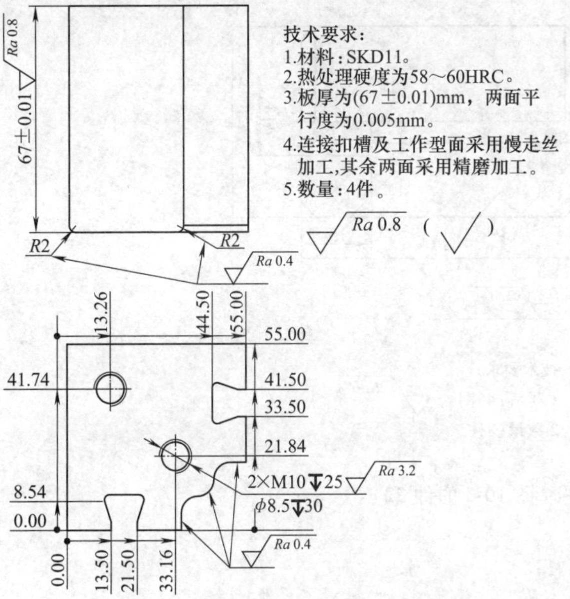
技术要求：
1.材料：SKD11。
2.热处理硬度为58～60HRC。
3.板厚为(67±0.01)mm，两面平行度为0.005mm。
4.连接扣槽及工作型面采用慢走丝加工,其余两面采用精磨加工。
5.数量：4件。
Ra 0.8
67±0.01
R2
Ra 0.4
2×M10↧25
ϕ8.5↧30
Ra 3.2

图 10-14　翻边凹模-3（图 10-3 的件 8）

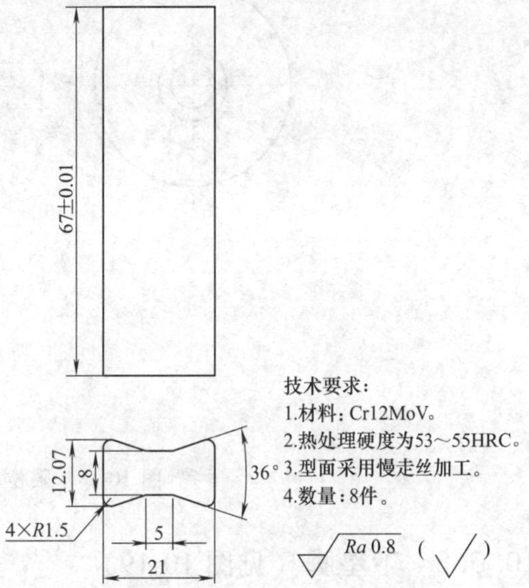
67±0.01
技术要求：
1.材料：Cr12MoV。
2.热处理硬度为53～55HRC。
3.型面采用慢走丝加工。
4.数量：8件。
4×R1.5
36°
Ra 0.8

图 10-15　连接扣（图 10-3 的件 9）

10.6.5　导正销（见图 10-16）

10.6.6　挡块（见图 10-17）

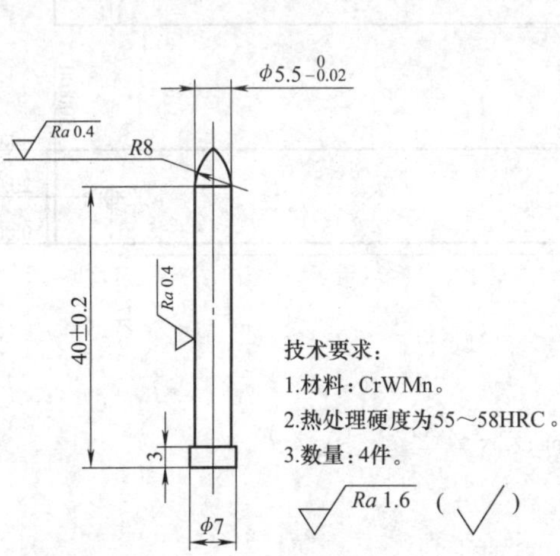
ϕ5.5
R8
Ra 0.4
40±0.2
ϕ7
技术要求：
1.材料：CrWMn。
2.热处理硬度为55～58HRC 。
3.数量：4件。
Ra 1.6

图 10-16　导正销（图 10-3 的件 21）

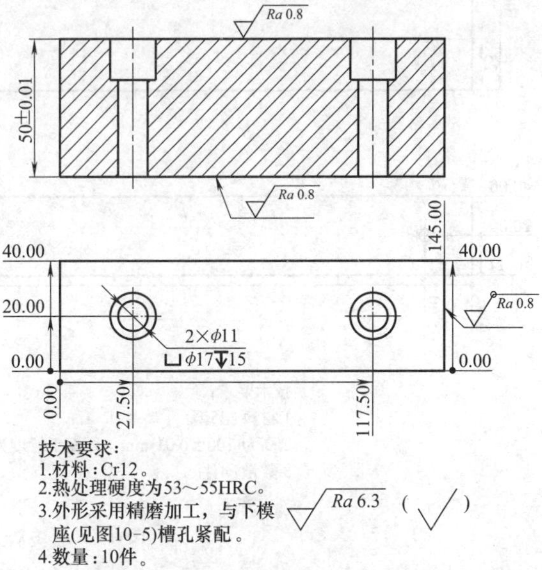
Ra 0.8
50±0.01
2×ϕ11
ϕ17↧15
技术要求：
1.材料：Cr12。
2.热处理硬度为53～55HRC。
3.外形采用精磨加工，与下模座(见图10-5)槽孔紧配。
4.数量：10件。
Ra 6.3

图 10-17　挡块（图 10-3 的件 13）

10.6.7 限位柱（见图 10-18）

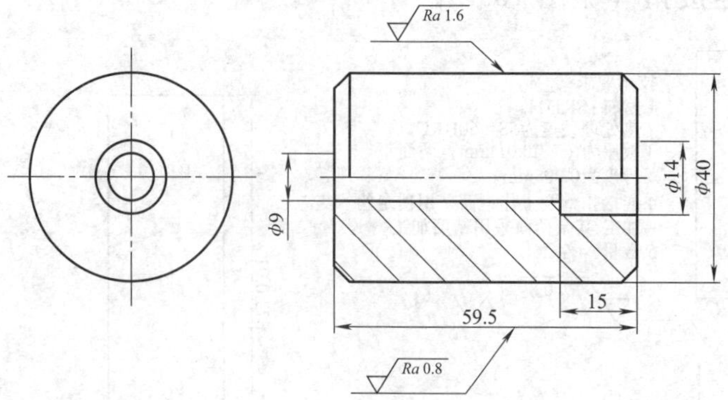

技术要求：
1.材料：45钢。 Ra 6.3 （√）
2.数量：8件。

图 10-18 限位柱（图 10-3 的件 22）

10.6.8 下垫脚（见图 10-19）

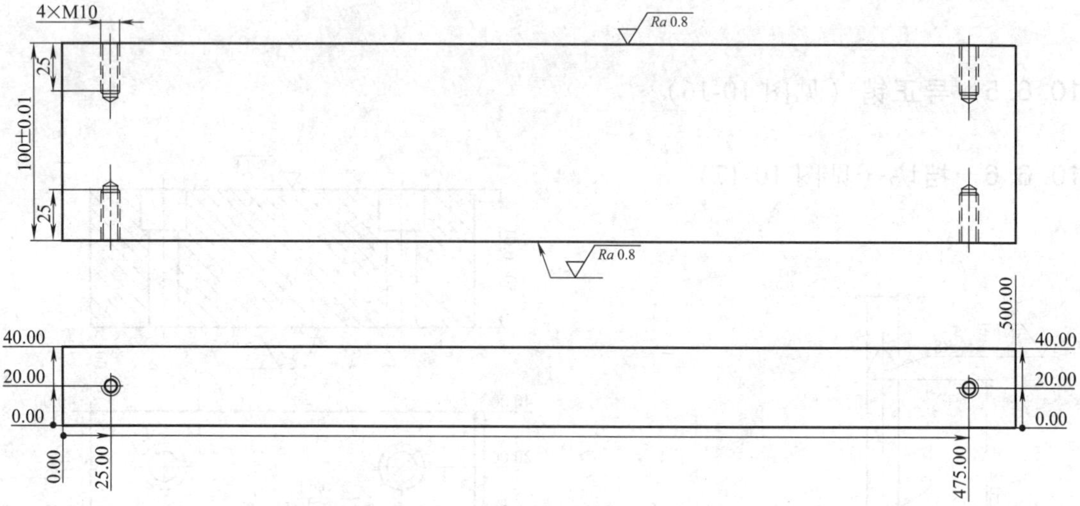

技术要求：
1.材料：45钢。
2.高为(100±0.01)mm，两面平行度为0.005mm。 Ra 6.3 （√）
3.数量：4件。

图 10-19 下垫脚（图 10-3 的件 19）

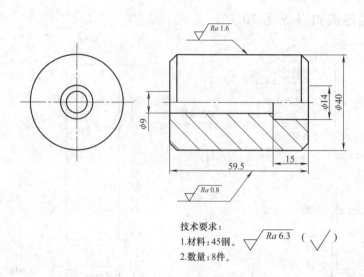

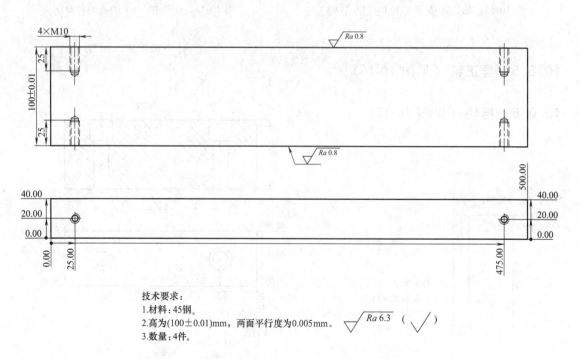

第11章　外壳胀形、镦压及口部成形模

制件名称：外壳。

材料及板厚：SPCD 钢，1.0mm。

所用冲压设备：开式压力机 JZ21-45（450kN）。

11.1　工艺分析

图11-1所示为某家用电器外壳，制件整体为一先胀形再镦压工艺，整体形状复杂，最大外形为 $\phi35.5_{-0.4}^{\ 0}$mm，高为（35±0.15）mm，从图中可以看出，制件口部和尾部直径均为 ϕ(30±0.1)mm，中间形状为凸出，其直径为 $\phi35.5_{-0.4}^{\ 0}$mm，厚度为（2.2±0.03)mm，凸出下端面到底平面的尺寸高为（27.8±0.1)mm，内口部倒斜角为0.7mm×35°。

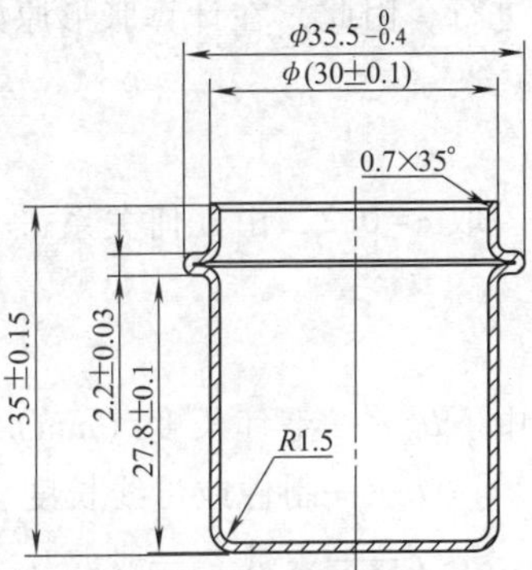

图11-1　外壳制件

该制件是某家用电器的主要部件之一，原工艺采用7副单工序模（工序1：落料；工序2：首次拉深；工序3：二次拉深；工序4：三次拉深；工序5：修边；工序6：胀形；工序7：镦压）及1道车削加工（加工制件高度及内口部倒角）来完成。

原工艺主要有以下两大问题。

其一是工序6冲压结束后，用手工放置在工序7上时，因这两个工序的凸模与工序件内部单面只有0.01mm的配合间隙，若制件稍有放置倾斜，导致安装在凸模上的活动导正销难以进入制件的内孔径，或倾斜的状态进入内孔径，致使冲压出的制件垂直度差，质量难以保证，造成废品率较高。

其二是冲压结束后，车削加工制件高度及内口部倒角要做专用的夹具，加工速度慢，加工时若稍有不注意就会使制件装夹不到位，导致生产出的制件报废率高，产品质量稳定性差。

综合以上两大问题点及结合制件的整体结构分析，该制件在胀形成形时，凸模无需橡胶棒或液压装置来支承。那么，可将原工艺的工序6、工序7及机加工车削制件高度与内口部倒角工序合并为新工艺由一副胀形、镦压及内口部倒角成形的复合工艺。将后三道工序合并一副复合工艺的模具来成形，不但提高了模具的难度，而且对工序5修边模也提出了更高的要求，也就是说修边后圆筒形的高度刚好是后工序胀形、镦压及口部成形后的高度。如高度超出了制件的尺寸公差，那么要调整前工序拉深高度及修边等尺寸。

11.2　胀形工艺计算

由制件形状可知，其侧壁由筒形空心毛坯胀形而成的。

11.2.1　胀形系数的计算

已知 $d_0=30\text{mm}$，$d_{max}=35.5\text{mm}$，代入下式得：

$$K_z=\frac{d_{max}}{d_0}=\frac{35.5}{30}=1.183$$

式中　d_{max}——胀形后的最大直径（mm），如图 11-2 所示；

d_0——圆筒毛坯胀形前的直径（mm），如图 11-2 所示。

从相关资料查得胀形极限系数为 1.24，大于制件的实际极限系数，所以可以一次胀形成形。

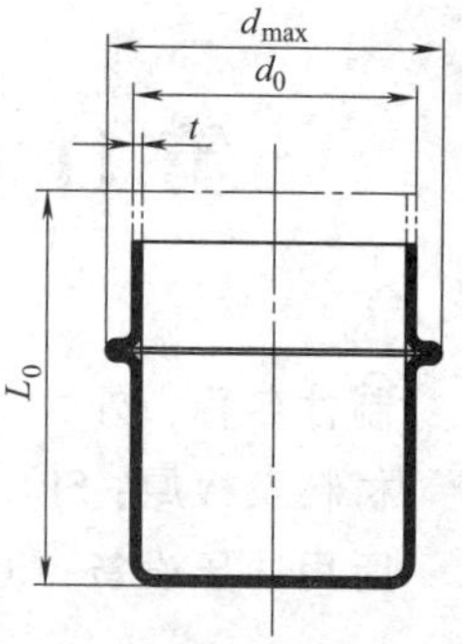

图 11-2　圆筒毛坯胀形

11.2.2　胀形前制件原始长度 L_0 计算

该制件胀形前后的尺寸相差较小，考虑到胀形、镦压及内口部倒角成形在一副模具上同时进行，因此，在计算胀形原始长度时不考虑切边余量 B。

$$\varepsilon=\frac{d_{max}-d_0}{d_0}=\frac{35.5-30}{30}\approx 0.18$$

取 $c=0.2$，由几何关系得 $L\approx 39.3\text{mm}$

$$L_0=L(1+c\varepsilon)=39.3\times(1+0.2\times 0.18)\text{mm}\approx 40.7\text{mm}$$

式中　L_0——毛坯长度（mm），如图 11-2 所示；

L——制件或母线长度（mm）；

c——系数，一般取 0.3~0.4，该制件比较特殊，因此取 0.2；

ε——胀形伸长率，$\varepsilon=\frac{d_{max}-d_0}{d_0}$。

根据以上的计算绘制出制件胀形前圆筒形的毛坯图如图 11-3a 所示，该制件胀形、镦压及内口部成形在一副模具上同时进行，因此，对筒形毛坯尺寸要求较高，由以上公式计算后，在实际试冲过程中进一步调整得出的毛坯高度如图 11-3b 所示。

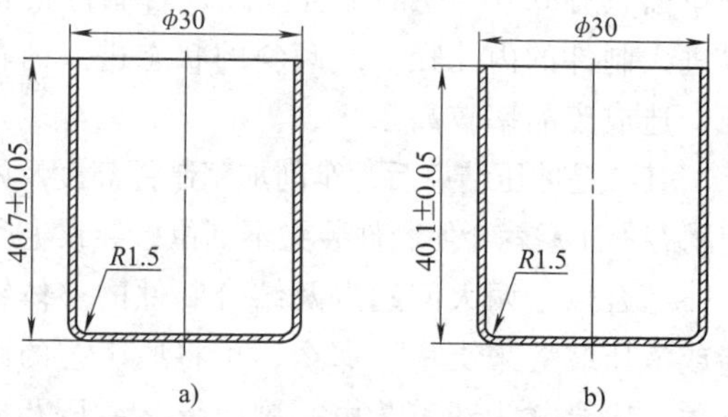

图 11-3　制件胀形前毛坯图

11.3　工序设计

根据以上胀形的毛坯（见图 11-3b）进行计算后，接着用圆筒形胀形毛坯再计算出各工序的拉深系数、拉深直径及拉深高度等数据，绘制出图 11-4 所示的制件工序图。

因该制件的年需求量大，为便于维修及调试，把首次拉深与落毛坯分开冲压。具体冲压成形工艺安排如下：

工序 1：一出三连续模落料（落制件拉深毛坯 ϕ76.3mm），如图 11-4a 所示；

工序 2：首次拉深，如图 11-4b 所示；

工序 3：第二次拉深，如图 11-4c 所示；

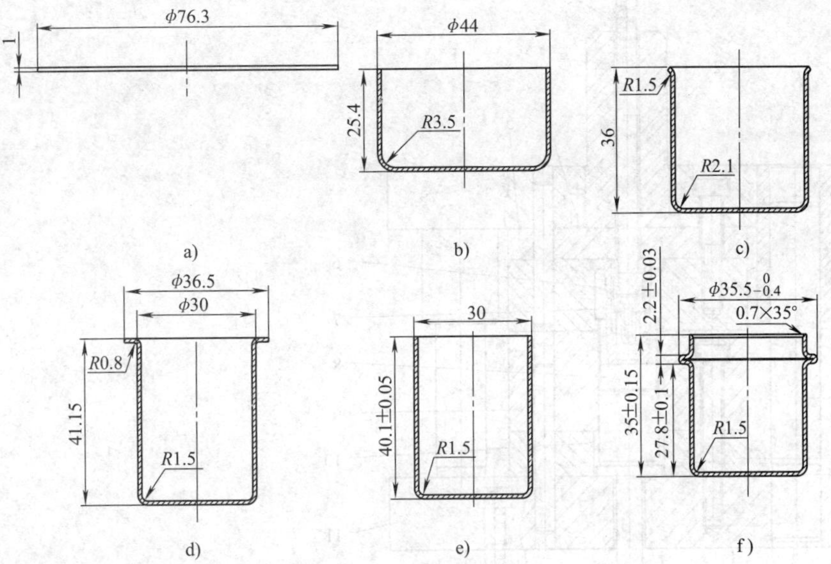

图 11-4　制件工序图

工序 4：第三次拉深，如图 11-4d 所示；

工序 5：修边（该工序修边后即为胀形的毛坯），如图 11-4e 所示；

工序 6：胀形、镦压及内口部成形，如图 11-4f 所示。

11.4　胀形、镦压及口部成形模具总装图设计

如图 11-5 所示为胀形、镦压及口部成形模具结构。从图 11-4 工序图可以看出，该制件的冲压需经过落料、三次拉深、修边及一副胀形、镦压和口部成形模具来完成。而第 6 工序胀形、镦压及内口部成形复合工艺也是该制件的关键成形工序。

11.4.1　模具结构特点

1）本结构分为上、下模两部分。上模部分由上模座 1、上垫板 5、上凹模 17 及成形凸模 6 等零件组合而成；下模部分由下凹模 9、下垫板 15、下模座 11、下垫脚 12 及下托板 14 等零件组合而成。

2）本模具上、下凹模未设置小导柱导向，只有设置销钉与上、下模座及垫板对准，那么上、下模的对准精度是完全依靠两套 ϕ25mm 的滑动导柱、导套进行导向。

3）为确保模具的闭合高度及下模顶出弹簧有足够的压缩量，本模具在下模座 11 的底下设置下垫脚 12 及下托板 14，在下托板对应的位置上铣出 ϕ32mm 深 5mm 的弹簧孔，防止弹簧在压缩过程中倾斜现象。

4）为方便毛坯定位，模具敞开时，本结构顶出器 10 的上平面低于下凹模 9 的上平面 6.9mm。若上模部分采用弹性推件装置对制件来卸料，那么会导致成形后的制件卡在凹模内。因此，本结构上模部分利用安装在压力机上的打杆卸料，开模时，在顶出器 10 与弹簧的弹力下，将制件紧箍在成形凸模上，利用活动导正销 8、推杆 3 接触到压力机上的打杆出件。

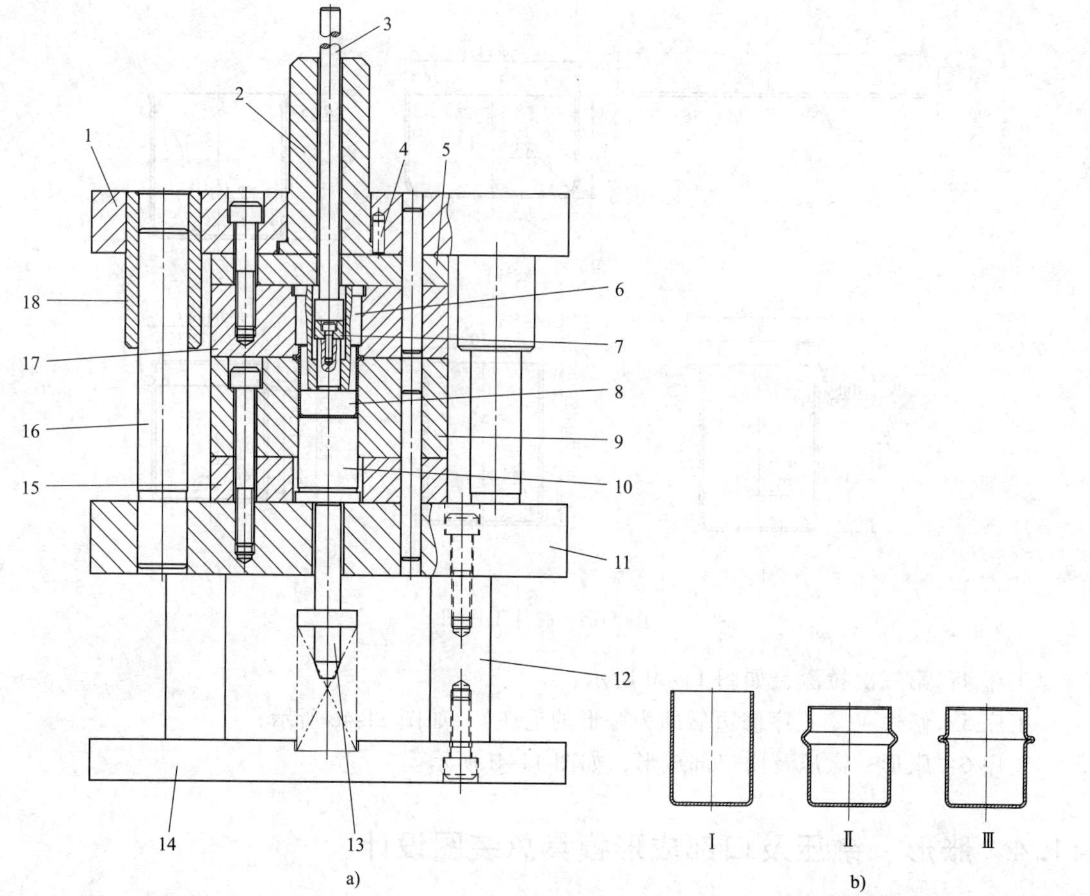

18	导套		2	标准件	9	下凹模	SKD11	1	
17	上凹模	SKD11	1		8	活动导正销	Cr12MoV	1	
16	导柱		2	标准件	7	垫圈	CrWMn	1	标准件
15	下垫板	Cr12	1		6	成形凸模	SKD11	1	
14	下托板	45 钢	1		5	上垫板	Cr12	1	
13	弹簧顶杆	45 钢	1		4	防转销		1	标准件
12	下垫脚	45 钢	2		3	推杆	45 钢	1	
11	下模座	45 钢	1		2	模板	45 钢	1	
10	顶出器	CrWMn	1		1	上模座	45 钢	1	
件号	名　称	材　料	数量	备　注	件号	名　称	材　料	数量	备　注

图 11-5　胀形、镦压及口部成形模具总装图

a）模具总装图　b）模具运动过程图

5）本结构除在下凹模上设计对毛坯进行定位以外，同时也在成形凸模头部设计了活动导正销 8 作为毛坯的精定位，其外径比成形凸模头部的外径单面小 0.02mm 左右。

11.4.2　模具工作过程

工作时，将前一工序（工序 5 修边后，下称毛坯）的工序件放入下凹模 9 的孔内，上模下行，成形凸模 6 首先进入毛坯内孔径，接着毛坯上部分进入凸模 6 与上凹模 17 之间，并在凸模 6 台阶的作用下压着毛坯端口向下运动，当毛坯的上下端面与上下模刚性接触时，上模随压力机滑块继续向下的同时，由上凹模 17 和下凹模 9 将制件胀形（见图 11-5b 模具运动过程图，由图Ⅰ压成图Ⅱ的过程，这时内口部斜角已预成形出）；上模继续下行，在成形凸模 6、上凹模 17 及下凹模 9 的作用下，由胀形转为镦压，镦压结束再整形口部 0.7mm×35°的斜角（见图 11-5b 模具运动过程图，由图Ⅱ压成图Ⅲ的过程）。模具回程，在顶出器 10 及弹簧的弹力下，将成形结束的制件紧箍在成形凸模 6 及活动导正销 8 上，模具回到上止点时，利用活动导正销 8、推杆 3 接触到压力机上的打杆出件。

技巧

- 将原工艺采用 7 副单工序模及 1 道车削加工，改为新工艺的 6 副单工序模具来冲压。上模下行，首先对毛坯进行胀形；上模继续下行，由胀形转为镦压；镦压结束再对制件进行整形口部 0.7mm×35°的斜角。
- 本结构上模部分利用安装在压力机上的打杆卸料，在顶出器 10 及弹簧的弹力下，将制件紧箍在成形凸模上，再利用活动导正销 8、推杆 3 接触到压力机上的打杆出件。可以避免采用弹性推件装置对制件来卸料导致成形后的制件卡在凹模内。

经验

- 本模具的顶出器 10 的上平面低于下凹模 9 的上平面 6.9mm，能很好地给毛坯定位。
- 本结构除在下凹模上设计对毛坯进行定位以外，同时也在成形凸模头部设计了活动导正销 8 作为毛坯的精定位，其外径比成形凸模头部的外径单面小 0.02mm 左右。

11.5 模座及托板设计

11.5.1 上模座（见图 11-6）

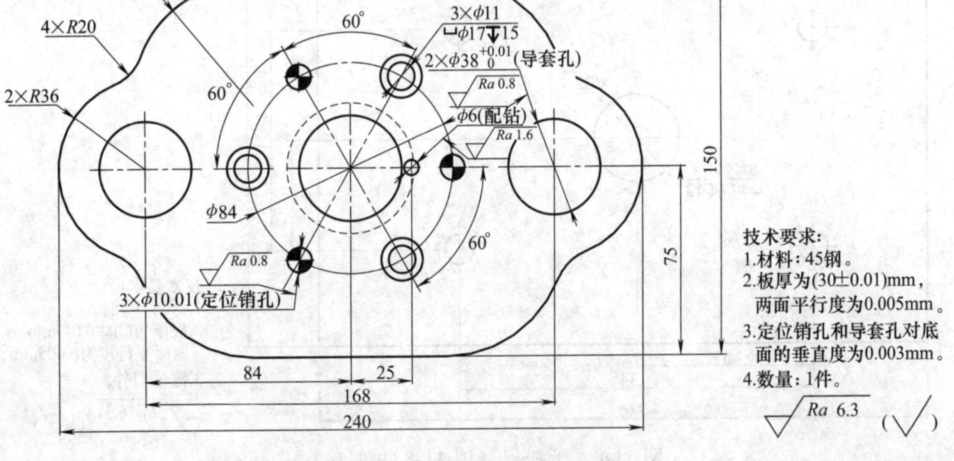

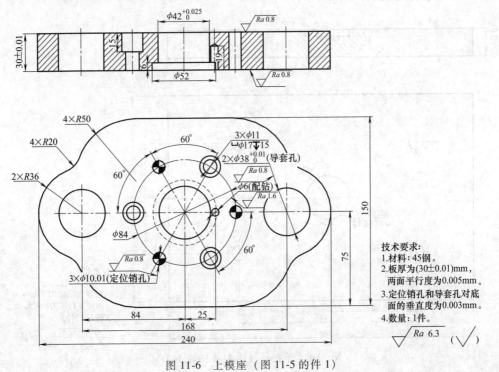

图 11-6　上模座（图 11-5 的件 1）

11.5.2 下模座（见图 11-7）

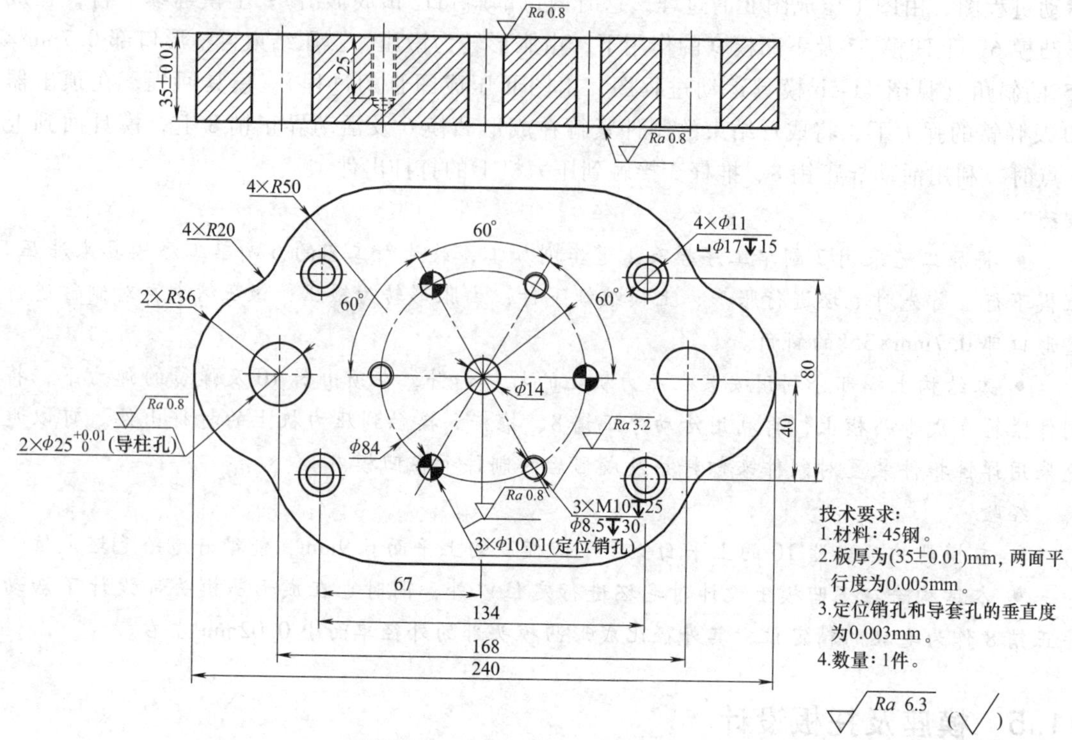

图 11-7 下模座（图 11-5 的件 11）

11.5.3 下托板（见图 11-8）

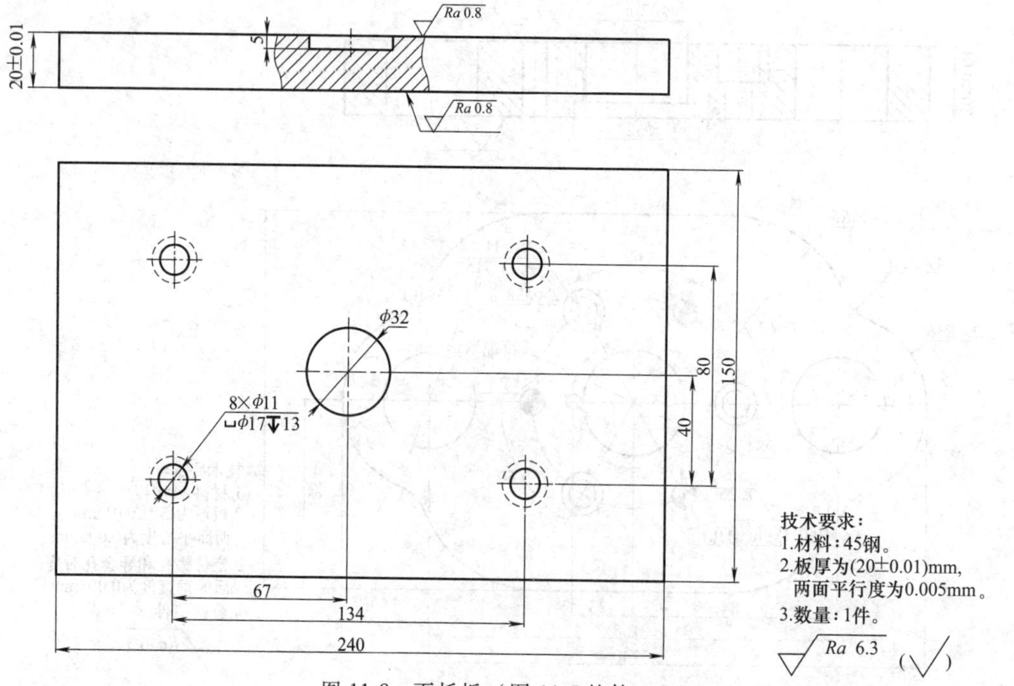

图 11-8 下托板（图 11-5 的件 14）

11.6　模板设计

11.6.1　上垫板（见图 11-9）

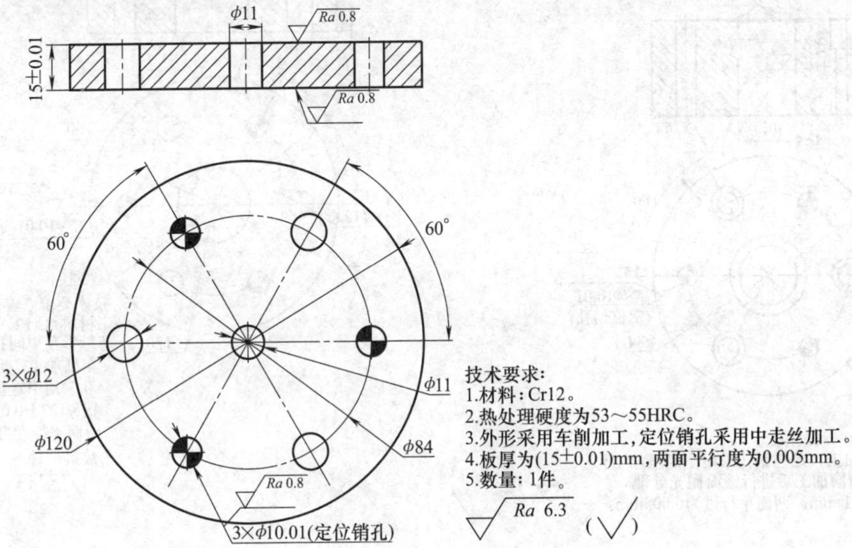

图 11-9　上垫板（图 11-5 的件 5）

11.6.2　上凹模（见图 11-10）

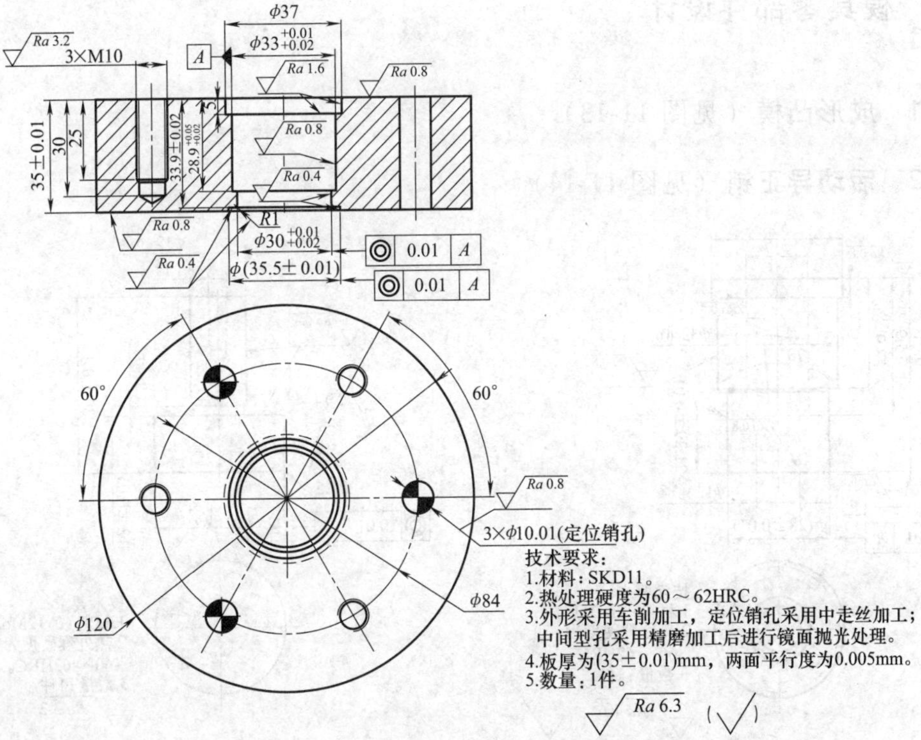

图 11-10　上凹模（图 11-5 的件 17）

11.6.3 下凹模（见图 11-11）

11.6.4 下垫板（见图 11-12）

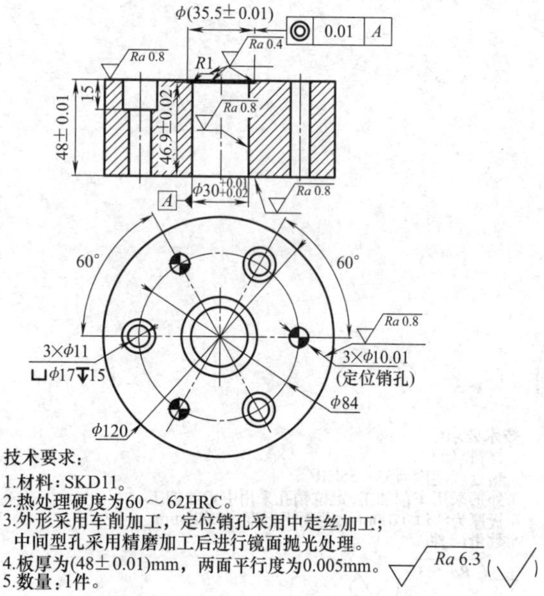

技术要求：
1.材料：SKD11。
2.热处理硬度为60～62HRC。
3.外形采用车削加工，定位销孔采用中走丝加工；
中间型孔采用精磨加工后进行镜面抛光处理。
4.板厚为(48±0.01)mm，两面平行度为0.005mm。
5.数量：1件。

图 11-11　下凹模（图 11-5 的件 9）

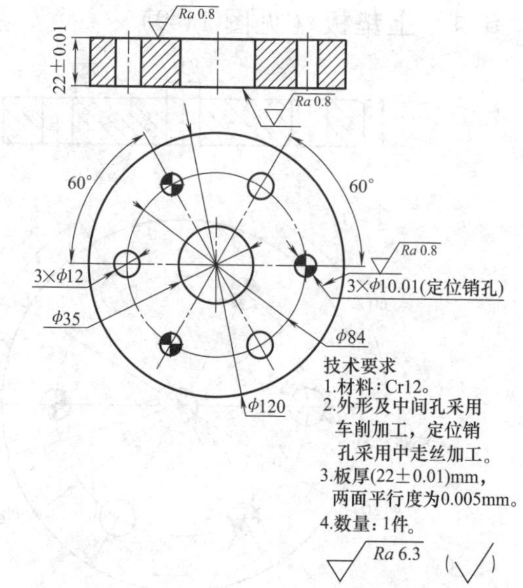

技术要求
1.材料：Cr12。
2.外形及中间孔采用车削加工，定位销孔采用中走丝加工。
3.板厚(22±0.01)mm，两面平行度为0.005mm。
4.数量：1件。

图 11-12　下垫板（图 11-5 的件 15）

11.7 模具零部件设计

11.7.1 成形凸模（见图 11-13）

11.7.2 活动导正销（见图 11-14）

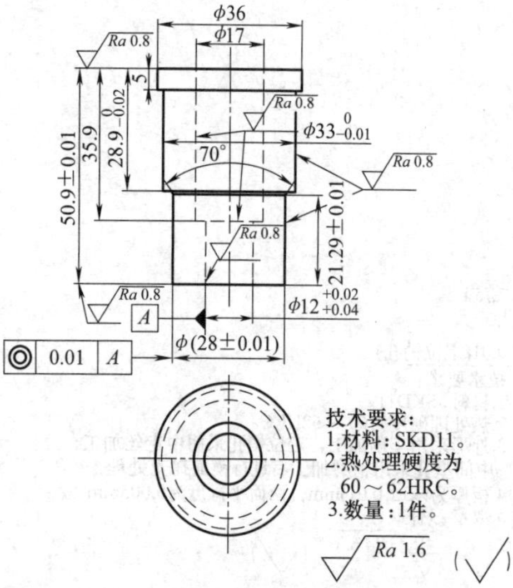

技术要求：
1.材料：SKD11。
2.热处理硬度为60～62HRC。
3.数量：1件。

图 11-13　成形凸模（图 11-5 的件 6）

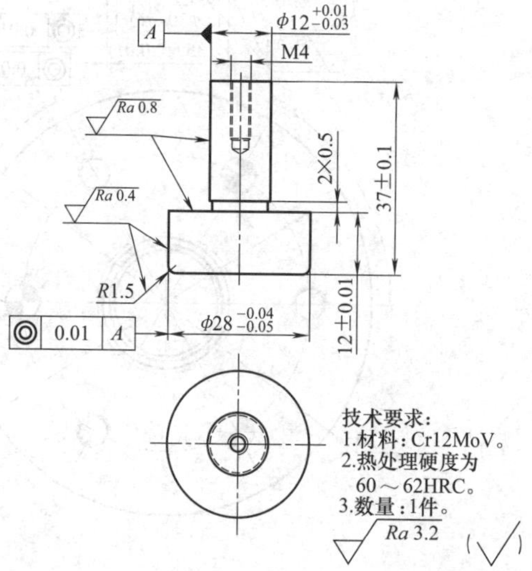

技术要求：
1.材料：Cr12MoV。
2.热处理硬度为60～62HRC。
3.数量：1件。

图 11-14　活动导正销（图 11-5 的件 8）

11.7.3　垫圈（见图 11-15）

11.7.4　顶出器（见图 11-16）

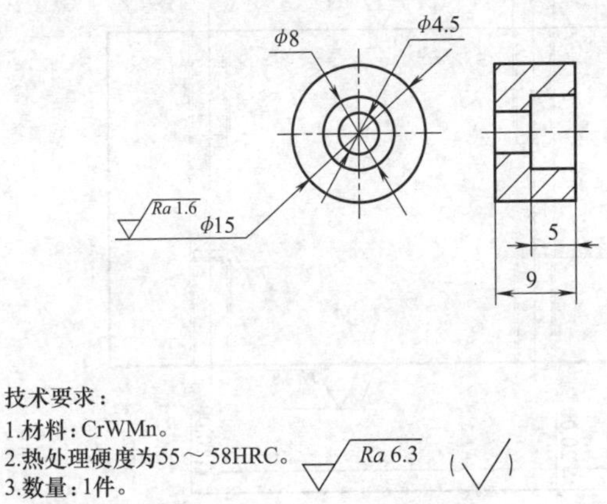

ϕ8
ϕ4.5
Ra 1.6
ϕ15
5
9
技术要求：
1.材料：CrWMn。
2.热处理硬度为55～58HRC。
3.数量：1件。
Ra 6.3

图 11-15　垫圈（图 11-5 的件 7）

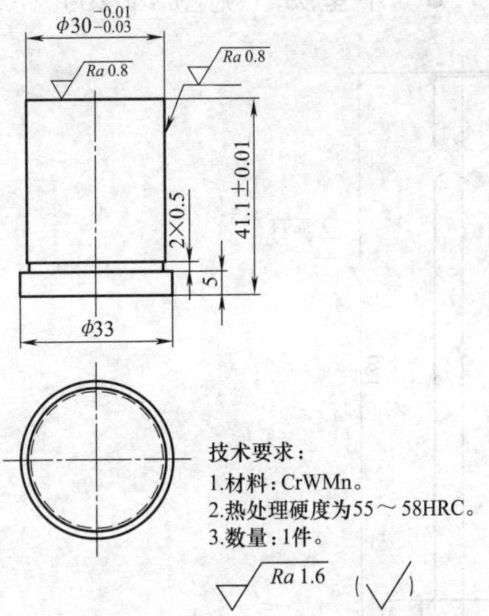

ϕ30 −0.01 −0.03
Ra 0.8
Ra 0.8
2×0.5
41.1±0.01
5
ϕ33
技术要求：
1.材料：CrWMn。
2.热处理硬度为55～58HRC。
3.数量：1件。
Ra 1.6

图 11-16　顶出器（图 11-5 的件 10）

11.7.5　弹簧顶杆（见图 11-17）

11.7.6　模板（见图 11-18）

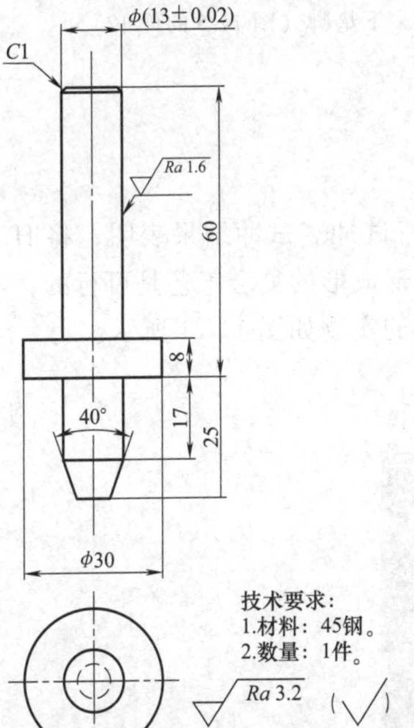

ϕ(13±0.02)
C1
Ra 1.6
60
8
40°
17
25
ϕ30
技术要求：
1.材料：45钢。
2.数量：1件。
Ra 3.2

图 11-17　弹簧顶杆（图 11-5 的件 13）

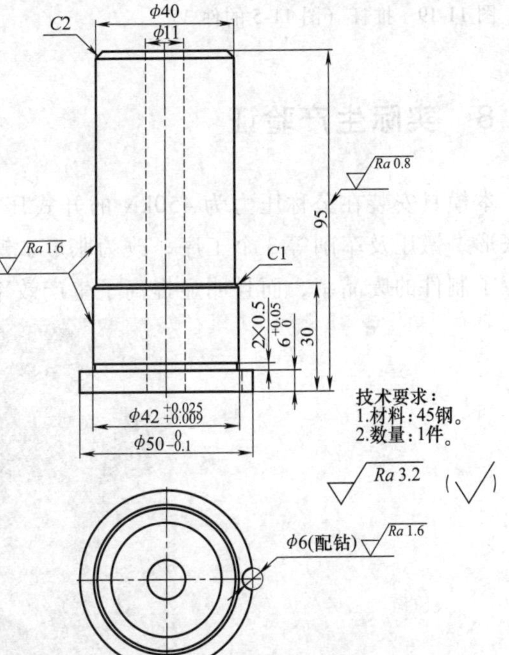

ϕ40
C2
ϕ11
Ra 0.8
95
Ra 1.6
C1
2×0.5
6 +0.05 0
30
ϕ42 +0.025 +0.009
ϕ50 0 −0.1
技术要求：
1.材料：45钢。
2.数量：1件。
Ra 3.2
ϕ6(配钻)
Ra 1.6

图 11-18　模板（图 11-5 的件 2）

11.7.7 推杆（见图 11-19）

11.7.8 下垫脚（见图 11-20）

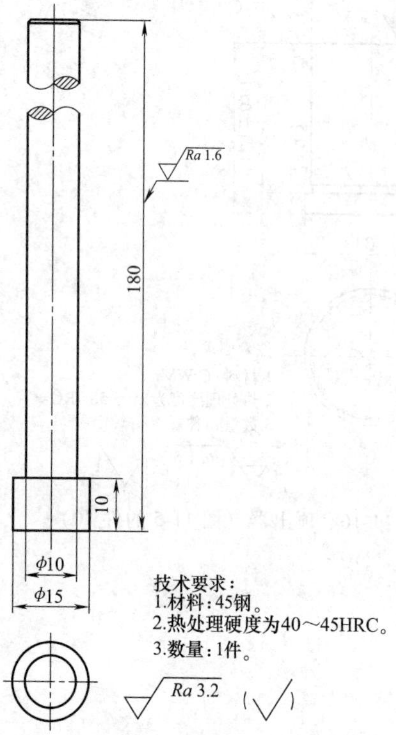

Ra 1.6
180
10
ϕ10
ϕ15
技术要求：
1.材料：45钢。
2.热处理硬度为40～45HRC。
3.数量：1件。
Ra 3.2

图 11-19　推杆（图 11-5 的件 3）

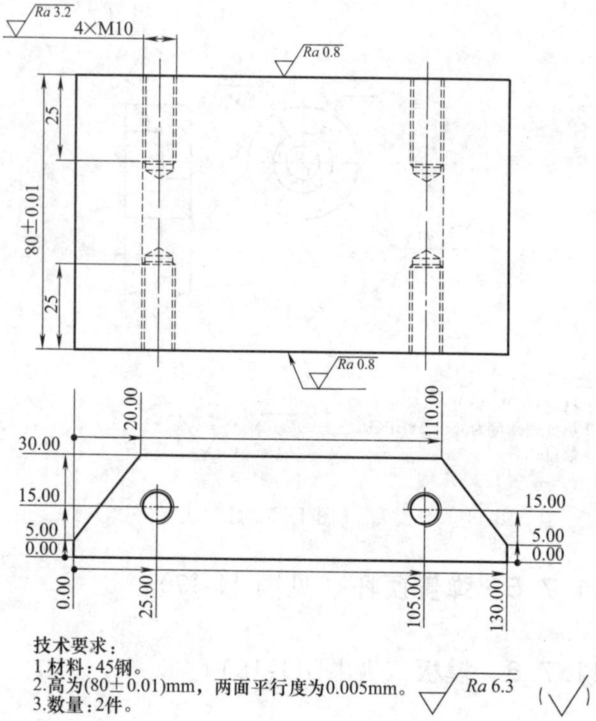

Ra 3.2
4×M10
Ra 0.8
25
80±0.01
25
Ra 0.8
20.00
110.00
30.00
15.00
5.00
0.00
15.00
5.00
0.00
0.00
25.00
105.00
130.00
技术要求：
1.材料：45钢。
2.高为(80±0.01)mm，两面平行度为0.005mm。
3.数量：2件。
Ra 6.3

图 11-20　下垫脚（图 11-5 的件 12）

11.8 实际生产验证

本模具安装在公称压力为 450kN 的开式压力机上进行试冲。试冲结果表明，将旧工艺的胀形、镦压及车削等 3 个工序，改为胀形、镦压及内口部成形的复合工艺是可行的，不但减少了制件的废品率，而且明显提高了生产效率。试冲后的实物如图 11-21 所示。

图 11-21　试冲后的实物

第12章　气瓶缩口模

制件名称：气瓶。

材料及板厚：08钢，1.0mm。

所用冲压设备：开式压力机JZ21-45（450kN）。

12.1　工艺分析

图12-1所示为某气瓶，对表面质量要求严格，表面划伤、划痕不能有手感，不允许有皱折等现象。该制件是一个典型带底的圆筒形缩口件，最大外径为$\phi50_{-0.03}^{\ 0}$mm，口部直径为ϕ35mm，高为81mm。最大外径ϕ50mm与口部ϕ35mm之间采用25°的斜度过渡，其中制件筒身部分高为60mm，除此之外，其余部分由缩口工艺冲压而成。经分析，该制件由直径ϕ50mm的圆筒形空心件作为缩口的毛坯。从图中可以看出，制件口部平齐，那么在缩口即将结束时，利用顶出器的台阶部分将口部整形，使冲压出的制件的口部达到平齐的要求。

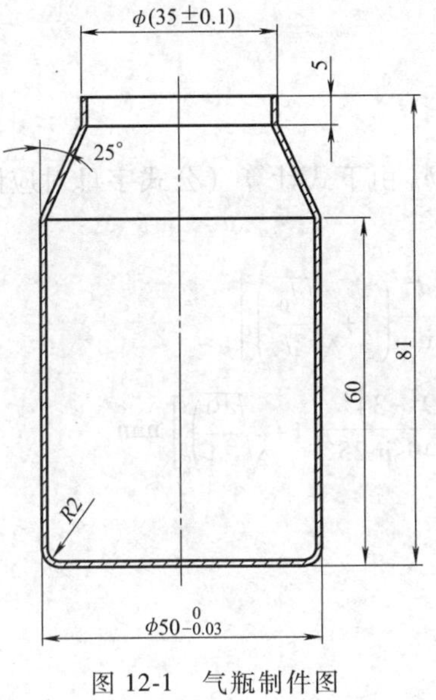

图12-1　气瓶制件图

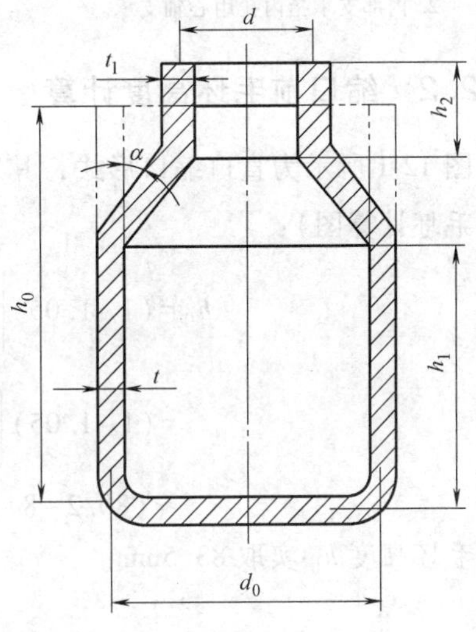

图12-2　缩口毛坯计算图

12.2　缩口工艺计算

由制件形状可知，该制件是由筒形空心毛坯缩口而成的。

12.2.1　缩口系数的计算

缩口的最大变形程度用极限缩口系数K_s来表示。极限缩口系数的大小主要与材料性质、材料厚度、坯料的表面质量及缩口模具的形状有关。表12-1为各种材料的平均缩口系数。当制件的缩口系数小于极限缩口系数时，制件要通过多道缩口达到尺寸要求。在多道缩口工序中，第一道工序采用比平均值 K_{SP} 小10%的缩口系数，以后各道工序采用比平均值大5%~10%的缩口系数。

已知 $d=34$mm，$d_0=49$mm，代入下式得：

$$K_s=\frac{d}{d_0}=\frac{34}{49}\approx 0.69$$

式中 d——缩口后制件的中心线直径（mm），如图12-2所示；

d_0——缩口前制件的中心线直径（mm）如图12-2所示。

因为该制件是有底的缩口件，所以只能采用外支承方式的缩口模具结构形式。查表12-1，平均缩口系数 $K_{SP}=0.55\sim0.60$，因为 $K_s>K_{SP}$，所以该制件可以一次缩口成形。

表12-1 各种材料的平均缩口系数 K_{SP}

材料	模具形成		
	无支承	外部支承	内部支承
软钢	0.70~0.75	0.55~0.60	0.30~0.35
黄铜	0.65~0.70	0.50~0.55	0.27~0.32
铝	0.68~0.72	0.53~0.57	0.27~0.32
硬铝(退火)	0.75~0.80	0.60~0.63	0.35~0.40
硬铝(淬火)	0.75~0.80	0.68~0.72	0.40~0.43

注：1. 外部支承指外径夹紧支承。

2. 内部支承指内孔用心轴支承。

12.2.2 缩口前毛坯高度计算

图12-1所示为直口缩口形式，其缩口前毛坯高度 h_0 由下式计算（公式字母对应图12-2缩口毛坯计算图）：

$$h_0=(1\sim1.05)\left[h_1+h_2\sqrt{\frac{d}{d_0}}+\frac{d_0^2-d^2}{8d_0\sin\alpha}\left(1+\sqrt{\frac{d_0}{d}}\right)\right]$$

$$=(1\sim1.05)\left[59.5+5\sqrt{\frac{34}{49}}+\frac{49^2-34^2}{8\times49\sin25^\circ}\left(1+\sqrt{\frac{49}{34}}\right)\right]\text{mm}$$

$$\approx(80.2\sim84.2)\text{mm}$$

毛坯高度 h_0 实取83.5mm。

12.3 工序设计

设计该制件的工序图时，首先要计算出制件缩口的毛坯尺寸（缩口的毛坯尺寸为圆筒形空心件），接着以缩口的毛坯尺寸再计算出圆筒形拉深件的毛坯尺寸，最后计算出各工序的拉深系数、拉深直径及拉深高度等数据，绘制出图12-3所示的制件工序图，具体冲压成形工艺安排如下：

工序1：连续模落料（落制件拉深毛坯 ϕ138.5mm），如图12-3a所示；

工序2：首次拉深，如图12-3b所示；

工序3：第二次拉深，如图12-3c所示；

工序 4：第三次拉深，如图 12-3d 所示；

工序 5：整形，将前一工序凸缘处 $R2.16$mm 整形到 $R0.5$mm，如图 12-3e 所示；

工序 6：修边（该工序修边后即为缩口的毛坯），如图 12-3f 所示；

工序 7：缩口及口部平面、端面整形，如图 12-3g 所示。

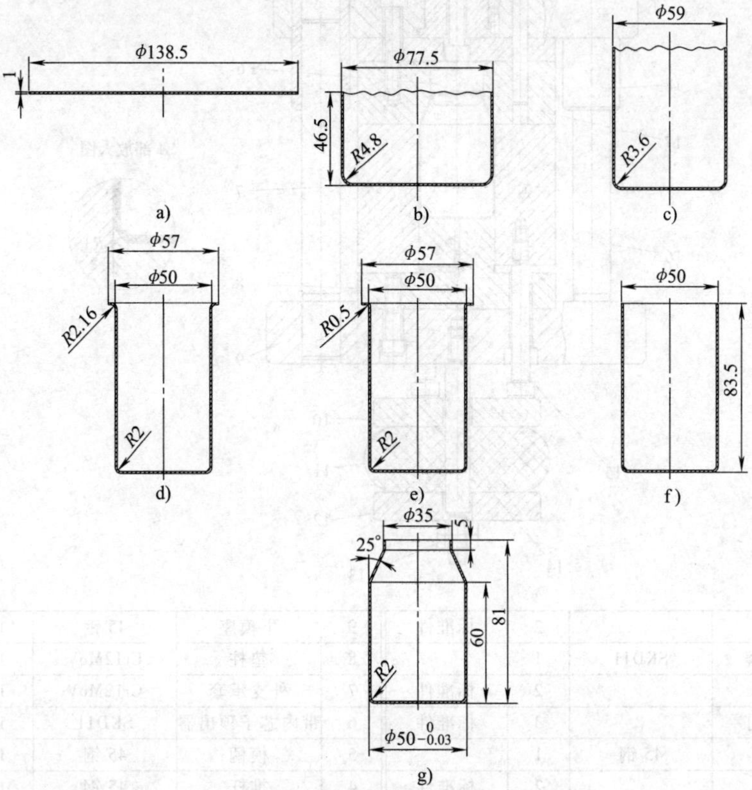

图 12-3　制件工序图

12.4　缩口模具总装图设计

图 12-4 所示为缩口模具总装图，也是该制件的关键工序。

12.4.1　模具结构特点

1）本结构由上、下模两部分组成。上模部分由上模座 1、上垫板 2、推杆 4、模柄 5、带内芯子顶出器 6 及缩口凹模 17 等零件组成；下模部分由外支承套 7、垫柱 8、下模座 9、顶板 10、橡胶 11、底板 12 及螺杆等零件组成。

2）本结构上模部分的缩口凹模 17 与上模座 1 采用销钉定位，螺钉紧固；下模部分的下模座与垫柱是依靠垫柱 8 的外形与下模座 9 上加工出直径 $\phi130$mm、深 5mm 的型孔定位。而上、下模对准精度是完全依靠两套 $\phi25$mm 的滑动导柱、导套进行导向定位。

3）为确保整个缩口过程能得到很好的支承定位，在缩口过程中采用外支承套 7 支承定位，外支承套 7 设计成滑动式。在缩口前，利用强有力的橡胶 11 将外支承套 7 顶起，使外支承套 7 的上平面与缩口凹模 17 的下平面紧贴，随着上模的继续下行，对坯件进行缩口。

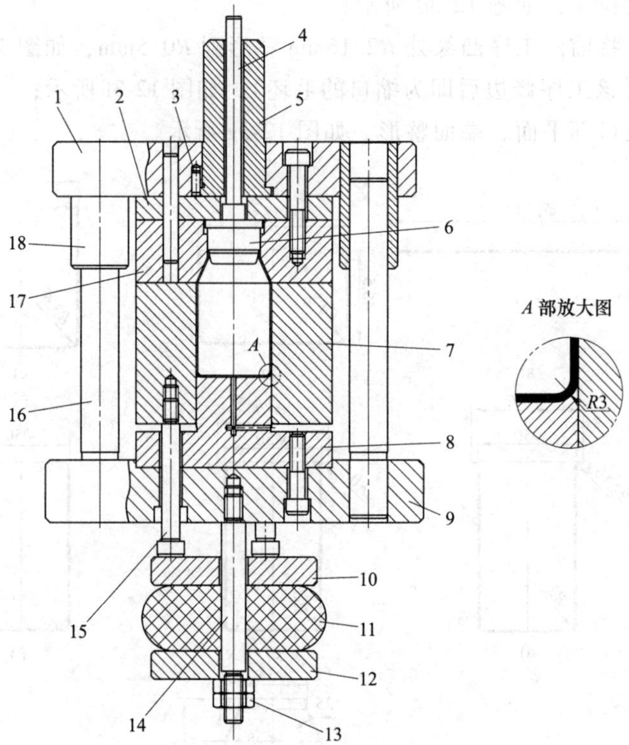

18	导套		2	标准件	9	下模座	45 钢	1	
17	缩口凹模	SKD11	1		8	垫柱	Cr12MoV	1	
16	导柱		2	标准件	7	外支承套	Cr12MoV	1	
15	卸料螺钉		3	标准件	6	带内芯子顶出器	SKD11	1	
14	螺杆	45 钢	1		5	模柄	45 钢	1	
13	螺母		2	标准件	4	推杆	45 钢	1	
12	底板	45 钢	1		3	防转销		1	标准件
11	橡胶		1		2	上垫板	Cr12	1	
10	顶板	45 钢	1		1	上模座	45 钢	1	
件号	名　称	材　料	数量	备　注	件号	名　称	材　料	数量	备　注

图 12-4　缩口模具总装图设计

12.4.2　模具工作过程

工作时，将前一工序（第 6 工序修边后，下称坯件）的工序件开口朝上，放入外支承套 7 的型孔内（坯件放入之后要低于外支承套 7 的上平面），由外支承套 7 与垫柱 8 支承。上模下行，首先外支承套 7 的上平面紧贴着缩口凹模 17 的下平面，上模继续下行，在缩口凹模 17 的作用下将坯件进行缩口，这时，外支承套 7 也跟随着上模下行。当 25°斜面缩口即将结束时，上模继续下行，在带内芯子顶出器 6 头部的作用下，迫使缩口后多余的材料向带内芯子顶出器 6 与缩口凹模 17 间流动，这时，开始成形出口部的 ϕ35mm 高 5mm 的筒形尺寸，缩口即将结束时，利用带内芯子顶出器 6 台阶的平面将已缩口口部端面略有高低不平的尺寸进行镦压整平，使成形出的制件口部平齐。模具回程，制件紧箍在带内芯子顶出器 6 与缩口凹模 17 间，同时外支承套 7 在顶板 11 及橡胶 10 的顶力下复位。上模继续上行，在带内芯子顶出器 6 及推杆 4 接触到压力机上的打杆出件。

技巧

- 本结构中的外支承套 7 设计成滑动式，外支承套 7 在顶出的状态，坯件应低于外支承套 7 的上平面，其目的是确保整个缩口过程中将坯件的外形有效的得到支承，从而保证了因缩口而导致制件的局部位置变形或出现其他的质量问题
- 本结构在缩口接将结束时，利用带内芯子顶出器 6 中的台阶处平面，将已缩口后口部略有高低不平的尺寸进行镦压整平，使成形出的制件口部外径尺寸及端面的平整度能符合图面和装配要求。

经验

- 缩口凹模 17 工作部分的表面粗糙度 Ra 为 0.4μm。
- 本结构在垫柱 8 的上平面周边（与制件底部的接触面）制作成与制件底部的外圆角半径 R 配合的圆弧（见图 12-4A 部放大图），否则在缩口的受力及镦压下导致制件底部的圆角处 R 角变小或变为大小不一，影响制件质量。

12.5 模座设计

12.5.1 上模座（见图 12-5）

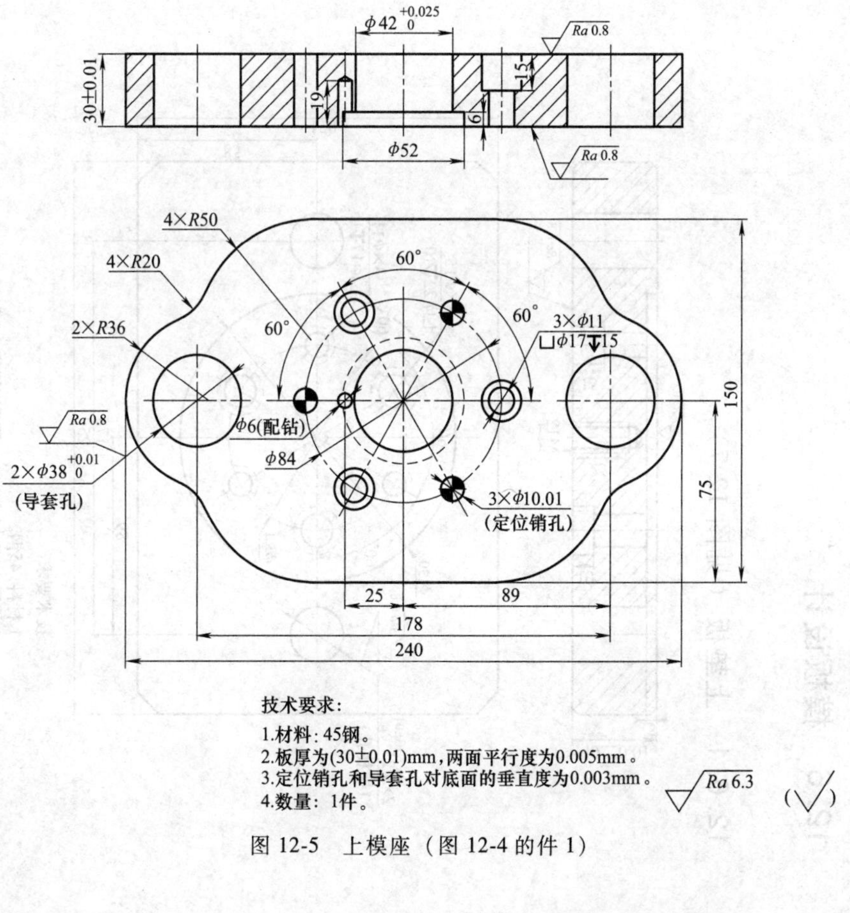

技术要求：

1.材料：45钢。
2.板厚为(30±0.01)mm，两面平行度为0.005mm。
3.定位销孔和导套孔对底面的垂直度为0.003mm。
4.数量：1件。

Ra 6.3 (√)

图 12-5 上模座（图 12-4 的件 1）

12.5.2 下模座（见图 12-6）

12.6 模板设计

12.6.1 上垫板（见图 12-7）

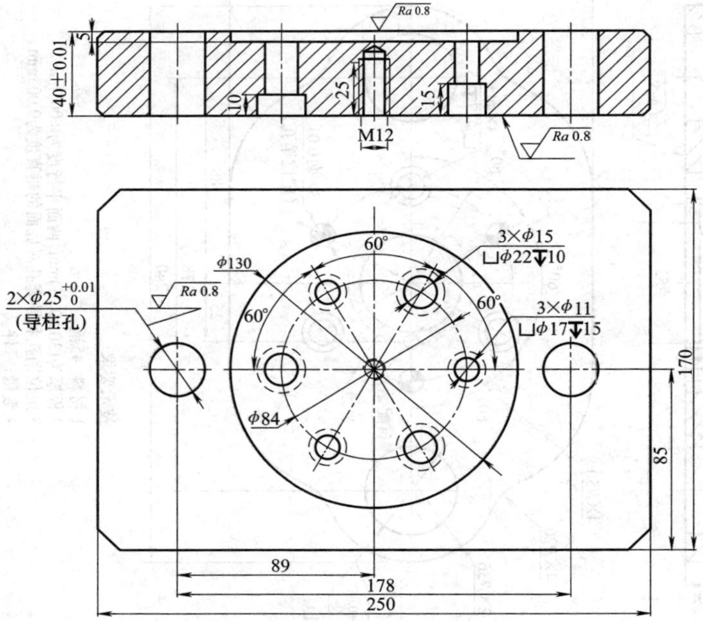

技术要求：
1.材料：45钢。
2.板厚为(40±0.01)mm，两面平行度为0.005mm。
3.定位销孔和导套孔对底面的垂直度为0.003mm。
4.数量：1件。

Ra 6.3 (√)

图 12-6　下模座（图 12-4 的件 9）

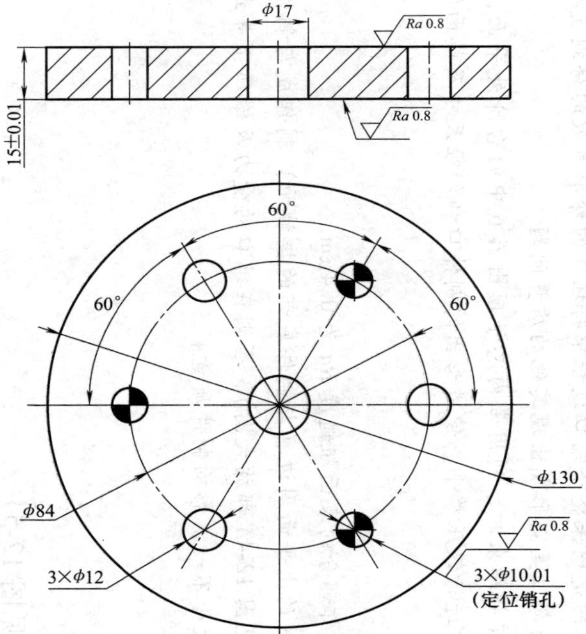

技术要求：
1.材料：Cr12。
2.热处理硬度为53～55HRC。
3.外形采用车削加工，定位销孔采用中走丝加工。
4.板厚为(15±0.01)mm，两面平行度为0.005mm。
5.数量：1件。

Ra 6.3 (√)

图 12-7　上垫板（图 12-4 的件 2）

12.6.2　缩口凹模（见图 12-8）

12.6.3　外支承套（见图 12-9）

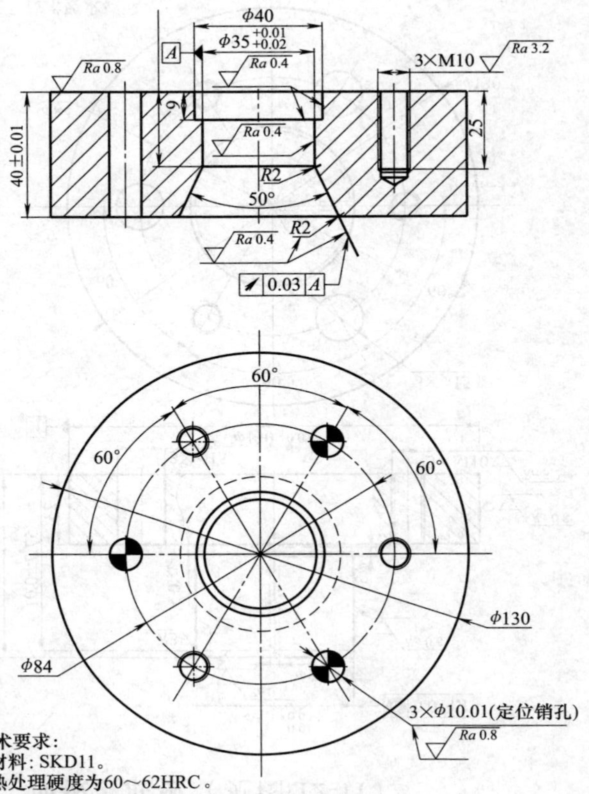

技术要求:
1.材料: SKD11。
2.热处理硬度为60～62HRC。
3.外形采用车削加工，定位销孔采用中走丝加工，中间型孔采用精磨加工后进行镜面抛光处理。
4.板厚为(48±0.01)mm,两面平行度为0.005mm。
5.数量:1件。

图 12-8　缩口凹模（图 12-4 的件 17）

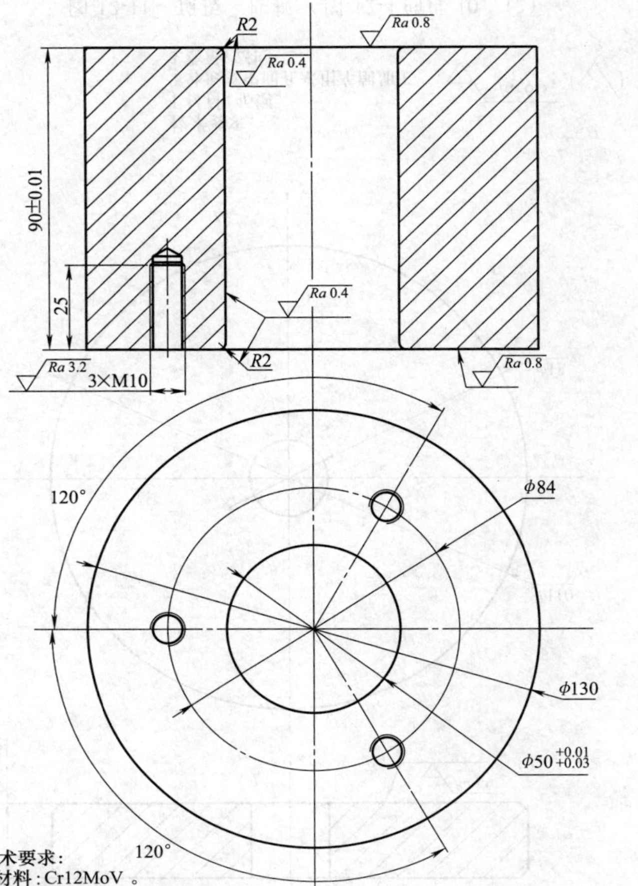

技术要求:
1.材料: Cr12MoV。
2.热处理硬度为53～55HRC。
3.外形采用车削加工，定位销孔采用中走丝加工，中间型孔采用中走丝加工后再进行镜面抛光处理。
4.板厚为(48±0.01)mm,两面平行度为0.005mm。
5.数量: 1件。

图 12-9　外支承套（图 12-4 的件 7）

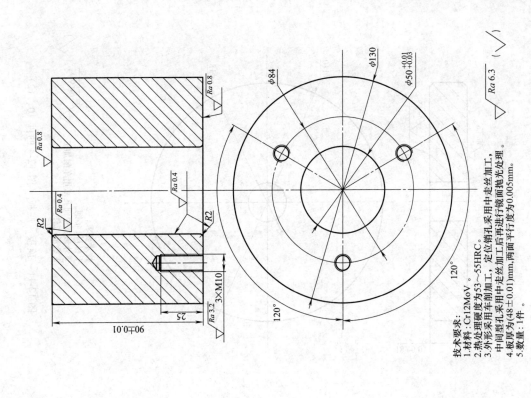

12.6.4 垫柱（见图 12-10）

12.6.5 顶板、底板（见图 12-11）

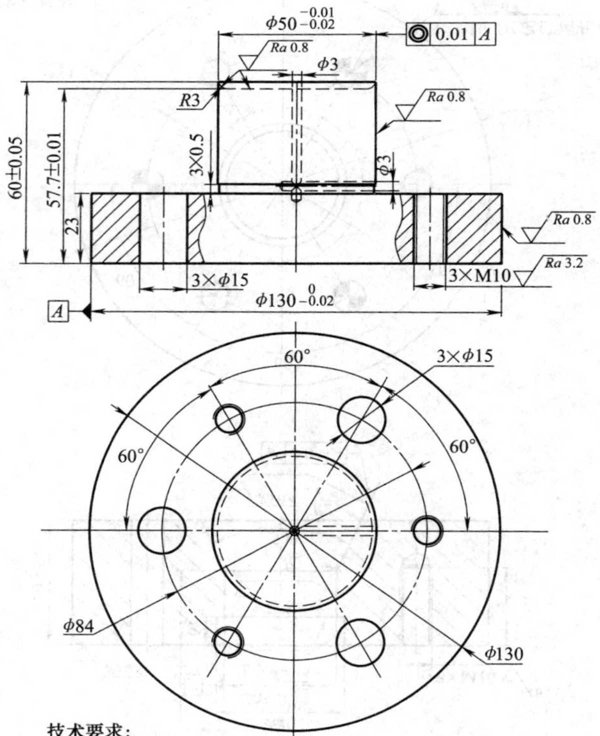

技术要求:
1.材料：Cr12MoV。
2.热处理硬度为53～55HRC。
3.外形及上平面R3mm圆弧处采用车削粗加工，待热处理后再用精磨加工。
4.板厚为(23±0.01)mm,两面平行度为0.005mm。
5.数量：1件。

Ra 6.3 (√)

图 12-10　垫柱（图 12-4 的件 8）

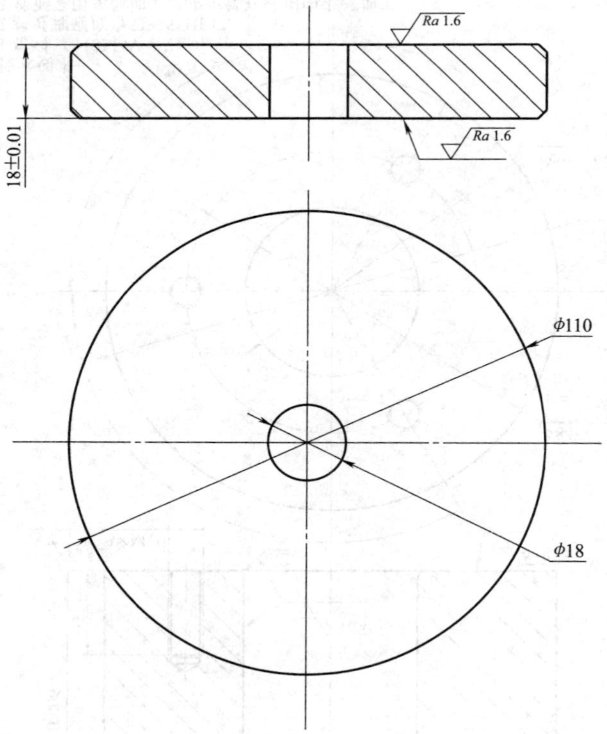

技术要求:
1.材料：45钢。
2.外形及中间孔采用车削加工。
3.数量：2件。

Ra 6.3 (√)

图 12-11　顶板、底板（图 12-4 的件 10、12）

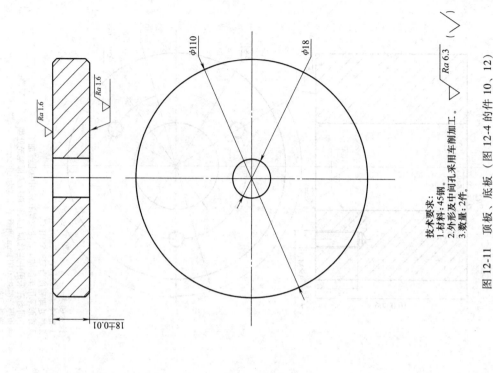

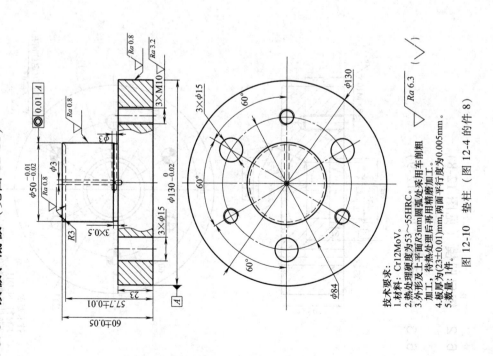

12.7　模具零部件设计

12.7.1　螺杆（见图 12-12）

12.7.2　推杆（见图 12-13）

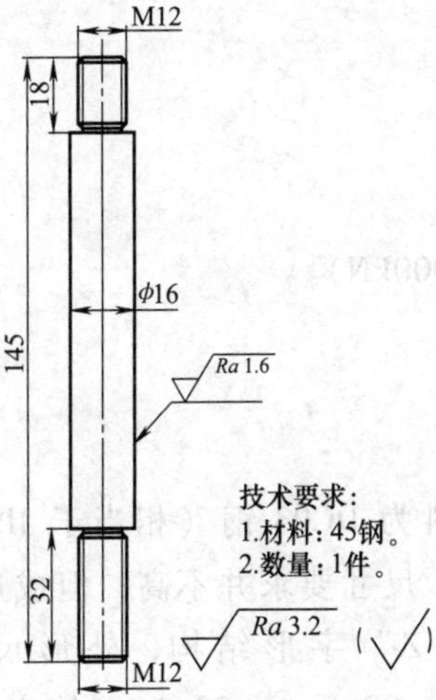
M12
18
145
ϕ16
Ra 1.6
32
M12
技术要求：
1.材料：45钢。
2.数量：1件。
Ra 3.2 (√)

图 12-12　螺杆（图 12-4 的件 14）

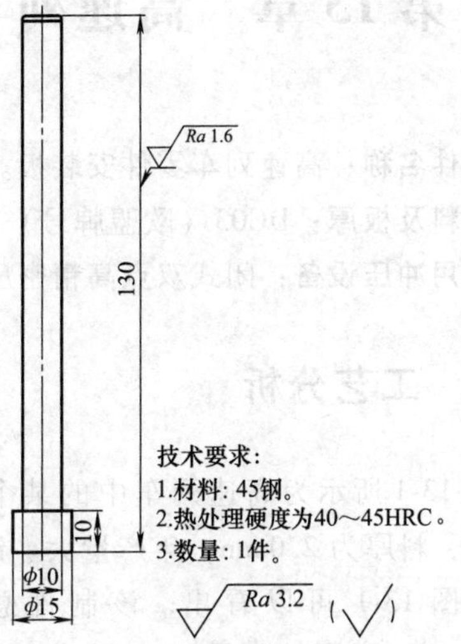
Ra 1.6
130
10
ϕ10
ϕ15
技术要求：
1.材料：45钢。
2.热处理硬度为40～45HRC。
3.数量：1件。
Ra 3.2 (√)

图 12-13　推杆（图 12-4 的件 4）

12.7.3　带内芯子顶出器（见图 12-14）

12.7.4　模柄（见图 12-15）

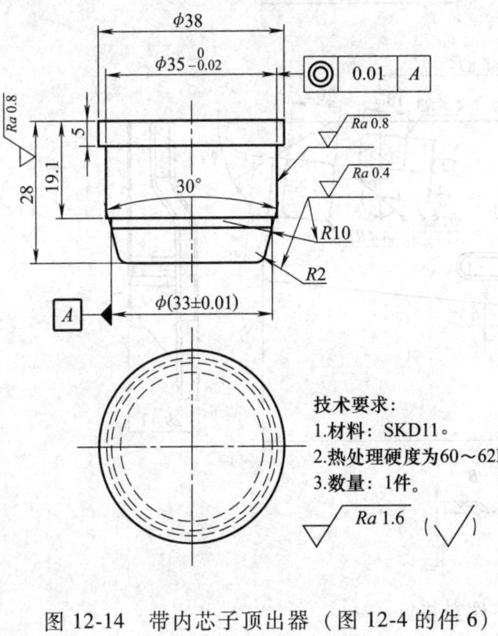
ϕ38
ϕ35 -0.02 0
0.01 A
Ra 0.8
5
19.1
28
30°
Ra 0.8
Ra 0.4
R10
R2
ϕ(33±0.01)
A
技术要求：
1.材料：SKD11。
2.热处理硬度为60～62HRC。
3.数量：1件。
Ra 1.6 (√)

图 12-14　带内芯子顶出器（图 12-4 的件 6）

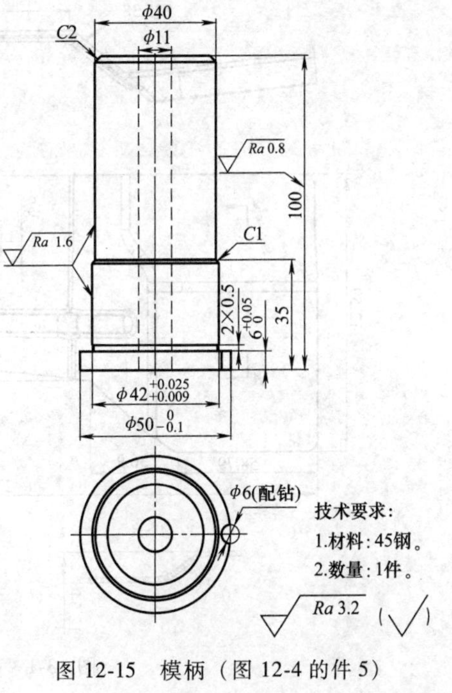
ϕ40
C2
ϕ11
Ra 0.8
100
Ra 1.6
C1
2×0.5
6 +0.05 0
35
ϕ42 +0.025 +0.009
ϕ50 -0.1 0
ϕ6(配钻)
技术要求：
1.材料：45钢。
2.数量：1件。
Ra 3.2 (√)

图 12-15　模柄（图 12-4 的件 5）

第5篇　多工位级进模

第13章　高速列车零件安装板多工位级进模

制件名称：高速列车零件安装板。

材料及板厚：DC03（欧盟牌号）钢，2.0mm。

所用冲压设备：闭式双点高精密压力机J75G-200（2000kN）。

13.1　工艺分析

图13-1所示为高速列车中的某个零件安装板，材料为DC03钢（相当于JIS标准的SPCD），料厚为2.0mm，年产量大。制件总体形状简单，尺寸要求并不高，但成形工艺复杂。从图13-1可以看出，该制件总体为不规则的“Z”字形结构，外形尺寸长为275.32mm、宽为112.59mm、高为29.43mm，内形由1个23.5mm×20.2mm的方孔，1个18.7mm×13.5mm的方孔，1个ϕ15.5mm的圆孔和1个12.2mm×8.2mm的腰形孔组成，为增加制件弯曲处的强度，在制件的中间设有一条加强肋。从制件整体结构分析，需经过冲孔、成形及冲切载体等工序来完成。

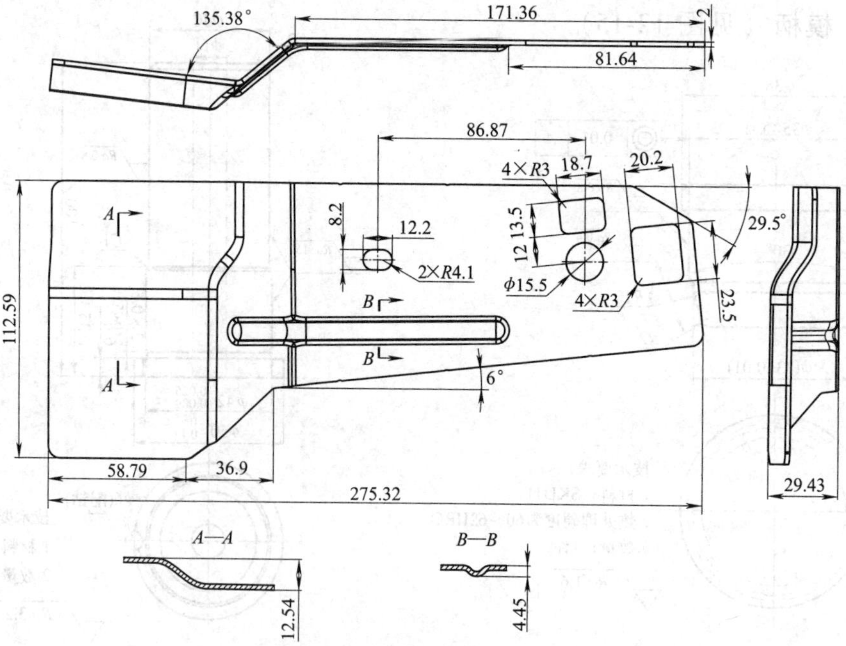

图13-1　高速列车零件安装板

该制件的成形工艺不规则，在模具设计时，按公式计算展开，展开出的外形尺寸难以符合制件外形的要求，因此用 Dynaform 的软件利用网格划分的方式进行分析和计算展开，展开后外形如图 13-2 所示。

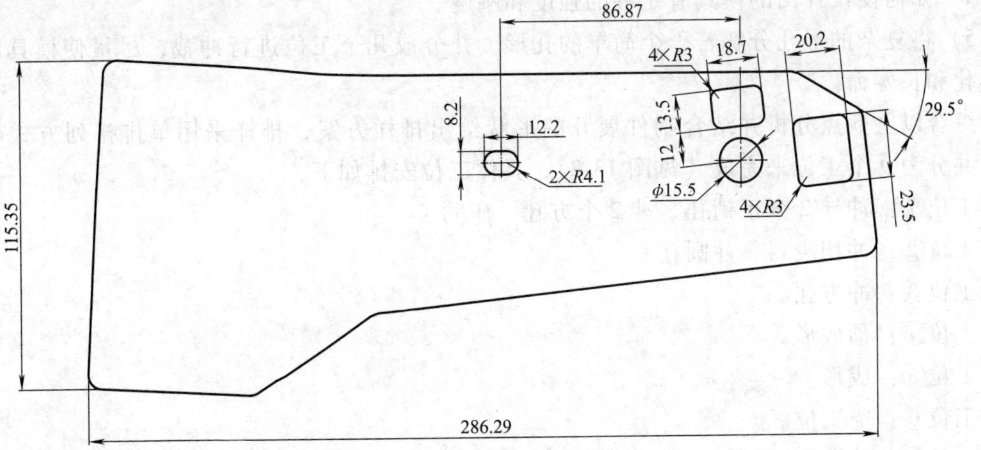

图 13-2　制件展开图

根据对图 13-1 的分析在制件的外形、尺寸、精度及材料均符合冲压工艺要求的前提下，提出以下 3 种冲压方案：

方案 1：采用 4 副单工序模进行冲压。工序：工序①为压肋，冲 1 个 23.5mm×20.2mm 的方孔、1 个 ϕ15.5mm 的圆孔、1 个 12.2mm×8.2mm 的腰形孔及冲切外形部分废料；工序②冲 1 个 18.7mmx13.5mm 的方孔及剩余的外形废料；工序③为预成形；工序④为成形。

方案 2：采用一副压肋、冲孔及落料的多工位级进模和 2 副单工序模进行冲压。工序：工序①为一副多工位级进模（压肋，冲出圆孔、方孔和腰形孔）；工序②为预成形；工序③为成形。

方案 3：采用一副多工位级进模完成整个制件的冲压工序（其冲压工艺需经过冲孔、压肋、成形及冲切载体等工序来完成）。

方案 1 的难点为：①制件的定位次数多，导致冲压后的制件外形不稳定；②所需模具多（需经过 4 副单工序模进行冲压），设备利用率低，占用人工成本高；③生产率低，废品率高。方案 2 在设备利用率、生产率及废品率等比方案 1 有所改善，但还是满足不了大批量生产。方案 3 可以弥补方案 1 和方案 2 的缺点，但增加了模具的复杂程度。

综合上述的分析，方案 3 用一副多工位级进模在一台压力机上完成整个制件的冲压、成形等工序，可以解决方案 1 和方案 2 所产生的难点，保证产量的同时还可以确保生产的安全性，降低工人的劳动力和生产成本。

13.2　排样设计

该制件的排样设计主要应考虑以下几点：

1）如何优化制件的排样工艺，尽量按少废料的排样方式，以提高材料的利用率，降低制件的成本。

2）如何使设计出的模具便于维修。

3）如何防止制件成形时产生的侧向力。

4）如何使设计出的模具有足够的强度和刚度。

5）将复杂的形孔分解若干个简单的孔形，并分成几个工位进行冲裁，尽量使模具制造简单化和长寿命。

综合以上5点分析并结合制件展开的形状给出排样方案，排样采用单排排列方式较合理，共分为9个工位来完成（见图13-3），具体工位安排如下：

工位①：冲导2个正销孔、冲2个方孔、压肋。

工位②：冲切废料、冲圆孔。

工位③：冲方孔。

工位④：预成形。

工位⑤：成形。

工位⑥：空工位。

工位⑦：冲切端部外形废料。

工位⑧：空工位。

工位⑨：冲切载体（制件与载体分离）。

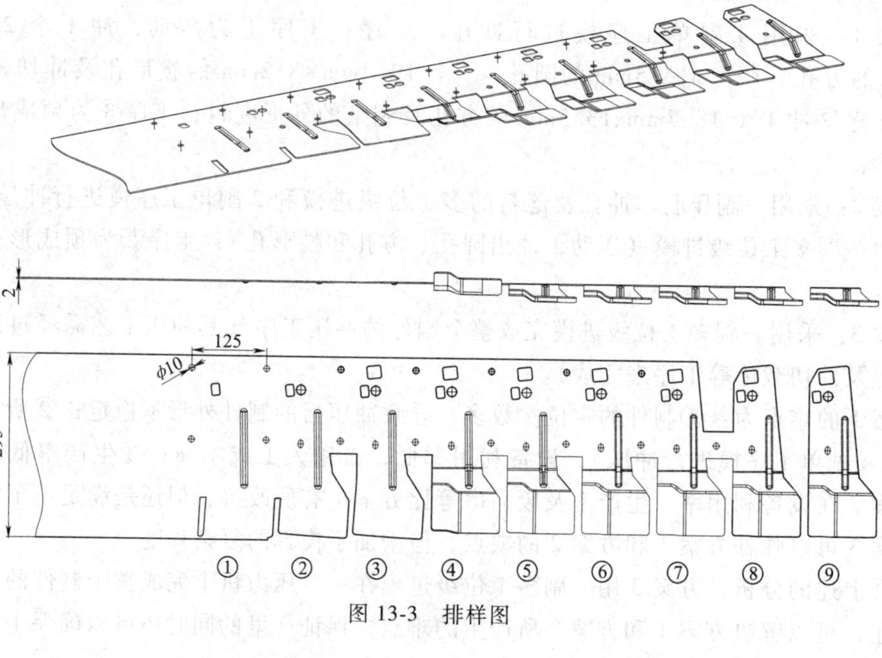

图13-3 排样图

13.3 模具总装图设计

图13-4所示为高速列车零件安装板多工位级进模总装图，该模具结构紧凑、成形复杂。根据排样图的分析，细化了模具工作零件和成形工位，设置模具紧固件、导向装置、浮料装置、卸料装置和制件成形避空空间等，其模具结构特点如下：

1）为提高生产率，采用滚动式自动送料机构传送各工位之间的冲裁及成形等工作。

2）为保证模具的上下对准精度，该模具采用内、外双重导向。外导向采用 4 套 ϕ38mm 的钢球导柱。内导向第一组采用 4 套 ϕ20mm 小导柱、小导套导向；第二组上模采用 4 套 ϕ20mm 小导柱、小导套导向，下模采用 2 套 ϕ20mm 小导柱、小导套导向（注：第二组小导柱上模同下模不贯通）；第三组采用 4 套 ϕ20mm 小导柱、小导套导向。

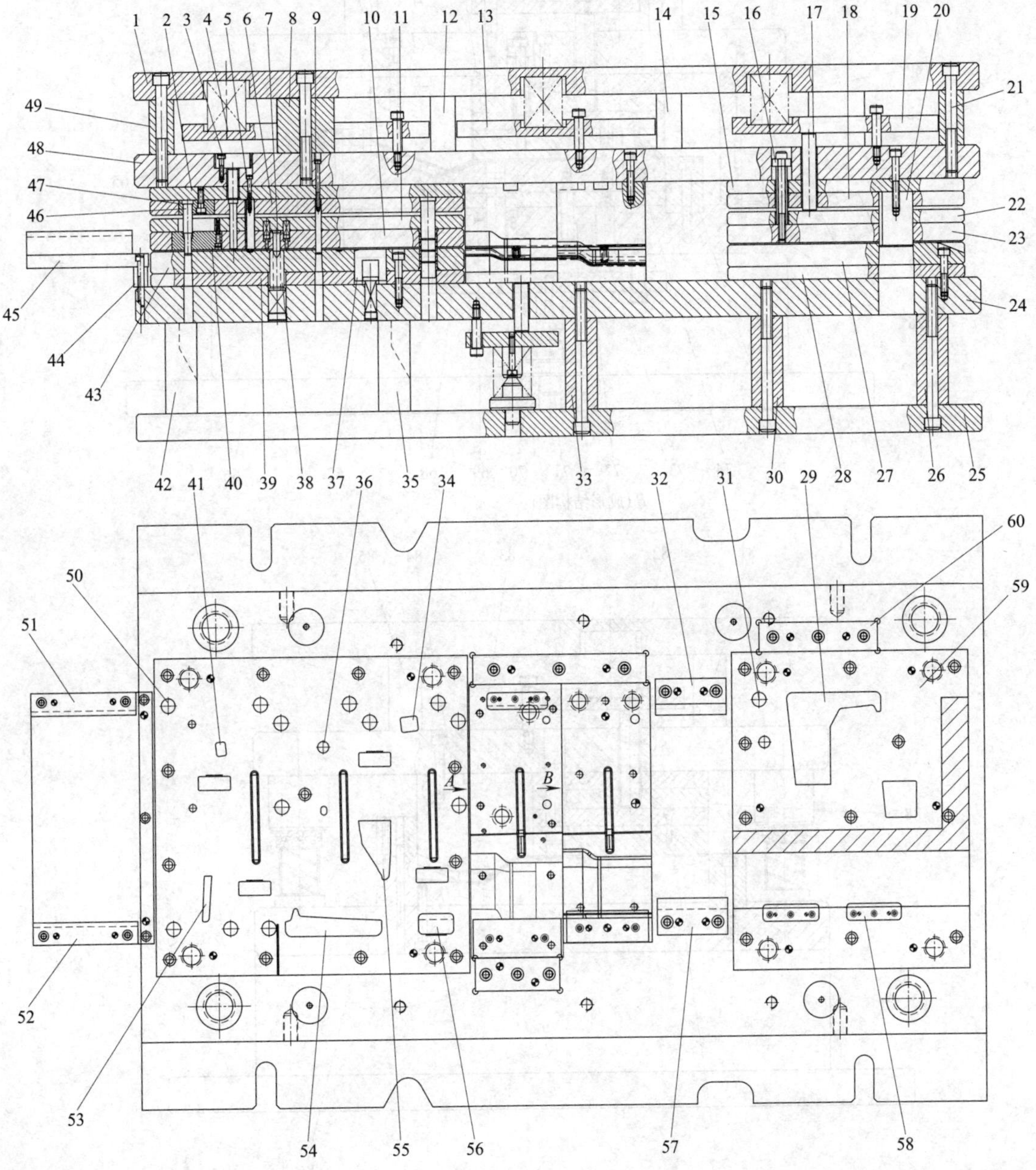

图 13-4　高速列车零件安装板多工位级进模总装图

A (预成形结构图)

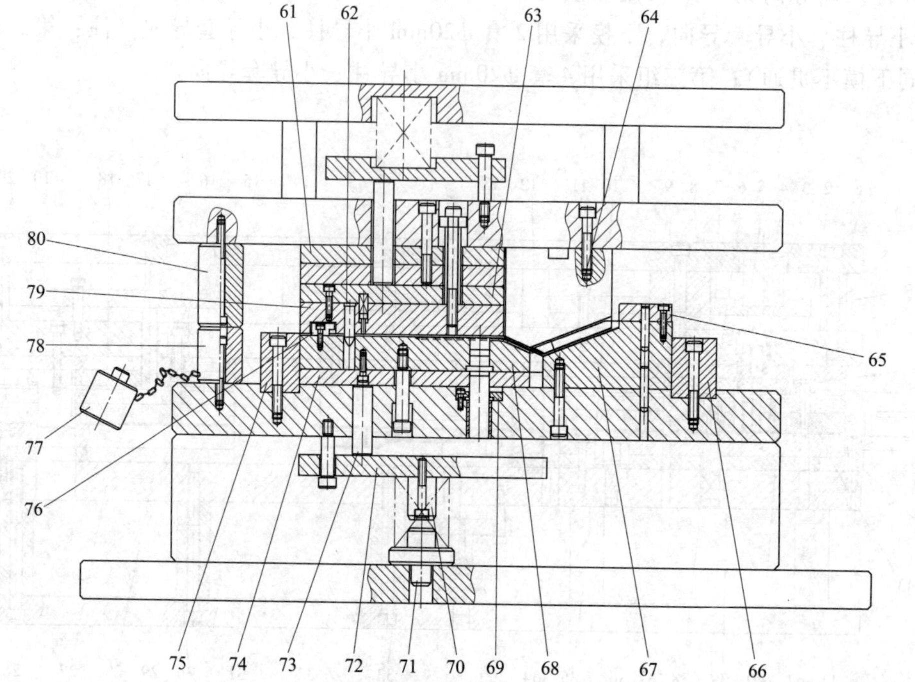

B (成形结构图)

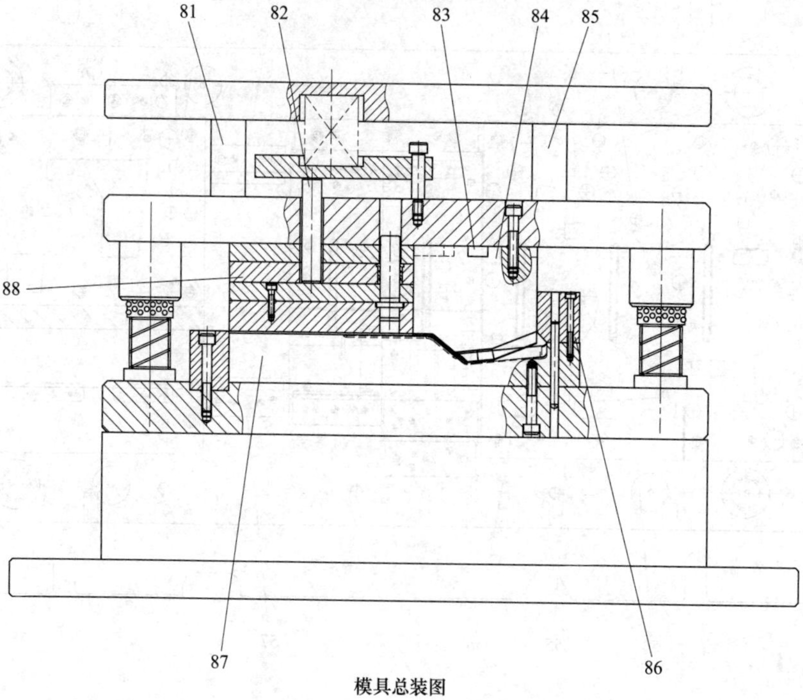

模具总装图

图 13-4　高速列车零件安装板

72	下弹簧顶板	45 钢	1		36	圆形凸模 2	SKD11	1	
71	弹簧柱销	45 钢	5		35	下垫脚 2	45 钢	1	
70	弹簧柱	45 钢	5		34	方形凸模 1	SKD11	1	
69	导柱压板	45 钢	2		33	下垫脚 3	45 钢	1	
68	下浮料板	Cr12MoV	1		32	内导料板 3	Cr12	1	
67	凹模板 3	SKD11	1		31	导正销 1	Cr12MoV	1	
66	挡块 2	Cr12	1		30	下垫脚 4	45 钢	1	
65	内导料板 5	Cr12	1		29	异形凸模 4	SKD11	1	
64	成形凸模 1	SKD11	1		28	凹模垫板 2	45 钢	1	
63	卸料板垫板 2	45 钢	1		27	凹模板 5	Cr12	1	
62	导正销 2	Cr12MoV	4		26	下垫脚 5	45 钢	1	
61	凸模固定板垫板 2	45 钢	1	调质处理	25	下托板	45 钢	1	
60	挡块 3	Cr12	1		24	下模座	45 钢	1	
59	凹模板 4	Cr12MoV	1		23	卸料板 3	Cr12MoV	1	
58	内导料板 2	Cr12MoV	2		22	卸料板垫板 3	45 钢	1	
57	内导料板 4	Cr12	1		21	上垫脚 4	45 钢	1	
56	方形导向顶杆	CrWMn	1		20	切断凸模	SKD11	1	
55	异形凸模 3	SKD11	1		19	上弹簧顶板 3	45 钢	1	
54	异形凸模 1	SKD11	1		18	凸模固定板 3	45 钢	1	
53	异形凸模 2	SKD11	1		17	弹簧顶杆 3	Cr12	16	
52	外导料板 2	Cr12	1		16	卸料螺钉组件		21	标准件
51	外导料板 1	Cr12	1		15	凸模固定板垫板 3	45 钢	1	调质处理
50	圆形导向顶杆	CrWMn	10		14	上垫脚 3	45 钢	1	
49	上垫脚 1	45 钢	1		13	上弹簧顶板 2	45 钢	1	
48	上模座	45 钢	1		12	上垫脚 2	45 钢	1	
47	凸模固定块	T10A	2		11	卸料板垫板 1	45 钢	1	
46	圆形凸模 1	SKD11	2		10	卸料板 1	Cr12MoV	1	
45	承料板	Q235	1		9	长圆形凸模	SKD11	1	
44	承料板垫板	Q235	1		8	上垫脚 7	45 钢	2	
43	凹模板 1	Cr12MoV	1		7	导正销 3	Cr12MoV	5	
42	下垫脚 1	45 钢	1		6	凸模固定板 1	45 钢	1	
41	方形凸模 2	SKD11	1		5	压肋凸模	SKD11	1	
40	卸料板镶件	Cr12MoV	2		4	上弹簧顶板 1	45 钢	1	
39	凹模垫板 1	45 钢	1		3	快拆凸模垫块	Cr12	1	
38	套式顶料杆	CrWMn	5		2	凸模固定板垫板 1	45 钢	1	调质处理
37	下顶块	Cr12	4		1	上托板	45 钢	1	
件号	名称	材料	数量	备注	件号	名称	材料	数量	备注

多工位级进模总装图

88	凸模固定板 2	45 钢	1		80	上限位柱	45 钢	4	
87	凹模板 2	Cr12MoV	1		79	卸料板 2	Cr12MoV	1	
86	内导料板 6	Cr12	1		78	下限位柱	45 钢	4	
85	上垫脚 6	45 钢	1		77	模具存放保护块	45 钢	4	
84	成形凸模 2	SKD11	1		76	内导料板 1	Cr12MoV	1	
83	键	Cr12	8		75	挡块 1	Cr12	1	
82	弹簧顶杆 1	Cr12	12		74	下浮料板垫板	45 钢	1	
81	上垫脚 5	45 钢	1		73	弹簧顶杆 2	Cr12	6	
件号	名称	材料	数量	备注	件号	名称	材料	数量	备注

图 13-4　高速列车零件安装板多工位级进模总装图（续）

3）为使模具结构简单，方便调试、维修，该模具采用三大组独立模板组合成一副多工位级进模。

4）该模具凸、凹模之间的冲裁间隙单边为 0.10mm，凹模直壁刃口高为 5mm，锥度单边 1.2°。

5）导向顶杆设计。一般的导向顶杆采用圆形，制造方便，造价低。该模具比较特殊，分别有圆形导向顶杆和方形导向顶杆两种形式。在带料的前部分及一边不冲切边缘部分采用圆形导向顶杆，而另一边的带料经过工位②冲切边缘的废料后，用圆形无法稳定导向，因此采用方形导向顶杆结构较为合理。

6）工位④预成形设计。为保证制件稳定性，减少制件的回弹量，该模具在成形前先采用预成形工艺。该工位的预成形结构复杂，为上、下压料结构。

其工作过程为：上模下行，带料中的工序件上表面首先接触卸料板 2（件 79），下表面接触下浮料板 68，在卸料板 2 同下浮料板受两方向弹簧的压力下紧压着带料中的工序件下行，直到下浮料板的底面先贴紧下浮料板垫板（件 74）上，上模继续下行再进行预成形工作。

7）工位⑤成形设计。该工位成形时为单向受力，结构是：凹模板 2（件 87）固定在下模座上，利用挡块 1（件 75）挡住凹模板 2（件 87）的受力一侧，可以的防止凹模板 2 成形受力时外移。而成形凸模 2（件 84）在螺钉和键（件 83）的固定下也可以防止成形时承受的侧向力。

8）为节约模具安装在压机上的时间，该模具在下托板 25 上设计有快速定位槽，当模具吊装在压机上时，利用下托板的快速定位槽同压机下台面的快速定位对准，再用压板固定模具即可。

技巧

为减少制件的回弹量及确保制件稳定性，本模具先采用预成形（见工位④）再进行成形（见工位⑤）的冲压工艺。

经验

从图 13-1 可以看出，该制件在不规则“Z”字形处设有一条加强肋对制件起补强作用。该加强肋在冲压成形时，通常在“Z”字形预成形前工序成形出，接着“Z”字形预成形及成形的凸、凹模进行仿形加工，使成形出的制件稳定性好，同时设置在卸料板上的一部分加强肋能很好地起压料作用，防止坯料在成形时流动不规则。

13.4　模座及托板设计

13.4.1　上模座（见图 13-5）

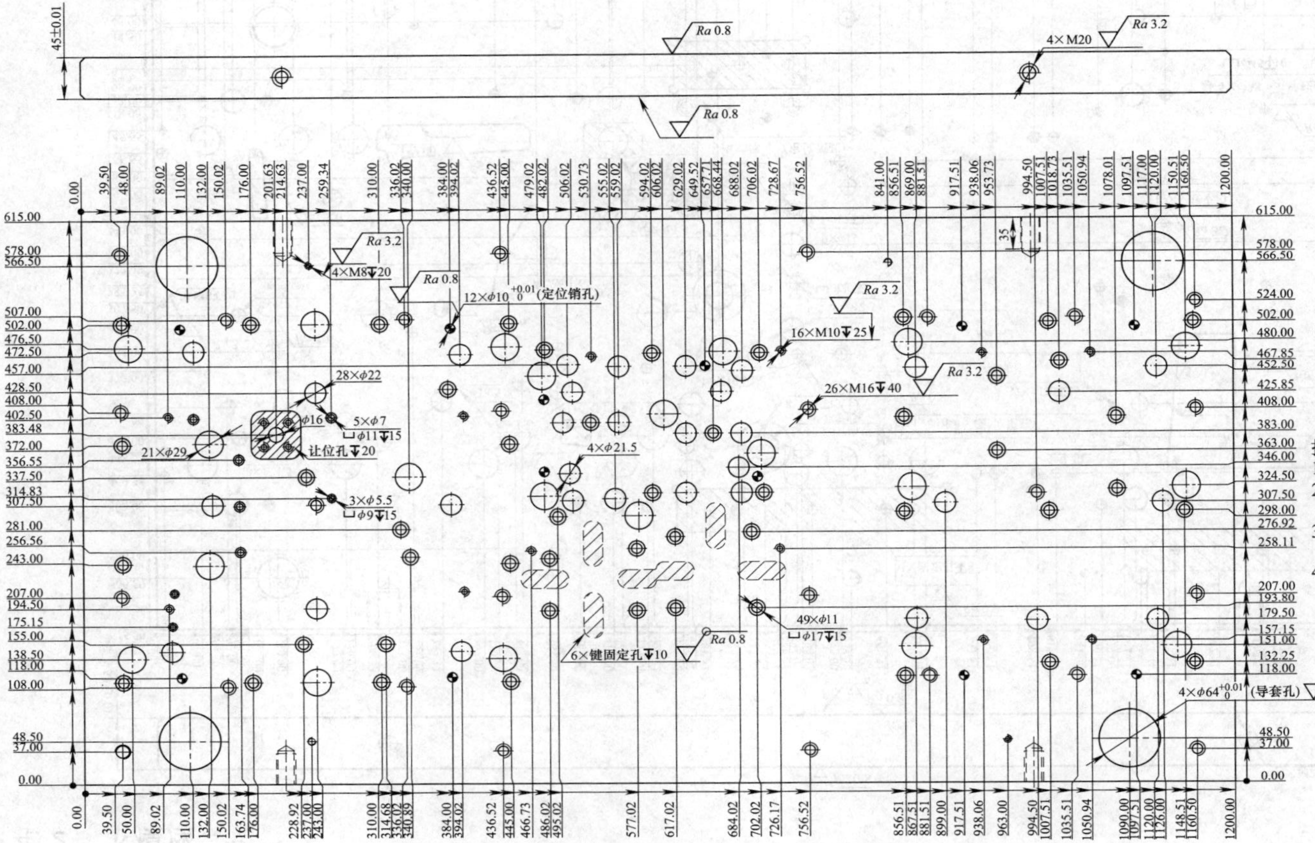

技术要求：
1.材料：45钢。
2.板厚为(45±0.01)mm，两面平行度为0.008mm。
3.定位销孔和导套孔对底面的垂直度为0.003mm。
4.数量：1件。

Ra 6.3 (√)

图 13-5　上模座（图 13-4 的件 48）

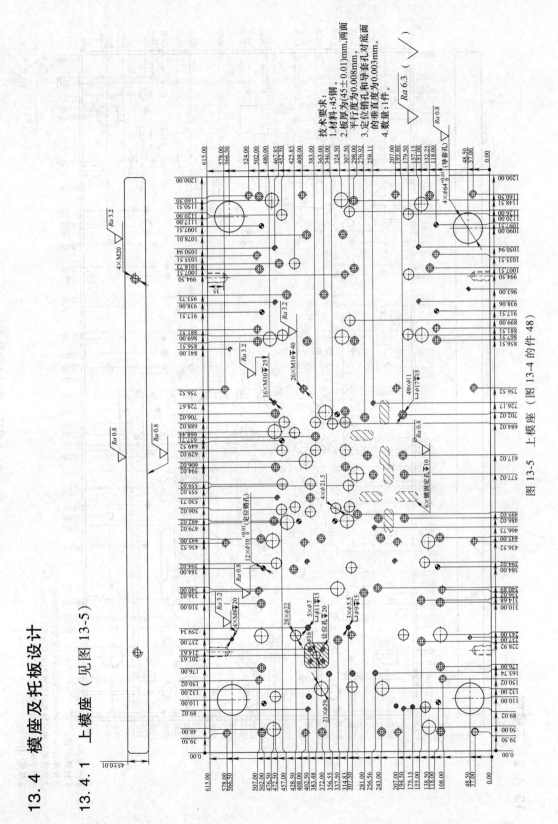

13.4.2 下模座

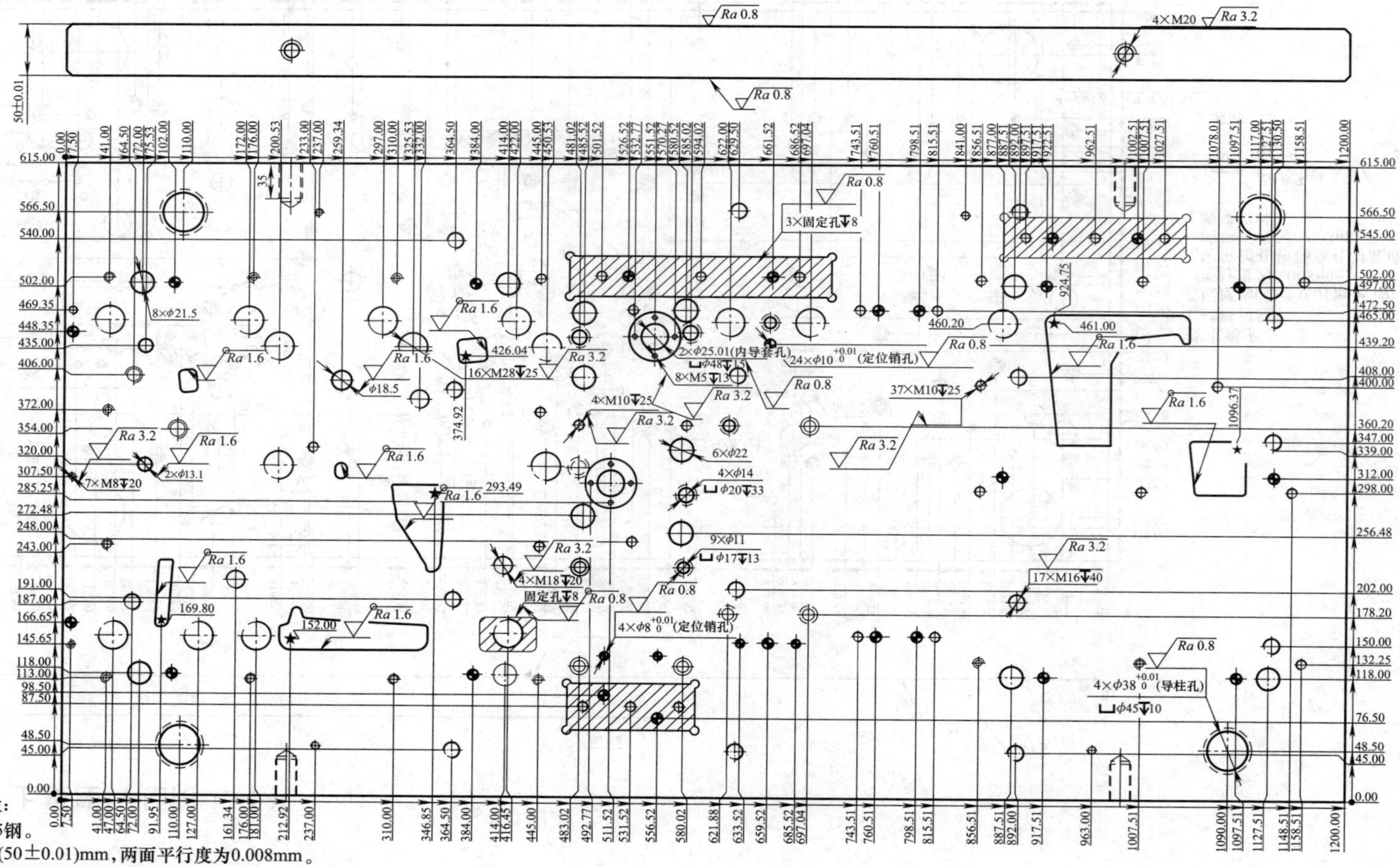

技术要求:
1.材料:45钢。
2.板厚为(50±0.01)mm,两面平行度为0.008mm。
3.定位销孔和导柱孔对底面的垂直度为0.003mm。
4.图中标有“★”为穿丝孔。
5.数量:1件。

图 13-6 下模座（图 13-4 的件 24）

13.4.3 上托板（见图 13-7）

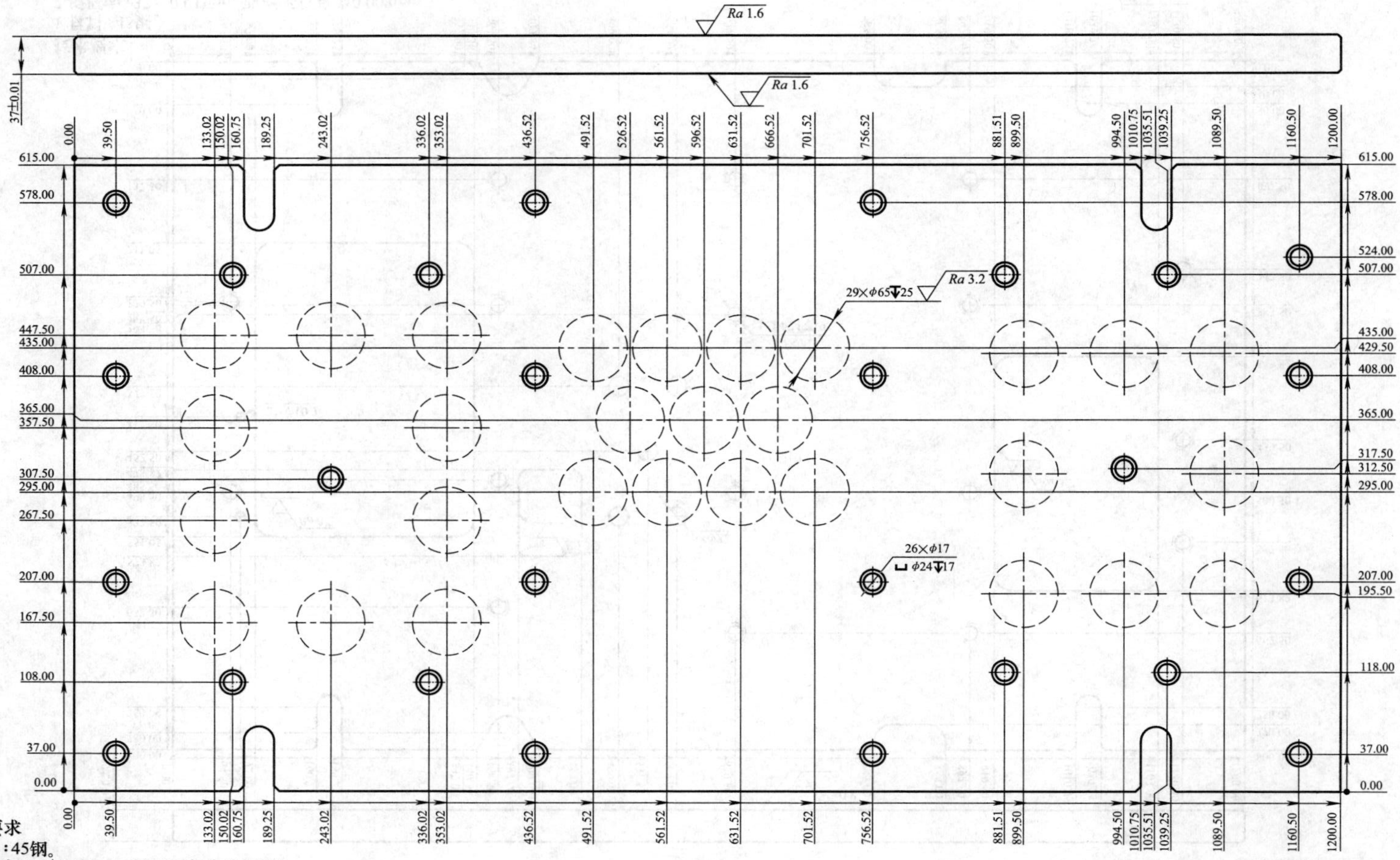

技术要求

1.材料：45钢。

2.板厚为 (37±0.01)mm,两面平行度为0.008mm。

3.数量:1件。

图 13-7 上托板（图 13-4 的件 1）

13.4.4 下托板（见图 13-8）

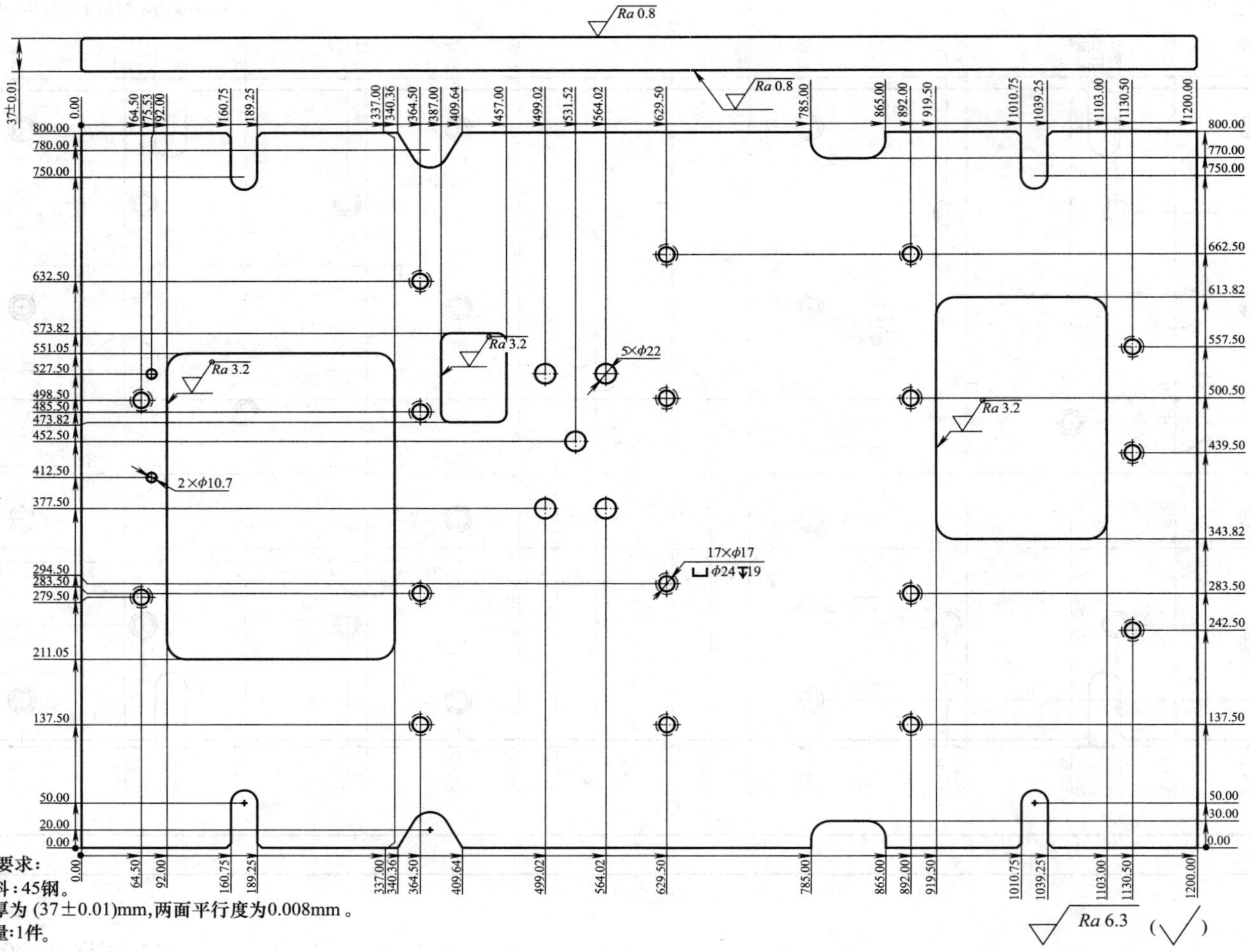

技术要求：
1.材料：45钢。
2.板厚为 (37±0.01)mm，两面平行度为0.008mm。
3.数量：1件。

图 13-8　下托板（图 13-4 的件 25）

13.5　模板设计

13.5.1　凸模固定板垫板

1. 凸模固定板垫板 1（见图 13-9）

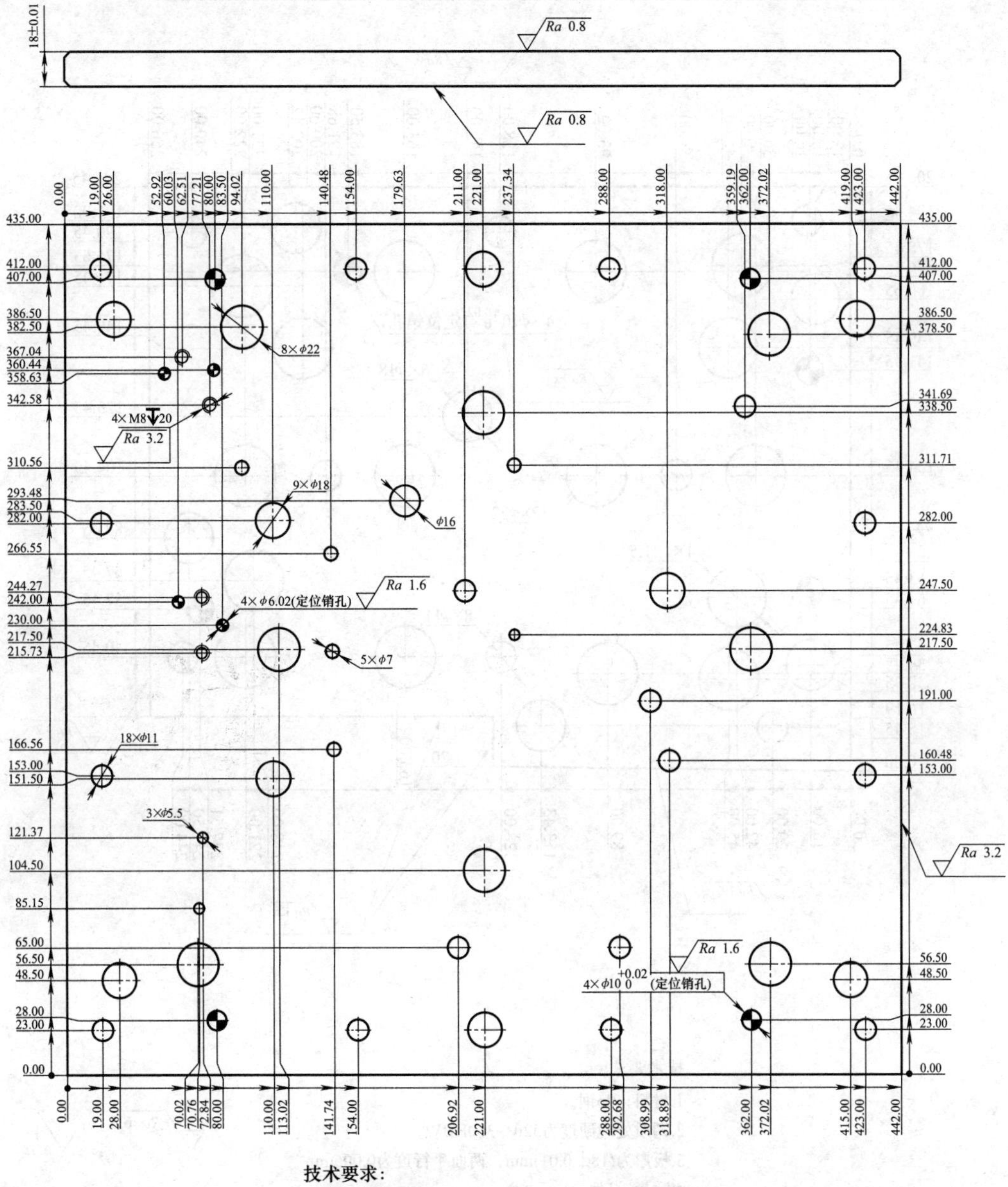

技术要求：

1.材料：45钢。

2.调质处理硬度为320～360HBW。

3.板厚为(18±0.01)mm，两面平行度为0.005mm。

4.数量：1件 。

Ra 6.3 (√)

图 13-9　凸模固定板垫板 1（图 13-4 的件 2）

2. 凸模固定板垫板 2（见图 13-10）

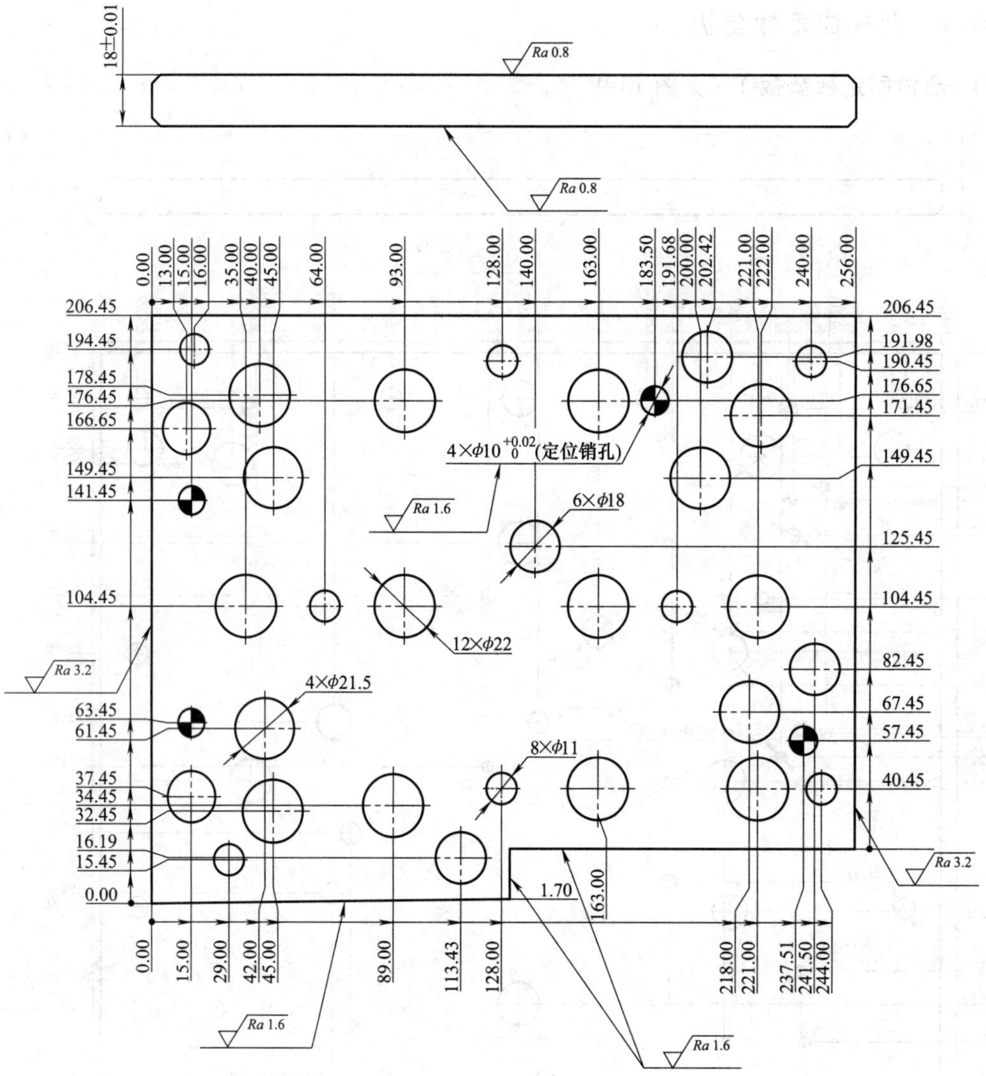

技术要求：

1.材料：45钢。

2.调质处理硬度为320～360HBW。

3.板厚为(18± 0.01)mm，两面平行度为0.005mm 。

4.数量：1件 。

Ra 6.3 (√)

图 13-10　凸模固定板垫板 2（图 13-4 的件 61）

3. 凸模固定板垫板 3（见图 13-11）

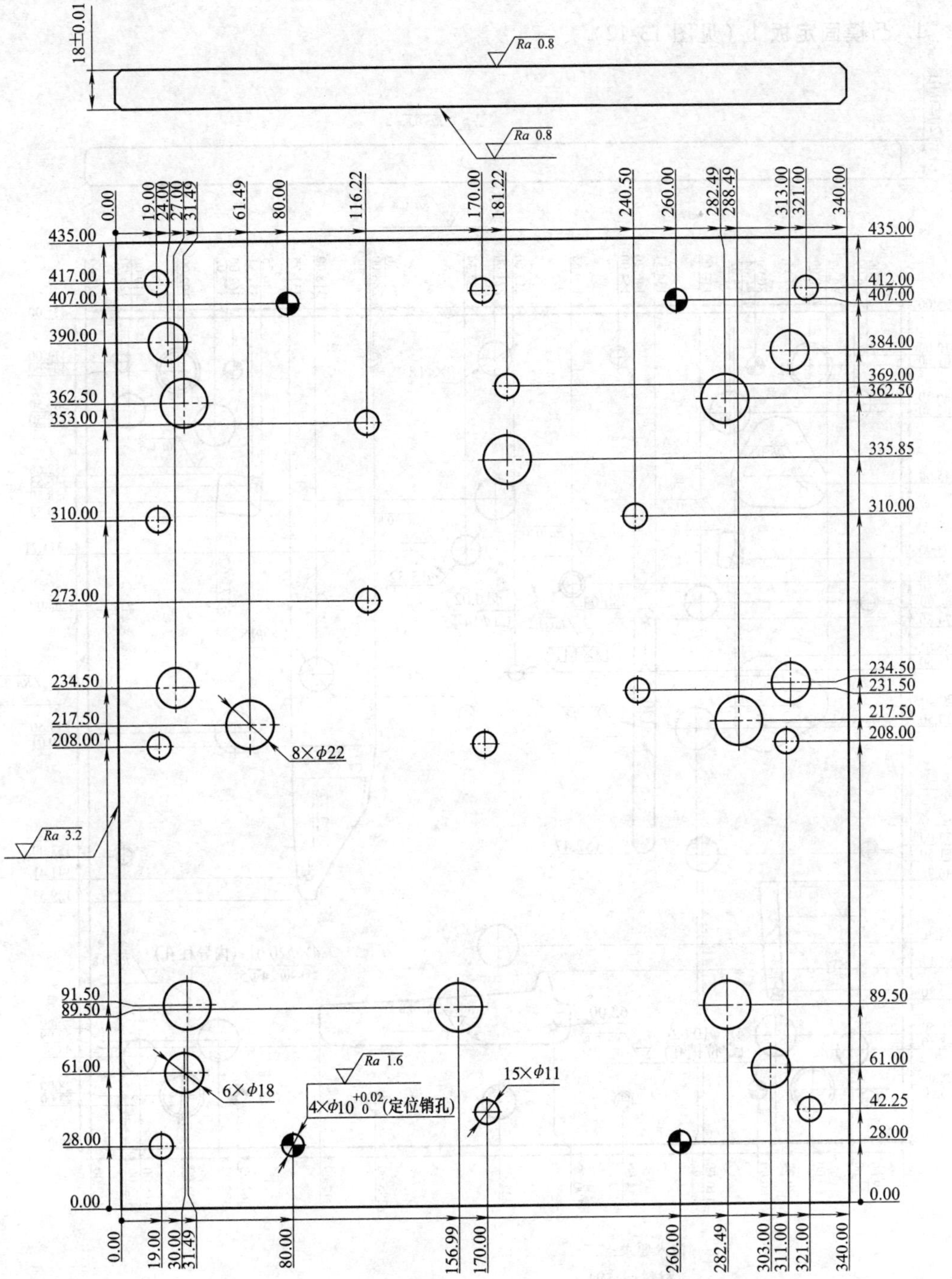

技术要求：

1.材料：45钢。

2.调质处理硬度为320～360HBW。

3.板厚为(18±0.01)mm，两面平行度为0.005mm。

4.数量：1件。

Ra 6.3 (√)

图 13-11　凸模固定板垫板 3（图 13-4 的件 15）

13.5.2 凸模固定板

1. 凸模固定板 1（见图 13-12）

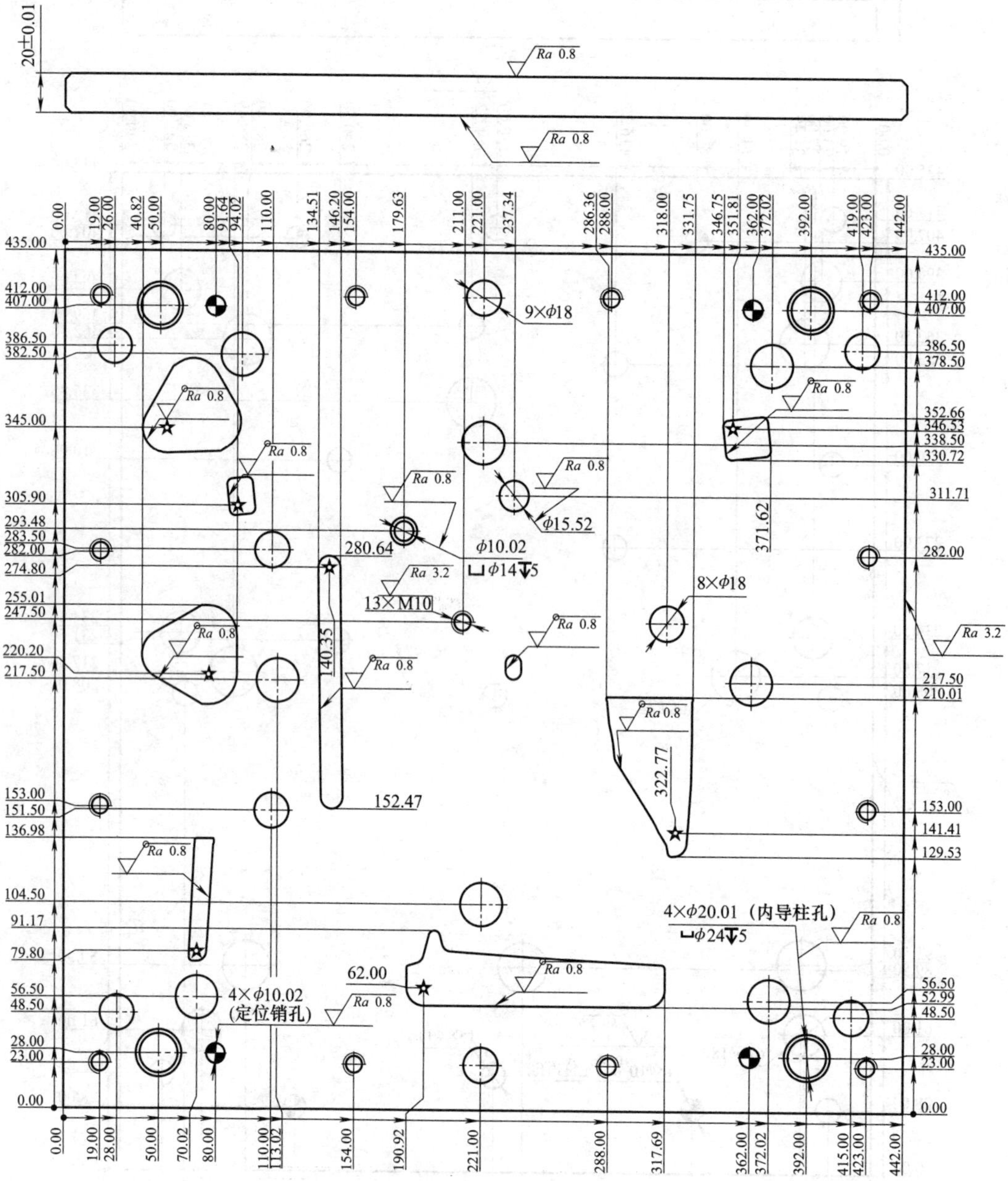

技术要求：

1.材料：45钢。

2.板厚为(20±0.01)mm，两面平行度为0.005mm。

3.主要型孔采用慢走丝加工，对底面的垂直度为0.002mm。

4.图中标有“☆”为穿丝孔。

5.数量：1件。

Ra 6.3 (√)

图 13-12 凸模固定板 1（图 13-4 的件 6）

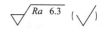

2. 凸模固定板 2（见图 13-13）

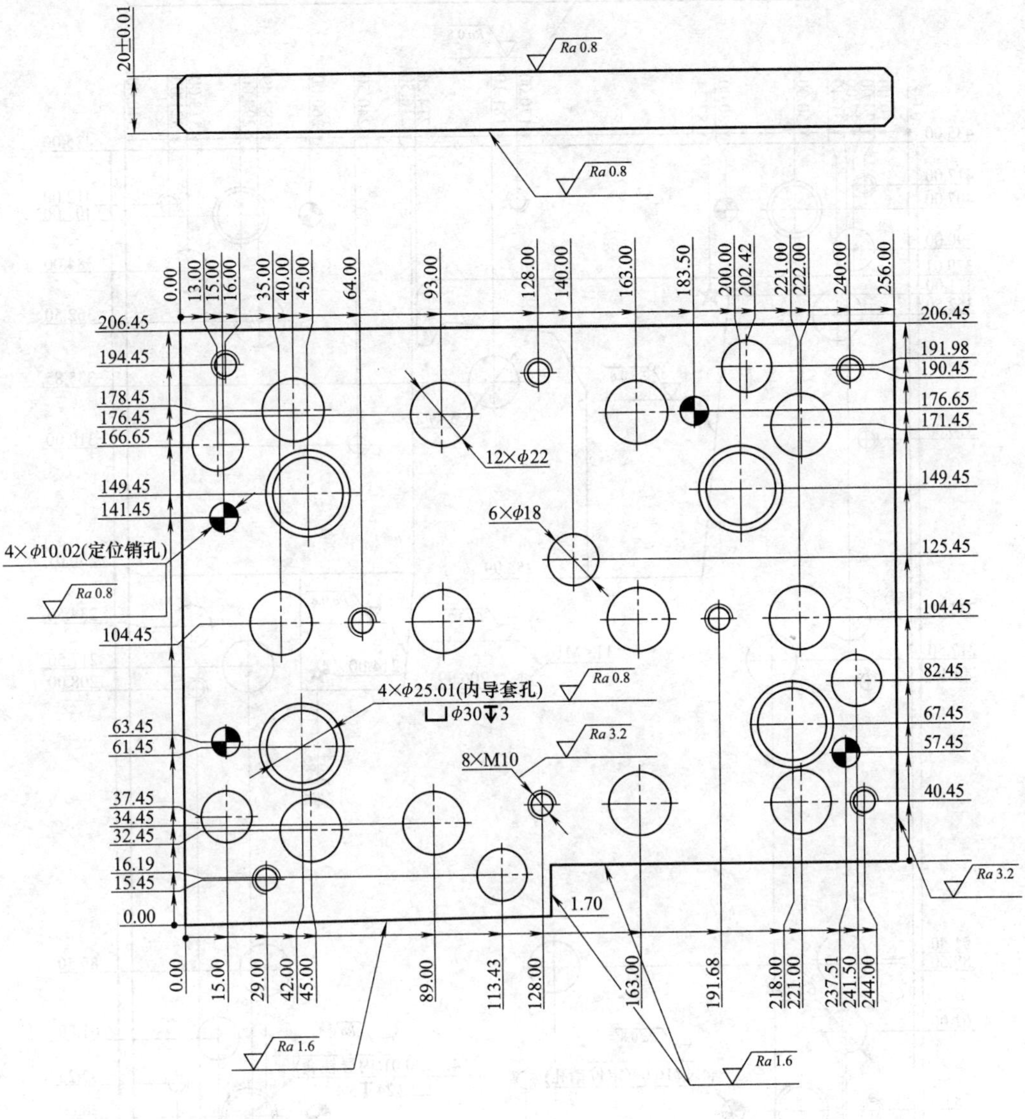

技术要求：

1.材料：45钢。

2.板厚为(20±0.01)mm，两面平行度为0.005mm。　　Ra 6.3 (√)

3.主要型孔采用慢走丝加工，对底面的垂直度为0.002mm。

4.数量：1件。

图 13-13　凸模固定板 2（图 13-4 的件 88）

3. 凸模固定板 3（见图 13-14）

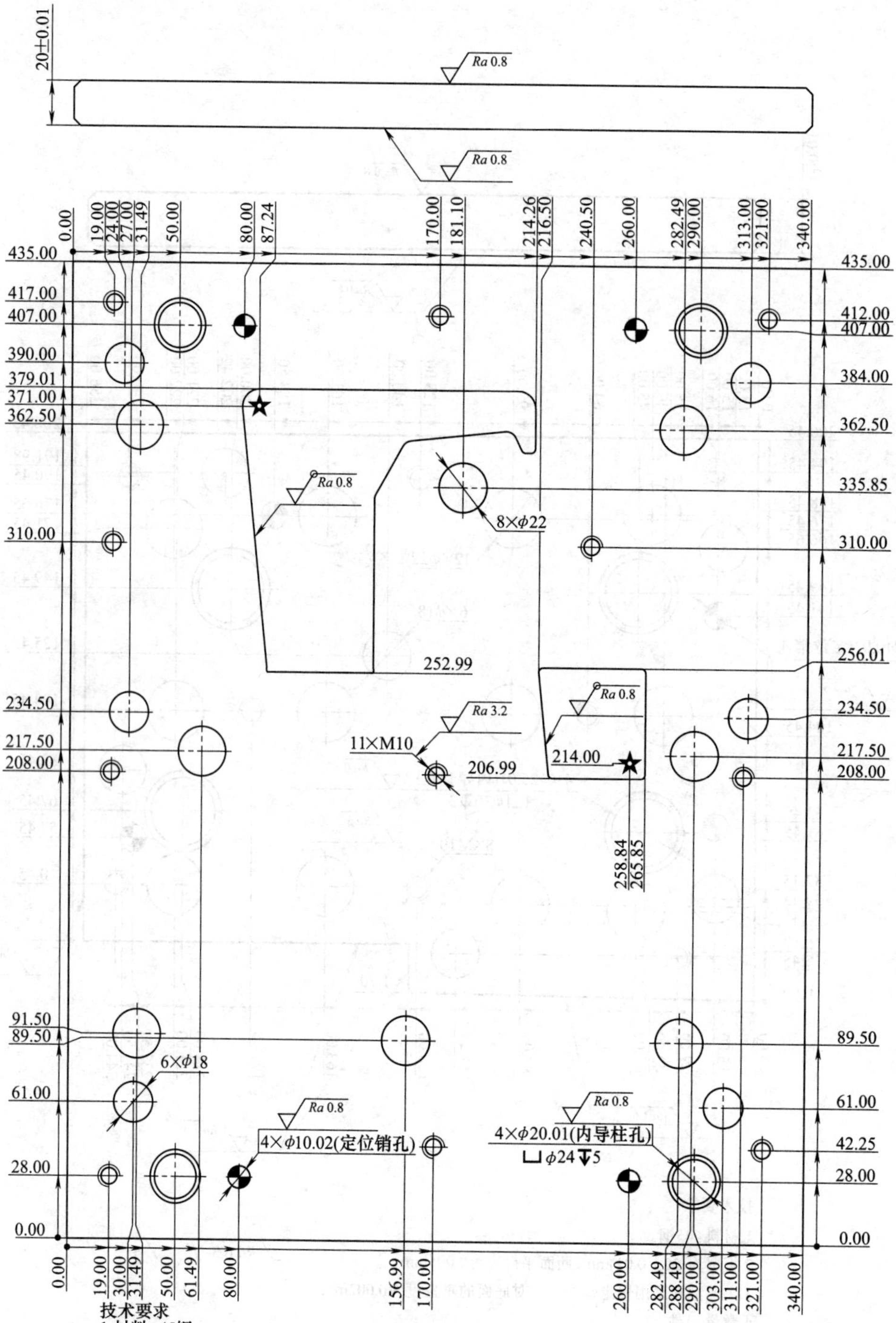

技术要求
1.材料：45钢。
2.板厚为(20±0.01)mm，两面平行度为0.005mm。
3.主要型孔采用慢走丝加工，对底面的垂直度为0.002mm。
4.图中标有"★"为穿丝孔。
5.数量：1件。

Ra 6.3 （√）

图 13-14　凸模固定板 3（图 13-4 的件 18）

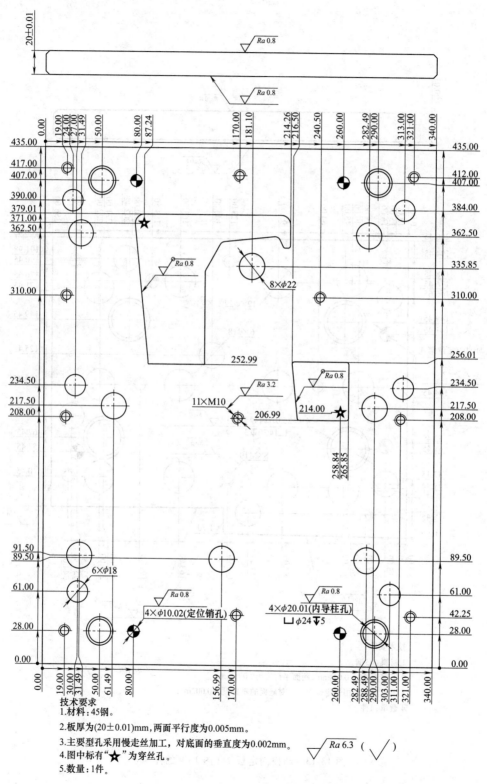

13.5.3　卸料板垫板

1. 卸料板垫板 1（见图 13-15）

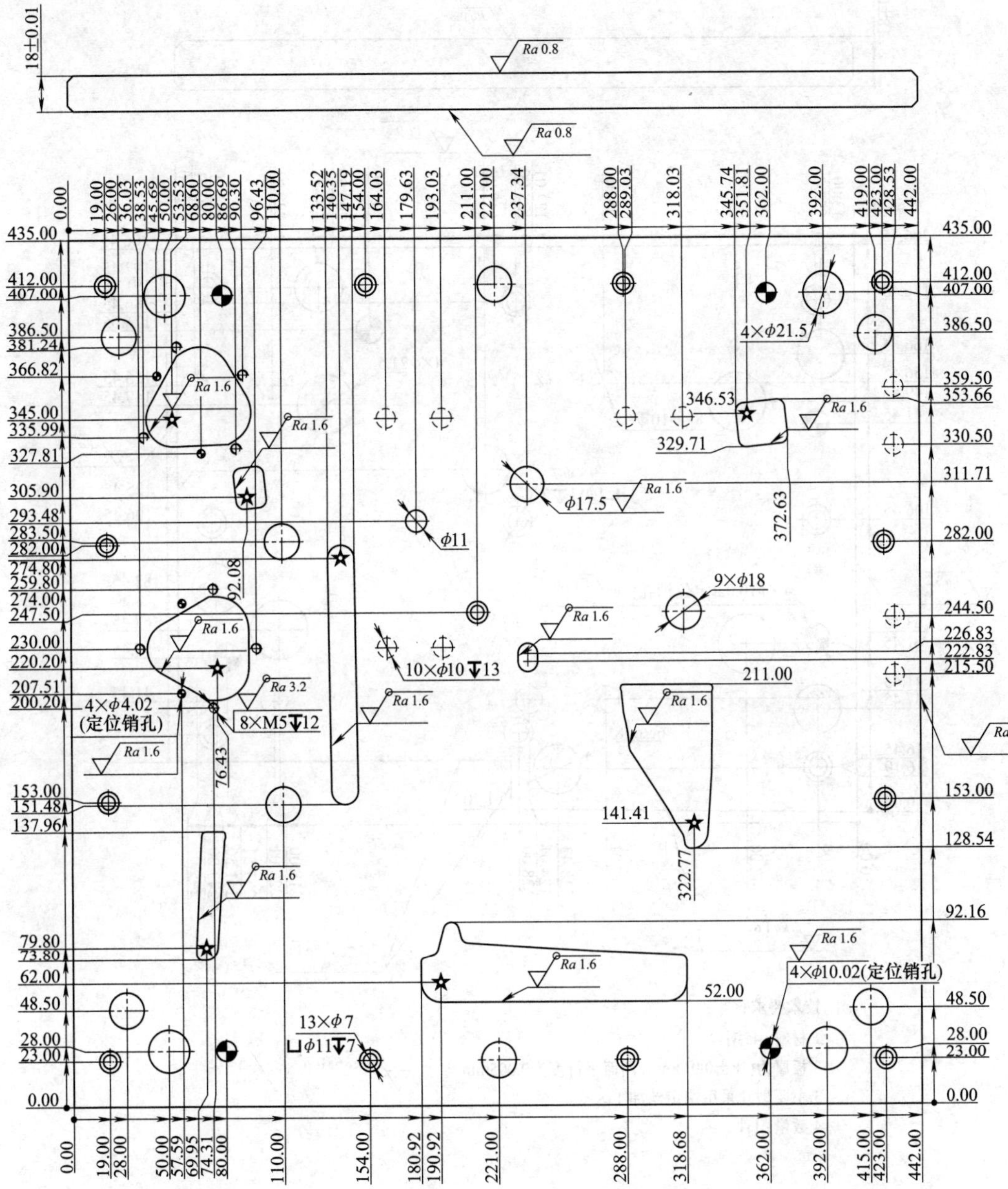

技术要求：

1.材料：45钢。

2.板厚为(18±0.01)mm，两面平行度为0.005mm。

3.定位销孔采用慢走丝加工，其余主要型孔采用快走丝加工。

4.图中标有"★"为穿丝孔。

5.数量：1件。

Ra 6.3 （√）

图 13-15　卸料板垫板 1（图 13-4 的件 11）

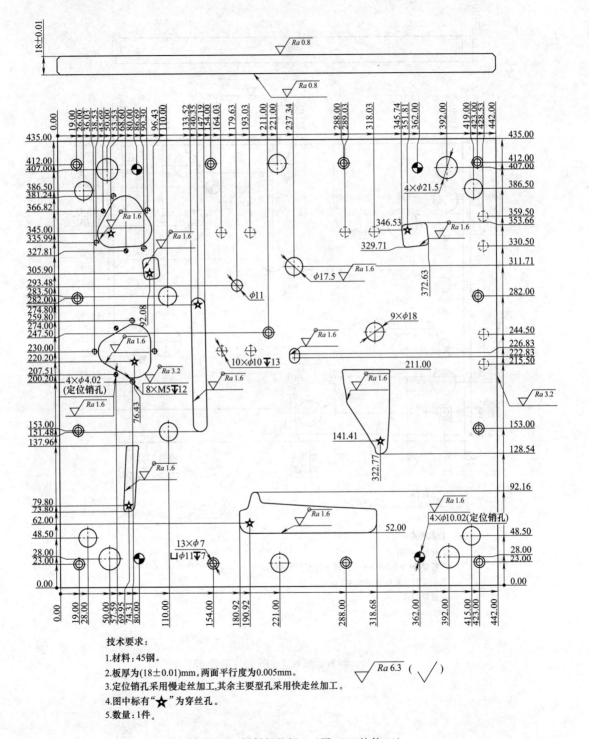

2. 卸料板垫板 2（见图 13-16）

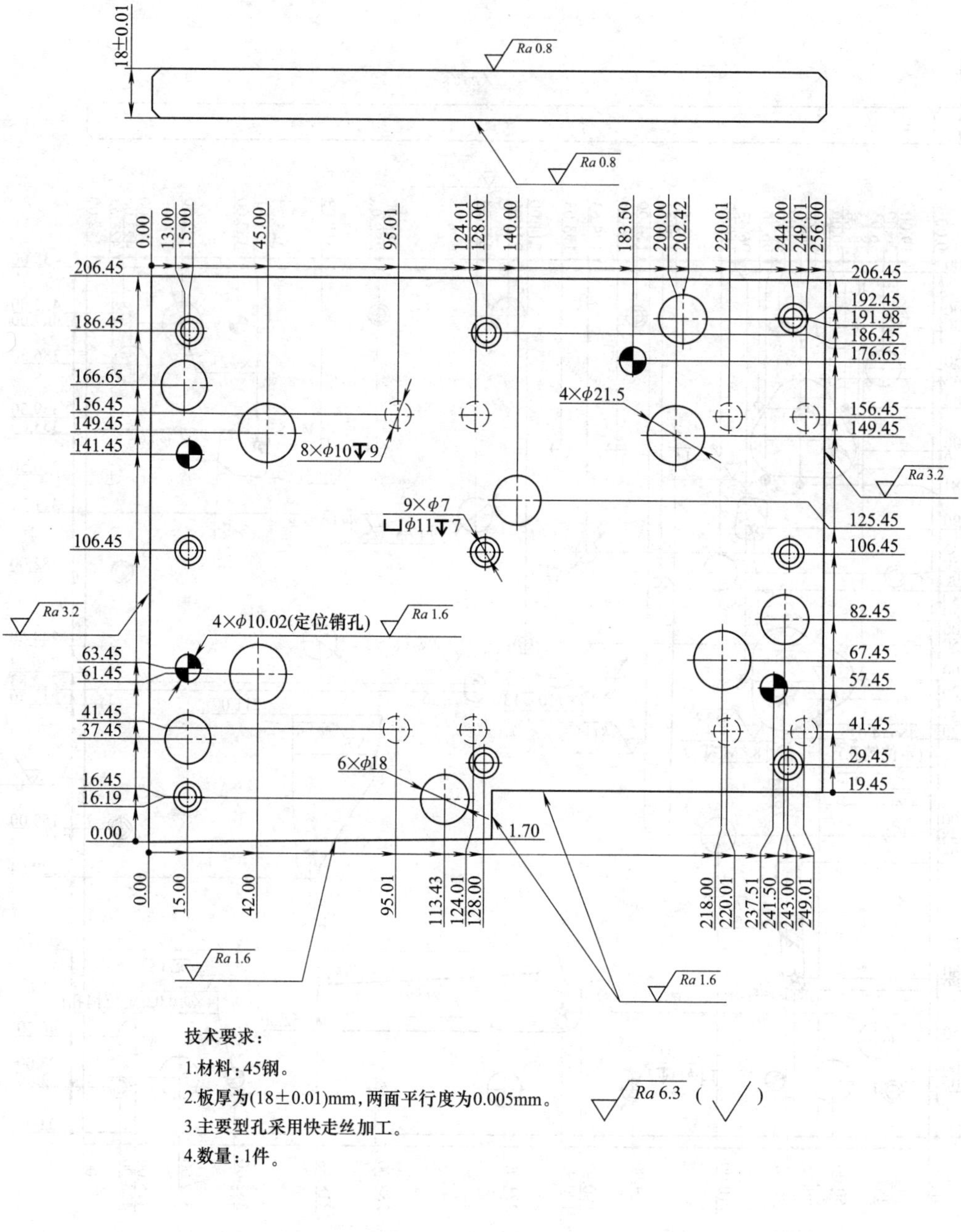

图 13-16　卸料板垫板 2（图 13-4 的件 63）

3. 卸料板垫板 3（见图 13-17）

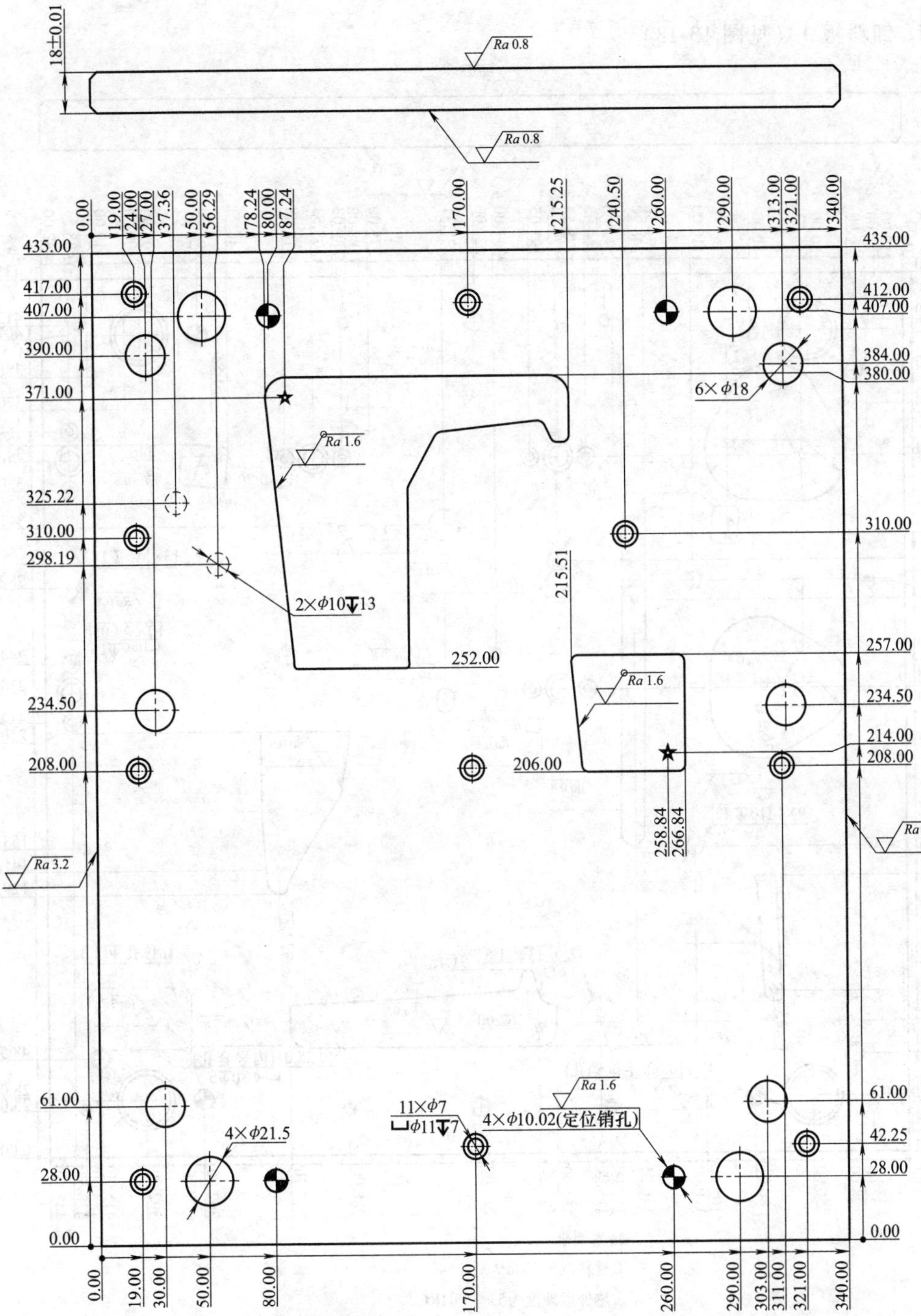

技术要求：
1.材料：45钢。
2.板厚为(18±0.01)mm，两面平行度为0.005mm。
3.主要型孔采用快走丝加工。
4.图中标有“★”为穿丝孔。
5.数量：1件。

Ra 6.3 (√)

图 13-17　卸料板垫板 3（图 13-4 的件 22）

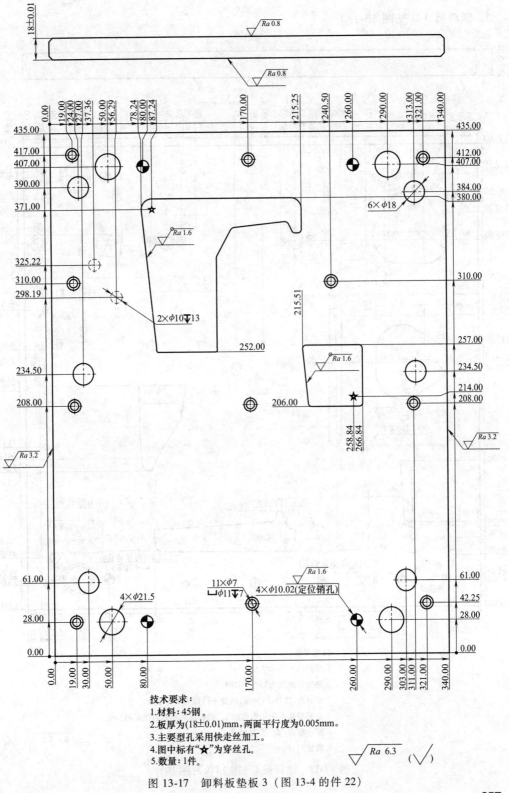

13.5.4 卸料板

1. 卸料板 1（见图 13-18）

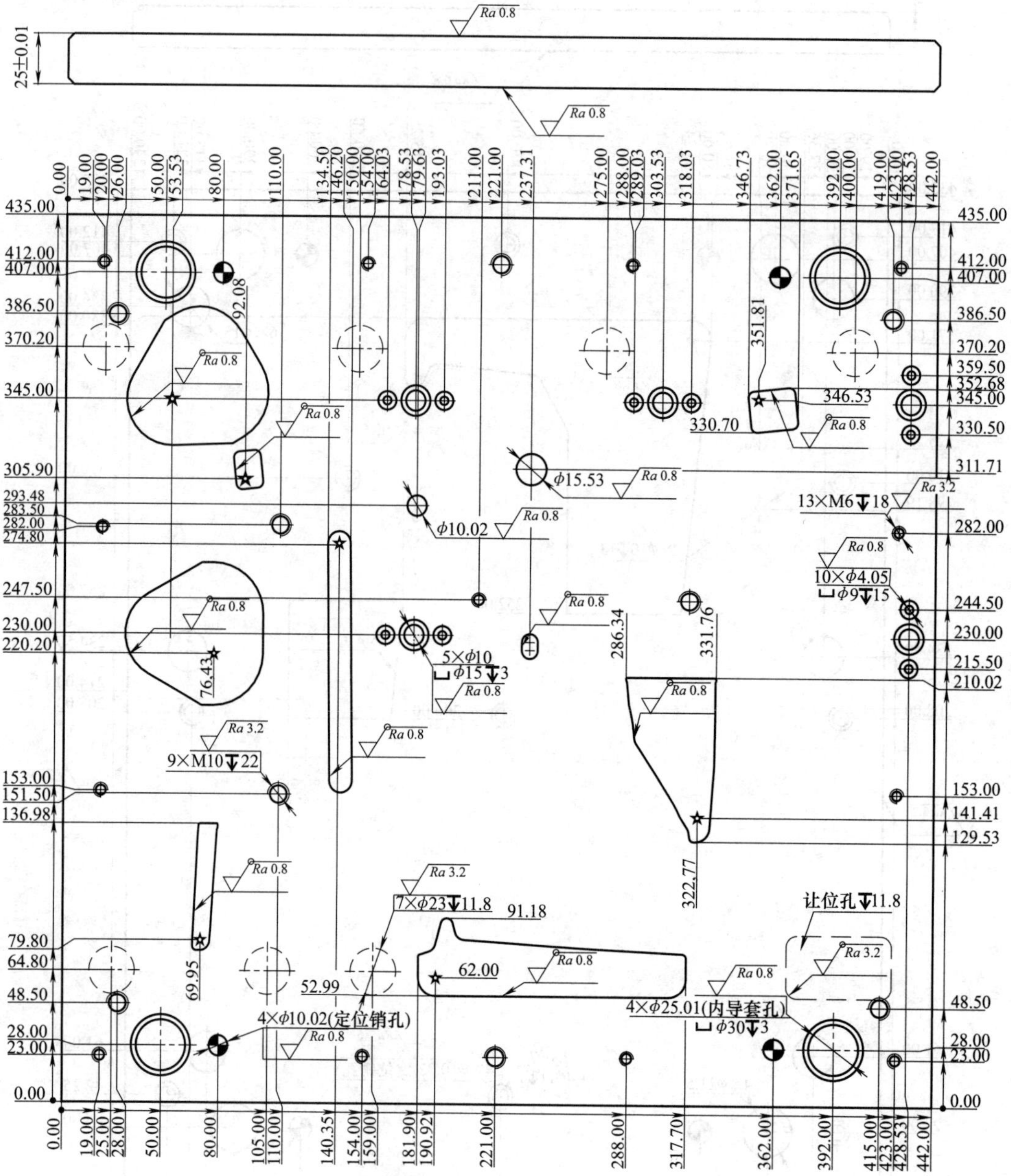

技术要求：

1.材料：Cr12MoV。

2.热处理硬度为53～55HRC。

3.板厚为(25±0.01)mm，两面平行度为0.005mm。

4.主要型孔采用慢走丝加工，对底面的垂直度为0.002mm。

5.图中标有“★”为穿丝孔。

6.数量：1件。

Ra 3.2 (√)

图 13-18　卸料板 1（图 13-4 的件 10）

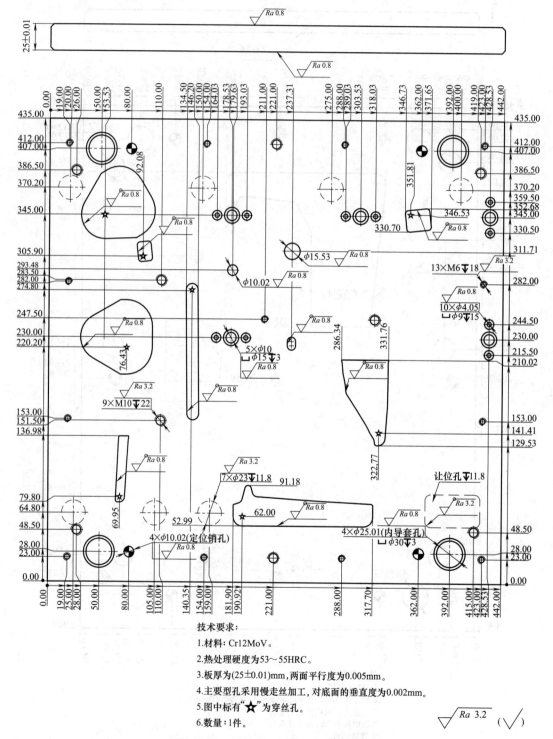

2. 卸料板 2（见图 13-19）

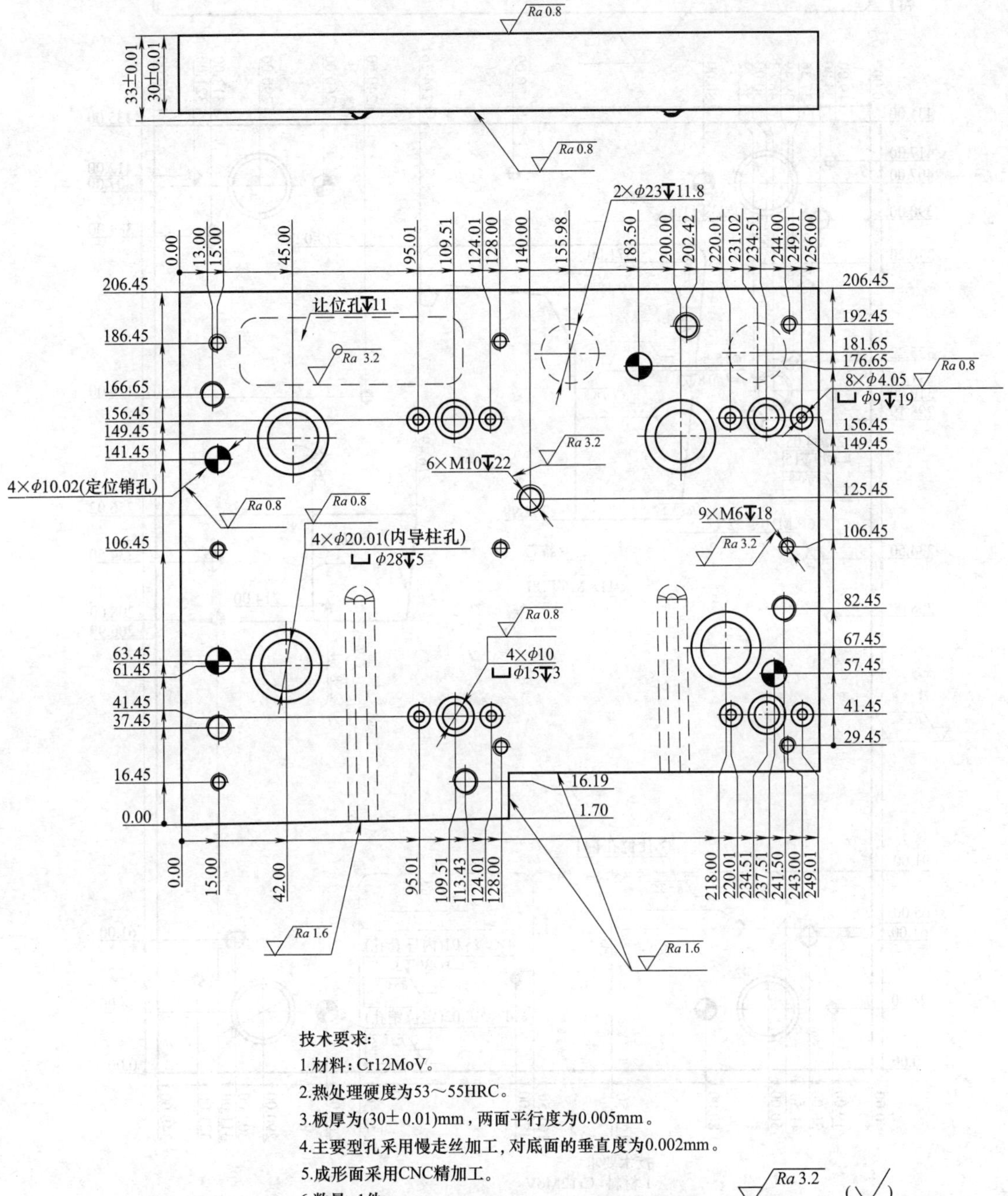

技术要求:

1.材料: Cr12MoV。

2.热处理硬度为53～55HRC。

3.板厚为(30±0.01)mm，两面平行度为0.005mm。

4.主要型孔采用慢走丝加工，对底面的垂直度为0.002mm。

5.成形面采用CNC精加工。

6.数量: 1件。

图 13-19　卸料板 2（图 13-4 的件 79）

3. **卸料板 3**（见图 13-20）

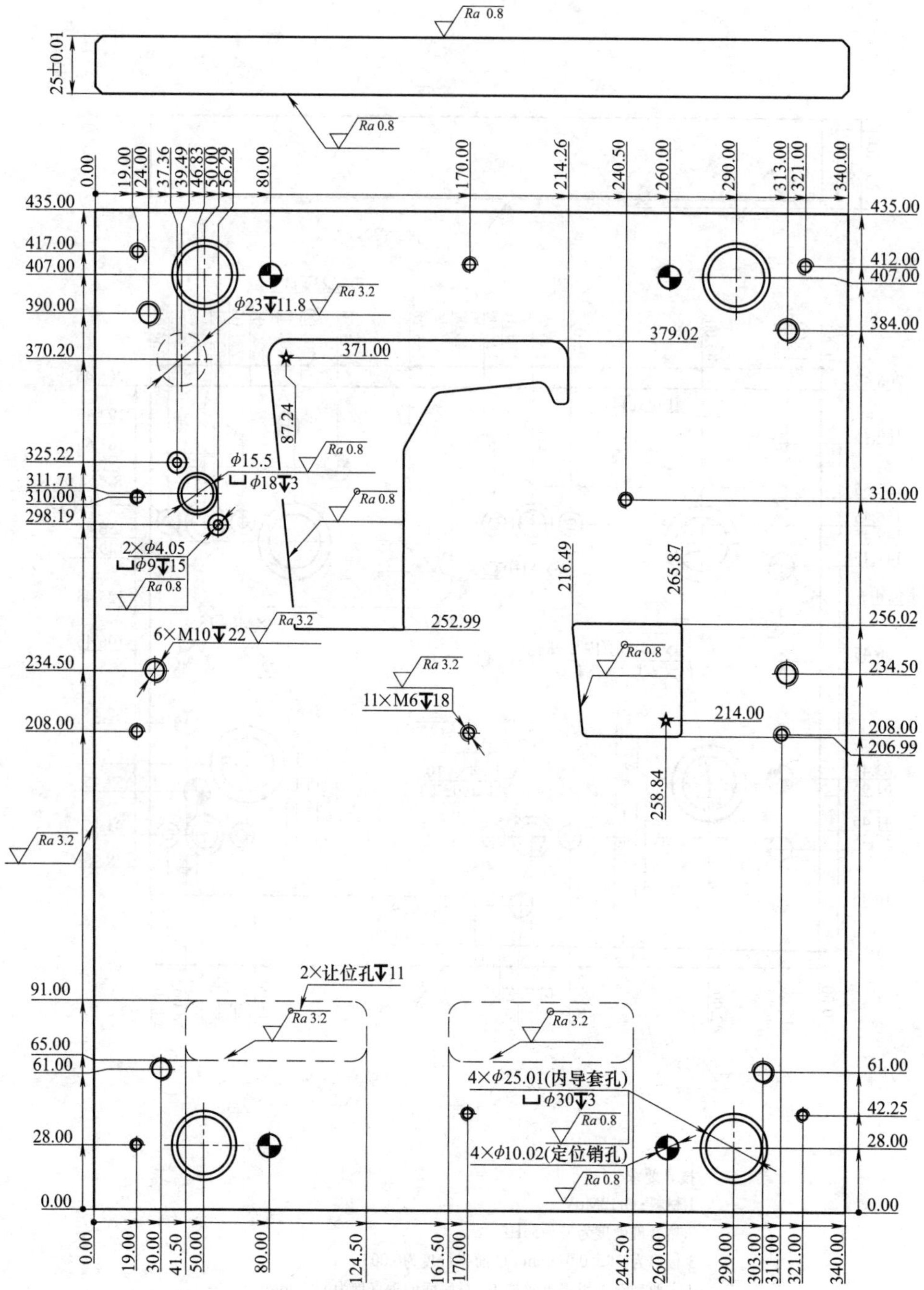

技术要求:
1.材料：Cr12MoV。
2.热处理硬度为53～55HRC。
3.板厚为(25±0.01)mm，两面平行度为0.005mm。
4.主要型孔采用慢走丝加工，对底面的垂直度为0.002mm。
5.图中标有"★"为穿丝孔。
6.数量：1件。

Ra 6.3 (√)

图 13-20　卸料板 3（图 13-4 的件 23）

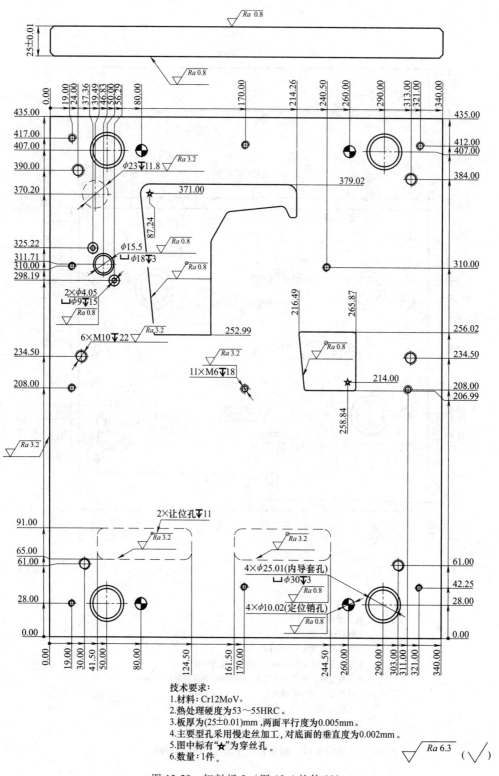

13. 5. 5　凹模板

1. 凹模板 1（见图 13-21）

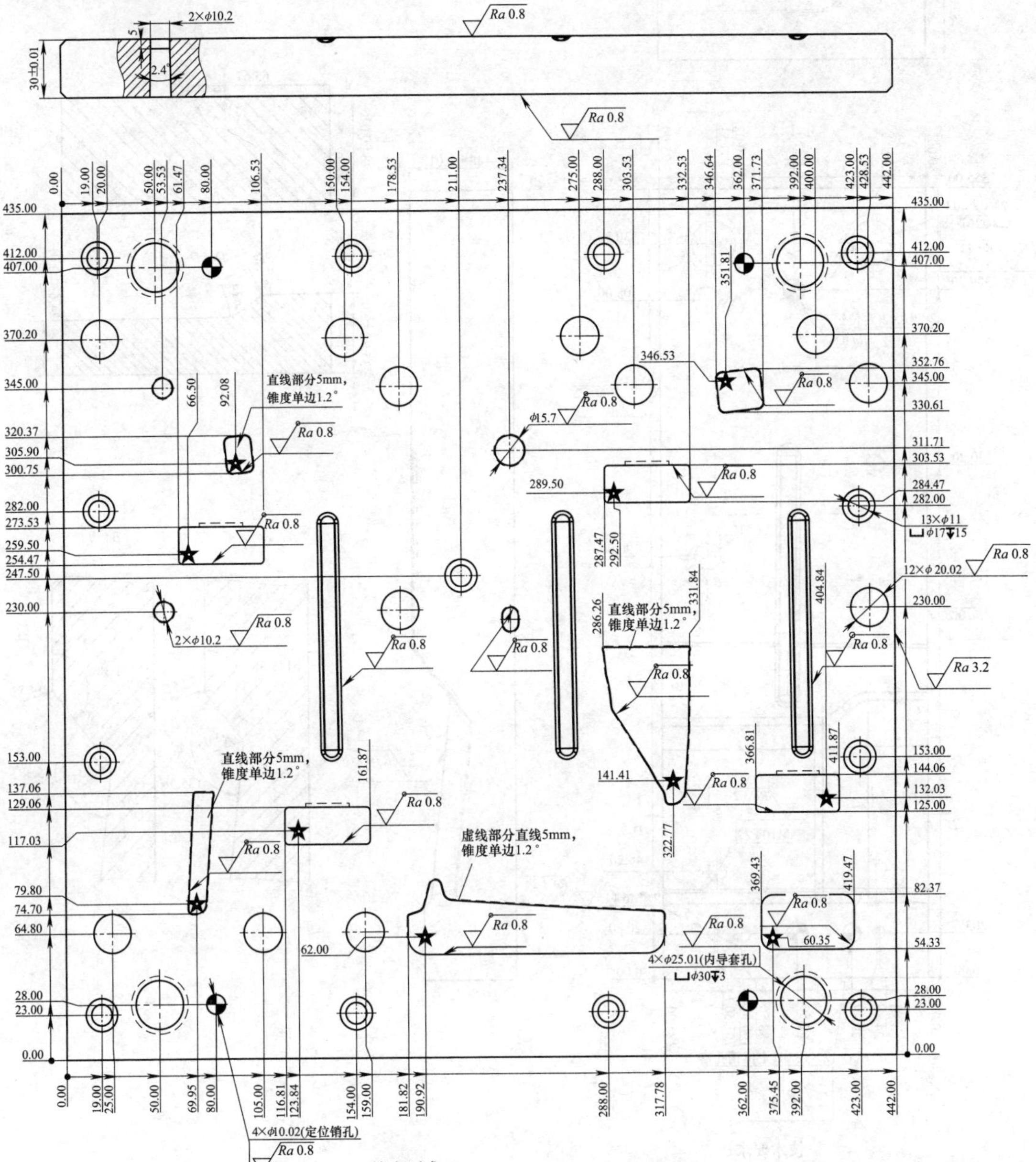

技术要求：

1.材料：Cr12MoV。

2.热处理硬度为58～60HRC。

3.板厚为(30±0.01)mm,两面平行度为0.005mm。

4.主要型孔采用慢走丝加工，对底面的垂直度为0.002mm 。

5.成形面采用CNC精加工。

6.图中标有“★”为穿丝孔。

7.数量：1件。

Ra 6.3 (√)

图 13-21　凹模板 1（图 13-4 的件 43）

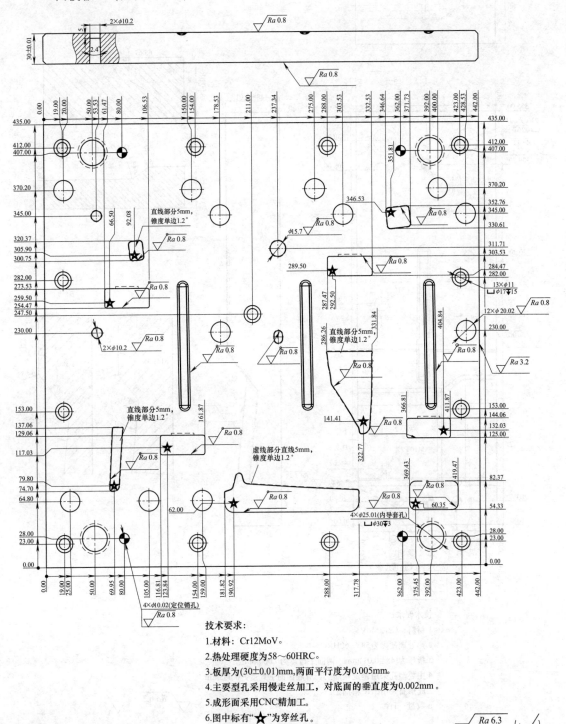

2. 凹模板 2（见图 13-22）

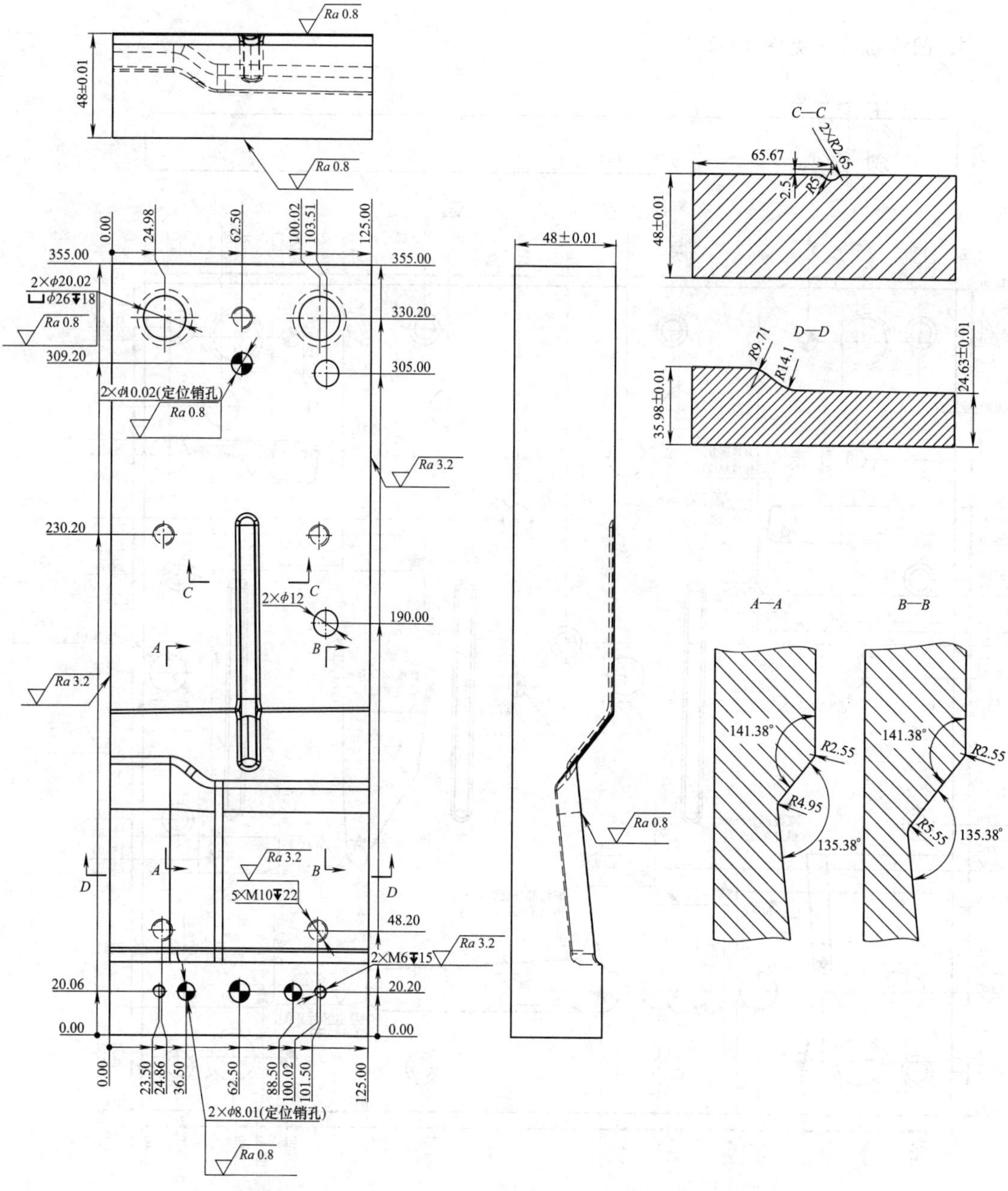

技术要求：

1.材料：Cr12MoV。

2.热处理硬度为58～60HRC。

3.板厚为(48±0.01)mm，两面平行度为0.005mm 。

4.主要型孔采用慢走丝加工，对底面的垂直度为0.003mm。

5.成形面采用CNC精加工。

6.数量：1件。

Ra 6.3 (√)

图 13-22　凹模板 2（图 13-4 的件 87）

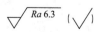

3. 凹模板 3（见图 13-23）

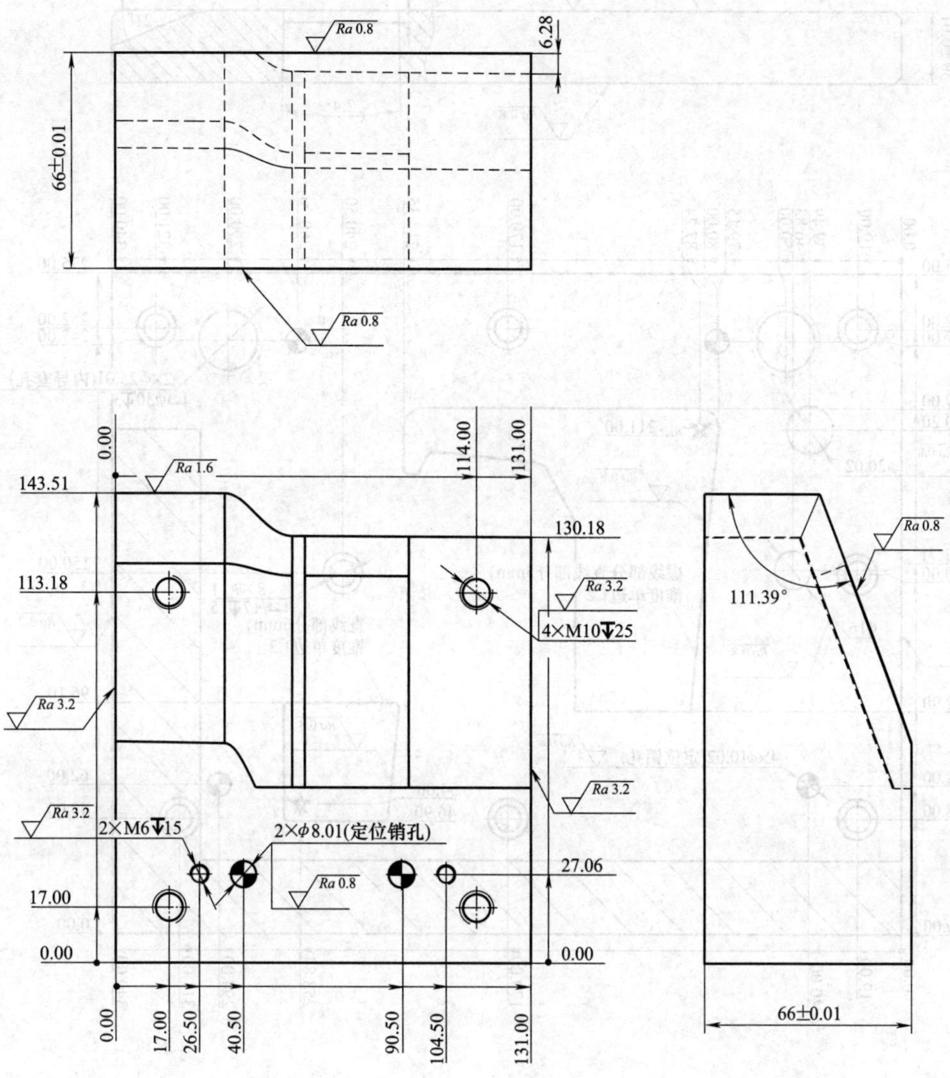

技术要求：
1.材料：SKD11。
2.热处理硬度为60～62HRC。
3.板厚为(66±0.01)mm,两面平行度为0.005mm。
4.定位销孔采用慢走丝加工，对底面的垂直度为0.004mm。
5.成形面采用CNC精加工。
6.数量：1件。

Ra 6.3（√）

图 13-23　凹模板 3（图 13-4 的件 67）

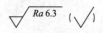

4. 凹模板 4（见图 13-24）

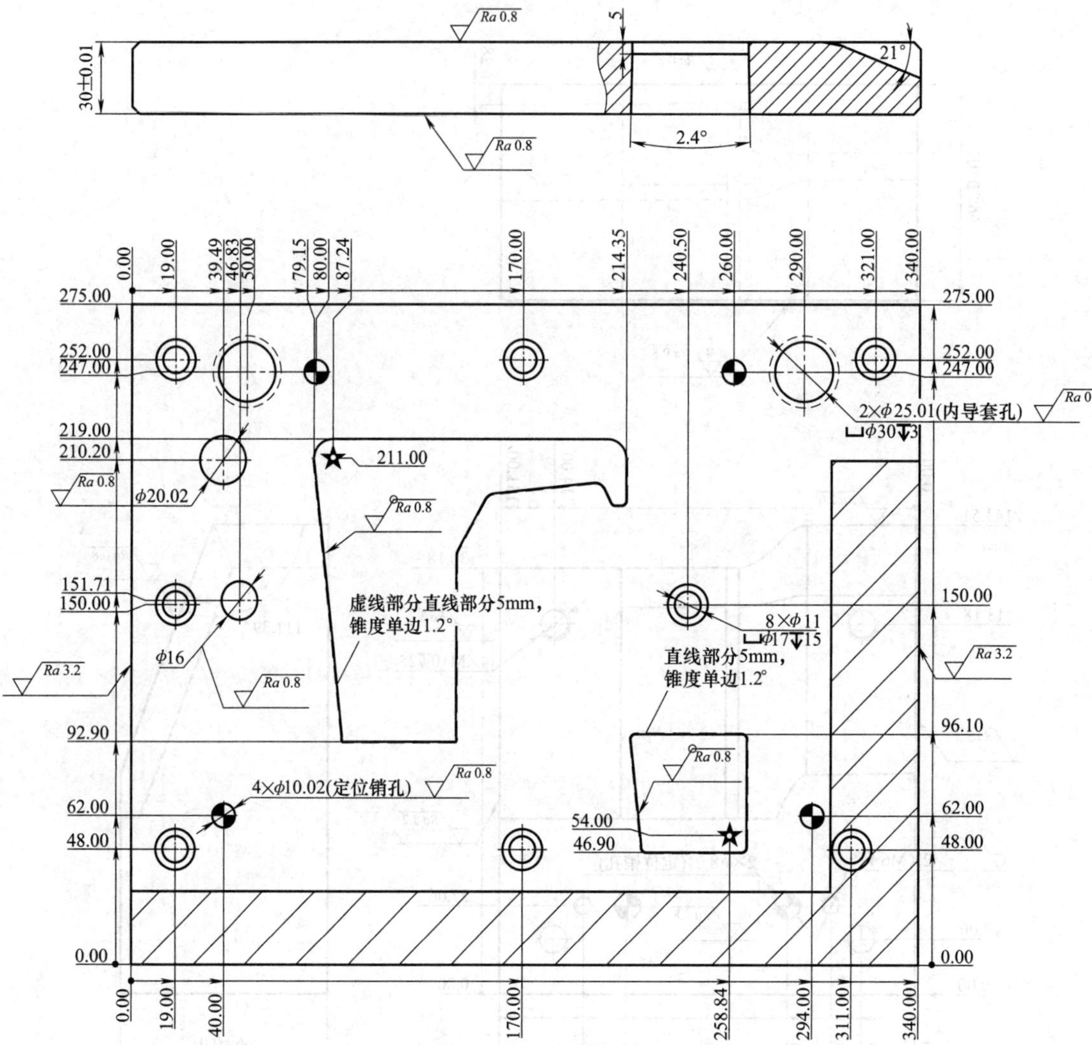

技术要求：

1.材料：Cr12MoV。

2.热处理硬度为58～60HRC。

3.板厚为(30±0.01)mm，两面平行度为0.005mm。

4.主要型孔采用慢走丝加工，对底面的垂直度为0.002mm。

5.图中标有"☆"为穿丝孔。

6.数量：1件。

Ra 6.3 (✓)

图 13-24　凹模板 4（图 13-4 的件 59）

5. 凹模板 5（见图 13-25）

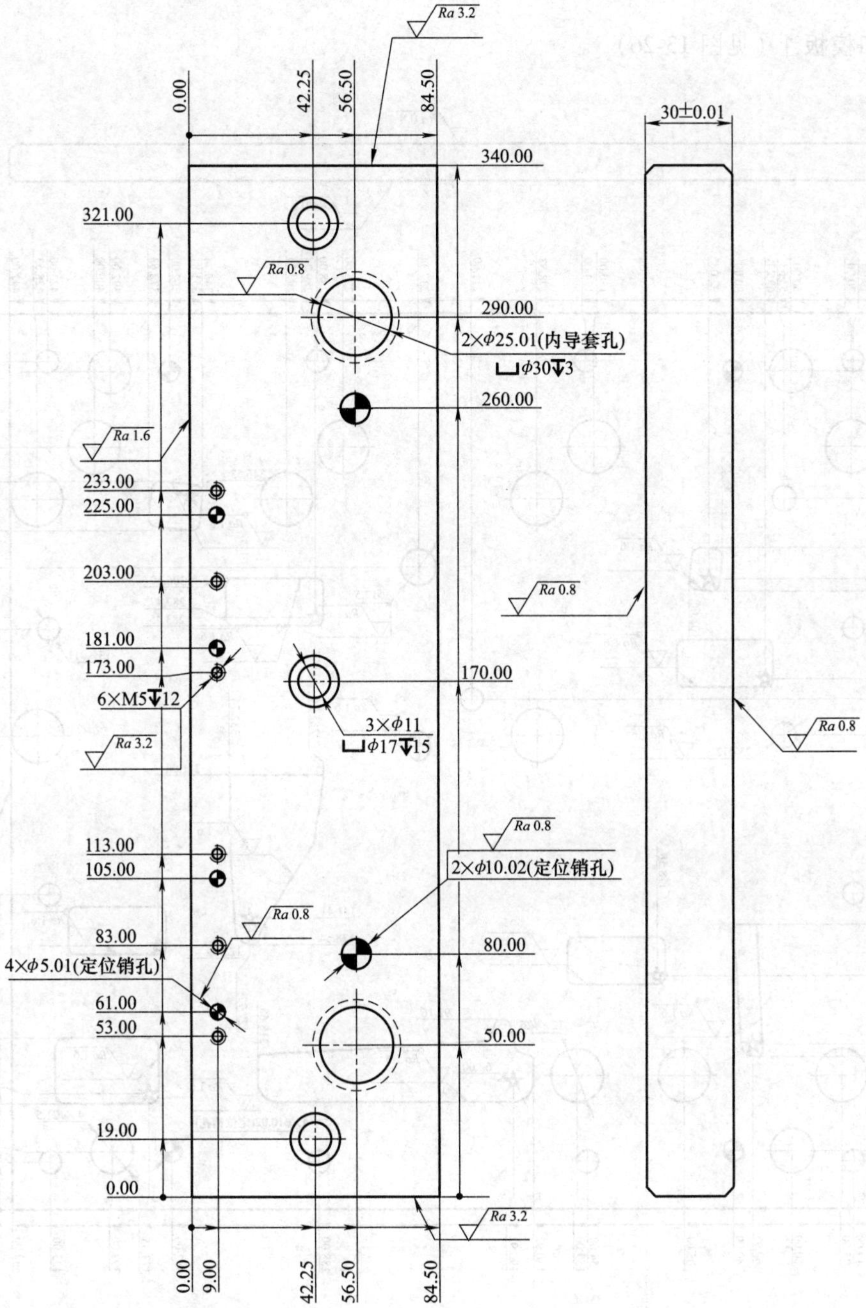

技术要求：

1.材料：Cr12。

2.热处理硬度为53～55HRC。

3.板厚为(30±0.01)mm,两面平行度为0.005mm。

4.主要型孔采用慢走丝加工，对底面的垂直度为0.002mm。

5.数量：1件。

Ra 6.3 (√)

图 13-25　凹模板 5（图 13-4 的件 27）

13.5.6 凹模垫板

1. 凹模板 1（见图 13-26）

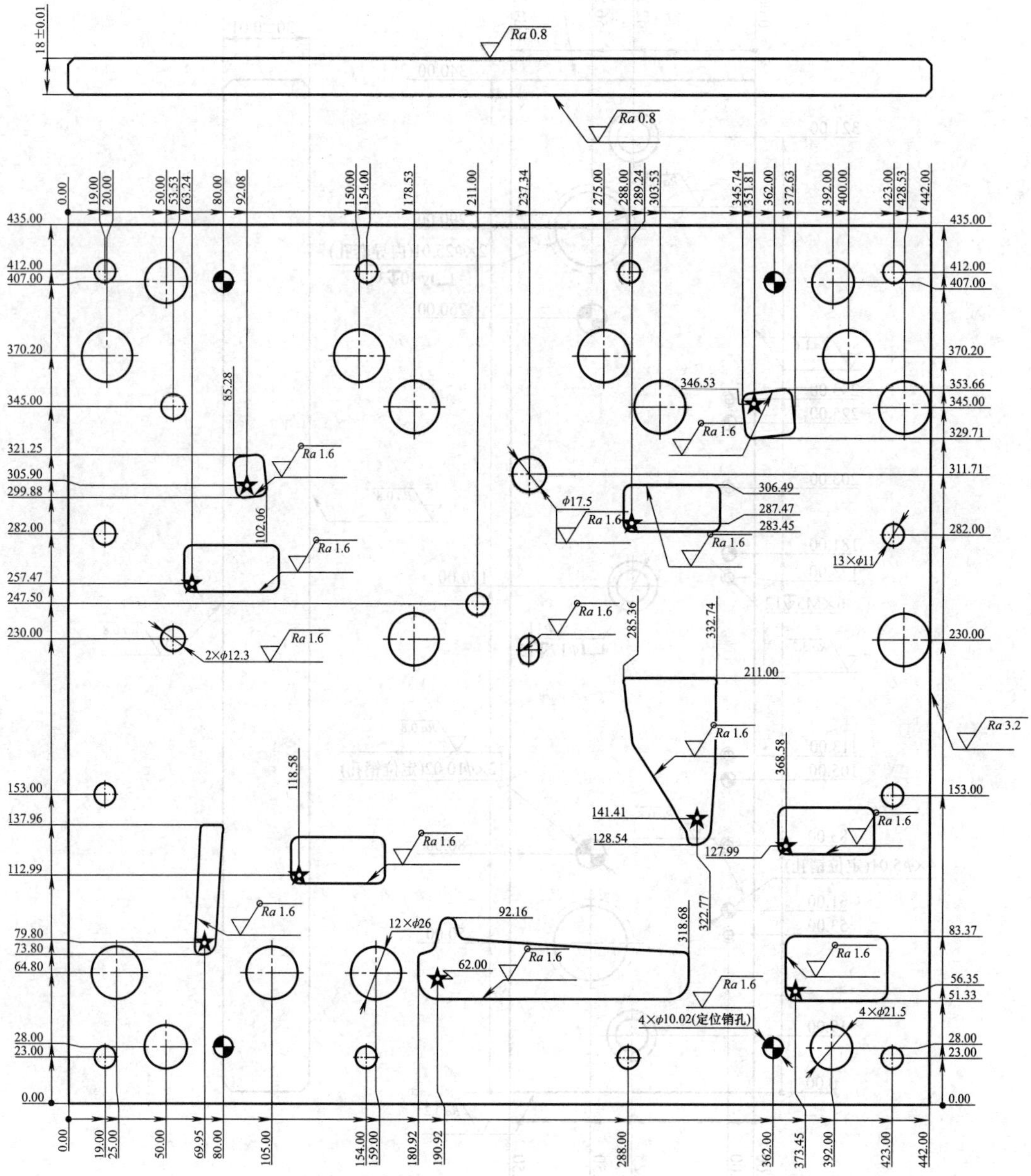

技术要求：

1.材料：45钢。

2.板厚为(18±0.01)mm，两面平行度为0.005mm。

3.主要型孔采用快走丝加工。

4.图中标有“★”为穿丝孔。

5.数量：1件。

Ra 6.3（√）

图 13-26 凹模垫板 1（图 13-4 的件 39）

2. 凹模垫板 2（见图 13-27）

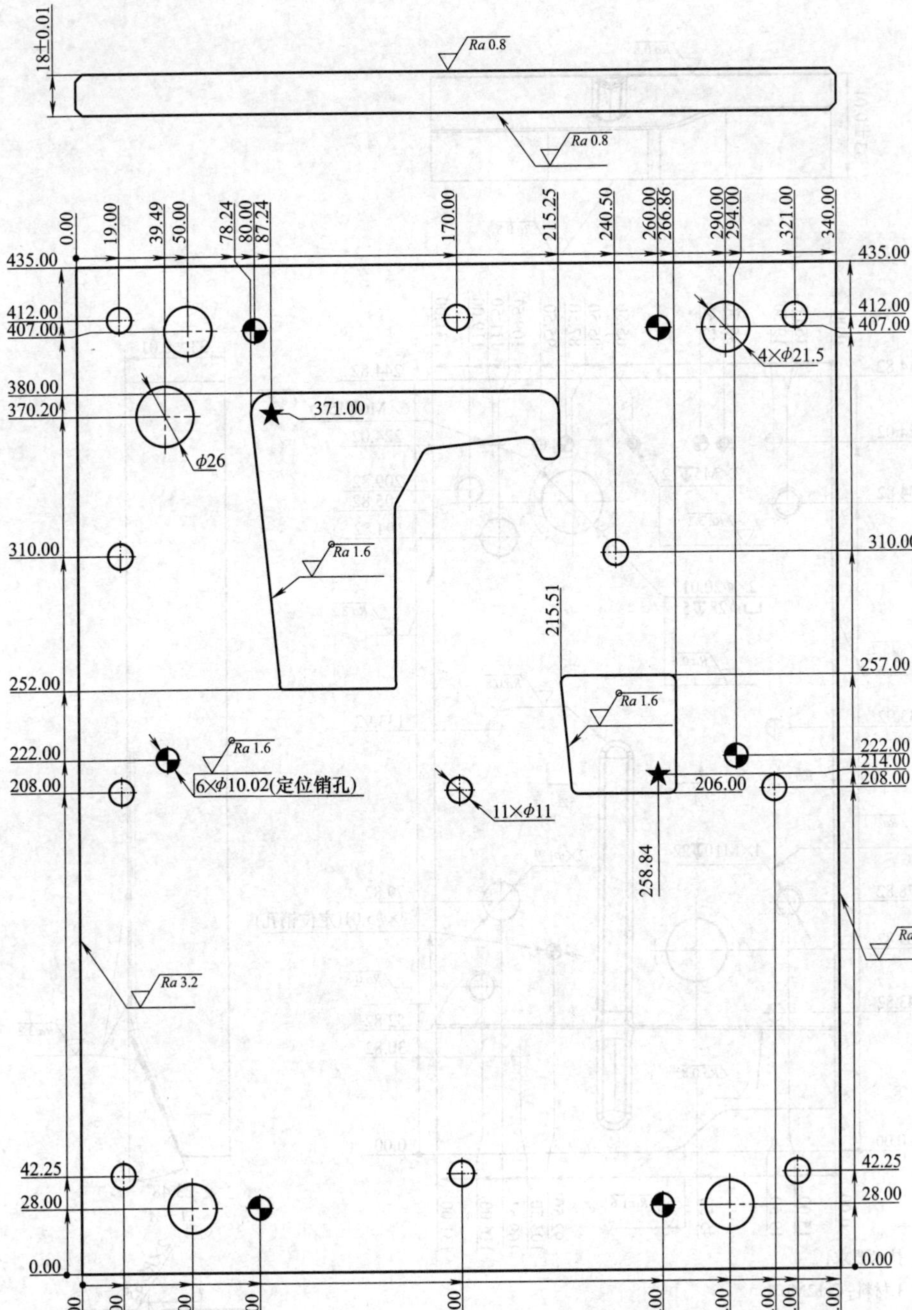

技术要求：

1.材料：45钢。

2.板厚为(18±0.01)mm,两面平行度为0.005mm。

3.主要型孔采用快走丝加工。

4.图中标有“★”为穿丝孔。

5.数量：1件。

Ra 6.3 （√）

图 13-27　凹模垫板 2（图 13-4 的件 28）

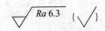

13.5.7 下浮料板（见图 13-28）

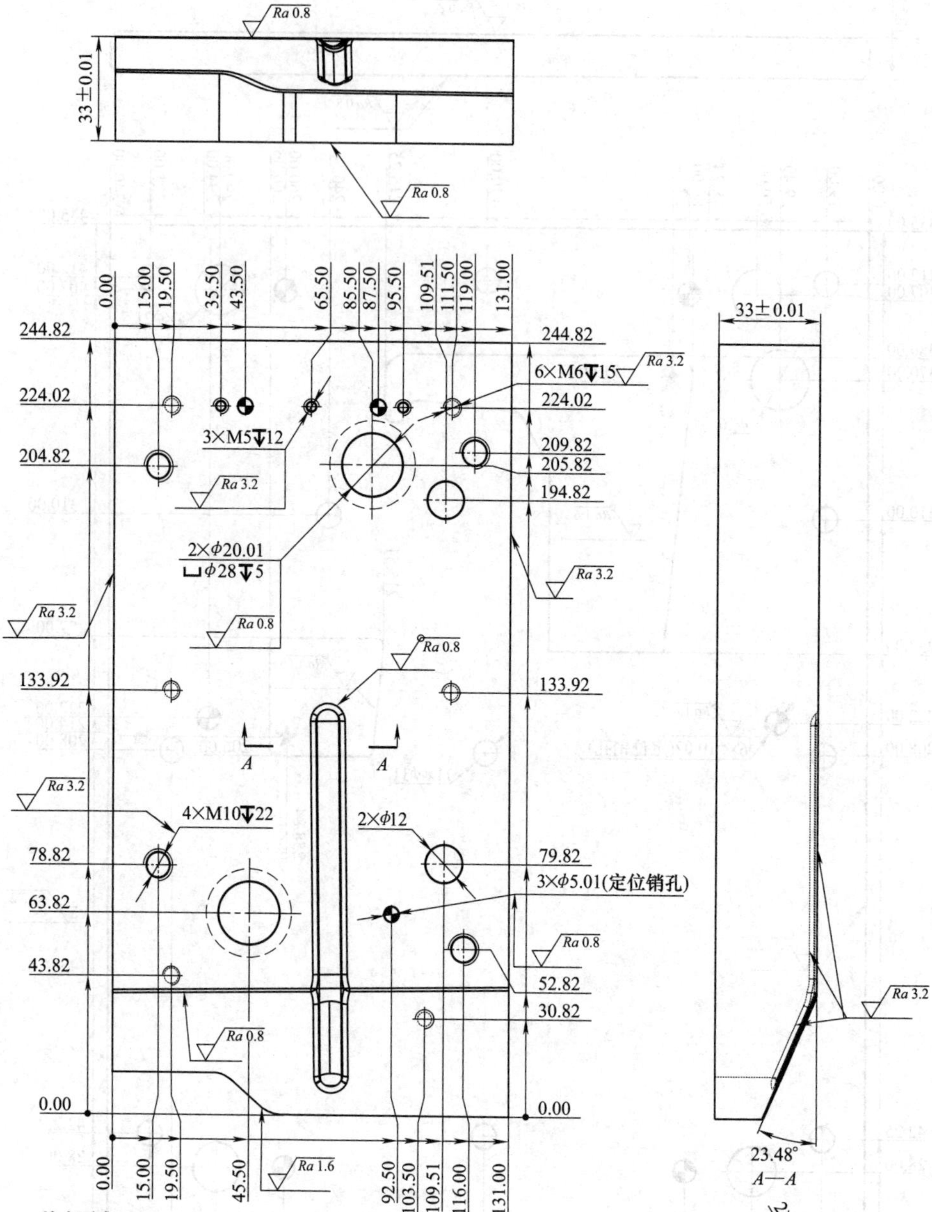

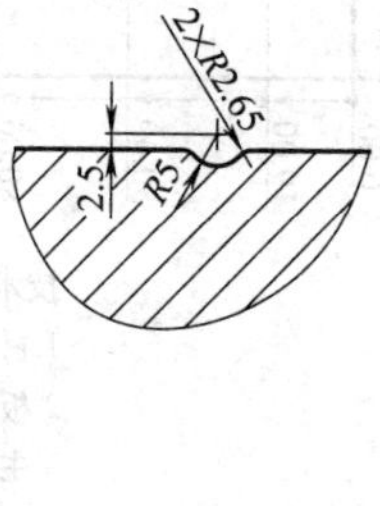

技术要求：

1.材料：Cr12MoV。

2.热处理硬度为58～60HRC。

3.板厚为(33±0.01)mm，两面平行度为0.005mm。

4.主要型孔采用慢走丝加工，对底面的垂直度为0.002mm。 Ra 6.3 (√)

5.成形面采用CNC精加工。

6.数量：1件。

图 13-28 下浮料板（图 13-4 的件 68）

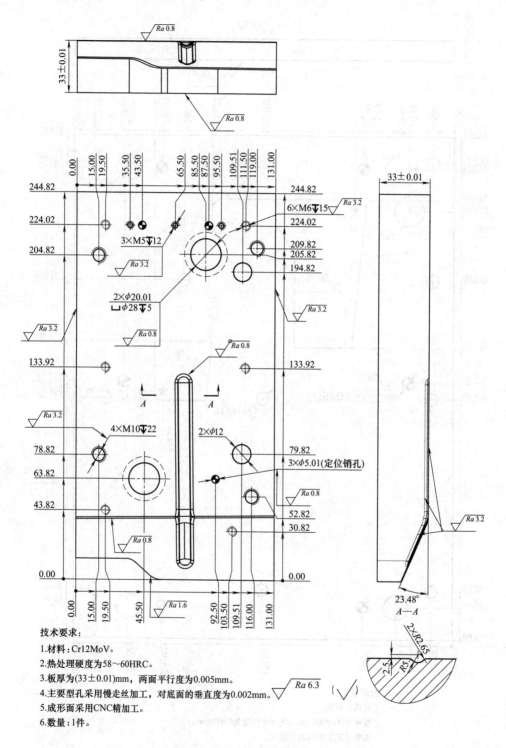

13.5.8　下浮料板垫板（见图 13-29）

13.5.9　弹簧顶板

1. 上弹簧顶板 1（见图 13-30）

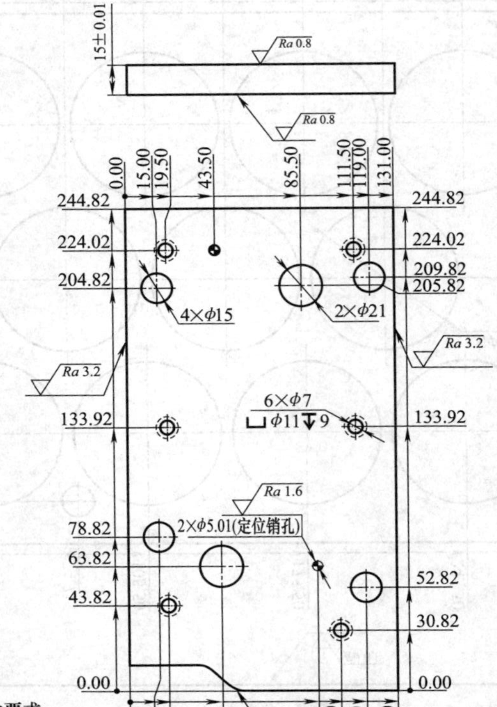

技术要求：
1.材料：45钢。
2.板厚为(15±0.01)mm，两面平行度为0.005mm。
3.主要型孔采用快走丝加工。
4.数量：1件。

图 13-29　下浮料板垫板（图 13-4 的件 74）

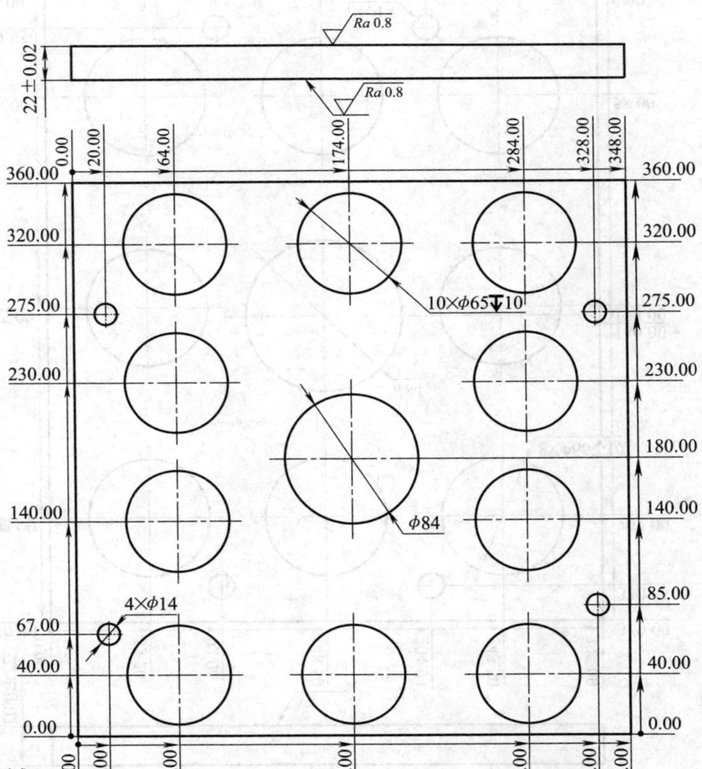

技术要求：
1.材料：45钢。
2.板厚为(22±0.02)mm，两面平行度为0.02mm。
3.数量：1件。

图 13-30　上弹簧顶板 1（图 13-4 的件 4）

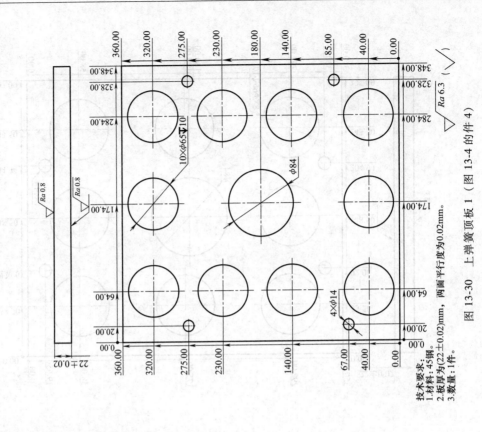

2. 上弹簧顶板 2（见图 13-31）

3. 上弹簧顶板 3（见图 13-32）

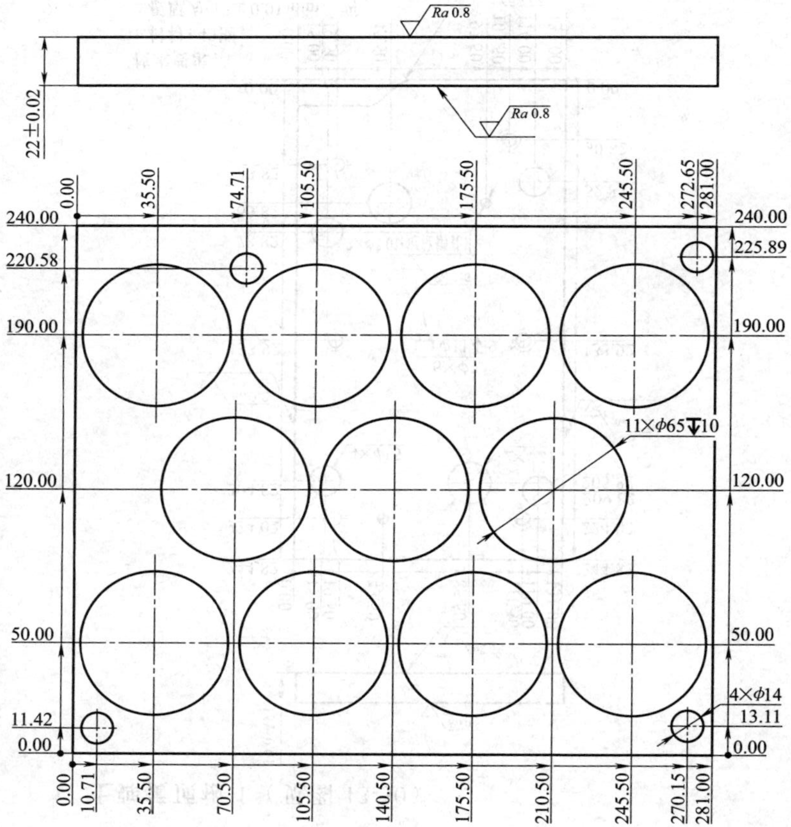

技术要求：
1.材料：45钢。
2.板厚为(22±0.02)mm，两面平行度为0.02mm。 Ra 6.3 (√)
3.数量：1件。

图 13-31 上弹簧顶板 2（图 13-4 的件 13）

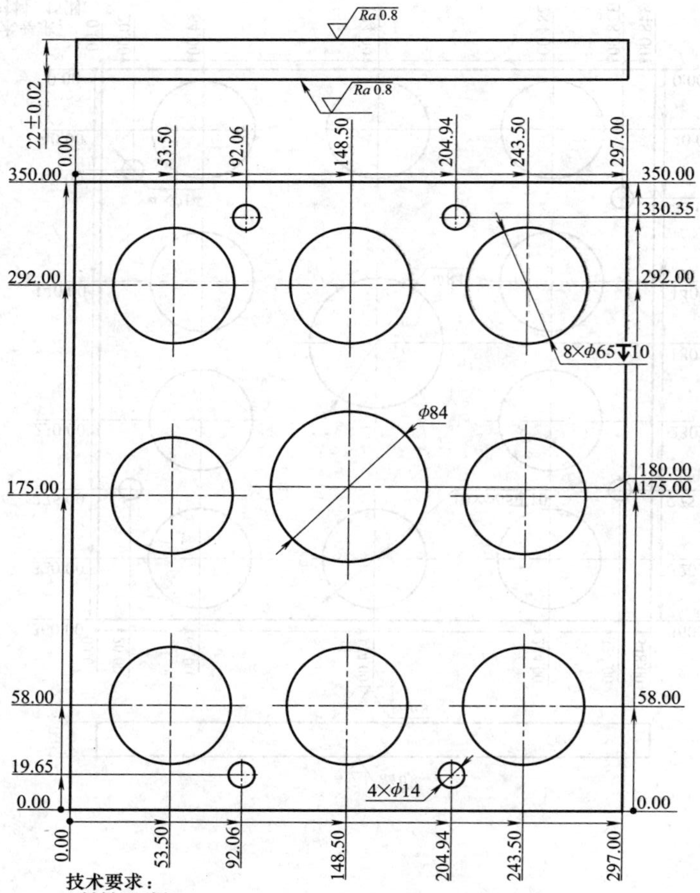

技术要求：
1.材料：45钢。
2.板厚为(22±0.02)mm，两面平行度为0.02mm。 Ra 6.3 (√)
3.数量：1件。

图 13-32 上弹簧顶板 3（图 13-4 的件 19）

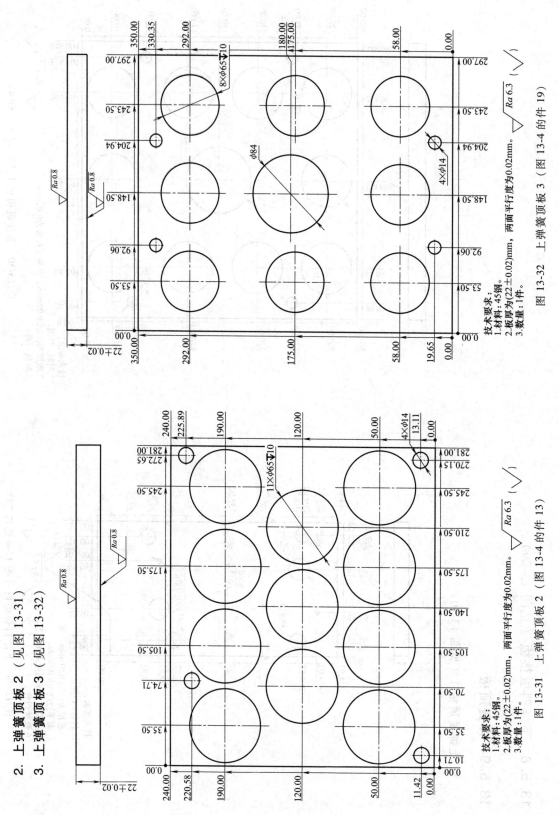

4. 下弹簧顶板（见图 13-33）

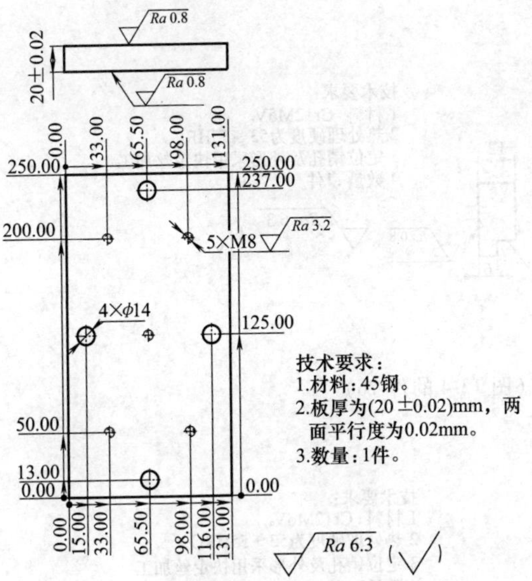

图 13-33　下弹簧顶板（图 13-4 的件 72）

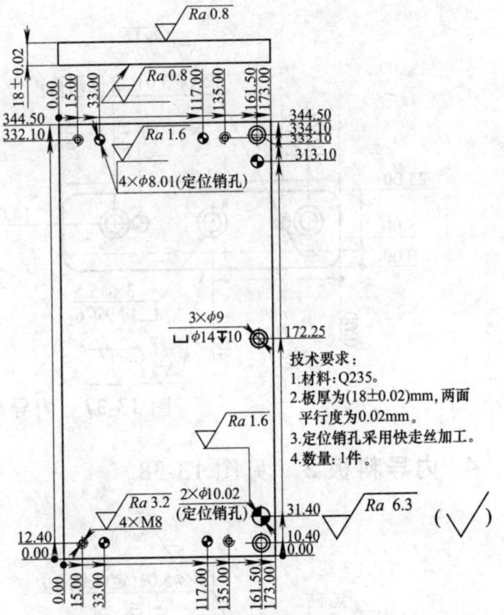

图 13-34　承料板（图 13-4 的件 45）

13.6　模具零部件设计

13.6.1　承料板（见图 13-34）

13.6.2　导料板

1. 外导料板 1（见图 13-35）

2. 外导料板 2（见图 13-36）

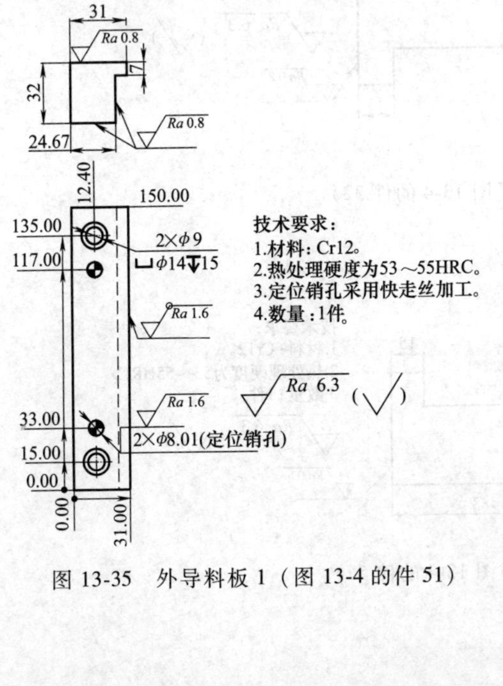

图 13-35　外导料板 1（图 13-4 的件 51）

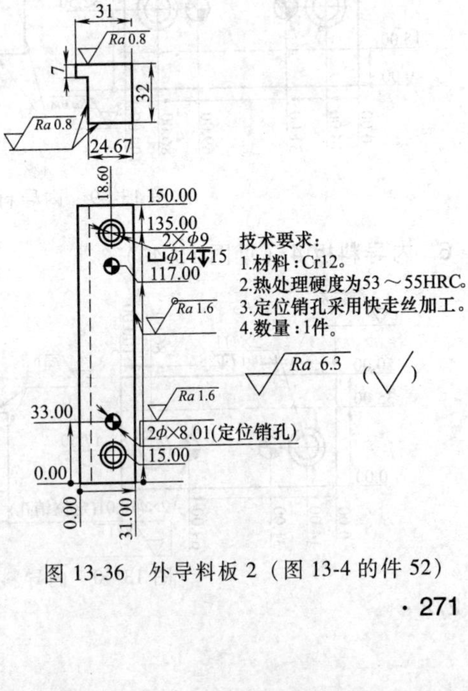

图 13-36　外导料板 2（图 13-4 的件 52）

3. 内导料板 1（见图 13-37）

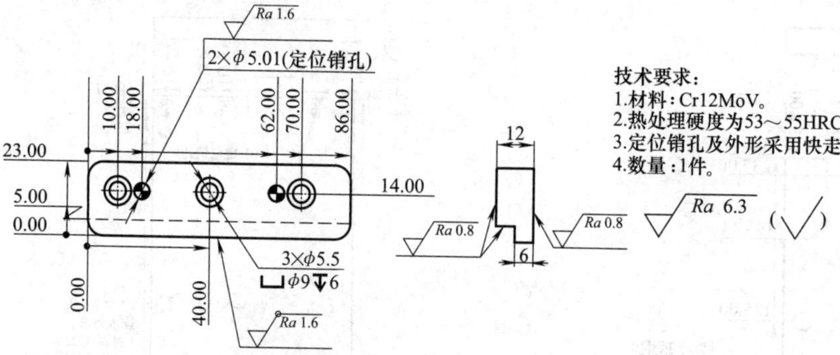

技术要求：
1.材料：Cr12MoV。
2.热处理硬度为53～55HRC。
3.定位销孔及外形采用快走丝加工。
4.数量：1件。

图 13-37　内导料板 1（图 13-4 的件 76）

4. 内导料板 2（见图 13-38）

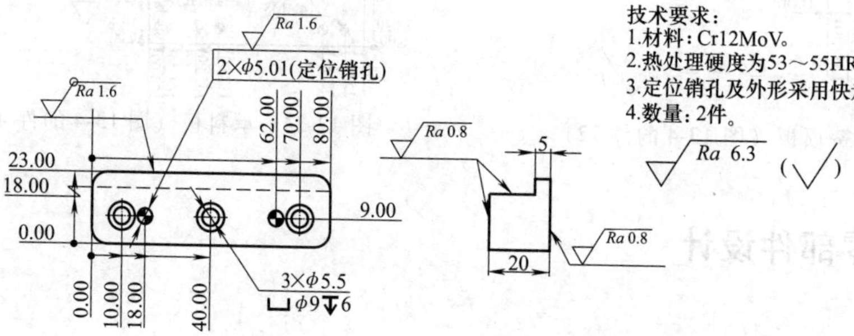

技术要求：
1.材料：Cr12MoV。
2.热处理硬度为53～55HRC。
3.定位销孔及外形采用快走丝加工。
4.数量：2件。

图 13-38　内导料板 2（图 13-4 的件 58）

5. 内导料板 3（见图 13-39）

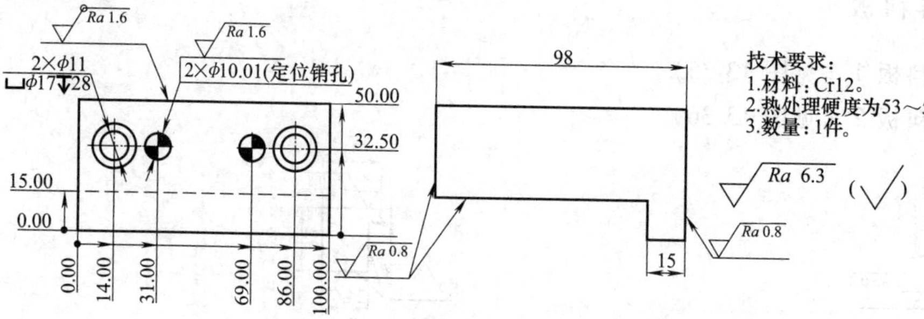

技术要求：
1.材料：Cr12。
2.热处理硬度为53～55HRC。
3.数量：1件。

图 13-39　内导料板 3（图 13-4 的件 32）

6. 内导料板 4（见图 13-40）

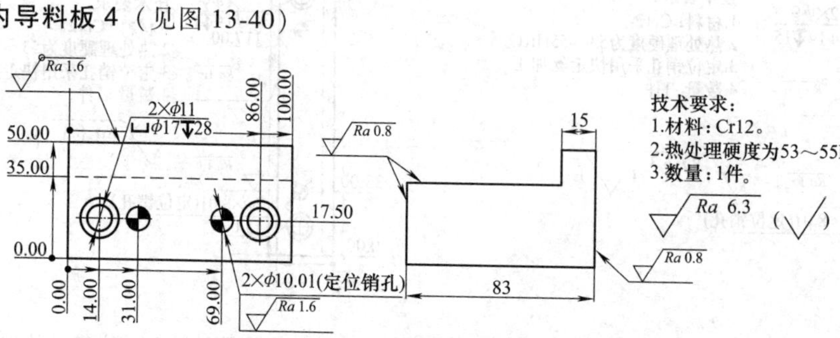

技术要求：
1.材料：Cr12。
2.热处理硬度为53～55HRC。
3.数量：1件。

图 13-40　内导料板 4（图 13-4 的件 57）

7. 内导料板 5（见图 13-41）

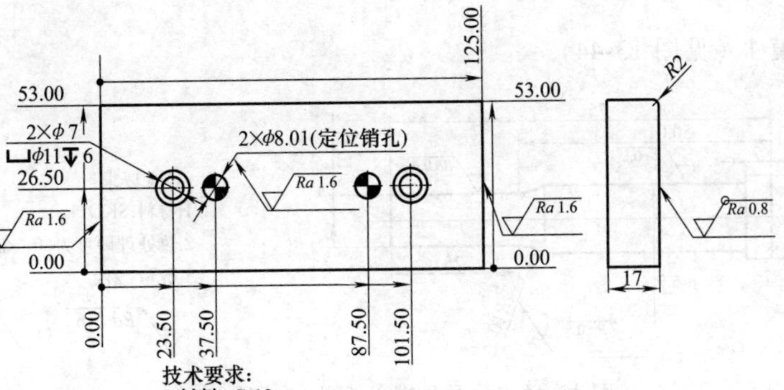

技术要求：
1.材料：Cr12。
2.热处理硬度为53～55HRC。
3.定位销孔采用快走丝加工。 Ra 6.3 (√)
4.数量：1件。

图 13-41　内导料板 5（图 13-4 的件 65）

8. 内导料板 6（见图 13-42）

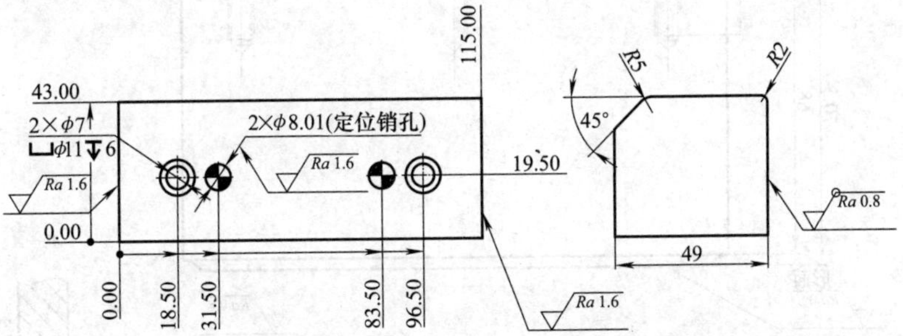

技术要求：
1.材料：Cr12。
2.热处理硬度为53～55HRC。
3.定位销孔采用快走丝加工。 Ra 6.3 (√)
4.数量：1件。

图 13-42　内导料板 6（图 13-4 的件 86）

13.6.3　承料板垫板（见图 13-43）

技术要求：
1.材料：Q235。
2.板厚为27.5mm，两面平行度为0.02mm。 Ra 6.3 (√)
3.数量：1件。

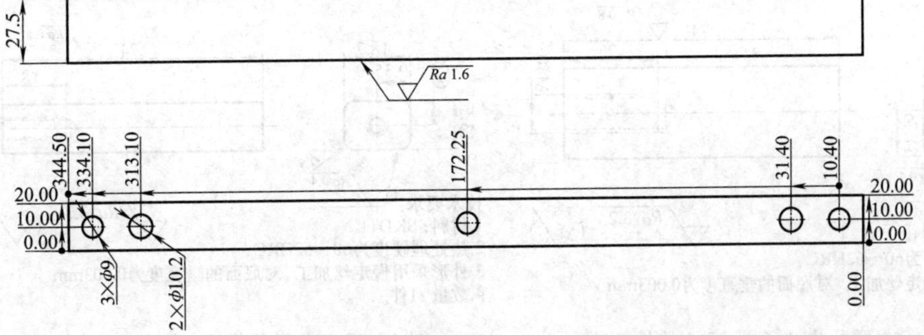

图 13-43　承料板垫板（图 13-4 的件 44）

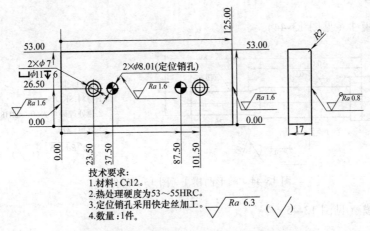

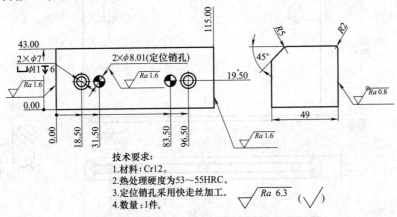

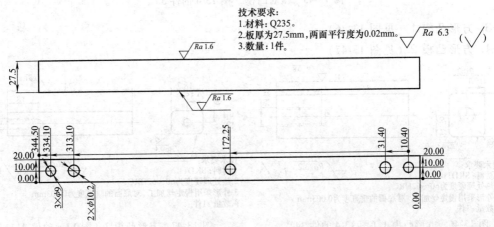

13.6.4 凸模

1. 圆形凸模 1（见图 13-44）

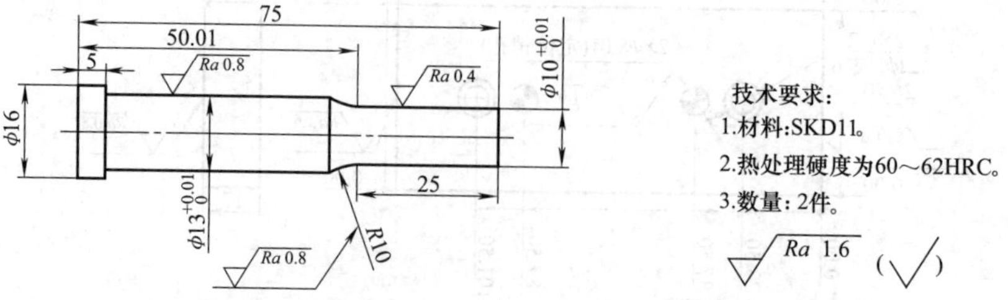
75
50.01
5
Ra 0.8
Ra 0.4
φ10$^{+0.01}_{0}$
φ16
φ13$^{+0.01}_{0}$
25
R10
Ra 0.8
技术要求:
1.材料:SKD11。
2.热处理硬度为60～62HRC。
3.数量:2件。
Ra 1.6
(√)

图 13-44 圆形凸模 1（图 13-4 的件 46）

2. 压肋凸模（见图 13-45）

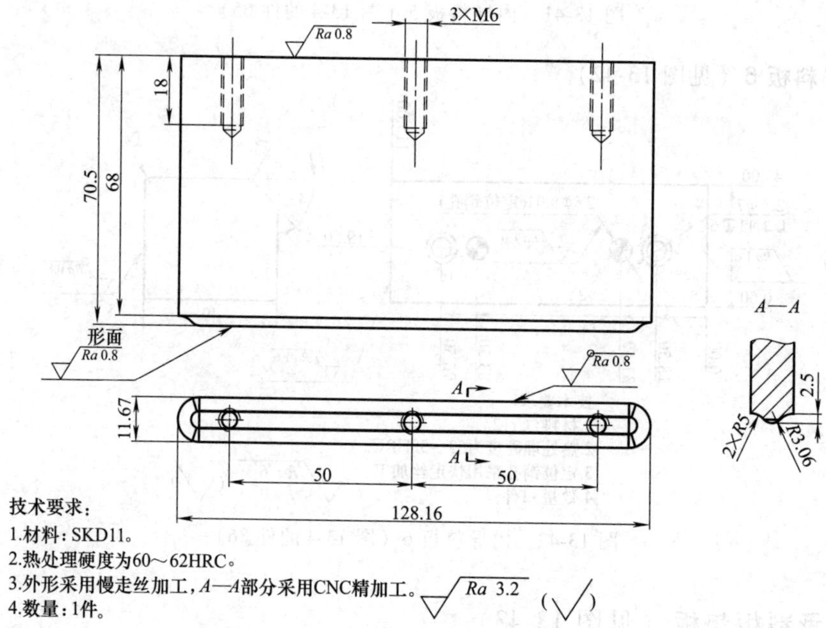
3×M6
Ra 0.8
18
70.5
68
形面
Ra 0.8
A—A
Ra 0.8
A
11.67
A
2.5
2×R5
R3.06
50
50
128.16
技术要求:
1.材料: SKD11。
2.热处理硬度为60～62HRC。
3.外形采用慢走丝加工，A—A部分采用CNC精加工。
4.数量:1件。
Ra 3.2
(√)

图 13-45 压肋凸模（图 13-4 的件 5）

3. 方形凸模 1（见图 13-46）

4. 方形凸模 2（见图 13-47）

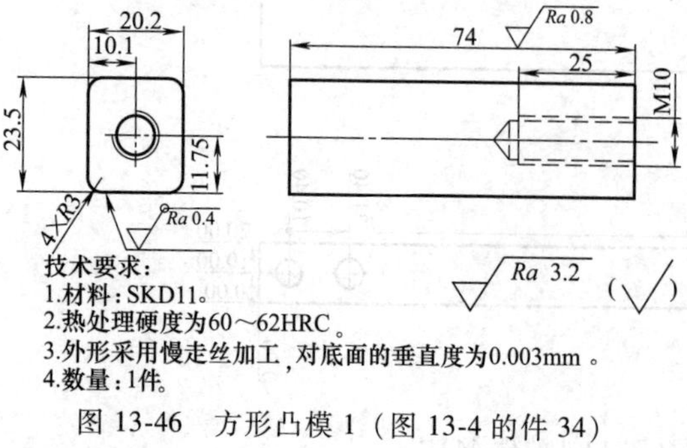
20.2
10.1
23.5
11.75
4×R3
Ra 0.4
74
Ra 0.8
25
M10
技术要求:
1.材料:SKD11。
2.热处理硬度为60～62HRC。
3.外形采用慢走丝加工，对底面的垂直度为0.003mm。
4.数量:1件。
Ra 3.2
(√)

图 13-46 方形凸模 1（图 13-4 的件 34）

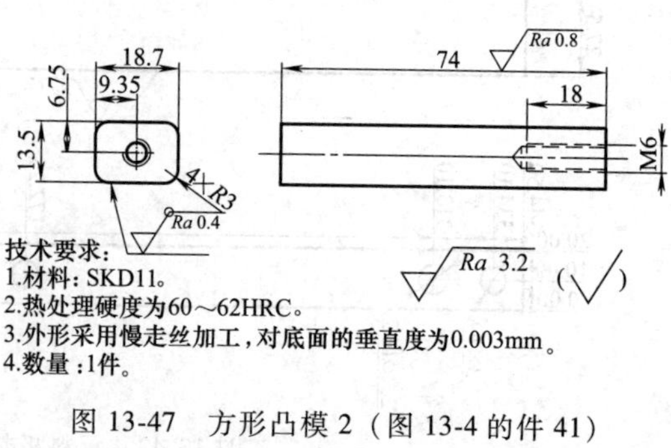
18.7
6.75
9.35
13.5
4×R3
Ra 0.4
74
Ra 0.8
18
M6
技术要求:
1.材料: SKD11。
2.热处理硬度为60～62HRC。
3.外形采用慢走丝加工，对底面的垂直度为0.003mm。
4.数量:1件。
Ra 3.2
(√)

图 13-47 方形凸模 2（图 13-4 的件 41）

5. **圆形凸模 2**（见图 13-48）

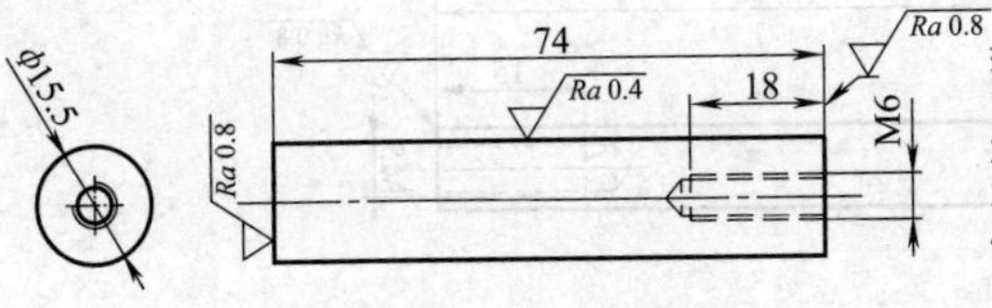

技术要求：
1.材料：SKD11。
2.热处理硬度为60～62HRC。
3.外形采用外圆磨精加工，对底面的垂直度为0.003mm。
4.数量：1件。

Ra 3.2 (√)

图 13-48　圆形凸模 2（图 13-4 的件 36）

6. **异形凸模 1**（见图 13-49）

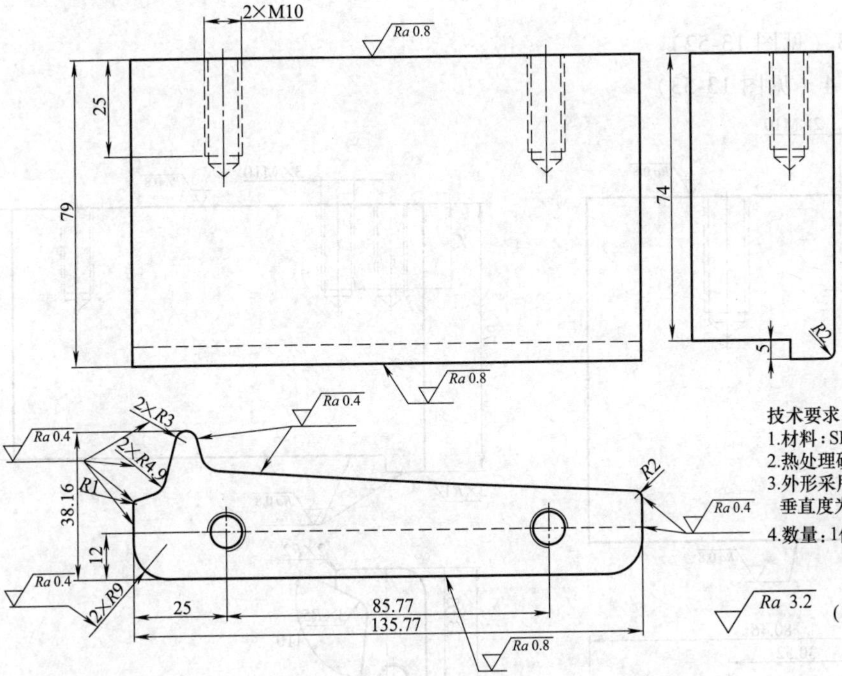

技术要求：
1.材料：SKD11。
2.热处理硬度为60～62HRC。
3.外形采用慢走丝加工，对底面的垂直度为0.003mm。
4.数量：1件。

Ra 3.2 (√)

图 13-49　异形凸模 1（图 13-4 的件 54）

7. **异形凸模 2**（见图 13-50）

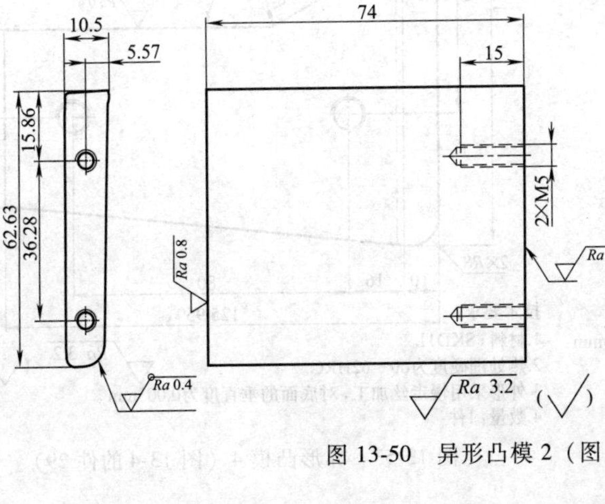

技术要求：
1.材料：SKD11。
2.热处理硬度为60～62HRC。
3.外形采用慢走丝加工，对底面的垂直度为0.003mm。
4.数量：1件。

Ra 3.2 (√)

图 13-50　异形凸模 2（图 13-4 的件 53）

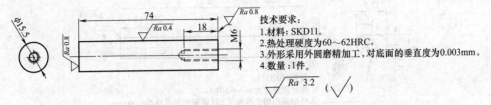

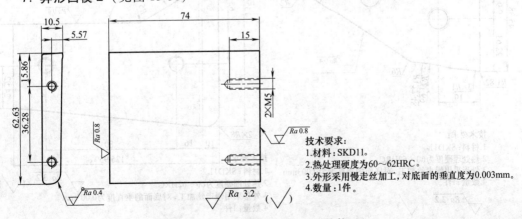

8. 长圆形凸模（见图 13-51）

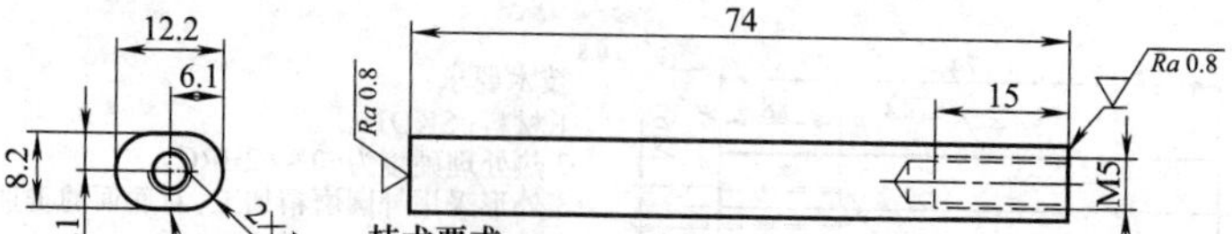

技术要求：
1.材料：SKD11。
2.热处理硬度为60～62HRC 。
3.外形采用慢走丝加工，对底面的垂直度为0.003mm。
4.数量：1件

Ra 3.2 (√)

图 13-51　长圆形凸模（图 13-4 的件 9）

9. 异形凸模 3（见图 13-52）

10. 异形凸模 4（见图 13-53）

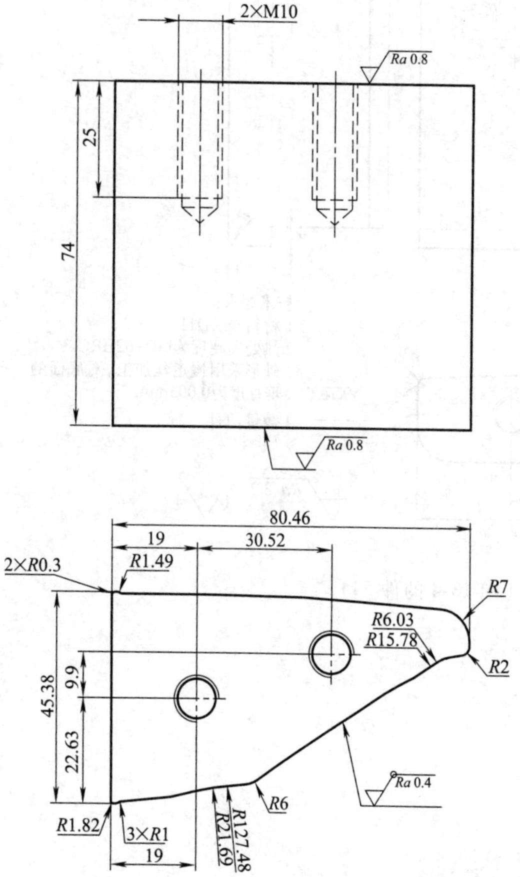

技术要求：
1.材料：SKD11。
2.热处理硬度为60～62HRC。
3.外形采用慢走丝加工，对底面的垂直度为0.003mm。
4.数量：1件。

Ra 3.2 (√)

图 13-52　异形凸模 3（图 13-4 的件 55）

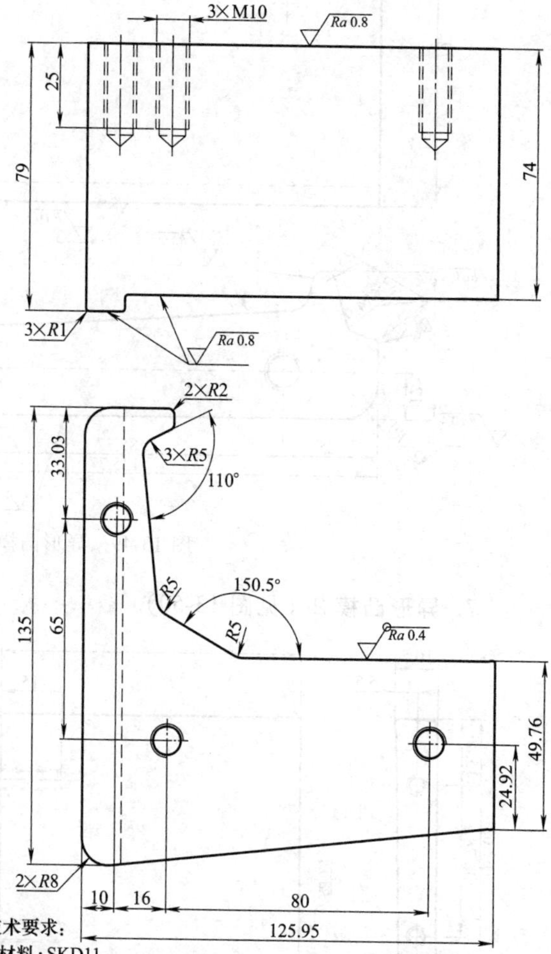

技术要求：
1.材料：SKD11。
2.热处理硬度为60～62HRC。
3.外形采用慢走丝加工，对底面的垂直度为0.003mm 。
4.数量：1件。

Ra 3.2 (√)

图 13-53　异形凸模 4（图 13-4 的件 29）

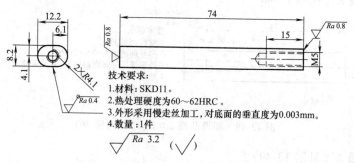

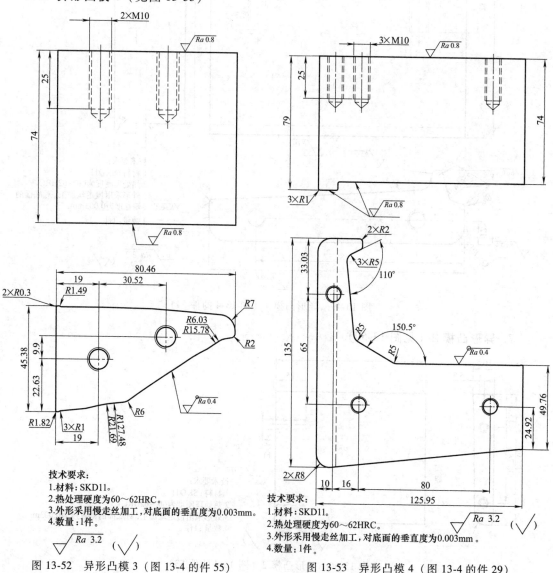

11. 切断凸模（见图 13-54）

12. 成形凸模 1（见图 13-55）

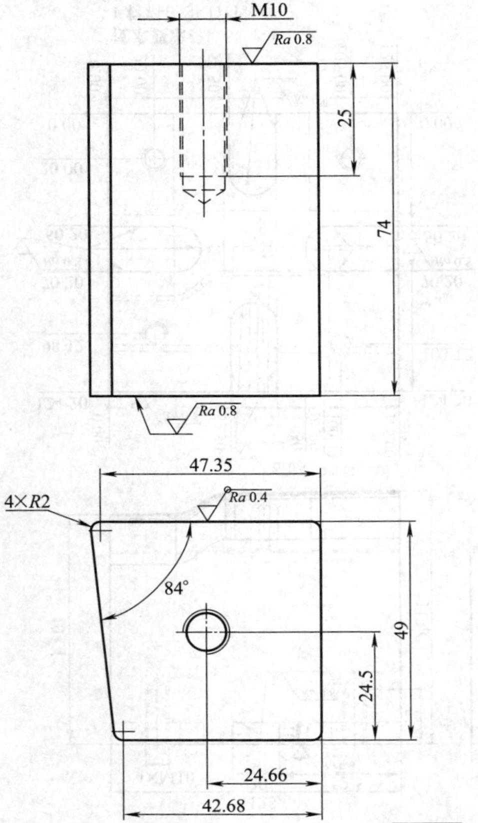

技术要求:

1.材料: SKD11。
2.热处理硬度为60～62HRC。
3.外形采用慢走丝加工，对底面的垂直度为0.003mm。
4.数量 :1件。

Ra 3.2 (√)

图 13-54　切断凸模（图 13-4 的件 20）

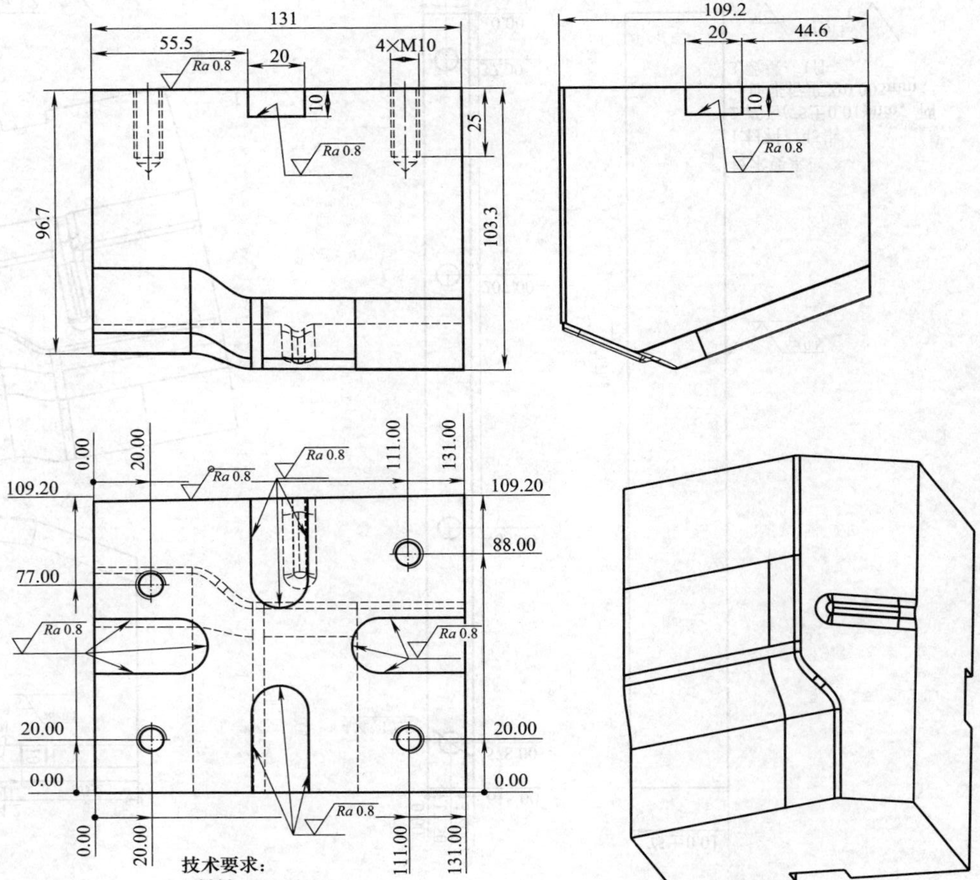

技术要求:

1.材料: SKD11。
2.热处理硬度为60～62HRC。
3.外形采用精磨加工，形面及键槽采用CNC精加工。
4.数量: 1件 。

Ra 3.2 (√)

图 13-55　成形凸模 1（图 13-4 的件 64）

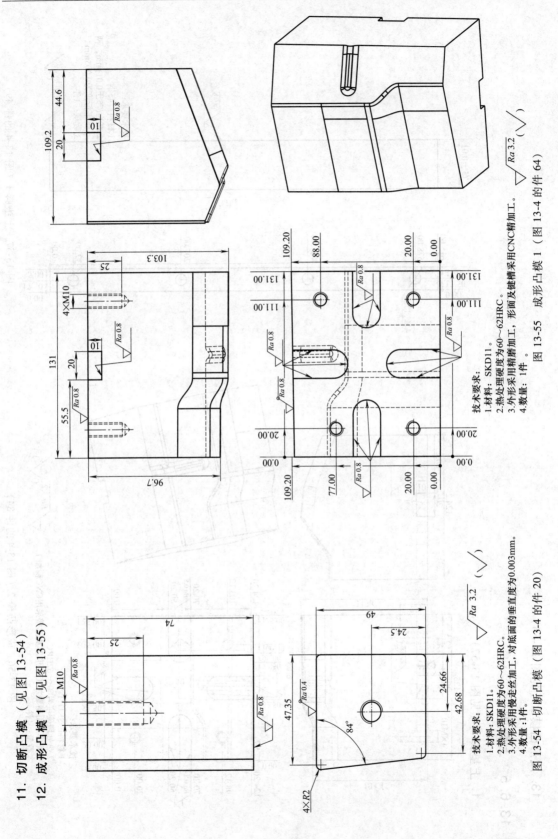

13. 成形凸模 2（见图 13-56）

13.6.5 上垫脚

1. 上垫脚 1（见图 13-57）

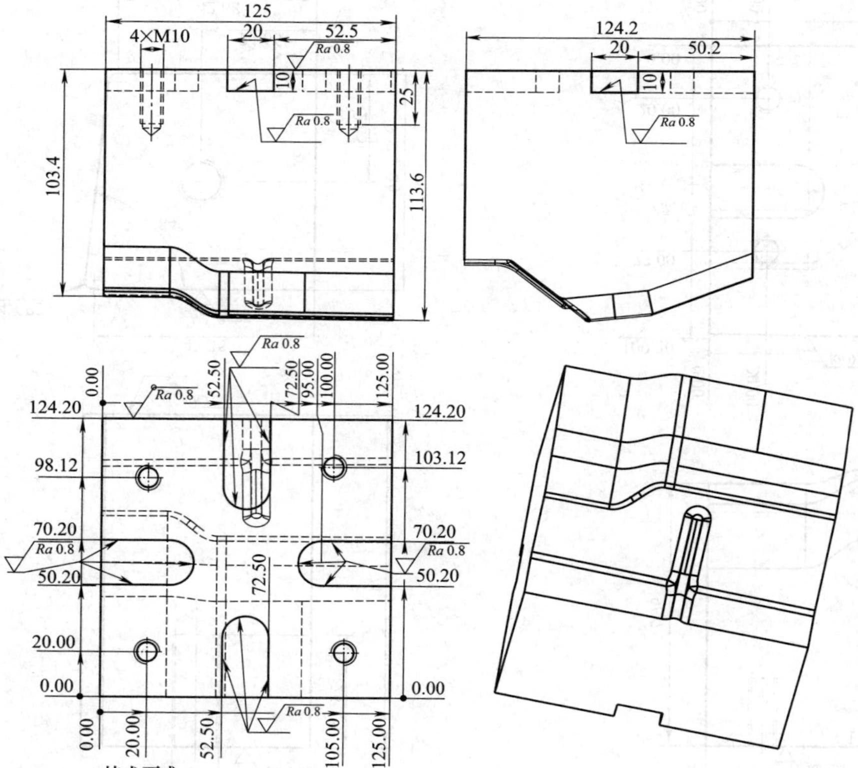

技术要求：
1.材料：SKD11。
2.热处理硬度为60～62HRC。
3.外形采用精磨加工，形面及键槽采用CNC精加工。 $\sqrt{Ra\ 3.2}$ ($\sqrt{}$)
4.数量：1件。

图 13-56 成形凸模 2（图 13-4 的件 84）

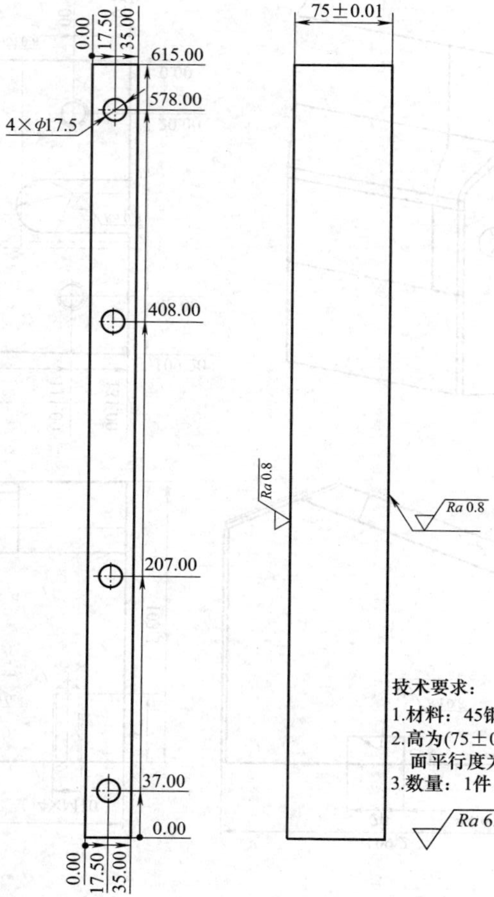

技术要求：
1.材料：45钢。
2.高为(75±0.01)mm，两面平行度为0.005mm。
3.数量：1件。
$\sqrt{Ra\ 6.3}$ ($\sqrt{}$)

图 13-57 上垫脚 1（图 13-4 的件 49）

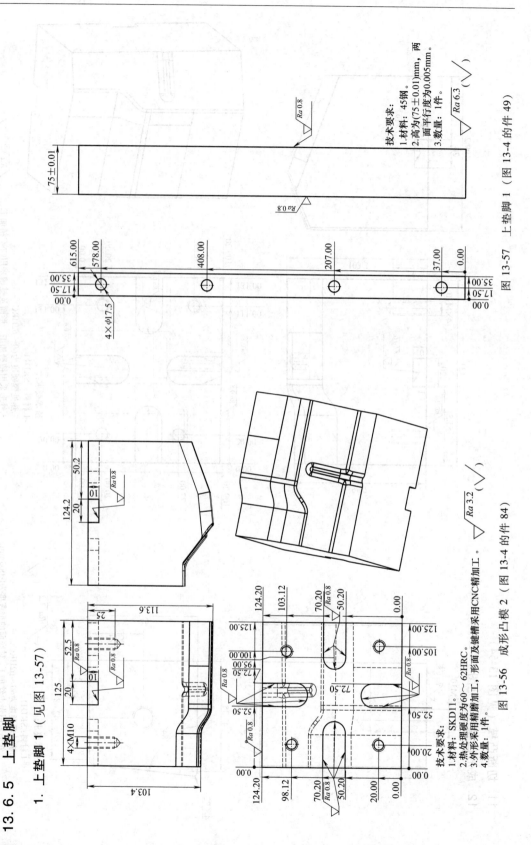

2. 上垫脚 2（见图 13-58）

3. 上垫脚 3（见图 13-59）

4. 上垫脚 4（见图 13-60）

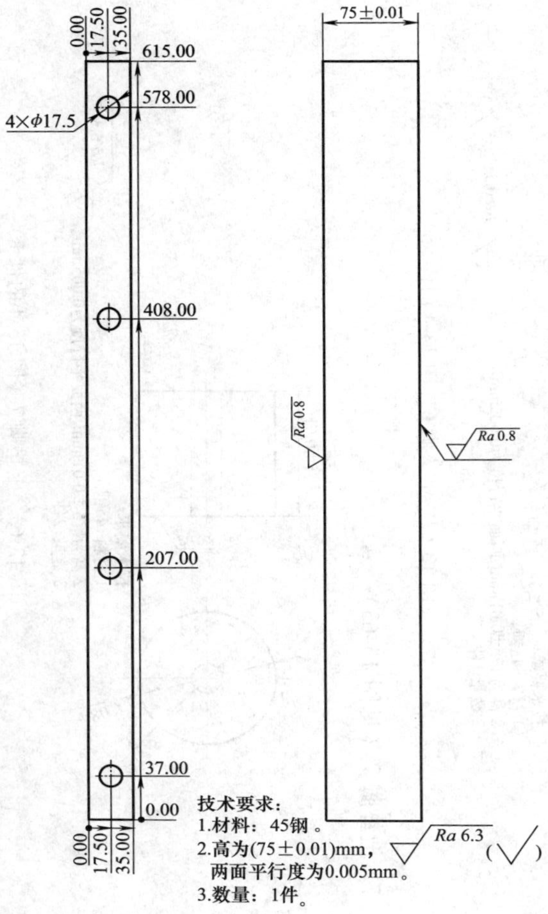

图 13-58　上垫脚 2（图 13-4 的件 12）

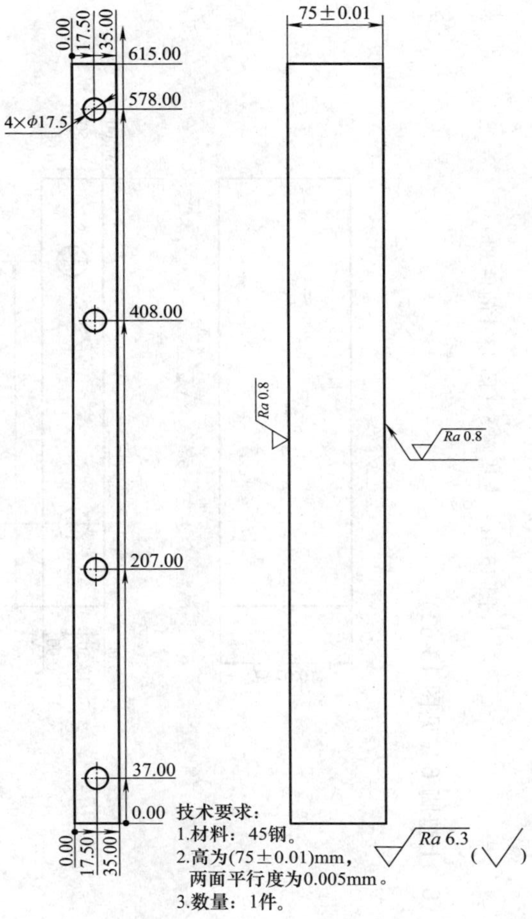

图 13-59　上垫脚 3（图 13-4 的件 14）

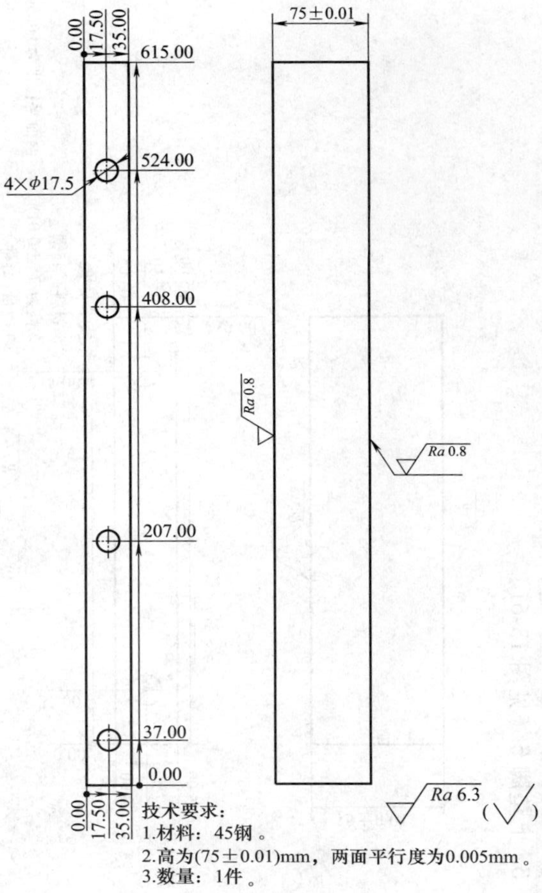

图 13-60　上垫脚 4（图 13-4 的件 21）

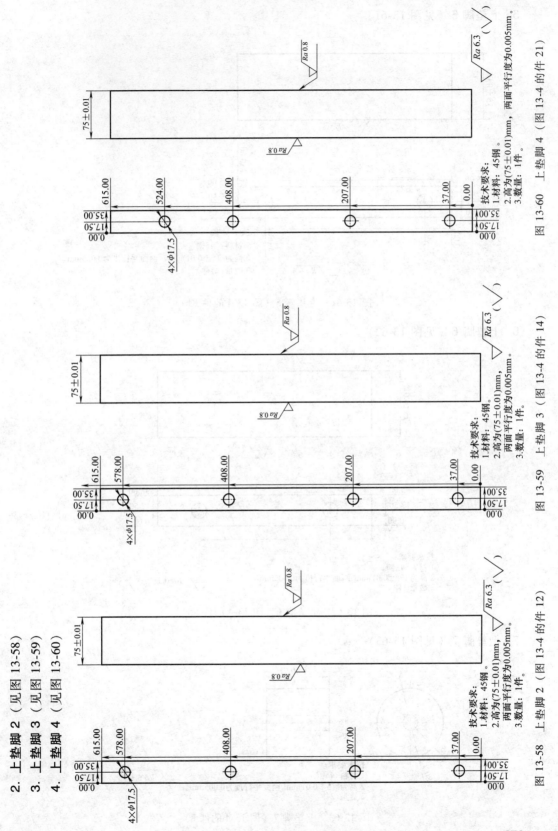

5. **上垫脚5**（见图 13-61）

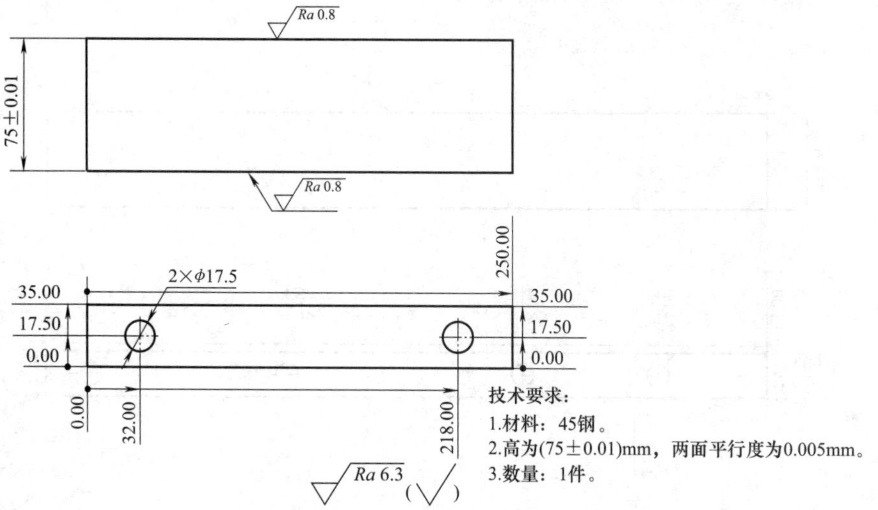
Ra 0.8
75±0.01
Ra 0.8
2×ϕ17.5
35.00
17.50
0.00
250.00
35.00
17.50
0.00
0.00
32.00
218.00
Ra 6.3
(√)
技术要求：
1.材料：45钢。
2.高为(75±0.01)mm，两面平行度为0.005mm。
3.数量：1件。

图 13-61　上垫脚 5（图 13-4 的件 81）

6. **上垫脚6**（见图 13-62）

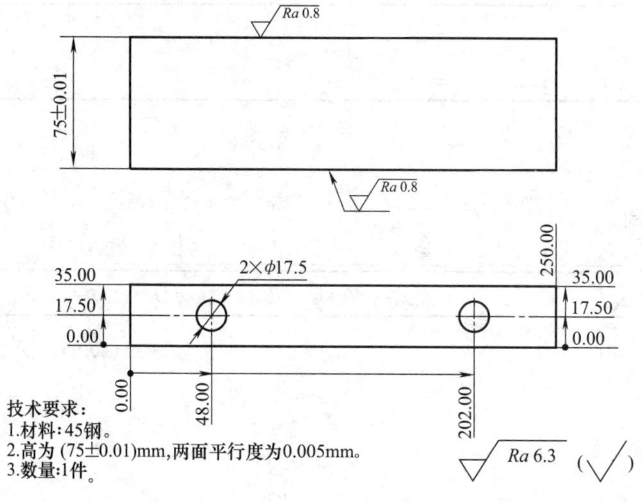
Ra 0.8
75±0.01
Ra 0.8
2×ϕ17.5
35.00
17.50
0.00
250.00
35.00
17.50
0.00
0.00
48.00
202.00
技术要求：
1.材料:45钢。
2.高为 (75±0.01)mm,两面平行度为0.005mm。
3.数量:1件。
Ra 6.3
(√)

图 13-62　上垫脚 6（图 13-4 的件 85）

7. **上垫脚7**（见图 13-63）

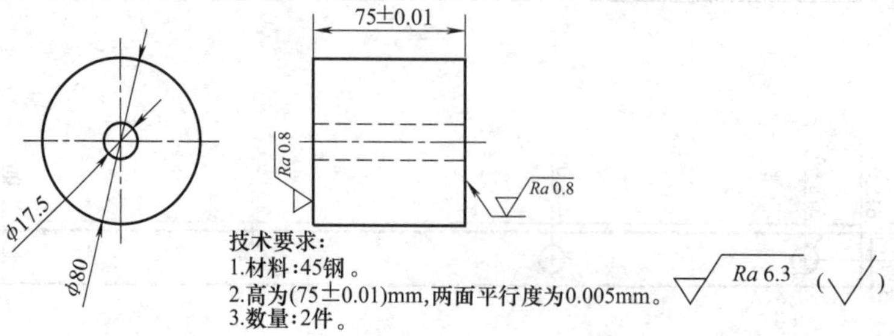
75±0.01
Ra 0.8
Ra 0.8
ϕ17.5
ϕ80
技术要求：
1.材料:45钢。
2.高为(75±0.01)mm,两面平行度为0.005mm。
3.数量:2件。
Ra 6.3
(√)

图 13-63　上垫脚 7（图 13-4 的件 8）

13.6.6 下垫脚

1. 下垫脚 1（见图 13-64）
2. 下垫脚 2（见图 13-65）
3. 下垫脚 3（见图 13-66）

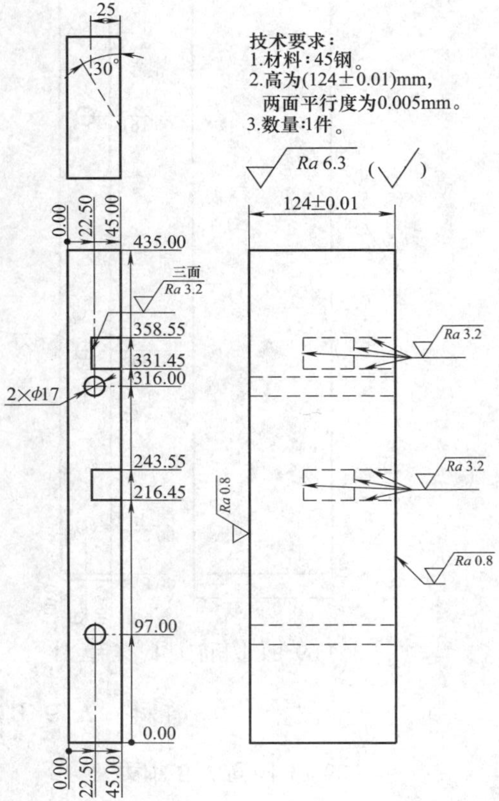

图 13-64 下垫脚 1（图 13-4 的件 42）

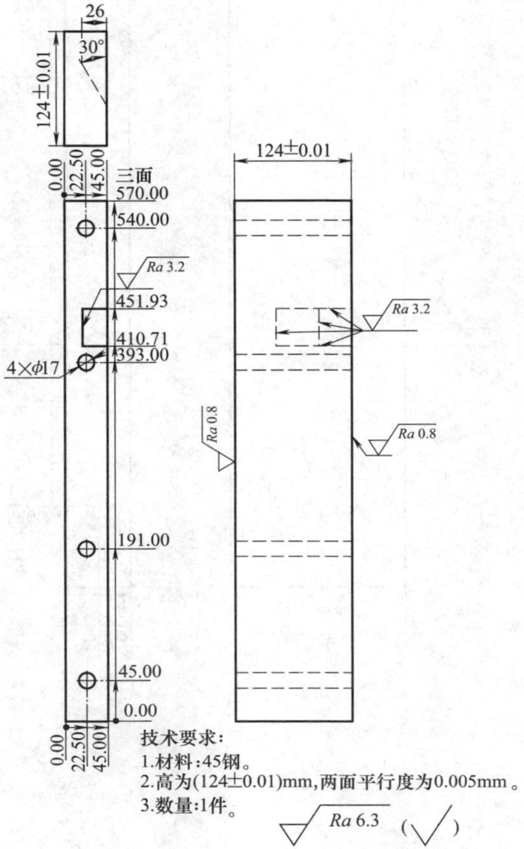

图 13-65 下垫脚 2（图 13-4 的件 35）

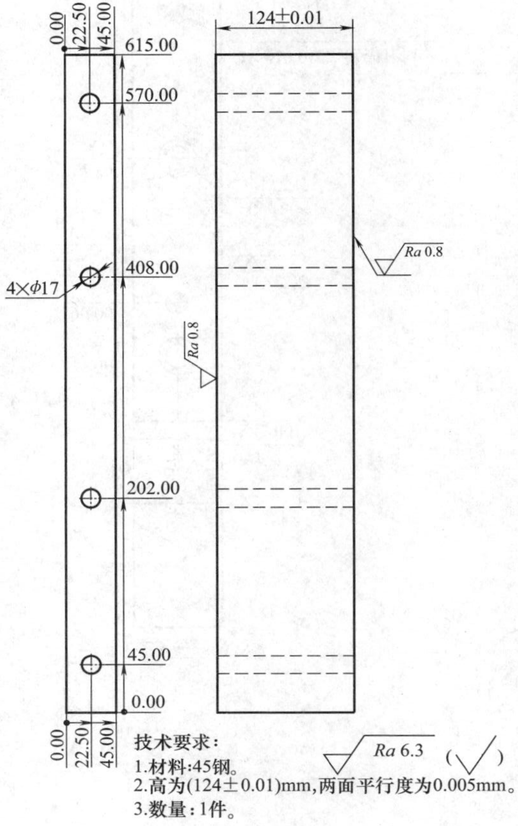

图 13-66 下垫脚 3（图 13-4 的件 33）

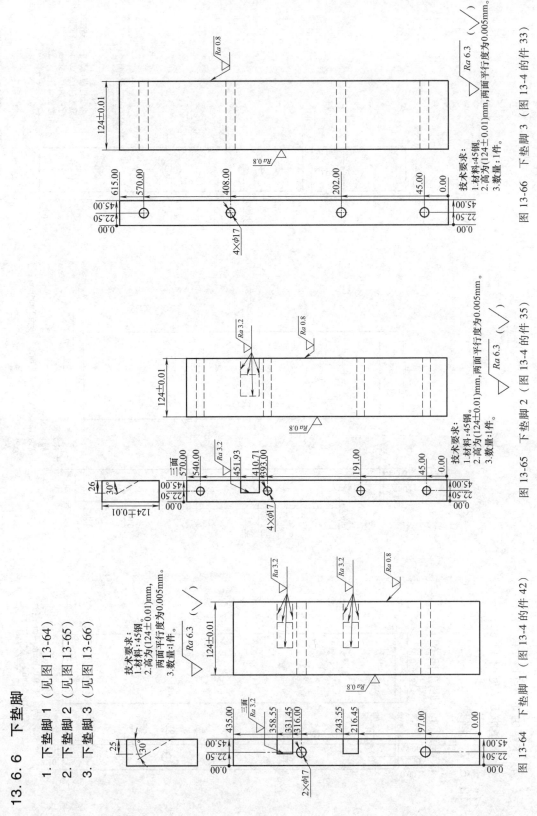

4. 下垫脚 4（见图 13-67）

5. 下垫脚 5（见图 13-68）

13.6.7 挡块

1. 挡块 1（见图 13-69）

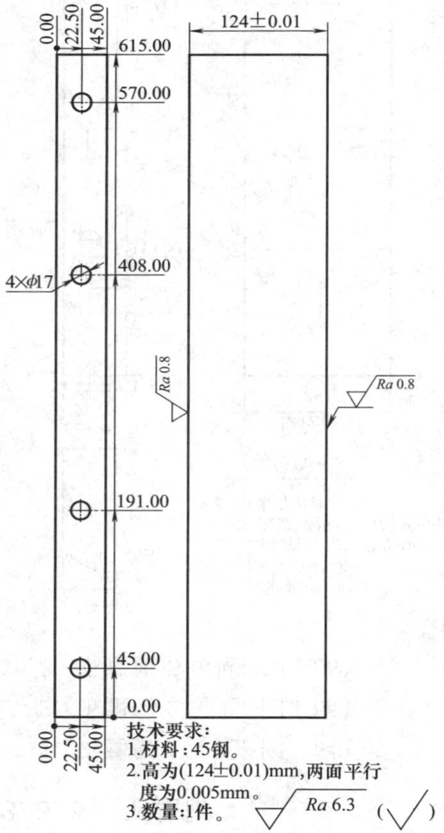

图 13-67 下垫脚 4（图 13-4 的件 30）

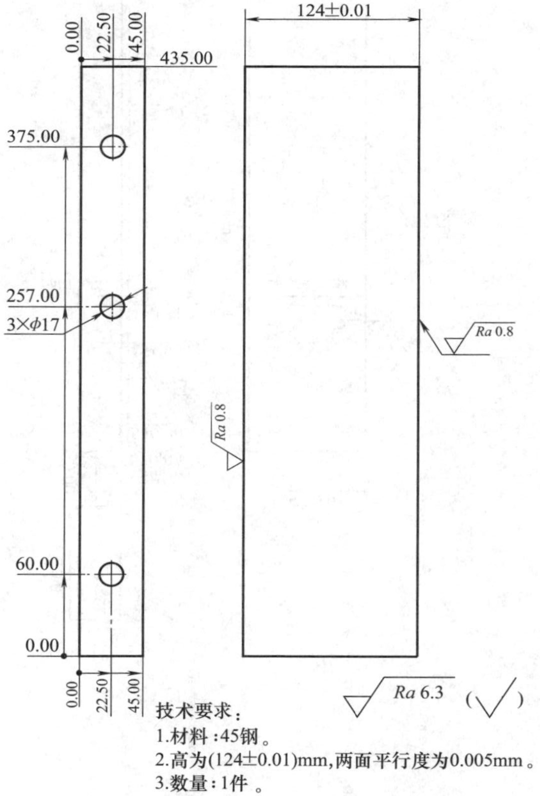

图 13-68 下垫脚 5（图 13-4 的件 26）

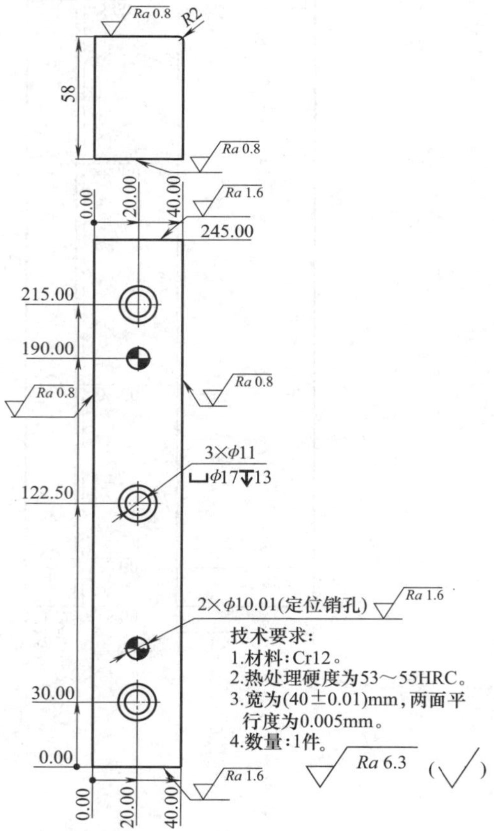

图 13-69 挡块 1（图 13-4 的件 75）

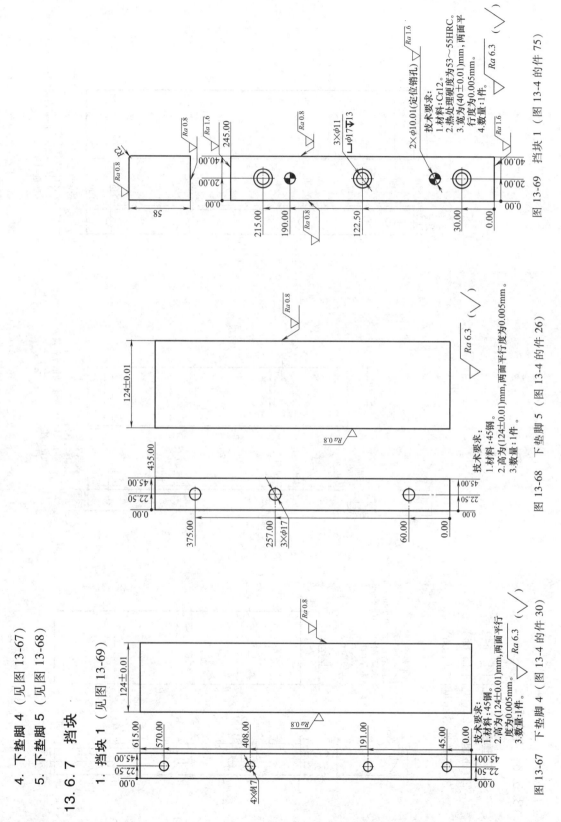

2. 挡块 2（见图 13-70）

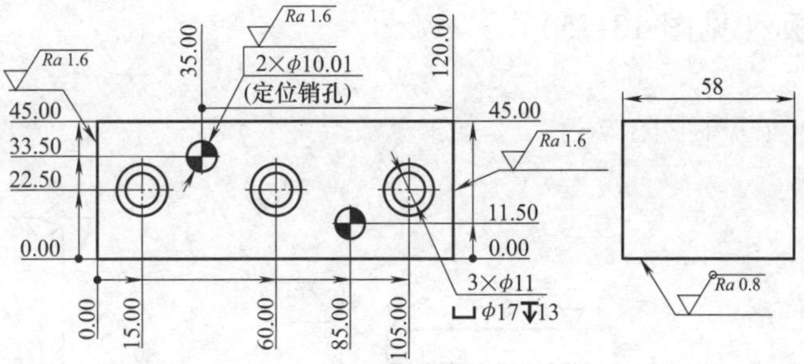

技术要求：
1.材料：Cr12。
2.热处理硬度为53～55HRC。
3.宽为(45±0.01)mm，两面平行度为0.005mm。　$\sqrt{Ra\ 6.3}$ ($\sqrt{}$)
4.数量：1件。

图 13-70　挡块 2（图 13-4 的件 66）

3. 挡块 3（见图 13-71）

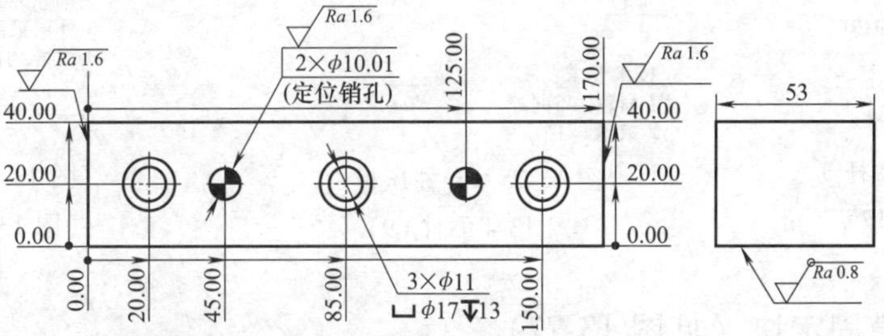

技术要求：
1.材料：Cr12。
2.热处理硬度为53～55HRC。
3.宽为(40±0.01)mm，两面平行度为0.005mm。　$\sqrt{Ra\ 6.3}$ ($\sqrt{}$)
4.数量：1件。

图 13-71　挡块 3（图 13-4 的件 60）

13.6.8　弹簧顶杆

1. 弹簧顶杆 1（见图 13-72）

2. 弹簧顶杆 2（见图 13-73）

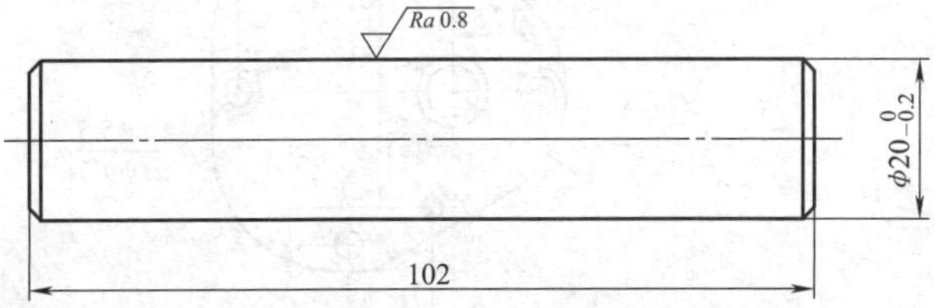

技术要求：
1.材料：Cr12。
2.热处理硬度为53～55HRC。　$\sqrt{Ra\ 1.6}$ ($\sqrt{}$)
3.数量：12件。

图 13-72　弹簧顶杆 1（图 13-4 的件 82）

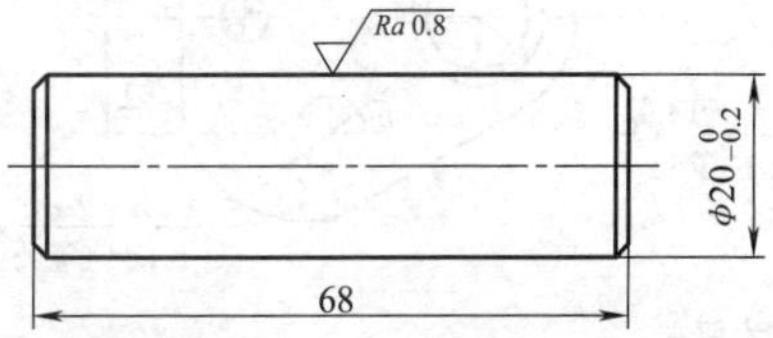

技术要求：
1.材料：Cr12。
2.热处理硬度为53～55HRC。　$\sqrt{Ra\ 1.6}$ ($\sqrt{}$)
3.数量：6件。

图 13-73　弹簧顶杆 2（图 13-4 的件 73）

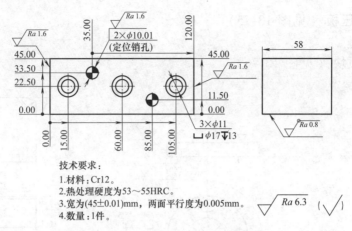

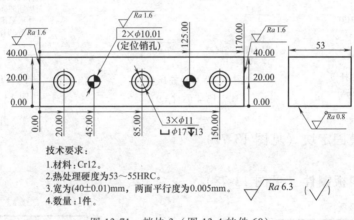

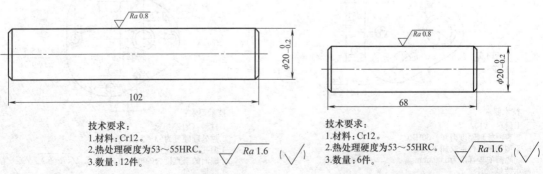

3. 弹簧顶杆 3（见图 13-74）

13.6.9 导柱压板（见图 13-75）

13.6.10 下顶块（见图 13-76）

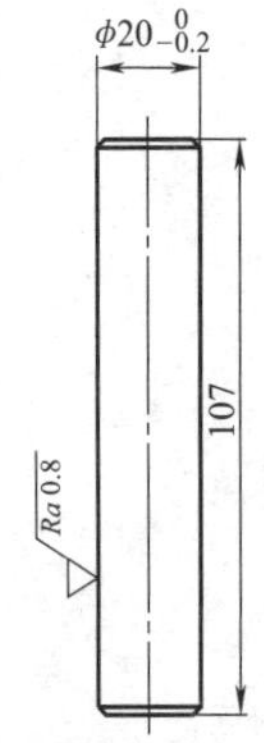

技术要求：
1.材料：Cr12。
2.热处理硬度为53～55HRC。
3.数量：16件。

Ra 1.6 （√）

图 13-74 弹簧顶杆 3
（图 13-4 的件 17）

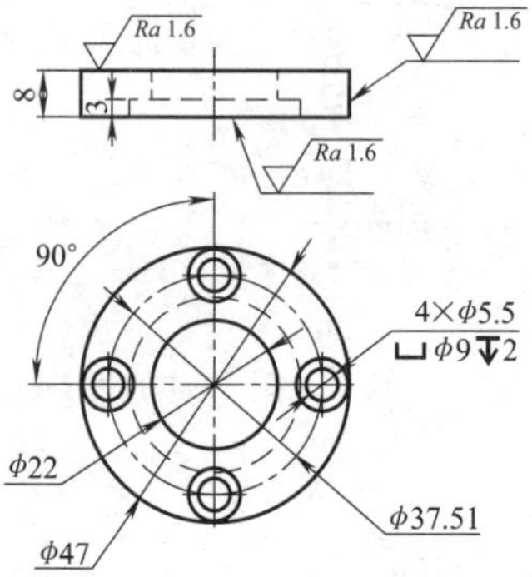

技术要求：
1.材料：45钢。
2.数量：2件。

Ra 6.3 （√）

图 13-75 导柱压板
（图 13-4 的件 69）

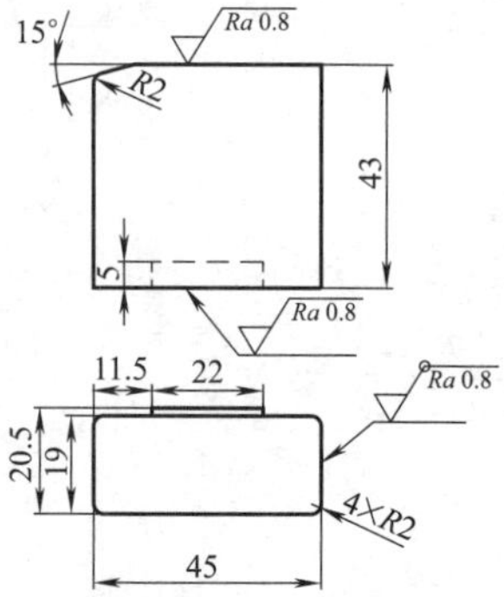

技术要求：
1.材料：Cr12。
2.热处理硬度为53～55HRC。
3.外形采用中走丝加工。
4.数量：4件。

Ra 1.6 （√）

图 13-76 下顶块
（图 13-4 的件 37）

13.6.11 凸模固定块（见图 13-77）

13.6.12 卸料板镶件（见图 13-78）

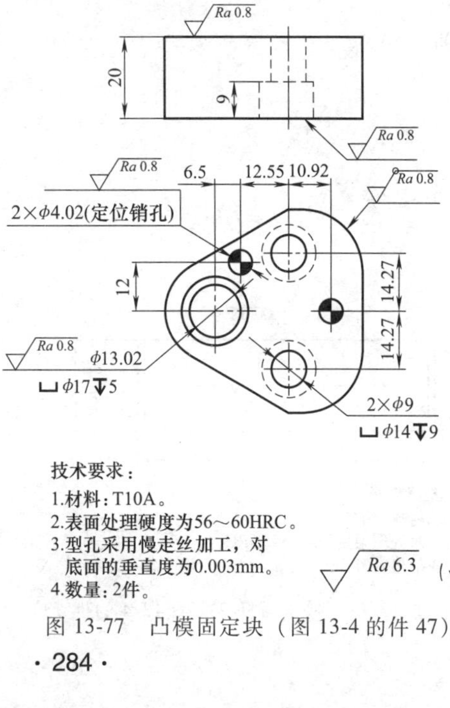

技术要求：
1.材料：T10A。
2.表面处理硬度为56～60HRC。
3.型孔采用慢走丝加工，对
底面的垂直度为0.003mm。
4.数量：2件。

Ra 6.3 （√）

图 13-77 凸模固定块（图 13-4 的件 47）

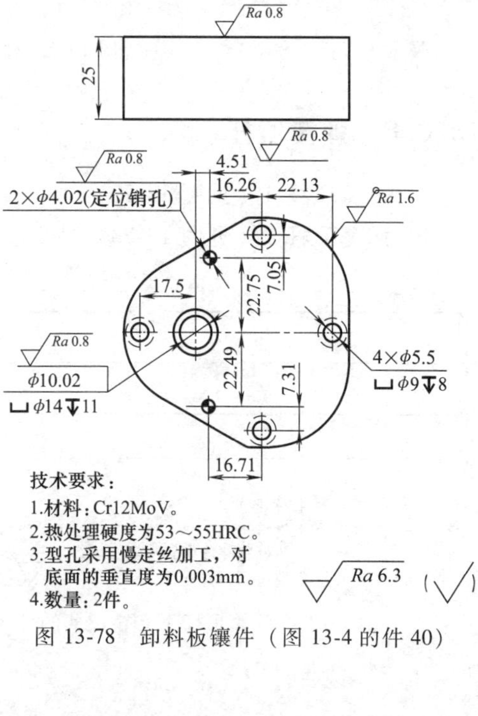

技术要求：
1.材料：Cr12MoV。
2.热处理硬度为53～55HRC。
3.型孔采用慢走丝加工，对
底面的垂直度为0.003mm。
4.数量：2件。

Ra 6.3 （√）

图 13-78 卸料板镶件（图 13-4 的件 40）

13.6.13　导正销

1. 导正销 1（见图 13-79）
2. 导正销 2（见图 13-80）
3. 导正销 3（见图 13-81）

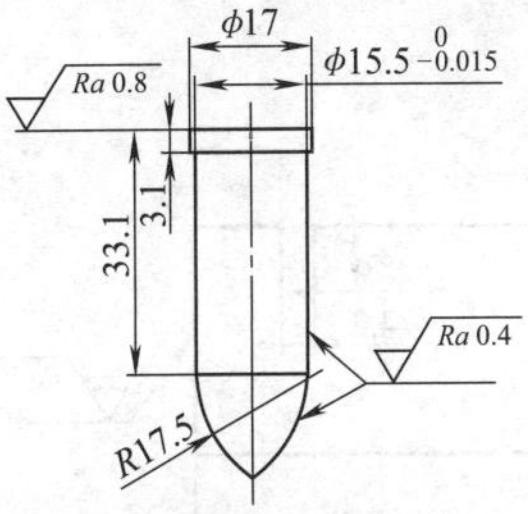

技术要求：
1.材料：Cr12MoV。
2.热处理硬度为55～58HRC。
3.数量：1件。

Ra 1.6 (√)

图 13-79　导正销 1
（图 13-4 的件 31）

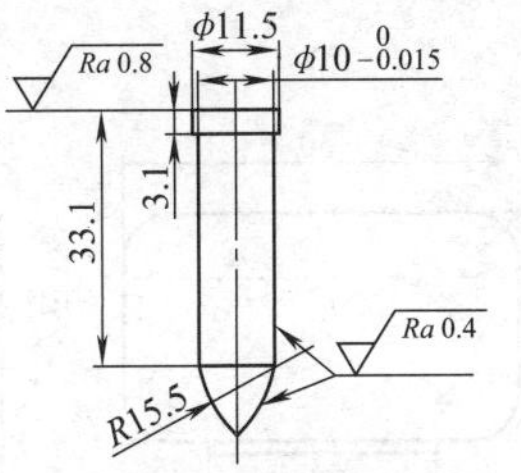

技术要求：
1.材料：Cr12MoV。
2.热处理硬度为55～58HRC。
3.数量：4件。

Ra 1.6 (√)

图 13-80　导正销 2
（图 13-4 的件 62）

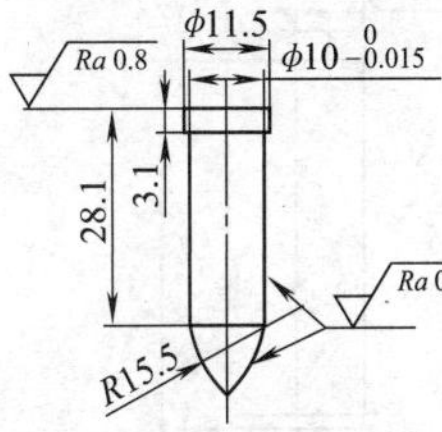

技术要求：
1.材料：Cr12MoV。
2.热处理硬度为55～58HRC。
3.数量：5件。

Ra 1.6 (√)

图 13-81　导正销 3
（图 13-4 的件 7）

13.6.14　套式顶料杆（见图 13-82）

13.6.15　弹簧柱销（见图 13-83）

13.6.16　快拆凸模垫块（见图 13-84）

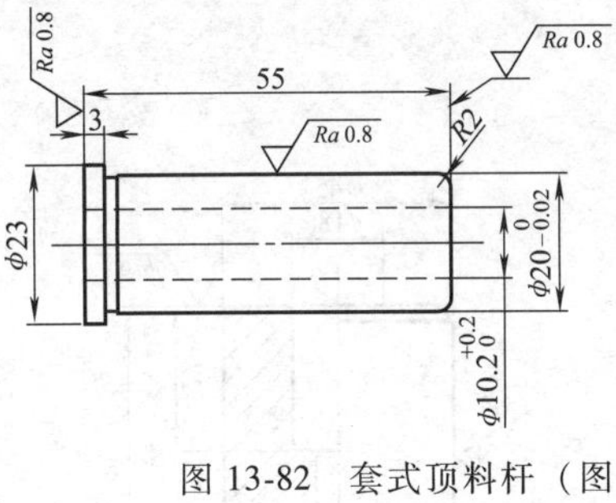

技术要求
1.材料：CrWMn。
2.热处理硬度为55～58HRC。
3.数量：5件。

Ra 1.6 (√)

图 13-82　套式顶料杆（图 13-4 的件 38）

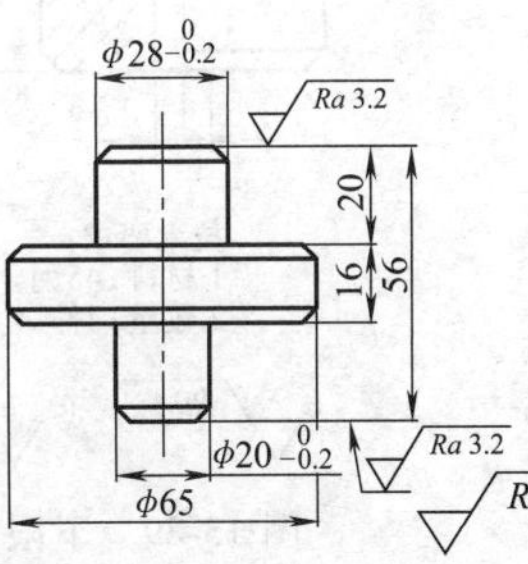

技术要求：
1.材料：45钢。
2.数量：5件。

Ra 1.6 (√)

图 13-83　弹簧柱销（图 13-4 的件 71）

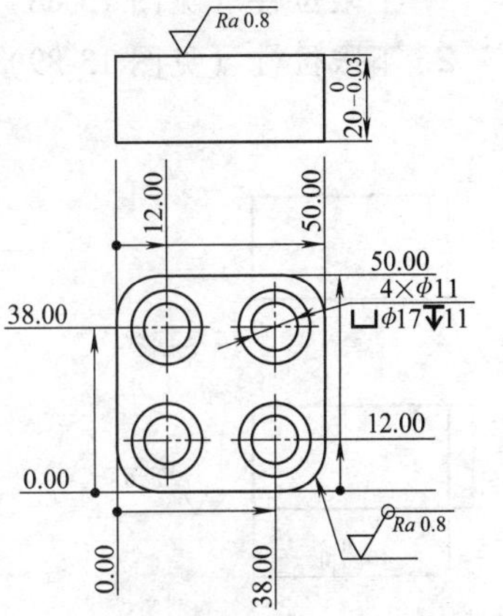

技术要求：
1.材料：Cr12。
2.热处理硬度为53～55HRC。
3.外形采用快走丝加工。
4.数量：1件。

Ra 6.3 (√)

图 13-84　快拆凸模垫块
（图 13-4 的件 3）

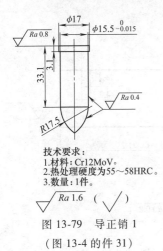

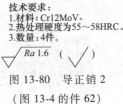

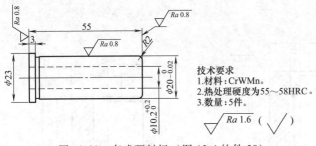

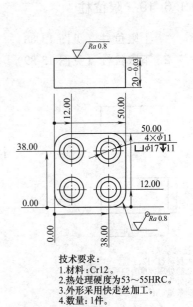

13.6.17 导向顶杆

1. **圆形导向顶杆**（见图 13-85）
2. **方形导向顶杆**（见图 13-86）

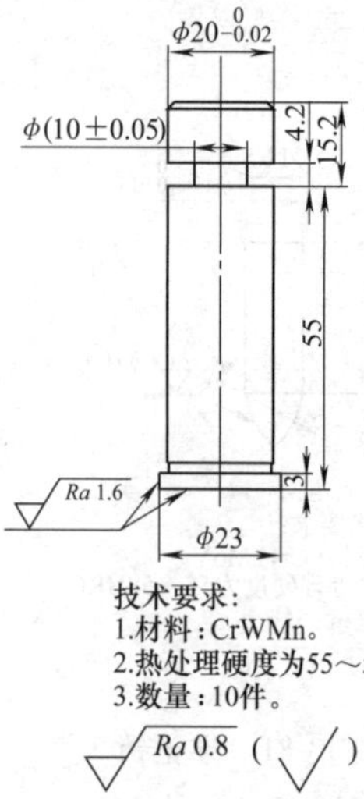

图 13-85 圆形导向顶杆
（图 13-4 的件 50）

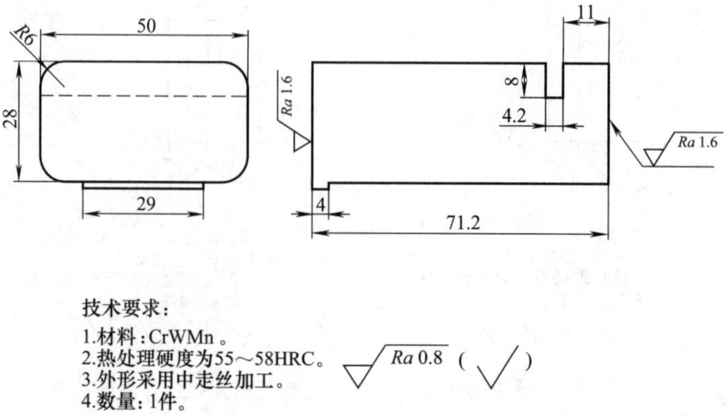

图 13-86 方形导向顶杆（图 13-4 的件 56）

13.6.18 键（见图 13-87）

13.6.19 限位柱

1. **上限位柱**（见图 13-88）
2. **下限位柱**（见图 13-89）

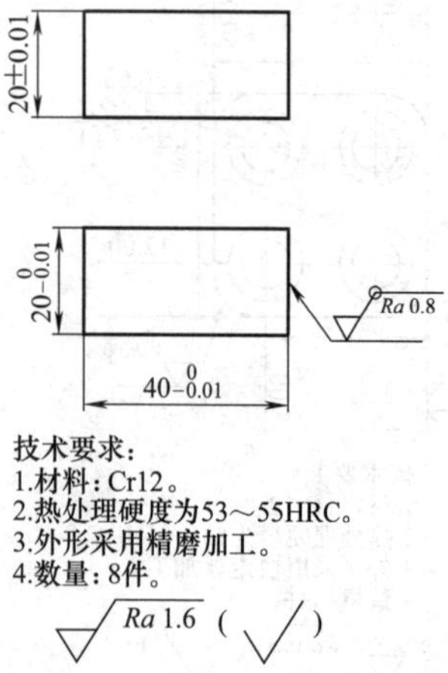

图 13-87 键
（图 13-4 的件 83）

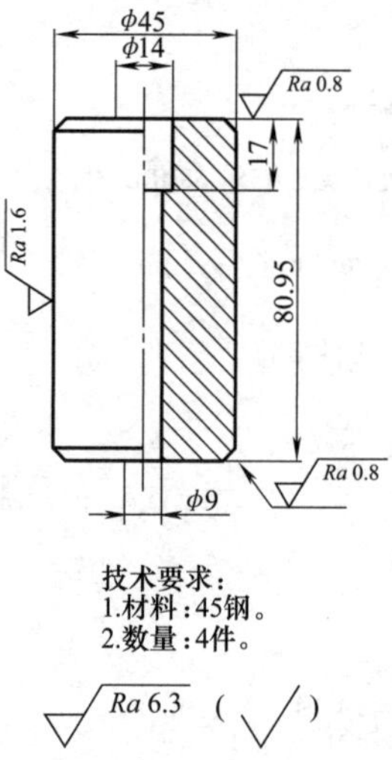

图 13-88 上限位柱
（图 13-4 的件 80）

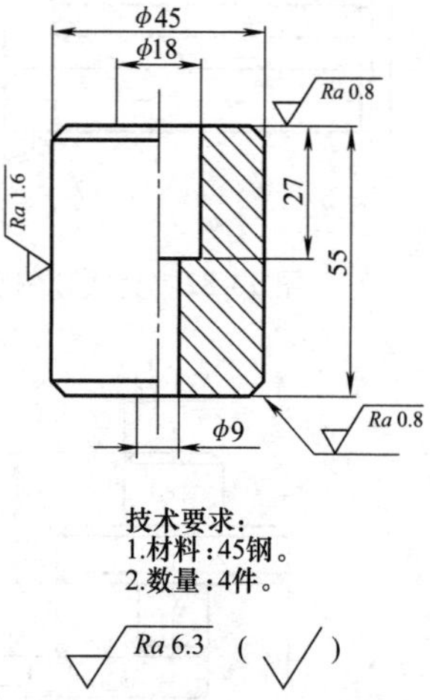

图 13-89 下限位柱
（图 13-4 的件 78）

13.6.20　模具存放保护块（见图 13-90）

13.6.21　弹簧柱（见图 13-91）

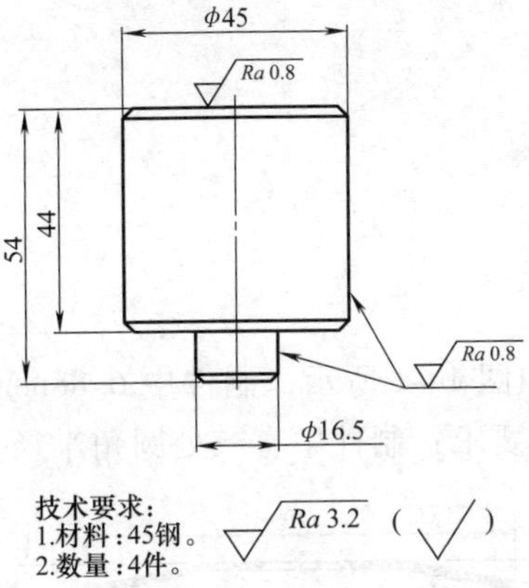
φ45
Ra 0.8
54
44
Ra 0.8
φ16.5
技术要求：
1.材料：45钢。
2.数量：4件。
Ra 3.2

图 13-90　模具存放保护块（图 13-4 的件 77）

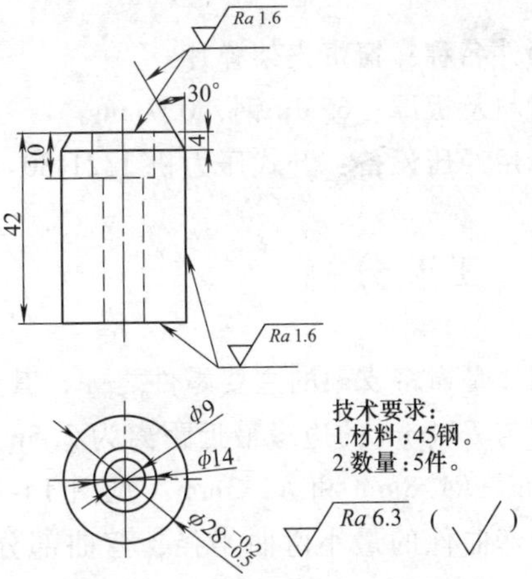
Ra 1.6
30°
10
4
42
Ra 1.6
φ9
φ14
技术要求：
1.材料：45钢。
2.数量：5件。
Ra 6.3

图 13-91　弹簧柱（图 13-4 的件 70）

13.7　试冲压后的结果

该模具在闭式双点高精密压力机 J75G-200（2000kN）上进行冲压，其速度在 90 次/min 左右。冲压出的料带实物如图 13-92 所示。经过 6 年多的冲压证明，该制件采用多工位级进模的冲压工艺和所设计的 9 个工位的模具结构是合理可行的，它满足了大批量生产的需求，又能够实现冲压自动化生产。

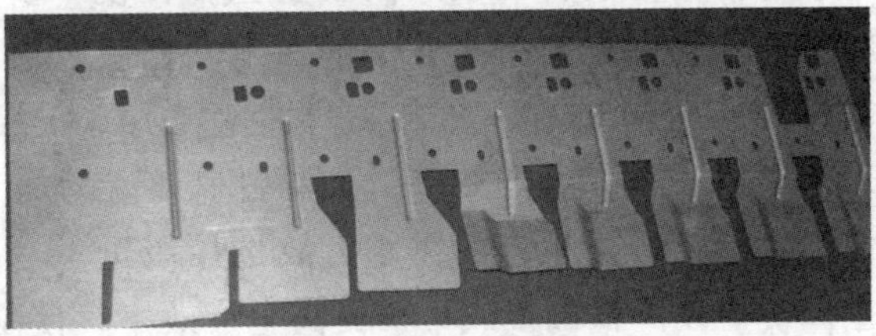

图 13-92　料带实物

13.8　冲压动作原理

将宽为 295mm、厚为 2.0mm 的原材料卷料吊装在料架上，通过整平机将送进的带料整平后再进入滚动式自动送料机构内（在此之前将滚动式自动送料机构的步距调至 125.05mm），开始用手工将带料送至模具的导料板直到带料的头部覆盖 2 个 ϕ10mm 的导正销孔、2 个方孔及压肋凹模上，这时进行①冲 2 个 ϕ10mm 的导正销孔、2 个方孔及压肋，依次进入②冲切废料及冲一个 ϕ15.5mm 圆孔，③为冲方孔，④为预成形；⑤为成形；⑥为空工位；⑦为冲切端部外形废料，⑧为空工位，最后（⑨）为冲切载体（制件与载体分离），使分离后的制件从右边滑出。此时将自动送料器调至自动状况可进入连续冲压。

第 14 章　65Mn 钢窗帘支架弹片级进模

制件名称：窗帘支架弹片。

材料及板厚：65Mn 钢，0.7mm。

所用冲压设备：开式压力机 JZ21-80（800kN）。

14.1　工艺分析

弹片是窗帘支架的主要零件之一，其形状及尺寸如图 14-1 所示，制件中 6.88mm×2mm 的方孔与 *R*14mm 的边缘最近距离为 2.5mm，符合冲裁要求；制件中有三处圆角半径分别为 *R*1.5mm、*R*1.8mm 和 *R*2.3mm（见图 14-1），均大于弯曲件的最小弯曲半径；弯曲部分的边长均符合要求；此材料回弹较大（角度回弹经验值为 2°~3°）。

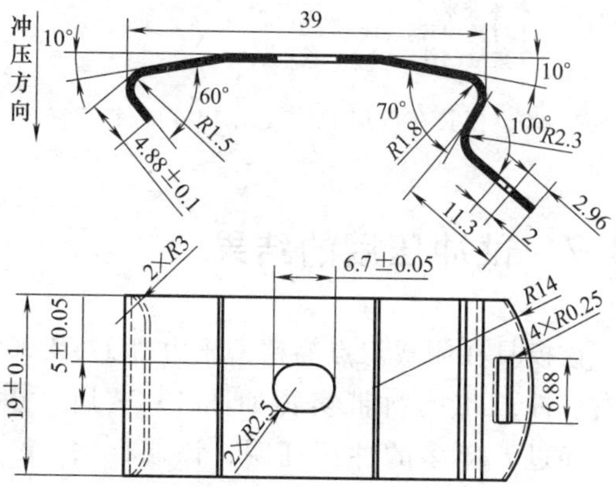

图 14-1　窗帘支架弹片

该制件对带料的纤维方向要求特别严格，因为此制件在冲压加工完毕之后再进行热处理，如纤维方向同弯曲线平行，在生产中引起弯曲之后制件开裂、断裂现象，在使用中对弹片的弹性质量有较大的影响。完成此制件需要经过冲孔、落料、弯曲等工序，若采用单工序模，生产效率低，制件精度无法保证，满足不了生产的需求，故选用级进模生产。可以降低加工成本，提高生产效率，使制件质量在生产中更稳定。

14.2　排样设计

根据图 14-1 所示，该制件有毛刺方向的要求，须向下弯曲成形。计算出毛坯总长度 $L=60$mm（制件展开如图 14-2 所示）。为提高材料利用率，板料规格选用卷料来冲压。裁料方式为直裁，这样使得弯曲线与板材纤维方向垂直，能很好地保证弹片的弹性作用。其排样图如图 14-3 所示，该排样在工位①设置有切舌结构，该结构是防止带料送料万一过多时挡料作用，这样可以代替边缘的侧刃，从而提高了材料利用率，在生产中使送料如同有侧刃一样稳定。具体工位排列如下：

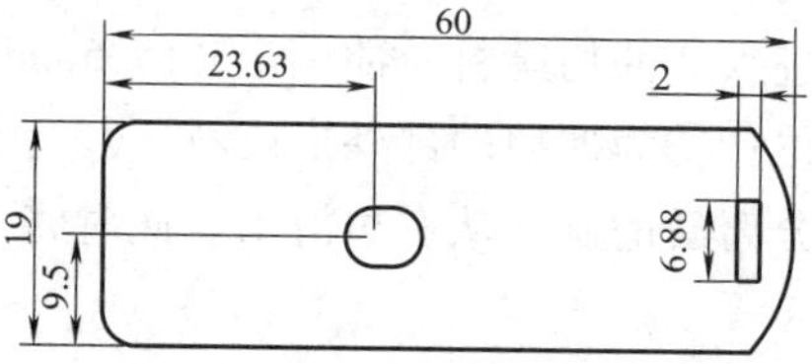

图 14-2　制件展开图

工位①：冲导正销孔，冲长圆孔及切舌（工艺上考虑而设）。

工位②：冲孔，冲切废料。

工位③：冲切废料。

工位④：弯曲（100°弯曲）。

工位⑤：空工位。

工位⑥：“U” 形弯曲。

工位⑦：负角度弯曲。

工位⑧：空工位。

工位⑨：弯曲。

工位⑩：冲切载体与制件的连接废料（制件与载体分离）。

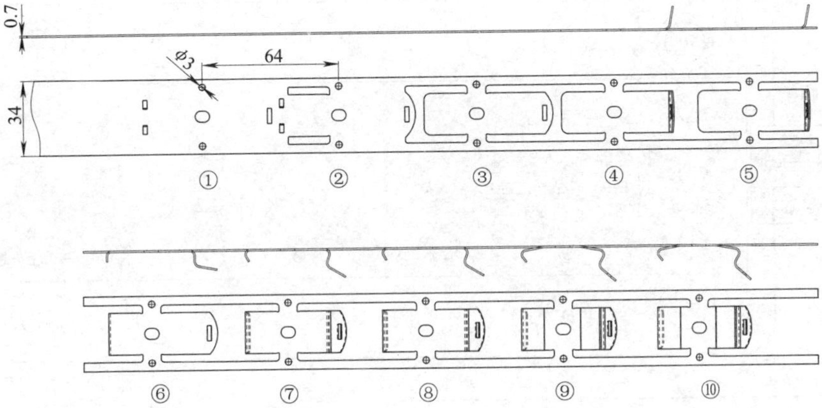

图 14-3　排样图

14.3　模具总装图设计

图 14-4 所示为 65Mn 钢窗帘支架弹片级进模总装图，该模具结构特点如下：

1）采用内、外双重导向，外导向采用 4 套精密滚珠钢球导柱、导套，保证上下模座导向精度；内导向采用 8 套固定在凸模固定板上的滑动小导柱和分别固定在卸料板及凹模固定板上的小导套导向。

2）采用滚动式自动送料机构传送各工位之间的冲裁及成形工作，用工艺切舌及导正销作为带料的精定位，可保证较高的送料精度。用导向顶杆导料、顶杆抬料，利用切断凹模将已成形好的制件从带料上切断，使分离后的制件左侧尾部下装有轻微的制件顶出器向上顶，使制件沿着凹模固定板-2 铣出的斜坡滑出。

3）模具零部件的材料选用。凸模，凹模等各零件采用 SKD11（其热处理硬度为 60~62HRC）；凸模固定板、卸料板、凹模固定板采用 Cr12MoV（其热处理硬度为 55~58HRC）；凸模固定板垫板、卸料板垫板及凹模垫板采用 Cr12（其热处理硬度为 53~55HRC）。凸模与凸模固定板的配合间隙单面为 0.01mm；凸模与卸料板之间的配合间隙单面为 0.01mm；导正销与卸料板的配合间隙单面为 0.005mm；凹模镶件与凹模固定板为零对零配合；导向顶杆与凹模固定板之间的配合间隙单面为 0.015mm。

4）卸料板采用弹压卸料装置，可在冲裁前将带料压平，防止冲裁后的带料翘曲。

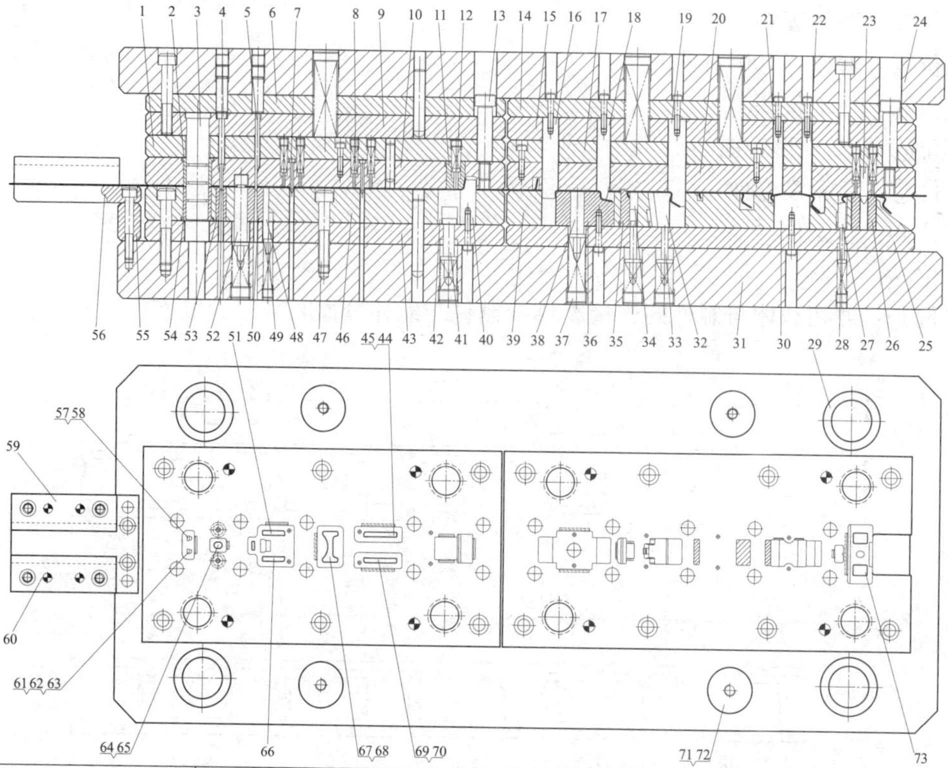

					37	螺塞		3	标准件
73	切断凸模	SKD11	2		36	弯曲凹模 2	SKD11	1	
72	下限位柱	45 钢	4		35	弯曲凹模 3	SKD11	1	
71	上限位柱	45 钢	4		34	弯曲顶块 1	CrWMn	1	
70	异形凹模 4	SKD11	1		33	下模顶杆 1	CrWMn	2	
69	异形凸模 5	SKD11	1		32	弯曲凹模 4	SKD11	1	
68	异形凹模 1	SKD11	1		31	下模座	45 钢	1	
67	异形凸模 3	SKD11	1		30	弯曲凹模 5	SKD11	1	
66	异形凸模 1	SKD11	1		29	导柱		4	标准件
65	长圆形凹模	SKD11	1		28	下模顶杆 4	CrWMn	1	
64	长圆形凸模	SKD11	1		27	制件顶出器	CrWMn	1	
63	切舌凹模	SKD11	1		26	切断凹模	SKD11	1	
62	切舌顶块 2	CrWMn	1		25	凹模垫板 2	Cr12	1	
61	切舌凸模 2	SKD11	1		24	上模座	45 钢	1	
60	外导料板 2	Cr12	1		23	长圆形导正销	Cr12MoV	1	
59	外导料板 1	Cr12	1		22	弯曲凸模 5	SKD11	1	
58	切舌顶块 1	CrWMn	1		21	弯曲凸模 4	SKD11	1	
57	切舌凸模 1	SKD11	1		20	卸料板 2	Cr12MoV	1	
56	承料板	Q235	1		19	弯曲凸模 3	SKD11	1	
55	承料板垫板	Q235	1		18	弯曲凸模 2	SKD11	1	
54	小导套 2		8	标准件	17	卸料板垫板 2	Cr12	1	
53	导正销孔凹模	SKD11	2		16	弯曲凸模 1	SKD11	1	
52	导向顶杆	CrWMn	20		15	凸模固定板 2	Cr12MoV	1	
51	异形凸模 2	SKD11	1		14	凸模固定板垫板 2	Cr12	1	
50	异形凹模 2	SKD11	1		13	卸料螺钉		12	标准件
49	弹簧垫圈	CrWMn	1		12	卸料板顶杆 2	T10A	1	
48	挡料顶块	CrWMn	1		11	弯曲凸模 6	SKD11	1	
47	螺钉		14	标准件	10	卸料板 1	Cr12MoV	1	
46	凹模固定板 1	Cr12MoV	1		9	凸模固定板 1	Cr12MoV	1	
45	异形凹模 3	SKD11	1		8	卸料板顶杆 1	T10A	28	
44	异形凸模 4	SKD11	1		7	圆形导正销	Cr12MoV	14	
43	凹模垫板 1	Cr12	1		6	凸模固定板垫板 1	Cr12	1	
42	弯曲顶块 2	CrWMn	1		5	方形凸模	SKD11	1	
41	下模顶杆 2	CrWMn	2		4	导正销孔凸模	SKD11	2	标准件
40	弯曲凹模 1	SKD11	1		3	小导柱		8	标准件
39	凹模固定板 2	Cr12MoV	1		2	小导套 1		8	标准件
38	下模顶杆 3	CrWMn	1		1	卸料板垫板 1	Cr12	1	
件号	名　　称	材料	数量	备注	件号	名　　称	材料	数量	备注

图 14-4　65Mn 钢窗帘支架弹片级进模总装图

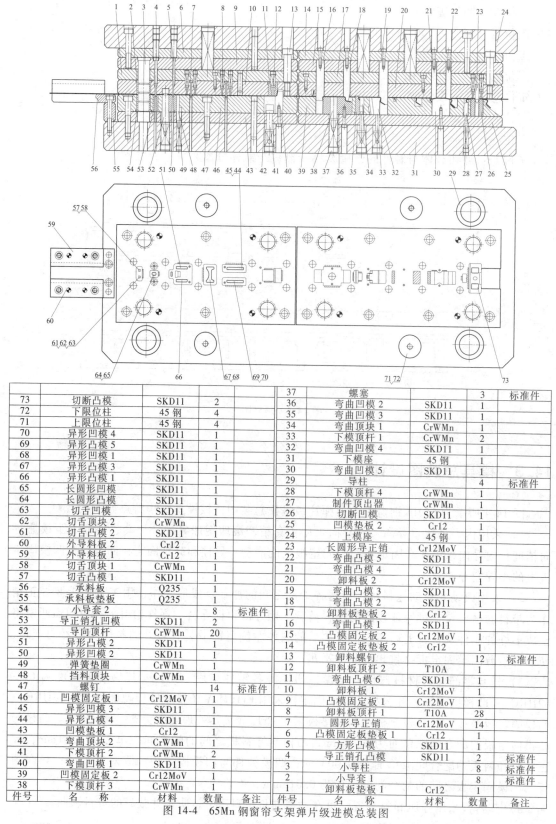

5）关键零部件设计。

① 凸模设计。阶梯式凸模结构如图 14-5 所示，设计成阶梯式结构可以改善凸模的强度，且经过校核，该凸模在冲裁力作用下不会发生抗压失稳。

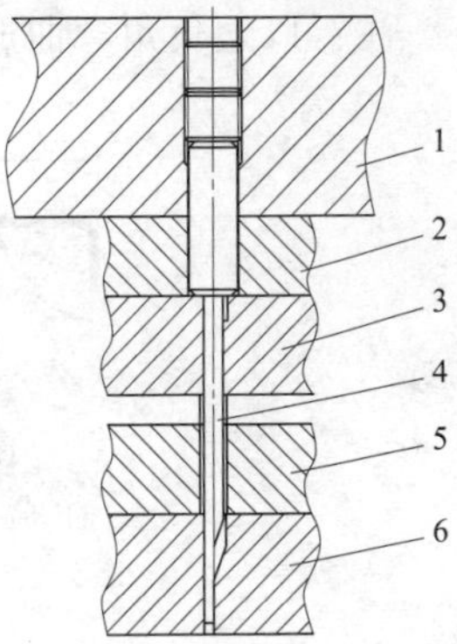

图 14-5　阶梯式凸模结构
1—上模座　2—凸模固定板垫板
3—凸模固定板　4—凸模
5—卸料板垫板　6—卸料板

② 快速更换凸模设计。此模具个别凸模较单薄，应从上模座直接卸下螺塞取出凸模（见图 14-5），其余统一用螺钉固定（见图 14-6），在凸模后面攻有螺纹孔，即在凸模固定板垫板和上模座的对应位置分别钻螺钉过孔及螺钉头部通孔，螺钉从上模座 1 穿过凸模固定板垫板 2 与凸模 4 连接。当凸模 4 需经更换和修磨时，把凸模固定螺钉拆掉并用顶杆从凸模固定板中顶出即可，不必松动连接凸模固定板 3 与上模座 1 连接的螺钉和定位销，也不必拆掉卸料板 6，这样更换凸模速度快，而且不会影响凸模固定板的装配精度。

③ 制件负角度成形设计。此制件的左右各有一处 60°及 70°弯曲成形（见图 14-1）。常规的设计是用斜楔配合侧滑块的结构成形。一般是先成形“U”形弯曲（90°弯曲），再成形 60°及 70°弯曲。其冲压动作是：先在前一工序成形“U”形弯曲（见图 14-7a），再用斜楔插入侧滑块成形 60°及 70°弯曲，其前一工序“U”形弯曲外形的长度为 39.98mm（见图 14-7a）。经过斜楔配合侧滑块结构成形 60°及 70°弯曲后，弯曲外形的长度仍为 39.98mm（见图 14-7b），从图 14-7a 与图 14-7b 的弯曲外形尺寸比较，这两者外形的尺寸长度没有发生变化，但此结构较为复杂，在该模具上制造困难。

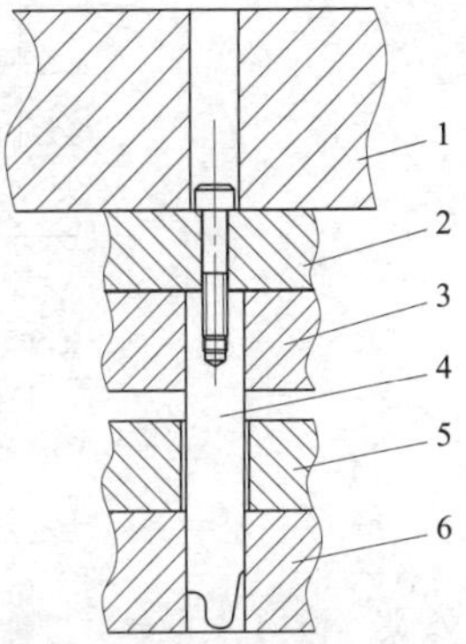

图 14-6　快速更换凸模结构
1—上模座　2—凸模固定板垫板
3—凸模固定板　4—凸模
5—卸料板垫板　6—卸料板

为了使模具制造简单化，该工序左侧 60°弯曲采用悬空压弯成形结构，弯曲顶块采用弹性结构，此顶块即可作弯曲成形后顶出作用，又可作工序件在弯曲成形过程中限位作用（见图 14-8a）。冲压动作：上模下行，当前一工序的 90°弯曲头部接触到顶块的左侧时，受到顶块侧面的限制，弯曲件的头部不能往下进行走动，使弯曲后的尺寸稳定性好。70°弯曲采用弯曲凹模（图 14-4 的件 32）的斜滑块助卸料结构。利用此成形方式，使前一工序的弯曲外形的尺寸线同后一工序的弯曲外形的尺寸线发生了改变。根据经验值所得：60°弯曲的一侧相对应在工位⑥90°弯曲成形（见图 14-3）时将弯曲线向外移 1.0mm（见图 14-9）；70°弯曲的一侧相对应在工位⑥90°弯曲成形（见图 14-3）时将弯曲线向外移 0.75mm（见图 14-9）。从而得弯曲外形的长度为 41.73mm（见图 14-9）。冲压动作如下：上模下行，当前一工序 90°弯曲件在卸料板与弯曲顶块在弹簧的受力下压紧工序件，进入弯曲凹模压弯成形。右侧 70°弯曲凹模（图 14-4 的件 32）也是采用弹性结构（为负角卸料，该弯曲凹模采用斜滑块结构）。当卸料板与弯曲凹模（图 14-4 的件 32）在弹簧的受力下压紧，凸模再往下弯曲成形。模具回程时，弯曲凹模（图 14-4 的件 32）的斜滑块随着斜面的轨道向上移动，当制件的负角位置同弯曲凹模（图 14-4 的件 32）的斜滑块完全脱离（如图14- 8（b）所示），下模顶杆及导向顶杆顺利地把料带抬起送往下一工位。

注：以上负角弯曲成形60°及70°是同时进行的。

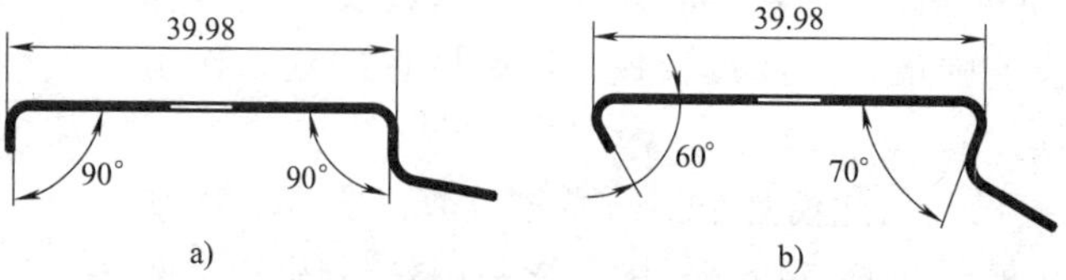

图14-7　负角度弯曲成形用斜楔配合滑块工序示意图

a）前一工序“U”形弯曲工序件　b）后一工序60°及70°弯曲工序件

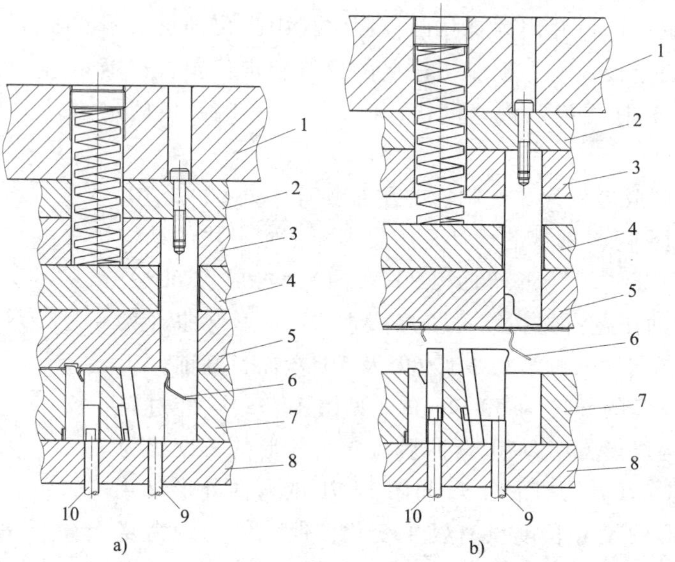

图14-8　简单化式负角度弯曲成形结构

a）模具闭合状态　b）模具开启状态

1—上模座　2—凸模固定板垫板　3—凸模固定板　4—卸料板垫板　5—卸料板

6—60°及70°弯曲工序件　7—凹模固定板　8—凹模垫板　9、10—下模顶杆

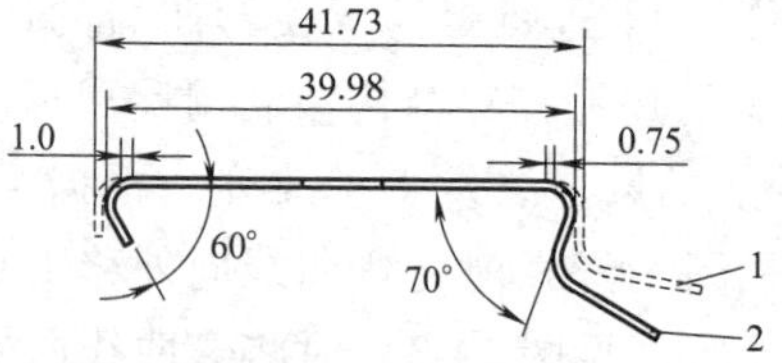

图14-9　负角度弯曲成形前后工序件比较

1—前一工序“U”形弯曲工序件　2—后一工序60°及70°弯曲工序件

技巧

● 从图14-1可以看出，该制件的左右各有一处60°及70°负角弯曲成形。为简化模具的结构，将常规采用斜楔配合侧滑块成形的结构，改为左侧60°弯曲采用悬空压弯成形结构（其前工序90°弯曲R角向外移1.0mm左右，见图14-9），而右侧70°弯曲则采用凸模包R角及凹模采用斜滑块助卸料结构（其前工序90°弯曲R角向外移0.75mm左右，见图14-9）。

14.4　模座设计

14.4.1　上模座（见图 14-10）

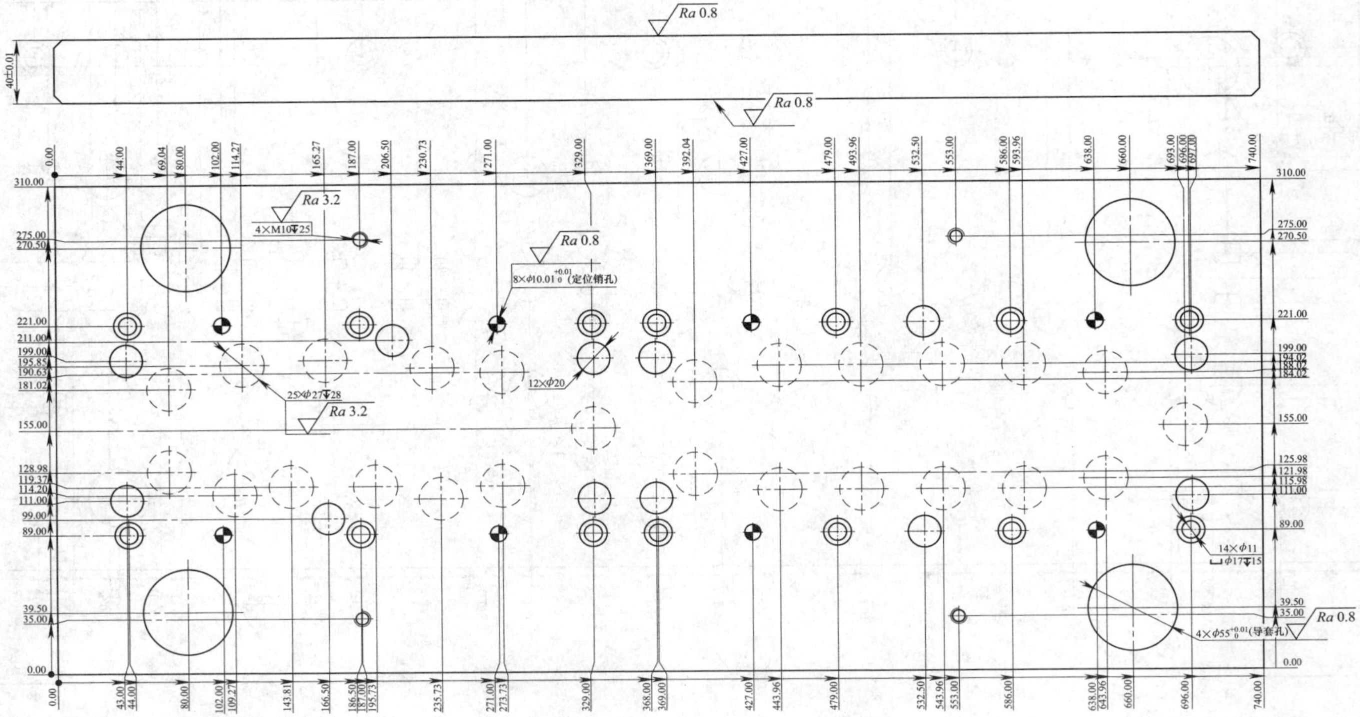

技术要求：
1.材料：45钢。
2.板厚(40±0.01)mm，两面平行度为0.008mm。
3.定位销孔和导套孔对底面的垂直度为0.003mm。
4.数量：1件。

Ra 6.3（√）

图 14-10　上模座（图 14-4 的件 24）

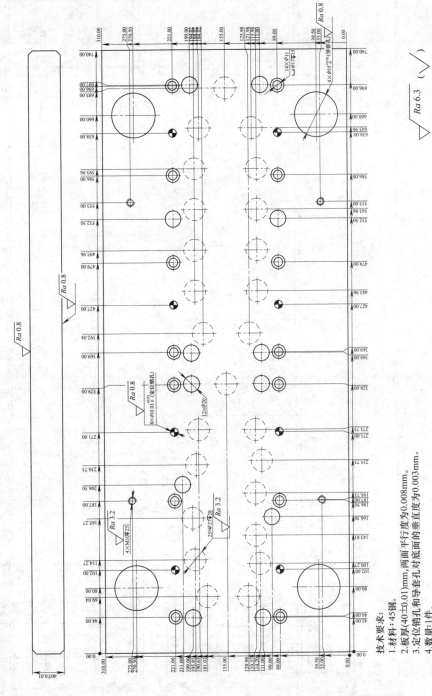

14.4.2 下模座（见图 14-11）

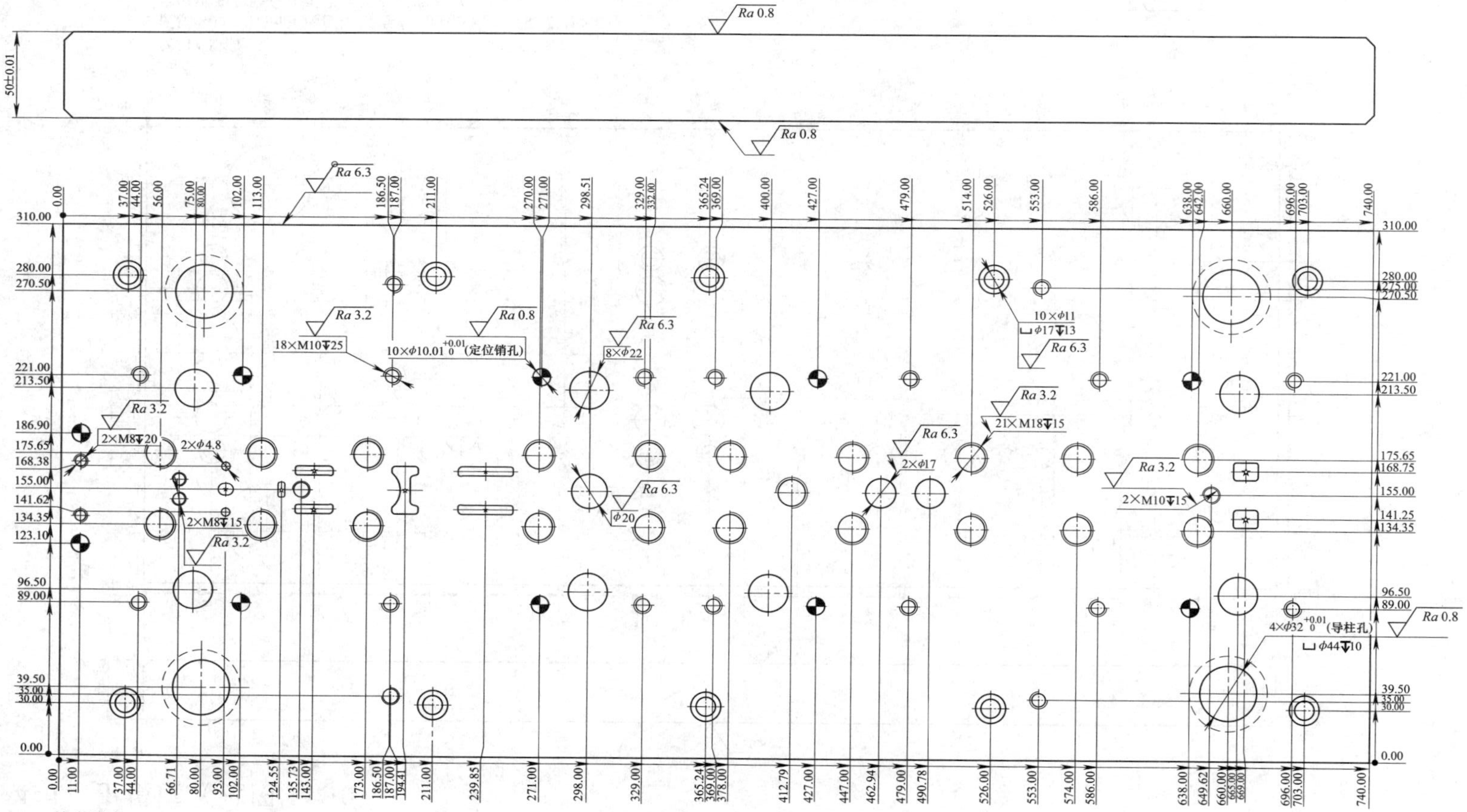

技术要求：

1.材料:45钢。

2.板厚为 (50±0.01)mm,两面平行度为0.008mm。

3.定位销孔和导柱孔对底面的垂直度为0.003mm。

4.图中标有“★”为穿丝孔

5.数量:1件。

$\sqrt{Ra\ 1.6}$ ($\sqrt{}$)

图 14-11 下模座（图 14-4 的件 31）

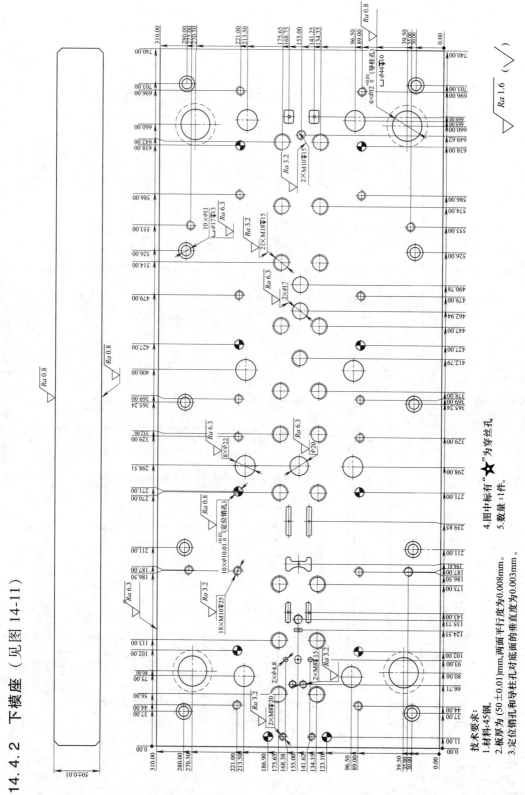

14.5　模板设计

14.5.1　凸模固定板垫板

1. 凸模固定板垫板 1（见图 14-12）

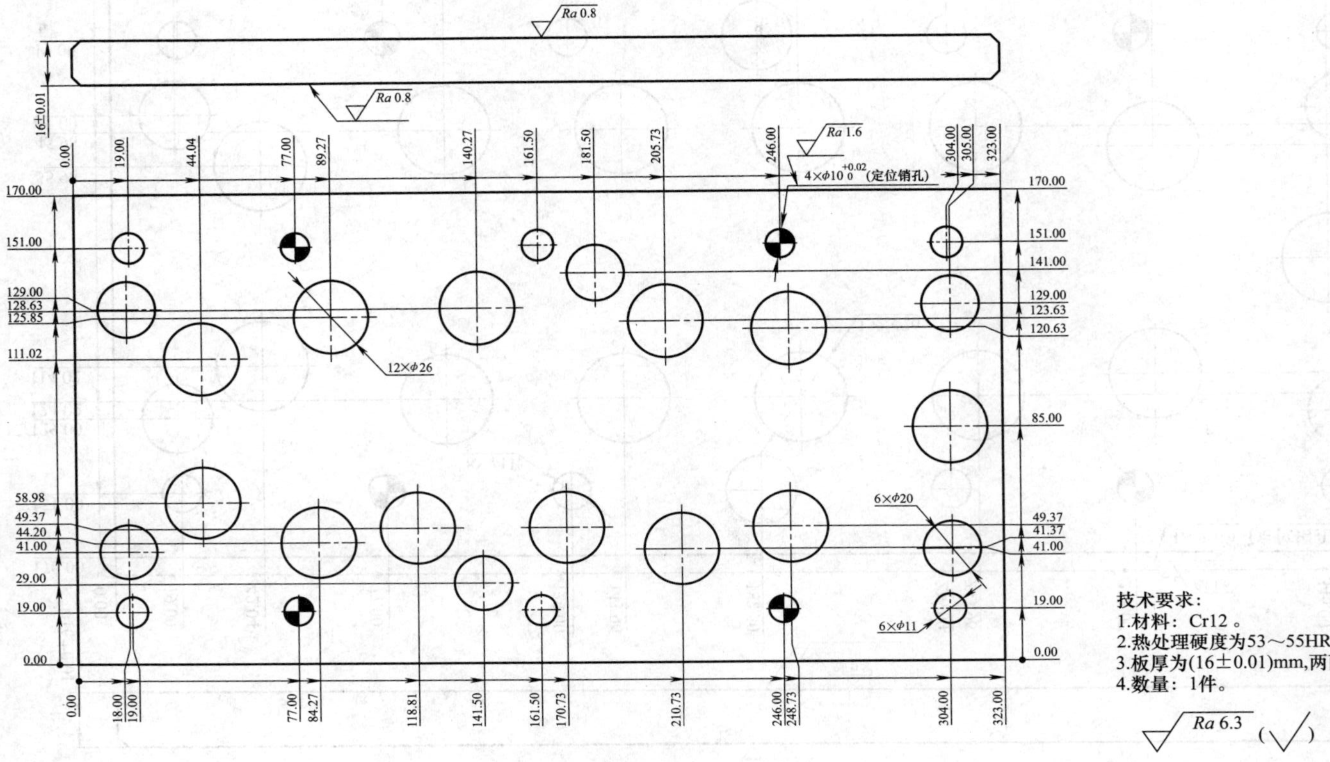

技术要求：
1.材料：Cr12。
2.热处理硬度为53～55HRC。
3.板厚为(16±0.01)mm,两面平行度为0.005mm。
4.数量：1件。

图 14-12　凸模固定板垫板 1（图 14-4 的件 6）

2. 凸模固定板垫板 2（见图 14-13）

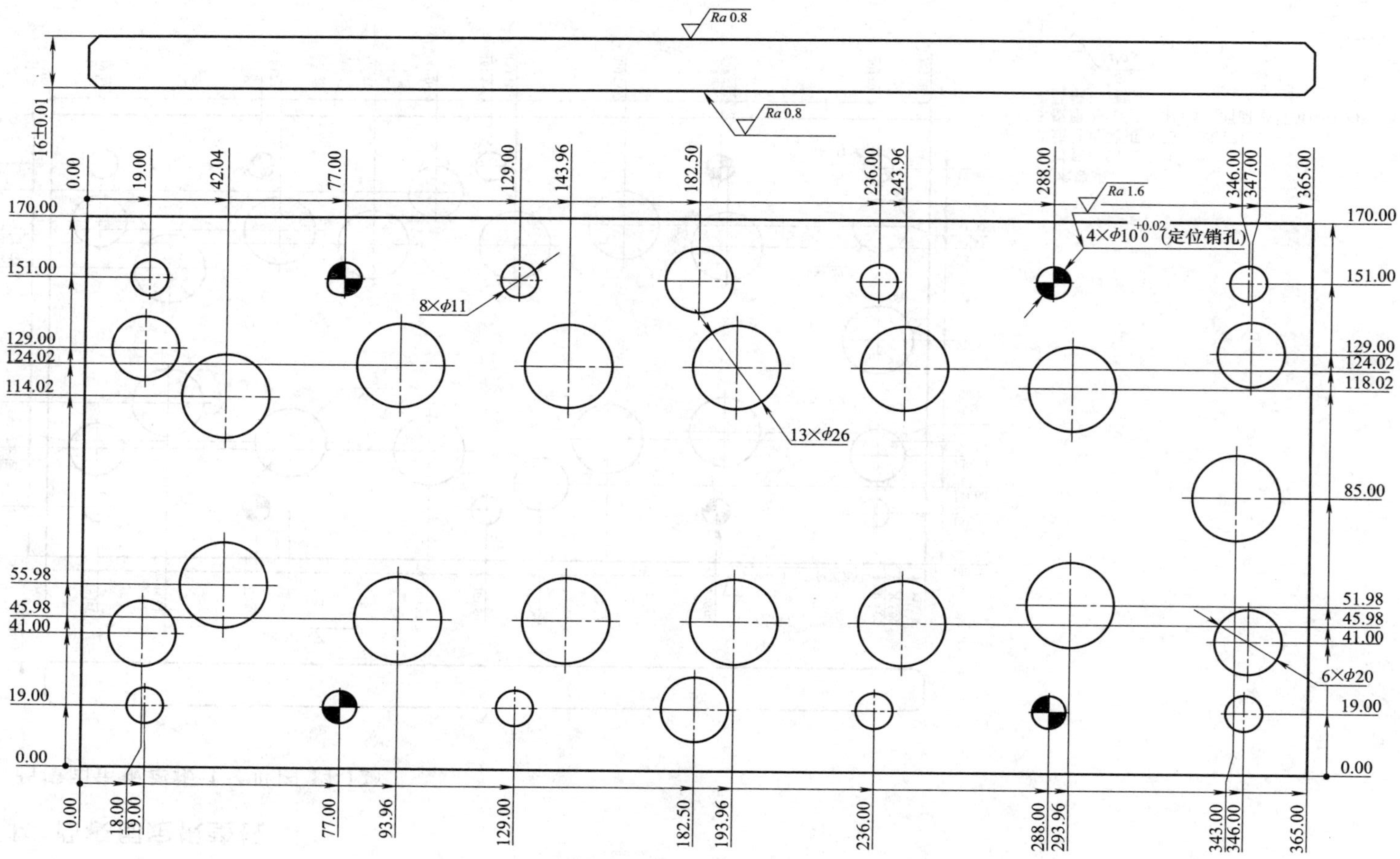

技术要求：

1.材料：Cr12。

2.热处理硬度为53～55HRC。

3.板厚为(16±0.01)mm，两面平行度为0.005mm。

4.数量：1件。

Ra 6.3 (√)

图 14-13 凸模固定板垫板 2（图 14-4 的件 14）

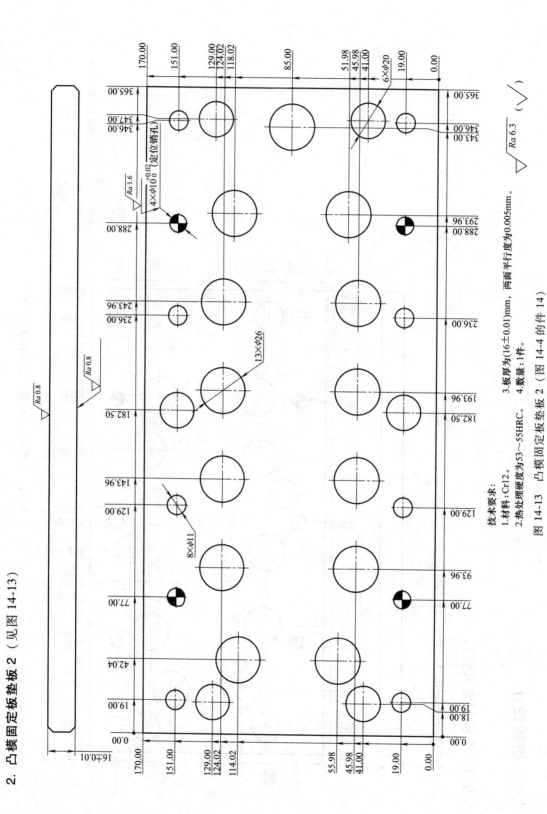

14.5.2　凸模固定板

1. 凸模固定板 1（见图 14-14）

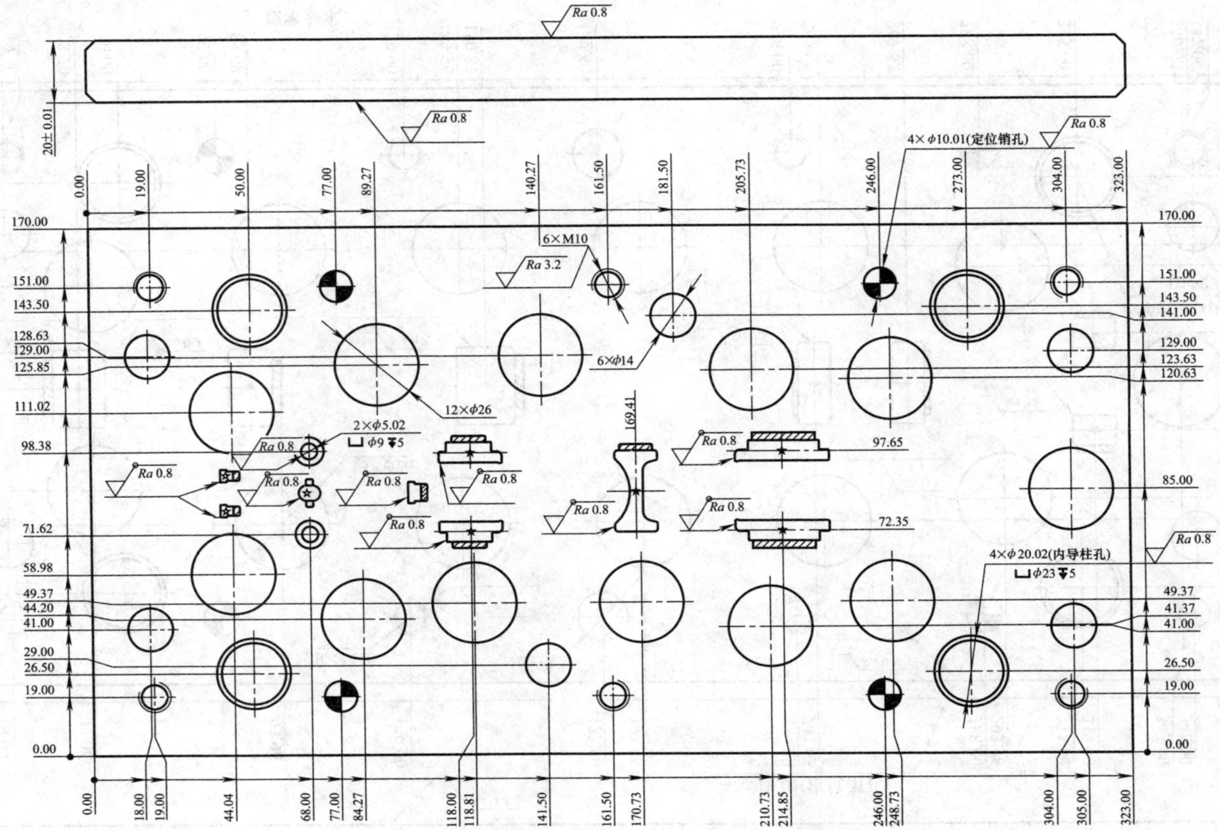

技术要求：
1.材料：Cr12MoV。
2.热处理硬度为55～58HRC。
3.板厚为(20±0.01)mm，两面平行度为0.005mm。
4.主要型孔采用慢走丝加工，对底面的垂直度为0.002mm。
5.图中标有"☆"为穿丝孔。
6.数量：1件。

图 14-14　凸模固定板 1（图 14-4 的件 9）

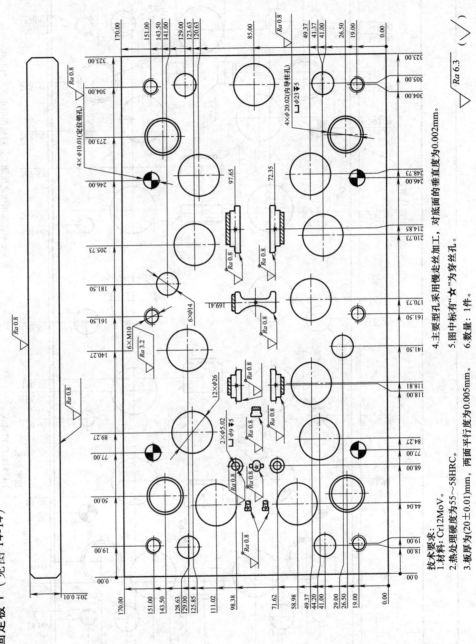

2. 凸模固定板 2（见图 14-15）

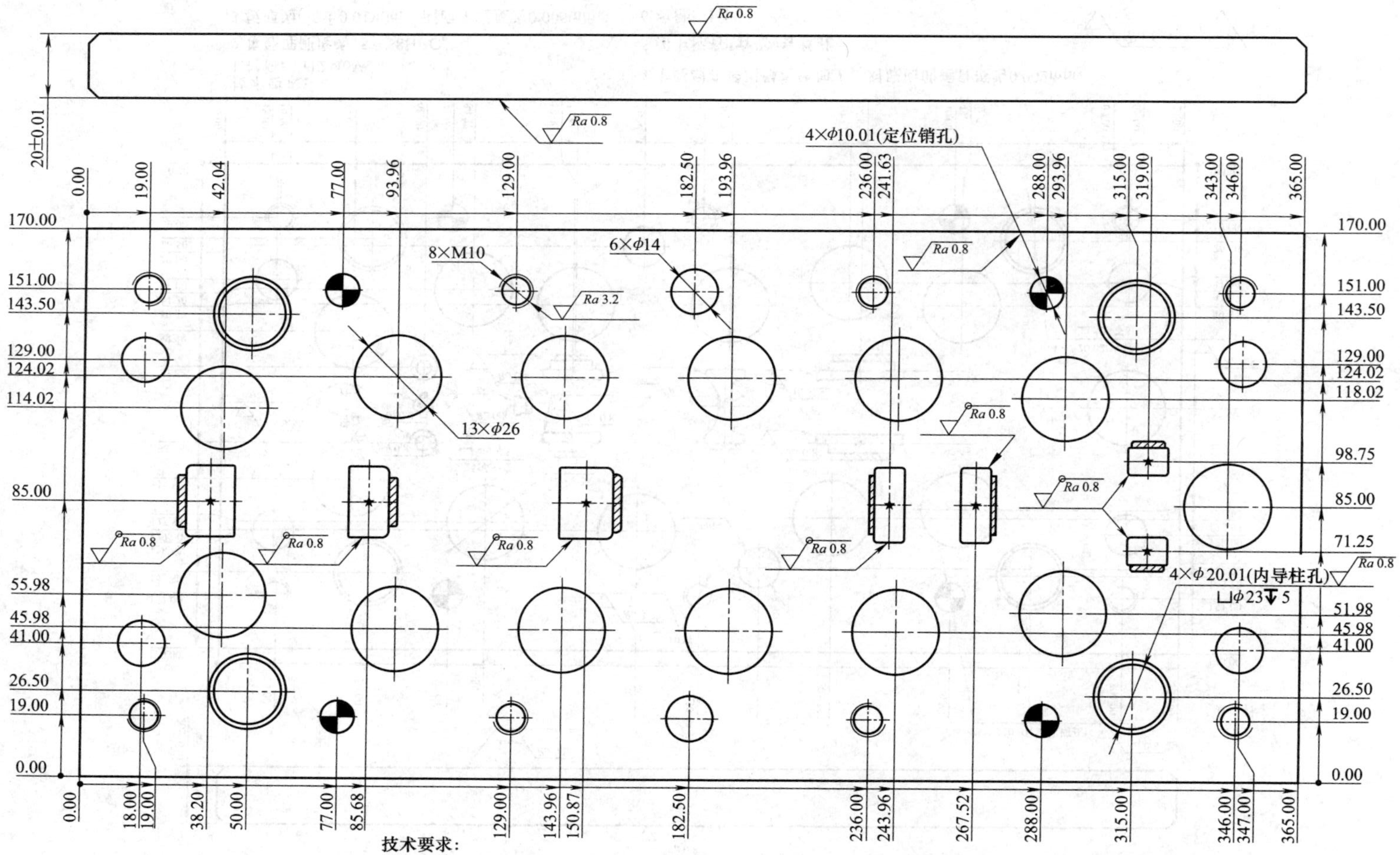

技术要求：

1.材料：Cr12MoV。

2.热处理硬度为55～58HRC。

3.板厚为(20±0.01)mm，两面平行度为0.005mm。

4.主要型孔采用慢走丝加工，对底面的垂直度为0.002mm。

5.图中标有"★"为穿丝孔。

6.数量：1件。

Ra 6.3 （√）

图 14-15　凸模固定板 2（图 14-4 的件 15）

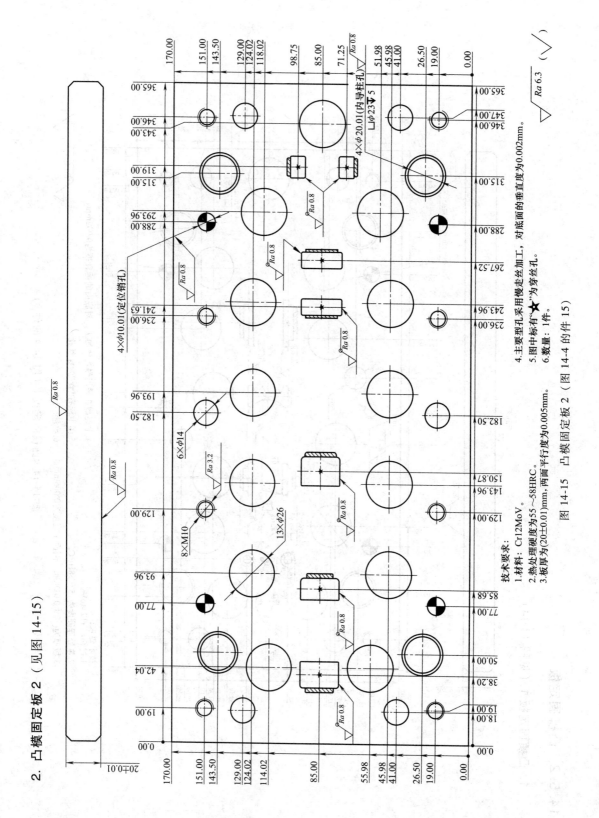

14.5.3　卸料板垫板

1. 卸料板垫板 1（见图 14-16）

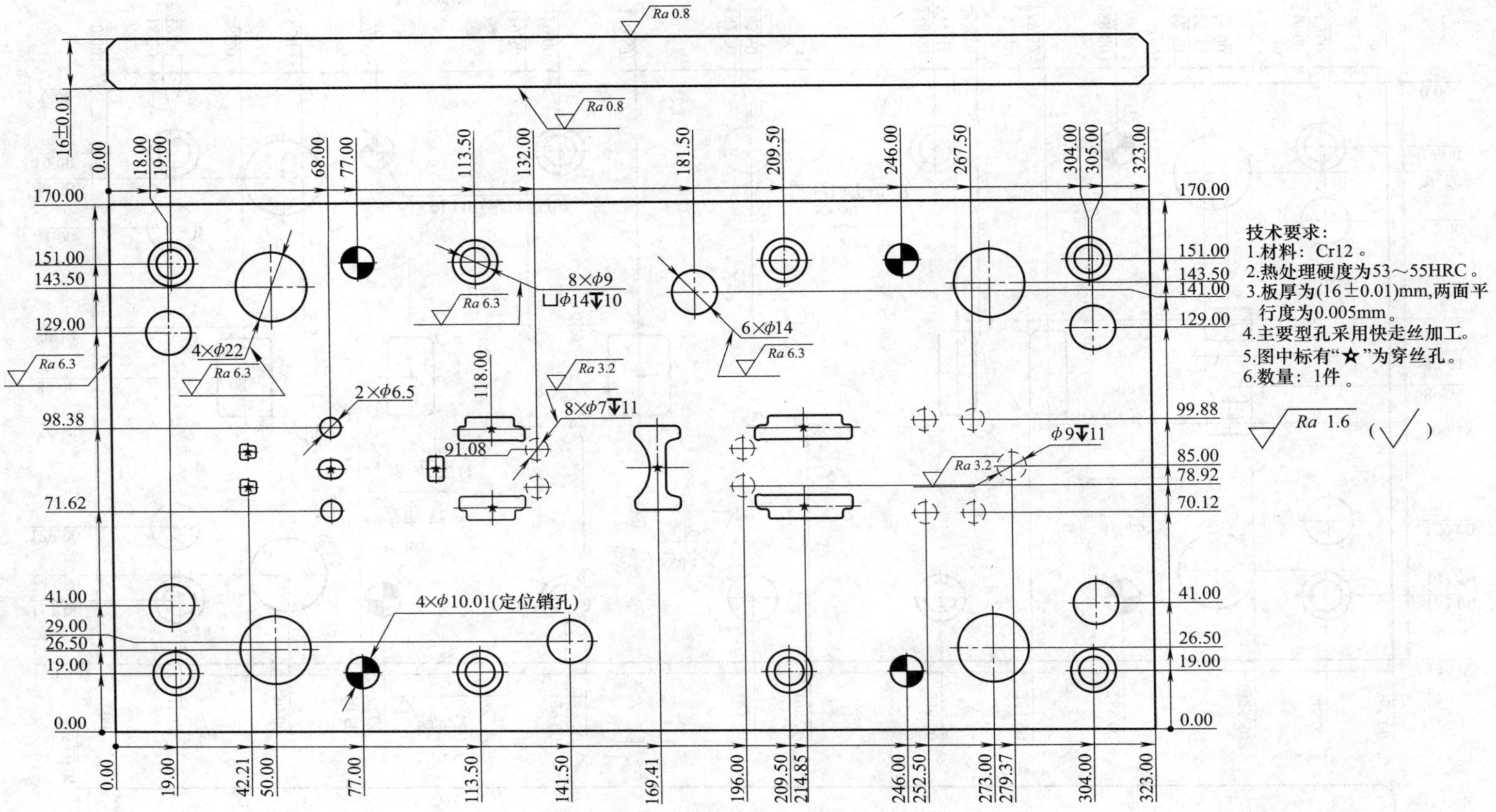

图 14-16　卸料板垫板 1（图 14-4 的件 1）

2. 卸料板垫板 2（见图 14-17）

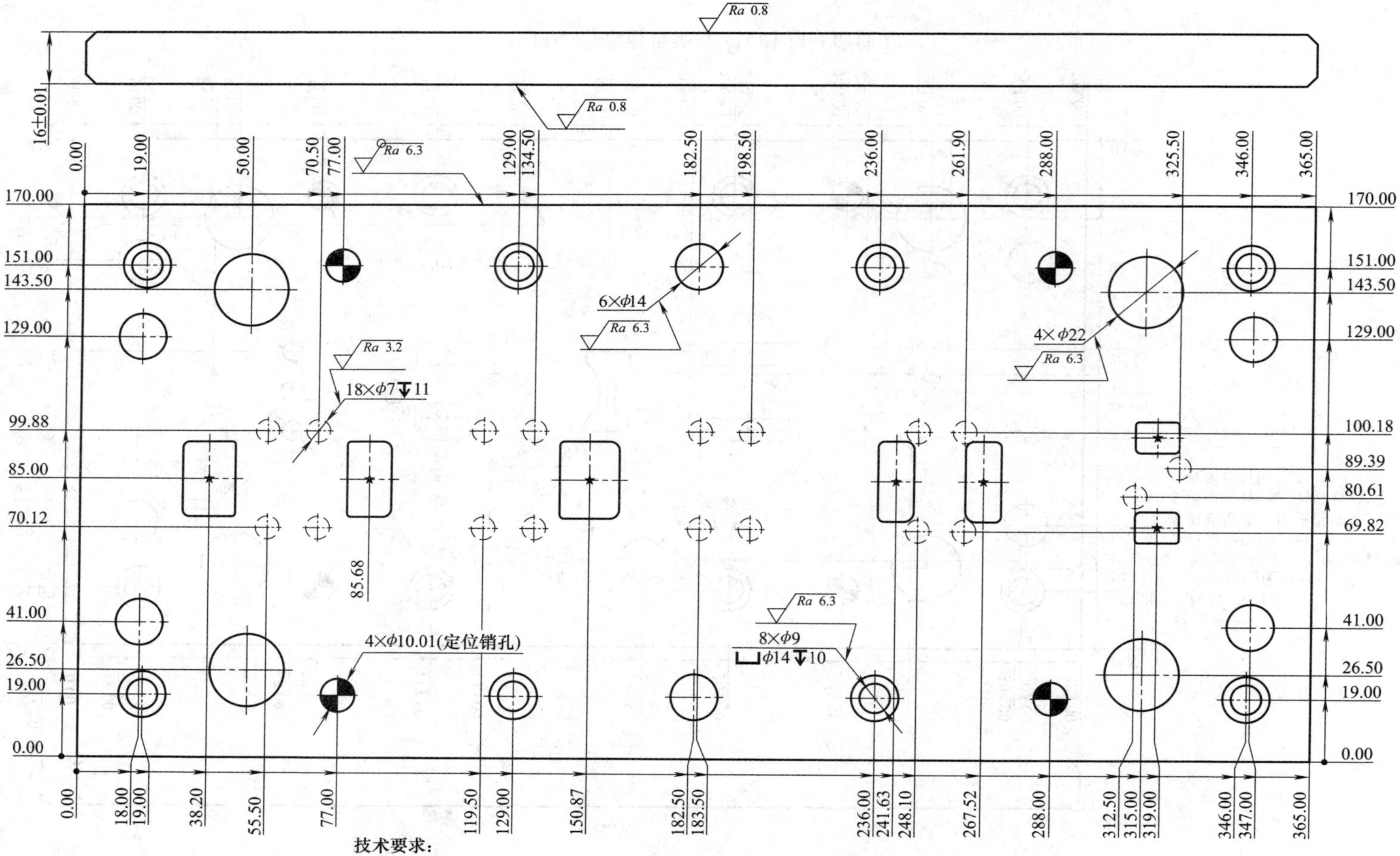

技术要求：

1.材料：Cr12。

2.热处理硬度为53～55HRC。

3.板厚为(16±0.01)mm，两面平行度为0.005mm。

4.主要型孔采用快走丝加工。

5.图中标有"★"为穿丝孔。

6.数量：1件。

Ra 1.6 (√)

图 14-17　卸料板垫板 2（图 14-4 的件 17）

14.5.4　卸料板

1. 卸料板 1（见图 14-18）

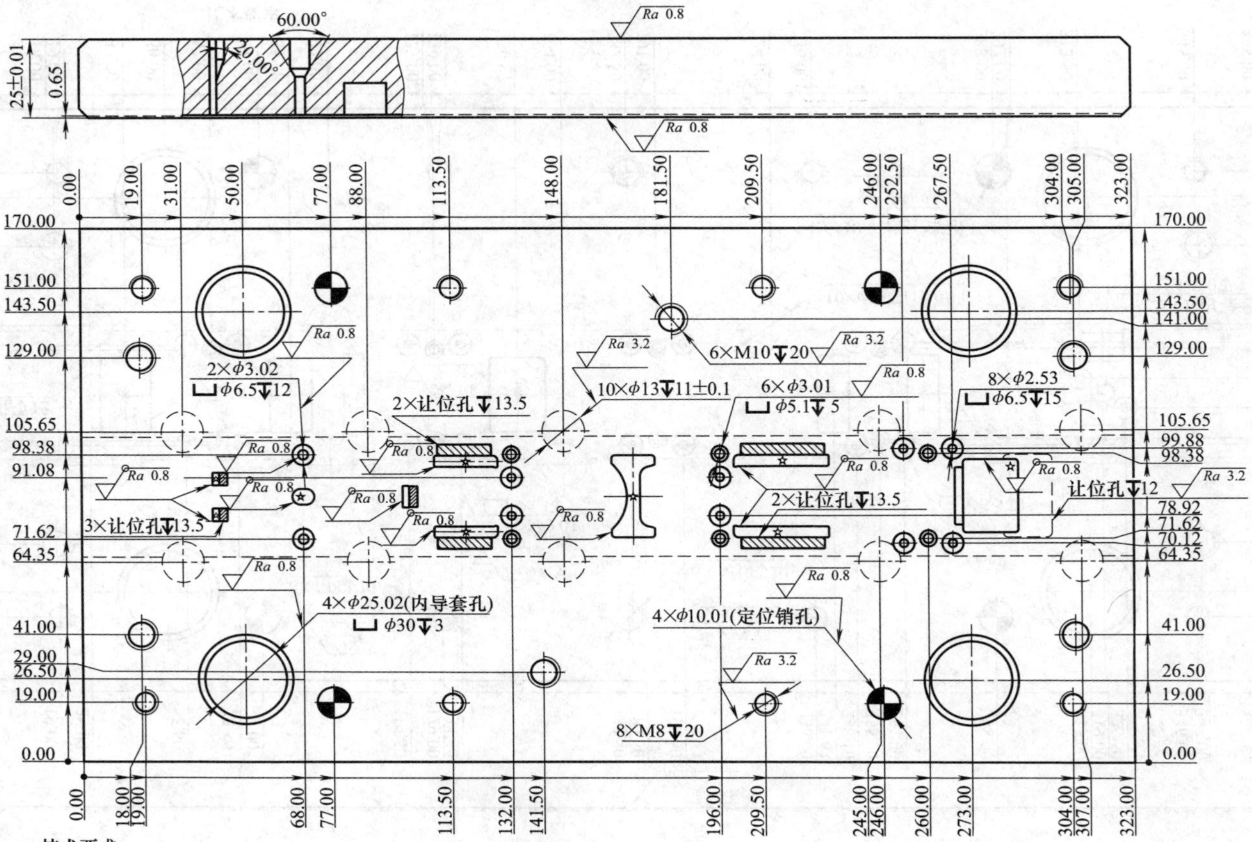

技术要求
1.材料：Cr12MoV。
2.热处理硬度为55～58HRC。
3.板厚为(25±0.01)mm，两面平行度为0.005mm。
4.主要型孔采用慢走丝加工，对底面的垂直度为0.002mm。
5.图中标有“☆”为穿丝孔。
6.数量：1件。

Ra 6.3 (√)

图 14-18　卸料板 1（图 14-4 的件 10）

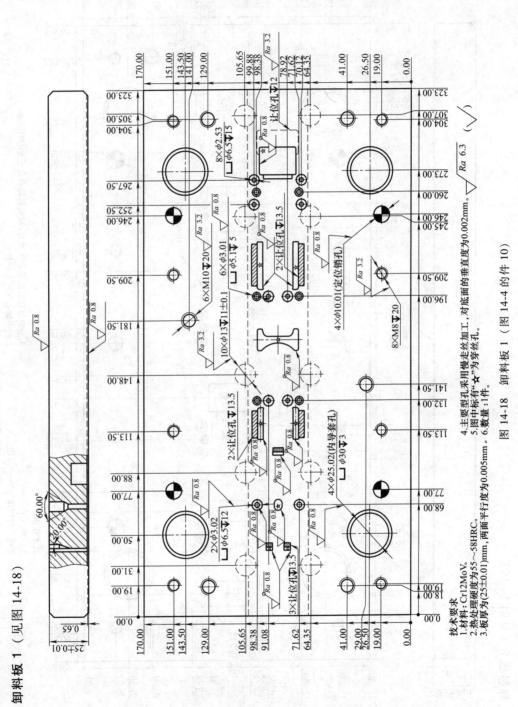

2. 卸料板 2（见图 14-19）

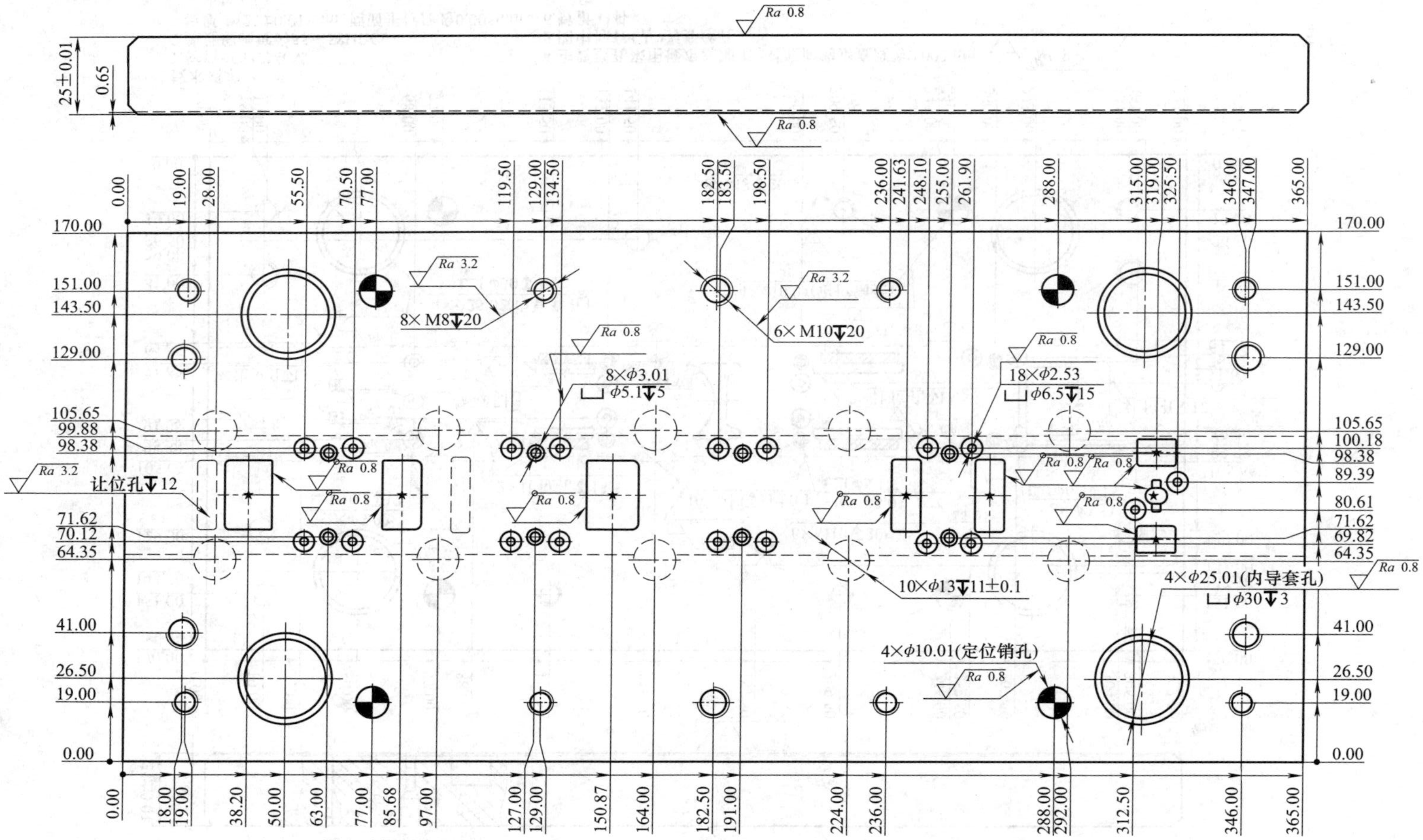

技术要求：

1.材料：Cr12MoV。

2.热处理硬度为55～58HRC。

3.板厚为(25±0.01)mm，两面平行度为0.005mm。

4.主要型孔采用慢走丝加工，对底面的垂直度为0.002mm。

5.图中标有"☆"为穿丝孔。

6.数量：1件。

Ra 6.3 (√)

图 14-19　卸料板 2（图 14-4 的件 20）

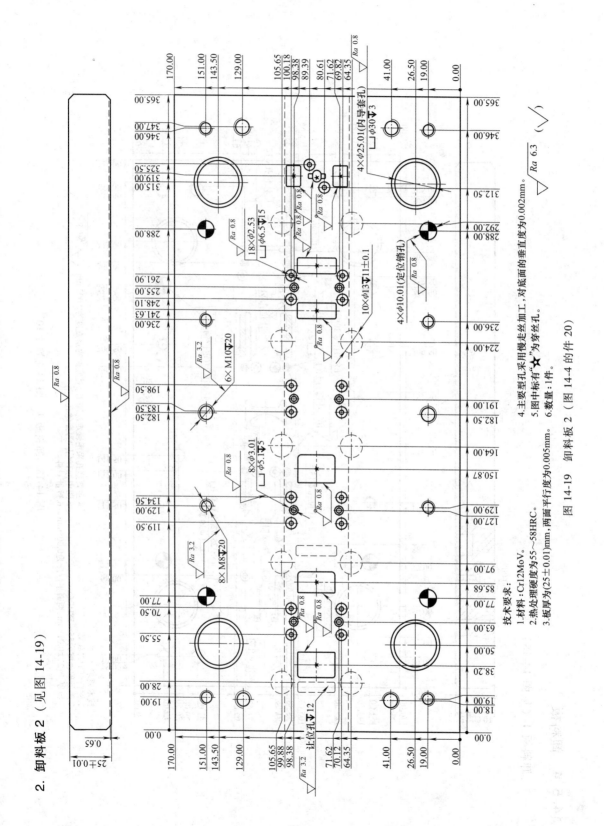

14.5.5 凹模固定板

1. 凹模固定板 1（见图 14-20）

技术要求:
1. 材料: Cr12MoV。
2. 热处理硬度为55～58HRC。
3. 板厚为(30±0.01)mm,两面平行度为0.005mm。
4. 主要型孔采用慢走丝绘加工,对底面的垂直度为0.002mm。
5. 图中标有"★"为穿丝孔。
6. 数量: 1件。

$$\sqrt{\frac{Ra\ 6.3}{}}\quad (\sqrt{\quad})$$

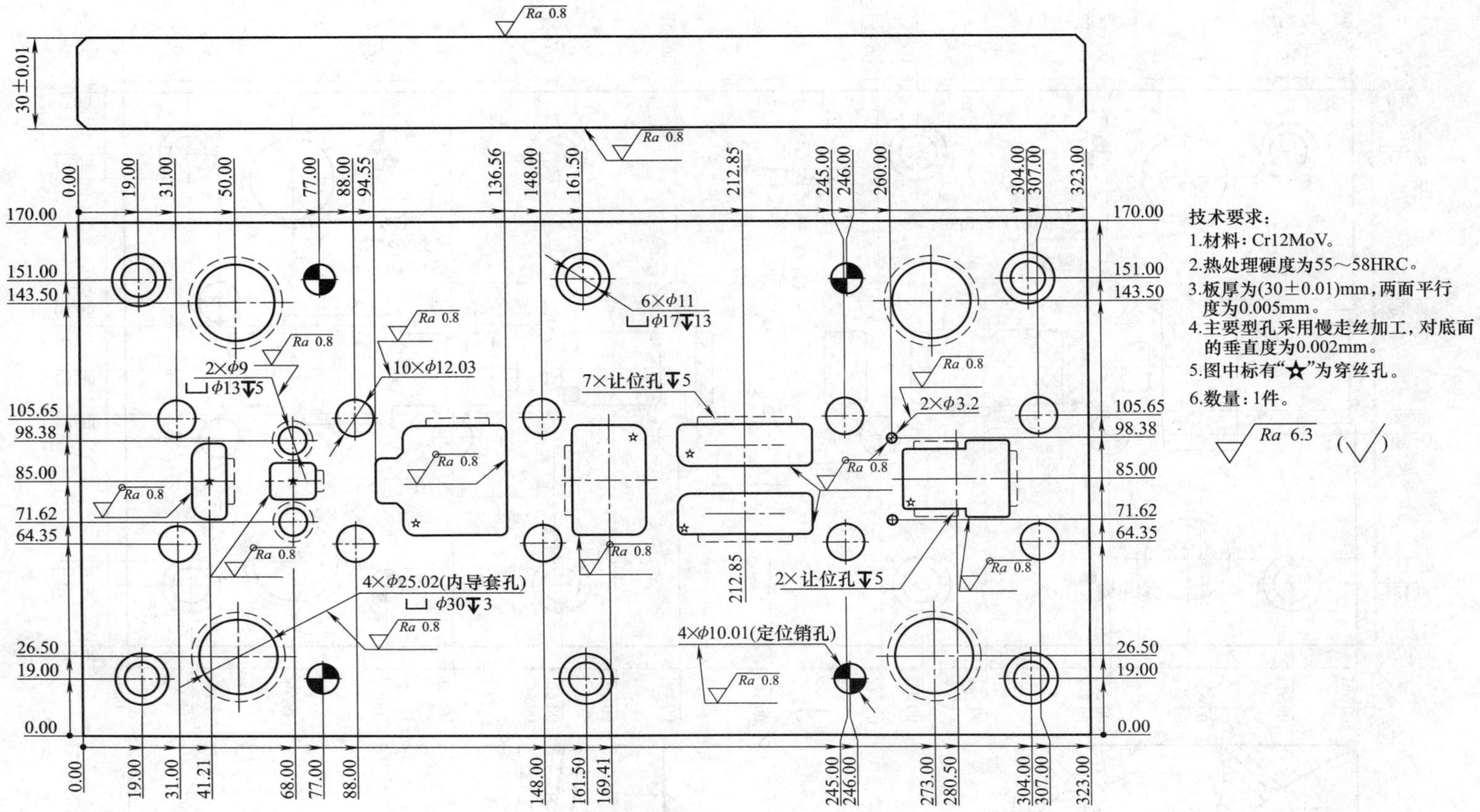

图 14-20 凹模固定板 1（图 14-4 的件 46）

2. 凹模固定板 2（见图 14-21）

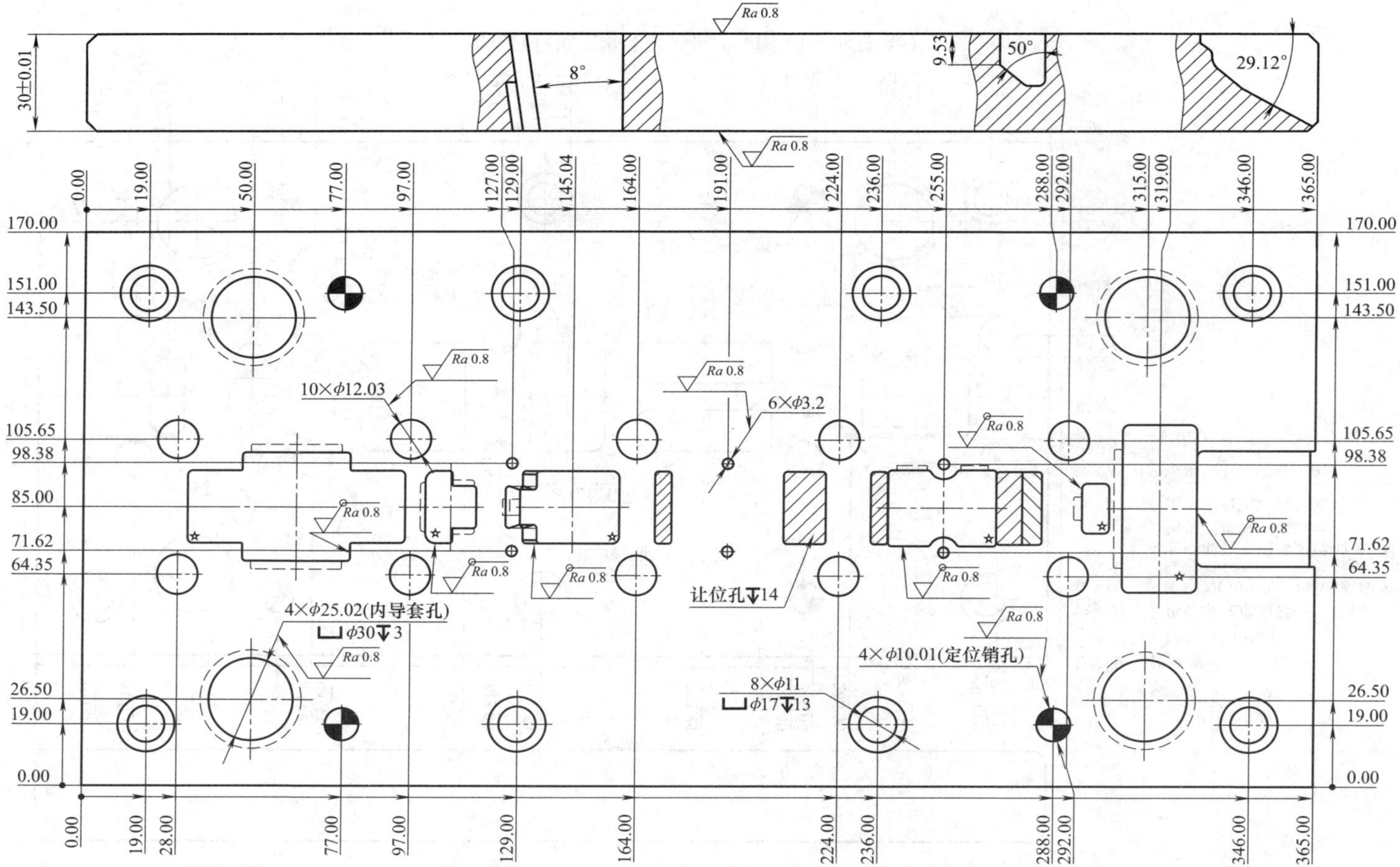

技术要求：
1.材料：Cr12MoV。
2.热处理硬度为55～58HRC。
3.板厚为(30±0.01)mm，两面平行度为0.005mm。
4.主要型孔采用慢走丝加工，对底面的垂直度为0.002mm。
5.图中标有“☆”为穿丝孔。
6.数量：1件。

$\sqrt{Ra\ 6.3}$ ($\sqrt{}$)

图 14-21　凹模固定板 2（图 14-4 的件 39）

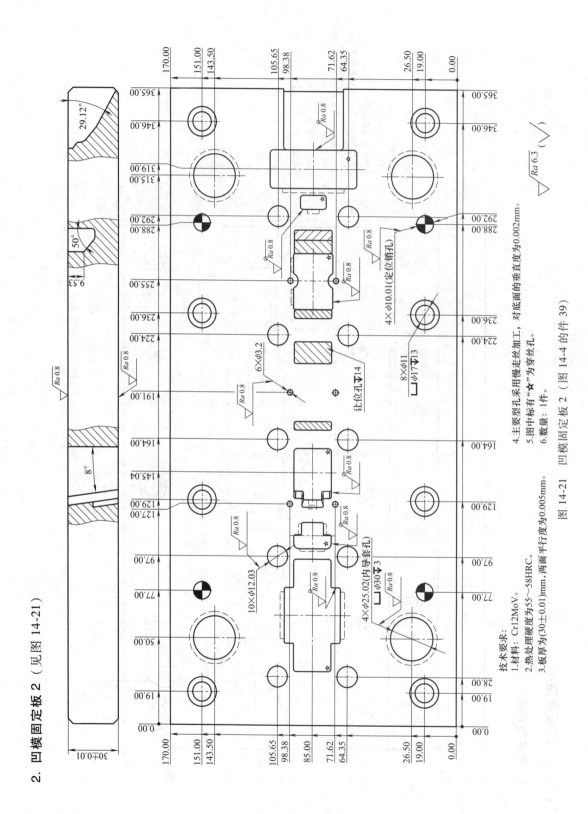

14.5.6　凹模垫板

1. 凹模垫板 1（见图 14-22）

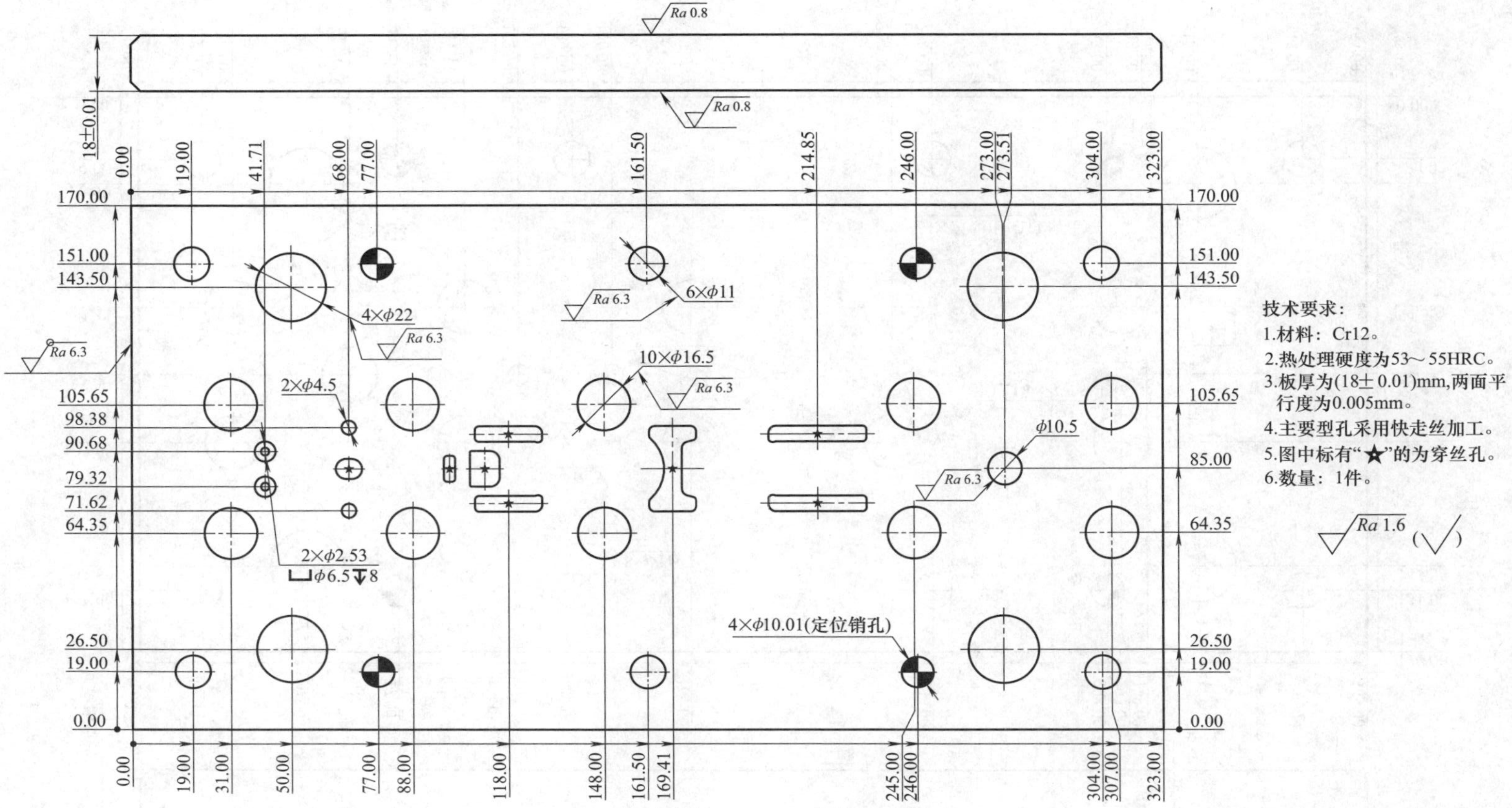

图 14-22　凹模垫板 1（图 14-4 的件 43）

2. 凹模垫板 2（见图 14-23）

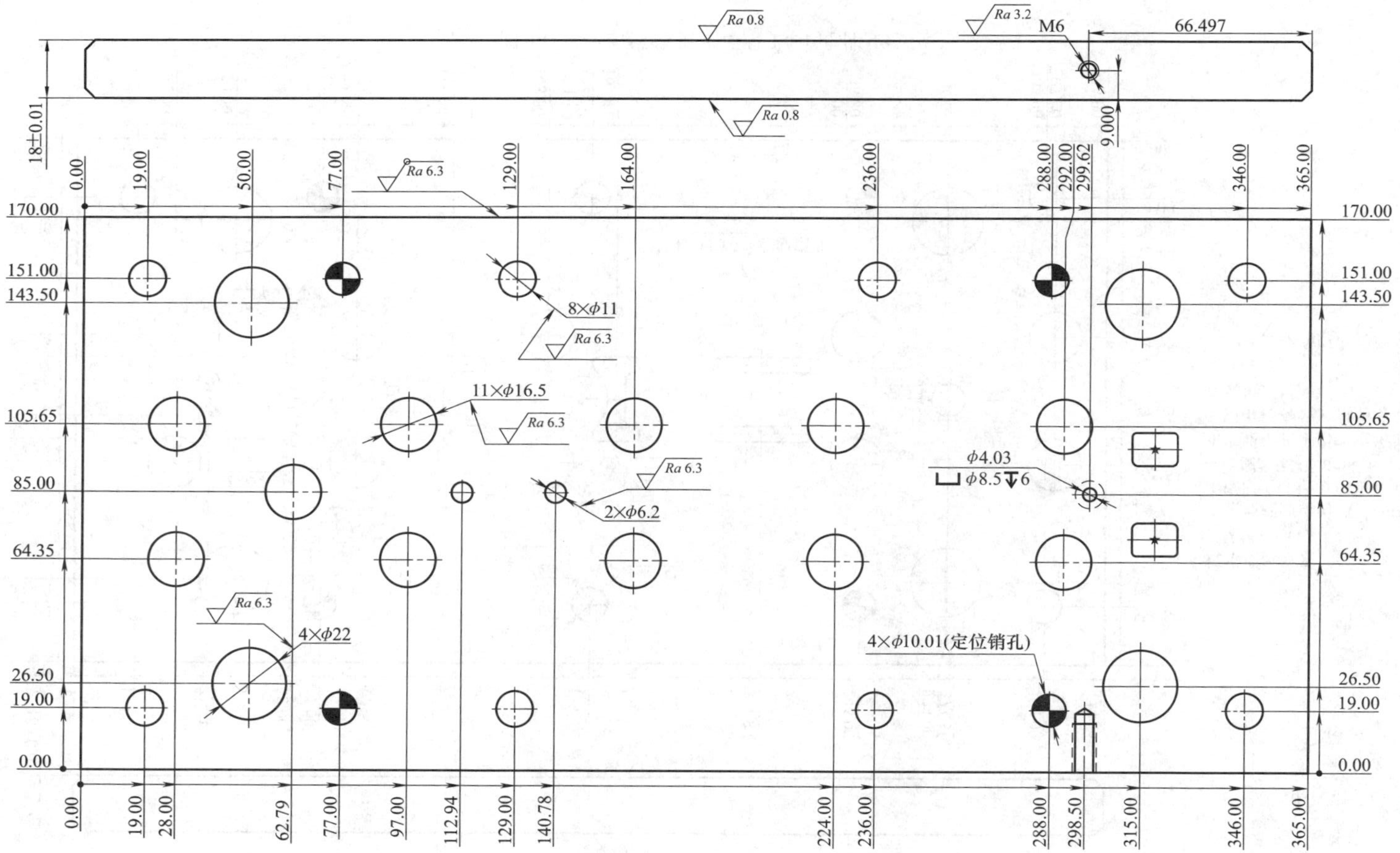

技术要求：

1.材料：Cr12。

2.热处理硬度为53～55HRC。

3.板厚为(18±0.01)mm，两面平行度为0.005mm。

4.主要型孔采用快走丝加工。

5.图中标有“★”的为穿丝孔。

6.数量：1件。

$\sqrt{Ra\ 1.6}$ ($\sqrt{}$)

图 14-23　凹模垫板 2（图 14-4 的件 25）

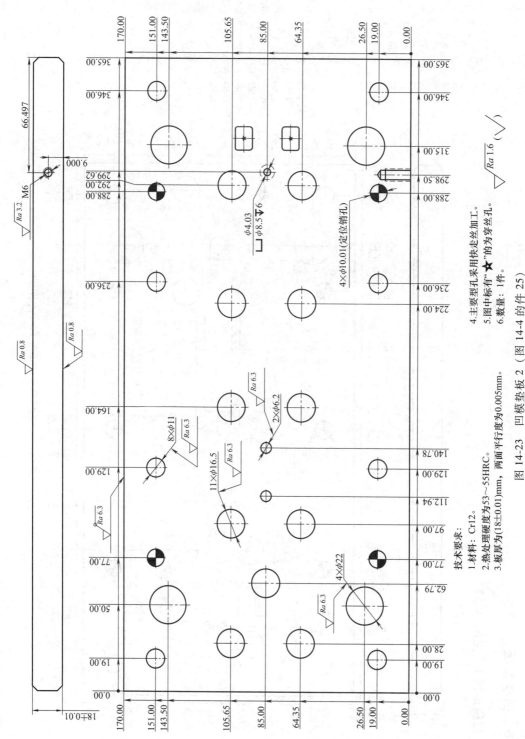

14.6　模具零部件设计

14.6.1　承料板（见图 14-24）

14.6.2　承料板垫板（见图 14-25）

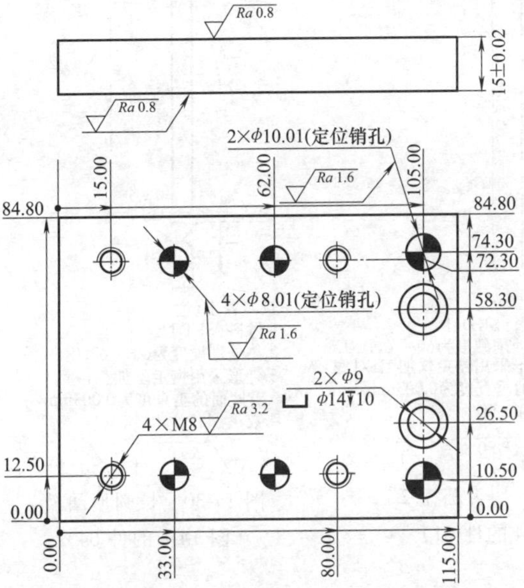

技术要求：
1.材料：Q235。
2.板厚为(15±0.02)mm，两面平行度为0.02mm。
3.定位销孔采用快走丝加工。
4.数量：1件。

Ra 6.3 (√)

图 14-24　承料板（图 14-4 的件 56）

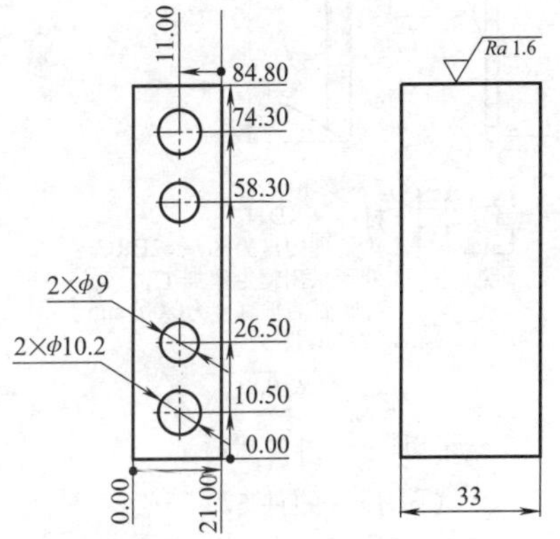

Ra 6.3 (√)

技术要求：
1.材料：Q235。
2.板厚为33mm，两面平行度为0.02mm。
3.数量：1件。

图 14-25　承料板垫板（图 14-4 的件 55）

14.6.3　导料板

1. 外导料板 1（见图 14-26）
2. 外导料板 2（见图 14-27）

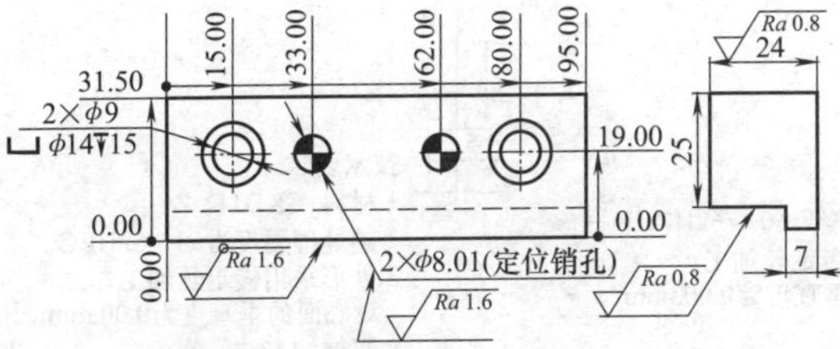

技术要求：
1.材料：Cr12。
2.热处理硬度为53～55HRC。
3.定位销孔采用快走丝加工。
4.数量：1件。

Ra 6.3 (√)

图 14-26　外导料板 1（图 14-4 的件 59）

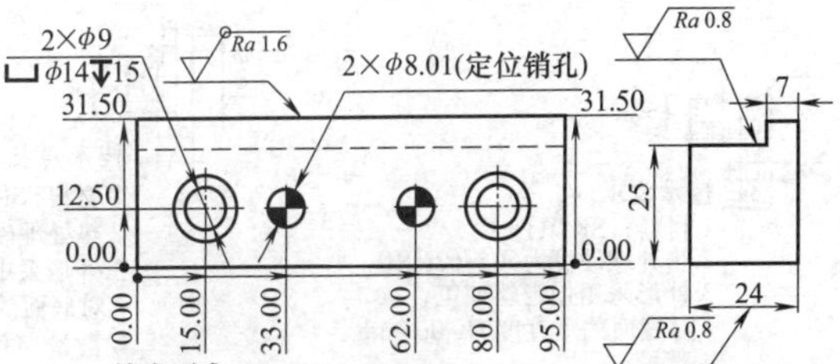

技术要求：
1.材料：Cr12。
2.热处理硬度为53～55HRC。
3.定位销孔采用快走丝加工。
4.数量：1件。

Ra 6.3 (√)

图 14-27　外导料板 2（图 14-4 的件 60）

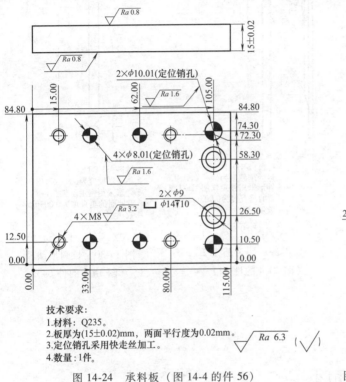

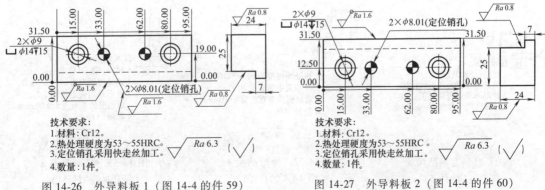

14.6.4 凸模

1. **切舌凸模 1**（见图 14-28）
2. **切舌凸模 2**（见图 14-29）
3. **长圆形凸模**（见图 14-30）

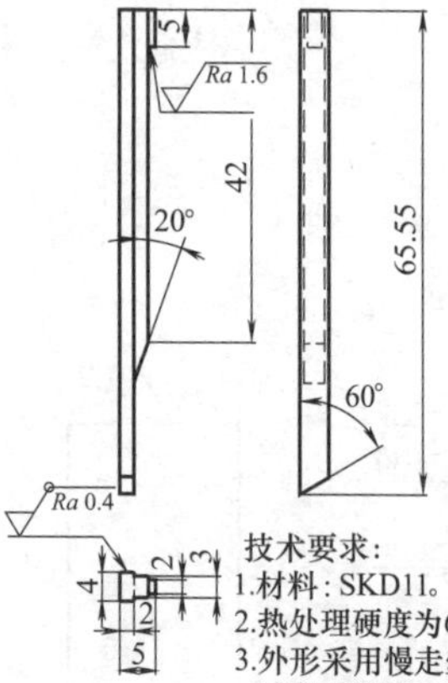

技术要求：
1.材料：SKD11。
2.热处理硬度为60～62HRC。
3.外形采用慢走丝加工，对底面的垂直度为0.003mm。
4.数量：1件。

Ra 0.8（√）

图 14-28 切舌凸模 1
（图 14-4 的件 57）

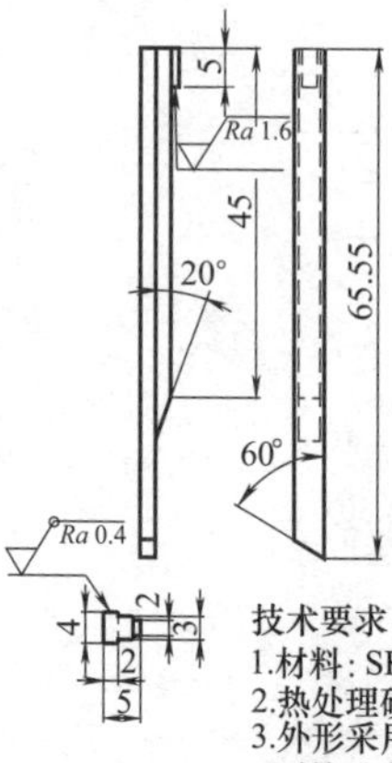

技术要求：
1.材料：SKD11。
2.热处理硬度为60～62HRC。
3.外形采用慢走丝加工，对底面的垂直度为0.003mm。
4.数量：1件。

Ra 0.8（√）

图 14-29 切舌凸模 2
（图 14-4 的件 61）

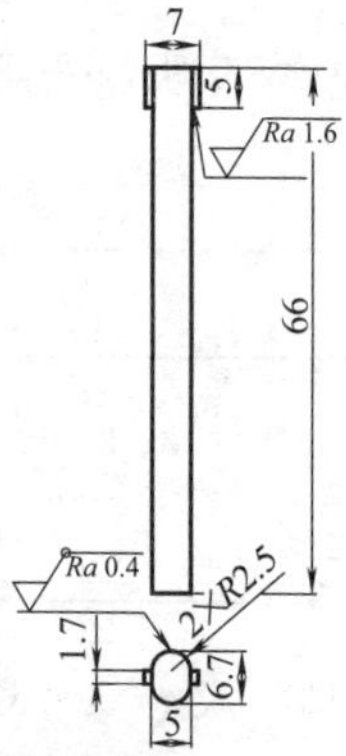

技术要求：
1.材料：SKD11。
2.热处理硬度为60～62HRC。
3.外形采用慢走丝加工，对底面的垂直度为0.003mm。
4.数量：1件。

Ra 0.8（√）

图 14-30 长圆形凸模
（图 14-4 的件 64）

4. **方形凸模**（见图 14-31）
5. **异形凸模 1**（见图 14-32）
6. **异形凸模 2**（见图 14-33）

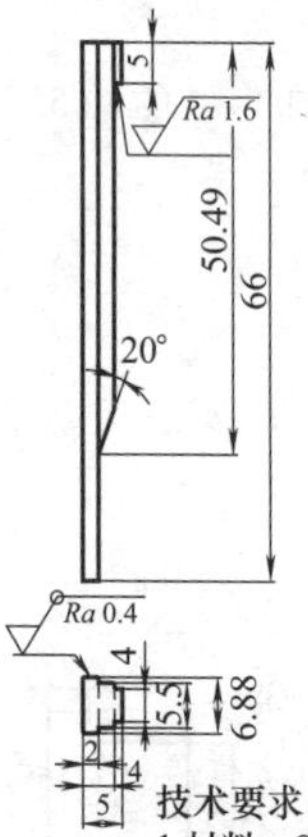

技术要求：
1.材料：SKD11。
2.热处理硬度为60～62HRC。
3.外形采用慢走丝加工，对底面的垂直度为0.003mm。
4.数量：1件。

Ra 0.8（√）

图 14-31 方形凸模
（图 14-4 的件 5）

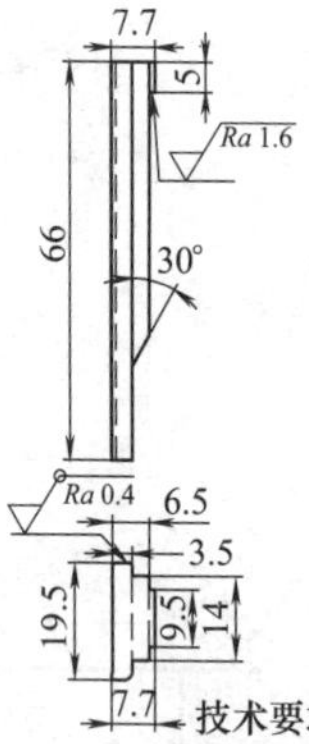

技术要求：
1.材料：SKD11。
2.热处理硬度为60～62HRC。
3.外形采用慢走丝加工，对底面的垂直度为0.003mm。
4.数量：1件。

Ra 0.8（√）

图 14-32 异形凸模 1
（图 14-4 的件 66）

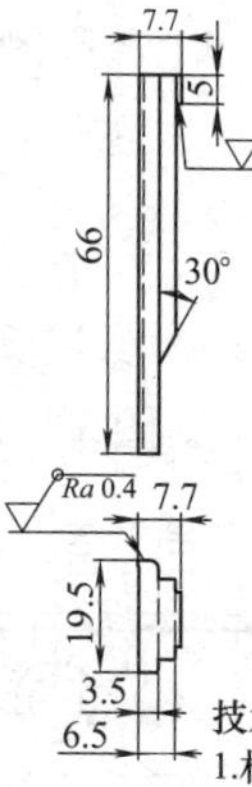

技术要求：
1.材料：SKD11。
2.热处理硬度为60～62HRC。
3.外形采用慢走丝加工，对底面的垂直度为0.003mm。
4.数量：1件。

Ra 0.8（√）

图 14-33 异形凸模 2
（图 14-4 的件 51）

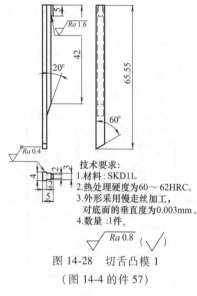

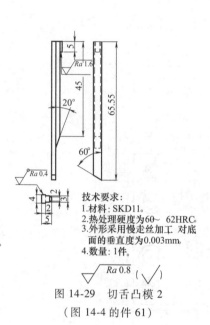

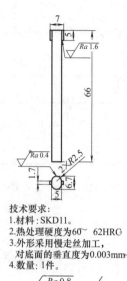

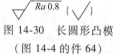

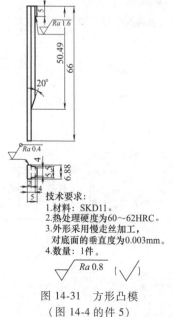

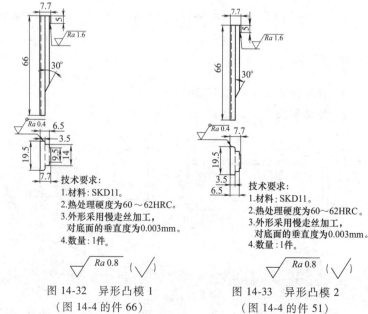

7. 异形凸模 3（见图 14-34）

8. 异形凸模 4（见图 14-35）

9. 异形凸模 5（见图 14-36）

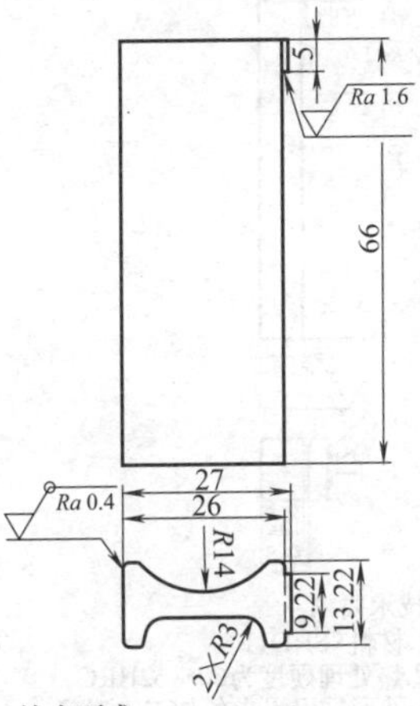

技术要求：
1.材料：SKD11。
2.热处理硬度为60～62HRC。
3.外形采用慢走丝加工，对底面的垂直度为0.003mm。
4.数量：1件。

Ra 0.8 (√)

图 14-34　异形凸模 3
（图 14-4 的件 67）

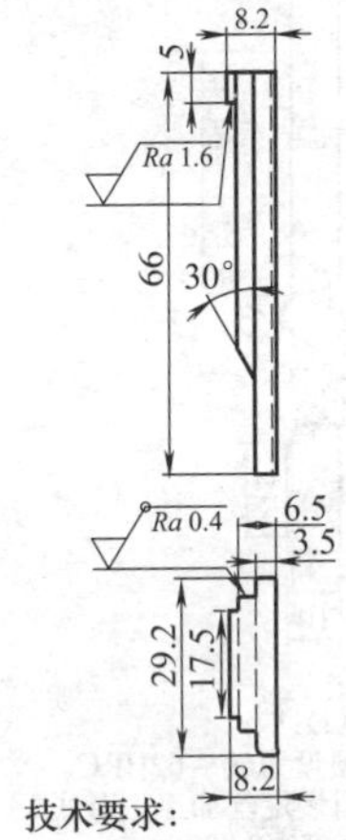

技术要求：
1.材料：SKD11。
2.热处理硬度为60～62HRC。
3.外形采用慢走丝加工，对底面的垂直度为0.003mm。
4.数量：1件。

Ra 0.8 (√)

图 14-35　异形凸模 4
（图 14-4 的件 44）

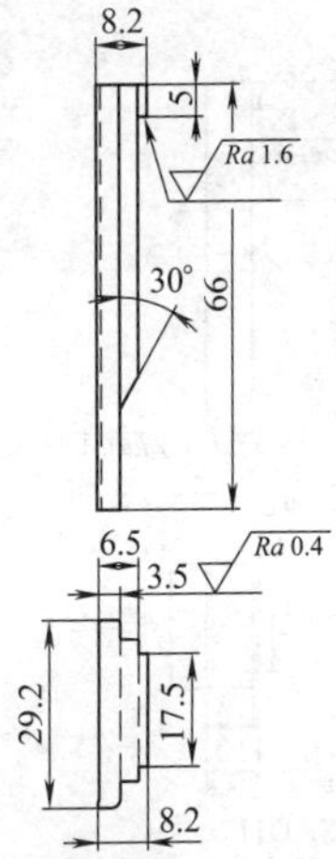

技术要求：
1.材料：SKD11。
2.热处理硬度为60～62HRC。
3.外形采用慢走丝加工，对底面的垂直度为0.003mm。
4.数量：1件。

Ra 0.8 (√)

图 14-36　异形凸模 5
（图 14-4 的件 69）

10. 弯曲凸模 1（见图 14-37）

11. 弯曲凸模 2（见图 14-38）

12. 弯曲凸模 3（见图 14-39）

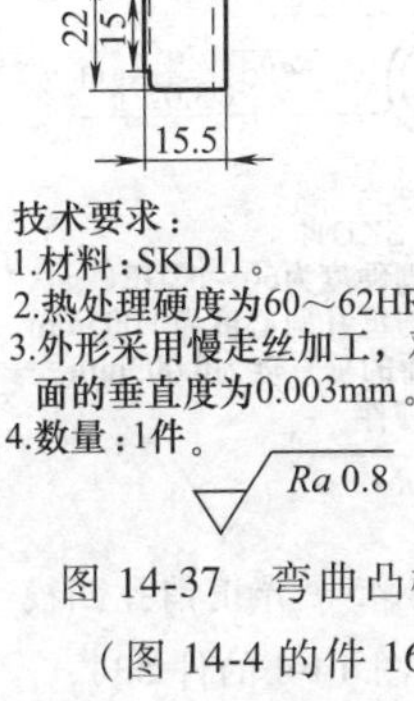

技术要求：
1.材料：SKD11。
2.热处理硬度为60～62HRC。
3.外形采用慢走丝加工，对底面的垂直度为0.003mm。
4.数量：1件。

Ra 0.8 (√)

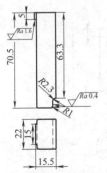

图 14-37　弯曲凸模 1
（图 14-4 的件 16）

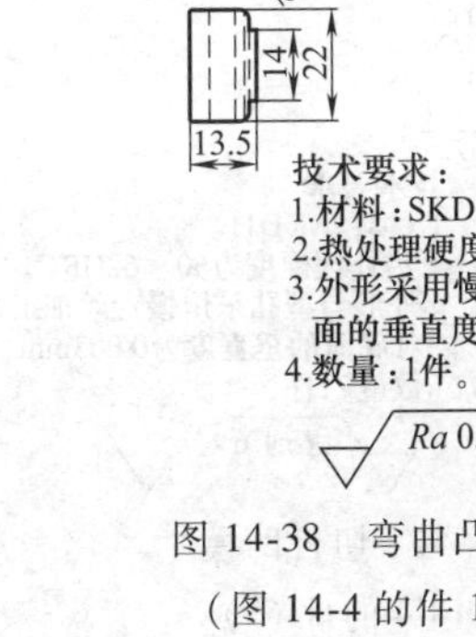

技术要求：
1.材料：SKD11。
2.热处理硬度为60～62HRC。
3.外形采用慢走丝加工，对底面的垂直度为0.003mm。
4.数量：1件。

Ra 0.8 (√)

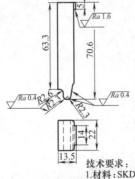

图 14-38　弯曲凸模 2
（图 14-4 的件 18）

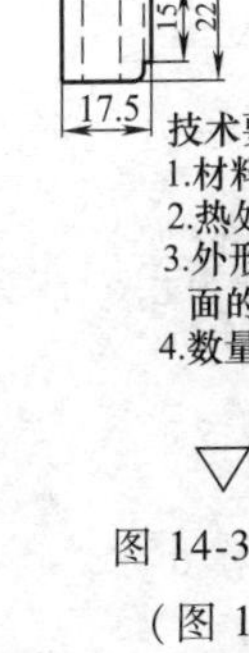

技术要求：
1.材料：SKD11。
2.热处理硬度为60～62HRC。
3.外形采用慢走丝加工，对底面的垂直度为0.003mm。
4.数量：1件。

Ra 0.8 (√)

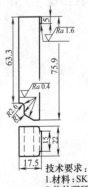

图 14-39　弯曲凸模 3
（图 14-4 的件 19）

13. **弯曲凸模4**（见图 14-40）

14. **弯曲凸模5**（见图 14-41）

15. **切断凸模**（见图 14-42）

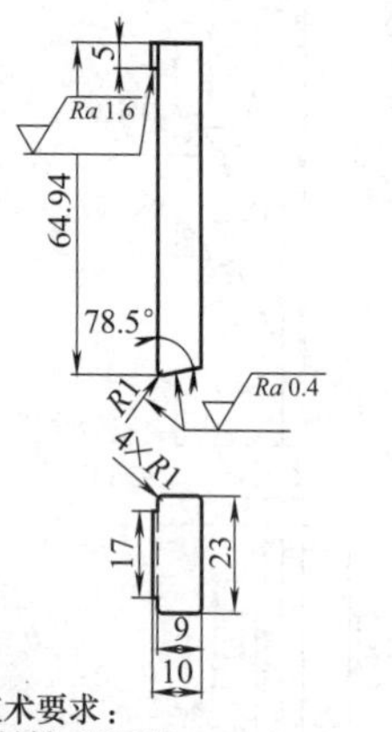

技术要求：
1.材料：SKD11。
2.热处理硬度为60～62HRC。
3.外形采用慢走丝加工，对底面的垂直度为0.003mm。
4.数量：1件。

Ra 0.8 （√）

图 14-40　弯曲凸模 4
（图 14-4 的件 21）

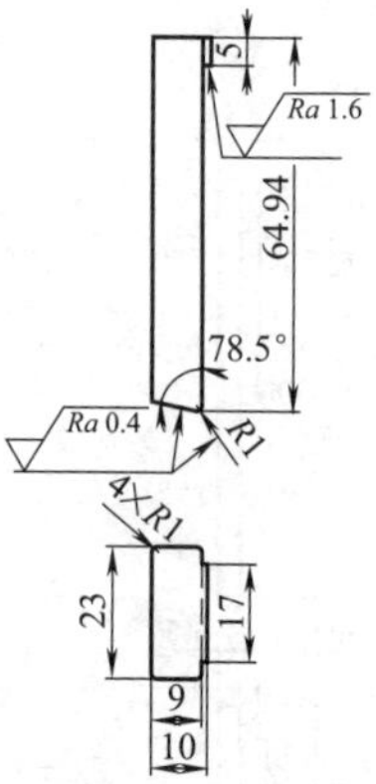

技术要求：
1.材料：SKD11。
2.热处理硬度为60～62HRC。
3.外形采用慢走丝加工，对底面的垂直度为0.003mm。
4.数量：1件。

Ra 0.8 （√）

图 14-41　弯曲凸模 5
（图 14-4 的件 22）

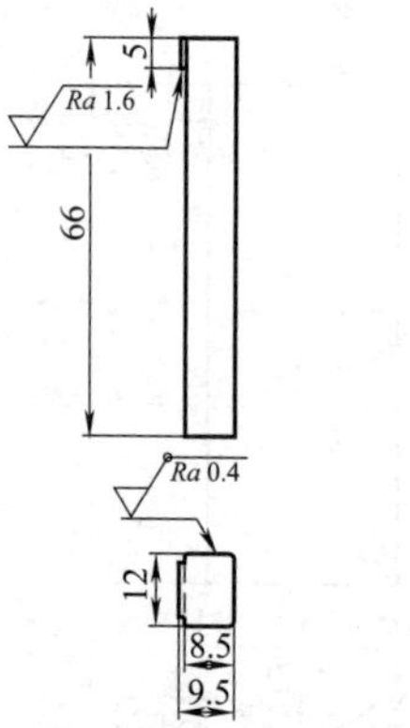

技术要求：
1.材料：SKD11。
2.热处理硬度为60～62HRC。
3.外形采用慢走丝加工，对底面的垂直度为0.003mm。
4.数量：2件。

Ra 0.8 （√）

图 14-42　切断凸模
（图 14-4 的件 73）

16. **弯曲凸模6**（见图 14-43）

14.6.5 凹模

1. **切舌凹模**（见图 14-44）

2. **导正销孔凹模**（见图 14-45）

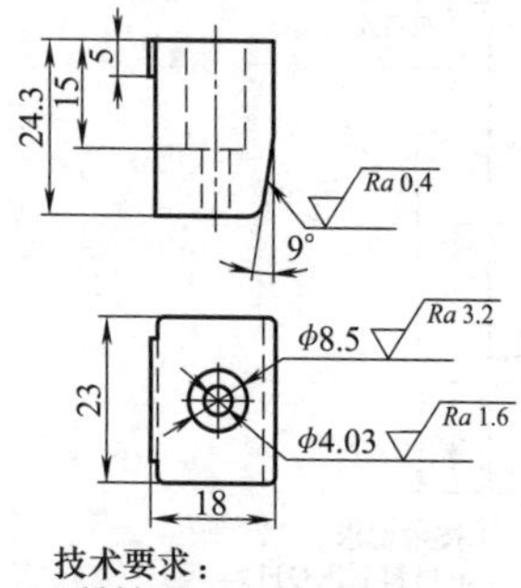

技术要求：
1.材料：SKD11。
2.热处理硬度为60～62HRC。
3.外形与型孔采用慢走丝加工，对底面的垂直度为0.003mm。
4.数量：1件。

Ra 0.8 （√）

图 14-43　弯曲凸模 6
（图 14-4 的件 11）

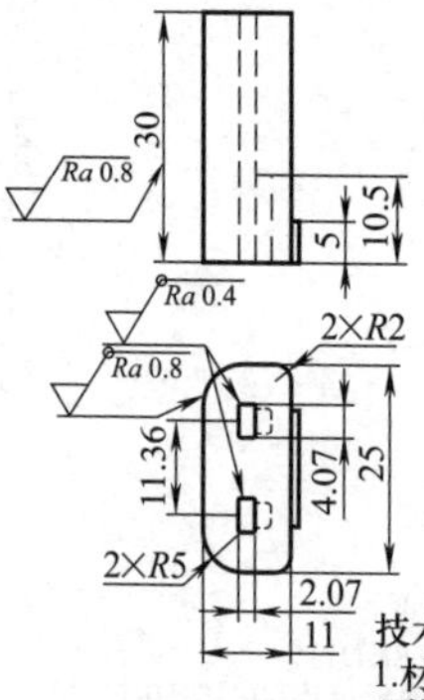

技术要求：
1.材料：SKD11。
2.热处理硬度为60～62HRC。
3.外形与型孔采用慢走丝加工，对底面的垂直度为0.003mm。
4.数量：1件。

Ra 1.6 （√）

图 14-44　切舌凹模
（图 14-4 的件 63）

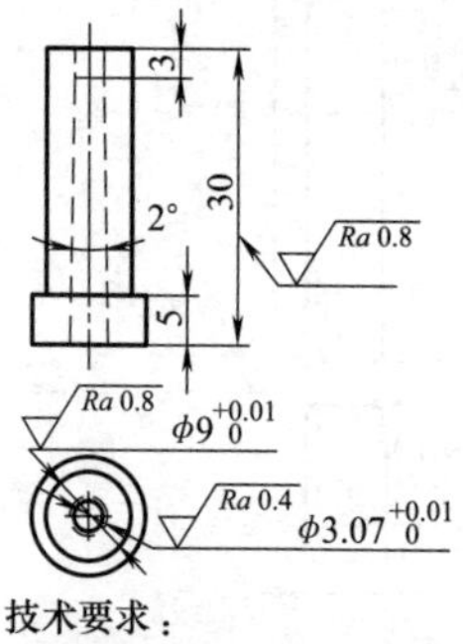

技术要求：
1.材料：SKD11。
2.热处理硬度为60～62HRC。
3.外形与型孔同心度为0.005mm，对底面的垂直度为0.003mm。
4.数量：2件。

Ra 1.6 （√）

图 14-45　导正销孔凹模
（图 14-4 的件 53）

3. 长圆形凹模（见图 14-46）

4. 异形凹模 1（见图 14-47）

5. 异形凹模 2（见图 14-48）

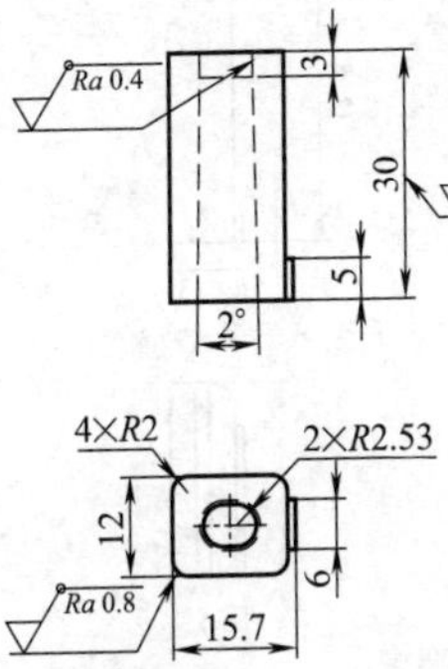

技术要求：
1.材料：SKD11。
2.热处理硬度为60～62HRC。
3.外形与型孔采用慢走丝加工，对底面的垂直度为0.003mm。
4.数量：1件。

Ra 1.6（√）

图 14-46　长圆形凹模（图 14-4 的件 65）

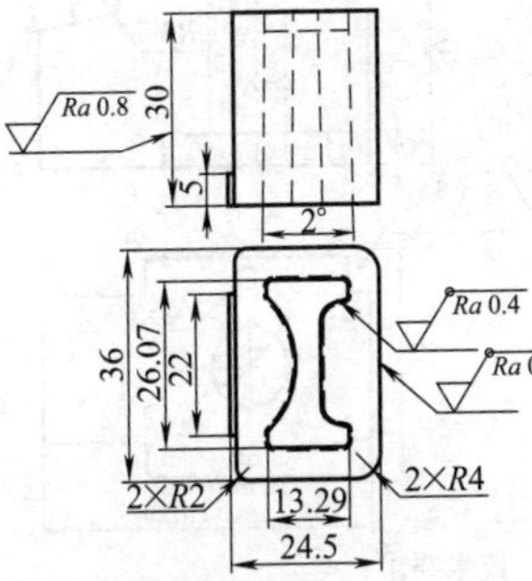

技术要求：
1.材料：SKD11。
2.热处理硬度为60～62HRC。
3.外形与型孔采用慢走丝加工，对底面的垂直度为0.003mm。
4.数量：1件。

Ra 1.6（√）

图 14-47　异形凹模 1（图 14-4 的件 68）

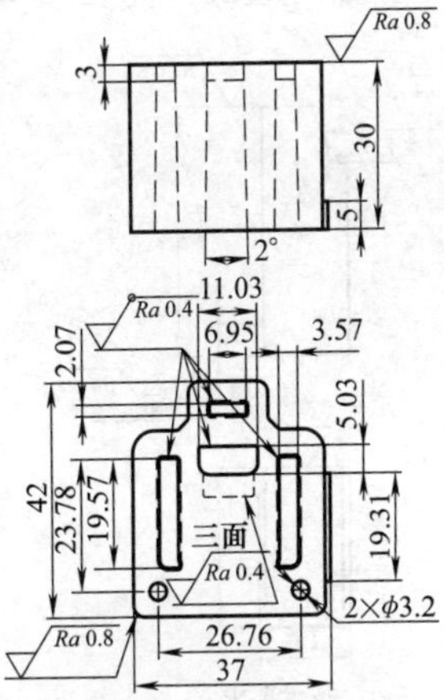

技术要求：
1.材料：SKD11。
2.热处理硬度为60～62HRC。
3.外形与型孔采用慢走丝加工，对底面的垂直度为0.003mm。
4.数量：1件。

Ra 1.6（√）

图 14-48　异形凹模 2（图 14-4 的件 50）

6. 异形凹模 3（见图 14-49）

7. 异形凹模 4（见图 14-50）

8. 切断凹模（见图 14-51）

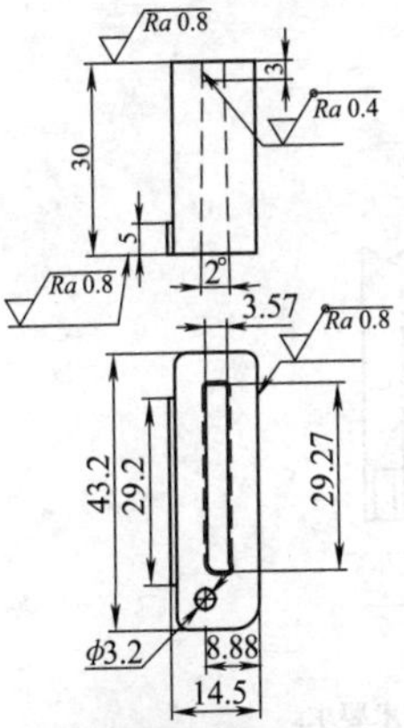

技术要求：
1.材料：SKD11。
2.热处理硬度为60～62HRC。
3.外形与型孔采用慢走丝加工，对底面的垂直度为0.003mm。
4.数量：1件。

Ra 1.6（√）

图 14-49　异形凹模 3（图 14-4 的件 45）

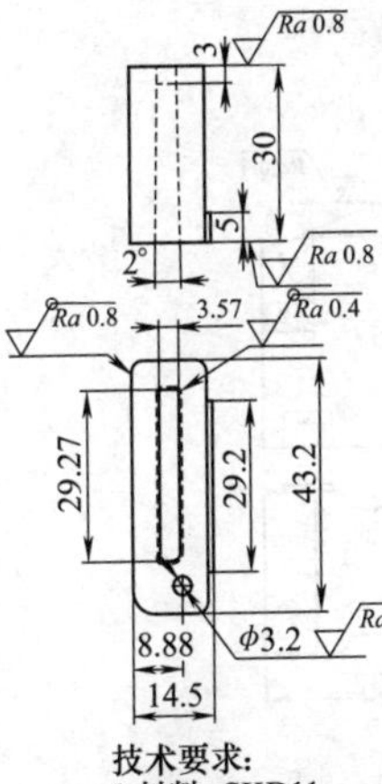

技术要求：
1.材料：SKD11。
2.热处理硬度为60～62HRC。
3.外形与型孔采用慢走丝加工，对底面的垂直度为0.003mm。
4.数量：1件。

Ra 1.6（√）

图 14-50　异形凹模 4（图 14-4 的件 70）

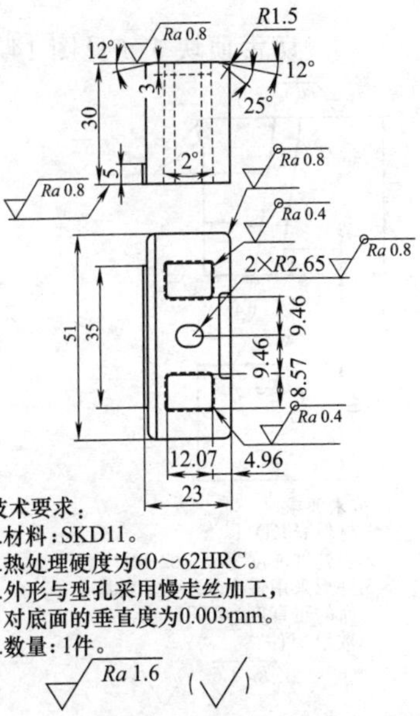

技术要求：
1.材料：SKD11。
2.热处理硬度为60～62HRC。
3.外形与型孔采用慢走丝加工，对底面的垂直度为0.003mm。
4.数量：1件。

Ra 1.6（√）

图 14-51　切断凹模（图 14-4 的件 26）

9. **弯曲凹模 1**（见图 14-52）

10. **弯曲凹模 2**（见图 14-53）

11. **弯曲凹模 3**（见图 14-54）

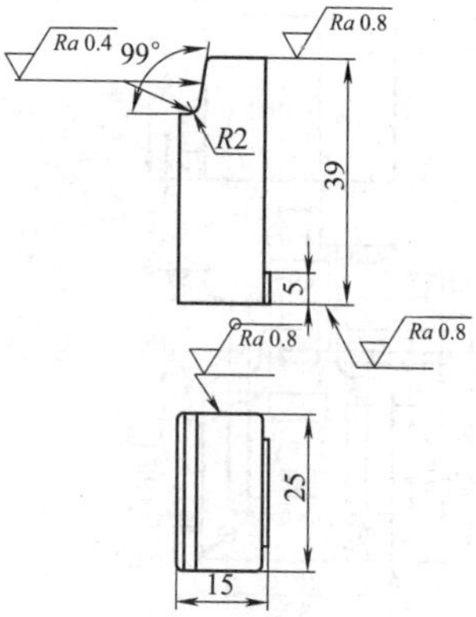

技术要求：
1.材料：SKD11。
2.热处理硬度为60～62HRC。
3.外形采用慢走丝加工，对底面的垂直度为0.003mm。
4.数量：1件。

Ra 1.6 （√）

图 14-52　弯曲凹模 1
（图 14-4 的件 40）

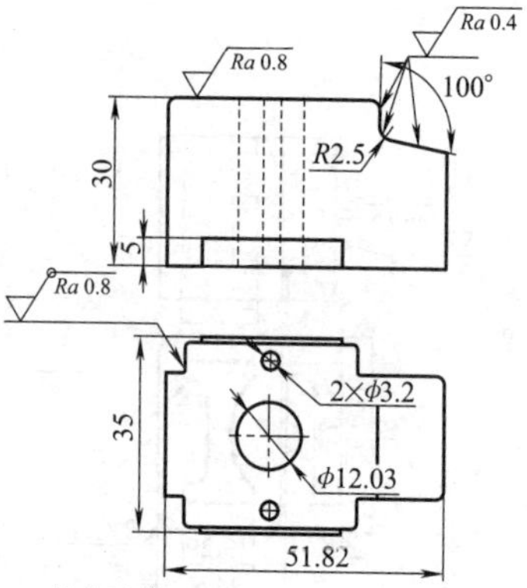

技术要求：
1.材料：SKD11。
2.热处理硬度为60～62HRC。
3.外形采用慢走丝加工，对底面的垂直度为0.003mm。
4.数量：1件。

Ra 1.6 （√）

图 14-53　弯曲凹模 2
（图 14-4 的件 36）

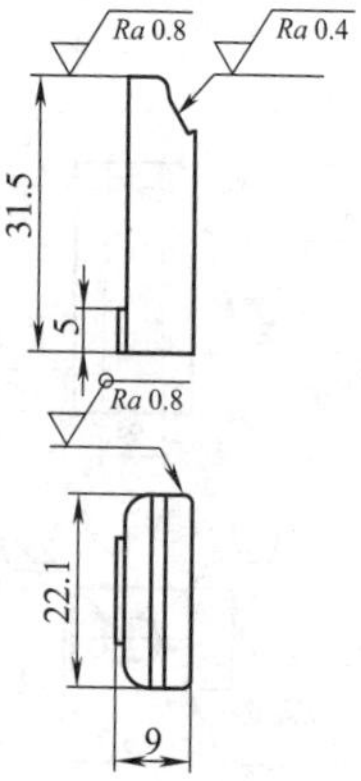

技术要求：
1.材料：SKD11。
2.热处理硬度为60～62HRC。
3.外形采用慢走丝加工，对底面的垂直度为0.003mm。
4.数量：1件。

Ra 1.6 （√）

图 14-54　弯曲凹模 3
（图 14-4 的件 35）

12. **弯曲凹模 4**（见图 14-55）

13. **弯曲凹模 5**（见图 14-56）

14.6.6　顶块

1. **切舌顶块 1**（见图 14-57）

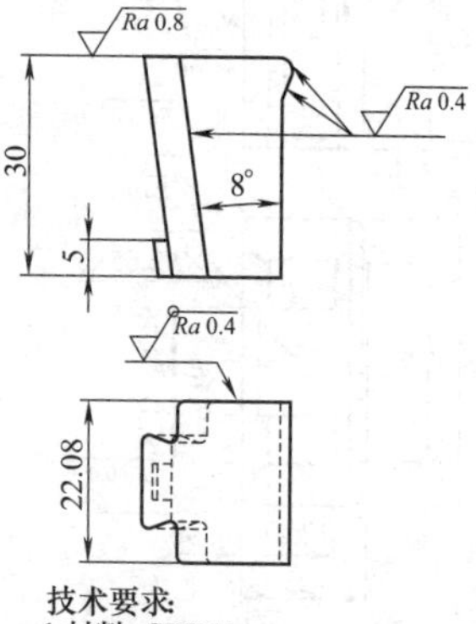

技术要求：
1.材料：SKD11。
2.热处理硬度为60～62HRC。
3.外形采用慢走丝加工，对底面的垂直度为0.003mm。
4.数量：1件。

Ra 1.6 （√）

图 14-55　弯曲凹模 4
（图 14-4 的件 32）

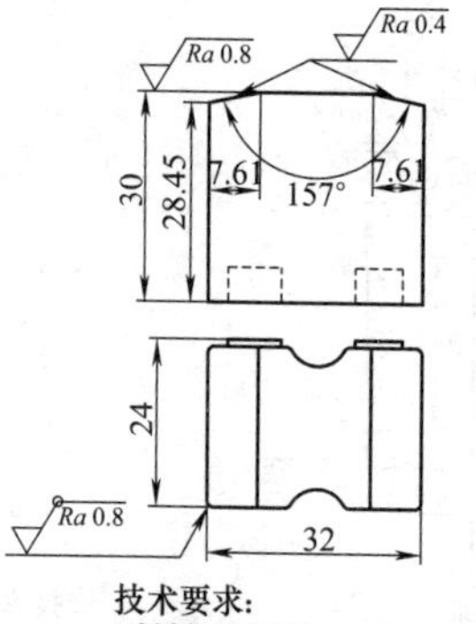

技术要求：
1.材料：SKD11。
2.热处理硬度为60～62HRC。
3.外形采用慢走丝加工，对底面的垂直度为0.003mm。
4.数量：1件。

Ra 1.6 （√）

图 14-56　弯曲凹模 5
（图 14-4 的件 30）

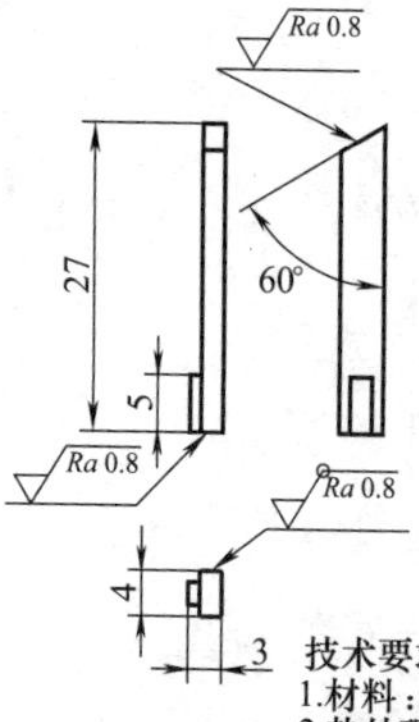

技术要求：
1.材料：CrWMn。
2.热处理硬度为55～58HRC。
3.外形采用慢走丝加工，对底面的垂直度为0.003mm。
4.数量：1件。

Ra 1.6 （√）

图 14-57　切舌顶块 1
（图 14-4 的件 58）

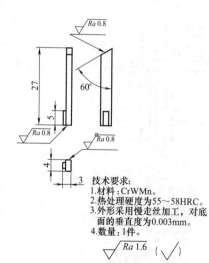

2. 切舌顶块 2（见图 14-58）

3. 弯曲顶块 1（见图 14-59）

4. 弯曲顶块 2（见图 14-60）

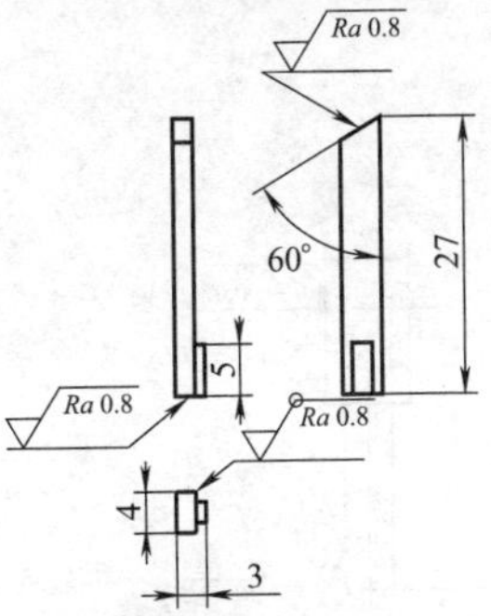

技术要求：
1.材料：CrWMn。
2.热处理硬度为55～58HRC。
3.外形采用慢走丝加工，对底面的垂直度为0.003mm。
4.数量：1件。

Ra 1.6 (√)

图 14-58　切舌顶块 2
（图 14-4 的件 62）

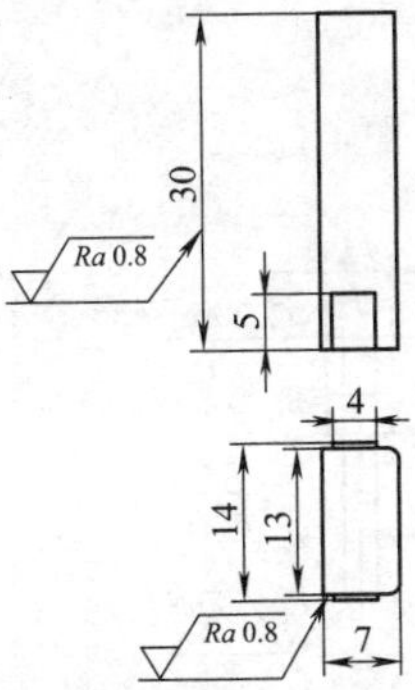

技术要求：
1.材料：CrWMn。
2.热处理硬度为55～58HRC。
3.外形采用慢走丝加工，对底面的垂直度为0.003mm。
4.数量：1件。

Ra 1.6 (√)

图 14-59　弯曲顶块 1
（图 14-4 的件 34）

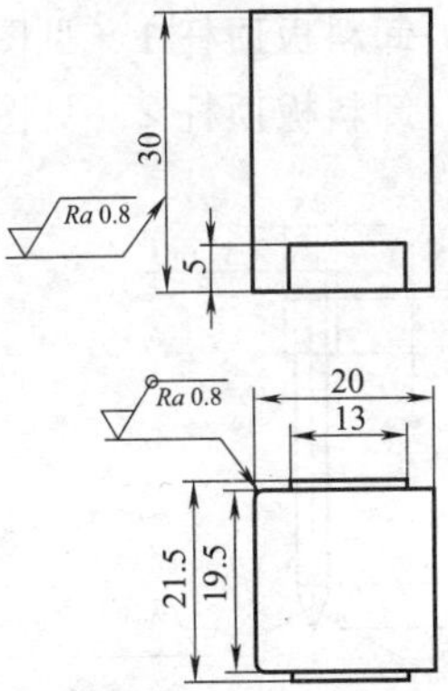

技术要求：
1.材料：CrWMn。
2.热处理硬度为55～58HRC。
3.外形采用慢走丝加工，对底面的垂直度为0.003mm。
4.数量：1件。

Ra 1.6 (√)

图 14-60　弯曲顶块 2
（图 14-4 的件 42）

5. 挡料顶块（见图 14-61）

6. 制件顶出器（见图 14-62）

14.6.7　导正销

1. 长圆形导正销（见图 14-63）

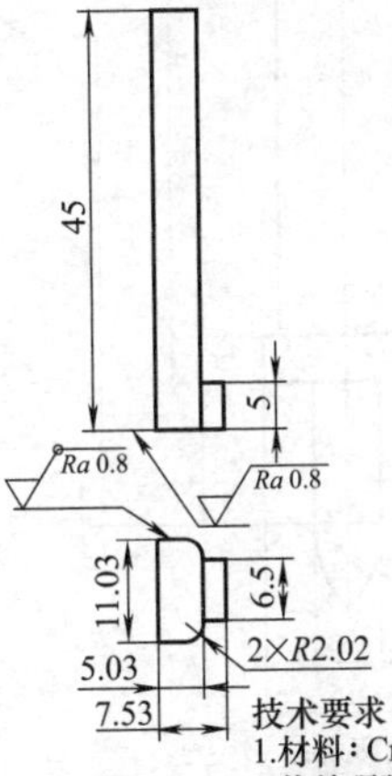

技术要求：
1.材料：CrWMn。
2.热处理硬度为55～58HRC。
3.外形采用慢走丝加工，对底面的垂直度为0.003mm。
4.数量：1件。

Ra 1.6 (√)

图 14-61　挡料顶块
（图 14-4 的件 48）

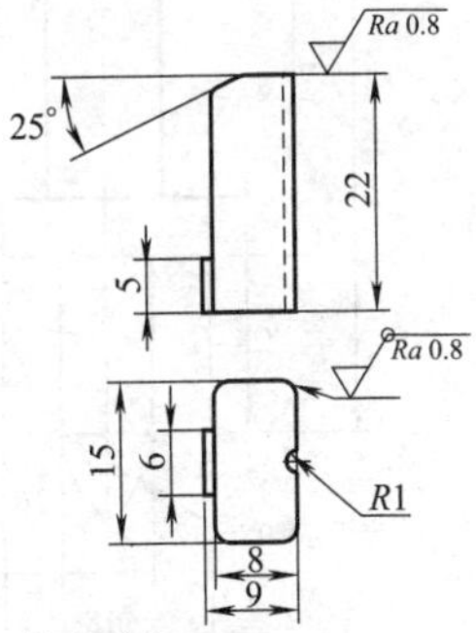

技术要求：
1.材料：CrWMn。
2热处理硬度为55～58HRC。
3.外形采用慢走丝加工，对底面的垂直度为0.003mm。
4.数量：1件。

Ra 1.6 (√)

图 14-62　制件顶出器
（图 14-4 的件 27）

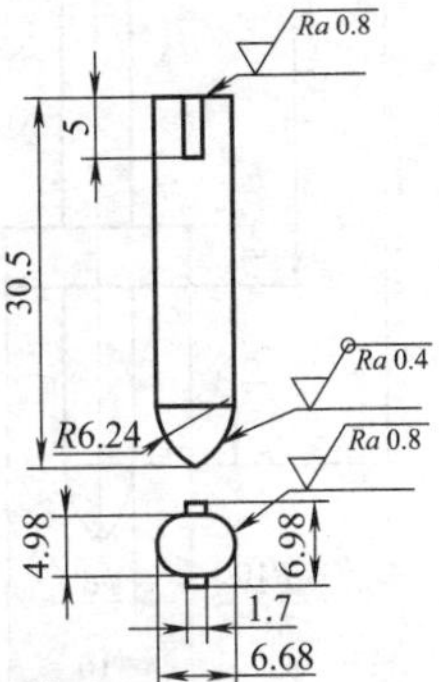

技术要求：
1.材料：Cr12MoV。
2.热处理硬度为55～58HRC。
3.外形采用慢走丝加工，对底面的垂直度为0.003mm。
4.数量：1件。

Ra 1.6 (√)

图 14-63　长圆形导正销
（图 14-4 的件 23）

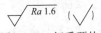

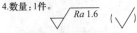

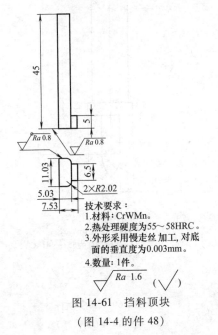

2. **圆形导正销**（见图 14-64）

14.6.8 顶杆

1. **卸料板顶杆 1**（见图 14-65）

2. **卸料板顶杆 2**（见图 14-66）

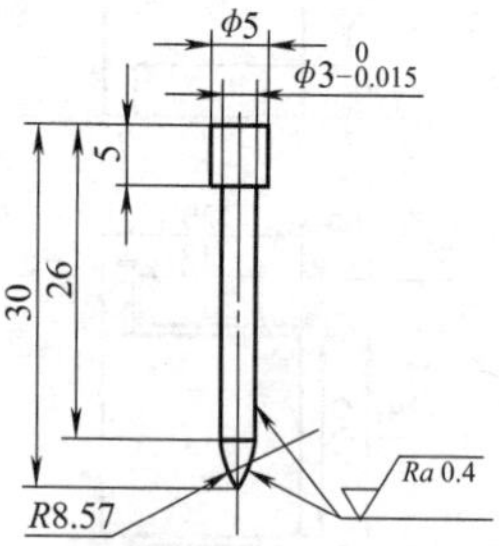

技术要求：
1.材料：Cr12MoV。
2.热处理硬度为55～58HRC。
3.数量：14件。

Ra 1.6 (√)

图 14-64 圆形导正销
（图 14-4 的件 7）

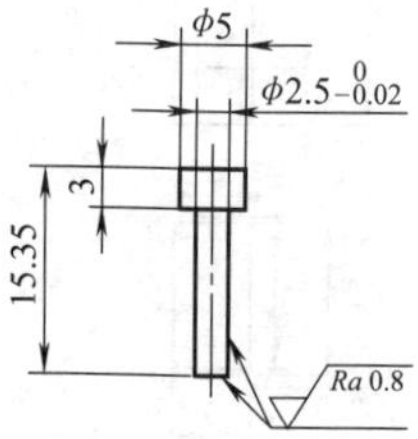

技术要求：
1.材料：T10A。
2.表面处理硬度为56～60HRC。
3.数量：28件。

Ra 1.6 (√)

图 14-65 卸料板顶杆 1
（图 14-4 的件 8）

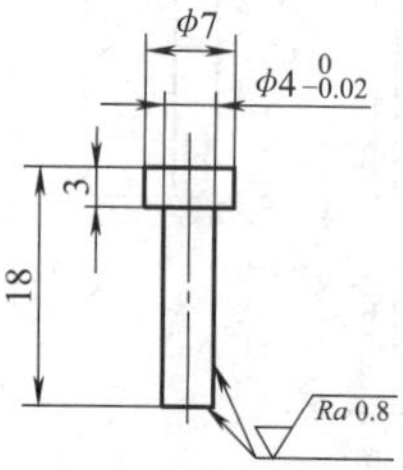

技术要求：
1.材料：T10A。
2.表面处理硬度为56～60HRC。
3.数量：1件。

Ra 1.6 (√)

图 14-66 卸料板顶杆 2
（图 14-4 的件 12）

3. **下模顶杆 1**（见图 14-67）

4. **下模顶杆 2**（见图 14-68）

5. **下模顶杆 3**（见图 14-69）

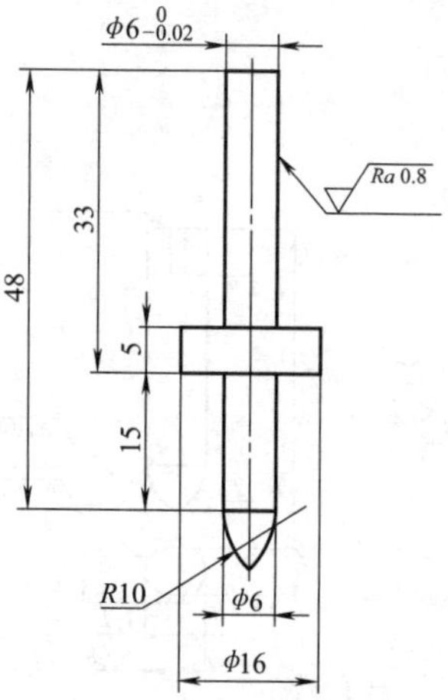

技术要求：
1.材料：CrWMn。
2.热处理硬度为55～58HRC。
3.数量：2件。

Ra 1.6 (√)

图 14-67 下模顶杆 1
（图 14-4 的件 33）

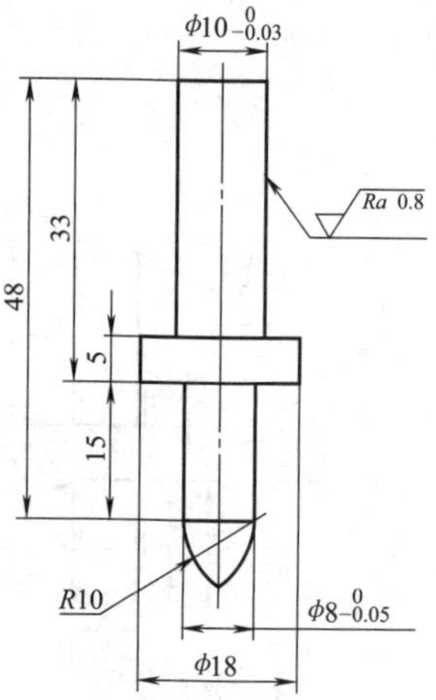

技术要求：
1.材料：CrWMn。
2.热处理硬度为55～58HRC。
3.数量：2件。

Ra 1.6 (√)

图 14-68 下模顶杆 2
（图 14-4 的件 41）

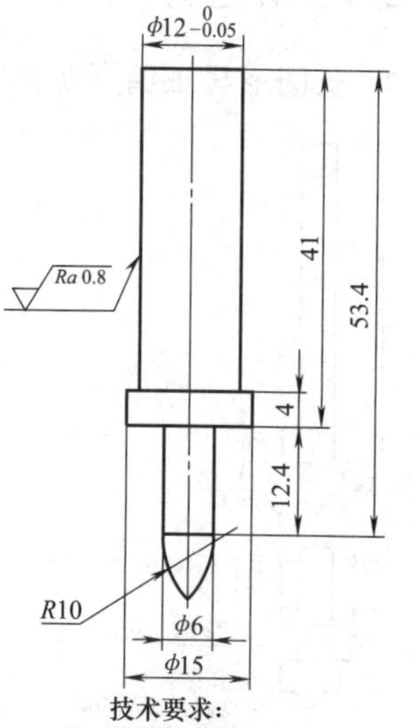

技术要求：
1.材料：CrWMn。
2.热处理硬度为55～58HRC。
3.数量：1件。

Ra 1.6 (√)

图 14-69 下模顶杆 3
（图 14-4 的件 38）

6. 下模顶杆 4（见图 14-70）

14.6.9　导向顶杆（见图 14-71）

14.6.10　弹簧垫圈（见图 14-72）

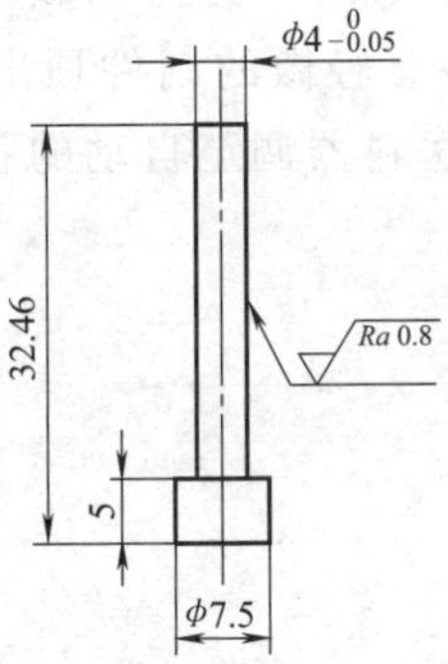

技术要求：
1.材料：CrWMn。
2.热处理硬度为55～58HRC。
3.数量：1件。

Ra 1.6 (√)

图 14-70　下模顶杆 4
（图 14-4 的件 28）

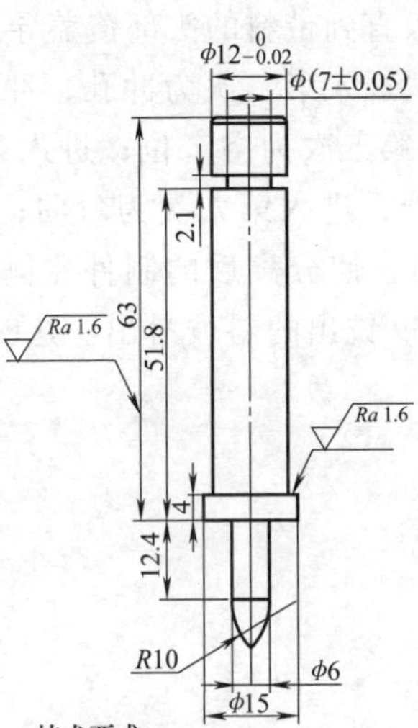

技术要求：
1.材料：CrWMn。
2.热处理硬度为55～58HRC。
3.数量：20件。

Ra 0.8 (√)

图 14-71　导向顶杆
（图 14-4 的件 52）

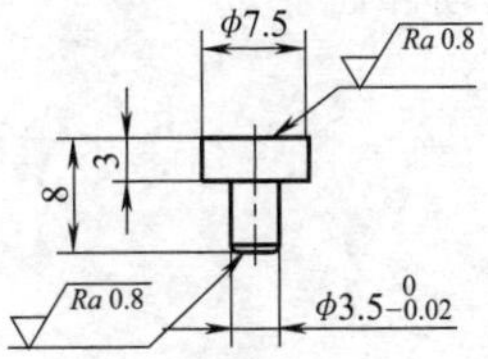

技术要求：
1.材料：CrWMn。
2.热处理硬度为55～58HRC。
3.数量：1件。

Ra 1.6 (√)

图 14-72　弹簧垫圈
（图 14-4 的件 49）

14.6.11　限位柱

1. 上限位柱（见图 14-73）
2. 下限位柱（见图 14-74）

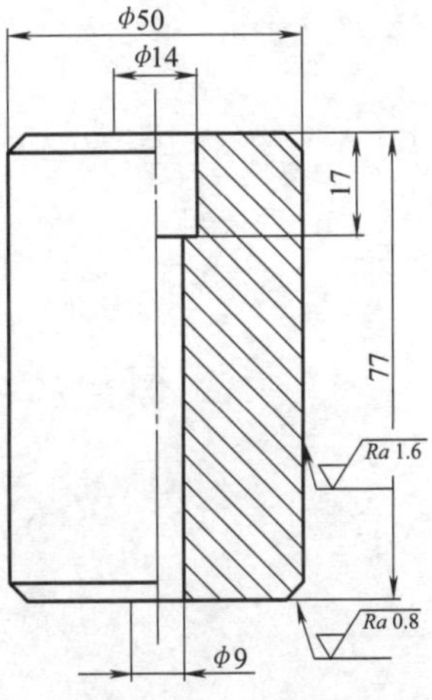

技术要求：
1.材料：45钢。
2.数量：4件。

Ra 6.3 (√)

图 14-73　上限位柱（图 14-4 的件 71）

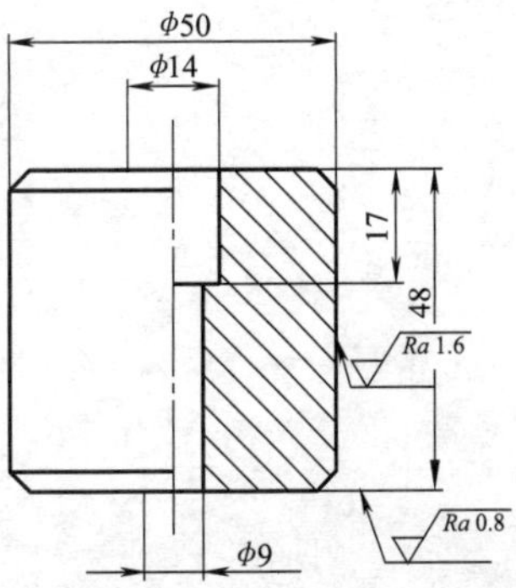

技术要求：
1.材料：45钢。
2.数量：4件。

Ra 6.3 (√)

图 14-74　下限位柱（图 14-4 的件 72）

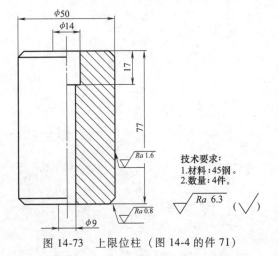

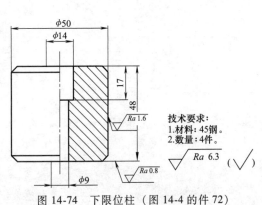

14.7 冲压动作原理

将原材料宽28mm、料厚0.7mm的卷料吊装在料架上，通过整平机将送进的带料整平后再进入滚动式自动送料机构内（在此之前将滚动式自动送料机构的步距调至64.05mm），开始用手工将带料送至模具的导料板直到带料的头部覆盖导正销孔凹模，这时进行第一次为冲导正销孔，冲长圆孔及切舌；依次进入第二次为冲孔，冲切废料；进入第三次为冲切废料；进入第四次为弯曲（100°弯曲）；第五次为空工位；进入第六次为“U”形弯曲；进入第七次为负角度弯曲；第八次为空工位；进入第九次为弯曲；最后（第十次）为冲切载体与制件的连接废料（制件与载体分离），使分离后的制件左侧尾部下装有轻微的制件顶出器27向上顶，使制件沿着凹模固定板39铣出的斜坡滑出。这时将自动送料器调至自动的状况可进入连续冲压。

参考文献

[1] 洪慎章. 实用冲模设计与制造 [M]. 北京：机械工业出版社，2010.

[2] 陈炎嗣. 多工位级进模设计手册 [M]. 北京：化学工业出版社，2012.

[3] 金龙建. 多工位级进模实例图解 [M]. 北京：机械工业出版社，2013.

[4] 金龙建. 冲压模具设计及实例详解 [M]. 北京：化学工业出版社，2014.

[5] 金龙建. 多工位级进模设计实用手册 [M]. 北京：机械工业出版社，2015.

[6] 金龙建. 冲压模具结构设计技巧 [M]. 北京：化学工业出版社，2015.

[7] 金龙建. 多工位级进模实例精选 [M]. 北京：机械工业出版社，2016.

[8] 金龙建. 冲压模具设计要点 [M]. 北京：化学工业出版社，2016.

[9] 金龙建. 窗帘支架弹片多工位级进模设计 [J]. 模具工业，2010 (4)：34-37.

[10] 金龙建. 高速列车安装板多工位级进模设计 [J]. 模具工业，2013 (3)：28-31.

[11] 金龙建. 家用电器管壳拉深模设计 [J]. 模具工业，2014 (2)：34-38.

[12] 金龙建. 取付支架弯曲模设计 [J]. 东方模具，2014 (3)：78-79.

[13] 金龙建. LED 铁片弯曲模设计 [J]. 东方模具，2015 (1)：36-37.

[14] 金龙建，陈炎嗣. 气瓶缩口模具设计与制造 [J]. 模具制造，2016 (12)：29-32.

[15] 金龙建. 外壳胀形与镦压及口部倒角成形模设计 [J]. 模具工业，2017 (1)：31-34.